AF830400

Das deutsche Offizierkorps

1860 – 1960

DEUTSCHE FÜHRUNGSSCHICHTEN IN DER NEUZEIT

Band 11

Im Auftrag der Ranke-Gesellschaft
Vereinigung für Geschichte im öffentlichen Leben
und des
Instituts zur Erforschung historischer Führungsschichten
herausgegeben von
GÜNTHER FRANZ

Harald Boldt Verlag · Boppard am Rhein

Das deutsche Offizierkorps 1860–1960

Büdinger Vorträge 1977

In Verbindung mit dem
Militärgeschichtlichen Forschungsamt
herausgegeben von
HANNS HUBERT HOFMANN (†)

Harald Boldt Verlag · Boppard am Rhein

CIP-Kurztitelaufnahme der Deutschen Bibliothek

Das *deutsche Offizierkorps:* 1860–1960 / Büdinger Vorträge 1977. In Verbindung mit d. Militärgeschichtl. Forschungsamt hrsg. von Hanns Hubert Hofmann. – Boppard am Rhein: Boldt, 1980.
(Deutsche Führungsschichten in der Neuzeit; Bd. 11)
ISBN 3-7646-1775-6

NE: Hofmann, Hanns Hubert [Hrsg.]; Büdinger Vorträge ⟨15, 1977⟩

Gedruckt mit Unterstützung
des Förderungs- und Beihilfefonds Wissenschaft
der VG Wort GmbH,
Goethestraße 49,
8000 München 2

ISBN: 3 7646 1775 6

1980
© Harald Boldt Verlag · Boppard am Rhein
Alle Rechte, auch die des auszugsweisen Nachdrucks,
der fotomechanischen Wiedergabe und der Übersetzung, vorbehalten.
Herstellung: boldt druck boppard gmbh

INHALTSVERZEICHNIS

NAME UND ANSCHRIFT DER REFERENTEN

Rudolf Absolon
BA-Zentralnachweisstelle, 5100 Aachen-Kornelimünster

Dr. Horst Boog
Grünwälderstraße 10–14, 7800 Freiburg

Dr. Wilhelm Deist
Grünwälderstraße 10–14, 7800 Freiburg

Friedrich Wilhelm Euler
Ernst-Ludwigstraße 21, 6140 Bensheim

Dr. Joachim Fischer, Archivdirektor
Konrad-Adenauer-Straße 4, 7000 Stuttgart 1

Thomas Freiherr von Fritsch-Seerhausen
Nepperberg 31, 7070 Schwäbisch Gmünd

Professor Dr. Holger H. Herwig
POB 6129, Nashville Tenn. 37 235, USA

Professor Dr. Hanns Hubert Hofmann (†)
Würzburg

Professor Dr. Heinz Hürten
Ostenstraße 26, 8078 Eichstätt

Dr. Carl Ernst Köhne
Kapellenberg 51, 7031 Grafenau 1

Dr. Hermann Kurzke, Akademischer Rat
Am Gonsenheimer Spieß 16, 6500 Mainz 1

Professor Dr. Manfred Messerschmidt
Grünwälderstraße 10–14, 7800 Freiburg

Dr. Georg Meyer
Grünwälderstraße 10–14, 7800 Freiburg

Dr. Wolfgang Petter
Grünwälderstraße 10–14, 7800 Freiburg

Dr. Hans-Jürgen Rautenberg
Lärchenstraße 41, 5300 Bonn 1

Dr. Hermann Rumschöttel
Hauptstraße 22, 8014 Neubiberg

Professor Dr. Michael Salewski
Konviktstraße 11, 5300 Bonn 1

Bernd Wegner
St. Antony's College, Oxford, OX2 6JF, England

VORWORT

Die Drucklegung des Bandes, der im Manuskript bereits im Herbst 1977 abgeschlossen vorlag, hat sich leider verzögert. Inzwischen ist Prof. Dr. Hanns Hubert Hofmann (Würzburg), der Leiter der Büdinger Gespräche 1977, der auch diesen Band für den Druck vorbereitet hat, am 6. Juni 1978 allzu früh einem Herzleiden erlegen. Alle Teilnehmer an den Büdinger Gesprächen werden diesen gedankenreichen, impulsiven, vielseitigen Gelehrten nicht vergessen. Gerade die Tagung über das deutsche Offizierkorps war dem einstigen Offizier ein besonderes Anliegen. Statt seiner habe ich die Sorge für die Drucklegung des Bandes übernommen. Leider war es nicht möglich, den Beitrag über das badische Offizierkorps für die Drucklegung zu erhalten.

Günther Franz

ZUR EINFÜHRUNG

„Den größten Vorteil in der Gesellschaft hat doch der gebildete Offizier.“
Johann Wolfgang Goethe

Seit 1963 haben die Ranke-Gesellschaft, Vereinigung für Geschichte im öffentlichen Leben und das Instiut zur Erforschung historischer Führungsschichten in jedem Frühjahr in der von dem Fürsten Otto Friedrich zu Ysenburg gastfreundlich zur Verfügung gestellten Bibliothek des Schlosses Büdingen (Oberhessen) mehrtägige Gespräche über Probleme der deutschen Führungsschichten in der Neuzeit veranstaltet. In unterschiedlichen Zeitschnitten wurden dabei nacheinander unter wechselnder Leitung und teilweise in mehreren Tagungen veschiedene Stände, Schichten und Gruppen behandelt und die Ergebnisse in bisher 11 Bänden[1] vorgelegt. Das methodische Prinzip blieb die Verbindung von historischer Soziologie mit der Genealogie, so daß von biographischer zu prosopographischer Betrachtung fortgeschritten und aus genereller wie regionaler Themenstellung ein breites Spektrum gewonnen werden konnte, das nicht zuletzt auch das Innen- wie Außenverständnis von Führungsschichten oder -gruppen beleuchtete.

---

[1] 1. Deutscher Adel 1430–1555, hrsg. H. Rößler (Wiss. Buchgesellschaft Darmstadt 1965), 2. Deutscher Adel 1555–1740, hrsg. H. Rößler (Wiss. Buchgesellschaft Darmstadt 1965), 3. Deutsches Patriziat 1430–1740, hrsg. H. Rößler (Verlag Starke, Limburg 1968, dieser auch alle folgenden Titel), 4. Universität und Gelehrtenstand 1400–1800, hrsg. H. Rößler und G. Franz (1970), 5. Beamtentum und Pfarrerstand, hrsg. G. Franz (1972), 6. Führungskräfte der Wirtschaft in Mittelalter und Neuzeit (1350–1850), hrsg. H. Helbig (1973), 7. Führungskräfte der Wirtschaft im 19. Jahrhundert (1790–1914), hrsg. H. Helbig (1977), 8. Bauernschaft und Bauernstand 1500–1970, hrsg. G. Franz (1975), 9. Führende Kräfte und Gruppen in der deutschen Arbeiterbewegung, hrsg. H. H. Hofmann (1976), 10. Bankherren und Bankiers, hrsg. H. H. Hofmann (1977), 11. Das deutsche Offizierskorps 1860–1960, hrsg. H. H. Hofmann.

Das 15. Büdinger Gespräch[2], das in Verbindung mit dem Militärgeschichtlichen Forschungsamt (MGFA), Freiburg im Breisgau, stattfand[3], galt dem deutschen Offizierkorps in der Zeit von 1860 bis 1960. Die Beiträge dieser Tagung werden hier vorgelegt, wobei die wissenschaftliche Verantwortung ausschließlich den jeweiligen Autoren zukommt[4].
Durch die tatkräftige Hilfe des Leitenden Historikers MGFA, Prof. Dr. M. Messerschmidt, war es möglich gewesen, die im Umdruck veröffentlichten Referate im voraus allen Teilnehmern zuzustellen, so daß während der Tagung nach kurzen zusammenfassenden Statements oder nicht selten provokativen Thesen ungemein rege, wenn auch in der gebotenen Kürze[5] zumeist unter Zeitdruck, diskutiert[6] werden konnte. Die fast dreistündige Schlußdebatte brachte so allein rund 40 Wortmeldungen. Die Referenten hatten dann die Möglichkeit, Ergebnisse und Anregungen dieser Aussprachen in ihre Druckvorlagen einzuarbeiten.

Der Gedanke, in den weitgespannten Themenkreis der deutschen Führungsschichten der Neuzeit das Offizierkorps besonders einzubeziehen, das nur im Rahmen der Behandlung des Adels kurz angesprochen worden war[7], lag nahe, zumal das Handbuch zur deutschen Militärgeschichte[8]

---

[2] Vgl. dazu meinen Kurzbericht in AHF-Information Nr. 7 vom 28. 4. 1977. – Die folgenden Ausführungen dienten großenteils zur Einleitung des Gesprächs.

[3] Die große Zahl der Teilnehmer erforderte die Verlegung in den Saal eines Hotels.

[4] Grundsätzlich und grundgesetzlich erscheint mir jedes Eingreifen eines Herausgebers in ein wissenschaftliches Manuskript unzulässig. Eine dialektische Unterscheidung zwischen betont bejahter „uneingeschränkter Freiheit des Wortes" und „angemessener Form der Kritik", wie sie in der Diskussion über eine (andere) Veröffentlichung M. Salewskis im MARINE-FORUM, Mai 1977, versucht wurde, sollte vermieden werden.

[5] Das für zwei Gespräche geplante Thema mußte wegen des Entfallens aller materiellen Unterstützung von Seiten des Bundes, des Landes Hessen oder anderer wissenschaftlicher Förderungsträger auf eine Tagung zusammengedrängt werden.

[6] Unter Leitung von Prof. Dr. H.H. Hofmann, Würzburg (auch für die Schlußdiskussion), Prof. Dr. E. Kolb, Würzburg, Prof. Dr. O. Hauser, Kiel, Prof. Dr. K. Schwalbe, Frankfurt.

[7] R. Wohlfeil, Adel und neues Heerwesen, in: (vgl. oben Anm. 1) Band 1, S. 203–233, Adel und Heerwesen, in: Band 2, S. 315–343. – Vgl. dazu auch die Ergebnisse der den Büdinger Gesprächen vorausgehenden Konferenzen der Ranke-Gesellschaft: „Führungsschicht und Eliteproblem" (Jb. der Ranke-Gesellschaft III, Frankfurt 1957 mit Beiträgen von N. v. Prerado-

weitgehend vorliegt und nach K. Demeters revidiertem Ansatz in den letzten Jahren eine Reihe wertvoller Arbeiten erschien[9]. Anknüpfend an jene ersten Büdinger Gespräche über den deutschen Adel 1963 und 1964 und dabei vor allem in Vertiefung von R. Wohlfeils damaligem

---

vich („Die politisch-militärischen Führungsschichten in Österreich und Preußen während des 19. Jahrhunderts"), K. Demeter („Das deutsche Offizierkorps in historisch-soziologischer Sicht") und H. Mundt („Das Offizierkorps des deutschen Heeres von 1918–1935").

[8] Handbuch zur deutschen Militärgeschichte, Lief. 1–10, Frankfurt am Main 1964–79 (mit ausführlicher Bibliographie).

[9] K. Demeter, Das deutsche Offizierkorps in Gesellschaft und Staat 1650–1945, Frankfurt am Main, [4]1965 (1. Auflage: Das deutsche Offizierkorps in seinen historisch-soziologischen Grundlagen, Berlin 1930). – M. Messerschmidt, Werden und Prägung des preußischen Offizierkorps – ein Überblick (Beiträge zur Militär- und Kriegsgeschichte 6, Stuttgart 1954). – P. Sauer, Das württembergische Heer in der Zeit des Deutschen und Norddeutschen Bundes (Veröffentlichungen der Kommission für geschichtliche Landeskunde in Baden-Württemberg, Reihe B, Stuttgart 1958). – O. Büsch, Militärsystem und Sozialleben im alten Preußen 1713–1807. Die Anfänge der sozialen Militarisierung der preußisch-deutschen Gesellschaft. (Veröffentlichungen der Berliner Historischen Kommission Band 7), Berlin 1962. – W. Bräckow, Die Geschichte des deutschen Marine-Ingenieur-Offizierkorps, 1974. – W. Drascher, Zur Soziologie des deutschen Seeoffizierkorps (in: Wehrwissenschaftliche Rundschau 12, 1962). – B. Sicken, Das Wehrwesen des Fränkischen Kreises. Aufbau und Struktur 1681–1714. Diss. Würzburg 1966, 2 Bände. – W. D. Gruner, Das bayerische Heer 1825–64 (Militärgeschichtl. Studien 14), Boppard 1972. – H. H. Herwig, Soziale Herkunft und wissenschaftliche Vorbildung des Seeoffiziers der Kaiserlichen Marine vor 1914 (in: Militärgeschichtliche Mitteilungen 2/1971); Zur Soziologie des kaiserlichen Seeoffizierkorps vor 1914 (in: Marine und Marinepolitik im kaiserlichen Deutschland 1871–1914, hrsg. von H. Schottelius und W. Deist, Düsseldorf 1972); The German Naval Officer Corps. A Social and Political History 1890–1918, Oxford 1973, deutsch 1977. – H. Rumschöttel, Das bayerische Offizierkorps 1866–1914 (Beiträge zu einer historischen Strukturanalyse Bayerns im Industriezeitalter Band 9), Berlin 1973. – P. Ch. Storm, Der Schwäbische Kreis als Feldherr. Untersuchungen zur Wehrverfassung des Schwäbischen Reichskreises in der Zeit von 1648–1732 (Schriften zur Verfassungsgeschichte Band 21), Berlin [1974]. – A. Schmidt-Brentano, Die Armee in Österreich, Militär, Staat und Gesellschaft 1848–1867 (Militärgeschichtliche Studien 20), Boppard [1975]. – J. Calliess, Militär in der Krise. Die bayerische Armee in der Revolution 1848/49 (Wehrwissenschaftliche Forschungen, 22), Boppard [1976].

zweiten Vortrag über „Adel und Heerwesen“[10] wäre es nun zweifellos wünschenswert und durchaus reizvoll gewesen, nunmehr das Offizierkorps des 17. Jahrhunderts wenigstens seit dem jeweiligen Beginn der stehenden Armatur eingehender zu behandeln, die Gleichartigkeit und Differenzierung einer feudalen oder doch feudaloiden Elite — wobei den Unterschied zwischen altem, erworbenen oder usurpiertem Adel letztlich allzu oft und allzu leicht allein der Degen entschied, nicht weil etwa „der Degen adelte“, sondern weil nur der Angezweifelte oder der Anzweifelnde den Duellplatz verließ. Dies hätte dann geheißen, die regionalen, territorialen und konfessionellen Spielarten eines doch gleich strukturierten Leitbilds innerhalb dieses Sektors der aristokratischen Internationale zu charakterisieren.
Im 18. Jahrhundert sollte vor allem dann die Variationsbreite herausgearbeitet werden, die etwa zwischen der staatstragenden — weil königlichen Gefolgsherren, Heerkönig und absolutistisches Staatsoberhaupt identifizierenden — im blauen Rock des Königs in Preußen domestizierten Schwertaristokratie besteht (wie sie z. B. O. Büsch zeigte), dem Offizierkorps der Reichsarmee (wie ihn B. Sicken und P. Chr. Storm charakterisierten) und dem vom katholisch-internationalen zum allein durch seine Bindung an Kaiserhaus und Gesamtstaatsidee zuletzt den Vielvölkerstaat der Donaumonarchie bis 1917 verklammernden k. k. und dann seit 1867 k. u. k. Offizierkorps, um nur drei typologische Phänomene hier anzudeuten. In der ersten Hälfte des 19. Jahrhunderts wäre vor allem das aus der unscheidbaren Verschmelzung von Heeres-, Bildungs- und Staatsreform hervorgehende preußische Offizierkorps seit 1808 mit all seinen Folgeerscheinungen eines rearistokratisierten, nur dem königlichen Kriegsherrn sich zuordnenden Linien- und eines auf die Traditionen der Freiheitskriege sich berufenden Landwehroffizierkorps in Preußen zu unterscheiden von den höchst verschiedenartigen Offizierkorps jener Bundesstaaten, in denen die der preußischen wie der Stadion'schen Staatsreform gleichwertigen Staatsbildungen der Rheinbundzeit die Wehrverfassung ausklammern mußten, weil die préfecture militaire des großen Korsen hier das Modell vorschrieb — um dann das preußische oder das österreichische Vorbild oft in Umkehrung der politischen Anlehnung zu übernehmen, ohne freilich deren Rückgrat der Staatspotenz zu besitzen.
Ich möchte und muß mich hier mit solchen wenigen — zweifellos subjektiven — Andeutungen begnügen, um die Begrenzung dieses Gesprächs

[10] oben Anm. 7.

1977 auf d i e Epoche zu rechtfertigen, die die Roon'sche Heeresreform, die Norddeutsche Bundesakte und die Geheimverträge mit den süddeutschen Staaten einleiten. Diese Beschränkung war unerläßlich, sollte das Thema in einiger Geschlossenheit behandelt werden, was auch zum Ausklammern Österreichs-Ungarns mit seiner reizvollen, vorstehend schon grob skizzierten Eigengesetzlichkeit zwang. Notwendig erschien dagegen in der Ära nationalsozialistischer Wehrpolitik das Einbeziehen der Waffen-SS, weil diese — gelegentlich als „vierter Wehrmachtteil" apostrophierten Verbände einer ursprünglich geplanten Bereitschaftspolizei- und Wachtruppe, die etwa Divisionsstärke besaßen, bis Kriegsende gut 50-fache Stärke erreichten, was trotz des Zugangs von Polizei- und Wehrmachtoffizieren und stärkster eigener Nachwuchsförderung doch ganz besondere Probleme dieses Führerkorps aufwirft.
Die zeitliche Abgrenzung zur Gegenwart durch die erste Planungsphase der Bundeswehr entsprach dem Wunsch des MGFA. Daß am 1. April des Vorjahres 1976 der erste in den Reihen der Bundeswehr erwachsene Offizier den Generalsrang erreichte, könnte hier im Fortgang wohl die nächste Phase markieren[11]. Und dabei scheint es mir durchaus der Überlegung wert, ob denn nur z e i t l i c h die knappe Spanne einer Generation zwischen dem ersten und dem nunmehrigen Generalinspekteur der deutschen Streitkräfte liegt: dem 1896 geborenen kgl. preuß. Leutnant im 7. Thür. Infanterieregiment Nr. 96 Adolf Heusinger, der seit 1936 in der Operationsabteilung des Generalstabs des Heeres zu deren Chef aufstieg und in den Krisentagen der Invasion die Führungsspitze des Ostheers vertrat, der den Befehl im Widerstreit von Gehorsam und Gewissen durchlebte und durchlitt und der — gleich den dann ausgeschiedenen Schwerin und Speidel militärischer Berater Adenauers seit 1949 — mit dem Letzteren 1955 das Generalleutnantspatent der neuen Bundeswehr erhielt — bis hin zu dem 1921 geborenen Luftnachrichten- und (mit zwischenzeitlichem sozialpägagogischen Staatsexamen) 1956 dann Radarleit-Oberleutnant Harald Wust, der als Leiter der Stabsabteilung Planung im Verteidigungsministerium General Steinhoffs modernem Waffensystem und -management der Rüstungsplaner und Informatikspezialisten die Bahn gebrochen hat — zwischen dem klassischen operativen Kopf also und dem nicht minder feinsinnigen Technokraten.

[11] Zur Fragestellung ist grundsätzlich heranzuziehen: P. Klein, E. Lippert, T. Rößler, Bibliographie Bundeswehr und Gesellschaft 1960–75 (Schriftenreihe Innere Führung, Heft 24, hrsg. vom Bundesministerium für Verteidigung, FüS I 15), 1976.

Es ist ja ganz selbstverständlich, daß auch der Typ des Offiziers als Mitglied und Exponent einer Führungsgruppe in der Gesellschaft sich wandelt, einer Gesellschaft, die sich des grundstürzenden Umbruchs aller Werte und Ordnungen in knapp vier Dezennien noch gar nicht so recht bewußt ist, weil dieser Umbruch von Verdeckungsideologien aller nur denkbaren Couleurs vernebelt wird. Gesellschaftliche Wertvorstellungen, Vermögens-, Lohn- und Arbeitsnormen, Lebensstandard und Besitzstände, Bildungsanforderungen, Berufsbilder und -chancen, technische und zivilisatorische Kapazitäten und Möglichkeiten, selbst biologische und demographische Strukturdaten – all das, was man heute mit „Lebensqualität" so simpel umreißt – lassen sich in unseren Tagen mit denen von 1929, 1935, 1945 und 1955, ja selbst 1965 einfach nicht mehr vergleichen, auch wenn wir in unseren politischen, sittlichen und kulturellen Postulaten dies uns heute selbst vormachen oder „in diesem unseren Lande hier und heute" noch vormachen lassen. Schlagworte von Krisen und Katastrophen, von der Kernenergie bis zu Bildung und Umweltschutz haben hier lediglich Signaleffekt für eine totale endogene und exogene, horizontale und vertikale Mobilität, deren Ausmaß und Ende im Dunkeln liegt. Ihre Schubeffekte durch die Weltwirtschaftskrisen seit 1929, den zur Gewaltherrschaft umschlagenden Nationalsozialismus, den zernichtenden Krieg, die Massenverelendung nach ihm und das so ungleichmäßige sogenannte „Wirtschaftswunder" sollten wir aber wenigstens in Deutschland allmählich etwas gründlicher und ohne alle parteipolitisch und -taktisch tagesbezogene Effekthascherei oder ideologische Scheuklappen zu analysieren versuchen.

Wie entschieden neu und zeitgemäß eine solch ideologiefreie Analyse im geschichtlichen Bereich aber doch gerade bei diesem Thema erarbeitet werden kann, zeigt schlagend der Vergleich seiner Behandlung – einmal durch den hochverdienten K. Demeter 1930[12], wobei die Neuauflage 1962 in ihrem Anpassungsbemühen und im Streben nach Widerlegung unhaltbarer Kollektivbeschuldigung allzu verwässert erscheint – und zum anderen nun für das 19. Jahrhundert durch M. Messerschmidts großartigen Beitrag im 4. Doppelband des Militärgeschichtlichen Handbuchs 1975/76. In wenigen Sektoren historischer Forschung ist nämlich dieser totale Wandel der Denkansätze so deutlich wie hier, und nicht minder etwa bei Gruner, Herwig, Rumschöttel, Sauer oder Schmidt-Brentano.

---

[12] Anm. 9.

In der Einladung zu diesem Gespräch hatte ich deshalb das Programm moderner gesellschafts- wie militärgeschichtlicher Fragestellungen umschrieben: „Zeitlich geben die Wehrreformen seit 1860/1866/1871 den Ansatz. Der rasch wachsende Offiziersbedarf in den Heeresvermehrungswellen seit 1881 – mit dem sich vervielfachenden Beurlaubtenstand –, die Massenbeförderungen in den beiden Weltkriegen, die Auslese der Reichswehr und der übermäßige Aufbau der Wehrmacht und schließlich der verzögerte Aufbau der Bundeswehr (mit der „Zwischenstufe" des Bundesgrenzschutzes) geben hier die wesentlichen Epochen. Die Teilstreitkräfte sind dabei parallel darzustellen. Die empfindlichen Lücken in der Quellenlage zwingen, hier von der bloßen genealogisch-biographischen Methode abzugehen, die zudem bei den Massenorganisationen beider Weltkriege unmöglich wird und bestenfalls die Betrachtung elitärer Gruppen (wie z. B. des Generalstabs) erlaubt. Die grundsätzliche gesellschaftsgeschichtlich-soziologische wie biographisch-prosopographische Fragerichtung ist deshalb zu ergänzen durch die Betrachtung

- der unterschiedlichen Personalpolitik,
- der jeweiligen politischen und gesellschaftlichen Bedingung elitärer Auswahl,
- der Zusammenhänge mit der Entwicklung des höheren Schulwesens und damit auch der Abgrenzung von anderen Berufen, die Führungsqualitäten erfordern,
- der der bewaffneten Macht unter sich wandelnden Staatsvorstellungen zugedachten Innenfunktion,
- den starken Veränderungen unterworfenen Vorstellungen vom Kriegsbild.

Damit ist auch die Aufgabentrennung in Front- wie logistisch-planerische Führungsfunktionen und zugleich der unterschiedlichen Laufbahnen der Sanitäts-, Verwaltungs-, richterlichen und technischen (Ingenieur-) Offiziere (Beamten) zu beobachten, bei denen bildungsbürgerliche Ideale ebenso nachhaltig wirkten wie nicht minder bei der Auswahl und Verwendung des Reserveoffizierkorps (und Kriegsoffizierkorps), dessen Abgrenzung vom aktiven Offizierkorps besondere Aufmerksamkeit verdient. Dies führt schließlich zu der Frage, welche Vorstellungen der Staats- wie der militärischen Führung jeweils für das politische wie gesellschaftliche Innen- und Außenverständnis des Offizierkorps als Führungsschicht stilbildend waren und sind. Vergleiche mit dem Offiziersbild anderer Staaten scheinen dabei unerläßlich".
Die vorausversandten Beiträge waren diesen Anregungen mit unterschiedlichen Schwerpunkten sehr weitgehend gefolgt, für das Außen-

verständnis hatten vor allem die Vorlagen über das Bild des Offiziers in der darstellenden Kunst und Karikatur wie in der Literatur reizvolle Aspekte geboten. An den Beginn des Gesprächs konnte ich deshalb eine letzte programmatische Bemerkung stellen:
„In den historisch-politischen Heften der Ranke-Gesellschaft hat vor gut 20 Jahren General a. D. Dr. Franz Beyer das Leitbild des deutschen Offiziers[13] seit den Tagen der großen Preußenkönige zu charakterisieren versucht und dabei bedauernd konstatiert, daß dies im Dritten Reich uneinheitlich zu werden begann. 1967 aber hatte R. Wohlfeil energisch gefordert[14], das Offizierkorps als eine eigenständige, aus sich heraus lebende Korporation zu sehen und dabei nicht nur von preußischen Vorstellungen auszugehen, nicht zuletzt aber die Bedeutung des Reserveoffiziers stark herausgestellt.
Das Offizierkorps noch des 19. Jahrhunderts als Gesellschaftsstand in einem durch die Nobilitierungspraxis fast unscheidbaren Junktim zum Geburtsstand zu sehen, zumindest im Assimilationsprozeß, haben die meisten der vorliegenden Referate immer wieder gelehrt. Sie haben dann den Weg zum Berufsstand als einer hervorragenden Gesellschaftsklasse, den Wandel von einer Führungsschicht zu einer Führungsgruppe und den Weg in eine Berufskategorie verfolgt. Sie haben uns damit eine gute Einstimmung gegeben.
Denn Wehr-, Kriegs- oder besser Militärgeschichte wird in dem breiten Spektrum unserer heutigen Geschichtsforschung ihren zeitgemäßen Standort am ehesten in der Gesellschaftsgeschichte finden, die ich nicht unbedingt mit Sozialgeschichte gleichsetzen möchte, weil sie durchaus eigenständig ist und mir als ein Kristallisationskern der Geschichte erscheint. Solche Gesellschaftsgeschichte gilt nach K. Bosls schönem Wort mehr dem ‚an der Geschichte leidenden Menschen' als den ‚Männern, die Geschichte machen'. Und dies muß auch für die Militärgeschichte heißen: die staatlichen Organisationsformen, deren eine die bewaffnete Macht ist, und die sozioökonomischen Entwicklungen, in denen Offiziers- wie Unteroffizierskorps und Mannschaften stehen, zu erkennen".

Die rege Aussprache hat zahlreiche Ansätze und Themen aufgegriffen und vielfach reflektierend beleuchtet. Ihr besonderer Reiz lag nicht zuletzt darin, daß in dem Kreis der über 60 Teilnehmer fünf Erfahrungs-

---

[13] Das Leitbild des deutschen Offiziers. (Studien zum Geschichtsbild, Historisch-Politische Hefte der Ranke-Gesellschaft Heft 17), Göttingen [1965].
[14] Wehr-, Kriegs- oder Militärgeschichte (in: Militärgeschichtliche Mitteilungen 1/1967, S. 21 ff.).

generationen deutscher Offiziere seit 1914 (Alte Armee, Reichswehr, Wehrmacht, Kriegsoffiziere, Bundesgrenzschutz und Bundeswehr in Aufbauphase sowie die aus den Reihen der Bundeswehr erwachsenen Offiziere) aller Waffengattungen vertreten waren, deren Erlebnishorizonte sich überschnitten.

Mit unterschiedlicher Gewichtung galt dabei in den zeitlichen Gruppen bis 1918 wie bis 1935 und in der Frühphase der Bundeswehr das besondere Interesse der Auswahl unter den Aspekten einer mobiler werdenden Gesellschaft (Herkunft, Kadettenkorps, Schulbildung in ungleichmäßigen Bildungsprovinzen), ließ sich auch eine durchaus verschiedenartige Personalpolitik nachweisen und ergab sehr differenzierte landsmannschaftliche Akzente. Aus der Frage, ob die Sozialstruktur allein durch Herkunft und Bildung bestimmt sei und nicht vielmehr durch Ausbildung und Erziehung, erwuchs das Bild eines Offizierkorps, das durch Zusammensetzung und Lebensstil geprägt worden war, je nach Wehrmachtteil, Waffengattung und Sonderlaufbahnen aber notwendig erhebliche Differenzierungen aufwies und in seiner Geschlossenheit durch übermäßige Vermehrung, Reserve- und Kriegsoffiziere Wandlungen erfuhr, die nach 1938 schließlich nur noch mühsam verdeckt waren. Tradition, lang nachhaltende „Regimentssoziologie", bis zum Kultischen gehendes Kasinobrauchtum, letztlich also ebenso feudale Stilelemente wie der Begriff der besonderen Ehre eines besonderen Standes, den Duell und Ehrengericht zu wahren suchten, wurden so in deutlicher Affinität zur Beamtenschaft und studentischen Corps Grundlagen einer Mentalität, die auch unter gewandelten Gesellschaftsbegriffen stilbildend war, weil sie „Leistung" nicht als bürgerliches und demokratisches Leitbild zu verstehen brauchte, sondern als immanente Wertvorstellung bereits besaß.

Dadurch identifizierten sich langehin Innen- wie Außenverständnis dieser Elite mit der Problematik eines besonderen Standes mit eigenem Ehrbegriff. Strenge Auswahl, Herkunft, Bildung, Ausbildung und Erziehung bestimmten die Sozialstruktur eines Korps, das mit erheblichen zeitlichen Überschneidungen seine eigene Mentalität formte. Diese Komparatistik war als Leitfaden aller Diskussion im Dreieck personalen, institutionalen und funktionalen Verständnisses und Selbstverständnisses nicht immer zu einheitlicher Begriffsbildung zu führen, ergab insgesamt jedoch eine Fülle von Aspekten für den Leitbegriff „Führungsschichten".

Die nicht gerade spannungsfreie Debatte über das Selbstverständnis der Offiziere der Bundeswehr, die sich nicht immer auf dem modernsten

Stand der Fragestellung bewegte, erwies, daß dort die jüngere Generation ihre Tradition allein aus der Bundeswehr selbst und dem Nordatlantischen Verteidigungspakt zu schöpfen gewillt ist – ein Ergebnis, das die Führungsspitzen der deutschen Streitkräfte wohl noch stärker in ihre Überlegungen zu deren Tradition einbeziehen sollten[15].

Mit dem vorliegenden Band verbindet sich deshalb die Hoffnung, der bewaffneten Macht der Bundesrepublik Deutschland aus der gesellschaftsgeschichtlichen Betrachtung der Militärgeschichte Denkansätze geben zu können für das Leitbild ihrer Offiziere in der offenen Gesellschaft einer freiheitlich-demokratischen Grundordnung, deren Abwehrbereitschaft zuvorderst gegen Wehrsysteme gerichtet sein muß, die die äußeren Erscheinungsformen des preußischen und zaristischen Militarismus übernahmen, nicht nur mit Feldzeichen, Schulterstücken, Feldbinden, Formalexerzieren und Parademarsch, sondern die auch gewillt sind, „Tradition als Waffe im Klassenkampf" (Armeegeneral Heinz Hoffmann) zu betrachten.

Hanns Hubert Hofmann (†)

---

[15] Vgl. dazu den Bericht über die Kommandeurstagung der Bundeswehr in Sindelfingen: „Was ist heute noch soldatische Tradition? Die Bundeswehr zwischen Nostalgie und Geschichtslosigkeit" von K. H. Janßen (in: DIE ZEIT Nr. 18 vom 22. April 1977, S. 9).

DAS PREUSSISCH-DEUTSCHE OFFIZIERKORPS 1850–1890

VON MANFRED MESSERSCHMIDT

Eine Analyse der Zusammensetzung des preußisch-deutschen Offizierkorps im gewählten Zeitraum wirft eine Reihe von Fragen auf, wenn die Untersuchung einen Beitrag zur Eliteforschung liefern soll. Der Historiker wird sich bei der Formulierung angemessener Fragestellungen gern der begrifflichen Leistungen der Soziologie bedienen und etwa nach der Zirkulation und Selektion dieser Führungsgruppe fragen[1].
Eine Abgrenzung der Fragestellung soll durch folgende Überlegung versucht werden: Hat die sozial- und wirtschaftspolitisch bedingte Ablösung des Junkersystems – jener auf der Militarisierung der Agrargesellschaft beruhenden Identifizierung von Landedelmann und Offizier[2] – durch die Reformen von 1807/08 eine ähnlich stabile, wenn auch anders strukturierte Zuordnung einer bestimmten sozialen Schicht zum Offizierdienst zur Folge gehabt? Es soll nach einer für die Zeit von 1850 bis 1890 reichenden Kontinuität gefragt werden. Die historischen „Daten", die eine Kontinuität dieser Art in Frage zu stellen scheinen, können, unter Beschränkung auf Wesentliches, aufgeführt werden als die Revolution von 1848/49 mit der Einführung der Konstitutionellen Monarchie, die starke Vergrößerung der Armee durch die Roon'sche Reorganisation, die Reichsgründung und die folgenden Heeresvermehrungen und, alles überwölbend, die industrielle Revolution auf der Basis der rechtlichen, ökonomischen und verkehrstechnischen Einheit des großen Wirtschaftsraumes, die neue und mehr soziale Aufstiegsmöglichkeiten eröffnete als frühere technische und ökonomische Entwicklungen.

---

1 s. dazu W. Zapf: Wandlungen der deutschen Elite. Ein Zirkulationsmodell deutscher Führungsgruppen 1919–1961, München 2. Aufl. 1966, 60 ff.

2 S. O. Büsch: Militärsystem und Sozialleben im alten Preußen 1703–1807. Die Anfänge der sozialen Militarisierung der preußisch-deutschen Gesellschaft, Berlin 1962, 144 ff., 162 ff.

Die Reformen von 1808 schafften das ökonomisch ohnehin überholte Junkersystem als Offizierergänzungsgrundlage ab. An seine Stelle sollte ein Prüfungssystem treten: „Kenntnisse und Bildung" berechtigten nach dem Reglement vom 6. August 1808 „alle Individuen", auf die Offizierstellen Anspruch zu erheben. Jeder „Vorzug des Standes" sollte aufhören[3]. Damit schien vor allem dem bürgerlichen Mittelstand der Weg in den Offizierberuf eröffnet. Das Schulwesen schien in Beziehung zum Offizierberuf gebracht worden zu sein.
Bis in die 40er Jahre hat das neue System aus verschiedenen Gründen nicht funktioniert. Bis in diese Zeit standen zahlreiche in den Freiheitskriegen zu Landwehroffizieren beförderte Freiwillige Jäger, die nach 1815 sukzessive in das Linienoffizierkorps übernommen worden waren, ferner ehemalige Unteroffiziere in der Armee. 1816 zählten über 1 500 solcher „aggregierter" Offiziere zur Armee. Einrangiert wurden: 1816: 357; 1817: 234; 1818: 193; 1819: 58; 1820: 146; 1821: 76. In dem relativ kleinen Offizierkorps machten diese Einschübe einen beträchtlichen Prozentsatz aus. Zu bedenken ist, daß die Friedensstärke der Armee bis zur Reorganisation relativ konstant blieb: 1816: ca. 138 000 Mann; 1840: 127 000 Mann; 1848: 127 000; 1856: 132 000[4]. Mit dem Übergang zur dreijährigen Dienstzeit war 1857/58 eine Erhöhung der Effektivstärke der Bataillone verbunden, so daß die Friedensstärke 1859 auf über 142 000 Mann anstieg. Die Stärke des Offizierkorps, einschließlich Ingenieurkorps und der „nichtregimentierten" Offiziere, schwankte zwischen 5 600 und ca. 7 100. Das heißt, für einen Zeitraum von über 40 Jahren haben wir es mit konstanten Größenordnungen zu tun, die durch den nahezu festgeschriebenen Militäretat vorgegeben waren.
Eine rigorose Anwendung des Bildungsprinzips, die auch nur annähernd mit der Chancengleichheit aller Qualifizierten ernstgemacht hätte, würde bereits bis zur Revolution von 1848/49 bis hinein in die Ränge der Obersten die Zusammensetzung des Offizierkorps nachhaltig verändert haben können. Das ist nicht geschehen. Im Gegenteil: nahezu zwanzig Jahre lang, bis 1827/28, wurden die Bildungsanforderungen der Reformzeit unterschritten. Das Schulsystem, vor allem die Divisionsschulen, sorgte dafür, daß nahezu ungebildete junge Leute als Offiziernachwuchs akzeptiert wurden, die auf militärischen Schulen mühselig einige Kenntnisse

---

[3] Vgl. Text des Reglements in: Offiziere in Bild von Dokumenten aus drei Jahrhunderten. Stuttgart 1964, Dok. 42 (= Beiträge zur Militär- und Kriegsgeschichte, Bd. 6, zit.: Offiziere in Bild von Dokumenten).

[4] Nach Jany. Geschichte der Königlich Preußischen Armee, 4. Bd., Berlin 1933, 148, 212 (zit. Jany, Preuß. Armee).

erwarben. Die Mehrzahl der Bewerber brachte nicht die Kenntnisse für die Portepeefähnrichsprüfung mit. Eine Kabinettsorder vom 18. Juni 1822 setzte z. B. als Zulassungsvoraussetzung für den Eintritt in die Divisionsschulen folgendes fest: „Der Eintretende muß sowohl kalligraphisch, als orthographisch in dem Verhältnis gut schreiben, daß er dem Unterricht bei der Schule beiwohnen kann; er muß seine Lebensbeschreibung verständlich abfassen, und gewöhnliche Aufgaben aus den vier Rechnungsarten lösen. Dabei ist vorzüglich auf Anlagen und Fähigkeiten des jungen Menschen Rücksicht zu nehmen"[5]. Die Regimenter besaßen das Recht der Auswahl der Bewerber. Mit dieser Lösung wurde das Bildungsprinzip von 1808 unterlaufen. Ständische Gesichtspunkte gaben den Ausschlag. Söhne des Adels und Offiziersöhne, die nicht im Kadettenkorps unterzubringen waren, konnten hier ihre Chance finden. Eine KO von 1824 gestattete den Divisionskommandeuren sogar, 14jährige Söhne unbemittelter aktiver und pensionierter Offiziere als Hospitanten in die Divisionsschulen aufzunehmen, eine Vergünstigung, die später auf den armen Landadel allgemein ausgedehnt wurde. Das Resultat dieses Rückfalls hinter die Reformzeit war derart, daß eine Kommission unter dem Prinzen Wilhelm 1825 vorschlug, die Unterklassen der Divisionsschulen abzuschaffen und von den Eintretenden entsprechende Vorkenntnisse zu verlangen[6]. Ein derartiger Vorschlag mußte die bürgerliche Konkurrenz in Vorteil bringen. Die Kommission regte daher an, „bei den Gymnasien in sämtlichen Provinzen einige hundert Stellen zur Aufnahme von Söhnen armer Offiziere zu fundieren", die hier auch, soweit die Schule nicht im elterlichen Wohnort gelegen war, „Aufnahme, Verpflegung und Kleidung" erhalten sollten[7]. Was diese Anregung bedeutete, erhellt aus den Bedarfszahlen der Armee: für 1841 wird die Zahl der Portepeefähnrichsprüflinge mit 345 angegeben, für 1842 und 1843 mit 284 und 276. Darin waren enthalten an Kadetten und vormaligen Kadetten: 74, 76 und 87[8]. Zwischen 1817 und 1827 waren von 3 824 Portepeefähnrichskandidaten 6 % abgewiesen, ca. 3 600 also eingestellt

[5] Zit. in: Messerschmidt: Handbuch zur Deutschen Militärgeschichte; IV, Militärgeschichte im 19. Jahrhundert (1814–1890), Zweiter Teil: Strukturen und Organisation. Die preußische Armee, 95. (zit.: Strukturen und Organisation).

[6] Militärische Schriften weiland Kaiser Wilhelms des Großen Majestät, hrsg. v. Kgl. Preuß. Kriegsministerium, 1. Bd., Berlin 1897, 62 (zit.: Mil. Schriften Wilhelms I., Bd. 1).

[7] A. a .O., 63.

[8] Siehe dazu tabellarische Aufstellung in Militär-Wochenblatt 1844, 59 ff.

worden. Der durchschnittliche Jahresbedarf lag also bei 360 Fähnrichen. Von den in diesem Zeitraum zum Offizier geprüften ca. 360 Fähnrichen wurden lediglich 4 % abgewiesen[9]. Freistellen für Offiziersöhne in dem geforderten Umfang hätten also dafür gesorgt, daß sich das Offizierkorps vollständig aus sich selbst heraus ergänzt haben würde. Der Vorschlag stellte den Versuch dar, die durch die Reform von 1808 praktisch nicht veränderten soziologischen Perspektiven mit dem Bildungsprinzip wenigstens einigermaßen zu versöhnen. Boyen hat 1844 in seiner zweiten Amtsperiode als Kriegsminister in das alte System eine Bresche zu legen versucht. Wohin er zielte, zeigte bereits seine gutachtliche Äußerung von 1836, mit der er sich gegen besondere Veranstaltungen für die „Söhne armer Offiziere" wandte. Ein Staat, der durch die Anstrengungen aller Bürger die Armee erhalte, könne nicht allein einem bevorzugten Stande Anspruch auf die Offizierstellen geben, man müsse vielmehr aus sozialen und politischen Gründen die reichen Bürgerfamilien durch Zulassung ihrer Söhne zum Offizierberuf fester an den Staat binden[10]. Dies war das Stichwort. Mit den Offizierergänzungsbestimmungen von 1844[11] vollzog Boyen einen Schritt in diese Richtung: gefordert wurde nunmehr die Primareife für die Fähnrichsprüfung. Im Offizierexamen gehörten künftig nur militärische Fächer zu den Prüfungsmaterien. Für die Ergänzung des Offizierkorps war damit eindeutig die Portepeefähnrichsprüfung zum entscheidenden Kriterium geworden. Abiturienten wollte Boyen zeitlich begünstigt wissen. Um den zu erwartenden Protesten aus den bisher begünstigten Kreisen zu begegnen, empfahl er jetzt selbst die Errichtung von Freistellen für Söhne des ärmeren Offizieradels. Noch vor der Revolution von 1848/49 formierte sich die Opposition des Offizierkorps gegen diese „liberalen" Tendenzen. Hauptsprecher wurde der Prinz von Preußen, der die Zukunft der alten Offizierfamilien gefährdet sah: die „Bevorzugung der geistigen Bildung" lasse einen „Umschlag der militärischen Richtung befürchten"[12]. Standen sich hier, so muß gefragt werden, zwei gleich durchschlagskräftige Auffassungen gegenüber? Boyen setzte sich zwar mit seiner Verordnung durch, war aber damit auch eine praktische Änderung der Zulassungsgepflogenheiten verbunden? Drängte jetzt eine Elite aus dem Kreis des gehobenen Bürgertums heran, wurde damit die Armee des Königs zu einer

[9] Strukturen und Organisation, 94.

[10] F. Meinecke: Das Leben des Generalfeldmarschalls Hermann v. Boyen, Bd. 2, Stuttgart 1899, 469; Militär-Wochenblatt 1844.

[11] Militär-Wochenblatt 1844, 59 ff.

[12] Mil. Schriften Wilhems I., Bd. 1, 494 f.

„Armee der Nation"? Die Frage ist zu verneinen. Zwar versuchte der Kriegsminister General v. Pfuel während der Revolution der öffentlichen Kritik gegen die Offiziererergänzung entgegenzukommen. Friedrich Wilhelm IV. stimmte seinen Vorschlägen „zu einer zeitgemäßen Umgestaltung des Cadetten-Corps im Allgemeinen" zu. Im Oktober 1848 erging eine entsprechende Verordnung. Doch die reaktionäre Welle ab 1850 stellte den alten Zustand im wesentlichen wieder her. Aber selbst Pfuels Vorschläge hätten kaum ein in Geist und Zusammensetzung „neues" Offizierkorps schaffen können, denn nach der Verordnung von 1848 sollten die Kadettenanstalten allen Staatsbürgern offenstehen, „welche sich ein besonderes Verdienst um das Vaterland erworben haben", das hieß vornehmlich den Söhnen von Offizieren, Landwehroffizieren, Beamten und Staatsdienern – darüber hinaus, so hieß es, auch Staatsbürgern jeder Klasse als Pensionären. Das Hauptinstitut sollte militärisch organisiert bleiben[13]. Die neuen Bestimmungen vom 13. April 1850 stellten den exklusiven Charakter der alten Pflanzstätte für das Offizierkorps wieder her. Sie sorgte nach wie vor für die alten Offizierfamilien. 1850 nahm sie 720 Königliche Kadetten und 216 Pensionäre auf. Kabinettsordern von 1851 und 1852 gingen noch unzweideutiger in diese Richtung. So mußten z. B. Unteroffiziere und lediglich charakterisierte Offiziere 25 Dienstjahre hinter sich gebracht haben, wenn sie „nach Maßgabe der vorhandenen Vacanzen, ihre Söhne im Cadetten-Corps unterzubringen" gedachten. Dabei blieb es auch nach den Bestimmungen von 1869[14]. Von besonderer Bedeutung mußte bis zur Roon'schen Reorganisation und der damit verbundenen Vergrößerung der Armee die Tatsache werden, daß schon während der konstanten Verhältnisse bis 1854 das Kadettenkorps beträchtlich erweitert wurde auf 1 440 Zöglinge. Der Versuch des Liberalismus war gescheitert, Einfluß auf die Binnenstruktur der Armee und des Offizierkorps zu gewinnen. Die Ergänzungspolitik für das Offizierkorps blieb genauso eine Angelegenheit der Kommandogewalt wie die Festlegung der Bildungsziele. Hier hatte die Kultusverwaltung nichts mitzubestimmen. Die Reform des Bildungs- und Schulwesens in Preußen konnte nur sehr zögernd und indirekt in das Offizierkorps – den „vornehmsten Stand" – hineinwirken.

Im Blick auf die Zeit nach der Reorganisation muß den frühen Auffassungen des Prinzen von Preußen und späteren Königs und Kaisers große Bedeutung beigemessen werden. Die Revolution lieferte ihm den Beweis

[13] Strukturen und Organisation, 90.
[14] Strukturen und Organisation, 92 f.

dafür, daß das Offizierkorps auf den alten Grundlagen weiterentwikkelt werden müsse. Jede „Zögerung" verlängere die „Gefahr, in der wir uns befinden". Die vorhandenen und neu anzulegenden Kadettenhäuser müßten stets gefüllt sein. Das „Benefizium", so schrieb er 1848, müsse „in integrum restituirt" werden[15].
Zeigen diese Hinweise, daß mit dem von Boyen schärfer betonten Bildungsprinzip, nämlich der Einführung der Primareife als Zulassungsvoraussetzung durch die Offizierergänzungsverordnung von 1844 und ihren Nachfolger von 1861 nichts Wesentliches erreicht wurde für eine Zirkulation der Eliten im Sinne einer Schwerpunktverlagerung auf die Schicht des gehobenen Bürgertums? Eine Antwort hierauf muß für die ganze Periode bis 1890 und danach auch das Wahlrecht der Offizierkorps berücksichtigen. Boyen, dem soviel an der Heranziehung des gehobenen Bürgertums lag, sorgte selbst durch den von ihm mit der Ergänzungsverordnung von 1844 abgewandelten Wahlmodus dafür, daß die alten Offizierfamilien nicht zu kurz kamen, solange nicht genügend Vakanzen vorhanden waren. Dieser Wahlmodus berechtigte das Offizierkorps des Regiments, darüber zu befinden, ob ein Portepeefähnrich – also nach bestandenem Examen – „würdig" sei, weiter auf Avancement zu dienen. Erst aufgrund dieses Würdigkeitsurteils beantragte der Divisionskommandeur bei der Ober-Militär-Examinations-Kommission das „Attest der Reife zum Portepeefähnrich". Nach dem Offizierexamen folgte eine analoge Prozedur. Dem Ernennungsvorschlag war ein Protokoll des Offizierkorps des betreffenden Truppenteils beizufügen, in welchem zu befinden war, ob es „den Vorzuschlagenden für würdig erachtet, in seine Mitte zu treten".
Dieser Wahlmodus, der auch in den Bestimmungen von 1861 beibehalten wurde, ließ sich jederzeit standespolitisch gegen ein Unterlaufen der alten sozialen Grundlagen des Offizierkorps benutzen. Er unterschied sich charakteristisch von dem Wahlmodus der alten Bestimmungen von 1808. Damals bezog sich das „Würdigkeitsurteil" ausdrücklich auch auf die dienstlichen Leistungen und Eigenschaften des Aspiranten. Seit 1844 gewann es abstrakte Selbständigkeit. Was sich damit regulieren ließ oder wie es politisch und soziologisch anwendbar war, zeigen die Vorstellungen Edwins v. Manteuffel, des Chefs des Militärkabinetts und Kabinettsordern Wilhelms I. Für die Armee war die Reorganisation und der sie begleitende Verfassungsstreit eine Zeit der Prüfung. Eine gewisse Furcht vor einer Politisierung des Offizierkorps war vorhanden.

15 Ebd.; so auch Roon in seiner großen Denkschrift v. Juli 1858; vgl. a. Anm. 23.

Der wegen der Vergrößerung der Armee erhöhte Offizierbedarf zwang das Kriegsministerium zu außerordentlichen Maßnahmen. Es kam zu Meinungsverschiedenheiten zwischen Roon und Manteuffel, die die Situation um die Zeit 1861/62 erhellen.

Manteuffel faßte ganz im Sinne der herrschenden Praxis das Wahlrecht der Offizierkorps als sozial wirksames Instrument auf. Er wandte sich gegen die Übernahme von Landwehroffizieren in das Linienoffizierkorps. Damit werde, so schrieb er dem Kriegsminister, „das Hauptwesen der preußischen Offizierkorps, das vor allem mit dazu beigetragen hat, ihre Eigentümlichkeit zu begründen und zu bewahren, das Recht und die Pflicht, sich ihren Zuwachs selbst zu wählen und heranzubilden, nach und nach erschüttert“[16].

Eine umfassende Analyse der Auswirkungen der Boyenschen Ergänzungsbestimmungen von 1844 ist bisher nicht durchgeführt worden. Bekannt ist, daß zwischen 1845 und 1856 4 626 Portepeefähnriche zum Offizier geprüft worden sind. Darunter befanden sich bereits 492 Abiturienten. Der Anteil der Kadetten bei den Portepeefähnrichen lag bei 19 %[17]. Ein Vergleich mit den Zahlen von 1817–1827 und insbesondere mit den Jahren 1841–1843 ergibt folgendes Bild: Die absoluten Zahlen haben sich nicht wesentlich verändert: 1817–1827 lag der durchschnittliche Jahresbedarf an Offizieren bei ca. 360, zwischen 1845 und 1856 bei ca. 420. Berücksichtigt man die Durchfallquoten, die im ersten Zeitraum bei 6 % und im zweiten bei 13 % lagen, so rücken die Zahlen noch stärker zusammen auf einen Mittelwert zwischen 340 und 365. 1841, 1842 und 1843 lag der Anteil der Kadetten bei 22 %, 27 % und 31 %. Der Ausbau der Kadettenanstalten wirkte sich aus: ein deutliches Zeichen für die Anstrengungen zur Wiedergewinnung der nach 1813/15 verlorenen Homogenität.

Zwischen 1845 und 1856 ging der Anteil der Kadetten auf 19 % zurück. Es wirkten also nach 1844 ständische und neuere bildungspolitische Faktoren teilweise mit- und teilweise gegeneinander. 1859 kam nach der Peuckerschen Reform noch der obligatorische Besuch der Kriegsschulen hinzu, der sich gegen die alten Offizierfamilien auszuwirken schien. Vor diesem Hintergrund ist die Auseinandersetzung zwischen Kriegsministerium und Militärkabinett zu sehen.

---

[16] K. Demeter: Das deutsche Offizierkorps in Gesellschaft und Staat, 1650–1945, Frankfurt, 3. Aufl. 1964, 242 f., Schreiben an Roon v. 25. 11. 1861 (zit.: Offizierkorps).

[17] Strukturen und Organisation, 103.

Manteuffel erinnerte Roon an die Notwendigkeit, „unter den heutigen Verhältnissen" Offizieraspiranten „in alter Gesinnung" zu berücksichtigen, „anstatt die Söhne armer Adels- und Offizierfamilien zurückzuschrecken".
Zwei Prinzipien des Offiziererergänzungswesens standen also in den 60er Jahren in scharfer Konkurrenz gegeneinander, was angesichts des größer gewordenen Bedarfs überrascht. Die Entscheidung über die Aufnahme neuer Bewerber lag primär bei den Regimentskommandeuren. Diese ausgesuchten Offiziere, gleichgültig, ob adlig oder nicht, betrieben eine im wesentlichen gleichgerichtete Ergänzungspolitik. Dennoch mag ein kurzer Blick auf das Verhältnis von adligen zu bürgerlichen Regimentskommandeuren nützlich sein, weil sich in dieser Relation ja auch ein Stück vormärzlicher Ergänzungspraxis niedergeschlagen hat. Der Anteil Bürgerlicher betrug:

	1855	1865	1875	1885
Infanterie	13 %	5 %	17 %	24 %
Kavallerie	11 %	6 %	7 %	7 %
Artillerie	33 %	33 %	50 %	50 %

In absoluten Zahlen ausgedrückt, sah das Verhältnis von adligen zu nichtadeligen Regimentskommandeuren folgendermaßen aus (Neuadlige sind zum Adel gerechnet):

	50er Jahre	60er Jahre	70er Jahre	80er Jahre
Infanterie	41:6	77:4	95:19	93:29
Kavallerie	34:4	45:3	66: 5	67: 5
Artillerie	67:3	9:5	20:18	20:20[18]

Es hat nur wenige Ausnahmen in dieser Ergänzungsperiode gegeben. Jedenfalls berichtet Prinz Friedrich Karl von Preußen in seinem Essay darüber[19]. Einige der nach 1814 einrangierten freiwilligen Jäger und andere Zugänge haben, als sie seit etwa 1840 in die Regimentskommandeurstellen einrückten, offenbar eine liberalere Hand im Ergänzungsgeschäft gehabt. In den Augen der konservativen Generale verfuhren

[18] Strukturen und Organisation, 63.

[19] Demeter: Offizierkorps, S. 233 ff. Dok. 1: Über Entstehung und Entwicklung des preußischen Offiziergeistes, seine Erscheinungen und Wirkungen, Jan. 1861.

sie „unverantwortlich lax“, so daß wieder „manch seltsamer Mutter Kind“ Offizier wurde. Diese Entwicklung ist zu den Folgeerscheinungen der Maßnahmen Boyens nach 1840 zu rechnen. Die Abschaffung der „überzähligen“ Offiziere im Jahre 1841 und die Anhebung der Prüfungsanforderungen 1844 erschwerten den Zugang des altpreußischen Ersatzes. Es wurden mehr Bürgerliche als früher eingestellt, noch ehe die Reorganisation den Rückgriff auf Landwehroffiziere, Assessoren u. a. notwendig machte. Die Regimenter haben aber, so gut sie konnten, Opposition geleistet. Bürgerliche wurden vielfach nicht gern gesehen[20].
Der Prinz von Preußen empfahl 1856 dem König eine Verstärkung des Kadettenkorps – der „unbestritten besten Pflanzschule für die Preußische Offiziere“ – und, wie schon 30 Jahre zuvor, die Errichtung von Freistellen an den Gymnasien für die Söhne armer oder verabschiedeter Offiziere und wandte sich gegen die Söhne des „theilweise niedrig stehenden Beamtenstandes und des niederen Bürgerstandes als Offizierkandidaten“[21].
Das Offizierkorps hat am Vorabend der Reorganisation eine wesentlich größere Homogenität besessen als nach Boyens erstem Abschied im Jahre 1819. Damals wies die Rangliste ein Verhältnis von 3 605 Adligen zu 3 053 Bürgerlichen auf; 1860 lag der Anteil des Adels schon wieder bei knapp 4 300 Offizieren. Der Anteil der 1860 eingetretenen adligen Offizieraspiranten belief sich auf 89 % altpreußischer Herkunft[22]. Nicht zu übersehen ist allerdings ein Gefälle von Osten nach Westen. Im Westen der Monarchie konnten die Regimenter nicht auf ein reiches Angebot aus verarmten Adelskreisen zurückgreifen.
Mit Sicherheit kann angenommen werden, daß die Revolution von 1848/49 den konservativen Trend der Ergänzungspolitik gefördert und damit die Ansätze Boyens überlagert hat. Nicht nur Griesheim und Manteuffel, auch Roon hatte seit 1848 die innenpolitische Bedeutung einer Armeereform, vor allem der Abschaffung der Landwehr, vor Augen. Nach diesen Vorstellungen konnte nur das aktive Offizierkorps Garant der inneren Sicherheit sein. Mit dem höheren Präsenzstand und dem vergrößerten Offizierkorps war nach Roons Denkschrift vom Juli 1858 auch eine den polizeilichen Bedürfnissen entsprechende Dislokation möglich. Zu seinem Programm gehörte geradezu logisch auch die Vergrößerung des Kadettenkorps. All dies sollte „eine wesentliche innere

[20] Vgl. dazu Aus dem Leben Theodor v. Bernhardis, hrsg. v. Friedrich v. Bernhardi, 2. Teil, 231.
[21] Militärische Schriften Wilhelms I., Bd. 2, 256 ff., Brief v. 14. Febr. 1856.
[22] Demeter: Offizierkorps, 12, 20.

Potenzierung“ des Offizierkorps bewirken[23]. Der schärferen Politisierung des Offizierkorps und der Wirkungen der konservativ-liberalen Polarisierung während des Verfassungsstreits konnten sich weniger ständisch denkende Regimentskommandeure kaum noch entziehen. Die Möglichkeit, sich nach den Buchstaben der Ergänzungsbestimmungen von 1861 zu richten, war eingeschränkt worden: Wiederholte Kabinettsordern wiesen die Regimentskommandeure an, „unpassende Elemente“ von Offizierkorps fernzuhalten, ja sogar, mit Tapferkeitsbeförderungen zum Offizier zurückhaltend zu verfahren[24]. Angesichts des durch die Heeresvergrößerungen verursachten hohen Offizierbedarfs änderten sich die Kategorien der Auswahl aber doch mehr und mehr zugunsten des Besitz- und Bildungsbürgertums. Wilhelm I. hat dieses Reagieren auf den Zwang der großen Zahl 1879 in einem Schreiben an den Chef der Admiralität einschränkend unter den Gesichtspunkt Qualität gehe vor Quantität gestellt. Die Marine konnte sich zwar um diese Zeit eine solche Haltung eher leisten als die Armee. Richtungweisend war aber für beide Streitkräfte das Auswahlprinzip, das nun Adel und gehobenes Bürgertum umfaßte: „Die Hauptsache bleibt hier die Qualität und die innere Zusammengehörigkeit, welche die jungen Leute schon aus ihren Familien – Beziehungen mit in den neuen Beruf bringen, denn dies ist das Fundament, aus dem sich später der feste Zusammenhang eines Offizierkorps sehr viel leichter und sicherer bilden läßt als aus sich ferner stehenden Elementen“[25].

Um dieses Auswahlprinzip aber für den „ärmeren Offizieradel“ nicht gefährlich werden zu lassen, hatte Wilhelm I., eigenen Auffassungen wie auch hierauf berechneten Einwirkungen des Militärkabinetts folgend, die Primareifeforderung vorläufig suspendiert. Kabinettsordern von 1862, 1865 und 1867 besagten, daß die Ergänzungsbestimmungen von 1861 nicht buchstabengetreu angewendet werden sollten[26]. Erst eine Kabinettsorder vom 5. Mai 1870 ordnete an, daß ab 1. April 1872 die Zulassung von Portepeefähnrichsprüfung vom Nachweis der Primareife abhängig sei[27].

---

[23] Vgl. „Bemerkungen und Entwürfe zur vaterländischen Heerverfassung vom 21. Juli 1858, in: Militärische Schriften Wilhems I., Bd. 2, 344 ff.

[24] Vgl. K. O. v. 3. September 1866, K. v. Helldorff, Dienst-Vorschriften der Königlich Preußischen Armee, Erster Theil, 2. Abtheilung, Berlin, 3. Aufl. 1874, 14 f.

[25] K. O. vom 20. Nov. 1879, BA-MA, Kaiserl. Admiralität-Central-Abtheilung, Acta generalia. Original Cabinets-Order vom 7. Jan. 1879 – 30. Dez. 1879.

[26] Strukturen und Organisation, 106; Helldorff, a.a.O. 5 f.

[27] Ebd.

Die Reorganisation der Armee durch Roon und Wilhelm I. leitete zusammen mit den Einigungskriegen eine außerordentliche Vergrößerung der Armee und damit des Offizierkorps ein. Eine kurze Übersicht über diese Entwicklung ist unumgänglich, um zu erkennen, in welchen Größenordnungen sich die Offiziererganzungspolitik bewegte: der unmittelbare Effekt der Reorganisation überforderte die Armee nicht. Eine Verdoppelung des Offizierkorps[28] war zunächst ganz und gar nicht damit verbunden. Tatsächlich stieg die Zahl der Offiziere bis 1862 lediglich um 1 202 Köpfe auf 7 814 an, und erreichte bis 1866 eine Stärke von 7 907. Diese Vermehrung konnte bewältigt werden einmal durch den Übertritt von Landwehroffizieren – wobei zu bedenken ist, daß Kriegsminister v. Bonin enorme Vorarbeit geleistet hatte, weil in seiner Zeit zahlreiche aktive Kompaniechefs zur Landwehr kommandiert worden waren –, ferner durch Übernahme von Selektanern des Kadettenkorps und durch Abhaltung von Kurzlehrgängen auf den Kriegsschulen[29]. Die Kriege von 1864 und 1866 führten erneut zu einem Einschub von ehemaligen Landwehroffizieren in das aktive Offizierkorps. Erst nach Gründung des Norddeutschen Bundes schnellten die Zahlen sichtbar hoch. Die nach der Verfassung des Bundes bis 1871 auf 1 % der Bevölkerung festgesetzte Heeresstärke bedeutete eine wesentliche Vergrößerung des Offizierkorps bis 1868, nämlich auf 11 453 preußische Offiziere und 1 471 andere bundesstaatliche Offiziere = insgesamt 12 924 Offiziere. Das Reichsheer zählte aufgrund des Reichsmilitärgesetzes vom 2. Mai 1874 17 213 Offiziere. Davon entfielen auf:

Preußen	13 343
Sachsen	1 007
Württemberg	770
Bayern	2 093[30]

---

[28] So Demeter: Offizierkorps, 16.

[29] Siehe dazu C. Jany: Preußische Armee, 4. Bd. 228; Max Lenz: Geschichte Bismarcks, Leipzig 1902, meinte sogar, die Reorganisation habe einseitig den Adel bevorzugt: die obersten Klassen der Kadettenhäuser seien geleert, bürgerliche Aspiranten dagegen zurückgesetzt worden. Prinz Friedrich Karl bestätigt in seinem angeführten Essay, daß bestimmte Landwehroffiziere, die bei der Mobilmachung 1859 eingezogen worden waren, nur ungern und mit Mißtrauen aufgenommen wurden, nämlich Subalternbeamte, Inspektoren, u. a.

[30] Jany: Preußische Armee, 270; O. Frhr. v. d. Osten-Sacken und von Rhein: Preußens Heer von seinen Anfängen bis zur Gegenwart, 3. Bd., Berlin 1914, 291.

Die späteren Heeresvergrößerungen brachten das Offizierkorps bis 1888/89 auf folgenden Stand:

Preußen	15 036
Sachsen	1 250
Württemberg	806
Bayern	2 202

mithin auf insgesamt 19 294 Offiziere[31].

Dieser Sprung von 1860 = ca. 6 700 auf 1868 = ca. 11 500 preußische Offiziere brachte jene Probleme mit, die schon in den 50er Jahren, ja schon seit Boyens Maßnahmen in den 40er Jahren, von der altpreußischen Richtung als „Gefahr" für die Armee beschworen worden waren, die aber jetzt erst in eine Dimension gerieten, daß die Frage gestellt werden konnte, ob der altpreußische Ersatz rein zahlenmäßig tatsächlich noch bedarfsdeckend sein konnte.
Karl Demeter hat in den verloren gegangenen Akten des Militärkabinetts „die erste richtige moderne Statistik"[32] über die sozialen Verhältnisse der zur Portepeefähnrichsprüfung zugelassenen Offizieraspiranten, und zwar für die Jahre 1862/63, 1863/64 und 1866/67 gefunden, aus der sich für den genannten Zeitraum folgendes entnehmen läßt:

Bewerber insgesamt:	2 516
Davon Adlige:	1 234 = 49 %

Nach dem Beruf des Vaters geordnet: Söhne von

Offizieren:	835 = 33 %
höheren Beamten:	657 = 26 %
Gutsbesitzern:	498 = 20 %
Geistlichen u. Lehrern:	179 = 7 %
Subalternbeamten:	151 = 6 %
Gewerbetreibenden und Kaufleuten:	121 = 5 %
Rentiers:	75 = 3 %

Hieraus erhellt, daß bis 1867 immer noch 79 % aus Kreisen stammten, die auch in den 50er Jahren gern genommen wurden. Von einer Bedrohung der Existenz des Offizieradels konnte gar keine Rede sein. Erwähnt sei, daß selbst im Kaiser Franz Garde-Grenadier-Regiment Nr. 2 1849

---

31 Jany: Preußische Armee, 287.
32 Demeter: Offizierkorps, 18.

der Sohn eines bürgerlichen Strafanstaltsdirektors als Portepeefähnrich akzeptiert wurde[33].

Der sogenannte „altpreußische“ Ersatz, zu dem durchaus auch Söhne höherer Beamter rechneten, ging zwar von 1860 = 89 % auf 1869 = 77,8 % zurück[34]. Zu bedenken ist aber dabei, daß die Armee durchaus nicht alle Ressourcen für den Offizieradel mobilisierte. So besuchten z. B. Söhne von hohen Offizieren oder begütertem Landadel die Kadettenhäuser und blockierten dadurch Stellen für ärmere Familien. Eine nähere Untersuchung liegt darüber nicht vor, genausowenig, wie über die konjunkturellen Auswirkungen von Wirtschaftskrisen und -aufschwüngen auf einzelne soziale Gruppen und die damit zusammenhängenden Fragen der Berufswahl der jungen Männer aus offizierfähigen Familien[35].

Seit Ende der 60er Jahre hieß das Problem nicht mehr die Konkurrenz von Adel und Bürgertum, vielmehr lag es in der Definition der unteren Schwelle. Nicht die geringen Zahlen hannoverscher, hessischer, nassauischer und schleswig-holsteinischer Offiziere wurden als homogenitätsgefährdend angesehen, sondern der Andrang von Bewerbern aus Kreisen der Subalternbeamten, Kaufleute, kleinen Gewerbetreibenden, also aus dem unteren Mittelstand. Gegen Ende der sechziger Jahre lag ihre Quote bei etwa 18 %. Eine genaue Eingrenzung ist allerdings nicht möglich, weil das Mißtrauen gegen die erwerbenden Berufe leicht dazu führte, Kaufleute und kleine Händler und Gewerbetreibende in einen Topf zu werfen.

Wichtiger aber als diese in Grenzen gehaltene Entwicklung wurde der steigende Anteil von Akademikersöhnen am Offiziersersatz. 1888 lag er bereits bei 28 % und ging dann in Schwankungen aufwärts, um bald nach

---

[33] Offizier-Stammliste des Königlich Preußischen Kaiser Franz-Garde-Grenadier-Regiments Nr. 2, 1814–1914, bearb. v. Joachim v. Goertzke, Berlin 1914, 139.

[34] Tabelle bei Demeter, Offizierkorps, 19.

[35] Eine allgemeine Übersicht bietet: H. Rosenberg: Die Weltwirtschaftskrise 1857–1859, Göttingen, 2. Aufl., 1974. Die Aussage von Frhr. v. Osten-Sacken, Preußens Heer, 3. Bd., 330, wonach „der hohe Aufschwung des Handels und der Industrie“ nach 1871 dem Offizierkorps zahlreiche junge Leute entzogen habe“, auf die es bisher gleichsam ein Anrecht gehabt hatte“, ist viel zu undifferenziert, um präzise eingeordnet werden zu können. Sie übersieht die „große Depression“. S. dazu: H. Rosenberg: Große Depression und Bismarckzeit, 1967.

1900 den Anteil der Offiziersöhne zu überflügeln[36]. Dieser Trend, Ausdruck der „konservativ-bürgerlichen Interessenharmonie", des Übergangs von der „ständischen" zur Klassengesellschaft[37], insbesondere im Gefolge der „großen Depression" 1873 und nach der konservativen Richtungsänderung 1879, brachte neben der Zusammenführung von Großagrariern und Wirtschaft auch die Akademikerwelt endgültig auf den Boden des konservativen Staates. Jetzt setzte ihre „Feudalisierung" ein, die Eckhart Kehr so nachdrücklich beschrieben hat. Hinzu kam die qualitative Änderung des Staats- und Nationalbewußtseins in der Phase des Imperialismus[38]. So ist es zu erklären, daß die Armee seit dieser Zeit innenpolitisch auf einer viel breiteren Basis ruhte als zuvor. Das national-liberale Bürgertum stand jetzt ideologisch und auch faktisch als Reservoir des Offizierkorps – nicht nur für das Reserveoffizierkorps – zur Verfügung. In den kaiserlichen Erlassen spiegelt sich dieser Befund eindeutig wider: die Abgrenzung nach unten wurde als notwendig herausgestellt, auf eine „strenge und angemessene Auswahl" des Offiziersersatzes verwiesen und in den Qualifikationsberichten der Kommandeure besondere „Urteile" über ihre Maßnahmen zur Fernhaltung „ungeeigneter Elemente" verlangt[39]. Hierin erblickte Wilhelm I. ein Mittel, trotz aller soziologischen Änderungen in der Zusammensetzung des Offizierkorps seit 1860, die Homogenität im Standesbewußtsein und in der politisch-geistigen Haltung zu sichern. Jede „äußere Veränderung" sollte „ohne Einfluß auf den inneren Wert" des Offizierkorps bleiben[40]. Dabei war vor allem an die Familienverhältnisse der Kandidaten gedacht. In einer Kabinettsorder vom Februar 1870 kam Wilhelm I. ausdrücklich auf den unersetzlichen Wert einer guten häuslichen Erziehung,

---

[36] Vgl. dazu Tabelle über soziale Herkunft der Kriegsschüler von 1888–1913 nach den Akten der Inspektion der Kriegsschulen bei Demeter, Offizierkorps, 22.

[37] M. Messerschmidt: Die politische Geschichte der preußisch-deutschen Armee, in: Handbuch zur deutschen Militärgeschichte 1648–1939, IV, 1, Militärgeschichte im 19. Jahrhundert 1814–1890, hrsg. vom Militärgeschichtlichen Forschungsamt, München 1975, 228, u. die dazu in Bd. IV, 2, angegebene Literatur.

[38] S. dazu M. Messerschmidt: Reich und Nation im Bewußtsein der wilhelminischen Gesellschaft, in: Marine und Marinepolitik im kaiserlichen Deutschland 1871–1914, hrsg. v. Militärgeschichtlichen Forschungsamt, Düsseldorf 1972, 11–33.

[39] So z. B. in einer KO Wilhelms I. v. 16. März 1867, in: Offiziere in Bild von Dokumenten, 189 f., Dok. 53.

[40] Ebd.

eines angeborenen anständigen Sinnes und möglichst der Offizierstradition der Vorfahren zu sprechen. Jeder Kommandeur versündige sich schwer an der Armee, „wenn er durch Annahme ungeeigneter Offizieraspiranten dazu beiträgt, den wohlbegründeten Ruf des Offizierstandes zu beeinträchtigen"[41].

Wilhelm II. setzte diese Politik fort. Er sah in dem „gesteigerten Bildungsgrad unseres Volkes" eine Möglichkeit, „die Kreise zu erweitern, welche für die Ergänzung des Offizierkorps in Betracht kommen"[42]. Der pathetisch geforderte „Adel der Gesinnung" wurde jetzt, wo der Bedarf der Armee so fühlbar gestiegen war, nicht mehr nur in den adligen Geschlechtern des Landes, bei den Söhnen von Offizieren und höheren Beamten unterstellt, sondern auch bei „den Söhnen solcher ehrenwerten bürgerlichen Häuser, in denen die Liebe zu König und Vaterland, ein warmes Herz für den Soldatenstand und christliche Gesittung gepflegt und anerzogen werden".

Dieser Erlaß bringt Bildungsanliegen in Zusammenhang mit ideologischen und soziologischen Kategorien. Er scheint die Verordnungen von 1844 und 1861 über die Offizierergänzung übersehen zu haben, nach denen all das jetzt als wichtig Bezeichnete längst möglich war. Hier ist der Zusammenhang von Schule, Sozialverhältnissen und Armee berührt, der für das Offizierkorps nach 1880 von besonderer Bedeutung werden sollte. Boyen hatte schon 1844 in die Richtung gezielt. Aber das staatliche höhere Schulwesen wurde von der Armee nicht als die selbstverständliche Grundlage ihrer Ergänzungspolitik akzeptiert. Edwin von Manteuffel muß dafür als stärkster Exponent genannt werden. Das Sozialprestige des Offizierkorps beruhte nicht auf Bildungsvoraussetzungen. Jetzt, in den letzten beiden Jahrzehnten des 19. Jahrhunderts, führte kein Weg mehr an den Reservoirs an Primanern und Abiturienten vorbei. Der Anteil der Abiturienten an den Fahnenjunkern lag 1890 bereits bei 35 %, 1900 bei 44 %[43]. Aber damit konnte das Problem der „Abgrenzung nach unten" nicht allein gelöst werden. Abitur war nicht gleich Abitur. Die Armee akzeptierte den Abiturienten der Gymnasien, der Oberreal-Abiturient mußte sich darüber hinaus der Portepeefähnrichs-

---

[41] Order an das Kriegsministerium v. 24. Febr. 1870, zit. nach den Akten des Militärkabinetts bei Demeter, Offizierkorps, 20.

[42] Erlaß v. 29. März 1890, in: Offiziere in Bild von Dokumenten, 197, Dok. 59; ferner bei P. v. Schmidt: Das deutsche Offizierkorps und seine Aufgaben in der Gegenwart, Berlin 1904, 8 f.

[43] Übersicht nach Akten des Kriegsministeriums bei Demeter, Offizierkorps, 95.

prüfung unterziehen. Dieses Examen fungierte bei Bewerbern aus dem sozialen Umkreis der Oberrealschule also als Kontrollinstanz und oft als Sperre. Die Konkurrenz der Oberrealschule ist auch vom Kadettenkorps gefürchtet worden, das ja seit 1877 den Lehrplan des Realgymnasiums eingeführt hatte. Der Realschüler wurde wegen seiner Kenntnis der Realien und der modernen Sprachen an sich von der Armee höher eingeschätzt als der Humanist, aber sein Familienhintergrund und sein „Umgang" führten oft zur Zurückweisung. In der Hoffnung, den Typ des Reformgymnasiums nach dem Frankfurter oder Altonaer-System eines Tages durchsetzen zu können, stimmte der Kriegsminister im Staatsministerium gegen die Vorrechte des Humanistischen Gymnasiums[44], aber als sich die Gefahr der Gleichstellung der neunklassigen Anstalten abzuzeichnen begann, erwirkte das Militärkabinett im Januar 1898 die Entscheidung des Kaisers, daß die Ansprüche an die „wissenschaftliche Bildung" des Offizierersatzes grundsätzlich nicht herabgemindert werden dürften[45].

Diese Entscheidung richtete sich gegen die Oberrealschule und stand überdies in krassem Gegensatz zur kaiserlichen Dispenspraxis. Immerhin sind 1890 noch 134 Fahnenjunker vom Nachweis der Primareife befreit worden und im ersten Jahrzehnt des neuen Jahrhunderts wurden über tausend Dispense erteilt. Es konnte mithin nicht um die Frage minderer wissenschaftlicher Leistungen der Oberrealschulen gehen, sondern um den soziologischen Hintergrund. So hat etwa der Generalinspekteur des Bildungswesens sich dagegen ausgesprochen, „den Kreis der jungen Leute zu erweitern, die wir ohne eigene Prüfung ihres geistigen Standpunktes zum Eintritt auf Beförderung zulassen ...". Die Zulassung der Oberrealschüler würde diesen Kreis „nach unten" erweitern. Damit wäre den Regimentskommandeuren ein „unparteiisches Mittel gegen Zudringliche" genommen. Es sei kein Zweifel, daß die Oberrealschulen nur von Vätern gewählt würden, die ihre Söhne nicht einem „höheren",

---

[44] Votum des Kriegsministers v. Goßler vom 2. März 1900, Geh.Staatsarchiv Berlin-Dahlem, Rep. 84 a, Nr. 10948, Bl. 23.

[45] BA-MA, Archiv der Marine, RMA, Allg. Marinedepartement, Akten betr. Ergänzung der Offiziere, Jan. 1902 – Dez. 1903, Auszüge aus Akten des Kriegsministeriums zur Frage der Gleichwertigkeit der Zeugnisse der Gymnasien, Realgymnasien und Oberrealschulen für den Offizierberuf. Diese Zusammenhänge sind von mir dargestellt in dem Beitrag „Militär und Schule in der wilhelminischen Zeit", in: Militärgeschichtliche Mitteilungen 1/78, 51–76.

sondern einem erwerbenden Berufe zuführen wollten[46]. Selbst nach der Schulkonferenz von 1900, die die Gleichstellung der neunstufigen Anstalten empfohlen hatte, und nach dem entsprechenden Erlaß des Kaisers vom 26. November 1900 dauerte es noch bis zum Februar 1902, bis endlich diese Grundsätze für die Armee verbindlich wurden. Oberrealabiturienten waren damit von der Portepeefähnrichsprüfung befreit. Ob sie aber deshalb leichter Offizier werden konnten, stand auf einem anderen Blatt. Die Ansichten des Offizierkorps hatten sich jedenfalls nicht geändert. Obwohl nähere Untersuchungen fehlen, darf unterstellt werden, daß die Armee nach wie vor den Gymnasiasten mit Primareife und Portepeefähnrichsprüfung vorzog. Sie ging davon aus, daß künftig „gegen die Einstellung ungeeigneter Elemente aus Oberrealschulen in das Offizierkorps ... allein sorgfältige Auswahl durch die Truppenkommandeure schützen" könne[47].

Seit 1890/1900 ist also die von den Reformern und dann von Boyen in den 40er Jahren geforderte Bindung des gehobenen Bürgertums an das Offizierkorps nicht mehr bloße Forderung geblieben. Diese Entwicklung basierte einmal auf zahlenmäßiger Notwendigkeit, zum andern auf einer Anpassung des Bürgertums an dem monarchisch-konservativen Staat, wie sie noch drei Jahrzehnte vorher nicht für möglich gehalten worden war. Wenn von den Garderegimentern abgesehen wird, so läßt sich durchaus sagen, daß das Offizierkorps einer neuen Elite geöffnet worden ist, vor allem dem akademischen Bürgertum, auch dem freiberuflichen. Aber diese Elite konnte den „altpreußischen" Ersatz nur zahlenmäßig, nicht prinzipiell verdrängen. Sie assimilierte sich dem Vorbild bleibenden Offizieradel. Eine neue Schicht ist also dem Offizierberuf nur als Surrogat zugeordnet worden. Sie war in sich nicht eigentlich homogen, nur deutlich nach unten abgegrenzt. Hier liegt der wesentliche Grund dafür, daß das höhere Schulwesen seine Leistungsmaßstäbe nicht wie bei allen anderen „höheren" Berufen beim Zugang zum Offizierberuf monopolistisch durchsetzen konnte. Das nationalliberale und neukonservative Bürgertum fand Zugang und verbreiterte die ständischen Grundlagen zum „Klassencharakter". Die Kluft zu weiten Teilen der Nation wurde nicht überbrückt, obwohl es Beispiele für breiter fundierte Lösungen nach 1813/14 und seit 1866/70/71 gab. Manteuffels Satz: „Unsere Macht findet dort ihre Begrenzung, wo unser Junkermaterial zur Besetzung der Offizierstellen aufhört, stellte sich später als falsch her-

[46] S. Anmerkung 45.
[47] Ebd.

aus. Und es kann angenommen werden, daß auch die volle Berücksichtigung der Oberrealschüler kein anderes Ergebnis produziert haben würde: Preußens Oberrealschulen entließen nicht weniger patriotische Absolventen als die Gymnasien. Hier schlummerte noch ein Potential. Die Klagen hoher Militärs über die Unmöglichkeit nachhaltiger Armeevergrößerungen wegen des Mangels an geeignetem Offiziersersatz beruhten immer noch auf ständischen Vorstellungen. In der preußischen Armee lagen modernistische und anachronistische Kompositionselemente nebeneinander. Bei der Kavallerie noch sichtbarer als bei der Infanterie. Sie konnten wohl nur zu einem Ganzen verbunden werden in einem Instrument, das auf dem quasidemokratischen Prinzip der allgemeinen Wehrpflicht aufbaute aber dennoch als Organ der Kommandogewalt jenseits der verfassungsmäßigen Ordnung stand.
Eine gewisse Rolle mag auch das Kriegsbild der Armee mitgespielt haben. In den letzten Jahrzehnten des 19. Jahrhunderts ging sie trotz der Erfahrungen in der zweiten Phase des deutsch-französischen Krieges immer noch davon aus, daß ein künftiger Krieg mit der aktiven Armee und der Reserve geschlagen würde. Der Typ des Reserveoffiziers hatte sich inzwischen dem des aktiven angepaßt. Es wurde bei weitem nicht jeder Einjährige als reserveoffizierfähig angesehen. Der Haupttypus stand in den Akademikern zur Verfügung, die sich zu gut drei Vierteln aus Absolventen des Humanistischen Gymnasiums zusammensetzten.

ZUR GESCHICHTE DES PREUSSISCHEN OFFIZIERKORPS 1888–1918

VON WILHELM DEIST

Auch wenn man die Auffassung von H.-J. J. Schoeps[1] nicht teilt, daß mit der Reichsgründung nur noch von einer „Nachgeschichte Preußens" gesprochen werden kann, wird die Formulierung des Themas doch in mehrfacher Hinsicht Bedenken hervorrufen. Die Frage von Schoeps, inwieweit die Eigenart Preußens durch die „Verreichlichung" denaturiert wurde, sollte für die Geschichte des preußischen Offizierkorps nicht von vorneherein als unzulässig verworfen werden. Immerhin gab Demeter, der dem preußischen Offizierkorps die breiteste Aufmerksamkeit widmet, seinem Standardwerk von 1930 den Titel „Das Deutsche Offizierkorps in seinen historisch-soziologischen Grundlagen". Doch geht auch er noch für die Zeit Wilhelms II. von der Vorstellung eines preußisch geprägten deutschen Offizierkorps aus.

Weiterhin wird man sich fragen müssen, ob in der Entwicklung des preußischen Offizierkorps während der 25 Jahre vor dem Kriegsausbruch so tiefgreifende Strukturveränderungen Platz gegriffen haben, daß eine gesonderte Behandlung im Rahmen dieser Konferenz notwendig erscheint. Nach den Erschütterungen der Reform, der Restauration und schließlich der Revolution waren seit 1850 sowie in den Jahren des Heereskonflikts die Grundlagen fixiert und schließlich unter Wilhelm I. das Instrumentarium zur Regelung der Verhaltensweisen des Korps in hoher Vollendung ausgebaut und verfeinert worden. Die entscheidenden Grundlagen waren, wie Messerschmidt überzeugend nachgewiesen hat, gelegt worden und hatten sich – vom Standpunkt des Korps aus gesehen – in den Einigungskriegen bewährt und waren in den folgenden Jahren weiter gefestigt worden. Dieses Fundament ist in den 25 Friedensjahren vor dem Ersten Weltkrieg nicht erschüttert worden.

---

[1] Vgl. H.-J. Schoeps: Preußen: Geschichte eines Staates, Berlin 1966, S. 273 ff.

Eine inhaltliche Begründung für eine gesonderte Behandlung liegt in dem auch von den Zeitgenossen registrierten Stilwandel, der sich unter Wilhelm II. in Staat, Gesellschaft und daher auch im Offizierkorps vollzog. Dieser Wandel kann verkürzt damit charakterisiert werden, daß der vor Jahrzehnten in Gang gekommene wirtschaftliche Prozeß der Industrialisierung nunmehr auf allen Gebieten der Politik, insbesondere der Außen- und Innenpolitik, zum Motor der Entwicklung wurde. Hierin liegt der tiefere Grund für die immer und immer wieder belegte Tatsache, daß die Zeitgenossen ihre Gegenwart in einem mehr oder weniger scharf empfundenen Gegensatz zu den Gründungsjahren des Reiches sahen. Das wilhelminische Zeitalter mit seiner glänzenden Fassade, seinem enormen wirtschaftlichen Aufstieg, den bewundernswerten wissenschaftlichen und kulturellen Leistungen, aber auch den schweren sozialen Problemen und den damit untrennbar verbundenen innen- und außenpolitischen Fehlleistungen mußte auch dem Offizierkorps seinen unverwechselbaren Stempel aufdrücken.

In den vier Jahren des Weltkrieges, die in die Betrachtung einbezogen werden sollen, vollzieht sich im Offizierkorps der Übergang von einer adelig-agrarischen zu einer bürgerlich-industriellen Mentalität. Für den Offizier waren diese Jahre gleichbedeutend mit der Erfüllung seiner Berufspflichten, sie brachten die nicht so schnell wiederkehrende Chance höchster Bewährung, sie erwiesen sich aber auch als eine Zeitspanne tiefster Demütigung. Das Bild des Offiziers war bereits vor dem Kriege in der Öffentlichkeit umstritten und von politischen Gruppen der „Linken" stark kritisiert worden. Nunmehr, in der Schlußphase des Krieges, zerrissen die bisher so klar gezogenen Konturen nahezu vollständig, nicht nur die Armee, sondern auch das Korps stand in der Gefahr sich aufzulösen. Trotzdem erfuhren diese Umstände in den Jahren nach 1918 sowohl in zeitgenössischen Betrachtungen als auch in wissenschaftlichen Beiträgen extrem gegensätzliche Interpretationen. Es wird daher außerordentlich schwierig sein, für den Gesamtzeitraum ein auch nur einigermaßen zutreffendes Bild zu zeichnen.

Angesichts der zahlenmäßigen Größe des preußischen Offizierkorps und dem Verlust fast aller archivalischen Quellen ist es nicht mehr möglich, die dem Thema angemessene soziographische Methode anzuwenden. Es wird daher darauf ankommen, durch eine genaue Beobachtung der Verhaltensweise des Korps und seiner Mitglieder die Wandlungen zu erkennen und zu beschreiben, die eine Änderung des Selbstverständnisses des Korps und seiner Einordnung in den Funktionszusammenhang von Staat und Gesellschaft signalisieren.

II

Der erwähnte Stilwandel fand seinen sichtbarsten Ausdruck in der Person des Monarchen[2] selbst. Wilhelm II. ließ zwar kaum eine Gelegenheit aus, sich gerade in seinem Verhältnis zu Armee und Offizierkorps in eine Linie mit dem verpflichtenden Vorbild seines Großvaters zu stellen, aber der Wandel der Geisteshaltung war unerverkennbar und tiefgreifend. „Welch eine Wendung durch Gottes Fügung" hatte Wilhelm I. im Augenblick des höchsten Triumphes formuliert, sein Enkel dagegen präsentierte sich seinen Brandenburgern als der Garant einer großen Zukunft: „Herrlichen Tagen führe ich Euch entgegen". Die Verehrung für Wilhelm I. verlor das Maß, führte zu Peinlichkeiten, als der Enkel ihm aus eigenem Entschluß den Beinamen „der Große" verlieh.
Doch zunächst verstand es sich nahezu von selbst, daß die Thronbesteigung Wilhelms II. das Offizierkorps mit großen Erwartungen erfüllte. Der junge Monarch versprach neues Leben in die doch zum Teil verkrusteten militärischen Verhältnisse zu bringen. Die Berufung des Grafen Waldersee zum Chef des Generalstabes und die Ablösung des langjährigen Chefs des Militärkabinetts, v. Albedyll, schienen diesen Erwartungen ebenso Rechnung zu tragen wie der im Geiste persönlicher Verbundenheit abgefaßte Tagesbefehl[3] vom 15. Juni 1888 oder die Kabinettsordre[4] vom 5. Juli 1888, in der Wilhelm II. Mißstände im Offizierkorps beim Namen nannte und die Regimentskommandeure und die älteren Offiziere an ihre erzieherischen Funktionen und an ihre Verantwortung erinnerte. Doch das Verhältnis Wilhelms II. zu seinem preußischen Offizierkorps ist durch diese positiven Aspekte des Neubeginns nicht auf die Dauer geprägt worden. Der Monarch hielt sich selbst immer weniger an die seinen Offizieren abverlangte „vornehme Zurückhaltung in Schrift und Wort"[5], die dauernden Uniformänderungen standen eben-

---

[2] Anstelle einer Vielzahl von Hinweisen sei auf die neueste zusammenfassende Darstellung verwiesen: H.-U. Wehler: Das Deutsche Kaiserreich 1871–1918, Göttingen 1973 (Deutsche Geschichte, Bd. 9) und die dort (S. 297 ff.) gebotene Auswahlbibliographie. Zu Wehlers Ansatz vgl. die ausführliche Rezension von H.-G. Zmarzlik: Das Kaiserreich in neuer Sicht?, in: HZ 222 (1976), S. 105 ff.

[3] Das Tagesbefehl ist abgedruckt in Schulthess' Europäischer Geschichtskalender, N.F. 4. Jg. (1888), S. 94 f.

[4] Vgl. M. Messerschmidt/U. v. Gersdorff: Offiziere im Bild von Dokumenten aus drei Jahrhunderten. Stuttgart 1966, S. 195 ff. (Beiträge zur Militär- und Kriegsgeschichte, Bd. 6).

[5] Ebd., S. 197.

falls im Gegensatz zu den anfangs von ihm verkündeten Maximen und schließlich waren der forsche, manchmal taktlose Umgang mit hohen und höchsten Offizieren sowie die häufig oberflächliche Art seiner Neujahrsansprachen an die Kommandierenden Generale nicht dazu angetan, das Band zwischen König und Offizierkorps zu festigen[6]. Es ist ohne weiteres einsichtig, daß bei dem besonderen Treueverhältnis, das jeden einzelnen Offizier an die Person des Herrschers band, die Gestaltung der Beziehungen zwischen dem Monarchen und seinen Offizieren von nicht zu unterschätzender Bedeutung für die Entwicklung des Korps insgesamt sein mußten. So hatten die erwähnten Umstände, denen noch eine große Zahl weiterer Beispiele – die Bevorzugung des Seeoffizierkorps, die Verminderung der militärischen Effizienz durch die Schaffung immer neuer Immediatstellen, Eingriffe in den militärischen Ausbildungsgang, die besondere Form der „Kaiser-Manöver" etc. – an die Seite gestellt werden könnten, eine wachsende Distanz der höheren militärischen Führer zum Monarchen zur Folge, die sich im Weltkrieg bis zur tatsächlichen Ausschaltung des Kaisers vom Entscheidungsprozeß der operativen und – mit Ausnahmen – strategischen Kriegführung steigerte. Die Auflösungserscheinungen im Offizierkorps im Herbst 1918 sind auch vor dem Hintergrund dieser Entwicklung zu sehen, die den Obersten Kriegsherrn für viele, insbesondere junge Offiziere zu einem belanglosen Phänomen hatte werden lassen. Wie weit die innere Abwendung von der Person des Monarchen auch bei den Inhabern höchster Führungspositionen gediehen war, zeigt das Beispiel des ehemaligen Kriegsministers v. Einem[7], dem Oberbefehlshaber der 3. Armee, der 1915 das Versagen des Kaisers darauf zurückführte, daß „wir seit einem 1/4 Jahrhundert ein arbeitendes Staatsoberhaupt nicht gehabt haben", der „Allerhöchste" sei „erfüllt von Gleichgültigkeit und Schimmerlosigkeit". 1917 übernahm er das Urteil Ludendorffs: „SM gänzlich ahnungslos und ohne Character" und attestierte ihm „ehrliche Sucht nach Vergnügungen und Abwechslungen".
Es wäre nun allerdings ein grobes Mißverständnis, würde man derartige Äußerungen, die aus Nachlässen und Memoiren in vielfältiger Weise noch ergänzt werden könnten, als Zeugnisse eines generellen Auflö-

[6] Vgl. in diesem Zusammenhang z. B. die Denkwürdigkeiten des Generalfeldmarschalls Alfred Grafen v. Waldersee, hrsg. von H. O. Meissner, Bd. 2, Stuttgart–Berlin 1922, S. 126 f., 136 f., 150 f., 153, 175, 181 f., 301 f., 353 f.; M. Kitchen: The German Officer Corps 1890–1914, Oxford 1968, S. 17 ff.

[7] Militär und Innenpolitik im Weltkrieg 1914–1918, bearb. von W. Deist, Düsseldorf 1970, Bd. I/2, S. 1136 (Quellen zur Geschichte des Parlamentarismus und der politischen Parteien, II. Reihe: Militär und Politik).

sungsprozesses betrachten. Bei aller Kritik an der Person des Monarchen, die selbstverständliche Loyalität gegenüber dem Obersten Kriegsherrn blieb davon unberührt, sie geriet allenfalls in der Ausnahmesituation des militärischen Zusammenbruchs und der Revolution ins Wanken und beschränkte sich im wesentlichen auf die Generation der jungen Kriegsoffiziere.

Es läßt sich vielmehr beobachten, daß die Reaktion auf den Herrschaftsstil Wilhelm II. in einer zunehmenden Verselbständigung des Korps bestand. Ausgangspunkt dieser Tendenzen war die jeder Kontrolle der politischen Instanzen entzogene, unabhängige Stellung des Korps in seiner alleinigen Bindung an den Monarchen und an die von diesem verkörperte, von der Person jedoch unabhängige monarchische Staatsidee, die der notwendigerweise hierarchischen Struktur des Korps entsprach. Die kunstvolle, nach außen maniriert wirkende Reglementierung der Verhaltensformen und die wesentlich vom Militärkabinett – trotz aller Eingriffe Wilhelm II. – gesteuerte Personalpolitik verbürgten die Geschlossenheit nach außen. Die unter Wilhelm I. geschaffenen Ordnungsprinzipien waren in ihren Einzelbestimmungen derart umfassend, daß hierfür die ordnende Hand des Monarchen nahezu entbehrt werden konnte. Auch in wirtschaftlichen und sozialen Fragen entwickelte das Korps um die Jahrhundertwende aus sich heraus eigenständige Initiativen und verschaffte sich in einer beachtlichen Standes- und Fachpresse Gehör[8]. Gerade in bezug auf das Verhältnis des Korps zu der schillernden Persönlichkeit Wilhelms II. wird man einen Ausspruch Georg Heinrich v. Berenhorsts als zutreffend bezeichnen können, der 1805 in seinen „Aphorismen" geschrieben hatte[9]: „Die Gemeinen sind die Basis, Obristen und Hauptleute die Säulen einer vollendeten militärischen Rotunde; sie tragen die mächtige Kuppel; sie tragen – wenn's seyn muß – einen hohlen Herkules oben auf derselben, lange den Stürmen und den Ungewittern entgegen." Die Unwetter, von denen das preußische Offizierkorps in den zur Debatte stehenden Jahren tangiert wurde, waren von wechselnder Stärke und zogen aus unterschiedlichen Richtungen herauf.

Die öffentliche Kritik an den Verhaltensformen der Offiziere und an den Strukturelementen des Korps ist auch in Preußen eigentlich nie völlig

---

[8] Vgl. F. Priebatsch: Geschichte des preußischen Offizierkorps, Breslau 1919, S. 58 ff.

[9] Zitiert nach G. Papke: Offizierkorps und Anciennität, in: Untersuchungen zur Geschichte des Offizierkorps. Anciennität und Beförderung nach Leistung, Stuttgart 1962, S. 190 (Beiträge zur Militär- und Kriegsgeschichte, Bd. 4).

verstummt. Nach den erregten Debatten und Auseinandersetzungen der frühen 60er Jahre glätteten sich zunächst die Wogen unter dem Eindruck der militärischen Siege und der Reichsgründung, so daß sich die publizistische Kritik bis zum Tode Wilhelm I. in Grenzen hielt. Es ist durchaus nicht überraschend, daß mit dem Thronwechsel des Jahres 1888 und den damit mancherorts verbundenen Erwartungen auf Reformen auch die öffentliche Diskussion zu Fragen des Militärwesens, insbesondere auch des Offizierkorps, wieder verstärkt in Gang kam. Vermehrt erschienen Anfang der neunziger Jahre kritische Broschüren, die teilweise in kurzer Zeit erstaunliche Auflagenhöhen erreichten. Die Diskussion griff auf die Fachpresse, die Tagespresse und schließlich den Reichstag über, dessen jährliche Debatten zum Militäretat, insbesondere nach der Jahrhundertwende, auch zu einem Spiegelbild der in der Gesellschaft vorherrschenden, sehr konträren Ansichten zu Fragen des Offizierkorps wurden.

Zwei Stimmen aus dem Chor der Kritiker seien herausgegriffen, weil sie über die Tagespolemik hinaus einerseits unter beruflichen, andererseits unter politischen Aspekten auf Fehlentwicklungen im Offizierkorps aufmerksam machten. Im Jahre 1895 erschien in Stuttgart „eine offene Kritik der Verhältnisse unseres Offizierkorps" von dem königlich bayerischen Premierleutnant a. D. Krafft, der man Sachkenntnis und eine den Idealen des Berufsstandes verpflichtete Motivation nicht absprechen kann[10]. Die Broschüre erlebte in wenigen Monaten mehrere Auflagen und kann, obwohl sie auf bayerische Verhältnisse exemplifiziert, durchaus zur Charakterisierung der Verhältnisse im preußischen Offizierkorps dienen. Krafft erklärte gleich zu Anfang ganz unmißverständlich, daß er nicht einzelnen Personen, „sondern dem ganzen System" den Kampf ansage. Ihm gehe es darum „den Unterschied zwischen äußerem Schein und innerem Werte, die Gewalt, mit der jeder Notschrei unterdrückt" werde, „die Mißstände und die Entfremdung zwischen Offizieren und Volk" anzuprangern und Wege zu deren Überwindung vorzuschlagen. Die Mißstände sah Krafft vor allem in den unerträglichen finanziellen Verhältnissen der Subalternoffiziere, der nahezu vollkommenen Abhängigkeit von den Vorgesetzten und in der Verkümmerung der geistigen sowie allgemein kulturellen Interessen bei der Masse der Offiziere. Kraffts Schrift ist eine Illustration der in der wissenschaftlichen Literatur bereits aufgearbeiteten, in ihren vielfältigen Aspekten dargestellten Kontroverse um die Bildungsvoraussetzungen für den Offizierberuf und der im ganzen erfolglosen Bemühungen, den bürgerlichen Bildungsbegriff der fachlichen

[10] R. Krafft: Glänzendes Elend. Eine offene Kritik der Verhältnisse unseres Offizierkorps, 5. Aufl. (8. u. 9. Tausend), Stuttgart 1895.

Weiterbildung der Offiziere zugrundezulegen[11]. Auch die Schilderung der finanziellen Verhältnisse, des Zulagewesens, der Realitäten des Kasinobetriebes und schließlich der ausgefeilten und umfassenden formalen Reglementierung des Offizierdaseins entspricht weitgehend dem heutigen Erkenntnisstand[12]. Die Kritik Kraffts war polemisch im Ton, jedoch zutreffend in der Sache und vorzüglich geeignet, die gefährlichen Folgen der geschilderten Umstände für die Mentalität und die militärische Funktionsfähigkeit des Offizierkorps zu studieren. Sie war getragen von dem Wunsche, dem Berufsstande zu dienen, an die Stelle einer pervertierten Disziplin „jene[n] freiwillige[n], freudige[n] Gehorsam, der allein eines Mannes würdig ist" zu setzen und den Offizier als den nicht nur im formalen Sinne verantwortungsbewußten, vorbildhaften militärischen Führer anerkannt zu sehen.
Kraffts Broschüre blieb ebenso wirkungslos wie die zwei Jahre zuvor erschienene Schrift von Ludwig Quidde „Der Militarismus im heutigen deutschen Reiche"[13], die – weniger auf Details gerichtet – die politischen und gesellschaftlichen Konsequenzen der Ausbreitung militärischer Auffassungen und Denkformen in ihrer spezifisch preußischen Spielart auf alle Gebiete staatlichen Handelns und in der Öffentlichkeit ins Visier nahm. Quidde wandte sich zunächst gegen die „Grausamkeit" der militärischen Disziplinarordnung und des Strafrechts, er geißelte dann aber vor allem die Institution des Reserveoffiziers[14], das Kriegervereinswesen[15] und schließlich die Durchdringung der öffentlichen Ver-

---

11 Vgl. K. Demeter: Das Deutsche Offizierkorps in Gesellschaft und Staat 1650–1945, Frankfurt [4]1965, S. 94 ff.; M. Messerschmidt: Werden und Prägung des preußischen Offizierkorps – ein Überblick, in: Offiziere im Bild von Dokumenten, S. 81 ff.; ders.: Militär und Schule in der wilhelminischen Zeit, in: Militärgeschichtliche Mitteilungen, 23 (1978), S. 51 ff.

12 Vgl. hierzu Demeter, Offizierkorps, S. 339 f.; F. C. Endres: Soziologische Struktur und ihr entsprechende Ideologien des deutschen Offizierkorps vor dem Weltkrieg, in: Archiv für Sozialwissenschaft und Sozialpolitik, 58 (1927), S. 282 ff.; Kitchen: German Officer Corps, S. 49 ff.

13 Wiederabgedruckt in Ludwig Quidde: Caligula. Schriften über Militarismus und Pazifismus. Mit einer Einleitung hrsg. von H.-U. Wehler, Frankfurt 1977, S. 81–130.

14 E. Kehr: Zur Genesis des königlich preußischen Reserveoffiziers, in: Der Primat der Innenpolitik, hrsg. und eingeleitet von H.-U. Wehler, Berlin 1965, S. 53 ff.

15 K. Saul: Der „Deutsche Kriegerbund". Zur innenpolitischen Funktion eines „nationalen" Verbandes im kaiserlichen Deutschland, in: Militärgeschichtliche Mitteilungen, 6 (1969), S. 95 ff.; Kitchen: German Officer Corps, S. 129 ff.

waltung mit den sogenannten Militäranwärtern[16]. Er beschwor die „Korruption" der „guten Gesellschaft", den „fortschreitende[n] Verfall [des] Bürgerstandes" noch als Gefahr, während F. C. Endres knapp 35 Jahre später das Ergebnis der von Quidde befürchteten Entwicklung zur Grundlage seiner berühmten Definition des Militarismus machen konnte, der nichts anderes sei als „die Geistesverfassung des Nichtmilitärs"[17].

Die Schärfe und Solidität der Kritik, für die Quiddes und Kraffts Schriften ja nur besonders markante Beispiele sind, kontrastiert mit ihrer tatsächlichen Wirkungslosigkeit. Sie teilte damit im übrigen auch das Schicksal der Kritik von konservativer Seite[18]. Dies ist ein Zeichen dafür, daß die Entwicklung des preußischen Offizierkorps unter Wilhelm II. sich in Übereinstimmung mit den bestimmenden geistigen und politischen Tendenzen der Zeit und der sie tragenden gesellschaftlichen Schichten und wirtschaftlichen Interessen vollzog. Dramatischen Ausdruck fand diese Übereinstimmung in der Zaberner Affäre und ihren Begleiterscheinungen im Herbst und Winter 1913, mit der die öffentliche Debatte um das Offizierkorps ihren Höhepunkt vor Ausbruch des Krieges erreichte[19]. Diese „Verfassungskrise" des Kaiserreiches bestätigte in ihrem Ergebnis noch einmal die überragende Stellung der preußischen Armee im Staate und die innere Ausrichtung der wilhelminischen Gesellschaft – bis weit hinein in das Kleinbürgertum – auf das den monarchischen Staat repräsentierende Offizierkorps, wozu nicht zuletzt der enorme und für diese Gesellschaft bestürzende Erfolg der Sozialdemokratischen Partei bei den Reichstagswahlen von 1912 beigetragen hatte. Die Säulen der militärischen Rotunde – um im Bilde Berenhorsts zu bleiben – hatten sich als standfest erwiesen. Zabern hatte keine gefährlichen Bruchlinien bloßlegen können, die öffentliche Kritik schien im wesentlichen wirkungslos geblieben zu sein.

Angesichts dieser Umstände erscheint es geboten, vor allem den Elementen in der Entwicklung des Korps Beachtung zu schenken, die einerseits trotz genereller Übereinstimmung von den Tendenzen der Zeit ab-

[16] Vgl. hierzu W. Deist: Die Armee in Staat und Gesellschaft 1890–1914, in: Das kaiserliche Deutschland, hrsg. von M. Stürmer, Düsseldorf 1970, S. 324 ff.; Kitchen: German Officer Corps, S. 123 ff.

[17] Endres: Soziologische Struktur, S. 292.

[18] Kitchen: German Officer Corps, S. 26 f. Vgl. auch A. v. Boguslawski: Die Ehre und das Duell, Berlin 1896.

[19] Zu Zabern vgl. Militär und Innenpolitik, S. XXV ff.

wichen und die andererseits den anfangs konstatierten Stilwandel unter Wilhelm II. in charakteristischer Weise zum Ausdruck brachten.
In Preußen gab es im Jahre 1888: 15 038 Offiziere aller Dienstgrade[20], im Jahre 1914 hatte sich diese Zahl auf immerhin 22 112 gesteigert[21]. Diese doch sehr erhebliche Vergrößerung des Offizierkorps hatte allerdings für das Avancement des einzelnen Offiziers kaum Verbesserungen gebracht. Es ist im Gegenteil errechnet worden, daß die Beförderung zum Hauptmann im Jahre 1913 durchschnittlich nach 15 Leutnantsjahren erfolgte, dagegen erreichte der Offizier 1895 diesen Dienstgrad bereits ein Jahr eher[22]. Das Avancement hatte sich demnach erkennbar verschlechtert. Bei den technischen Waffen allerdings, insbesondere bei der Artillerie, zeigte sich eine gegenläufige Tendenz, die jedoch noch nicht sehr ausgeprägt war. Auf die Gründe hierfür wird noch näher einzugehen sein.
Die Zahl von 22 112 aktiven Offizieren des preußischen Kontingents zu Beginn des Weltkrieges entsprach nicht den im Etat ausgeworfenen 24 371 Offizierplanstellen[23]. Die Tatsache von über 2 000 Leerstellen verweist auf die in der Literatur ausführlich behandelte Kontroverse zwischen dem preußischen Kriegsministerium und dem Generalstab über die Heeresvermehrung der Jahre 1912 und 1913 sowie über das damit verbundene Problem eines „geeigneten" Offiziersersatzes[24]. Damit ist ein Thema angeschnitten, das die Offiziere selbst, die Zeitgenossen und die Historiker immer aufs Neue beschäftigt hat und für das Korps selbst bei seiner bewußt wahrgenommenen einzigartigen Position in Staat und Gesellschaft von eminenter Bedeutung sein mußte. Die Untersuchungen zu diesem Komplex haben ergeben, daß der Anteil der Offiziere adliger

---

20 Kriegsrüstung und Kriegswirtschaft, Anlagen zum ersten Band, Berlin 1930, S. 460.

21 Die Ursachen des Deutschen Zusammenbruches im Jahre 1918, Bd. 11/2, Berlin 1929, S. 34 (Werk des Untersuchungsausschusses des Deutschen Reichstages, IV).

22 E. Graf v. Matuschka: Die Beförderung in der Praxis, in: Untersuchungen zur Geschichte des Offizierkorps, S. 183 f.

23 v. Löbells Jahresberichte über das Heer- und Kriegswesen, XL (1913), S. 9.

24 Vgl. Kitchen, German Officer Corps, S. 6 f. und 32 f.; sowie noch immer H. Herzfeld: Die deutsche Rüstungspolitik vor dem Weltkrieg, Bonn 1923, S. 47 ff. Zur Frage jüdischer Offiziere vgl. die eingehenden Untersuchungen von W. T. Angress: Prussia's Army and the Jewish Reserve Officer Controversy before World War I, in: Leo Baeck Institute, Year Book, 17 (1972), S. 19 ff.; sowie ders.: Das deutsche Militär und die Juden im Weltkrieg, in: Militärgeschichtliche Mitteilungen, 19 (1976), S. 77 ff.

Herkunft sich zumindest seit der Mitte des 19. Jahrhunderts nahezu kontinuierlich verringerte, derjenige der Offiziere bürgerlicher Abstammung dagegen vergrößerte. Die für einzelne Jahre und Phasen der Entwicklung mit großer Akribie errechneten Prozentanteile interessieren hier weniger als die Interpretation des Prozesses selbst. Ins Gedächtnis zurückgerufen sei nur die von Demeter mitgeteilte Angabe, daß zwischen 1860 und 1913 der Anteil des Adels im preußischen Offizierkorps von 65 auf 30 % zurückging[25]. Doch was besagen diese Zahlen? Ist es gerechtfertigt, aus ihnen eine „Verbürgerlichung" des preußischen Offizierkorps herauszulesen? Wie ist es dann möglich, daß in neueren Untersuchungen die These von der „feudalen Struktur" des Korps vertreten werden kann[26]? Angesichts dieser konträren Positionen wird es von Vorteil sein, sich der beiden Prinzipien zu erinnern, denen das Korps, solange es existierte, um seiner selbst willen verpflichtet blieb. Auch unter Wilhelm II. wurden alle Regelungen zur Rekrutierung des Offiziersersatzes von dem Gedanken bestimmt, die gesellschaftliche Homogenität des Korps und seine Exklusivität als Stand zu erhalten. Eine Überprüfung der gegensätzlichen Thesen aus dieser Perspektive könnte zu einer Präzisierung der bisherigen Forschungsergebnisse führen.
Wilhelm II. hat in seiner Kabinettordre vom 29. März 1890 die erwünschte soziale Zusammensetzung des Offiziersersatzes ziemlich prägnant umschrieben[27]: „Neben den Sprossen der adligen Geschlechter des Landes, neben den Söhnen meiner braven Offiziere und Beamten, die nach alter Tradition die Grundpfeiler des Offizierkorps bilden, erblicke ich die Träger der Zukunft meiner Armee auch in den Söhnen solcher ehrenwerten bürgerlichen Häuser, in denen die Liebe zu König und Vaterland, ein warmes Herz für den Soldatenstand und christliche Gesittung gepflegt und anerzogen werden." Die Schleusen sollten für das bürgerliche Element also keineswegs weit geöffnet werden, die einschränkenden Formulierungen waren außerordentlich dehnbar und gaben den Regimentskommandeuren die Möglichkeit, „strenge" Maßstäbe anzulegen. Die Kabinettsordre hatte generell zur Folge, daß vermehrt das zu wirtschaftlichem Wohlstand gelangte und insbesondere das akademisch gebil-

---

[25] Demeter: Offizierkorps, S. 15 ff., S. 29; hierzu auch M. Messerschmidt: Militärgeschichte im 19. Jahrhundert 1814–1890. Strukturen und Organisation, in: Handbuch zur deutschen Militärgeschichte 1648–1939, IV/2, München 1976, S. 60 ff.

[26] Vgl. z. B. H. H. Herwig: Das Elitekorps des Kaisers. Die Marineoffiziere im Wilhelminischen Deutschland, Hamburg 1977.

[27] Abgedruckt in: Offiziere im Bild von Dokumenten, S. 197.

dete Bürgertum Zugang zum Offizierkorps erhielt. Das Charakteristikum dieser Form der „Verbürgerlichung" ist vor allem darin zu sehen, daß von den bürgerlichen Elementen kein reformierender Einfluß auf die Gesamtheit des Korps ausgegangen ist, eher war das Gegenteil der Fall. Die frühe und ätzende Kritik Quiddes an der Institution des Reserveoffiziers und deren gesellschaftlicher und politischer Funktion für das aufstrebende Bürgertum ist hierfür ein beweiskräftiges Indiz[28]. Das konservative und national-liberale Bürgertum, dessen soziale und wirtschaftliche Stellung untrennbar mit dem herrschenden System verbunden war, sah in der Aufnahme seiner Söhne in das Korps die letzte Stufe des eigenen gesellschaftlichen Aufstiegs.

Die Assimilitationskraft des aristokratischen Korps wurde wirksam unterstützt durch die Nobilitierungspolitik der Krone[29] und die überlegene Personalpolitik des Militärkabinetts, die dafür sorgte, daß die höheren Positionen innerhalb des militärischen Apparates nur zögernd dem bürgerlichen Element geöffnet wurden. So war zwar im Jahre 1913 der Anteil des Adels im preußischen Offizierkorps auf 30 % gefallen, doch besetzte der Adel zum gleichen Zeitpunkt noch immer 56 % der Stellen vom Obersten an aufwärts[30]. Für das Jahr 1909 hat Oberst Gädke im „Berliner Tageblatt" eine Aufstellung über die Verteilung der beiden Elemente bei den Offizieren der Infanterie veröffentlicht, die diese Tendenz der Personalpolitik treffend veranschaulicht[31]. Danach waren bei der Infanterie vorhanden:

1 252	(29,8 %)	adlige	2 949	bürgerliche	Leutnants
631	(30,0 %)	„	1 467	„	Oberleutnants
945	(38,3 %)	„	1 522	„	Hauptleute
501	(49,6 %)	„	512	„	Majore
109	(50,9 %)	„	105	„	Oberstleutnants
139	(68,1 %)	„	65	„	Obersten
75	(70,7 %)	„	31	„	Generalmajore
44	(86,2 %)	„	7	„	Generalleutnante

[28] Vgl. Anm. 14.

[29] N. v. Preradovich: Die Führungsschichten in Österreich und Preußen (1804–1918), Wiesbaden 1955, S. 130 ff.; G. Martin: Gruppenschicksal und Herkunftsschicksal. Zur Sozialgeschichte der preußischen Generalität 1812–1918, Saarbrücken 1970, S. 48 ff., S. 205 ff. Zu dem gesamten Komplex vgl. jetzt insbesondere U. Trumpener: Junkers and others. The Rise of Commoners in the Prussian Army, 1871–1914, in: Canadian Journal of History, 14 (1979), No. 1, S. 39–47.

[30] Demeter: Offizierkorps, S. 2–9.

[31] Berliner Tageblatt, Jg. 38 (1909), Nr. 75 vom 11. 2. 1909.

30		„	2	„	Generale der Infanterie
1	(94,1 %)	„	0	„	Generalobersten
1		„	0	„	Generalfeldmarschälle

Die offenkundige Benachteiligung des bürgerlichen Elementes wurde zwar registriert, aber im Grunde nur von Außenseitern wie Gädke kritisiert, sie brachte die Geschlossenheit des Korps nicht in Gefahr. Die bloße Feststellung des wachsenden Anteils bürgerlicher Offiziere kann demnach nicht als eine „Verbürgerlichung" des Offizierkorps interpretiert werden. Die strikten Auswahlkriterien und die Personalpolitik des Kabinetts sorgten zu ihrem Teil dafür, daß die Exklusivität und die Homogenität des Korps erhalten blieb.
Die beiden Strukturprinzipien gerieten durch Bewegungen innerhalb des Korps, die nur schwer zu beeinflussen waren, nachhaltig aus dem notwendigen Gleichgewicht. Gemeint ist die Konzentration einerseits adliger Offiziere in bestimmten, vornehmlich aus Gründen der Tradition bevorzugten Regimentern, andererseits bürgerlicher Offiziere in mehr von der Technik bestimmten Truppengattungen (Fußartillerie, Verkehrstruppen etc.). Auch dieses Phänomen ist in der Literatur bereits ausführlich dargestellt und mit Zahlen belegt worden[32]. Sie sollen hier nicht wiederholt werden. Die Interpretation konzentriert sich dabei zumeist auf den zuerst genannten Vorgang und sieht in ihm einen Beweis für Feudalisierungstendenzen innerhalb des Offizierkorps. Für die Homogenität des Offizierkorps war diese Entwicklung deshalb so gefährlich, weil sie offenkundig von Wilhelm II. nicht ungern gesehen wurde und weil – noch gravierender – die Personalpolitik des Kabinetts hier an die Grenzen ihrer Einwirkungsmöglichkeiten stieß. Jeder generelle Eingriff in diese Verhältnisse mußte das Kabinett in Konflikt bringen mit dem als unumstößlich angesehenen Grundsatz, daß der Regimentskommandeur und das gesamte Offizierkorps des Regiments durch die Offizierwahl den Offiziersersatz bestimmten. Der berühmt-berüchtigte „Konzessionsschulze" war das Produkt des Widerstreits dieser beiden Prinzipien. Das Korps befand sich mit sich selbst in Konflikt. Verschärft wurde diese negative Tendenz weiterhin durch die Tatsache, daß gerade in diesen bevorzugten Regimentern, die letztlich vorbildhaft auf das gesamte Korps wirkten, die Erscheinungen sich breit machten, die mehr als alles andere die Kritik der Zeitgenossen herausforderten: der zunehmende Luxus in der gesamten Lebensführung und die in vielen Fällen damit

[32] Demeter: Offizierkorps, S. 30 ff.; Kitchen, German Officer Corps, S. 24 f.; Endres: Soziologische Struktur, S. 295 ff.

einhergehende Verschuldung mit ihren Folgen, vor allem aber die bewußte Distanzierung von allen anderen Bevölkerungsschichten, die den Offizier zum Angehörigen einer Kaste machte[33].
Diese gegen die Homogenität des Korps gerichtete Entwicklung trug alle Züge einer bewußten Restauration an sich und so sank sie als Anachronismus in der Prüfungssituation des Weltkrieges auch lautlos in sich zusammen. Die zweite, gegen die Homogenität gerichtete Bewegung innerhalb des Korps war von ganz anderer Natur. Sie repräsentierte die auf Modernisierung gerichteten Tendenzen innerhalb des Offizierkorps. Die Notwendigkeit auch für das Militär, den Erkenntnissen der Wissenschaft im allgemeinen und dem Fortschritt der Technik im besonderen für das Kriegswesen Rechnung zu tragen, brachte das Korps mit einem Element in Berührung, das sich nur schwer in den traditionellen Rahmen integrieren ließ. In den Auseinandersetzungen um die bildungsmäßigen Voraussetzungen für den Offiziernachwuchs und in den allgemeinen Anschauungen über die an die Ausbildung des jungen Offiziers zu legenden Maßstäbe kam das von Unsicherheit geprägte Verhältnis zur bürgerlichen Bildung zum Ausdruck[34]. In der Ausbildung standen die Stärkung des Charakters, die Schulung des Willens und die Vermittlung gewisser unentbehrlicher Fachkenntnisse im Vordergrund; der gebildete Offizier blieb eine Ausnahme. Die Armee konnte jedoch auf qualifizierte Fachkräfte nicht verzichten. Es ist überaus charakteristisch, daß die damit verbundenen Schwierigkeiten auf dem Wege über Sonderlaufbahnen zu lösen versucht wurden. Es war nur natürlich, daß sich in ihnen vor allem das bürgerliche Element konzentrierte. So gab es im Jahre 1909 unter den 107 Leutnants der Verkehrstruppen nur 7 Angehörige des Adels, unter den 257 Leutnants der Pioniere waren nur 8 und von den 343 Leutnants der Fußartillerie nur 17 von Adel[35]. Unter dem Aspekt der Homogenität ist die Feststellung der sozialen Zusammensetzung weniger wichtig als die Tatsache, daß die bezeichneten, vor dem Kriege wenig angesehenen Waffengattungen im Kriege zu entscheidenden Komponenten der Kriegführung wurden, während die Kavallerie – die angesehenste Waffengattung der Friedensjahre – ihr Ansehen und ihre militärische Funktion weitgehend verlor. Diese erst im Kriege erfolgende Verschiebung der Wertskala konnte nicht ohne negativen Einfluß auf die für das Korps lebensnotwendige Homogenität bleiben.

---

[33] Demeter: Offizierkorps, S. 228 ff., S. 236 ff.; Kitchen: German Officer Corps, S. 222 ff.
[34] Vgl. Anm. 11.
[35] Vgl. Anm. 31.

Die wichtigste Sonderlaufbahn, die des Generalstabsoffiziers, wird in ihrer Bedeutung für die weitere Entwicklung des Korps in den meisten Untersuchungen eigenartigerweise nur ungenügend berücksichtigt. Auch hier steht zunächst meist der Nachweis des prozentualen Anteils von Offizieren adliger und bürgerlicher Herkunft im Vordergrund, der zur Untermauerung der These von der Verbürgerlichung oder zur Feststellung von Feudalisierungstendenzen benutzt wird[36]. Sicherlich ist es richtig, daß der Anteil bürgerlicher Offiziere im Generalstab im Vergleich zur Entwicklung der Proportionen im gesamten Offizierkorps langsamer zunahm, ebenso richtig ist es aber, daß der Generalstab sich freihielt von den anachronistischen Tendenzen der Offizierkorps der sogenannten „bevorzugten" Regimenter. Was die kleine Gruppe der Generalstabsoffiziere – im Jahre 1888 umfaßte sie ca. 350, 1914 ca. 650 Offiziere[37] – auszeichnete, war der scharfe Selektionsprozeß, dem sie unterworfen waren, das leistungsorientierte Denken und Handeln und das daraus resultierende bevorzugte Avancement. Es ist darauf hingewiesen worden, daß auch die Ausbildung des Generalstabsoffiziers auf die Vermittlung von Fachwissen beschränkt blieb und auch in diesem Bereich auf eine umfassende Bildung im bürgerlichen Sinne kein besonderer Wert gelegt wurde[38]. Man mag das bedauern, aber als Spezialisten in ihrem Metier erfüllten sie die ihnen zugedachte militärische Aufgabe. Selektionsprozeß, Avancement und Funktion hoben den Generalstabsoffizier in einem Maße aus der großen Gemeinschaft der Offiziere hervor, daß trotz des programmierten Wechsels von Stabs- und Truppendienst mit diesem Korps – diese Bezeichnung wurde charakterisierend benutzt – eine neue Qualität geschaffen worden war, die die Exklusivität und Homogenität des Gesamtkorps sprengte, weil sie nicht standes- sondern berufspezifisch war. Das ganze Ausmaß der Bedeutung dieses Vorganges für das Korps sollte sich erst im Weltkrieg zeigen.
Der Überblick über Tendenzen der Entwicklung des preußischen Offizierkorps in der Zeit von 1888 bis zum Kriegsausbruch war anfangs unter den Aspekt des Stilwandels gestellt worden, der sich an der Person und der Herrschaftspraxis Wilhelms II. sowie an der gesellschaftlichen Entwicklung orientierte und der die von Wilhelm I. und seinen Vorgän-

---

[36] Demeter: Offizierkorps, S. 30.
[37] W. Schmidt-Richberg: Die Generalstäbe in Deutschland 1871–1945, Stuttgart 1962, S. 18 (Beiträge zur Militär- und Kriegsgeschichte, Bd. 2); Kitchen, German Officer Corps, S. 5 f., gibt für 1888 auch die Zahlen der aus Bayern, Sachsen und Württemberg stammenden Offiziere an.
[38] Vgl. Messerschmidt, Militärgeschichte im 19. Jahrhundert, S. 119 ff.

gern geschaffenen Grundlagen des Korps dem Wesen nach nicht veränderte. Die beiden zuletzt genannten Phänomene berührten dagegen die Struktur des Korps, weil sie sich aus der allmählichen Veränderung des Kriegsbildes herleiteten. Es würde im Rahmen dieses Beitrages zu weit führen, auf diese Veränderungen und die damit verbundene Problematik näher einzugehen[39]. Die Entwicklung ist gekennzeichnet durch das Auftreten der Massenheere der Allgemeinen Wehrpflicht und den damit gegebenen militärischen Führungsproblemen sowie durch die zunehmende Technisierung der Waffen und des Geräts mit den entsprechenden Konsequenzen für die Gefechtsführung. Generalstabsoffiziere und bürgerliche Offiziere der mehr der Technik verbundenen Waffengattungen standen diesen Veränderungen sehr viel aufgeschlossener gegenüber, als die Masse des Offizierkorps. Obwohl damit Grundfragen des Korps berührt wurden, waren die Auswirkungen bis 1914 doch so geringfügig, nur tendenziell spürbar, daß die These vom bloßen Stilwandel aufrechterhalten werden kann.

Bewußt ist die Auseinandersetzung des Staates und der Gesellschaft mit der Sozialdemokratie nicht in den Mittelpunkt der Überlegungen gestellt worden[40]. Überspitzt könnte man formulieren, daß dieser Konflikt das Korps als ganzes unberührt ließ. Die Bindung an den Monarchen, an die von diesem repräsentierte Verfassungs- und Gesellschaftsordnung schloß für das Offizierkorps ohne weiteres auch die Frontstellung gegen alle politischen und gesellschaftlichen Kräfte ein, die das herrschende System bekämpften oder auch nur ablehnten. Es war deshalb selbstverständlich, daß das Offizierkorps, auch die zur Disposition gestellten und die verabschiedeten Offiziere, sich an dem Abwehrkampf gegen die Sozialdemokratie beteiligten. Nach der Aufhebung des Sozialistengesetzes ist die Armee verstärkt mit dieser Frage in Berührung gekommen und hat wesentliche Funktionen in der innenpolitischen Auseinandersetzung übernommen. Das Offizierkorps hat die ihm in diesem Zusam-

[39] Vgl. hierzu neuerdings die Aufsätze von J. Hoffmann: Wandlungen im Kriegsbild der preußischen Armee zur Zeit der nationalen Einigungskriege, in: Militärgeschichtliche Mitteilungen, 3 (1968), S. 5 ff.; Die Kriegslehre des Generals von Schlichting, in: ebd., 5 (1969), S. 5 ff.; Der Militärschriftsteller Fritz Hoenig, in: ebd., 7 (1970), S. 5 ff.; sowie B.-F. Schulte: die deutsche Armee 1900–1914. Zwischen Beharren und Verändern, Düsseldorf 1977.

[40] Vgl. hierzu Deist: Die Armee in Staat und Gesellschaft, S. 316 ff.; W. Deist: Armee und Arbeiterschaft 1905–1918, in: Francia, 2 (1974), S. 458 ff.; Kitchen: German Officer Corps, S. 143 ff. D. Dreetz: Der Erlaß des preußischen Kriegsminister vom 8. Februar 1912 über die Verwendung der Armee zur Bekämpfung innerer Unruhen, in: Militärgeschichte, 14 (1975), S. 561 ff.

menhang übertragenen Aufgaben mit Eifer und Überzeugungstreue wahrgenommen. Das Selbstverständnis und das Selbstbewußtsein des Korps ist durch die Erfolglosigkeit der breit gefächerten Maßnahmen nicht berührt worden. Die Erkenntnis der Bedrohlichkeit der Situation für die Funktionsfähigkeit der Armee selbst blieb auf Führungskreise im preußischen Kriegsministerium und einiger weniger Generalkommandos beschränkt[41].

III

Für die Kriegsjahre scheint es bei der Fülle der möglichen Aspekte von Nutzen zu sein, sich auf einige wenige Punkte zu konzentrieren. Der Krieg, auf den die gesamte Schulung und Tätigkeit, das Denken und Handeln des Offizierkorps ausgerichtet war, mußte Antwort geben auf die Frage nach der Solidität des gesamten Systems.

Das preußische Korps zählte am 1. August 1914: 22 112 aktive Offiziere und Fähnriche. Während des Krieges wurden insgesamt 17 058 Beförderungen zum aktiven Offizier ausgesprochen, so daß insgesamt 39 160 aktive Offiziere am Krieg teilnahmen. Ihnen stand die enorme Zahl von 169 625 Reserveoffizieren gegenüber[42]. Die Verluste des aktiven Offizierkorps bezifferten sich auf 24 %, die der Reserveoffiziere auf 16 %. Die Beförderungen der aktiven Offiziere während des Krieges folgten, abgesehen von einem Beförderungsschub zu Beginn des Krieges, den auch im Frieden geltenden Grundsätzen. Auch für die Offizierergänzung behielten die alten restriktiven Regelungen zur Gewinnung des „erwünschten Ersatzes" ihre Geltung. Um die Aufrechterhaltung des Prinzips der gesellschaftlichen Homogenität zu gewährleisten, wurde angesichts der enormen Offizierverluste in den unteren Diensträngen zu einer Aushilfe gegriffen, die von Anfang an den Stempel der sozialen Deklassierung an sich trug. Im preußischen Kontingent wurden bis Ende Juli 1918 insgesamt 21 607 Unteroffizierdienstgrade zu „Feldwebelleutnants" befördert, die damit aber nicht die Befähigung zum Reserveoffizier erlangten[43]. Mit dieser Maßnahme demonstrierte das Korps auf gefähr-

---

[41] Zur Frage der Erteilung der Qualifikation für den einjährig-freiwilligen Dienst an Sozialdemokraten ist im preußischen Staatsministerium Anfang 1914 verhandelt worden, vgl. Militär und Innenpolitik, S. XXIII.

[42] Vgl. auch für das Folgende: Vom Sterben des Deutschen Offizierkorps, hrsg. von C. v. Altrock, 2. erw. Aufl. Berlin 1922, S. 54 und S. 57 (Zahlen ohne Berücksichtigung der z. D. und a. D. Offiziere).

[43] Zur Beförderungspraxis im Krieg vgl. Matuschka: Die Beförderung in der Praxis, S. 168 ff. Zur Frage der Feldwebelleutnants vgl. das Gutachten von E.-O. Volkmann für den Untersuchungsausschuß (vgl. Anm. 21), S. 36 f.

liche Weise inmitten des Krieges, daß Rücksichtnahme auf den Stand ihm wichtiger war als die Förderung der soldatischen Leistungsbereitschaft. In den beiden Gutachten für den Untersuchungsausschuß des Deutschen Reichstages von Martin Hobohm und Erich-Otto Volkmann über die „Sozialen Heeresmißstände als Mitursache des deutschen Zusammenbruchs von 1918" findet sich eine Fülle von Belegen, die auch für andere Bereiche der Tätigkeit oder des Verhaltens des Offizierkorps diesen Sachverhalt bestätigen. Die Stichworte: Bevorzugung in der Verpflegung, insbesondere bei den Stäben; vergleichsweise hohe Besoldung der jungen Kriegsleutnante[44]; Mißbrauch der Disziplinarstrafgewalt; mangelhafte Fürsorge für die Mannschaften, mögen genügen.

Es wäre ein unsinniges Unterfangen, offenkundiges Versagen und unzweifelhafte Bewährung gegeneinander aufzurechnen, um das gesamte Korps mit einem notwendigerweise unsoliden Ergebnis wertend zu charakterisieren. Aufschlußreicher dürfte der Versuch einer Antwort auf die Frage sein, ob das Korps als militärisches Führungsinstrument in den neuen Dimensionen der Realität des modernen Krieges sich als Korps erhalten konnte. Nach einer relativ kurzen Eröffnungsphase, die den militärischen Erwartungen und Vorstellungen entsprach, nahm der Krieg Formen an, auf die das Korps nicht vorbereitet worden war. Die räumliche Ausdehnung des Kampfgebietes, die direkten und indirekten Konsequenzen der von nun an beherrschenden militärischen Kampfform des Stellungskrieges und der Materialschlacht, die Ausweitung des militärischen Verantwortungsbereiches auf das „Heimatkriegsgebiet" – ein Ausdruck aus der Zeit des Zweiten Weltkrieges, der aber für die Jahre 1914–1918 durchaus anwendbar erscheint – stellte das Offizierkorps insgesamt, insbesondere aber das aktive Korps, vor Aufgaben, die mit den im Frieden eingeübten Regeln und Führungsgrundsätzen allein kaum mehr bewältigt werden konnten. Stellungskrieg und Materialschlacht ebneten den Unterschied zwischen Mannschaft und Offizier ein; nicht die Führungskunst des Offiziers, sondern die Wirkung der technischen Waffe bestimmte im wesentlichen das Kampfgeschehen. Der Typus des später in der Literatur so positiv bewerteten Frontoffiziers hatte mit

[44] Neben den von Hobohm und Volkmann genannten Beispielen noch ein Zitat eines gewiß unverdächtigen Zeugen. Am 8. 3. 1916 schrieb der spätere Oberst Max Bauer über seinen Sohn, der im Frühjahr 1915 als Kriegsfreiwilliger eingetreten und bereits zum Leutnant befördert worden war: „Er ist etwas großspurig von wegen der 310 M Gehalt. Es ist ja auch zuviel für einen 18jährigen Jüngling ... seine Naivität ist ja allerdings verblüffend." Militär und Innenpolitik, I/1, S. 301, Anm. 6.

dem durchschnittlichen preußischen Offizier des Friedensheeres nicht mehr sehr viel gemeinsam. Im Bereich der Stäbe, vom Regiment über die Division zur Armee, war der Verlust der ursprünglichen Funktionen ebenfalls spürbar. Zwar trat hier die Gemeinschaft der Offiziere, das Korps, wieder in Erscheinung und man konnte deshalb sehr viel leichter an die äußeren Formen der Friedenszeit anknüpfen, aber damit ist das Maß des Vergleichbaren auch schon nahezu erschöpft. Der Regimentskommandeur hatte seine einst zentrale Rolle für das Korps eingebüßt und die militärischen Funktionen eines Divisionskommandeurs zum Beispiel in der Somme-Schlacht waren außerordentlich beschränkt, die eigentliche Führungsfunktion nahm der erste Generalstabsoffizier wahr. Im Kriegsministerium und in den stellvertretenden Generalkommandos schließlich wurde der friedensmäßige Aufgabenkatalog überwuchert von immer neuen, dem Offizier fremden, aber gleichwohl kriegswichtigen Tätigkeitsfeldern. Das gewohnte Ersatzgeschäft weitete sich zu dem überaus komplexen Problem der Verteilung der personellen Ressourcen der Nation auf Kriegsheer, Industrie und Landwirtschaft aus. Die unendlich komplexe Produktion der technischen Kriegsmaschinerie sollte nunmehr von Offizieren steuernd überwacht werden. Offiziere der stellvertretenden Generalkommandos mußten sich mit der Preisgestaltung kriegswichtiger Industrien, mit deren Lohnpolitik beschäftigen und um die Erhaltung der Arbeitskraft der Industriearbeiterschaft besorgt sein[45]. Offiziere des Kriegspresseamts schließlich organisierten den Krieg der Worte, bauten den „Vaterländischen Unterricht" an der Front und in der Heimat auf und gaben sich mehr mit Journalisten und Honoratioren ab wie mit Soldaten[46]. Die Aufzählung ist unvollständig, aber doch wohl paradigmatisch. Sie läßt als Grundzug erkennen, daß das Offizierkorps während des Krieges mehr oder weniger stark von einem tiefgreifenden Funktionswandel ergriffen worden ist.

In bezug auf das Korps als militärisches Führungsinstrument ergibt sich zunächst die Feststellung, daß der im Frieden durchaus betonte Unterschied zwischen dem Reserve- und dem aktiven Offizier während des Krieges weitgehend verschwunden war. An der Front, in den Stäben im Operationsgebiet wie in der Etappe, im Kriegsministerium wie in den stellvertretenden Generalkommandos nahmen Offiziere beider Gruppen durchaus gleichwertige und auch als gleichrangig angesehene Aufgaben

---

[45] Vgl. hierzu die in Militär und Innenpolitik, I/1, S. 461 ff., zur Planung und Durchführung des Hilfsdienstgesetzes abgedruckten Dokumenten.

[46] Militär und Innenpolitik, I/2, S. 805 ff., insbesondere das Protokoll der Besprechung vom 10. 12. 1917, ebd., S. 894 ff.

wahr. Gegenüber dieser Masse der Offiziere hoben sich zwei Gruppen sehr deutlich ab: die der schon erwähnten, in das bisherige System überhaupt nicht zu integrierenden eigentlichen Frontoffiziere und das Korps der Generalstabsoffiziere.

Dieses Korps wurde zum eigentlich militärischen Führungsinstrument, es schien wie dazu geschaffen, den neuen Dimensionen der Kriegführung gerecht zu werden. Die Generalstabsoffiziere bei den Armeen, Korps und Divisionen, gesteuert von der Zentrale der Obersten Heeresleitung, waren die eigentlich bewegenden Elemente der Kriegführung. Die Oberbefehlshaber und Kommandeure sahen sich oft in eine, ihrer ursprünglichen Position nicht angemessene Nebenrolle versetzt. Generalstabsoffiziere saßen an allen wesentlichen Schaltstellen des die gesamte Nation überziehenden Machtapparates. Sie durchbrachen, vom Standpunkt des aktiven Offizierkorps aus gesehen, nicht nur das bisher unantastbare hierarchische Prinzip, sondern ersetzten die bisher für die Homogenität und Exklusivität des Gesamtkorps geltenden, im wesentlichen von ständischem Geist geprägten Kriterien durch solche der beruflichen Leistung. Unter diesem Aspekt erscheint es durchaus konsequent, daß Groener und Seeckt sich nach dem militärischen Zusammenbruch des Jahres 1918 eine Regeneration des Offizierkorps nur mit Hilfe der Generalstabsoffiziere vorstellen konnten. Allerdings war 1918 die Frage keineswegs entschieden, ob dieser erste Ansatz eines grundlegenden Wandels – vom Stand zum Beruf – sich auch in Friedenszeiten durchsetzen würde, denn er war nicht herbeigeführt worden durch entsprechende gesellschaftliche Veränderungen, sondern durch die bedrängende Realität des modernen Krieges.

DAS SÄCHSISCHE OFFIZIERKORPS 1867–1918

VON THOMAS FREIHERR V. FRITSCH-SEERHAUSEN

Die Geschichte der sächsischen Armee und damit ihres Offizierkorps[1] ist zwar reich an tapferen Waffentaten, aber eine nahezu ununterbrochene Kette militärischer Niederlagen und verlorener Feldzüge. Dies gilt seit dem Nordischen Krieg, besonders den Schlachten von Klissow 1702 und Fraustadt 1706. Die Beteiligung am ersten schlesischen Kriege an der Seite Preußens blieb ohne entscheidende Ereignisse. Im zweiten schlesischen Krieg sind die Schlachten von Hohenfriedberg, Soor und Kesselsdorf sächsische Niederlagen. Der siebenjährige Krieg beginnt mit der Kapitulation der sächsischen Armee, die, im Friedenszustand angegriffen, unter dem Befehl keinen Schuß abzugeben, 1756 auf der Ebenheit bei Pirna kapitulieren mußte. 1806 nimmt die sächsische Armee an preußischer Seite, in der Mitte der Front eingesetzt, an der vernichtenden Niederlage von Jena teil. In den nachfolgenden Feldzügen ist sie verbündet mit Napoleon. Hier ist vor allem die Beteiligung an der Schlacht bei Wagram zu nennen. Bekannt ist der sehr verlustreiche Einsatz sächsischer Truppen gegen Andreas Hofer. 1812 folgte sie der Großen Armee nach Rußland, allerdings nicht wie die preußischen Truppenteile in einer linken Flügelarmee, die österreichischen in der rechten, sondern, bis auf wenige Kontingente, bei der Hauptarmee. Die nachfolgenden Ereignisse zeigen Sachsen als Kriegsschauplatz bis zur Völker-

[1] Die Personalunterlagen der sächsischen Offiziere sind bei der Vernichtung Dresdens im Februar 1945 zum großen Teil verbrannt, der Rest für allgemeine Aussagen nicht mehr geeignet und insgesamt nicht greifbar. So dienten umfangreiche Veröffentlichungen aus der vorhergehenden Zeit als Unterlage. Die Ausarbeitung wurde ehemaligen königlich sächsischen Offizieren und Offizieren aus Standorten in Sachsen zur Stellungnahme zugeleitet und besprochen. Sie besitzt insofern, besonders für die Beurteilung der Verhältnisse primären Wert. Zu Grunde liegt eine eingehende analytische Prüfung und prosographische Darstellung.

schlacht bei Leipzig, in denen die letzten sächsischen Truppen zu den Verbündeten übergehen, 1866 auf österreichischer Seite mit der Schlacht und Niederlage von Königgrätz und dem harten Rückzug.

Wenn von der Armee gesprochen wird, so natürlich vom Offizierkorps. Sind schon siegreiche Kämpfe und Feldzüge nur zu erringen unter einem besonders großen Einsatz der Berufssoldaten, besonders der Offiziere, so gilt dies noch mehr von Niederlagen, in denen der Offizier bis zuletzt stehen muß. Die Verluste sind unter den Offizieren am höchsten. Wiederholt wird von schweren blutigen Verlusten der Offiziere berichtet. Es sind nicht nur die großen Schlachten, die bekannt sind. Es ist die Fülle der Streifzüge, der Begegnungen, der Belagerungen, der Requisitionen und ähnlicher Ereignisse. „Es waren immer nachteilig ausfallende Gefechte".

Es kommt hinzu, daß Sachsen, eines der reichsten Länder jener Zeit, zu einem der Schlachtfelder Europas wurde. Im Nordischen Krieg stand zum letztenmal eine selbständige sächsische Armee im Felde, mit eigener Kriegsführung und unterstellten anderen Verbänden. In den nachfolgenden Kriegen war Sachsen regelmäßig der kleinere und schwächere Verbündete, der unter dem Oberbefehl anderer stand. Das ist in der Kriegsgeschichte zu allen Zeiten damit verbunden, daß der kleinere Verbündete dort eingesetzt wurde, wo die höchsten Verluste zu erwarten waren, aber keine Lorbeeren. Z. B. in der Schlacht bei Kesselsdorf stand die österreichische Armee angelehnt an die Elbe auf vereisten Höhen oberhalb eines steilen Bacheinschnittes. Die sächsische Armee links, dort wo das Gelände ebener wurde und sie traf allein der Stoß des Alten Dessauers mit vierfach überlegenen Kräften. Die österreichischen Truppen haben kaum einen Schuß abgegeben und sich „salviert". Die anmarschierenden österreichischen Verbände griffen nicht ein. Oder in der Schlacht bei Wagram als Verbündeter Napoleons gegen die Österreicher. Die sächsischen Truppen wurden am ersten Tage der Schlacht von Marschall Bernadotte solange als Rammbock gegen die Hauptstellung des Erzherzogs Karl geschickt, bis sie nahezu vernichtet und aufgelöst waren. „... obwohl dem Marschall das Unzureichende dieser Streitkräfte nicht entgehen mochte ..." Sie konnten am nächsten Tage nicht wieder formiert werden. Jedoch diente die Erschütterung der österreichischen Stellung als Ansatzpunkt für die Niederlage der österreichischen Truppen und den Sieg Napoleons am nächsten Tage. Dasselbe gilt 1812 bei Borodino beim Sturm auf die Rajewski-Schanze.

Damit keine Prestige-Fragen auftreten ist zu erwähnen, daß es in der allgemein unerfreulichen Geschichte auch einige Ausnahmen gibt, glänzende Waffentaten und Auszeichnungen. Doch sind diese weder charakteristisch, noch entscheidend. Bestimmend ist die Tatsache, daß dem Sieger das Schlachtfeld verblieb. Er ging darüber, und wen er von den Feinden nicht als tauglich erfand, den Offizier gegen Lösegeld, die Mannschaften in die eigenen Reihen zu stecken, der wurde – der entsetzliche Ausdruck lautete: massakriert. Wer das Schlachtfeld verlor, verlor einen großen Teil seiner Truppen und hier wieder die Offiziere. Bei mehreren Feldzügen ist es eine Tatsache, daß die sächsische Armee und damit ihr Offizierkorps so gut wie vernichtet wurde, z. B. 1706, 1756, 1809, 1812. Trotz Teilnahme einzelner Kontingente an den nachfolgenden Kämpfen kann von einer Teilnahme einer „sächsischen Armee“ nicht mehr gesprochen werden. Auch wenn nach der Zwangsübernahme der sächsischen Mannschaften und Unteroffiziere z. B. 1756 bald ein großer Teil weglief und sich wieder sächsischen Stellen stellte, die „Ranzionierten“, führte das nur zu einzelnen Verbänden, die dann wieder als Truppen des kleineren und hilfloseren Verbündeten entsprechend eingesetzt wurden, z. B. von den Franzosen im Siebenjährigen Krieg. Die sächsischen Offiziere wurden ohne Sold in Linz versammelt und blieben in der Erinnerung als die „Hungerleider von Linz“.

Entsprechendes gilt für die Teilnahme nach Jena, den Feldzug in Rußland 1812 und die sächsischen Truppen in den Niederlagen von Großbeeren und Dennewitz.

Dies war die Zeit vor der Allgemeinen Dienstpflicht, der Geworbenen und Zwangsgezogenen. Wer das Land besetzt hatte, nahm soviel er konnte von junger Mannschaft in seine Reihen, auch Offiziersnachwuchs. Von den 34 000 Mann, mit denen Karl XII. unmittelbar von Sachsen in das innere Rußlands zog und in die schwere Niederlage von Poltawa, waren 12 000–14 000 Sachsen, von denen nur ein sehr geringer Teil wiederkam, gerade auch der jungen Offiziere und Offizieranwärter. Dasselbe tat Friedrich der Große 1756, der außer den zwangsübernommenen sächsischen Soldaten noch 10 000 junge Männer aus dem Lande zog. Entsprechendes gilt für Napoleon und 1813 für Preußen, die versuchten vollzogene Tatsachen zu schaffen, in dem sie die gegen die Fremdherrschaft Napoleons aufstehende junge Mannschaft in die eigenen Reihen steckten. Man kann mit Recht die Frage erheben, ob angesichts dieser Katastrophen von einem durch die Zeiten gehenden sächsischen Offizierkorps gesprochen werden kann. Doch muß dies, wenn auch mit Einschränkung, nach einer Überprüfung des Personalbestandes bejaht werden. Aus alledem ist verständlich, daß die Armee und das Offizierkorps in Sachsen kein besonders hohes Ansehen genossen. Dies ist eine entscheidende Feststellung für das 18. und die erste Hälfte des 19. Jahrhunderts. Es ändert sich erst seit 1870/71, dem einzigen bedeutenden Feldzug in 250 Jahren, an dem sächsische Offiziere siegreich teilgenommen haben. Man darf bei der Behandlung des sächsischen Offizierkorps keine Gleichsetzung mit den großen militaristischen Nationen Europas mit Frankreich, Spanien und für das Seeoffizierkorps mit England vornehmen. Wir dürfen dies auch nicht mit den beiden deutschen Ländern unternehmen, die den letzten Endes gescheiterten Versuch unternommen haben, das seit langem drohende deutsche Schicksal durch Mut und Tapferkeit zu wenden, mit Österreich und Preußen. In Sachsen hatte der Offizier zwar ein gewisses Ansehen, im Rahmen der anderen Berufe, aber mit Abstand nicht das Ansehen, das er in den benachbarten Ländern genossen hat, und das uns rückblickend scheinbar selbstverständlich für jene Zeit gilt. In Sachsen herrschte ein großer Widerwille gegen die Soldaten und das Soldatwerden. Das war ein Ergebnis der Erfahrung, der Verluste, der Kriegshandlungen, der Demütigungen, der Plünderungen des immer wieder gescheiterten Versuches, sich zu stellen. Wer wollte auch Generation um Generation glücklos kämpfen und trotz tapferen Einsatzes nur den blutigen Zoll für die Niederlagen zahlen. Um so höher ist die Tapferkeit, die Haltung der Truppen und des Offiziers zu werten, der angesichts dessen sich schlug.

Eine Ursache war, daß die Wettiner die reichen Mittel des Landes für Kunst, Kultur, Wissenschaft und Gewerbe einsetzten und nicht für den Aufbau einer großen Armee, einer starken Militärmacht. Der Grundsatz Butter statt Kanonen war in der Weltgeschichte wohl nie richtig. Zudem war es das Schicksal des sächsischen Offizierkorps, den großen militärischen Genies Karl XII., Friedrich dem Großen, Napoleon und Moltke gegenübertreten zu müssen. So ist es verständlich, daß eine Anzahl der Geschlechter, die in anderen Ländern damals das Rückgrat des Offizierkorps ausmachten, der Landadel, aus Sachsen deswegen abwanderten. Zu nennen ist als besonders kennzeichnend, die Familie Schleinitz. In den Familien der führenden Schichten, hier ist festzustellen, daß dies verwischt wurde durch eine im 18. Jahrhundert reiche Nobilitierungspraxis, war es, wieder zum Unterschied von Österreich, Preußen, Frankreich nicht üblich, daß der Erstgeborene Offizier wurde, auch oft der Zweitgeborene noch nicht und der Dritte erst in die Armee eintrat. In Sachsen trat der Erstgeborene oder auch der Bestqualifizierte z. B. in die damalige Lehnsstruktur, in die Verwaltung des Landes ein. Er wurde Jurist, Gelehrter, Diplomat. Das Selbstbewußtsein der Verwaltungsbeamten entsprach mindestens dem des Offizierkorps. Dies wurde verstärkt durch die Tatsache, daß die Angehörigen des Königshauses ebenfalls lange und eingehend in der Verwaltung Dienst taten und die Wettiner auf wissenschaftlichem und künstlerischem Gebiet bekannt wurden. Hierin drückt sich ein Anzeichen für die Stellung des sächsischen Offizierkorps aus.

Die Gegenfolge war, daß ein verhältnismäßig hoher Anteil landesfremder Offiziere aufgenommen wurde, ein Teil Glücksritter, die à la fortune dienten mit der Hoffnung auf Karriere und Erfolg, die sie im eigenen Land nicht hatten. Eine Bedeutung liegt darin, daß ein wesentlicher Teil der Generalität aus anderen Kriegsdiensten genommen wurde. Zeitweise waren alle Generale Landesfremde. Man hoffte, aus den Kriegserfahrungen anderer siegreicher Staaten, der eigenen Armee helfen zu können. Ein sächsischer General oder Heerführer von Bedeutung ist nicht bekannt. Ausgezeichnete Offiziere des eigenen Bereiches traten in fremde Dienste, einer der bekanntesten ist der Sohn August des Starken und der Aurora Königsmarck, der maréchal de Saxe, der in französischen Diensten zu höchsten Ehren und Auszeichnungen gekommen ist. Zu allem kam hinzu, daß die in einer Erweiterung der Gewerbebetriebe sich anzeichnende Industrialisierung, insbesondere seit der großen Staatsreform, dem kursächsischen rétablissement von 1762/63, entscheidenden Antrieb bekam und aus Sachsen lange vor anderen Teilen Deutschlands und Europas ein führendes Industrieland machte. So war das Interesse des unternehmenden Mannes, die Qualifikation, anders gesetzt, als in Ländern in denen die Agrarstrukturen sehr viel länger erhalten blieben. Die Ansichten und Aufgaben dieser wirtschaftlichen Entwicklung forderten Maßnahmen eines offenen Marktes, die mit einer ausgeprägten Militärmacht mit einem Offizierkorps, das ansehensmäßig an erster Stelle stand, nicht zu vereinbaren waren.

Dies wirkte zusammen, zu einer Stellung des Offizierberufes mit und neben anderen Berufen, ohne gehobenes Ansehen.

Das Jahr 1813 und damit der unmittelbare Vorraum von 1867 brachte besondere Ereignisse und Verhältnisse, die fortgewirkt haben. Sachsen war nicht nur als Kriegsschauplatz verwüstet, zerstört und ausgeplündert, die sächsische Armee zerschlagen, es wurde auch im Lande versucht, vollendete Tatsachen zu schaffen. Das erste Programm war, das Land völlig von Preußen annektieren zu lassen. So wurde das Land als besetztes Feindland behandelt, eine Militärverwaltung eingerichtet — Sachsen hatte damals zum erstenmal eine russische Besatzung unter dem Fürsten Repnin —, man versuchte auch die Wiederaufstellung einer sächsischen Armee zu verhindern, in dem man die jungen Leute in die preußischen Kontingente steckte. Hier waren es die sächsischen Stände, die handelten. Sachsen hatte den Absolutismus in vollständiger Form nicht erlebt. Als der König v. Sachsen aus Leipzig kriegsgefangen abgeführt wurde, als das Übergehen sächsischer Kontingente teils vor der Völkerschlacht mit den letzten Teilen während der Schlacht, ohne Auswirkungen blieb, blieben die Stände vorhanden. In Erkenntnis der Lage, um einen Anteil zu liefern, stellten sie Freiwilligen-Verbände auf: Das Banner der Freiwilligen Sachsen. Für die hohen Kosten forderten sie öffentliche Gelder des Landes aus den Steuerkassen an. Aber was hier einging, galt als Kriegsbeute. Es blieb den Ständen weiter nichts übrig, als diese Truppe auf eigene Kosten anzuwerben, einzustellen, auszurüsten, auszubilden, zu unterhalten und in Marsch zu setzen – gegen die Zusage, daß alle Auslagen erstattet werden sollten, wenn die so aufgestellten Truppen am ersten Gefecht teilgenommen hatten. Für diesen Zweck verschuldeten sich die sächsischen Stände mit 100 % ihrer Vermögenswerte. Diese Freiwilligen wurden nicht eingesetzt und die Stände verloren ihr Vermögen. Eine Entwicklung, die in anderen Teilen Deutschlands nach 1945 einsetzte, ereignete sich in Sachsen schon damals.

Nach den 100 Tagen kam es zu unerfreulichen Ereignissen. Inzwischen war die Teilung Sachsens entschieden. Man versuchte preußischerseits vollzogene Tatsachen auch nunmehr dadurch zu schaffen, nachdem die Zustimmung des Königs und der Stände noch nicht bekannt war, daß man die Truppe teilte. Preußische Offiziere gingen zu den sächsischen Verbänden, die zwischen dem Rhein und Brüssel im Kantonnement lagen, forderten vor angetretener Truppe, daß ein Teil rechts, ein Teil links heraustreten sollte, nach den neuen der Truppe noch unbekannten Grenzen. Es war ein schwerster psychologischer Fehler, eine Truppe, noch dazu von fremden Offizieren, in dieser Form teilen zu wollen. Die Mannschaften rotteten sich unter den Rufen: Wir lassen uns nicht teilen! zusammen. Es kam zu Tätlichkeiten gegen die preußischen Offiziere. Die sächsischen Kontingente wurden zerniert, umstellt, entwaffnet. Blücher, der den Oberbefehl hatte, sagte es sei der schändlichste Tag seines Lebens gewesen. Die Fahne eines Gardebataillons wurde verbrannt und begonnen, die Truppe zu dezimieren, bis die angeblichen Rädelsführer benannt und standrechtlich erschossen wurden. Es blieb nicht bei einem derartigen Ereignis. So ging die sächsische Truppe, die Kriegsfreiwilligen, als ganz Deutschland im Jubel über die niedergerungene Fremdherrschaft stand, besiegt, entehrt, entwürdigt, auf das Tiefste geschlagen nach Hause. Die Folgen für die innere Einstellung des Offizierkorps waren klar.

Hinzu kam, daß bei der Halbierung Sachsens die meisten, nicht nur der Offiziere, aus dem nördlichen Teil in das verbleibende Königreich gingen. Sachsen, verarmt, halbiert, verwüstet, behielt eine nur sehr kleine Armee im Verhältnis zu seiner Größe und seiner Bevölkerungszahl. Der Militär-Etat wurde wieder einmal auf das Allerniedrigste beschränkt. Die Zahl der Stellen war nicht ausreichend, es herrschte eine Überbesetzung der Offiziersstellen, so daß die verbleibenden Offiziere keine normale Aussicht auf Beförderung hatten und langfristig in der gleichen Stellung verblieben. Selbst beim Hauptmann reichte in jenen Zeiten die Bezahlung ohne Zuschuß nicht aus. Ergebnis war, daß der Offiziersberuf noch weniger anziehend und angesehen war, und daß es, da der Nachwuchs schlechte Aussichten hatte, zu einem ausgesprochenen Offiziermangel kam.

1864 wurden die sächsischen Truppen gegen Dänemark nicht eingesetzt, nachlässig behandelt und durch Hin- und Herverlegen betroffen. Es kam damals bereits zu Äußerungen zwischen Sachsen und Österreichern, daß man bald gemeinsam gegen die Preußen stehen werde.

Dies war die Lage, die innere Einstellung im Offizierkorps und gegenüber dem Offizierkorps nach Königgrätz in dem es zur Militärkonvention und zur Eingliederung in den Norddeutschen Bund kam. Die Bewältigung dieses Problems ist die entscheidende und wohl auch interessanteste Frage für den eigentlichen Berichtszeitraum.

Bereits auf dem Rückmarsch aus Böhmen wurde der Armee durch einen Tagesbefehl des Oberbefehlshabers, des Kronprinzen Albert, und einen weiteren des Landesherrn angekündigt, daß man in Zukunft auf der Seite derer stehen werde, die man eben noch bekämpft hatte. Das geschah sofort. Die preußische Besatzung in Dresden und auf der Festung Königstein wurde durch ein Lehrbataillon ergänzt. Am 7. 2. 1867 wurde die Militärkonvention geschlossen. Zum 1. 1. 1868 trat die bis dahin bestehende selbständige Armee als XII. Armeekorps zum Norddeutschen Bund und unterstand im Kriegsfalle dem König v. Preußen, dem man soeben mit der Waffe in der Hand gegenübergestanden hatte. Man muß sich dies in der tatsächlichen Auswirkung vorstellen. Es wurde nahezu alles von Preußen übernommen. Es wurden nicht nur die eigenen Uniformen ausgezogen und die preußischen angezogen; es wurde das Wehrsystem, die Dienstvorschriften, die Rangbezeichnungen übernommen. Aus der sächsischen Infanteriebrigade zu 4 Bataillonen wurde das preußische Infanterieregiment zu 3 Bataillonen usf. Bis nahezu in die letzte Einzelheit fand eine Angleichung an die preußische Armee statt, die in jedem und allem ein Aufgeben des bisher Eigenen war. Dies war eine ungewöhnliche Anforderung, die auch zu entsprechenden Reaktionen führte. Der leitende Staatsmann, der Ministerpräsident Sachsens Graf Beust schied nach dem militärischen Scheitern seiner politischen Pläne, aus sächsischen Diensten aus und wurde unmittelbar darauf österreichischer Staatskanzler. Jedoch gingen mit ihm nur wenige Beamte und Offiziere.

Bei der Übernahme der militärischen Gegebenheiten blieb es nicht. Es wurde übernommen die brandenburgisch-preußisch-deutsche Geschichtsdarstellung: Der Aufstieg Preußens bis zum Reich. Die bisherige sächsische Darstellung verschwand. Das bedeutete: Es war auf einmal, — unmittelbar danach — Königgrätz keine Niederlage, sondern ein Sieg. Die Schlacht bei Hohenfriedberg war keine Niederlage — die berühmte Attacke traf zum großen Teil sächsische Regimenter — sondern ein Sieg; die Schlacht bei Kolin, bei der der sächsische Prinz Friedrich Carl Chevaux-Legers die preußische Garde niedergeritten hatte, war kein Sieg, sondern eine Niederlage usw. Eine völlige Umstellung der Darstellung und der inneren Einstellung. Dies ist nach und nach auch auf andere Reichsteile übertragen worden, hatte aber nirgends die gleiche akute Bedeutung. Hier geschah es sofort, in Wochen und Monaten, während die preußische Besatzung noch im Lande war. Bis 1945 wurde in Dresden auf den Gymnasien nach 1553 (dem Gefecht von Sievershausen, dem Tode des Kurfürsten Moritz v. Sachsen), keine sächsische Geschichte mehr gelehrt. Der Geschichtsunterricht ging in Form der Instruktionsstunde auch in die Truppe über. Eigene sächsische militärische Geschichte, Geschichte der Truppenteile wurde nicht mehr gelehrt. Wir können uns dies Ausmaß der Umstellung kaum vorstellen. Es wurde wissentlich als „Bruch" bezeichnet und erlebt. Diese Aufgabe, die Umstellung der sächsischen Armee und des Offizierkorps vor allem wäre nicht möglich gewesen ohne die Persönlichkeit des Kronprinzen und späteren Königs Albert, 1866 Oberbefehlshaber der sächsischen Armee im böhmischen Feldzug, danach Kommandierender General des XII. Armeekorps im Norddeutschen Bund. Es ist entscheidend ihm zu verdanken, wenn alles gelang, vor allem in so kurzer Zeit. Sein Vorbild, seine Persönlichkeit und Loyalität, seine ungewöhnlichen soldatischen, menschlichen und diplomatischen Eigenschaften und seinem Geschick gelang die überzeugende Darstellung und Durchführung. Unter den Wettinern war er seit Jahrhunderten die erste militärische Begabung. Man hat ihm widerspruchslos die Ehrenbezeichnung des „Feldherrn" auch im Kreise der Gleichen gegeben. In Haltung und Ritterlichkeit zutiefst verwandt dem preußischen König Wilhelm I. war er für das Land, die Armee und das Offizierkorps Vorbild. Diese

Ehrenbezeichnung „Feldherr“, die sonst literarisch und auch anders gebraucht wird, ist im Kreise der führenden Persönlichkeiten, die wie keine anderen das Schicksal der Völker und Staaten entschieden, eine ausgesprochene Qualifikation, ein Zeichen der Anerkennung.

In diesem Zusammenhang soll damit die hervorragende Persönlichkeit des entscheidenden Offiziers in der Berichtszeit herausgestellt werden. König Albert starb 1902. Man hat von ihm gesagt, daß das größte Reich ihm nicht zuviel gewesen wäre. Es ist sein Verdienst, daß – nach dieser Vorgeschichte – er Sachsen ins Reich und das sächsische Offizierkorps in das deutsche Offizierkorps geführt hat. Er tat es wissentlich.

Die Übernahme des neuen war so vollständig, daß man sehr schnell auch die deutschen Regimentsnummern im Gespräch aufnahm, nicht die sächsischen. Dies blieb bis heute so. Man spricht von 103 und nicht vom 4. königlich-sächsischen Infanterieregiment, von den 21. Ulanen, nicht von den 3., von den Zwölfern nicht vom Ersten und meint das Artillerieregiment. Nach einem Anliegen des Kronprinzen Albert wurde es üblich, wenn von „Seine Majestät“ gesprochen wurde, so war es der Kaiser, wenn man vom Landesherrn sprach, so war es der „König“. Dies galt nicht für offizielle Anlässe, wohl aber für das laufende Gespräch im Offizierkorps.

Nach dieser scheinbar sehr langen Vorgeschichte bis 1867 und über die Umstellung, soll die eigentliche Darstellung der Berichtszeit folgen. Mit den bekannten Methoden und den verfügbaren Beständen wurde analysiert und sich bemüht, Vergleichsmöglichkeiten zu finden mit anderen Korps, nicht genommen wurde z. B. das I. in Ostpreußen oder das Gardekorps. Das Ergebnis ist, daß nach Zusammensetzung, Laufbahn, innerer Einstellung das Offizierkorps des Königlich Sächsischen Armeekorps Nr. XII, sich nicht oder nicht wesentlich von einem Offizierkorps eines der anderen deutschen Korps unterscheidet. Auch wenn das Vergleichsmaterial nicht bis zum letzten auszuschöpfen ist, bleibt keine gegenteilige Feststellung zu treffen.

Es ist festzustellen: Das sächsische Offizierkorps als solches nahm als selbständige Einheit mit der Überführung in das XII. Korps sein Ende. Daran ändert nichts, daß die Ernennungen usw. weiter als „königlich sächsischer Leutnant“ usw. erfolgten. Diese Umstellung erfolgte schnell. Wir können seitdem nur noch vom Offizierkorps des XII. Korps und nach der Heeresvermehrung von dem des XII. und XIX. Korps sprechen und nicht vom I. und II. sächsischen Korps, obwohl es diese Bezeichnungen gab. Dies ist die entscheidende Feststellung, wenn über das Offizierkorps des oder der beiden Korps gesprochen wird. Zugleich ist dies die innere Begründung für den verhältnismäßig großen Raum, den die Vorgeschichte des eigentlichen Berichtszeitraumes einnimmt. Auch auf anderen Gebieten ist es bekannt, daß wohl keines der deutschen Länder so nachhaltig in das Reich hineingewachsen ist wie Sachsen. Es wurden auch die Landesfarben weiß-grün im Verhältnis zu den Reichsfarben schwarz-weiß-rot weniger gezeigt. Das Aufgehen in Deutschland war aus allen Gründen verständlich, aus der Geschichte auch für das Offizierkorps. Im Gegenteil: Das Offizierkorps war am längsten „sächsisch" geblieben. Bald wird bereits, vor allem nach dem siegreichen Feldzug 1870/71 festgestellt, daß sich das Ansehen des Offizierkorps gehoben hat und daß nunmehr die gebildeten Stände, die bisher nicht oder kaum vertreten waren, eintraten und daß die Uniform zum Ehrenkleide wurde. Diese Entwicklung entsprach der allgemeinen Überzeugung und Haltung. Das Offizierkorps, das mit am längsten verharrt hatte, wurde voll in die Zeitentwicklung eingeschlossen.

Von diesem Bild gibt es Abweichungen, die ergänzen, aber das Ergebnis nicht oder nicht wesentlich verändern:

1. Im XII. und XIX. Korps herrschte immer Offiziermangel. In den acht Kavallerieregimentern war im allgemeinen ein Viertel der Planstellen unbesetzt. Diese Entwicklung verschärfte sich teilweise bis 1914. Dies ist nicht nur ein Teil der allgemeinen Entwicklung, sondern zu erklären aus der Vorgeschichte. Sachsen hatte 1866 eine verhältnismäßig kleine Armee, bei der auch bereits Offiziermangel herrschte. Nach 1867 bis 1914 erfolgte eine Verdoppelung von ein auf zwei Armeekorps, also um 100 %, während sonst im Reich gliederungsmäßig die Zunahme bei etwa 50 % lag.

2. Dieser Mangel an Offizieren führte dazu, daß jüngere Offiziere niederer Dienstgrade eher in Kommandeurstellungen kamen. Bei den Kavallerieregimentern in Preußen wurde im allgemeinen ein Oberstleutnant Regimentskommandeur und dann weiterbefördert, in Sachsen im allgemeinen ein Major. Auch die Beförderung zu höheren Dienstgraden ging schneller. In Sachsen wurde ein Sekondelieutenant im allgemeinen nach 7 Jahren Premier-Lieutenant; insgesamt wurden 10–12 Leutnantsjahre gefordert. Die Beförderung zum Major erfolgte ein bis zwei Jahre eher. Erst beim Obersten kam es zum Ausgleich. Auch wurde deutlich sichtbar ein größerer Teil der Leutnante Major. Doch sind hierbei die Grenzen der Unterlagen und der Aussagefähigkeit erreicht. Mit Sicherheit ist ein Unterschied in der Generalität in dieser Richtung nicht nachweisbar.

Die Beförderungsverhältnisse waren in der Berichtszeit besser. Es ist bekannt und erinnerlich, daß dies zur Verärgerung außerhalb Sachsens führte, da das Angebot, deswegen Offiziere zu übernehmen, abgelehnt wurde. Man befürchtete dabei auch, nicht das beste Material zu erhalten. Dem ständigen Streben des Militärkabinetts in Berlin, die Bundeskontingente gleichzuschalten, dem sonst weitgehend entsprochen wurde, kam man hierbei nicht entgegen.

3. Ein Gegensatz zu Bayern und Preußen zeigte sich darin, daß, von Ausnahmen abgesehen, die Ordnungsnummer des Leutnant-Patentes entscheidend für den militärischen Werdegang des Offizier blieb. Wer zur Beförderung im Zeitpunkt seines Heranstehens nicht voll geeignet war, mußte im allgemeinen ausscheiden, da Auslaufposten nur in geringem Umfang zur Verfügung standen.

4. Der Anteil welfischer Offiziere war stets vorhanden und von Bedeutung. 1867 traten sofort 67 kgl. hannöversche Offiziere über; davon wurden 18 General. Insgesamt bis 1918 waren es über 200 Offiziere aus Niedersachsen. Das führte zunächst zu einer erfreulichen Ausfüllung der Fehlstellen. Auch sonst traten 1867 und danach Offiziere, die als Deutsche dienen, aber nicht in die preußische Armee eintreten wollten, zu Sachsen über. Die unterschiedliche landsmannschaftliche Zusammensetzung gab eine gelockerte Stimmung im Offizierkorps. Besonders mit Niedersachsen führte es zu einer großen Anzahl von Familienverbindungen. Bei aller Loyalität und der Tatsache, daß der Eid unlösbar band, war man sich des gemeinsamen politischen Schicksals bewußt.

5. Zu den sächsischen Herzogtümern und den Fürstentümern Thüringens bestanden vielfältige Beziehungen. Die wettinische Teilung des Landes 1485 hat nie zu einer wirklichen Grenze geführt, weder im Bewußtsein der Bevölkerung, noch im Verhalten der Führungsschichten oder in den Familienbeziehungen. Laufend wurden Offiziere zu militärischen und auch Hofdiensten abgegeben oder abkommandiert, da in diesen kleinen Staaten der eigene Bestand nicht ausreichte. Hier gilt für das Offizierkorps, die anderen Führungsschichten und die Bevölkerung dasselbe Verhalten.

Hingegen ist festzustellen, daß nach der Teilung Sachsens 1815 aus der neugegründeten preußischen Provinz Sachsen nur sehr wenige Offiziere in die sächsische Armee eintraten. Dies steht im Gegensatz dazu, daß unter den längerdienenden Mannschaften und Unteroffizieren in Sachsen stets ein bemerkenswerter Anteil aus der Provinz Sachsen, den einst wettinischen Landen, stammte. In der Reichswehrzeit war dieser Bestand kennzeichnend für die Truppenteile in Dresden. Es blieb so bis 1945.

6. Eine Bedeutung hatten weiter nationalpolnische Offiziere. Zahlenmäßig nicht bedeutend, aber sehr bemerkbar. Dresden war im 19. Jahrhun-

dert lange Zeit ein Mittelpunkt der außerhalb Rußlands lebenden Polen, sicher ein Rest der einstigen dynastischen Bindung. Der Fahneneid des Offiziers verpflichtete diese Herren auch gegen die eigene politische Überzeugung, auch gegen das eigene Gewissen, so daß dienstlich keine Probleme bestanden. Jedoch machten diese Offiziere niemals ein Hehl daraus, daß sie Polen waren und das Wiedererstehn Polens wünschten, was dann zu der Bemerkung führte: „Damit fordern sie hoffentlich keine preußischen Gebiete!" Als eine nationalpolnische Armee nach dem Wiedererstehen Polens errichtet wurde, und als große Auszeichnung der Orden „Polonia restituta" gestiftet wurde, befanden sich unter den ersten Trägern einige einst königlich-sächsische Offiziere. Der offizielle Lebenslauf wurde dabei aus politischen Gründen gelegentlich „verschönt".
Hier ist zu vergegenwärtigen, was es für die Homogenität des Offizierkorps bedeutete, wenn in diesem auf Lebenszeit verbundenen Kreis Welfen und Polen dienten.
7. Der Anteil von Offizieren mit adligem Namen ist geringer als in anderen Korps. Das hängt damit zusammen, daß die Nobilitierungspraxis in Sachsen nach 1815 anders war. Es wurde weniger und anders geadelt. Adelsränge über dem unbetitelten Adel, dem „von" gab es kaum. Während in Preußen in der ersten Hälfte des 19. Jahrhunderts im Jahresdurchschnitt 32 Standeserhebungen stattfanden, in der zweiten Hälfte des 19. Jahrhunderts und bis 1914 etwa 29, waren es in Sachsen (ebenfalls im Jahresdurchschnitt) zeitweise überhaupt keine, später ein oder zwei und dies nur teilweise Offiziere.
8. Während vor 1867 stets eine Anzahl Offiziere aus dem Mannschaftsstande aufgestiegen waren, geschah dies zum letztenmal in Friedenszeiten zum 1. 1. 1867 als drei Unteroffiziere ohne Offizierschule oder höhere Bildung als Leutnant übernommen wurden. Alle drei erreichten den Generalsrang. Zwei wurden geadelt.
9. Seit 1867 war ein sächsischer Offizier für die höchsten Kommandostellen im Kriege vorgesehen. 1870 war es Kronprinz Albert, später Oberbefehlshaber der Maasarmee. Nach ihm standen andere an. 1914 wurde der Generaloberst Freiherr v. Hausen als Oberbefehlshaber der 3. Armee aus dem Ruhestand geholt. Unabhängig davon wie man die Verantwortung für den Verlust des Feldzugs 1914 in Frankreich, die sogenannte Marneschlacht, verteilt, auch wenn man den Anteil des Kaisers und des Grafen Moltke sieht, bleibt eine schwere Verantwortung an Hausen hängen. Hier zeigen sich die Folgen, wenn man gerade die höchsten Kommandostellen im Kriege aus anderen Gründen, als denen der reinen militärischen Qualifikation, besetzt. Vestigia terrent!

Von Bedeutung in der Berichtszeit sind die Ausnahmen, die 1867 gemacht wurden und bis 1918 bestanden: Bei der Umstellung gab es wenige Regimenter, die nicht oder nicht voll beteiligt wurden. Es ist verständlich, daß die persönliche Leibgarde des Landesherrn, das Gardereiterregiment, eine besondere Bedeutung besaß. Zu den Aufgaben gehörte der persönliche Schutz des Landesherrn, seiner Familie, des Kronschatzes und des Staatsarchives. Die Gardereiter übernahmen den preußischen Kürassierhelm, zuletzt mit einem anspringenden Löwen. Außer ihnen war es das zweite schwere Reiterregiment, das Karabinierregiment, und ein leichtes Kavallerieregiment, die Großenhainer Husaren (Nr. 18). Hinzu kamen zwei Infanterieregimenter, das Leibregiment Nr. 100, das zu Gardediensten wie die Gardereiter herangezogen wurde. Sachsen, lange Zeit vom größten Urwald Mitteleuropas bedeckt — seine nahezu 1000jährige Rodung ist ein wichtiger Bestandteil der Landesgeschichte — hatte stets einen besonders ausgeprägten und zahlreichen Stand an Jägern, Schützen und Förstern, mit eigenen Truppenteilen. Hieraus verblieb das Schützenregiment 108 mit eigener Uniform, dem Tschako mit Roßschweif und als einzigem Infanterieregiment der alten Armee nicht mit der großen (türkischen) Regimentsmusik, sondern den Hörnern. Dies Regiment zeigte immer einen besonders hohen Anteil an adligen Offizieren. Für die Jägerbataillone gilt Ähnliches. — Dresden als Hauptstadt eines reichen Landes, lange Zeit eine der größten, wenn nicht zeitweise sogar die größte Festung Deutschlands, hatte frühzeitig ein stehendes Ingenieur- und Artilleriekorps, aus dem das Artillerieregiment Nr. 12 entstanden war. Dies Regiment war zugleich das älteste Regiment der alten Armee, 1620 gegründet.

In den Offizierkorps dieser sechs Regimenter lebten bewußt gefordert und gegeben, die militärischen Überlieferungen, Erinnerungen, Waffentaten und Ereignisse der sächsischen Armee fort. In diesen Offizierkorps war „Seine Majestät“ der König von Sachsen, während sonst dem Kaiser diese Bezeichnung vorbehalten wurde. Diese Offizierkorps, an Ausbildung, Laufbahn den übrigen entsprechend, blieben wissentlich „sächsische Offizierkorps“ bis zuletzt. Hier blieb auch sächsische Militär- und Regimentsgeschichte erhalten. In der Zusammensetzung entsprachen diese Offizierkorps den übrigen Regimentern mit der Ausnahme, daß die Bestände fast stets vollständig waren. Von hier aus erfolgten Abgaben an die übrigen Regimenter. Daß die Gardereiter besonders im Anfang ähnlich anderen Gardetruppen nahezu ausschließlich aus Angehörigen des Adels, teilweise des Hohen Adels, bestanden, ist verständlich.

Zum Bild dieses sächsischen Offizierkorps gehört etwas Besonderes, für das u. a. folgende Namen sprechen:

- Fritz v. Uhde, als Maler bekannt
- Moritz v. Egidy, religiöser Schriftsteller
- Wilhelm v. Polenz, Schriftsteller
- Georg v. Ompteda, als Verfasser des Romans „Exzelsior" der erste Schriftsteller von Bedeutung, der die Alpen und das Bergsteigen in die Literatur einführte, und eine zeitgeschichtliche Schilderung in der Trilogie „Deutscher Adel um 1900" gab
- Ferdinand v. Rayski, Maler
- Georg v. Boddin, Schriftsteller
- Georg v. d. Gabelentz, Schriftsteller
- Börries Freiherr v. Münchhausen, der bekannte Balladendichter.

Fast alle waren Gardereiter, Angehörige dieses Offizierkorps.
Es geschah damals und man muß sich in jene Zeit versetzen, daß aktive Offiziere, Offiziere des ältesten deutschen Kavallerieregimentes, ihren Abschied nahmen, „sie legten den Pallasch nieder", um Künstler, Schriftsteller zu werden oder sich in der religiösen Erneuerungs- und Erbauungsbewegung einzusetzen. Ähnliches gilt für andere Bereiche, die Bergakademie Freiberg, die Technische Hochschule Dresden, wenn auch aus anderen Regimentern. Dieses Offizierkorps und darin charakteristisch sächsisch, war eben nicht nur ein Offizierkorps von Mut, Tapferkeit, Stolz, Überlieferung, Hofdienst und allen anderen Anforderungen, sondern wissentlich teilnehmender Bestandteil Dresdens, einer Stadt, in der Kunst und Kultur in vollem Umfang, bis zum täglichen Kasinogespräch selbstverständlich waren. Hinzu kommt, daß die Bedeutung der Dresdner Oper und des Schauspielhauses es mit sich brachten, daß die Künstler, die Sänger und Sängerinnen, die Schauspielerinnen und Schauspieler gesellschaftlich zum großen Teil gleichberechtigt waren, heute sagt man dazu „integriert". Es gab nicht nur persönliche, menschliche Beziehungen, Ehen, sondern einen gesellschaftlichen Verkehr. Das sächsische Offizierkorps war in den gemeinsamen soziologischen Rahmen eingeschlossen, nicht getrennt, in Kenntnis, Gespräch, Beteiligung und Beziehung Teil dieser Stadt. Ein kennzeichnendes Ereignis:

Dresden war außer einer Stadt altüberkommener Kultur, der Gemäldegalerie, der Sixtinischen Madonna, einer berühmten Kunstakademie, gleichzeitig die Stadt, in der der Aufbruch der neuen Malerei 1905 mit der „Brücke" begann. Als in der Kunsthandlung Richter in der Prager Straße die Künstler ausstellten, Schmidt-Rottluff und andere, kam es verständlicherweise zu Protesten, aber nicht nur zur Kritik, sondern zu unliebsamen Ereignissen und Zwischenfällen. Hier erschien unerwartet das Offizierkorps des Gardereiterregimentes in Uniform in der Ausstellung, man besichtigte, ließ sich erklären und zeigen, dankte und ging wieder. Aber dies Auftreten genügte, um das Thema zu lösen. Protesthandlungen, Störungen unterblieben. Die Auseinandersetzung ging in den normalen Rahmen der Kritik zurück. Für die nächste Zeit erschien dann gelegentlich einer der Gardereiteroffiziere in Uniform in der Ausstellung. Hier wird etwas Charakteristisches des eigentlich sächsischen Offizierkorps sichtbar; vielleicht auch begründet darin, daß nach dem Übergang des sächsischen Offizierkorps in das deutsche Offizierkorps sich Wesentliches im verbleibenden Bestand konzentrierte. Eine Erscheinung, die auch sonst bekannt ist.

Mit 1918 kam das Ende des sächsischen Offizierkorps formal und eigener Wesenheit. In der Reichswehr wurde ein königlich sächsischer Offizier, Wolfgang v. Schweinitz –, zuletzt Generalmajor und 1945 erst in Dresden verblieben, dann in Buchenwald ermordet –, damit beauftragt mit Standort Dresden sich um das Schicksal der Offiziere des XII. und XIX. Korps zu kümmern und für eine entsprechende Übernahme und Stellung in der Reichswehr zu sorgen. Anderer dienstlicher Verwendung entsagte er, um in Dresden weiterzuwirken. Er war der letzte sächsische Offizier, der als solcher diente.

ZUSAMMENFASSUNG

Für die Geschichte des sächsischen Offizierkorps ist kennzeichnend, daß die sächsische militärische Geschichte im 18. und 19. Jahrhundert eine kaum unterbrochene Kette militärischer Niederlagen und verlorener Feldzüge ist, bis Königgrätz. So war es eine besonders schwierige Aufgabe, 1867 das Offizierkorps als das des XII. Korps in den Norddeutschen Bund und das Deutsche Reich einzugliedern. Dies war schnell und reibungslos nur möglich durch die Persönlichkeit des Kronprinzen und späteren Königs Albert. Die Eingliederung erfolgte so vollständig, daß von einem sächsischen Offizierkorps im eigentlichen Sinne des Wortes seitdem nicht mehr gesprochen werden kann, und daß das Offizierkorps des XII. und später des XII. und XIX. Korps dem anderer deutscher Korps entspricht. Es ist im deutschen Offizierkorps aufgegangen. Auf einige Besonderheiten, die das Bild nicht verändern, wurde hingewiesen; von den Ausnahmen, dem Offizierkorps von sechs Regimentern, die charakteristisch sächsisch blieben, berichtet.

DAS BAYERISCHE OFFIZIERKORPS
1866–1918

VON HERMANN RUMSCHÖTTEL

Da die Historiographie bei der Behandlung des deutschen Offizierkorps immer wieder – und mit Recht – die preußische Komponente dieser einmaligen geschichtlichen Erscheinung stark in den Vordergrund stellt, bleiben oft wichtige teilstaatliche Aspekte, wie sie vor allem im 19. Jahrhundert zu verzeichnen sind, im Dunkel. Eine landesgeschichtliche Untersuchung, im vorliegenden Fall die Beschränkung auf Bayern, ermöglicht ein differenzierteres Bild des preußisch-deutschen Offizierkorps. Mentalität und Ideologie, Zustand und Milieu des bayerischen Offizierkorps der Jahre 1866 bis 1914 machen dieses nämlich zu einem besonderen Teil des preußisch-deutschen Offizierkorps mit eigenem Gepräge. Diese Feststellung gehört zu den Ergebnissen meiner mit gesellschaftsgeschichtlicher Methodik durchgeführten militärgeschichtlichen Studien, die gedruckt vorliegen[1]. Das folgende Referat ist eine Zusammenfassung der wichtigsten Ergebnisse dieser Forschungen, mit denen ich vornehmlich vier Fragen zu beantworten suchte:

a) Welche gesellschafts- und geistesgeschichtlichen Faktoren und welche ökonomischen und organisatorischen Bedingungen bestimmten Zusammensetzung und Leben des bayerischen Offizierkorps?
b) Welche Mentalität, welches Selbstverständnis eignete diesem Korps?
c) Wie gestalteten und entwickelten sich die Fremdeinschätzung des Offizierkorps und das Urteil der Zeitgenossen?
d) Wie war die „objektive" Rolle, die effektive Wirkung des Korps in der Gesellschaft?

---

[1] H. Rumschöttel: Das bayerische Offizierkorps 1866–1914, Berlin 1973 (= Beiträge zu einer historischen Strukturanalyse Bayerns im Industriezeitalter Band 9); zitiert: Rumschöttel, Offizierkorps. H. Rumschöttel: Bildung und Herkunft der bayerischen Offiziere 1866 bis 1914. Zur Geschichte von Mentalität und Ideologie des bayerischen Offizierkorps, in: MGM 2/1970, S. 81–131. Im Hinblick auf diese Veröffentlichungen kann im folgenden auf ausführliche Belege verzichtet werden.

Nach einem Überblick über die Situation vor 1866 möchte ich mich zunächst mit der mehr äußeren Form, mit Bildung, Herkunft, Ausbildung, wirtschaftlicher Lage und Ehe der Offiziere beschäftigen, um in einem zweiten Teil einiges zu Ideologie und Mentalität, zum Verhalten in und zu Staat und Gesellschaft, auch zu den Standespflichten und zum Ehrbegriff zu sagen. Der mir zur Verfügung stehende Raum macht an manchen Stellen eine aphoristische Verkürzung der Aussagen nötig.

DAS BAYERISCHE OFFIZIERKORPS VOR DER HEERESREORGANISATION[2]

Ausgangspunkt der Betrachtung ist die nach der Niederlage Bayerns 1866 eingeleitete, mit dem Namen des Kriegsministers Sigmund Frh. von Pranckh verbundene Heeresreorganisation. Das auf einen Krieg nicht vorbereitete bayerische Heer war dem geschulten Gegner Preußen hoffnungslos unterlegen; schon bald nach der Mobilmachung trat ein, was hohe bayerische Offiziere seit Jahren prophezeit hatten: wenn der miserable Zustand des in adeligen und bürgerlichen Kreisen wenig angesehenen Offizierkorps nicht schnell verändert werde, so sei eine Katastrophe im Ernstfall unvermeidlich. Für einige lag der Grund des Übels in der vom Militärbudget bedingten Überalterung der Offiziere. Andere verwiesen auf die Ergänzung des Korps „durch eine dienstunerfahrene Jugend aus dem Kadettenkorps" und durch ungeeignete Adelige. Für Karl von Baur (seit 1840 Chef des Generalquartiermeister-Stabes) lagen vor allem Erziehung und Bildung im argen; die nötige Achtung gebietende Stellung könne der Offizier nur erreichen, wenn sich bei ihm eine gute häusliche Erziehung mit einer hohen wissenschaftlichen Bildung verbänden. In Bayern blieb bis 1866 die Meinung weit verbreitet, daß jeder noch immer gut genug für den Heeresdienst sei, war ultima spes miles.

Nach Gruners Studien[3] kann man aber nicht mehr von einem halben Jahrhundert des langsamen Verfalles, der mit der Katastrophe von 1866

[2] Rumschöttel, Offizierkorps, S. 32–41.

[3] W. D. Gruner: Das Bayerische Heer 1825 bis 1864. Eine kritische Analyse der bewaffneten Macht Bayerns vom Regierungsantritt Ludwigs I. bis zum Vorabend des deutschen Krieges, Boppard am Rhein 1972 (= Wehrwissenschaftliche Forschungen Abt. Militärgeschichtliche Studien Band 14); W. D. Gruner: Die Position der Armee in Staat, Wirtschaft und Gesellschaft Bayerns (1848–1866), in: Oberbayerisches Archiv, Band 97, 1973, S. 13–31.

endete, sprechen. Es lassen sich vielmehr eine Reihe von Vorstadien der Reform erkennen, die praktisch ein jahrzehntelanger, durch den Krieg nur beschleunigter Vorgang gewesen ist.
Vor 1858 wurden an die Offiziersanwärter keine bestimmten wissenschaftlichen Anforderungen gestellt; die Ergänzung erfolgte vor allem aus dem Kadettenkorps, dann der Pagerie, dem Erziehungsinstitut des Adels, in geringerem Maße direkt aus der Truppe. In Krisenzeiten, etwa 1848 oder 1859, wurden unausgebildete Schüler, Studenten oder ganz einfach Söhne besserer Familien zu Junkern und Leutnanten befördert. Sie waren ebenso unvorbereitet auf ihre Aufgabe, wie jene auf Kriegsdauer eingestellten Offiziere des Jahres 1866, die im Volksmund den Namen „Kriegsbedauerliche" bekamen.
Im Jahre 1858 gab der König dem Drängen höherer Offiziere nach: für Offiziersanwärter wurden bestimmte, den preußischen Normen vergleichbare Vorschriften erlassen, eine neu gegründete Kriegsschule in München sollte die Ausbildung der aus der Truppe kommenden Junker besorgen. Kadettenkorps, Kriegsschule und Pagerie waren von nun an die wichtigsten Ausgangspunkte für die Offizierslaufbahn. Die Reform wurde jedoch ohne Nachdruck betrieben; zudem wirkten der Dienst der Offiziere in den nur etwa 20 Mann starken Kompanien, der aus Wache, Exerzieren und Parade bestand und die schlechten Beförderungsverhältnisse (Prinzip war die Anciennität) keineswegs beflügelnd.
Die entscheidenden Reformanstöße sollte Oberst Sigmund Frh. von Pranckh geben, den Ludwig II. am 1. August 1866, nachdem die Kriegsereignisse den Zustand der bayerischen Armee offenbar gemacht hatten, zum bayerischen Kriegsminister ernannte. Dem Reformerkreis schwebte ein am preußischen Muster orientierter neuer bayerischer Offizier vor, wobei Pranckh selbst, im Gegensatz zu vielen anderen höheren Offizieren, besonders im Generalstab, den bayerischen Kern bewahren wollte und einer Verschmelzung des bayerischen mit dem preußisch-deutschen Offizierkorps widerstand. Die Entscheidung für die Reform, die nach der 1903 geäußerten Meinung eines preußischen Offiziers zum Übergang des Geistes Friedrich des Großen auf die bayerische Armee führte, fiel im Januar 1868 mit der Annahme des neuen Wehrgesetzes. Jetzt erst wurde die allgemeine Wehrpflicht in Bayern verwirklicht, die Stellvertretung aufgehoben. Der Bündnisvertrag vom November 1870[4] und die anschließende Gründung des Deutschen Reiches beschleunigten die Reform. Das

---

[4] Zur kontroversen Interpretation des Bündnisvertrages vom 23. 11. 1870 vgl. Rumschöttel, Offizierkorps, S. 39 Anm. 3 und H. Rüddenklau: Studien zur bayerischen Militärpolitik 1871 bis 1914, München, Phil. Diss. 1972.

bayerische Heer, geschlossener Bestandteil des Bundesheeres unter der Militärhoheit des Königs, im Kriege unter dem Befehl des Kaisers, wurde verpflichtet, in bezug auf Organisation, Formation, Ausbildung und Mobilisierung volle Übereinstimmung mit dem Bundesheer herzustellen. Zu den wesentlichen Reservatrechten gehörten Einstellung, Ernennung, Beförderung und Entlassung der Offiziere.
Bereits im Dezember 1871 konnte der preußische Militärattaché von Stülpnagel seiner Regierung melden, daß sich die bayerischen Anfragen nach preußischen Einrichtungen mehrten und das Bestreben bemerkbar sei, die volle Übereinstimmung herzustellen. Preußen ging die Angleichung Bayerns dennoch zu langsam vor sich. „Das Ziel preußischer Einflußnahme blieb stets gleich, wenn sich auch die Mittel und Methoden änderten. Das Ziel bestand darin, die bayerische Armee und darüber hinaus den bayerischen Staat insgesamt enger an das Reich bzw. Preußen zu binden, als in dem Verfassungsbündnis von 1870 festgelegt worden war“[5]. Die ersten beiden bayerischen Kriegsminister nach 1866, Pranckh und Maillinger, bemühten sich jedoch, nicht nur im Hinblick auf den föderalistischen Geist in Bevölkerung und Landtag, um die Beibehaltung einer bayerischen Form bei oft preußischem Inhalt. Wenn schon die Gestaltung der Heereseinrichtungen preußisch sein mußte, so wollte man doch Entscheidung und Kontrolle nicht verlieren. Erst seit den 80er Jahren, vor allem mit dem Einzug des Freiherrn von Asch ins Kriegsministerium, traten diese Rücksichten mehr und mehr zurück. Festzuhalten bleibt das Beharren Bayerns auf Errungenschaften, die es den preußischen überlegen erachtete. Bedingungslose Nachahmung gab es nicht. Auch wirtschaftliche und soziale Gegebenheiten verhinderten oft die Übernahme des preußischen Musters. In Einzelfällen freilich führte die prägende Kraft des Nordens zu einer Karikierung des Vorbildes.
Mit dem Ausscheiden der Generation von 1870 und der vollendeten Angleichung der Heereszustände ging die Wirkung des preußischen Vorbildes zurück, ein „Bewußtsein militärischer Gleichberechtigung“ entwickelte sich[6]. Erst gegen Ende des Weltkrieges machte die durch Kommandierungen, gemeinsame Übungen und Garnisonen gestärkte Vertrautheit zwischen den beiden Korps einem gewissen Antagonismus Platz, der die Kriegsereignisse und die Behandlung bayerischer Offiziere durch preußische Kommandostellen zur Voraussetzung hatte.
Das kräftige Hineinwachsen der bayerischen in die preußisch-deutsche Armee, die vom Landtag und der oppositionellen Presse oft zitierte

[5] Rüddenklau, a.a.O., S. 11.
[6] Rüddenklau, a.a.O., S. 18/19.

„Verpreußung", äußerlich durch das Verdrängen des Raupenhelms durch die Pickelhaube zum Abschluß gekommen, hob bei weitem nicht alle bayerisch/preußischen Unterschiede auf. Die politische und gesellschaftliche Atmosphäre Süddeutschlands — „demokratisch angehaucht" nannte sie 1881 bedauernd ein höherer bayerischer Offizier — machte sich auch in der Armee bemerkbar, etwa im gelösteren Verhältnis zwischen Offizierkorps, Unteroffizieren und Mannschaft, in der Beziehung der Armee zur gesellschaftlichen Umwelt, aber auch in der Diskrepanz zwischen eingebildeter und realer sozialer Rolle der Offiziere.

ZUR BILDUNG DER BAYERISCHEN OFFIZIERE[7]

1868 wurden in Bayern feste wissenschaftliche Bedingungen für den Eintritt in die Offizierslaufbahn verordnet und den Absolventen der Gymnasien erstmals Vorteile zugestanden, wie sie vorher nur Zöglinge des Kadettenkorps oder der Pagerie beanspruchen konnten. Den zumindest seit 1858 eingeschlagenen Weg konsequent fortschreitend, legte man 1872 das Abitur als Bedingung für die Aufnahme als Offiziersaspirant fest. Die Bemühung um die Verbesserung des Ansehens der Armee und des Selbstbewußtseins der Offiziere, Angst vor der Wiedergeburt der ultima spes miles, Überzeugung von der Notwendigkeit abgeschlossener Bildung und wissenschaftlicher Kenntnisse — besonders aus militärisch-technischen Gründen —, die sozialen Voraussetzungen in Bayern und nicht zuletzt die Hoffnung, daß von der Beteiligung aller Stände am Korps eine integrierende und leistungssteigernde Wirkung ausgehe, bewogen die verantwortlichen Offiziere im Kriegsministerium, auf diesem Sektor das preußische Vorbild nicht nachzuahmen. Das Lehrprogramm des etwa 25 % des Offiziersbedarfs deckenden Kadettenkorps entsprach dem eines Realgymnasiums, das der Pagerie dem eines humanistischen Gymnasiums. Als Möglichkeit der Protegierung oder der Steuerung bei größerem Offizierbedarf verblieb die sogenannte Portepee-Fähnrichsprüfung, die gleichfalls den Weg zur Offizierskarriere öffnete.

Bei den Diskussionen um die Offiziersbildung im 19. Jahrhundert geht es meist um die Frage: schulische Ausbildung oder Erziehung durch die Familie. Die Spannung zwischen diesen Grundpositionen ist nicht nur innerhalb der verschiedenen Offizierkorps festzustellen, sondern sie charakterisiert auch einen wesentlichen Unterschied zwischen dem bayerischen und dem preußischen Korps. Das Reservoir des Offiziersersatzes

[7] Rumschöttel, Offizierkorps, S. 41–61; 74–82; 236–238.

bildete in Preußen vor allem der Landadel, in Bayern neben den Offiziers- und Beamtenkreisen die gehobenen Schichten des Bildungs- und Besitzbürgertums; dazu kam die Ergänzung aus mittleren und unteren Bevölkerungsklassen. Von daher wird die bayerische Forderung nach Intelligenz und wissenschaftlicher Bildung ebenso verständlich wie die preußische nach häuslicher Erziehung und sittlicher Bildung. Freilich traten in Preußen die praktischen Probleme gegenüber den staatsideologischen Überlegungen zurück. Deshalb stritt man in Preußen noch um die Primareife des Offiziers, als Bayern schon weitgehend die Vorrechte der Pagen und Kadetten abgebaut hatte. Doch die bayerische Abiturforderung hatte selbst bereits den Wandel vom fortschrittlichen Ansatz zur konservativen Funktion durchgemacht. Den Adel zwang man in die bürgerliche Bildung, aber die mittleren und unteren Schichten sahen sich bald schon einer Bildungs-Sozialschranke gegenüber. In den ersten Jahren nach der Reform ist jedoch unverkennbar, daß man versuchte, die neuen Vorstellungen konsequent zu verwirklichen. Auch Standesherren gegenüber, die von der Ableistung militärischer Dienste befreit waren, sollten keine Ausnahmen gelten. In der ablehnenden Antwort auf das Gesuch eines Standesherren, seinen militärischen Dienst als Offizier beginnen zu dürfen, heißt es: „Ohne nun allen noch neuen gesetzlichen und organischen Bestimmungen entgegen zu handeln, vermag ich schlechterdings und trotz meines besten Willens Euer Erlaucht Gesuch nicht zu entsprechen, so sehr ich prinzipiell wünsche, die Mitglieder unseres und namentlich des höchsten Adels in der Armee dienen zu wissen." Erst Pranckhs Ausscheiden und die beginnende Verwässerung der Reformbestrebungen, auch der gute Ruf der neuen Offiziere bewirkten, daß Standesherren und anderen Adeligen wieder gewisse Vorteile eingeräumt wurden.

Den radikalen Wandel in der Bildungsstruktur macht ein Vergleich der Schulbildung der Majore von 1880 mit jener der Majore von 1911 deutlich. Von den vor der Reform eingetretenen hatten 15 % ein humanistisches Abitur, 40 % kamen aus der Kadettenschule, 45 % konnten nur einige Jahre Latein- oder Gewerbeschule nachweisen. Unter den Majoren von 1911 findet man nur mehr knapp 2 % Offiziere ohne Abitur. Von den 790 zwischen 1872 und 1881 beförderten Fähnrichen hatten 81 % das Abiturzeugnis, der Rest die Fähnrichsprüfung abgelegt. Die Bildungsanforderung war auch eine der Ursachen für eine merkliche Veränderung der konfessionellen Zusammensetzung des Offizierkorps; seit 1872 stieg der Anteil der Protestanten, der allerdings auch vorher schon prozentual höher gelegen hatte, als der der evangelischen Bayern an der

Gesamtbevölkerung. In manchen Kriegschuljahrgängen waren mehr als 50 % protestantisch, im Gesamtoffizierkorps sind es etwa 40 % gewesen.

Die preußische Verordnung über die Ergänzung der Offiziere des Friedensstandes von 1880, die in wesentlichen Punkten von der bayerischen abwich, löste im bayerischen Kriegsministerium eine dreijährige Diskussion darüber aus, ob man diese Bestimmungen unmodifiziert übernehmen sollte. Die wissenschaftlichen Anforderungen waren in Bayern höher, die Fähnrichsprüfung schwerer und die Vorteile für die Kadetten geringer. Zunächst beantragte der Abteilungsleiter und spätere Kriegsminister von Asch, die preußische Verordnung einzuführen, weil in Bayern alle Voraussetzungen gegeben seien, die Offizierkorps aus den gleichen Elementen wie in Preußen zu rekrutieren. Die Abiturforderung schränke die Auswahlmöglichkeit der Kommandeure ein und junge Leute ohne genügende häusliche Erziehung müßten aufgenommen werden. Erst Friedrich Frh. von Zoller leitete einen Meinungsumschwung ein, indem er, den Ausführungen des Direktors der Kriegsschule, von Schelhorn, folgend, auf die durchaus anders gestalteten bayerischen Verhältnisse hinwies. Man könne in Bayern die „häusliche Erziehung" nicht durchgängig haben und müsse deshalb nach einem Surrogat suchen; dieses habe man im Abitur gefunden. Dies paralysiere das Gebrechen mangelhafter Familienerziehung zwar nicht, verringere es aber und verdecke es in der öffentlichen Meinung. 1883 hatte eine Kommission unter Leitung des Generalinspekteurs Prinz Luitpold ein abschließendes Gutachten abzugeben. Die Beratungen zeigten, daß die Truppenoffiziere für die Beibehaltung der bisherigen Bestimmungen waren. Nur Emil Ritter von Xylander votierte aus einem „rein patriotischen Gesichtspunkt" gegen die Abiturforderung, weil der dynastische Geist in der Armee schwinde, wenn Söhne hoher Familien in andere Armeen eintreten müßten. Alle anderen Offiziere erkannten die verschiedenen sozialen und ökonomischen Voraussetzungen in Bayern und Preußen an, stellten fest, daß bisher wenig Nachteile sichtbar geworden seien und es zudem genügend Ersatz gebe, wiesen auf die Notwendigkeit wissenschaftlicher Kenntnisse aus militärisch-technischen Gründen hin, erachteten den Verlust, der der Armee durch das Abwandern adeliger Söhne in andere Armeen zugefügt werde als gering, da es ihnen sichtbar an Patriotismus fehle, hielten es für möglich, die fehlende Erziehung auch im Offizierkorps nachzuholen, was manchmal auch bei Adelssprößlingen notwendig sei und zeigten die Gefahren für das Ansehen der Armee auf, die bei einer Wiedergeburt des Gedankens ultima spes miles entstehen würden.

Die neue bayerische Ergänzungsvorschrift von 1883 behielt daraufhin die wichtigsten Bestimmungen von 1872 bei, bis zur Revolution blieb in Bayern das Abitur Voraussetzung für die Offizierslaufbahn. Dennoch zeigt die Diskussion der Jahre 1880 bis 1883, daß die theoretischen Vorstellungen über die Bildung der Offiziere in Preußen und Bayern recht ähnlich waren. In Bayern machte man aus der Not eine Tugend und stellte die Bildung als Äquivalent für das altpreußische Offiziersideal heraus. In Preußen wuchs die Zahl der Offiziere, die für eine Hebung der wissenschaftlichen Anforderungen plädierte. Jeder sah mit einem gewissen Neid auf die Praxis des anderen.
Mit dem Ansehen des Korps und der Bedeutung des Militärs im Deutschen Reich wuchs in Bayern das Interesse weiter Kreise am Offiziersberuf. Seit etwa 1885 läßt sich die bemerkenswerte Tatsache feststellen, daß die Auswahl der Anwärter wieder mehr von der Familie bestimmt wurde, eine Tendenz zu Homogenität, Exklusivität, zu partieller Neuaristokratisierung ist nicht zu übersehen. Besonders der bayerische Militärbevollmächtigte in Berlin, Ludwig Frh. von Gebsattel (1905–1911), machte sich für eine Annäherung der bayerischen an die preußischen Vorstellungen stark, indem er immer wieder die Bewertung von Erziehung und Persönlichkeit im preußischen Offizierkorps betonte. Persönlichkeit und Charakter könne man aber am besten dadurch bewahren, daß man den Adelseinfluß fördere. Diese Bewegung blieb erfolglos, weil die sozial-ökonomischen Voraussetzungen in Bayern dafür nicht gegeben waren, doch wirkten sich diese Bestrebungen, vor allem nachdem sie von hohen Stellen Unterstützung fanden, auf die Auswahl der Aspiranten durch die das Einstellungsmonopol besitzenden Regimentskommandeure aus. Freilich ist die Abiturforderung in Bayern kein ernsthaftes Diskussionsthema mehr. Die Familien, auf die es ankam, hatten sich daran gewöhnt, ihre Söhne auf die höhere Schule zu schicken. Ein großes Angebot gab den Kommandeuren die Möglichkeit, bei der Auswahl die Forderung nach „häuslicher Erziehung" mehr und mehr in den Vordergrund zu rücken. Dies zeigt eine Betrachtung der sozialen Zusammensetzung des Offizierkorps.

ZUR SOZIALEN HERKUNFT DER BAYERISCHEN OFFIZIERE[8]

Die Sozialstruktur des bayerischen Offizierkorps vor 1866 war inhomogen. Zwar kamen stets die meisten Offiziere aus höheren Schichten, doch

[8] Rumschöttel, Offizierkorps, S. 61–97.

die Zahl derjenigen aus mittleren und niederen stieg oft bis über 40 %. Nach der Heeresreform entwickelte sich die gesellschaftliche Zusammensetzung in zwei, einander scheinbar entgegenlaufende Richtungen. Der eine Prozeß stellt nur das Weiterlaufen einer schon längst in Gang gekommenen Bewegung dar: die Zahl der bürgerlichen Offiziere nahm ständig zu, der Adelsprozentsatz sank kontinuierlich, das Offizierkorps verbürgerte. Hatte die Armee 1799 noch 50 % adelige Offiziere, so fiel diese Zahl bis 1872 auf 25 % und bis zum Kriegsbeginn 1915 auf 15 %. In Bayern gab es eine Preußen entsprechende große Zahl von Adeligen nicht; zum anderen verwehrte die Abiturforderung manchem Adeligen den Eintritt in die Armee; schließlich fehlte es an der traditionellen engen Verbindung zwischen Adel und Offizierkorps, die für Preußen typisch ist. Allerdings kannte auch Bayern Adelsregimenter, denen es gelang, ihre soziale Exklusivität bis zum Weltkrieg hin zu bewahren. Dazu gehörten vor allem das Infanterie-Leib-Regiment und das 1. Schwere Reiter-Regiment in München sowie das 1. Ulanenregiment in Bamberg. Von den 26 Offizieren des 1. Schweren Reiter-Regiments waren 1904 24 und 1911 23 adelig. Freilich war die Adelsabkapselung in Bayern, vergleicht man sie mit Preußen, recht gering: trotzdem kam sie im Landtag, der Presse und im Ministerium oft zur Sprache. Offiziere unterstrichen, daß für die Stimmung in der Armee und das Bild des Korps in der Öffentlichkeit diese Regimenter große Bedeutung hätten; von ihnen ginge eine prägende Kraft aus, in ihnen würde der adelig-ritterliche Geist tradiert und intensiv gelebt, der den anderen Korps als Vorbild diente.

Bei den Waffengattungen lag 1904, was die Vornehmheit angeht, die Kavallerie mit 48 % Adelsanteil an der Spitze. Auch in der Feldartillerie lag der Adelsanteil mit 21 % noch über dem Durchschnitt. Die technischen Truppenteile und die Fußartillerie waren verpönt, sie galten als nicht vornehm genug. In den oberen Chargen und Dienststellen blieb der Adel höchst einflußreich und überrepräsentiert. Generelle Bevorzugung des Adels und das Bemühen um Gleichberechtigung aller Offiziere im Einzelfall sind kennzeichnend für die ambivalente bayerische Grundhaltung auf diesem Sektor. Bayern war, was die Adelsprotektion angeht, im Vergleich zu Preußen wirklich „liberal". Da die absolute Zahl der Adeligen gering war, war es auch die Zahl der Protegierten; außerdem gab es eine Anzahl sehr hoher Offiziere, die aus bürgerlichem Hause kamen. Sogar im Hofdienst tauchten solche, später stets geadelte Offiziere auf. In den Akten des Kriegsministeriums wird, zunächst in der ersten Hälfte des behandelten Zeitraums, das Bemühen um

Gleichberechtigung aller Offiziere sehr deutlich. Auch wenn dies oft nur aus taktischen Erwägungen heraus so betont worden ist, darf man es nicht übersehen. Man glich sich hier einer auf den Abbau von Privilegien hinzielenden Zeittendenz an. Die Angst vor dem kritisierenden Urteil der Öffentlichkeit spielte in Bayern eine große Rolle und war eine treibende „liberalisierende" Kraft.

Eindeutig ist also ein der Steigerung des Ansehens der Armee und des einzelnen Offiziers parallel laufender Prozeß äußerer Verbürgerung, Verbürgerlichung. Die zweite Entwicklung der Sozialstruktur des Korps in unserem Zeitraum ist ein gesellschaftlicher Homogenisierungsprozeß. 1913 meldeten sich 776 höhere Schüler für die Offizierslaufbahn in Bayern, 20 % von ihnen hatten eine Chance, angenommen zu werden. Das immense Überangebot erlaubte den Kommandeuren die Auswahl nach ihren Vorstellungen von der gesellschaftlichen Herkunft, der finanziellen Grundlagen und der Persönlichkeit eines Offiziers. Immer mehr kamen die Anwärter aus Offiziers- und Beamtenkreisen sowie aus den gehobenen Schichten des Bürgertums. Dieser Trend wurde gesteuert durch eine strenge Überwachung der für die Annahme verantwortlichen Kommandeure, durch die erforderliche Einstimmigkeit bei der Offizierswahl und durch z. T. sehr hohe finanzielle Anforderungen. Das Verhältnis der Offiziere, die aus Familien der unteren Schichten kamen zu denen aus höheren Schichten veränderte sich nach einer Zusammenstellung des Kriegsministeriums von 1:2 1872 zu 1:4 1881. In Preußen wie in Bayern war man bemüht, den Ersatz aus Kreisen zu bekommen, die eine dem Korps ähnliche oder gleiche mentalité hatten. Aus diesem Grunde nahm man in Bayern am liebsten Offiziers- und Beamtensöhne, als Ersatz gewissermaßen für Adelssprößlinge, die man nicht haben konnte. Der Anteil der Offiziere aus gut situierten Kaufmannsfamilien nahm ebenfalls zu, doch eine Preußen vergleichbare Verstärkung der finanzbürgerlichen Elemente gab es in Bayern nicht. Was die Anwärter aus den gesellschaftlich weniger angesehenen Schichten angeht, so waren es bis 1880 noch rund 30 %, die in Preußen nicht angenommen worden wären, bis 1895 sank die Zahl auf 15 % und vor dem Weltkrieg (hier liegt exaktes Zahlenmaterial vor) kann ihre Anzahl vernachlässigt werden. Der soziale Homogenisierungsprozeß hatte seinen Höhepunkt erreicht, trotz geringeren Adelsanteils war das bayerische Offizierkorps, was die gesellschaftliche Herkunft angeht, dem preußischen ebenbürtiger geworden.

Pranckhs Zielvorstellung von 1868, die Beteiligung aller Stände am Offizierkorps mit gesellschaftlicher Integrationsfunktion und Betonung des

Leistungsprinzips war 1883 nur mehr hinhaltend verteidigt und die Abiturforderung zugleich ideologisch uminterpretiert worden; sie wirkte nun als Bildungsprivileg. Der Wunsch nach Integration wurde zum Teil erfüllt. Das Offizierkorps wurde integriert in jene aus der Interessengemeinschaft von Adel und nationalliberalem Bürgertum entstandene, im Innern stark differenzierte, nach außen und nach unten jedoch ziemlich geschlossene Klasse der Gesellschaft, die als die herrschende bezeichnet werden kann, wenn sie auch nicht ganz klar ausgeprägt und fest umrissen gewesen ist.

Der abnehmende Adelsprozentsatz bewirkte nicht, daß sich der vom Ethos adeligen Rittertums geprägte Grundcharakter wandelte; die aristokratische Qualität – im Verständnis der Offiziere – wurde von den Verschiebungen der adeligen Quantität nicht berührt. Im Gegenteil: es muß beim in das Offizierkorps eintretenden Bürger nach 1870 eine, durch soziale Vorstellungen und Rollenzwang verstärkte Bereitschaft zur Aufnahme eines neuen Geistes angenommen werden, geradezu ein Hindrängen zu dem in seiner Vorstellung vorhandenen adeligen Rittertum, dem anzugehören sozialen Aufstieg versprach. Neben den Adelsregimentern und der Adelsprotektion unterstützten dies die Nobilitierungen höherer Offiziere. Wir befinden uns in einem postfeudalen Zeitalter. Der Adel blieb das ausschlaggebende Element, bildete gleichsam die Oberschicht-Elite des Korps. Die Neuaristokratisierung machte sich in der Ideologie, vor allem im Mythos einer sich fortwährend verfeinernden, im höchsten Maße reizbaren und unantastbaren Ehre, in der Selbsteinschätzung und im Verhalten zu Staat und Gesellschaft („Ich bin Offizier, das muß Ihnen genügen".) bemerkbar. Für das Verständnis und die Kritik der Erscheinungsform Offizierkorps sind somit die Kenntnis der Mentalität, des Gruppen-, Distanz- und Selbstbewußtseins wichtiger als die der soziologischen Struktur und der ökonomischen Bedingungen. Gerade die Geschichte der Befehlsverbände und der totalen Institutionen zeigt immer wieder deutlich diese Dominanz des Bewußtseins.

ZUM DIENSTLICHEN LEBEN, ZUR WIRTSCHAFTLICHEN LAGE UND DEN VEREHELICHUNGSVORSCHRIFTEN[9]

Die Offizierslaufbahn begann bei einem Regiment. Über Aufnahme oder Ablehnung eines Aspiranten entschied der Kommandeur, weder König noch Minister konnten ihn zwingen, einen Bewerber zu akzeptieren.

---

[9] Rumschöttel, Offizierkorps, S. 97–144.

Diese Regelung, 1883 verstärkt durch die Beförderung bis zum Stabsoffizier im Regiment nach der Ancennität, ermöglichte es den Kommandeuren, die Zusammensetzung ihres Korps selbst zu gestalten. Nur Pagen und Kadetten wurden zugewiesen. Sie genossen lange Zeit erhebliche Vorteile. Der praktischen Ausbildung in der Truppe folgte die theoretische auf der wenig beliebten Münchener Kriegsschule. Die selektive Wirkung des Kriegsschuljahres machte die Schlußprüfung zur Formsache. Vor der königlichen Ernennung mußte nun noch das Regimentskorps den Bewerber einstimmig wählen, wobei die soziale und die moralische Eignung zu beurteilen war. Die erforderliche Einstimmigkeit bedeutete ein extremes, nur scheinbar das genossenschaftliche Prinzip beachtendes Mittel, Homogenität und Exklusivität zu wahren, mußte der Aspirant doch den Anforderungen des „schärfsten" Offiziers genügen.

Die Beförderungsverhältnisse waren schlechter als in Preußen oder Sachsen. Im gesamten betrachteten Zeitraum bestimmte das Vorrücken nach der Anciennität (bis 1883 innerhalb der ganzen Armee; ab 1883 Regimentsavancement) das Beförderungswesen. Von Leistungsbeförderungen befürchtete man negative Auswirkungen auf den Korpsgeist. Ausnahmen ermöglichte man durch Vorpatentierungen, Versetzung in beförderungsfreundliche Regimenter (seit 1883) oder durch Überspringen der Vormänner. In den Vorzug dieser außertourlichen Beförderungen kamen vornehmlich Prinzen, einige höhere Adelige und die Absolventen der die bayerischen Generalstabsoffiziere ausbildenden Kriegsakademie. 7 bis 8 Jahre Offiziersdienstzeit bis zum Oberleutnant und 6 bis 7 weitere Jahre bis zum Hauptmann galten als normal. In einem Infanterieregiment standen 52 Leutnants- und Hauptmannsstellen 5 Stabsoffiziersposten gegenüber. Nur etwa die Hälfte der Offiziere erreichte jemals den Hauptmannsrang. Ein ungeschriebenes Gesetz zwang den Offizier, sein Abschiedsgesuch freiwillig einzureichen und mit Krankheit oder Dienstunfähigkeit zu begründen, wenn er in Gefahr stand, im Avancement überholt zu werden.

Wachsender äußerer Glanz und gesellschaftliches Ansehen korrespondierten mit kümmerlicher finanzieller Versorgung. Die den größten Teil des Korps ausmachenden Subalternoffiziere gehörten kraft Bewußtsein und Prestige zur oberen Gesellschaftsklasse, den Gagenverhältnissen nach jedoch zu einer der unteren Einkommensklassen Bayerns. Sozialprestige, Ritterideologie und Ehre boten Möglichkeiten der Kompensierung dieser Erfahrung der bitteren Wirklichkeit des Schlagwortes vom „Glänzenden Elend", zwangen jedoch gleichzeitig zu demonstrativem Konsum, der vergrößert wurde durch das sich in den oberen Kreisen der

Gesellschaft im kaiserlichen Deutschland ausbreitende Konsum- und Wohlstandsdenken. Nach der Jahrhundertwende mußte im Kriegsministerium festgestellt werden, daß der junge Offizier unterhalb der Hauptmannscharge auch bei bescheidensten Ansprüchen von seinem Gehalt nicht leben könne und sich zur gleichen Zeit ein Trend zu übermäßigen Ausgaben bemerkbar mache. Die Kommandeure forderten von den Anwärtern die Garantie monatlicher privater Zuschüsse zwischen 50 und 200 Mark und einen ziemlich hohen Betrag für die Erstausstattung. In einem Schreiben an das Ministerium betonte das 5. Feld-Artillerieregiment im Jahr 1906, es habe die Kosten für die erste Equipierung auf 2 500 Mark festgelegt, um den Offiziersersatz homogen zu erhalten. Es meldeten sich so viele Anwärter, daß man auch die ökonomische Voraussetzung als Auswahlkritierium verwenden könne.

Das Korps sollte eine Lebensgemeinschaft sein. Die kollektive Existenz wurde jedoch unter anderem dadurch gefährdet, daß der einzelne meist zugleich Mitglied in anderen Gruppierungen der Gesllschaft war. Vor allem die Lebensgemeinschaft „Ehe“ konnte in Konkurrenz zum Korps treten. Durch strenge Verehelichungsvorschriften, die nach 1872 ihren Schwerpunkt auf wirtschaftlich-gesellschaftlichem Sektor hatten, sollte die Konfrontation verhindert werden. Der König hatte die Ehe zu genehmigen, Voraussetzungen waren erhebliche finanzielle Mittel (bei einem Leutnant etwa 50 000 Mark) und eine entsprechende soziale Stellung der Frau. Kommandeur und Offizierkorps beurteilten zunächst die zukünftige Offiziersgattin und holten eventuell Erkundigungen bei zivilen Behörden ein. 1890 schrieb der Kommandeur des 6. Infanterieregiments an den Nürnberger Magistrat, Fräulein S. wolle sich mit einem seiner Offiziere verehelichen; er bitte um vertrauliche Mitteilung über die soziale Stellung der Familie, ob der Vater nicht einer politischen Richtung angehöre, die eine Verbindung mit dem Offiziersstand ausschließe, ob es Gerüchte über die Familie oder die Braut gebe, über die finanziellen Verhältnisse der Familie und über den Bildungsgrad der Frau. – Die Notwendigkeit einer Vermögensheirat, die verbreitete Verschuldung des unteren Offizierkorps und der Zwang zum demonstrativen Konsum führt zu vielen Geldheiraten. Die Söhne von Kaufleuten hielt man möglichst von der Offizierslaufbahn ab, die Töchter akzeptierte man – soweit sie nicht selbst im Betrieb gearbeitet hatten. Der Anteil der Offiziersfrauen aus diesen Kreisen stieg bis über 35 %. Die Verehelichungsvorschriften wirkten als hervorragendes Mittel zur genossenschaftlichen und autoritären Überwachung von Homogenität, Exklusivität und sozial-wirtschaftlicher Stellung des Korps. Doch sie förderten die Inkongruenz von Sein und Schein, da sie Namen, Ruf und Geld zu wesentlichen Bewilligungskriterien erklärten, weil Geld Erziehung, Bildung und anderes ersetzen konnte. Die vielen Ehefrauen aus dem finanzkräftigen Bürgertum störten aber die teilweise Neuaristokratisierung nicht, weil sie sich gerne einem ähnlichen Entindividualisierungsprozeß unterwarfen, wie ihn die Offiziersanwärter durchgemacht hatten.

OFFIZIERKORPS UND GESELLSCHAFT[10]

Auch für das gesellschaftliche Leben im bayerischen Offizierkorps und für das Verhältnis des Korps zu anderen sozialen Gruppen bedeutete die Reform eine Wendemarke. Durch Intensivierung des gemeinsamen Lebens sollten Kameradschaft und Korpsgeist gefördert, Standesbewußtsein und Leistungsfähigkeit angehoben werden; die Vorbereitung des Krieges auf dem psychologischen Gebiet wurde ernst genommen. Zuerst ein lose gefügter Stand, erreichte das Korps schließlich jene Form, die der ehemalige bayerische Offizier und spätere Militärhistoriker Eugen von Frauenholz meinte, wenn er es mit den geistlichen Ritterorden des Mittelalters verglich und formulierte: „Das Offizierkorps betrachtete sich als eine abgeschlossene Kaste." Entscheidend war die Veränderung der Stellung des gehobenen Bürgertums zum Korps in Bayern. Die reservierte Haltung der Jahre vor 1866 schwand nach den großen militärischen Erfolgen 1870/71 und mit der Ausdehnung des Reserveoffiziertums begann eine neue Phase. Das Offizierkorps wuchs faktisch in die inhomogene bayerische Oberschicht hinein, bewußtseins-soziologisch sogar darüber hinaus. Die Ideologie vom ersten Stand, unterstützt durch eine singuläre staatsrechtliche Stellung und durch die Hochschätzung alles Militärischen nach 1870/71 wurde im Korps aufgenommen, doch entwickelte sich dieses in Bayern nie in jene volksferne soziale Höhe wie in Preußen der gleichen Zeit. Es gab eine auffallende vertikale Mobilität, Aufstiegsmöglichkeiten, die die sozialen Zustände stabilisierten; gerade im Offizierkorps. Als Beispiel sei nur auf Peter Frh. von Wiedenmann hingewiesen, den Sohn eines evangelischen Schneiders, der es bis zum General und Chef der Geheimkanzlei des Prinzregenten brachte.
Und doch ist die Entfremdung des Korps von großen Teilen der Bevölkerung unübersehbar. In der zweiten Hälfte unseres Zeitraumes verschärften sich die Angriffe aus dem oppositionellen Lager in Bayern in

[10] Rumschöttel, Offizierkorps, S. 206–221; 238–254; 255–278.

dem Maße, wie das Korps in eine Rolle als Stütze des Systems hineinwuchs. Die Kritik im Landtag, in Streitschriften, in der Presse und auf der Bühne zielte meist auf Einzelerscheinungen oder lokale Begebenheiten, war von reformerischem, nicht von revolutionärem Geist getragen, doch die Polarisierung zeigte sich deutlich. Frauenholz bestätigt, daß von geringeren sozialen Grenzen im Süden nur in bezug auf die Verhältnisse in der Oberschicht gesprochen werden kann. Zwar hat es eine den preußischen Erscheinungen vergleichbare Selbstisolierung des Korps mit grundsätzlicher Trennung des militärischen vom zivilen Leben in Bayern kaum gegeben, doch bereits das mittlere und untere Bürgertum trat mit dem Offizierkorps nur in geschäftliche Berührung.

Theorie und Praxis des standesgemäßen Umgangs, die ehrengerichtliche Verfolgung von Offizieren, die mit Arbeitern, Polizisten, Kellnern, unteren Angestellten oder Beamten in privaten Kontakt traten, die Erziehung zu mimosenhafter Vorsicht im gesellschaftlichen Verkehr zeigen deutlich die Grenzen der bayerischen „Liberalität". In einem Geheimerlaß von 1898 heißt es: „Das Kriegsministerium nimmt hieraus Veranlassung, das Augenmerk der Regimentskommandeure auf die Überwachung des außerdienstlichen Verkehrs besonders der jüngeren Offiziere hinzulenken und sind die letzteren eingehend und wiederholt über die schwerwiegenden, ihre Existenz in Frage stellenden Folgen zu belehren, die für diejenigen entstehen können, welche sich in unvorsichtiger Weise in nicht standesgemäße Gesellschaft begeben." Acht Jahre vorher hatte Hermann Beckh im Landtag geklagt, die bayerischen Offiziere trennten sich mehr und mehr „vom Zivil".

Die Tatsache, daß die meisten Offiziere aus bürgerlichen Familien kamen, wirkte sich auf die Gewährung von Hofrang und Hofzutritt aus. Während in Preußen alle Offiziere Hofrang genossen, erkannte man dieses Recht in Bayern nur den aktiven Stabsoffizieren und den Generalen zu, allen übrigen gewährte man lediglich Hofzutritt, sie durften nur auf Befehl bei Hofe erscheinen; gut bayerisch nannte man sie „das Gschwerl".

Gesellschaftliches Leben innerhalb und außerhalb des Korps wurde als Dienst verstanden. Eine entscheidende Rolle bei der Integration der Regimentsoffizierskorps spielten die 1872 nach preußischem Vorbild eingeführten und anfänglich in der bayerischen Öffentlichkeit sehr kritisierten Kasinos. Sie wurden „zu einer Schule für den Charakter, die sich an den Grundsätzen der älteren Kameraden bildete, zu einer Bildungsanstalt der äußeren Formen" (Illing). Das Kasino entwickelte sich zum zweiten Heim des Offiziers. 1867 noch klagte der preußische Militärbevollmächtigte von Hartmann, daß „weder gemeinschaftliche Mittagstische, noch andere gesellige Vereinigungspunkte" die Heranbildung der Offiziere förderten („Wo sind da irgend Anknüpfungspunkte für einen Preußen?"); 1909 konnte der preußische Generalstabsoffizier Lenski feststellen, daß es in den bayerischen Offizierkasinos genauso zuginge, wie in den preußischen.

Das Korps hatte sich nach 1875/85 für die mittleren und oberen Stände, in nicht zu unterschätzender Weise auch für die Unterschicht, insofern zu einer echten Elite entwickelt, als diese Kreise Lebensformen, Ehrbegriff und Verhaltensweisen der Offiziere als beispielhaft ansahen und nachahmten. Eine wichtige Rolle in der Beziehung zwischen Korps und zivilem Sektor spielte das strenger ehrengerichtlicher Überwachung unterworfene Reserveoffizierkorps. Die Offiziere des Beurlaubtenstandes waren ebenso an die Einhaltung der Standespflichten gebunden, wie ihre aktiven Kameraden. Vor ein Ehrengericht wurden gestellt ein Reserveoffizier und Spediteur, der einige Male seinen Möbelwagen selbst gefahren hatte; ein Anwalt wegen zu freundschaftlichen Umgangs mit seinen Untergebenen; ein Münchener Buchhändler, weil er 1872 die Broschüre „Der Jesuitenfresser" verlegt hatte, deren „gemeinschädliche Tendenzen zu unterstützen sich nicht mit dem Charakter eines Offiziers verträgt". Elitestellung und Reserveoffiziertum, national-militärische Gedenktage, Krieger-, Sänger- und Turnvereine, der spezielle Tonfall der nationalliberalen Presse und Literatur oder die in Bayern besonders eifrige Aktivität der Offiziere im Bereich der Jugendpflege (der bayerische Wehrkraftverein wirkte im ganzen Reich als Vorbild) sind Elemente jenes deutschen Militarismus, der auch in Bayern einen Aspekt des gesellschaftlich-politischen Lebens vor dem Weltkrieg darstellte. Das Reserveoffizierkorps bildete eine Brücke, über die militärisches Denken ins zivile Leben gelangte (1910 gab es in Bayern 5 000 Reserveoffiziere). Die Möglichkeit, Reserveoffizier zu werden, integrierte weite Kreise des Bürgertums in den preußisch-deutschen Staat.

Immerhin akzeptierte man in Bayern im Reserveoffizierkorps eine ganze Anzahl Staatsbürger jüdischen Glaubens, während es bis 1907 gelungen war, alle Juden aus dem aktiven Offizierkorps zu verdrängen; sie wurden einfach nicht befördert. Prinz Arnulf beurteilte einen Hauptmann: „Wenn er nun auch vom Standpunkt seines Wissens und Könnens zur Beförderung zum Major geeignet bezeichnet werden kann, so kann ich demselben vermöge seiner israelitischen Confession nicht geeignet erkennen zum Bataillons-Commandeur — somit zur ersten Instanz der erzieherischen Leitung eines Offizierkorps". Ludwig Frh. von Gebsattel

und das bayerische Kriegsministerium bestätigten 1907 ihre Übereinstimmung mit dem preußischen Kriegsminister von Einem in der Ablehnung von Juden für das aktive Offizierkorps. „Denn, zugegeben, daß unter Umständen auch ein Jude einmal ein guter und selbst hervorragender Offizier sein könnte, so sei doch der ganze jüdische Charakter, die ganze Denk- und Handlungsweise des einzelnen sowie der Sippe gerade von der im deutschen Offizierkorps glücklicherweise noch durchgängig vorhandenen Sinnesart so grundverschieden, daß ein Eindringen jüdischer Elemente in das aktive Offizierkorps nicht nur für schädlich, sondern für direkt verderblich zu erachten sei." Das war schon ganz die Sprache des Unmenschen.
Den Umgang der Offiziere überwachte der Regimentskommandeur; er verbot Lokale und Tänze, Bücher und Zeitungen; er erließ auch sogenannte „Verkehrsverbote", die Offizieren untersagten, mit bestimmten Personen der gebildeten Stände Kontakt zu halten. Wie der Fall eines Erlanger Universitätsprofessors zeigt, wurden solche Verkehrsverbote auch bei einem Ortswechsel der damit belegten Person von Korps zu Korps weitergegeben. Für den Zivilisten war die Rehabilitierung sehr schwer, weil ihm keine Einsicht in die Akten gewährt wurde. Es kennzeichnet die Rolle des Offizierkorps in der Gesellschaft, daß solche Verkehrsverbote für den Zivilisten schwere ökonomische und soziale Einbußen mit sich brachten.

OFFIZIERKORPS, STAAT UND POLITIK[11]

Im Gegensatz zum Beamtentum, das den Wandel vom absolutistischen zum konstitutionellen Staat durch den Eid auf die Verfassung mitvollzogen hatte, blieb das Offizierkorps weiterhin auf die Person des Monarchen vereidigt und war nur diesem Gehorsam schuldig. Seine, des Offiziers, politische Grundhaltung sei – hieß es in einem Offiziershandbuch – das für gut oder schlecht zu halten, was sein König für gut oder schlecht hält. Gustav Frh. Kreß von Kressenstein notierte 1907 im bayerischen Kriegsministerium: „Ich komme zu dem Schluß, daß die Armee allen Anlaß hat, konservativ zu sein, und daß sie irgendwelchen Änderungen nur dann die Hand bieten solle, wenn sie die Garantie besitzt, daß die Neuerung nicht zu einer Verkürzung ihrer Vorrechte führt." Die militärgeschichtliche Forschung hat zu Recht die alte Formulierung von

[11] Rumschöttel, Offizierkorps, S. 222–238.

der unpolitischen Grundhaltung des Offiziers als Ideologie charakterisiert. Zwar ist es richtig, daß viele Offiziere ihre politische Funktion nicht erkannten oder erkennen wollten und deshalb der Meinung waren, sie seien unpolitisch; die Quellen zeigen jedoch, daß höheren Offizieren sehr klar war, daß ihre Aufgabe die Erhaltung des status quo sei. Es gehört zur soldatischen Mentalität, diese Zielsetzung unpolitisch zu nennen; den bestehenden Staat zu konservieren galt als natürlich, nicht als politisch.

Die politische Grundhaltung war monarchisch-konservativ. Im Gegensatz zu Preußen aber, wo viele Offiziere geistig und politisch im Zeitalter der absoluten Monarchie stehengeblieben waren, stand die nationale Komponente in Bayern gleichberechtigt neben, oft vor der konservativ-monarchischen. Man war nationalliberal im damaligen bayerischen Sinne. Das hängt auch damit zusammen, daß die Identifizierung mit den unmilitärischen Königen Ludwig II. und Ludwig III., auch mit dem alternden Prinzregenten den Offizieren nicht leicht fiel. Ludwigs II. Interesse an seiner Armee (die Offiziere nannte er „geschorene Igelköpfe") war gering. Ludwig III. wird vom bayerischen Kriegsminister von Hellingrath so geschildert: „Der König von Bayern, wie immer in einer Uniform, die ihm faltig gleich einer Tunika herunterhing, in subalterner Haltung, ungewandt [...] machte auf die Soldaten mehr einen komischen als königlichen Eindruck." Die Beziehung der bayerischen Offiziere zu ihrem obersten bayerischen Kriegsherrn charakterisierte Gebsattel als eng, aber nicht persönlich. Eine Ausnahme bildete der eng an den Hof angeschlossene, oft katholische höhere Adel im Offizierdienst. Dem deutschen Kaiser waren viele Offiziere mehr verbunden als dem bayerischen König.

Bayerischen Partikularismus gab es im Offizierkorps kaum, Preußenfeindlichkeit praktisch nicht. Man darf sich die Bewußtseinsentwicklung im Offizierkorps zu Preußenfreundlichkeit und Nationalgefühl nicht zu langsam vorstellen. Sehr viele Offiziere fühlten schon 1866, fast alle nach 1870 preußisch-deutsch. Aus der Begeisterung für die militärische Leistungsfähigkeit des Nordens wuchs der Wunsch nach enger Bindung an diesen Staat als einer Möglichkeit, militärische Größe und kriegerischen Ruhm auch für Bayern zu erlangen. Deshalb schwand aber der Landespatriotismus nicht, vom Monarchen und ihm nahestehenden Kreisen wurde er sogar nachhaltig gefördert, nur vertrug er sich fast immer mit dem Nationalgefühl. Dem Offizier eignete ein bayerisches Gruppenbewußtsein, er lebte mit einem gewissen Distanzbewußtsein zur preußischen Armee, das sich mit wachsenden Fähigkeiten zum Weltkrieg hin verstärkte; doch beides war eingebettet in eine reichsfreudige Grundhaltung. Betrachten wir ganz Bayern, so ging die Entwicklung des politischen Bewußtseins in Richtung auf ein deutsches Nationalgefühl im Offizierkorps am schnellsten vor sich. Dieses war also nicht nur Klammer der bayerischen Staatseinheit, sondern spielte auch eine entscheidende Rolle bei der Festigung des Reichsgedankens in der bayerischen Bevölkerung. „Jahr für Jahr pflanzte es ins Herz der bayerischen Jugend als höchstes Gut die nationale Idee des gemeinsamen deutschen Vaterlandes." In einem ausführlichen Bericht über die politische Funktion und das Denken des bayerischen Offizierkorps kommt der preußische Gesandte Anton Graf von Monts 1902 am Schluß auf dynastisch-partikularistische Tendenzen in der bayerischen Politik zu sprechen und schreibt dann: „Hoffentlich unterliegt derartigen und ähnlichen Anfechtungen auch ferner nicht das bayerische Offizierkorps, dessen deutsche Gesinnung sich bisher vielleicht als die festeste nationale Hochburg in Bayern erwiesen hat."

Ein Unterschied in der politischen Ideologie des preußischen und des bayerischen Offizierkorps ist nicht zu übersehen. Die Bandbreite bewegte sich in Bayern — in der Sprache der Zeit — zwischen nationalkonservativ und nationalliberal, in Preußen zwischen alt- und nationalkonservativ. Außerdem gab es in Bayern viel mehr Abweichungen von der Generallinie als im Norden.

STANDESPFLICHTEN UND EHRE[12]

Bisher wurde noch nichts gesagt über jenen Begriff, der im Zentrum des Denkens und Fühlens jedes Offiziers stand: die Ehre. Eine genauere Betrachtung dieses Phänomens, mit dem Standespflichten und Duell aufs engste zusammenhängen, ist hier nicht möglich; eine solche Analyse lieferte einen wichtigen Beitrag zur Gesellschaftsgeschichte, denn wenn „Ehre" auch ein anthropologisches Strukturelement ist, so wechselt ihr Inhalt, das was die Menschen darunter verstehen, doch von Kultur zu Kultur, Gesellschaft zu Gesellschaft, sozialer Schicht zu sozialer Schicht. Hier müssen wenige Bemerkungen genügen[13].

---

[12] Rumschöttel, Offizierkorps, S. 145—206.

[13] Vgl. die ausführliche Analyse in meiner Dissertation und die, während der Drucklegung meiner Arbeit erschienene, auf Ergebnissen der Psychoanalyse und der vergleichenden Verhaltensforschung basierende Studie von J. Leifert: Soldatenehre. Kritik eines Mythos, in: Neue Rundschau, Band 83, 1972, S. 26—48.

Die bayerische Ehrengerichtsverordnung von 1870 und die deutsche von 1874, die unter maßgeblicher bayerischer Mitarbeit entstanden war, leiteten eine erhebliche Verfeinerung des Ehrgefühls ein. Zunächst geschaffen, um die hohen Duellzahlen zu vermindern, wurden diese Standesgerichte Erziehungsmittel in der Hand der Kommandeure. Die Moral des Korps in Bayern, die sich in Ehrenkodex und Standespflichten spiegelt, war zunächst keine andere als die der bürgerlichen Umwelt und entwickelte sich erst allmählich – eine Analyse der 1 000 Verfahren gegen Offiziere zeigt dies – zu einem exklusiveren Gefühlskomplex, zu einer nur dem Offizier eigenen Sonderehre. Mit dem gesellschaftlichen Aufstieg verfeinerte sich das Ehrgefühl, was wiederum zur Steigerung der Exklusivität beitrug. Die Ehre wurde zu einem inneren Statussymbol. Der Offizier hatte die Aufgabe, gegebenenfalls sein Leben für den König zu opfern. Dafür – und für viele andere zu leistende Verzichte – erhielt er äußere Ehre und hohes Sozialprestige, Härte, Unbegrenztheit, allumfassender Charakter des Ehrgefühls schienen aber auch die Prinzipien und Notwendigkeiten des militärischen Berufs zu erzwingen, schienen Voraussetzungen dafür zu sein, daß der Offizier ohne Zögern in allen kritischen Lagen über sogenannte menschliche Schwächen triumphieren konnte. Standespflichten und Ehrenkodex waren so ein geistiges, das Duell ein praktisches Mittel der Kriegsvorbereitung. Der Selbsterhaltungstrieb mußte dem Ehrgefühl untergeordnet werden. Individual-Kollektiv-Familien-Ehre mußte höchstes Gut des Offiziers mit absoluter Bedeutung sein. Ehrverlust war, die bayerischen Ehrengerichtsakten sprechen eine deutliche Sprache, Existenzverlust.

Die allmähliche Vermehrung der Ehrengerichtsverfahren in Bayern hängt nicht nur mit der zunehmenden sozialen Sonderstellung und dem steigenden Statusbewußtsein zusammen, sondern auch mit einer Vermehrung der Angriffe auf das Korps. Zudem bewirkte die Verbürgerung hier und dort eine gewisse Auflockerung des adeligen Ehrkodex'.

Aufgabe der Ehrengerichte war es, gegen Offiziere einzuschreiten, deren Benehmen dem richtigen Ehrgefühl oder den Verhältnissen des Standes nicht entsprach. Sie konnten Verwarnungen, Entlassungen oder Entfernungen aus dem Korps beantragen. Die Standespflichten waren allumfassend, unendlich viele Verletzungen denkbar. Deshalb gab es auch kein „Gesetzbuch", keine Liste der Pflichten. Das „Ehrgefühl" war der Maßstab. Dieses stellte man sich unveränderbar und zwischenmenschlich objektiv überprüfbar vor. Da in vielen Fällen Prestige gemeint war, wenn von Ehre gesprochen wurde, spielte das Öffentlichkeitskriterium eine zentrale Rolle, die Frage nämlich, ob ein Delikt öffentlich bekannt geworden oder geheim geblieben sei. An der Spitze aller Delikte stand falsches Verhalten in Ehrenhändeln, bei Beleidigungen, körperlichen Angriffen oder Duellforderungen. Die Schwierigkeit lag darin, daß es keine konkreten Anweisungen für die verschiedenen Lagen gab: mußte der Offizier überhaupt reagieren, mußte er sofort mit der Waffe etwas unternehmen, mußte er den Weg über ein Gericht gehen, hatte er ein Duell einzuleiten?

Die Landesgesetze bewußt ignorierend, hielten die Offiziere am Recht, die Ehre in einem Zweikampf zu verteidigen, fest. Versuche des Ministeriums, Zweikämpfe zu verhindern, wurden „als eine lästige, die persönliche Bewegungsfreiheit unbillig einengende Fessel empfunden". Theorie und Praxis der Satisfaktionsfähigkeit zeigen, daß es zumindest im Bewußtsein der Offiziere eine geteilte Gesellschaft gab: Stände ohne Ehre, ohne Achtung in der Gesellschaft einerseits — die Satisfaktionsfähigen auf der anderen Seite. Auch zum Duell verhielt man sich in Bayern ambivalent: besonders das Ministerium, vom Landtag und der Presse auf diesem Gebiet unter Dauerbeschuß genommen, mußte vorsichtig agieren. In der Truppe dagegen machten die Kommandeure die Einstellung von Anwärtern von deren positiver Stellung zum Duell abhängig, obgleich das Befragen in dieser Sache eigentlich verboten war. Höhere Armeestellen klagten über zu leichtfertiges Schießen und kritisierten gleichzeitig jüngere Kameraden, wenn sie in entsprechenden Situationen nicht „in der einzigen für Offiziere möglichen Form" reagierten. Die Akten bieten viele Beispiele für Verwarnungen und Entlassungen von Offizieren, die einen standesgemäßen Austrag zu lange hinauszögerten, versäumten oder ablehnten. Durch organisatorische Regelungen suchte das Ministerium, Duelle zu verhindern, doch in der Truppe hieß es, daß der Offizier „gerade gegenüber den zunehmenden Angriffen des parlamentarischen Demagogentums seine alten Traditionen offen und ehrlich hochhalten müsse".

Die Standesehre kennzeichnet das bayerische Offizierkorps nach 1870 als geschlossene Genossenschaft, die sich als Elite verstand und deren Exklusivität anstieg.

„Es ist der Geist der äußersten Pflichterfüllung, der begeisterten Hingebung an König und Vaterland, der strengsten Standesehre und des hohen Bewußtseins, daß der Staat durch ihn sicher fundamentiert ist." Der Pflichtenkomplex steht in der Tradition des ritterlich-adeligen Ethos und reicht damit zurück bis in die Antike. Die Offiziere folgerten daraus die historische Invarianz der Standespflichten. Man übersah, daß die Identifikation nur mit dem Teil des europäisch-aristokratischen Leitbildes stattfand, daß viele bürgerliche Werte sich eingeschlichen hatten und daß man ein neues Element aufgenommen hatte: den absoluten Gehorsam.

KRIEG UND REVOLUTION[14]

Noch im Weltkrieg versuchten die höheren Kommandobehörden mit manchmal recht friedensmäßigen Mitteln, Homogenität und Exklusivität des Offizierkorps zu wahren. Doch in der völligen Abstandslosigkeit von Grenadier und Offizier im Schützengraben formte sich ein neues Gruppengefühl und Gruppenethos gegenüber Etappe und Heimat. Die große Zahl der Reserveoffiziere konnte nicht mehr assimiliert werden; diese brachten eine zivile Vorstellungswelt und liberales und soziales Gedankengut mit. Die hohen Gefallenenzahlen bei den aktiven Offizieren ließen keinen Ersatz durch Berufsoffiziere zu. Im Korps machten sich erste politische Differenzen bemerkbar[15].
Der militärische und politische Zusammenbruch, das Ende der bayerischen Monarchie, das zu verhindern kein einziger bayerischer Offizier versucht hatte, verursachte die vorübergehende Zerstörung aller geistigen, wirtschaftlichen und politischen Fundamente des Korps. Eine einheitliche Reaktion der bayerischen Offiziere auf die Ereignisse gab es nicht, sieht man von einem allgemeinen Gefühl der Bodenlosigkeit ab[16]. Haß und Zukunftshoffnung, Destruktismus und Aufbaubereitschaft, Reaktion und Fortschrittsglaube sind zu finden. Damit ist aber auch gesagt, daß es das bayerische Offizierkorps im Sinne des hier dargestellten Realtypus nicht mehr gab. Auch in Bayern hatte der Weltkrieg eine einmalige soziologische Erscheinung aufgelöst.

ERGÄNZENDE BEMERKUNGEN

Abschließend soll nun noch auf einige neuere Arbeiten hingewiesen werden, die den behandelten Themenkreis berühren, in meinen Studien

---

[14] Rumschöttel, S. 279–285.

[15] Etwa 6000 aktive Offiziere und Fähnriche nahmen in der bayerischen Armee am Weltkrieg teil; fast 22 % fielen. Von den 30 000 Reserveoffizieren kamen 11 % nicht wieder zurück.

[16] Mit der angekündigten Arbeit von F. Münch (vgl. Rumschöttel, Offizierkorps, S. 24 Anm. 42) über das bayerische Offizierkorps im Weltkrieg und während der Revolution ist in absehbarer Zeit nicht zu rechnen.

aber nicht mehr entsprechend berücksichtigt werden konnten. Was die allgemein-politische Geschichte Bayerns im Bezugszeitraum angeht, so ist an erster Stelle D. Albrechts zusammenfassender und detailreicher Beitrag „Von der Reichsgründung bis zum Ende des Ersten Weltkrieges (1871–1918)“ im Handbuch der bayerischen Geschichte zu nennen[17]. Geschichte und Politik während der Ära des Prinzregenten Luitpold in Bayern (1886–1912) hat K. Möckl eine ausführliche Arbeit gewidmet[18]. Die einschlägigen Ausführungen zum bayerischen Offizierkorps bestätigen meine Forschungen[19] ebenso, wie die „Studien zur bayerischen Militärpolitik 1871 bis 1914“, die H. Rüddenklau vorgelegt hat[20]. Dieser stellt das kaiserliche Inspektionsrecht in den Mittelpunkt seiner Betrachtungen.

Über die Situation von Armee und Offizierkorps vor der Pranckhschen Heeresreorganisation von 1866 ff. kann man sich jetzt bei W. D. Gruner[21] und bei J. Calliess[22] informieren. Letzterer widmet der sozialen Herkunft, der Bildung, dem Avancement und dem Geist des bayerischen Offizierkorps um 1848 einen eigenen Abschnitt. Die von Gruner seit längerer Zeit angekündigte Biographie des bayerischen Reformkriegsministers Sigmund Frh. von Pranckh ist noch in Arbeit.

Eine eingehende wissenschaftliche Untersuchung über die Handhabung der Pressezensur im bayerischen Kriegsministerium 1914–1918 und über die Person des die Zensurstelle prägenden Offiziers, Alfons Falkner von Sonnenburg, stammt aus der Feder von D. Fischer[23]. Der überaus intelligente, rhetorisch hoch begabte, journalistisch und militärpolitisch erfahrene bayerische Offizier wird als liberal aus Zweckmäßigkeitserwä-

---

[17] D. Albrecht: Von der Reichsgründung bis zum Ende des Ersten Weltkrieges (1871–1918), in: Handbuch der bayerischen Geschichte Band IV/1, München 1974, S. 283–386.

[18] K. Möckl: Die Prinzregentenzeit. Gesellschaft und Politik während der Ära des Prinzregenten Luitpold in Bayern, München 1972.

[19] An einigen Stellen scheinen mir Möckl Aussagen über das bayerische Offizierkorps etwas überpointiert zu sein.

[20] S. o. Anm. 4.

[21] S. o. Anm. 3.

[22] J. Calliess: Militär in der Krise. Die bayerische Armee in der Revolution 1848/49, Boppard am Rhein 1976 (= Wehrwissenschaftliche Forschungen Abt. Militärgeschichtliche Studien Band 22); bes. S. 60–81.

[23] D. Fischer: Die Münchner Zensurstelle während des Ersten Weltkrieges. Alfons Falkner von Sonneburg als Pressereferent im Bayerischen Kriegsministerium in den Jahren 1914 bis 1918/19, München, Phil. Diss. 1973.

gungen, je länger je mehr jedoch auch aus innerer Überzeugung, vorgestellt; sein Bruch mit dem herrschenden System deutet sich bereits 1917 an; der prononcierte Preußengegner steht nach der Revolution auf der Seite des USPD-Ministerpräsidenten Eisner[24].

Offen bleiben müssen derzeit noch Fragen nach der Rolle der bayerischen Kriegsakademie und des bayerischen Generalstabs nach 1866/67, denen ich seit kurzer Zeit wieder intensiver nachgehe. Auch auf diesem Sektor wird die landesgeschichtliche Forschung ein differenzierteres Bild der preußisch-deutschen Gesamterscheinung ermöglichen als es die bisherige Literatur zeichnet[25].

---

[24] Vgl. Rumschöttel, Offizierkorps, S. 232 f. und meine Anzeige der Arbeit von D. Fischer in: MGM, Band 2/1975, S. 228.

[25] Vgl. G. Meyer: Generalfeldmarschall Wilhelm Ritter v. Leeb. Ein Lebensabriß, in: Generalfeldmarschall Wilhelm Ritter von Leeb. Tagebuchaufzeichnungen und Lagebeurteilungen aus zwei Weltkriegen, hrsg. von G. Meyer, Stuttgart 1976 (= Beiträge zur Militär- und Kriegsgeschichte Band 16), S. 17/18.

DAS WÜRTTEMBERGISCHE OFFIZIERKORPS 1866–1918

VON JOACHIM FISCHER

EINLEITUNG

Die Niederlage gegen Preußen im Jahre 1866 machte die Rückständigkeit des württembergischen Militärwesens offenbar[1]. Um es zu reformieren, übernahm man daher gegen den Widerstand eines großen Teils der Bevölkerung seit 1866 einzelne preußische Einrichtungen; damit wurde eine völlig neue Entwicklung eingeleitet. Eine wirkliche Zäsur in der Geschichte des württembergischen Heeres brachte jedoch erst die Militärkonvention vom November 1870[2]; sie legte durch die Übernahme der preußischen Militärgesetzgebung und der preußischen Reglements sowie durch die Eingliederung des württembergischen Heeres als XIII. Armeekorps in das Bundesheer die Richtung dieser Entwicklung eindeutig und unumkehrbar fest.

Auf die offiziell Ende 1874, tatsächlich erst 1876 abgeschlossene Reorganisation des württembergischen Heeres[3] kann und braucht hier nicht eingegangen zu werden, hier interessiert nur seine Führungsschicht. Wie die Truppen und die Militärverwaltung blieb das Offizierkorps 1870 ausdrücklich württembergisch; wie diese war es nun aber dem größeren Rahmen des Bundesheeres eingegliedert. Deshalb stellt sich hier hauptsächlich die Frage, wie sich die Jahre 1866/70 auf das Offizierkorps aus-

---

[1] Für das Folgende vgl. vor allem P. Sauer: Das württembergische Heer in der Zeit des Deutschen und Norddeutschen Bundes, Stuttgart 1958 (Veröffentlichungen der Kommission für geschichtliche Landeskunde in Baden-Württemberg. Reihe B. Bd. 5), sowie die in Anm. 3 genannte Literatur.

[2] Abgedruckt in: Württ. Militärverordnungsblatt 1871 Nr. 1.

[3] F. v. Graevenitz: Die Entwicklung des württembergischen Heerwesens, Stuttgart 1921 (Württembergs Heer im Weltkrieg. H. 1) S. 19; R. Th. Walker: Prusso-Württembergian Military Relations in the German Empire 1870–1918. Diss.phil. Ohio State University 1974 (maschinenschriftlich vervielfältigt) S. 66 ff., S. 87 f.

wirkten, wie sich die Offiziere des alten württembergischen Heeres und jene des XIII. Armeekorps voneinander unterschieden. Dabei ist von besonderem Interesse, ob der bis 1918 übliche Zusatz „königlich württembergisch" bei den Offizieren von der Sache her gerechtfertigt war, wieweit das württembergische Offizierkorps nach 1870/71 einen eigenständigen Charakter behielt.

Die Beantwortung dieser Fragen, die zur Differenzierung des Bildes des preußisch-deutschen Offiziers beitragen können, ist nicht ganz einfach. Schwierigkeiten bereitet vor allem, daß es nur wenige wissenschaftliche Arbeiten gibt, die sich mit dem württembergischen Offizierkorps der Zeit nach 1870/71 befassen[4]; selbst die württembergische landesgeschichtliche Forschung hat sich damit bisher praktisch noch nie beschäftigt. Hier kann daher keine Zusammenfassung oder Korrektur des bisherigen Forschungsstandes vorgelegt werden, sondern nur ein erstes, unvollständiges und sicher auch korrekturbedürftiges Ergebnis neubegonnener Untersuchungen. Aus demselben Grund können die Sanitätsoffiziere nicht, die Reserveoffiziere und die Offiziere des Weltkriegs nur am Rande berücksichtigt werden.

Künftige Arbeiten über das württembergische Offizierkorps nach 1866/70 müssen sich wie dieser Vortrag in erster Linie auf archivalische Quellen stützen, die heute in der Abteilung Militärarchiv des Hauptstaatsarchivs Stuttgart verwahrt werden. Diese Überlieferung ist erfreulich gut[5], weist

---

[4] K. Demeter: Das deutsche Offizierkorps in Gesellschaft und Staat 1650–1945, 2. Aufl., Frankfurt 1962, S. 44–46; Handbuch zur deutschen Militärgeschichte, hg. vom Militärgeschichtlichen Forschungsamt. Bd. IV, 1, München 1975, bes. S. 210 f., Bd. IV, 2, München 1976, bes. S. 288 f., S. 301, Bd. V, Frankfurt 1968, bes. S. 53–55, S. 85 ff.; R. Th. Walker (wie oben Anm. 3) passim, sowie P. Sauer (wie oben Anm. 1) S. 225 ff. Nützlich, wenngleich nicht eigentlich wissenschaftlich sind: v. Habermaas: Heerwesen, in: Württemberg unter der Regierung König Wilhelms II., hg. von V. Bruns, Stuttgart 1916, S. 219–248; F. v. Graevenitz (wie oben Anm. 3) S. 29 ff.; Müller-Loebnitz: Zur Geschichte des Württembergischen Offizierkorps, in: C. v. Altrock: Vom Sterben des Deutschen Offizierkorps, Berlin 1921, S. 29–33; Knoerzer-Suckow: König Wilhelm II. als Soldat, in: Wilhelm II. Württembergs geliebter Herr, Stuttgart 1928, S. 145–178.

[5] Vgl. Übersicht über die Bestände des Hauptstaatsarchivs Stuttgart: Militärarchiv. M-Bestände 1871–1922. Bearb. von J. Fischer in Zusammenarbeit mit G. Richter, Stuttgart 1974 (Veröffentlichungen der Staatlichen Archivverwaltung Baden-Württemberg. Bd. 31). Bei den im folgenden zitierten Archivalien handelt es sich durchweg um Archivalien von M- und E-Beständen des Hauptstaatsarchivs Stuttgart.

aber speziell für das vorliegende Thema empfindliche Lücken auf, da Akten über Ehrengerichte, Duelle und Juden im Heer sowie wesentliche Teile der Personalakten von Offizieren nach dem Ersten Weltkrieg verlorengegangen sind[6]. Insbesondere fehlt statistisches Material; künftige Forschungen müssen deshalb vor allem mit der Erarbeitung solcher Unterlagen einsetzen. Ein Anfang wurde hier gemacht, indem z. B. die Fähnriche der Jahrgänge 1872, 1882, 1892, 1902 und 1912 nach Ausbildung, Herkunft und Konfession untersucht wurden[7]; es kann jedoch keinem Zweifel unterliegen, daß diese wenigen Stichproben allenfalls die allgemeinen Tendenzen aufzeigen, daß sie aber für Untersuchungen, die detaillierter und differenzierter als die folgenden Ausführungen sein wollen, nicht ausreichen.

VORBILDUNG UND HERKUNFT DER OFFIZIERE

1. Schulbildung

Artikel 12 der Militärkonvention von 1870 machte die preußischen Vorschriften über den Offiziersersatz auch für Württemberg verbindlich. Während bisher für die Kriegsschule nur ein bestimmter Wissensstand gefordert gewesen war[8], mußten nun Fahnenjunker die Oberprima-Reife einer neunstufigen höheren Lehranstalt besitzen. Daran änderte sich bis

[6] Gemäß „Anordnungen des Heeresabwicklungsamts Württemberg" 1920, S. 153, waren „sämtliche ehrengerichtliche Akten der ehemaligen aktiven Offiziere und der Offiziere des Beurlaubtenstandes [. . .] von den Abwicklungsstellen und Versorgungsämtern zu vernichten". Die in M 1/7 Bund 35 „Zusammenstellung der im XIII. Armeekorps behandelten ehrengerichtlichen Fälle vom Jahre 1871 an" erwähnten Akten V.3.3.2. fehlen heute; ebenso lassen sich die Akten, auf die in M 730 Büschel (im folgenden abgekürzt: Bü) 225 verwiesen ist und die Juden im Heer betroffen haben müssen, nicht mehr ermitteln. Lücken in den Personalpapieren der württembergischen Offiziere finden ihre Erklärung hauptsächlich in folgender Anordnung des Abwicklungsamtes Stuttgart vom 19. 12. 1919: „Von den Personalpapieren ausscheidender Offiziere sind nur Personalbogen sowie Beurteilungen und Dienstleistungszeugnisse aus dem Kriege aufzubewahren. Alle vor 1913 aufgestellten Personal- und Qualifikationsberichte sind zu vernichten" (M 390 Bü 116).

[7] Die Namen der Fähnriche dieser Jahrgänge können M 1/5 Bü 257 entnommen werden; die jeweiligen Personalunterlagen werden in den Beständen M 430/1, M 430/2 und M 430/3 verwahrt.

[8] E 276 b Bü 10 und 11.

zum Ende der alten Armee nichts Grundsätzliches; württembergische Sonderbestimmungen gab es weder vor noch während des Weltkriegs[9]. Zu keiner Zeit war in Wüttemberg der Nachweis des Abiturs zu erbringen. Gelegentlich sah man deshalb mit einem gewissen Neid nach Bayern, für dessen Offiziere das Abitur vorgeschrieben war; man hielt jedoch, wohl zu Recht, solche Anforderungen in Württemberg für undurchführbar[10]. Denn angesichts der – wie noch zu zeigen ist – geringen Neigung für den Offizierberuf war es nur ohne Abiturforderung möglich, den Offizierbedarf durch Bewerber von außerhalb Württembergs zu decken. Es fehlte in Württemberg durchaus nicht an Abiturienten; sie zogen es jedoch vor, zu studieren und sich um eine der hier zahlreichen akademischen Beamten- und Lehrerstellen zu bewerben[11]. Der Anteil von nur durchschnittlich 19 % Abiturienten unter den Fähnrichen der Jahre 1872, 1882 und 1892 illustriert ihr geringes Interesse am Offizierberuf.

Bereits 1902 besaßen jedoch 53,5 %, 1912: 78 % der Fähnriche das Abitur. Mit 139 (= 89 %) Abiturienten unter den 156 Fahnenjunkern der Jahre 1911 und 1912 rückt Württemberg in die Nähe Bayerns[12] und unterscheidet sich deutlich von Preußen, wo 1912 nur 65 % der Fahnenjunker Abiturienten waren[13]. Selbst im Weltkrieg hielt dieser Trend an, selbst damals konnten es sich die württembergischen Truppen leisten, Bewerbungen von Nichtabiturienten, sofern diese nicht besonders tüchtig und geeignet erschienen, abzuweisen[14].

Es fällt auf, daß mit der Zahl der Abiturienten auch die Zahl der gebürtigen Württemberger und unter ihnen speziell der Katholiken steigt. Diese Prozesse dürften daher gleiche oder ähnliche Ursachen haben; auf sie soll noch eingegangen werden.

---

9 Handbuch (wie oben Anm. 4) Bd. V, S. 198. Vgl. M 1/4 Bü 627 und Bü 633.

10 G. v. Gleich: Die alte Armee und ihre Verirrungen, Leipzig 1919, S. 60. Für Bayern vgl. H. Rumschöttel: Das bayerische Offizierkorps 1866–1914, Berlin 1973 (Beiträge zu einer historischen Strukturanalyse Bayerns im Industriezeitalter. Bd. 9) S. 41–61.

11 Das Königreich Württemberg. Bd. 1, Stuttgart 1904, S. 73 f.; A. Rienhardt: Das Universitätsstudium der Württemberger seit der Reichsgründung. Gesellschaftswissenschaftliche und statistische Untersuchungen, in: Württembergische Jahrbücher für Statistik und Landeskunde. Jg. 1916, S. 160–282.

12 M 1/4 Bü 631.

13 W. Deist: Militär und Innenpolitik im Weltkrieg 1914–1918. Teil I, Düsseldorf 1970 (Quellen zur Geschichte des Parlamentarismus und der politischen Parteien. Reihe 2. Bd. 1) S. XVIII.

14 M 1/4 Bü 627.

2. Soziale Herkunft

Württemberg unterscheidet sich von Preußen auch im Hinblick auf die soziale Herkunft seiner Offiziere. Zwar war der Adel hier vor 1866/70 im Verhältnis zur Bevölkerungszahl ebenfalls überrepräsentiert; aber im Gegensatz zur Ansicht Demeters[15], der den 1913 abgeschafften württembergischen Personaladel nicht berücksichtigte[16] und deshalb für Württemberg zu falschen Ergebnissen kam, stammten die württembergischen Offiziere schon seit 1800, nicht erst seit 1870 aus allen Bevölkerungsschichten[17].

Nach 1866/70 war der Anteil der Adligen im Offizierkorps weiterhin verhältnismäßig groß, er nahm aber nach dem gegenwärtigen Kenntnisstand ab. Bei den stichprobenartig untersuchten fünf Fähnrichsjahrgängen 1872–1912 betrug er durchschnittlich 16,5 %, im ganzen Offizierkorps in den Jahren 1907–1913 durchschnittlich 19,5 %[18]. Der Adel war – wie anderswo – überdurchschnittlich stark in den Dienstgraden vom Major aufwärts vertreten, besonders ausgeprägt war seine Sonderstellung jedoch erst bei den wenigen Stellen der Generalleutnants und Generale. Auch in die höheren Ränge der Stabsoffiziere und der Generalität gelangten aber in dem Jahrzehnt vor Ausbruch des Weltkriegs Offiziere bürgerlicher Herkunft in stärkerem Maße. Insgesamt waren die Adligen im württembergischen Offizierkorps weniger zahlreich als in Preußen. Hier gehörten z. B. im Jahr 1910: 30 % der Offiziere zum Adel[19], in Württemberg dagegen nur 19,5 %. Dabei sind in dieser Zahl die persönlich geadelten, ihrer Herkunft nach bürgerlichen Offiziere eingerechnet.

[15] K. Demeter (wie oben Anm. 4) S. 46.

[16] Seit der Regierung König Friedrichs erhielt jeder Offizier vom Hauptmann aufwärts den Personaladel. Diese Regelung wurde 1849 aufgehoben; der persönliche Adel selbst, der mit den 4 obersten Rangstufen und mit einigen württembergischen Orden verbunden war, wurde seit 1913 nicht mehr verliehen. Vgl. P. Sauer (wie oben Anm. 1) S. 51; M 1/4 Bü 165; Regierungsblatt für das Königreich Württemberg 1913, S. 221.

[17] P. Sauer (wie oben Anm. 1) S. 50 ff. Auch nach G. v. Alten: Handbuch für Heer und Flotte. Bd. 1, Berlin u. a. 1911, S. 111, war in Württemberg der Anteil des Adels am Offizierkorps vor 1866/70 geringer als etwa in Preußen und Sachsen.

[18] Dafür und für das Folgende vgl. die Statistiken in M 1/5 Bü 240 und M 730 Bü 3. Auf den unterschiedlichen Anteil des Adels an den einzelnen Waffengattungen und Regimentern kann hier nicht eingegangen werden.

[19] W. Deist (wie oben Anm. 13) S. XVI; Handbuch (wie oben Anm. 4) Bd. V, S. 86.

Vor allem muß bei einem Vergleich mit Preußen auch beachtet werden, daß der württembergische Adel in sich nicht homogen war, politisch und wirtschaftlich eine beschränkte Rolle spielte, dem Landesfürsten eher persönlich und weniger als Stand verbunden war, keine privilegierte Stellung beanspruchte oder zu verteidigen hatte und die Rolle des ersten Standes dem Bürgertum überlassen mußte[20]. Die Väter der adligen Fähnriche der fünf untersuchten Jahrgänge waren ganz überwiegend württembergische Offiziere oder höhere Beamte, durch ihre Berufe unterschieden sie sich also wenig von den Vätern der bürgerlichen Fähnriche. Dank der geringen Exklusivität des Adels, der im übrigen die fast familiäre Atmosphäre am Hof entsprach, dank dem Fehlen einer Großindustrie, der starken demokratischen Traditionen des Landes, der wirtschaftlichen Kraft des Mittelstandes und der bis zur Jahrhundertwende bescheidenen Bedeutung der Sozialdemokratie besaß Württemberg eine wesentlich ausgeglichenere Sozialstruktur als der größte Teil des übrigen Reichs; sie spiegelt sich im Offizierkorps wider.
Das Bürgertum konnte so seine Stellung im Offizierkorps behaupten und stärken. Indessen wurde der Kreis, aus dem der bürgerliche Offizierersatz kam, nach 1870 immer enger und somit die gesellschaftliche Homogenität des Offizierkorps immer größer. Unter König Wilhelm I. (1816 bis 1864) hatten tüchtige Offiziere selbst kleinbürgerlicher Herkunft in

[20] Dafür und für das Folgende vgl. W. Groener: Lebenserinnerungen, hg. von F. Frhr. Hiller v. Gaertringen, Göttingen 1957 (Deutsche Geschichtsquellen des 19. und 20. Jahrhunderts. Bd. 41) S. 51 f., S. 57; W. Keil: Erlebnisse eines Sozialdemokraten. Bd. 1, Stuttgart 1947, S. 276; Das Tagebuch der Baronin v. Spitzemberg geb. Freiin v. Varnbüler, hg. von R. Vierhaus, Göttingen 1960 (Deutsche Geschichtsquellen des 19. und 20. Jahrhunderts. Bd. 43) S. 20 f., S. 141; K. Simon: Die württembergischen Demokraten. Ihre Stellung und Arbeit im Parteien- und Verfassungssystem in Württemberg und im Deutschen Reich 1890–1920, Stuttgart 1969 (Veröffentlichungen der Kommission für geschichtliche Landeskunde in Baden-Württemberg. Reihe B. Bd. 52) S. 5 ff.; H. Philippi: Das Königreich Württemberg im Spiegel der preußischen Gesandtschaftsberichte 1871–1914, Stuttgart 1972 (Veröffentlichungen der Kommission für geschichtliche Landeskunde in Baden-Württemberg. Reihe B. Bd. 65) S. 152; W. Schmierer: Von der Arbeiterbildung zur Arbeiterpolitik. Die Anfänge der Arbeiterbewegung in Württemberg 1862/63–1878, Hannover 1970, S. 262 f.; O. Borst: Stuttgart. Geschichte der Stadt, Stuttgart 1973, S. 339 ff. – Nach E. Miller: Aktenmäßige Geschichte einer Offizierspensionierung. Teil 2, Stuttgart 1890, S. 43, äußerte man sich in Preußen abfällig darüber, daß die süddeutschen Höfe „sogar bürgerliche Adjutanten“ hatten.

die höchsten Stellen aufsteigen können[21]; noch 1872 entstammten von den bürgerlichen Fähnrichen dieses Jahrgangs 45 % dem Kleinbürgertum und 55 % dem Groß- und Bildungsbürgertum. Deren Anteil stieg aber in der Folge ziemlich stetig, so daß 1912 nur noch 9 % der Fähnriche dem Kleinbürgertum, 91 % den Familien von Offizieren, höheren Beamten, Akademikern, Fabrikanten und dgl. angehörten. Dieser Homogenisierungsprozeß, der seit 1871 unter preußischem Einfluß einsetzte und sich – wie noch zu zeigen ist – auch auf Bildung und Mentalität der Offiziere erstreckte, entspricht der Entwicklung in anderen Kontingenten; für Württemberg scheint aber charakteristisch zu sein, daß er etwas langsamer verlief als anderswo[22].
Erst der Weltkrieg brachte wieder eine Lockerung (und durch die dabei getroffenen Entscheidungen zugleich eine Illustration) der bisherigen Auswahlkriterien. Bereits seit November 1914 wurden in zunehmendem Maße Fahnenjunker aus dem Mittelstand und Kleinbürgertum angenommen, wobei die zahlreichen Bewerbungen von Lehrersöhnen besonders auffallen[23]. Als 1915 der preußische Kommandeur eines Ludwigsburger Regiments einen solchen Lehrersohn abschieben wollte, weil er es für „unmöglich" hielt, „daß der Sohn eines Herrn, der früher Lehrer an der Kapitulantenschule des Grenadier-Regiments 119 in Stuttgart war, aktiver Offizier in einem Regiment in Ludwigsburg wird", erhielt er eine Rüge mit der Begründung: „Während des Kriegs kann nur dienstliche Ungeeignetheit und nicht ausreichende Leistungen eines angenommenen Fahnenjunkers dazu führen, daß er nicht weiter befördert wird"[24]. Aus ähnlichem Anlaß wurde 1917 festgestellt: „Es ist überhaupt nicht angängig, daß Annahme oder Ablehnung eines Gesuchs um Annahme als Fahnenjunker lediglich von den mehr oder weniger günstigen Vermögensverhältnissen des Bewerbers abhängig gemacht wird"[25].

3. Geographische Herkunft

Während Preußen und Bayern ihren Offiziersersatz jeweils fast ganz im eigenen Land fanden, gehört es zu den Wesensmerkmalen des württembergischen Offizierkorps, daß sich in seinen Reihen während des ganzen

[21] P. Sauer (wie oben Anm. 1) S. 53, S. 205.

[22] Handbuch (wie oben Anm. 4) Bd. V, S. 86, und W. Deist (wie oben Anm. 13) S. XVI f. In Bayern stammten 1913: 6 % der Fähnriche aus dem Kleinbügertum, vgl. H. Rumschöttel (wie oben Anm. 10) S. 87.

[23] Vgl. M 1/4 Bü 627 – Bü 634.

[24] M 1/4 Bü 630.

[25] M 1/4 Bü 633.

19. Jahrhunderts und auch nach 1900 eine sehr große Zahl von Offizieren nichtwürttembergischer Herkunft befand[26]. Ihr Anteil, der bei den fünf Fähnrichsjahrgängen 1872–1912 durchschnittlich 24 %, im ganzen Offizierkorps in den Jahren 1907–1913 im Durchschnitt 38,5 % ausmachte, unterlag bei den einzelnen Truppenteilen starken Schwankungen und reichte in den Jahren 1907–1913 von 6,5 % (beim Infanterie-Regiment Nr. 125) bis zu 69,5 % (beim Infanterie-Regiment Nr. 127)[27]. In größerer Zahl traten Nichtwürttemberger vor allem in den 1870er Jahren, den Jahren der Reorganisation und des Ausbaus des XIII. Armeekorps, ein sowie – nach einer gewissen Abschwächung in den 1880er Jahren – verstärkt Ende der 1890er Jahre; ihr Zustrom scheint 1907, als 40 % der württembergischen Offiziere Nichtwürttemberger waren, seinen Höhepunkt erreicht zu haben, um danach bis zum Kriegsausbruch deutlich zurückzugehen. Mit durchschnittlich je 13,5 % des ganzen Offizierkorps stellten die Preußen bzw. Bayern in den Jahren 1907–1913 den Hauptteil der Nichtwürttemberger. Da nach 1870/71 die finanziellen Bedingungen des Offizierberufs im ganzen Reich wenigstens grundsätzlich dieselben waren und es sich beim Ersatz der württembergischen Unteroffiziere ähnlich wie bei den Offizieren verhielt[28], müssen speziell in den Verhältnissen Württembergs oder seiner Armee liegende Gründe dazu geführt haben, daß hier dem noch zu erörternden Offiziermangel nur durch die Annahme von Nichtwürttembergern abgeholfen werden konnte, daß hier also die Kreise, die im übrigen Deutschland den Offiziersersatz stellten, weithin ausfielen. Einer der Hauptgründe dürfte die überlieferte, politisch motivierte Zurückhaltung des Bürgertums gegenüber dem Militär als dem Machtinstrument des Landesherrn gewesen sein[29]. Zwar war es König Wilhelm I. gelungen, die heftige Antipathie und das starke Mißtrauen, die als Folge des Revolutionsjahrs 1848/49 vor allem beim

---

[26] Vgl. M 660 Nachlaß Walther Reinhardt Bü 6.

[27] Diese und die folgenden Zahlenangaben wurden M 1/5 Bü 240 entnommen bzw. auf Grund der dort angegebenen Daten errechnet. Zur Frage des Offiziersersatzes in den süddeutschen Heeren vgl. E. Miller (wie oben Anm. 20) S. 40: „Hier wurden die Grenzen erst in den jüngsten Jahren außergewöhnlich enge gezogen". – Untersuchungen über Schulbildung, Konfession, soziale und geographische Herkunft der verschiedenen württembergischen Offizierkorps und der württembergischen Kadetten sollen in einer späteren Arbeit vorgelegt werden.

[28] Vgl. M 660 Naßlaß Walther Reinhardt Bü 6.

[29] P. Sauer (wie oben Anm. 1) S. 9, S. 50–54, S. 101 f., S. 141, S. 183 f.; ders.: Revolution und Volksbewaffnung. Die württembergischen Bürgerwehren im 19. Jahrhundert, vor allem während der Revolution 1848/49, Ulm 1976.

linksorientierten Bürgertum gegen das Militär bestanden, abzubauen; Sympathien für das Militär waren damit jedoch noch nicht erwachsen. Die Distanziertheit fand ihren parteipolitischen Ausdruck in der demokratischen Volkspartei[30], die ihr Debakel von 1870/71 durch einen glänzenden Landtagswahlsieg 1895 wieder gutmachte und deren Erfolg mit dem verstärkten Eintritt von Nichtwürttembergern ins württembergische Offizierkorps zeitlich sicher nicht nur zufällig korrespondiert. Andere Gründe, die den Offizierberuf mindestens zeitweilig wenig attraktiv machten, dürften gewesen sein: die ungünstigen Besoldungsverhältnisse, die sparsame schwäbische Hausväter auf Jahre hinaus zu Zulagen für ihre Offiziersöhne nötigte[31]; die sich in den 1880er Jahren verschlechternden Avancementverhältnisse[32]; die unbefriedigenden Berufsaussichten bei einem Ausscheiden aus dem aktiven Dienst[33] und schließlich der in Württemberg nicht sehr große Gewinn an Sozialprestige, der mit solchen Opfern verbunden war[34]. Erst nach der Jahrhundertwende

---

[30] Über diese Partei und ihre Entwicklung vgl. K. Simon (wie oben Anm. 20); R. Menzinger: Verfassungsrevision und Demokratisierungsprozeß in Württemberg, Stuttgart 1969 (Veröffentlichungen der Kommission für geschichtliche Landeskunde in Baden-Württemberg. Reihe B. Bd. 56) S. 142 f.; G. Runge: Die Volkspartei in Württemberg von 1864 bis 1871, Stuttgart 1970 (Veröffentlichungen der Kommission für geschichtliche Landeskunde in Baden-Württemberg. Reihe B. Bd. 62); D. Langewiesche: Liberalismus und Demokratie in Württemberg zwischen Revolution und Reichsgründung, Düsseldorf 1974 (Beiträge zur Geschichte des Parlamentarismus und der politischen Parteien. Bd. 52); J. C. Hunt: The People's Party in Württemberg and Southern Germany 1890–1914, Stuttgart 1975 (Stuttgarter Beiträge zur Geschichte und Politik. Bd. 9); F. Payer: Vor fünfzig Jahren. Aus der Entwicklungsgeschichte der württembergischen Volkspartei, Stuttgart 1914, S. 45–47; ders.: Autobiographische Aufzeichnungen und Dokumente, bearb. von G. Bradler, Göppingen 1974 (Göppinger Akademische Beiträge Nr. 83) S. 37 ff., S. 44 f., S. 125 ff.

[31] Dabei waren sie 1914/15 mit monatlich mindestens 50 Mark (vgl. M 1/4 Bü 628 und Bü 629) nicht besonders hoch. Aus dem Schriftwechsel anläßlich des Übertritts eines Freiherrn v. Taube in württembergische Dienste 1888/89 (M 1/4 Bü 679) geht hervor, daß selbst im Grenadier-Regiment Nr. 119, das als vornehmes württembergisches Regiment galt, der Dienst wesentlich billiger kam als etwa in dem „teueren" sächsischen Infanterie-Regiment Nr. 94. Für Bayern vgl. H. Rumschöttel (wie oben Anm. 10) S. 111 ff.

[32] S. unten S. 115 f.

[33] S. unten Anm. 173.

[34] S. unten S. 134 f.

nahmen die Württemberger (und unter ihnen speziell die Abiturienten und die Katholiken) im württembergischen Offizierkorps zu, während die Zahl jener Württemberger, die ihr Fortkommen lieber in einem nichtwürttembergischen Kontingent statt in der heimatlichen Armee suchten, zurückging[35]. Dies wird zurückzuführen sein auf die Verbesserung des Avancements als Folge der Bebenhäuser Konvention[36], auf die Vorpatentierung der Abiturienten, wie sie 1900 nach preußischem Vorbild eingeführt worden war[37], auf die seit 1903 gewährte Erleichterung des Fähnrichsexamens[38] und auf die Besoldungsreform von 1909, die speziell den Leutnants mit Abitur Vorteile brachte[39]. Außerdem dürfte der Wandel der Volkspartei, die seit 1906 nicht nur an Einfluß verlor, sondern sich auch verstärkt der Reichspolitik zuwandte und dabei die Kolonial- und Rüstungspolitik des Reichs zu unterstützen begann[40], ebenso eine Rolle gespielt haben wie die sich seit der Jahrhundertwende verändernde Lage der württembergischen Katholiken.

4. Konfession

Württemberg, seit der Reformation ein ausschließlich protestantischer Staat, erwarb erst zu Beginn des 19. Jahrhunderts größere Gebiete mit katholischer Bevölkerung. Zwar fehlen genauere Untersuchungen über die Konfession der württembergischen Offiziere, es steht aber fest, daß in dem ganz überwiegend protestantischen Offizierkorps die Katholiken, die während des ganzen hier zu behandelnden Zeitraums etwa 30 % der württembergischen Bevölkerung ausmachten, unterrepräsentiert waren[41]. Beispielsweise waren von den Fähnrichen der untersuchten Jahr-

[35] M 730 Bü 379, insbesondere Blatt 110 f.

[36] Ebd.

[37] Württ. Militärverordnungsblatt 1900, S. 63. Vgl. auch: Offiziere im Bild von Dokumenten aus drei Jahrhunderten, Stuttgart 1964 (Beiträge zur Militär- und Kriegsgeschichte. Bd. 6) S. 83.

[38] Württ. Militärverordnungsblatt 1903, S. 13.

[39] Württ. Militärverordnungsblatt 1909, S. 137.

[40] Vgl. oben Anm. 30.

[41] Dies zeigt schon eine kursorische Durchsicht der Personalakten in den Beständen M 430/1 und M 430/2. Zum Anteil der Katholiken an der Gesamtbevölkerung Württembergs vgl. Das Königreich Württemberg, Stuttgart 1863, S. 346; Das Königreich Württemberg. Bd. 2, 1, Stuttgart 1884, S. 358; Das Königreich Württemberg. Bd. 1, Stuttgart 1904, S. 145; A. Hagen, Geschichte der Diözese Rottenburg. Bd. 3, Stuttgart 1960, S. 199.

gänge 1872–1902 nur durchschnittlich 17 % katholisch, und selbst davon kamen 40 % von außerhalb Württembergs, so daß der Anteil der Katholiken unter den 109 aus Württemberg stammenden Fähnrichen dieser Jahrgänge nur 14 % betrug.
Obwohl in Württemberg seit Anfang des 19. Jahrhunderts die christlichen Konfessionen gleichberechtigt waren, galten die altwürttembergischen Landesteile und Stuttgart als betont protestantisch[42]. Auch fehlte es nicht an kulturkämpferischen, antikatholischen Strömungen, wenngleich das Verhältnis des Staats zur katholischen Kirche 1862 so geregelt worden war, daß Württemberg im wesentlichen vom Kulturkampf verschont blieb; vor allem im Staatsdienst bekamen die Katholiken manche Benachteiligung zu spüren. Es liegt um so näher, in der unverhältnismäßig geringen Zahl katholischer Offiziere die Folge einer Geringschätzung oder bewußten Zurücksetzung der Katholiken zu sehen, als wenigstens in Preußen Katholiken, die den Duellzwang ablehnten, als Offiziere unerwünscht waren[43]. Hinweise, daß dies auch im XIII. Armeekorps so war, konnten jedoch nicht ermittelt werden[44]. Wenn die Katholiken im Offizierkorps so sehr in der Minorität waren, so dürfte der

[42] Dafür und für das Folgende vgl. G. H. Kleine: Der württembergische Ministerpräsident Frhr. Hermann v. Mittnacht (1825–1909), Stuttgart 1969 (Veröffentlichungen der Kommission für geschichtliche Landeskunde in Baden-Württemberg. Reihe B. Bd. 50) S. 128 ff.; K. Bachem: Vorgeschichte, Geschichte und Politik der Deutschen Zentrumspartei. Bd. 4, Köln 1928, S. 347–356, Bd. 8, Köln 1931, S. 57–91, Bd. 9, Köln 1932, S. 400 ff.; Die Diozöse Rottenburg und ihre Bischöfe, hg. von F. Stärk, Stuttgart 1928, S. 157, S. 169 ff., S. 181; A. Hagen (wie oben Anm. 41) Bd. 2, Stuttgart 1958, S. 112 f., S. 117 f., S. 352 ff.; Th. Pfizer: Von der Residenz zur Landeshauptstadt, in: Zeitschrift für württ. Landesgeschichte. Jg. 32, 1973, S. 199.

[43] Vgl. K. Bachem (wie oben Anm. 42) Bd. 9, S. 191 ff.

[44] Unter den nicht aus Württemberg stammenden Fähnrichen, die 1872, 1882, 1892 und 1902 angenommen wurden, befanden sich immerhin über 22 % Katholiken. – Die Generale Alarich v. Gleich, Gerold v. Gleich, Franz Freiherr v. Soden und Herzog Wilhelm v. Urach können als Beispiele streng kirchlicher Katholiken ebenso genannt werden wie der teils als „Jesuitenzögling“ apostrophierte Thronfolger Herzog Albrecht von Württemberg. Dieser war 1901–1906 Kommandeur der 26. Division in Stuttgart (vgl. M 430/2 Bü 2434), weshalb man 1902 offensichtlich Bedenken trug, als Nachfolger v. Falkenhausens einen Katholiken zum Kommandierenden General XIII. A.K. zu ernennen; trotzdem wünschte König Wilhelm II. (ohne Erfolg) die Ernennung des preußischen Generals v. Gilgenheimb, eines Katholiken (M 660 Nachlaß Fritz v. Graevenitz Bü 1).

Hauptgrund vielmehr darin zu suchen sein, daß die Mehrzahl der württembergischen Katholiken vorwiegend in ländlichen Gebieten oder in Kleinstädten lebte, fern von den Wirtschafts- und Bildungszentren des Landes[45]. Ihnen fehlte somit vielfach der leichte Zugang zu einer besseren Ausbildung. Auch waren ihre wirtschaftlichen und sozialen Verhältnisse oft sehr viel ungünstiger als jene der Protestanten, bei denen deshalb die Voraussetzungen für die Offizierlaufbahn eher vorhanden waren als bei den Katholiken. Wahrscheinlich spielten aber noch politische Gründe mit. Als Gegner der Bismarckschen Ausnahmegesetze und der „Verpreußung" des württembergischen Militärs wählte ein Großteil der württembergischen Katholiken bei den Reichs- und Landtagswahlen lange Zeit die Volkspartei[46]. Erst als in dieser zunehmend antikatholische Tendenzen Oberhand gewannen, kam es zur Bildung einer württembergischen Zentrumsfraktion, die sich – mit großem Erfolg – erstmals 1895 zur Wahl stellte. Bald nach 1900 wurden die süddeutschen Katholiken führend in der Reichstagsfraktion des Zentrums, das schon seit den 1890er Jahren und besonders nach 1907 unter dem Einfluß Erzbergers die Militär- und Flottenpolitik des Reichs entscheidend mittrug. Man wird es dieser veränderten politischen Haltung, der zunehmenden Bedeutung der Katholiken in Staat und Gesellschaft, ihrem sich verringernden Bildungsdefizit und ihrem wachsenden Selbstbewußtsein mit zuzuschreiben haben, wenn sich der Anteil der katholischen Fähnriche von 14 % im Jahre 1902 auf 30,5 % im Jahre 1912 mehr als verdoppelte. Dieser Prozentsatz, der dem der Katholiken in Württemberg entsprach, ist um so bemerkenswerter, weil sämtliche katholischen Fähnriche des Jahrgangs 1912 aus Württemberg selbst stammten.

5. Juden

Obwohl die Juden, die im Jahr 1900 mit 11 916 Seelen 0,55 % der Bevölkerung Württembergs ausmachten[47], hier endgültig 1864 volle bür-

---

[45] Das Königreich Württemberg, Stuttgart 1863, S. 348 f.; Das Königreich Württemberg. Bd. 2, 2, Stuttgart 1884, S. 360. Vgl. auch A. Hagen (wie oben Anm. 41) Bd. 2, S. 219, sowie vor allem A. Rienhardt (wie oben Anm. 11) S. 204 ff.

[46] Vgl. K. Bachem (wie oben Anm. 42); F. Payer: Autobiographische Aufzeichnungen (wie oben Anm. 30) S. 37, S. 132 ff.; A. Hagen (wie oben Anm. 41) Bd. 2, S. 120 ff.; H. Philippi (wie oben Anm. 20) S. 35; A. Rapp: Die Bedeutung der Konfession in der Geschichte Württembergs, Tübingen 1926, S. 13.

[47] Das Königreich Württemberg. Bd. 1, Stuttgart 1904, S. 84 und 147.

gerliche Gleichberechtigung erhielten[48], waren sie im Gegensatz zu den Katholiken im württembergischen Heer benachteiligt. Verluste in der Quellenüberlieferung[49] erschweren zwar eine Untersuchung dieser Frage; bis jetzt konnte jedoch kein Jude ermittelt werden, der nach 1871 aktiver Offizier geworden wäre[50].
Ebensowenig ist bislang aus der Friedenszeit 1871–1914 ein Reserveoffizier jüdischen Glaubens bekannt. Auch als solche waren Juden vor dem Weltkrieg offensichtlich unerwünscht[51], selbst wenn sie – wie etwa fast alle späteren Weltkriegsoffiziere aus der Stuttgarter Judengemeinde – auf Grund ihrer Herkunft oder ihres Berufs zu den oberen Kreisen der Gesellschaft zählten[52]. Das galt nicht weniger für Juden, die dem Glauben ihrer Väter abschworen und durch die Taufe das „Entréebillet zur abendländischen Kultur" erwarben; jedenfalls ist ein protestantischer Landwehroffizier aus der Hoffaktorenfamilie Kaulla der einzige bekannte Fall dieser Art[53].

---

48 P. Sauer: Die jüdischen Gemeinden in Württemberg und Hohenzollern, Stuttgart 1966 (Veröffentlichungen der Staatlichen Archivverwaltung Baden-Württemberg. Bd. 18) S. 1–9 und 164–172; ders.: Die Schicksale der jüdischen Bürger Baden-Württembergs während der nationalsozialistischen Verfolgungszeit 1933–1945, Stuttgart 1969 (Veröffentlichungen der Staatlichen Archivverwaltung Baden-Württemberg. Bd. 20) S. 1 ff.; F. F. Mayer: Sammlung der württembergischen Gesetze in Betreff der Israeliten (Anhang zu A. L. Reyscher: Sammlung der württ. Gesetze), Tübingen 1847.

49 Vgl. oben Anm. 6.

50 Dr. Julius Einstein (geb. 28. 8. 1823 in Buchau), seit 1859 Oberarzt und 1881 mit Pension verabschiedet (M 430/1 Bü 553), ist der einzige bekannte jüdische Sanitätsoffizier im württembergischen Heer.

51 Über den vergeblichen Versuch von jüdischen Einjährig-Freiwilligen, 1905/06 Reserveoffiziere im Infanterie-Regiment Nr. 126 zu werden, vgl. M 660 Nachlaß Friedrich v. Gerok Bü 1.

52 Aus der jüdischen Religionsgemeinschaft Stuttgart kamen 38 Reserveoffiziere bzw. Reservesanitätsoffiziere des Weltkriegs (vgl. Jüdische Frontsoldaten aus Württemberg und Hohenzollern, Stuttgart 1926). Eine Auswertung ihrer im Bestand M 430/3 verwahrten Personalunterlagen ergab, daß 86,8 % von ihnen den Familien von Kaufleuten, Akademikern, Fabrikanten und dgl. entstammten und daß 94,7 % von ihnen Akademiker, Bankiers, Fabrikanten und dgl. waren.

53 Alfred v. Kaulla (geb. 8. 8. 1852), im Zivilberuf Direktor der Württembergischen Vereinsbank in Stuttgart (M 430/1 Bü 1341). Über die Kaulla vgl. H. Schnee: Die Hoffaktoren-Familie Kaulla an süddeutschen Fürstenhöfen, in: Zeitschrift für württembergische Landesgeschichte. Jg. 20, 1961, S. 238–267.

Erst nach Ausbruch des Weltkriegs wurden Juden in größerer Zahl (81 Offiziere, 23 Sanitätsoffiziere, 2 Veterinäre) württembergische Reserveoffiziere, und zwar bezeichnenderweise ganz überwiegend bei der Infanterie sowie bei Artillerie-, Pionier- und Trainformationen, während bei der als vornehmer geltenden Kavallerie nur zwei jüdische Offiziere dienten[54]. Einer von ihnen war Veterinär[55], der andere ein zum Christentum übergetretener Stuttgarter Großkaufmann jüdischer Abstammung[56]. 38 dieser Weltkriegsoffiziere stammten aus Stuttgart. Wie ihre Personalakten zeigen, erhielt die Mehrzahl von ihnen gute, z. T. hervorragende dienstliche Beurteilungen und meist das Zeugnis, daß sie in ihrem Kameradenkreis geachtet oder beliebt waren[57]. Das gereicht ihnen zur Ehre. Darüber hinaus zeigt es nicht nur, daß württembergische Offiziere jüdischen Untergebenen gegenüber sich ein unbefangenes und selbständiges Urteil bewahrten, sondern auch, daß der Antisemitismus, der bis zum Ende des Weltkriegs in Württemberg ohnehin nur schwach entwikkelt war[58], auch im württembergischen Heer nicht sehr ausgeprägt war. In die gleiche Richtung weist die Tatsache, daß einige Offiziere mit Frauen jüdischer Herkunft verheiratet waren[59] und daß württembergische Generale für die Rechte der Juden eintraten, und zwar ausdrücklich auch für ihr Recht, Offizier werden zu können[60]. Andererseits fehlt

[54] Vgl. Jüdische Frontsoldaten (wie oben Anm. 52).

[55] M 430/3 Bü 2481.

[56] Arthur Moos wurde, nach freundlicher Auskunft des Standesamts der Stadt Hechingen, als Sohn des Israeliten Hermann Moos geboren; laut seinem Offiziers-Personalbogen (M 430/3 Bü 7750) war er jedoch evangelisch. – Der jüdische Bankier Gutmann blieb nach seiner Beförderung zum Reserveleutnant (1915) nur noch 6 Wochen beim Ulanen-Regiment Nr. 20, um dann für die restliche Kriegsdauer zu Maschinengewehr- und Infanterie-Truppen versetzt zu werden.

[57] Vgl. die oben Anm. 52 genannten Quellen.

[58] P. Sauer: Die jüdischen Gemeinden (wie oben Anm. 48) S. 170.

[59] So Oskar v. Sarvey (1837–1912), zuletzt Generalleutnant, der 1872 eine Tochter des Rittergutsbesitzers Kaulla heiratete (M 430/1 Bü 2292), und der spätere preußische Kriegsminister Walther Reinhardt, der seit 1900 mit Luise Fürbringer, Tochter eines Medizinprofessors jüdischer Abstammung, verheiratet war (M 430/2 Bü 1684 und F. W. Euler: Die deutsche Generalität und Admiralität bis 1918, in: Vortragsmanuskript des 15. Büdinger Gesprächs 1977, S. 21). – Untersuchungen über die soziale Herkunft der württembergischen Offiziersfrauen fehlen bislang noch völlig.

[60] F. Ernst: Aus dem Nachlaß des Generals Walther Reinhardt, Stuttgart 1958, S. 5. Trotz seiner erheblichen Vorbehalte und Vorurteile gegen die Juden befürwortete auch General v. Berrer „die bedingungslose Aufnahme

es nicht an Äußerungen, aus denen die Abneigung württembergischer Offiziere gegen die Juden spricht; aber sie waren nicht prononciert judenfeindlich und scheinen nicht repräsentativ für das ganze Offizierkorps zu sein[61].

DIENSTVERHÄLTNISSE

1. Ausbildung zum Offizier

Seit der Militärkonvention von 1870 galten für die Ausbildung des württembergischen Offiziersersatzes die preußischen Vorschriften[62]. Damit hörte die Portepeefähnrichsschule, deren Betrieb 1870 infolge des Kriegs

---

der Juden in unser Volkstum", und zwar in der Hoffnung, „den fanatischen Ansturm unserer Anarchisten und des linken Flügels der Sozialdemokraten gegen die Gesellschaftsordnung beenden" zu können (M 660 Nachlaß Albert v. Berrer Bü 40).

[61] M 1/2 Bü 10 (8. 8. 1902); M 1/7 Bund 7 „Zusammenstellung" 1880 Nr. 4, 1912 Nr. 7; M 660 Nachlaß Albert v. Berrer Bü 40; M 660 Nachlaß Gerold v. Gleich Bü 170 (4. 9. 1914, 14. 9. 1914); M 660 Nachlaß Rudolf v. Goetz Bü 2, S. 29; K. Spieß – H. Ritter: Geschichte des Dragoner-Regiments Königin Olga (1. württ.) Nr. 25, Ludwigsburg 1913, S. 426. – Eine Anfrage, ob „das Officier-Corps berechtigt ist, bei der Officierwahl einem jungen Mann von jüdischer Abstammung, welcher später zur christlichen Religion übergetreten ist, die Aufnahme in das württ. Officiercorps seiner früheren Confession wegen zu verweigern", beantwortete das Kriegsministerium 1871 mit dem Hinweis aus das Ergänzungsrecht der Offizierkorps und – auf Veranlassung des späteren Kriegsministers v. Steinheil – mit der Bemerkung, daß „jedenfalls aber das in Ihrem Schreiben berührte Verhältnis in keiner Weise als ein Hindernis für den Eintritt in das k. württ. Offizierkorps zu betrachten ist" (M 1/3 Bü 159). Aufschlußreich für den Wandel der Anschauungen scheint zu sein, daß ähnliche Anfragen während des Weltkriegs mit bloßen Verweisen an die Offizierkorps oder mit der kommentarlosen Übersendung der Offizierergänzungsbestimmungen beantwortet wurden (M 1/4 Bü 629 und Bü 632).

[62] Für das Folgende vgl. B. Poten: Geschichte des Militär-Erziehungs- und Bildungswesens in Württemberg, Berlin 1897, bes. S. 63 und S. 73; P. Sauer (wie oben Anm. 1) S. 55 f., S. 98–102, S. 158–160, S. 215. – Die Offizierbildungsanstalt, die 1820 als Nachfolgerin des 1805–1817 bestehenden Kadetteninstituts gegründet und 1852 in Kriegsschule umbenannt worden war, wurde im Herbst 1867 provisorisch und im März 1868 definitiv reorganisiert. Sie gliederte sich seither nach preußischem Vorbild in eine Kadettenschule und in eine Portepeefähnrichsschule. Vgl. auch die Bestände E 276 a und E 276 b sowie M 1/4 Bü 634 a – Bü 634 f und M 1/4 Bü 635 a – Bü 635 g.

unterbrochen worden war, zu bestehen auf; außerdem wurde 1874 die Kadettenschule aufgelöst, weil nach Ansicht des württembergischen Kriegsministers „das preußische Kadettenkorps als gemeinschaftliche Bildungsanstalt des Reichs vom militärpolitischen sowie auch vom ökonomischen Standpunkt" aus Vorteile hatte, die eine württembergische Kadettenschule selbst nach einer kostspieligen Reorganisation nicht bieten konnte[63].

Württemberg verzichtete damit auf jede eigene militärische Bildungs- und Erziehungsanstalt. Seine Fahnenjunker hatten dementsprechend ihre Fähnrichsprüfung, soweit sie im Einzelfall erforderlich war, vor der preußischen Ober-Militär-Prüfungskommission abzulegen und nach der vorgeschriebenen praktischen Ausbildung eine der preußischen Kriegsschulen zu besuchen, wo sie ihre Offizierprüfung ablegten[64]; nicht wenige der württembergischen Offiziere erhielten darüber hinaus eine Erziehung im preußischen Kadettenkorps[65]. Dies und etwaige spätere Kommandierungen nach Preußen spielten sicher eine nicht geringe Rolle bei der noch zu erörternden Angleichung der Mentalität des württembergischen Offizierkorps an die des preußischen.

2. Avancement

Ende der 1860er Jahre gab es in Württemberg etwa 570 Offizierstellen, 1885 jedoch – als Folge des Ausbaus des württembergischen Heeres auf Korpsstärke – etwa 720[66]; außerdem mußten nach 1871 die im Feldzug verlorenen oder danach pensionierten Offiziere ersetzt werden[67]. Die 1870er Jahre können daher im württembergischen Heer durchaus als das bezeichnet werden, was man unter den „Gründerjahren" versteht[68]. Der

---

63 M 1/4 Bü 634 f.

64 B. Poten (wie oben Anm. 62) S. 73; Handbuch (wie oben Anm. 4) Bd. V, S. 198.

65 Laut M 660 Nachlaß Maximilian v. Haldenwang Bü 2 gingen in den Jahren 1875–1918 insgesamt 358 württembergische Offiziere aus der Kadettenanstalt Groß-Lichterfelde hervor.

66 Vgl. das Militärhandbuch des Königreichs Württemberg 1868 bzw. die Rang- und Quartierliste des XIII. Armeekorps für 1885.

67 K. Spieß – H. Ritter (wie oben Anm. 61) S. 418; Fromm: Geschichte des Infanterie-Regiments König Wilhelm I. (6. württ.) Nr. 124, Weingarten 1901, S. 172; Habermaas (wie oben Anm. 4) S. 228. Allein 1871/72 wurden 56 % der Generale und Stabsoffiziere verabschiedet, vgl. A. v. Suckow: Rückschau, hg. von W. Busch, Tübingen 1909, S. 203.

68 Den Ausdruck Gründerjahre in diesem Zusammenhang gebraucht bereits Fromm (wie oben Anm. 67) S. 173.

große Offiziermangel[69], dem man durch die Annahme nichtwürttembergischer Fahnenjunker und Offiziere zu steuern suchte, führte nicht nur zum Verzicht auf eine strengere Auslese unter diesen Bewerbern[70], sondern auch zu einem ungewöhnlich günstigen Avancement. Vor allem bei der Beförderung zum Hauptmann und zum Stabsoffizier stellten sich die württembergischen Offiziere bedeutend besser als die preußischen[71], während das Avancement der Stabsoffiziere zur Erleichterung gegenseitiger Kommandierungen bereits 1874 den preußischen Verhältnissen angeglichen worden war[72].

Wie in der Wirtschaft folgte jedoch auch hier den Gründerjahren bald die „große Depression". Da viele Stellen mit jüngeren Offizieren besetzt waren und sich den älteren Offizieren zu wenig Aufstiegsmöglichkeiten boten, kam das Avancement in den 1880er Jahren erheblich ins Stokken[73]; unter dem Kommandierenden General v. Alvensleben mußten

---

[69] Klagen darüber wurden immer wieder laut (z. B. M 1/3 Bü 189; M 1/4 Bü 676 und Bü 677; M 730 Bü 379 Blatt 111). Während der Bedarf an Infanterieoffizieren 1874 einigermaßen gedeckt war, bestand bei der Kavallerie damals noch großer Mangel (M 1/3 Bü 189; M 1/4 Bü 678); noch 1887 wurde die Schwierigkeit, das Offizierkorps des Train-Bataillons Nr. 13 zu ergänzen, beklagt (M 1/4 Bü 678). Besonders schwer war es anscheinend während der ganzen hier behandelten Zeit, die Sanitätsoffiziersstellen zu besetzen, vgl. K. Spieß – H. Ritter (wie oben Anm. 60) S. 420, sowie M 730 Bü 443.

[70] Vgl. Fromm (wie oben Anm. 67) S. 172, sowie die zahlreichen Anstellungsgesuche in M 1/4 Bü 676–679.

[71] Habermaas (wie oben Anm. 4) S. 228; M 1/3 Bü 190 (8. 3. 1891). Vgl. auch: Untersuchungen zur Geschichte des Offizierkorps. Anciennität und Beförderung nach Leistung, Stuttgart 1962 (Beiträge zur Militär- und Kriegsgeschichte. Bd. 4) S. 161.

[72] M 1/3 Bü 159. – Über die Einführung des Regimentsavancements vgl. unten S. 121.

[73] Habermaas (wie oben Anm. 4) S. 228; F. v. Graevenitz (wie oben Anm. 3) S. 30; R. Th. Walker (wie oben Anm. 3) S. 71 ff. Laut Fromm (wie oben Anm. 67) S. 173, gab es Ende der 1870er und in den 1880er Jahren in Württemberg Secondeleutnants mit zwölf Dienstjahren; noch Anfang 1894 standen die württembergischen Premierleutnants der Infanterie und Feldartillerie gegenüber den preußischen bis zu zwei Jahren zurück (M 1/2 Bü 11). Im März 1891 waren die Secondeleutnants der Infanterie im Vergleich zu allen übrigen Kontingenten des Reichsheeres zurück, „und zwar derart, daß aus dem Jahrgang 1881 noch kein Secondelieutenant etatmäßiger Premierlieutenant ist, während in Preußen schon ²/₃ der Secondelieutenants des Jahrgangs von 1882 die Premierlieutenants-Charge erreicht, in Sachsen

daher zahlreiche Offiziere pensioniert werden[74]. Unzufriedenheit und Mißmut waren die Folge[75]. Daß ein Teil der Offiziere die Schuld für die unbefriedigenden Dienstverhältnisse eben jenem Preußen zuschob, von dem sich ein anderer Teil alles Heil erhoffte, läßt ahnen, in welcher Unruhe sich das Offizierkorps befand.

Diese Avancementverhältnisse – darüber war sich das württembergische Kriegsministerium spätestens im Juni 1885 klar – waren der Preis dafür, daß Württemberg den Wunsch Preußens nach einer Verschmelzung beider Offizierkorps seit 1870 ablehnte[76]. Der Kriegsminister v. Steinheil, solchen Wünschen gegenüber unnachgiebiger als sein Vorgänger v. Wundt und deshalb in Berlin als „ein ziemlich willenloses Werkzeug in der Hand partikularistischer Bestrebungen" und als „in hohem Grade unbedeutend und wenig intelligent" abgetan[77], war jedoch noch im März 1891 gesonnen, „einen solchen nur augenblicklichen und mit der Zeit im eigenen Kontingent ausgleichbaren Nachteil ebenso hinzunehmen, wie solches dermalen auch in Sachsen und Bayern geschehen ist, wo kein Ausgleich gegenüber von Preußen gesucht worden ist"[78]. Er setzte sich freilich nicht durch. Auf Veranlassung König Wilhelms II. (1891–1918), der schon 1890 für die Verschmelzung beider Offizierkorps gewonnen worden war[79], begannen die Kriegsministerien Württembergs und Preußens im Spätherbst 1892 mit Verhandlungen, deren Ergebnis die selbst in militärischen Kreisen noch längere Zeit umstrittene sog. Bebenhäuser Konvention vom Dezember 1893 war[80]. Sie führte für

---

die ältesten Secondelieutenants vom Jahr 1884 sind und in Bayern die Secondelieutenants von demselben Alter wie die württembergischen an der Beförderung stehen" (M 1/3 Bü 190).

[74] M 660 Nachlaß Alarich v. Gleich Bü 33; Knoerzer-Suckow (wie oben Anm. 4) S. 157.

[75] Dafür und für das Folgende vgl. die Belege unten Anm. 145.

[76] M 1/3 Bü 189.

[77] H. Philippi (wie oben Anm. 20) S. 72 und S. 169.

[78] M 1/3 Bü 190. Zur Politik v. Steinheils gegenüber Preußen vgl. R. Th. Walker (wie oben Anm. 3) S. 79 ff.

[79] H. Philippi (wie oben Anm. 20) S. 104, S. 175. Ähnlich R. Th. Walker (wie oben Anm. 3) S. 90.

[80] Über Vorgeschichte, Inhalt, Auswirkung und spätere Beurteilung der Konvention vgl. vor allem R. Th. Walker (wie oben Anm. 3) S. 89 ff., S. 102 ff., sowie M 1/2 Bü 2, Bü 3, Bü 7–9, Bü 11, Bü 15, M 1/3 Bü 189, M 730 Bü 50 a und Bü 379. Vgl. auch Egelhaaf: Die allgemeine Entwicklung Württembergs in den Jahren 1891–1916, in: Württemberg unter der Regierung König Wilhelms II., hg. von V. Bruns, Stuttgart 1916, S. 49 ff.; Habermaas (wie oben

die preußischen und württembergischen Offiziere ein einheitliches Dienstalter ein und bestimmte, daß fortan ein württembergischer Offizier zur Bearbeitung der Offizierpersonalien ins preußische Militärkabinett kommandiert werden sollte. Das nunmehr durchgehende Avancement ermöglichte gegenseitige Kommandierungen in verstärktem Maße, wodurch die Stockung in der Beförderung überwunden werden konnte. Sieht man von den Prinzen des königlichen Hauses, die durch ihr besonders rasches Avancement in Württemberg wie anderswo eine Sonderstellung einnahmen[81], ab, so kam dies nicht nur den wegen ihrer Leistung bevorzugt beförderten Offizieren zugute, sondern auch den Durchschnittsoffizieren, deren Avancement sich bereits 1894/95 dem ihrer preußischen Kameraden anglich[82].

3. Kommandierungen nach Preußen

Die Beschleunigung des Avancements war nicht der einzige Nutzen der Kommandierungen. Nachdem schon in den 1860er Jahren gelegentlich württembergische Offiziere zum Studium der Militäreinrichtungen nach Preußen kommandiert worden waren[83], wurde in Artikel 8 der Militärkonvention von 1870 verabredet, daß „einige" Offiziere „zur Beförderung der Gleichmäßigkeit in der Ausbildung und dem inneren Dienst der Truppen" gegenseitig und regelmäßig auf ein bis zwei Jahre kommandiert werden sollten. Rein zahlenmäßig waren diese Kommandierungen

Anm. 4) S. 227 ff.; F. v. Graevenitz (wie oben Anm. 3) S. 30–32; Knoerzer-Suckow (wie oben Anm. 4) S. 157 ff.; K. H. Frhr. v. Brand: 2000 Jahre schwäbisch-alemannisches Soldatentum, Karlsruhe 1957, S. 59; W. Groener (wie oben Anm. 20) S. 41; G. H. Kleine (wie oben Anm. 42) S. 149 Anm. 24; W. Kohlhaas: Vom königlichen Heer zur Reichswehr, in: Beiträge zur Landeskunde. Beilage zum Staatsanzeiger für Baden-Württemberg 1969 Nr. 3, S. 11; H. Philippi (wie oben Anm. 20) S. 104 f., S. 113; W. Kohlhaas: Macht und Grenzen der Soldatenräte in Württemberg 1918/19, in: Zeitschrift für württembergische Landesgeschichte. Jg. 32, 1973, S. 543.

81 M 730 Bü 379 Blatt 2–4. Für Herzog Albrecht von Württemberg vgl. auch: Untersuchungen (wie oben Anm. 71) S. 166. Über ihn und seinen Bruder, Herzog Ulrich von Württemberg, urteilt W. Groener (wie oben Anm. 20) S. 118 f.: „Beide Herren hätten es auch ohne ihre fürstliche Geburt auf Grund ihrer Gaben zu hohen Stellungen bringen können, ja, ihre großen Fähigkeiten hätten sich dann wohl noch viel mehr entfaltet, weil sie gezwungen gewesen wären, sie in ernster Arbeit zu schulen".

82 M 1/2 Bü 11.

83 P. Sauer (wie oben Anm. 1) S. 214 f., S. 216–219.

im großen ganzen immer ausgeglichen[84]. Von 1872 bis 1875 nahmen jedoch preußische Offiziere in Württemberg vorwiegend höhere Stellen ein, während keiner der nach Preußen kommandierten württembergischen Offiziere Generalsrang, die Mehrzahl nur Hauptmanns- oder Leutnantsrang hatte; erst seit Herbst 1875 wurden württembergische Brigaden und z. T. Divisionen auch mit württembergischen Offizieren besetzt, die Preußen überwogen aber weiterhin in den Stellen württembergischer Regimentskommandeure. Selbst nach der Bebenhäuser Konvention baute sich das Übergewicht der Preußen in den höheren Stellen des XIII. Armeekorps nur allmählich ab, dafür öffnete sich aber den württembergischen Offizieren die preußische Armee in weit größerem Maße als bisher. Die Zahl der Kommandierungen stieg erheblich, wobei Württemberg mehr Offiziere nach Preußen sandte als Preußen umgekehrt nach Württemberg. Der Hauptnutzen dieser Kommandierungen bestand darin, daß württembergische Offiziere nun als Führer größerer Verbände, im Generalstab, im Truppendienst oder bei den gemeinschaftlichen Heereseinrichtungen in Stellen gelangen konnten, die ihnen in dem viel engeren Rahmen des heimatlichen Kontingents nicht oder nur in geringem Maße zugänglich waren. Unverhältnismäßig viele württembergische Offiziere in hohen preußischen Stellen nach 1893 zeigen, daß sie die gebotenen Chancen zu nutzen wußten, aber auch, daß sie solchen Aufgaben gewachsen waren und daß die preußischen Militärs dies anerkannten[85].

4. Bearbeitung der Offizierspersonalien

Das württembergische Kriegsministerium behielt 1870 rechtlich die Bearbeitung der Personalangelegenheiten der Offiziere; in der Praxis jedoch gewann bei der Neuorganisation des XIII. Armeekorps dessen Kommandierender General seit 1871 wachsenden Einfluß darauf. Dies ging soweit, daß er den Kriegsminister überging und unmittelbar mit dem Militärkabinett in Berlin verkehrte. Erst nach der Phase des Ausbaus, seit den 1880er Jahren, erregte es in Württemberg Anstoß, „daß die ganze Entscheidung über Wohl und Wehe der württembergischen

---

[84] Dafür und für das Folgende vgl. die oben Anm. 80 angegebenen Archivalien sowie R. Th. Walker (wie oben Anm. 3) S. 73 ff., S. 99 ff.

[85] Solche Kommandierungen waren bei den davon betroffenen Offizieren nicht immer beliebt (vgl. z. B. M 1/2 Bü 10: 28. 7. 1901 und 11. 8. 1902) und bedeuteten für manchen eine erhebliche finanzielle Belastung (vgl. M 1/3 Bü 189: 18. 6. 1885).

Offiziere dadurch fast ganz in die Hand des Kommandierenden Generals gelegt" war, „daß dieser höchster militärischer Vorgesetzter und Antragsteller in Personalangelegenheiten in einer Person war"[86].
Mit dem Plan, in Württemberg eine dem preußischen Militärkabinett entsprechende Dienststelle zu errichten, versuchte man 1890, dieser Entwicklung entgegenzuwirken[87] und ein Terrain zurückzugewinnen, das man sich seit 1871 hatte aus der Hand nehmen lassen. Statt dessen kam es jedoch zur Bebenhäuser Konvention und damit zu einem noch engeren Anschluß an Preußen. Wenngleich das dabei verabredete durchgehende Avancement nicht gleichbedeutend war mit einer durchgehenden Stellenbesetzung[88], verzichtete Württemberg — zum Ärger des viel selbstbewußteren Bayern[89] — damals tatsächlich auf einen Teil seiner Kontingentsherrlichkeit[90]. Denn die württembergische Personalpolitik wurde nun weitgehend im preußischen Militärkabinett gemacht[91]. Nicht der Form, wohl aber der Sache nach hatte Preußen damit größtenteils ein Ziel erreicht, das die Kommandierenden Generale seit 1871 ange-

---

[86] Vgl. H. Philippi (wie oben Anm. 20) S. 170 (Zitat) sowie S. 22–24, S. 72 f., S. 80 f., S. 137 f.; A. v. Suckow (wie oben Anm. 67) S. 193 ff. – Die Feststellung des Kriegsministeriums vom 22. 8. 1882, daß „in der Regel eine eventuelle Anstellung von der Zustimmung des kommandierenden Generals abhängig gemacht wird" (M 1/4 Bü 677), wird durch die Archivalien M 1/4 Bü 676 – Bü 679 bestätigt.

[87] H. Philippi (wie oben Anm. 20) S. 173 f.

[88] Darauf wies Kriegsminister v. Marchtaler um 1907 in einer für den Landtag vorbereiteten Erklärung, in der der Abschluß der Bebenhäuser Konvention gerechtfertigt werden sollte, mit Nachdruck hin (M 730 Bü 379 Blatt 101).

[89] H. Philippi (wie oben Anm. 20) S. 122; vgl. ebd. S. 193 die Stellungnahme des preußischen Gesandten in Württemberg, Graf Eulenburg: „Die Militärabmachung mit Württemberg ist ein großer Erfolg und bedeutet für Bayern einen Schlag".

[90] Vgl. oben Anm. 80.

[91] Das zeigt deutlich die in M 660 Nachlaß Fritz v. Graevenitz verwahrte Korrespondenz v. Graevenitz' während seiner Kommandierung ins Militärkabinett; v. Graevenitz selbst schrieb am 7. 11. 1907, daß „der Chef des Militärkabinetts [. . .] den Standpunkt, wie er durch die Vereinbarung von 1893/94 geschaffen ist, lediglich zu preußischen Gunsten auslegt" (ebd. Bü 21). Der mit der Praxis vertraute v. Gemmingen-Guttenberg, Major im württembergischen Kriegsministerium, charakterisierte die Verhältnisse im März 1903 mit der Bemerkung, daß „die Stellenbesetzung ja doch im Kabinett gemacht wird" (ebd. Bü 4).

strebt hatten[92]. Es waren durchaus nicht nur „bundesfreundliche" Gesinnung und hochherziges „Entgegenkommen", wie man gelegentlich meinte[93], die Preußen auf den Abschluß der Bebenhäuser Konvention hatten dringen lassen.

MENTALITÄT UND POLITISCHE EINSTELLUNG

1. Bindung an das angestammte Fürstenhaus

Daß die württembergischen Offiziere „stramme Monarchisten" waren, galt als eine Selbstverständlichkeit[94] – z. T. noch Jahre nach dem Umsturz von 1918[95]. Während sie 1848–1851 den Eid auf die Verfassung geleistet hatten, legten sie seither den Diensteid nur auf den Monarchen ab[96]. Lediglich Offiziere, die als Referenten ins Kriegsministerium berufen wurden, hatten zusätzlich die Verfassung und die Gesetze zu beschwören – eine Bestimmung, die bezeichnenderweise in Preußen auf Unverständnis und Kritik stieß[97].

Die Verpflichtung des Offizierkorps auf den Monarchen, nicht auf den Staat wurde durch Bindungen persönlicher Art ergänzt. Vor allem König Wilhelm II. war dem Militär eng verbunden und bei diesem wie bei der übrigen Bevölkerung sehr beliebt[98]. Während das preußische Offizierkorps in wachsende Distanz zu Kaiser Wilhelm II. geriet[99], scheint für die württembergischen Offiziere ihre z. T. heute noch andauernde Anhänglichkeit an diesen württembergischen König geradezu charakteristisch zu sein[100]. Zweifellos trug dies wesentlich dazu bei, daß sie sich bis zuletzt als württembergische Offiziere verstanden, schloß die Treue zum König doch in nicht geringem Maße ein Bekenntnis zum Partikula-

---

[92] M 1/2 Bü 4 (28. 11. 1873). Vgl. A. v. Suckow (wie oben Anm. 67) S. 183 f., sowie H. Philippi (wie oben Anm. 20) S. 72 ff.

[93] M 730 Bü 379 Blatt 66 und 101.

[94] W. Groener (wie oben Anm. 20) S. 51. Ähnlich M 660 Nachlaß Eugen Hahn Bü 8 und M 660 Nachlaß Gerold v. Gleich Bü 170 (4. 9. 1917).

[95] M 660 Nachlaß Eberhard v. Hofacker Bü 40.

[96] P. Sauer (wie oben Anm. 1) S. 107 f., S. 146; K. Demeter (wie oben Anm. 4) S. 149.

[97] Württ. Militärverordnungsblatt 1880, S. 193; M 1/3 Bü 160.

[98] Vgl. z. B. W. Groener (wie oben Anm. 20) S. 51 f.

[99] W. Deist (wie oben Anm. 13) S. XV.

[100] Noch heute treffen sich einige ehemalige württembergische Offiziere alljährlich am 25. Februar, dem Geburtstag Wilhelms II., in Ludwigsburg am Grab des Königs.

rismus und eine innere Distanz zu Preußen in sich[101]. Daran scheiterten letztlich auch preußische Versuche, das württembergische Offizierkorps seinem König zu entfremden[102].

2. Homogenität und Korpsgeist

Die Eingliederung der württembergischen Truppen in das Bundesheer war in organisatorischer Hinsicht 1874/76 abgeschlossen; ihr folgten nun verstärkt Bemühungen um die innere Angleichung des württembergischen Heeres an Preußen[103]. Schon im Januar 1875 wurde es als eine der Aufgaben der Regimentskommandeure definiert, für einen „einheitlichen Guß der Offizierkorps" zu sorgen; stärker als dies in den bisherigen kleinen Kaders möglich war, sollte den Offizieren bewußt werden, „zu *Einer* Familie zu gehören". Um dies zu erreichen, wurde durch Allerhöchste Ordre vom 15. Februar 1875 statt des bisherigen waffenweisen Avancements das Regimentsavancement und damit ein „Grundzug der eingeführten preußischen Heereseinrichtungen, die persönliche Verantwortlichkeit jedes Regimentskommandeurs für die Ergänzung und dauernde Tüchtigkeit des ihm untergebenen Offizierkorps", übernommen[104].

Daß die Kommandeure im Hinblick auf die Sozialstruktur mit Erfolg auf eine immer größere Homogenität ihrer Offizierkorps hinwirkten, wurde bereits gezeigt. Nicht anders war es im Hinblick auf die „Gesinnungstüchtigkeit"[105] ihrer Offiziere. Soweit bekannt, hatten zwischen Preußen und Württemberg vor 1866/70 keine grundsätzlich unterschiedlichen Meinungen über Inhalt und Bedeutung von Standesehre und Standespflichten bestanden; beim Studium der Quellen gewinnt man aber den Eindruck, daß die Auffassungen über das, was standesgemäß sei, in Württemberg nach 1871 offensichtlich rigoroser waren als vorher. So sah

---

[101] Das zeigen deutlich die oben Anm. 20 und unten Anm. 110, 120 und 147 genannten Schriften E. Millers.

[102] Besonders aufschlußreich ist dafür der „Fall Miller" (s. unten Anm. 145). In diese Richtung zielte auch 1872 die Absicht des Generals v. Stülpnagel, das Recht eines jeden württembergischen Offiziers, nach eingeholter Erlaubnis sich in Privatangelegenheiten unmittelbar an den König werden zu dürfen, aufzuheben oder einzuschränken; v. Stülpnagel setzte sich aber gegen den Kriegsminister v. Suckow nicht durch (M 1/3 Bü 195).

[103] Vgl. oben Anm. 3.

[104] M 1/3 Bü 159. Zu den ganz ähnlichen Überlegungen Bayerns, wo das Regimentsavancement 1883 eingeführt wurde, vgl. H. Rumschöttel (wie oben Anm. 10) S. 104 f.

[105] So General v. Alvensleben 1890 in einer Ansprache an die Offiziere des XIII. Armeekorps (M 660 Nachlaß Alarich v. Gleich Bü 33).

man zum Beispiel strenger als bisher darauf, daß inaktive und Reserveoffiziere standesgemäße Berufe ausübten[106]. Gewissenhafter und eingehender als bisher mußte vor Erteilung des Heiratskonsenses geprüft werden, ob die Braut eines Offiziers „der Klasse der Gesellschaft angehört, aus welcher ein Offizier, ohne die Standesrücksichten zu ignorieren, seine Gattin wählen darf"; stellte doch schon 1872 der Preuße v. Stülpnagel, Kommandierender General des XIII. Armeekorps, aus gegebenem Anlaß fest, „daß – wie die Wahl der Gattin die gesellschaftliche Stellung und Anschauung des Einzelnen beeinflußt – auch die ehelichen Verbindungen der Offiziere auf die soziale Stellung und das Prestige der ganzen Genossenschaft entscheidend einwirken müssen und bei den eigentümlichen Verhältnissen unseres Landes daher die strenge Beobachtung bestimmter Rücksichten in oben erwähnter Hinsicht dauernd notwendig erscheint"[107]. Stärker als bisher wurde darauf geachtet, daß die Offiziere gesellschaftlich nur in standesgemäßen Kreisen verkehrten[108]. Ängstlicher als bisher suchte man sich vor der Verwicklung in Skandale (oder was man dafür hielt!) zu bewahren, und empfindlicher als bisher reagierte man auf Kritik von Seiten der Öffentlichkeit[109].

Dabei war diese Empfindlichkeit gelegentlich gepaart mit einer Geringschätzung, ja Verachtung für eben diese Öffentlichkeit[110] und insbesondere ihre parlamentarischen Institutionen[111]. Solche abfälligen Äußerungen, denen man allerdings auch anerkennende Worte über die „Zi-

---

106 Dies zeigen mehrere der in M 1/3 Bü 188 behandelten Fälle.

107 M 1/3 Bü 195 (6. 4. 1872).

108 Vgl. die für die herrschenden Standesauffassungen besonders instruktiven „Erziehungsgrundsätze für den jungen Offizier" in M 660 Nachlaß Eugen Hahn Bü 8; M 1/7 Bund 35 „Zusammenstellung"; M 1/3 Bü 195 (13. 4. 1872, 31. 10. 1874).

109 Vgl. dazu insbesondere M 1/7 Bund 35 „Zusammenstellung". Wie zahlreiche andere Quellen zeigt sie, daß von den Offizieren nicht so sehr moralische Integrität als vielmehr „Takt", d. h. Geschick beim Kaschieren von Verfehlungen verlangt wurde. Der Empfindlichkeit gegen Kritik von Seiten der Öffentlichkeit verdanken im Grunde die Bestände M 730 und M 731 ihre Entstehung.

110 Beispiele finden sich in M 1/7 Bund 35 „Zusammenstellung". Vgl. auch E. Miller: An die deutschen Bundesfürsten! An die deutsche Armee! An das gesamte deutsche Volk! Ein Aufschrei mißhandelter Soldaten, deutscher Landeskinder, Stuttgart 1891, S. 44.

111 M 660 Nachlaß Albert v. Berrer Bü 40; M 660 Nachlaß Gerold v. Gleich Bü 170 (4. 9. 1917). Vgl. auch die unten S. 126 zitierte Äußerung des Kriegsministers v. Marchtaler.

vilintelligenz" entgegenstellen kann[112], entstanden aus dem „Geist der militärischen Selbstüberhebung"[113]. Sie sind die Kehrseite des Homogenisierungsprozesses, der die Abkapselung der Offiziere gegen das Zivil und vor allem gegen die nicht „gebildeten", nicht standesgemäßen Kreise zur Folge hatte. Das soziale Klima in Württemberg war wesentlich dadurch geprägt gewesen, daß die verschiedenen Berufsstände, hoch und nieder, in den Museumsgesellschaften oder in Wirtshäusern gesellschaftlich miteinander verkehrten. Erst nach 1871 begannen sich die Offiziere aus dieser zwanglosen Geselligkeit, in die sie bisher einbezogen gewesen waren und in der Groener eine der Wurzeln der „demokratischen Atmosphäre Süddeutschlands" sah, zurückzuziehen, indem einzelne Regimenter trotz des heftigen Protests der Öffentlichkeit 1873/74 und vor allem in den 1890er Jahren nach preußischem Vorbild die bislang in Württemberg nicht bekannten Kasinos einrichteten[114]. Um die Geschlossenheit der Offizierkorps zu fördern, nahm man deren Abgeschlossenheit in Kauf[115]. Gegen das übermächtige Vorbild Preußens, dessen prägende Kraft württembergische Offiziere bei ihrer Ausbildung und bei späteren Kommandierungen erfuhren[116], und gegen den Einfluß der preußischen Offiziere in Württemberg und der aus Preußen stammenden württembergischen Offiziere kamen die württembergischen Traditionen auf diesem Gebiet offensichtlich nicht auf. Zwar war in dem sozial wie

---

[112] G. v. Gleich: Die alte Armee und ihre Verirrungen, Leipzig 1919, S. 27; M 660 Nachlaß Gerold v. Gleich Bü 169 (13. 11. 1915); M 660 Nachlaß Fritz Lauffer Bü 1 Blatt 44; M 660 Nachlaß Oskar v. Watter Bü 23 (2. 2. 1918).

[113] E. Miller (wie oben Anm. 110) S. 44.

[114] G. v. Gleich (wie oben Anm. 112) S. 37; O. Elben: Lebenserinnerungen 1823–1899, Stuttgart 1931 (Darstellungen aus der württembergischen Geschichte. Bd. 22) S. 59; W. Groener (wie oben Anm. 20) S. 35 f.; W. Keil (wie oben Anm. 20) S. 276; P. Sauer (wie oben Anm. 1) S. 183 ff.; Gleich: Die ersten 100 Jahre des Ulanen-Regiments König Wilhelm I. (2. württ.) Nr. 20, Stuttgart 1909, S. 248 f.; Nübling: Geschichte des Grenadier-Regiments König Karl Nr. 123 (5. württ.), Berlin 1911, S. 391. Vgl. auch G. v. Gleich (wie oben Anm. 112) S. 57. Über die Gründung der einzelnen Kasinos vgl. die in der Bibliographie der württembergischen Geschichte Bd. 1, Stuttgart 1895, S. 335–337, Bd. 3, Stuttgart 1907, S. 165 f., Bd. 5, Stuttgart 1926, S. 203 f. genannten Regimentsgeschichten sowie die darüber im Bestand M 17/1 verwahrten Archivalien.

[115] Bereits 1890 warnte E. Miller (wie oben Anm. 20) S. 38: „Wenn aber ein ganzer Stand – wie der Militärstand – sich abschließt und in Dunkel hüllt, dann können Gefahren entstehen, die von weittragender Bedeutung sind".

[116] So auch R. Th. Walker (wie oben Anm. 3) S. 87, dessen ebd. Anm. 20 angeführte Belege indessen dafür nicht ausreichend beweiskräftig sind.

politisch ausgewogenen Württemberg[117] die Abschließung des Offiziers gegen die anderen Berufe nicht ganz so ausgeprägt wie in Preußen[118]. Grundsätzlich orientierte aber auch er sich an den politischen Ideen und Standesauffassungen des vom Adel bestimmten preußischen Offizierkorps und vermochte nicht – wie es der verhältnismäßig starken Stellung des Bürgertums im württembergischen Offizierkorps entsprochen hätte – hier bürgerliches Denken stärker zur Geltung zu bringen.

3. Duelle

Der „Verschärfung der Standespflichten-Ideologie"[119] nach 1871, insbesondere in den 1880er Jahren entsprach eine Verhärtung der Auffassungen über das Duell. Nach dem heutigen, allerdings unbefriedigenden Kenntnisstand duellierten sich in Württemberg vor 1870/71 die Offiziere nur selten. Dagegen sind aus den Jahren 1871–1918 immerhin insgesamt 13 Duelle bekannt sowie 15 Forderungen, die württembergische Offiziere und Sanitätsoffiziere an ihre Gegner erließen, ohne daß die Herausforderungen zu Duellen führten[120]. In der Theorie galt nun das Duell als *das* standesgemäße Mittel zur Beilegung von Ehrenhändeln[121].

---

[117] Vgl. oben Anm. 20.

[118] Vgl. F. C. Endres: Soziologische Struktur und ihr entsprechende Ideologien des deutschen Offizierkorps vor dem Weltkriege, in: Archiv für Sozialwissenschaft und Sozialpolitik 58, 1927, S. 304; W. Groener (wie oben Anm. 20) S. 44 f. Die relativ gute Zusammenarbeit zwischen Offizieren und Soldatenräten seit der Novemberrevolution 1918 dürfte sich z. T. auch dadurch erklären, daß Militär und Zivil vorher nicht unüberbrückbar auseinandergerückt waren. Dazu vgl. U. Kluge: Das „württembergische Volksheer" 1918/19, in: Klassenjustiz und Pluralismus. Festschrift für E. Fraenkel, Hamburg 1973, S. 91–130; K. Schönhoven: Die württembergischen Soldatenräte in der Revolution von 1918/19, in: Zeitschrift für württembergische Landesgeschichte. Jg. 33 (1974) S. 236–257.

[119] H. Rumschöttel (wie oben Anm. 10) S. 167.

[120] Diese und die im folgenden genannten Zahlen über die Duelle wurden von mir auf Grund folgender Quellen erarbeitet: M 1/3 Bü 352, M 1/7 Bund 35 „Zusammenstellung", M 1/7 Bund 146 „Nachweisung", M 1/7 Bund 146 „Zeitungsausschnitte" sowie E. Miller: Aktenmäßige Geschichte einer Offizierspensionierung. Teil 1, Stuttgart 1890, S. 76. Sowohl bei den tatsächlich stattgefundenen Duellen wie bei den Herausforderungen, die zu keinem Duell führten, wird man mit einer gewissen Dunkelziffer rechnen müssen. Das erste aktenkundig gewordene Duell nach 1871 fand 1882 statt.

[121] Vgl. M 1/7 Bund 35 „Zusammenstellung", passim. Vgl. auch das Manuskript eines „Vortrags für Offiziere des Beurlaubtenstandes über das Verhalten in Ehrensachen" in M 660 Nachlaß Karl v. Linck Bü 7.

Im Vergleich zu anderen Kontingenten scheinen es in Württemberg aber weniger Offiziere gewesen zu sein, die diesen Anschauungen in der Praxis folgten und sich über das bestehende Duellverbot hinwegsetzten. Bei etwa 920 aktiven Offizieren und etwa 1 060 Offizieren des Beurlaubtenstandes um die Jahrhundertwende[122] ist die genannte Zahl von 13 Duellen in den Jahren 1871–1918 verhältnismäßig klein; außerdem lehnten es 9 Offiziere in den Jahren 1871–1918 aus den verschiedensten Gründen ab, sich zu schlagen. Die Unterschiede, die trotz gleicher Prinzipien in dieser Hinsicht zwischen Württemberg und Preußen bestanden, wurden um 1910/12 exemplarisch deutlich. Nachdem sich der preußische Oberarzt der Landwehr Dr. Sambeth in Mergentheim „mit Rücksicht auf die göttlichen Gesetze, auf die menschlichen Gesetze, auf seine Familie und die logische Vernunftlehre" geweigert hatte, seinen von einem ärztlichen Ehrenrat und einem Zivilgericht verurteilten Beleidiger, einen württembergischen Stabsarzt der Reserve, zu fordern, entschied der Kaiser 1910 selbst, daß ein „Sanitätsoffizier, der in dieser Hinsicht zu den Grundanschauungen seiner Standesgenossen in Widerspruch tritt, nicht länger in seiner Dienststellung belassen werden kann"[123]. Dagegen wurde 1912 ein württembergischer Reserveleutnant, der 1881 ein Duell abgelehnt hatte und deshalb aus dem Offizierstand entfernt worden war, teilweise wieder rehabilitiert, weil dieser Spruch 1912 „nach den heutigen Anschauungen" als zu hart erschien[124]. Offensichtlich zu Recht bezeichnete daher die württembergische Landesgruppe der deutschen Antiduell-Liga 1912 Württemberg als „eine Oase des Friedens im Gebiet der Duell-Unsitte"[125].

---

[122] Vgl. Rang- und Quartierliste des XIII. (Königlich württembergischen) Armee-Korps für 1900, Stuttgart 1900.

[123] M 1/7 Bund 146 „Zeitungsausschnitte". Vgl. M. Erzberger: Duell und Ehre, Paderborn und Würzburg 1913, S. 68–72, und K. Bachem (wie oben Anm. 42) Bd. 9, S. 193 f. – Weder die Personalakten Dr. Sambeths (M 430/3 Bü 9433) noch die seines Gegners (M 430/3 Bü 2529) enthalten Angaben über diese Affäre.

[124] M 1/7 Bund 35 „Zusammenstellung" 1881 Nr. 6 bzw. 1912 Nr. 4.

[125] M 1/7 Bund 146 „Zeitungsausschnitte" Blatt 42. – Als 1917 der württembergische Rittmeister Hug wegen seines „streng katholisch-religiösen Empfindens" die Forderung eines preußischen Leutnants ablehnte, stieß dies bei den zuständigen militärischen Stellen Württembergs weder auf Ablehnung noch auch nur auf Befremden (M 430/2 Bü 948).

4. Staat und Parteien

In seinen Lebenserinnerungen charakterisiert Groener seine Ludwigsburger Leutnantszeit wie folgt: „Man unterhielt sich über Dienstliches und Außerdienstliches [. . .], aber nie über Politik. Sie spielte keine Rolle in unserm Dasein, die allerwenigsten machten sich überhaupt Gedanken darüber“[126]. Ähnlich äußerte sich 1918 der Kriegsminister v. Marchtaler: „Ich habe nahezu 50 Jahre gedient und während dieser Zeit nur als Soldat gefühlt und gehandelt. Politiker war ich nicht und wollte ich nicht sein. Die Politik mit ihren Begleiterscheinungen auf dem Gebiet des Parteiwesens war mir geradezu zuwider. Ich habe mich deshalb auch als Staatsminister aufs Äußerste zurückgehalten“[127]. Tatsächlich dachten und handelten die württembergischen Offiziere jedoch ähnlich den Offizieren anderer Kontingente nicht so unpolitisch wie zu sein sie – subjektiv sicher zu Recht – vorgaben, stand für sie doch die Notwendigkeit, in Staat und Gesellschaft den status quo zu erhalten, unausgesprochen außer Frage[128]. So selbstverständlich sie Monarchisten waren[129], so selbstverständlich befürworteten sie die deutsche Außen-, Kolonial- und Rüstungspolitik[130], so selbstverständlich unterstützte das Militär in Württemberg mehr oder weniger direkt königstreue, vaterländisch gesinnte, „staatserhaltende“ Organisationen und Verbände wie die Kriegsvereine[131], den „Kaiser-Wilhelm-Dank“[132], den Jungdeutschland-

---

[126] W. Groener (wie oben Anm. 20) S. 51, ähnlich S. 59 f.

[127] Vorwort zum Repertorium M 660 Nachlaß Otto v. Marchtaler, S. II.

[128] Vgl. K. Demeter (wie oben Anm. 4) passim, bes. S. 150 ff.; H. Rumschöttel (wie oben Anm. 10) S. 222 f. Von den Quellen speziell für die württembergischen Offiziere sind besonders die Arbeiten von E. Miller (s. oben Anm. 20, 110 und 120 sowie unten Anm. 147) zu nennen.

[129] W. Groener (wie oben Anm. 20) S. 51.

[130] Vgl. z. B. Neubronner: Geschichte des Dragoner-Regiments König Karl (2. württ.) Nr. 26, Stuttgart 1905, S. 127 f., S. 136–140, S. 142 f.; J. Schmahl: Geschichte des 2. württembergischen Feldartillerie-Regiments Nr. 29 Prinzregent Luitpold von Bayern und seiner Stammtruppenteile, Stuttgart 1901, S. 179, sowie andere Regimentsgeschichten. Instruktiv für die Haltung der württembergischen Offiziere ist auch M 660 Nachlaß Albert v. Berrer Bü 39.

[131] Vgl. K. Saul: Der „Deutsche Kriegerbund“. Zur innenpolitischen Funktion eines „nationalen“ Verbandes im kaiserlichen Deutschland, in: Militärgeschichtliche Mitteilungen 1962 H. 2, S. 95–130. Außer den von Saul benützten Archivalien M 1/4 Bü 936–937 vgl. auch M 730 Bü 234.

[132] Vgl. K. Saul (wie oben Anm. 131) S. 128 Anm. 235. Vgl. auch M 1/3 Bü 73–74.

bund[133] oder die während des Weltkriegs aufgebaute Jugendwehr[134]. Als staatsbedrohend galten die Sozialdemokraten. Obwohl sie in Württemberg nicht revolutionär, sondern reformistisch eingestellt waren und hier infolge der besonderen Sozial- und Wirtschaftsstruktur und wegen der liberalen politischen Verhältnisse erst nach 1884, dann allerdings rasch, an Bedeutung gewannen, galt ihnen die scharfe Kampfansage des württembergischen Militärs. Das verdient hervorgehoben zu werden, weil die übrige, rechtsgerichtete Oberschicht in Württemberg der Sozialdemokratie nicht mit so ängstlicher Scheu begegnete wie im übrigen Deutschland und weil in Württemberg die Sozialistengesetze liberaler und großzügiger als anderswo angewandt wurden[135]. Erst die Erfahrungen des Weltkriegs begannen die Feindschaft des Militärs gegen die Sozialdemokratie etwas abzuschwächen[136].

Auf gelegentliche Sympathien im aktiven Offizierkorps stießen die Sozialdemokraten anscheinend erst nach Kriegsende[137]; früher und öfter

---

[133] Vgl. K. Saul: Der Kampf um die Jugend zwischen Volksschule und Kaserne. Ein Beitrag zur „Jugendpflege" im Wilhelminischen Reich 1890–1914, in: Militärgeschichtliche Mitteilungen 1971 H. 1, S. 118 ff. Saul kannte nicht die für den württembergischen Landesverband sehr aufschlußreichen Archivalien M 660 Nachlaß Heinrich v. Hoff Bü 55. Auf Veranlassung des Kriegsministers v. Marchtaler, der als eigentlich treibende Kraft den Jungdeutschlandbund in Württemberg ideell und finanziell unterstützte, leistete der 1907–1913 dem Kriegsministerium angehörende Major v. Hoff, auf Wunsch v. Marchtalers aus dem Hintergrund operierend, die grundlegenden Aufbauarbeiten in Württemberg. – In den „Erziehungsgrundsätzen für den jungen Offizier" (M 660 Nachlaß Eugen Hahn Bü 8) wird empfohlen, „den Bestrebungen von Jungdeutschland seine Kräfte widmen und jede Unterstützung zuteil werden zu lassen".

[134] M 660 Nachlaß Heinrich v. Hoff Bü 55.

[135] Für das Vorhergehende vgl. E. Miller (wie oben Anm. 110) S. 10; W. Keil (wie oben Anm. 20) S. 174, S. 263–265, S. 276; W. Groener (wie oben Anm. 20) S. 52 f.; R. Menzinger (wie oben Anm. 30) S. 44; W. Schmierer (wie oben Anm. 20) S. 262–264; H. Philippi (wie oben Anm. 20) S. 152, S. 156, S. 193–195. Von den Archivalien sind für die Haltung des Militärs gegenüber den Sozialdemokraten besonders ergiebig M 730 Bü 454–456. – Anscheinend im Gegensatz zu einem Großteil seiner Offiziere gehörte König Wilhelm II. von Württemberg zu den regelmäßigen Lesern der sozialdemokratischen „Schwäbischen Tagwacht"; vgl. W. Groener (wie oben Anm. 20) S. 52, und W. Keil (wie oben Anm. 20) S. 158.

[136] Vgl. W. Keil (wie oben Anm. 20) S. 385; F. Ernst (wie oben Anm. 61) S. 4.

[137] Vgl. Die Kämpfe in Südwestdeutschland 1919–1923, Berlin 1939 (Darstellungen aus den Nachkriegskämpfen deutscher Truppen und Freikorps. Bd. 5) S. 51, sowie M 430/2 Bü 1183 und Bü 2376.

fand dagegen die Volkspartei Anhänger, mindestens unter den Offizieren des Beurlaubtenstandes. Ein öffentliches Bekenntnis zu dieser Partei, die als engagierte Verteidigerin der württembergischen Reservatrechte und als erbitterte Gegnerin preußischen Vormachtstrebens und jeglichen Militarismus' den besonderen Zorn des Kommandierenden Generals v. Alvensleben auf sich zog, galt jedoch als unvereinbar mit den Standespflichten[138]. Mehrere Offiziere des Beurlaubtenstandes, die sich bei Wahlen für die Volkspartei eingesetzt hatten, wurden deshalb in den Jahren 1877–1894 wegen Gefährdung oder Verletzung der Standesehre verabschiedet oder aus dem Offizierstand entfernt — ein Beweis dafür, wie politisch die angeblich „unpolitische" Haltung der Offiziere war[139]. Nach 1894 sind solche Fälle nicht mehr bekannt; es muß vorerst offen bleiben, ob die Gründe dafür bei den Offizieren oder in der seit 1895 sich abzeichnenden Hinwendung der Volkspartei zum Reich und zur Reichspolitik zu suchen sind.

5. Einstellung zu Preußen

Während Preußen in den 1860er Jahren in Württemberg wenig Ansehen und Sympathien genossen hatte, brachten der Krieg von 1870/71 und die nationale Begeisterung einen Meinungsumschwung[140]. Preußen wurde nun zum bestimmenden Richtpunkt und löste durch seine Vormachtstel-

---

138 M 660 Nachlaß Alarich v. Gleich Bü 33; v. Alvensleben bezeichnete sich hier als der „geschworene Feind der Demokratie und des Partikularismus". Als 1884 Generalleutnant v. Linck darüber klagte, daß den Offizieren des Beurlaubtenstandes standesgemäßes Verhalten oft schwerer falle als den aktiven Offizieren, weil „in unseren Landstädtchen leider vielfach auch eine starke Neigung nach links sich fühlbar macht", hatte er die Volkspartei im Auge (M 660 Nachlaß Karl v. Linck Bü 7). Über diese vgl. oben Anm. 30.

139 Vgl. M 1/7 Bund 35 „Zusammenstellung" 1877 Nr. 5 und 6, 1887 Nr. 3, 1894 Nr. 4 sowie wahrscheinlich 1889 Nr. 2. Zur Frage der politischen Aktivität von Offizieren des Beurlaubtenstandes vgl. W. Deist (wie oben Anm. 13) S. XIX.

140 Zu den preußisch-württembergischen Beziehungen auf militärischem Gebiet allgemein vgl. die auf guter Quellenkenntnis beruhende Arbeit von R. Th. Walker (wie oben Anm. 3). Darüber hinaus vgl. F. Payer: Vor fünfzig Jahren (wie oben Anm. 30) S. 45 ff.; ders.: Autobiographische Aufzeichnungen (wie oben Anm. 30) S. 45, S. 125; W. Lang: Die Deutsche Partei in Württemberg 1868–1891. Festschrift zur Feier des 25jährigen Bestehens der Partei, Stuttgart 1891, S. 55 ff.

lung den Prozeß einer „umfassenden Anpassung" aus[141]. Auch die württembergischen Offiziere anerkannten wohl in ihrer Mehrzahl Preußen als Vorbild und Lehrmeister[142], zum Teil wünschten sie sogar die völlige Verschmelzung des württembergischen Heeres mit dem preußischen. Dieser Wunsch bestand vielleicht schon nach dem Feldzug von 1870/71[143], mit Sicherheit jedoch und ziemlich stark um 1890[144]. Gerade damals äußerten sich andererseits bei großen Teilen des Offizierkorps der württembergische Partikularismus und die kritische oder gar ablehnende Haltung gegenüber Preußen besonders heftig[145].

---

141 R. W. Keck: Geschichte der Mittleren Schule in Württemberg, Stuttgart 1968 (Veröffentlichungen der Kommission für geschichtliche Landeskunde in Baden-Württemberg. Reihe B. Bd. 47) S. 246.

142 Aufschlußreich dafür ist der allgemeine Tenor der oben Anm. 114 angegebenen Regimentsgeschichten. Vgl. auch die Bemerkung der Baronin v. Spitzemberg (wie oben Anm. 20) S. 145, der preußische General v. Stülpnagel habe das Vertrauen der württembergischen Armee besessen.

143 H. Philippi (wie oben Anm. 20) S. 20 f.

144 Ebd. S. 170, S. 173, S. 176, sowie vor allem E. Miller (wie oben Anm. 120) passim.

145 H. Philippi (wie oben Anm. 20) S. 74 ff., S. 183. Die Feststellung des preußischen Gesandten 1876, daß sich in Württemberg ein „Zug tiefer Abneigung gegen die Neugestaltung Deutschlands sowohl bei Hofe als bei der Regierung wie in den höheren gesellschaftlichen und Beamtenkreisen" bemerkbar mache (ebd. S. 35), galt für die Zeit um 1890 in etwa wieder. Im Herbst 1890 kritisierte der Kommandierende General v. Alvensleben, daß der Partikularismus „auch in den Reihen der Offiziere bemerkbar sei, wie der Fall Miller beweise, welcher das Armee-Korps in ganz Deutschland kompromittiere". Er gab der „ziemlich verbreiteten Unzufriedenheit der inaktiven Offiziere" Schuld an der nach seiner Ansicht unangebrachten Einmischung der Presse in militärische Angelegenheiten und bezeichnete es als „die heiligste Pflicht der Kommandeure, über die Gesinnungstüchtigkeit ihrer Offizierkorps zu wachen, partikularische Ideen zu unterdrücken und Elemente von schlechter Gesinnung rücksichtslos zu entfernen", damit „kein zweiter Miller erstehe" (M 660 Nachlaß Alarich v. Gleich Bü 33). Auch in seinen Abschiedsworten an das XIII. Armeekorps verurteilte v. Alvensleben „den Partikularismus, der im Gegensatz zu den segensreichen Folgen der deutschen Einheit dem Sondergeist aus Eigennutz dient, ein Mißtrauen säet, das die eigene Unlauterkeit verräth und auf militärischem Gebiet nur Unheil verheißt" (ebd.). Zu Hauptmann Edmund Miller, der im April 1889 offiziell wegen seiner angegriffenen Gesundheit, tatsächlich aber wohl wegen seines Eintretens für die Rechte Württembergs und die Person König Karls verabschiedet wurde, 1890 nach einem ehrengerichtlichen Verfahren das Recht zum Tragen der Uniform und zum Führen des Offi-

Außer dem „Mißtrauen, das der Schwabe in jeden ‚Fremden' und besonders in Männer mit norddeutschem Accent setzt"[146], hatte diese Haltung des Offizierkorps noch verschiedene andere Ursachen[147]. Während etwa die ungünstigen Dienstverhältnisse der 1880er Jahre, das Angewiesensein auf Offiziersersatz aus Preußen und die in ihrer Notwendigkeit umstrittenen gegenseitigen Kommandierungen nicht oder nicht in erster Linie auf das Konto Preußens gingen, förderten die nach Württemberg kommandierten preußischen Offiziere bzw. die preußischen Militärdienststellen die württembergischen Ressentiments nicht wenig durch ein vielfach als arrogant, herrisch und taktlos empfundenes Benehmen[148], durch die Beschimpfung und Mißhandlung württembergischer Soldaten, durch die Verunglimpfung der Schwaben und ihres Partikula-

---

ziertitels verlor, im Dezember 1914 jedoch „in die Klasse der auf eigenes Ansuchen verabschiedeten Offiziere versetzt" wurde, vgl. H. Philippi (wie oben Anm. 20) S. 76, S. 78, S. 176, R. Th. Walker (wie oben Anm. 3) S. 80 ff., die unten Anm. 147 genannten Schriften sowie M 1/3 Bü 404, M 430/1 Bü 1845 und M 1/7 Bund 35 „Zusammenstellung" 1890 Nr. 6. Die ebd. erwähnten „besonderen Akten Miller" V.3.3.2.Ia der Justiz-Abteilung des württembergischen Kriegsministeriums müssen als verloren gelten. – Ähnlich, wenn auch weniger Aufsehen erregend, waren die Fälle der Majore a. D. Kallenberger und Rustige, die nach ehrengerichtlichen Verfahren 1891 wegen ihrer scharfen Kritik an v. Alvensleben ebenfalls bestraft wurden, vgl. M 1/7 Bund 35 „Zusammenstellung" 1891 Nr. 1 und Nr. 2. Rustige hatte „aus Unmuth und Bitterkeit über seine Pensionierung" gehandelt.

146 W. Schmierer (wie oben Anm. 20) S. 184. Ähnlich W. Keil (wie oben Anm. 20) S. 175.

147 Für das Folgende vgl. allgemein die oben Anm. 20, 110 und 120 genannten Schriften von E. Miller sowie von dems. Verf.: Preußens Militär-Konventionen, Stuttgart 1890. Auf dem Titelblatt seines im Hauptstaatsarchiv Stuttgart verwahrten Exemplars dieser Arbeit notierte Generalmajor Gerold v. Gleich 1923: „Eine Hetzschrift gegen den ‚Militarismus', enthält aber sehr viel Wahres. Gehört zu den sog. ‚partikularistischen' Schriften, ist für die militärische Entwicklung Württembergs von historischem Wert, da die gegenteilige Meinung, weil von Preußen geleitet, bisher allein das Feld behauptet hat, sogar nach der Revolution. E. Miller ist überdies ausgesprochener Demokrat, d. h. ein Typus des Zentrummannes von der Art Erzbergers, überdies persönlich erbost". Manche der kritischen Bemerkungen Millers werden aus der Sicht des einfachen Soldaten bestätigt durch G. Fritz: Meine Militärdienstzeit 1900/1901. Mitgeteilt durch H. Fritz, in: Zeitschrift für Heereskunde 41, 1977, S. 24–26.

148 Vgl. auch H. Philippi (wie oben Anm. 20) S. 28, S. 79, und A. v. Suckow (wie oben Anm. 67) S. 192 ff.

rismus, durch die Mißachtung württembergischer Gesetze, durch das Importieren eines bis dahin nicht bekannten aufwendigen Lebensstils der Offiziere, durch den Versuch, den württembergischen König verächtlich zu machen und die Offiziere in ihrer Treue zu ihm zu erschüttern, durch das mangelnde Gespür für die Traditionen und die besonderen Verhältnisse Württembergs, durch die Bevorzugung preußischer Offiziere als Kommandierende Generale des XIII. Armeekorps[149] und durch das Ignorieren von Bestimmungen der Militärkonvention[150]. Solches Verhalten erklärt sich aus dem Streben Preußens, in einem zweiten Anlauf zu erreichen, was 1870 nicht gelungen war: die süddeutschen Staaten, die in preußischen Offizierskreisen als „Raubstaaten" und „Hilfsvölker" galten und in deren Reservatrechten man nur „eigensinnige Forderungen" ihrer jeweiligen Regenten sah, zu beseitigen und das Reich mit Hilfe des Militärs vollends zu einen[151]. In diesem Streben zeigte das preußische Militärkabinett, dem die Abschaffung der württembergischen Militärverwaltung ein Anliegen war[152], wiederholt mangelnde Sorgfalt bei der Auswahl der nach Württemberg kommandierten Offiziere[153] und rücksichtslose Mißachtung von personellen Wünschen selbst des württembergischen Königs[154].

149 Von den 12 Kommandierenden Generalen XIII. A.K. waren nur drei (v. Woelckern, Herzog Albrecht von Württemberg, v. Watter), von den 21 Chefs des Generalstabs XIII. A.K. waren nur zwei (Reinhardt 1915–1916, Müller-Löbnitz 1917–1918) württembergische Offiziere.

150 Vgl. A. v. Suckow (wie oben Anm. 67) S. 193 f.; E. Miller: Preußens Militärkonventionen (wie oben Anm. 147) S. 75–78; H. Philippi (wie oben Anm 20) S. 25, S. 72.

151 A. v. Suckow (wie oben Anm. 67) S. 184; E. Miller (wie oben Anm. 20) S. 12; ders.: Preußens Militärkonventionen (wie oben Anm. 147) S. 82; W. Kohlhaas: Vom königlichen Heer (wie oben Anm. 80) S. 11.

152 H. Philippi (wie oben Anm. 20) S. 169.

153 Vgl. A. v. Suckow (wie oben Anm. 67) S. 198 f. Generaladjutant v. Bilfinger spricht 1902 von den „manchen malheurs mit den Kommandeuren in Württemberg" (M 1/2 Bü 10). Beliebt waren hier anscheinend nur die Kommandierenden Generale v. Schwartzkoppen und v. Lindequist, vgl. H. Philippi (wie oben Anm. 20) S. 25, S. 143. General v. Fabeck galt dagegen in württembergischen Offizierskreisen als „Kreuz des Südens" und als „überscharf, halbverrückt", vgl. R. Th. Walker (wie oben Anm. 3) S. 115, und W. Kohlhaas: Vom königlichen Heer (wie oben Anm. 80) S. 11.

154 Vgl. H. Philippi (wie oben Anm. 20) S. 143. Der ausdrückliche Wunsch König Wilhelms II., 1902 v. Gilgenheimb oder Herzog Albrecht von Württemberg zum Kommandierenden General XIII. A.K. zu ernennen, wurde vom Kaiser rundweg abgeschlagen. Dazu vgl. ebd. S. 143, R. Th. Walker (wie

Mit der Abberufung v. Alvenslebens und der Ernennung v. Woelckerns, eines „ehrlichen, treuen Württembergers", zum Kommandierenden General kam Preußen allerdings 1890 Württemberg entgegen[155]; auch nahm es in der Folge stärker Rücksicht auf Württemberg, das seinerseits seit den 1890er Jahren sowohl auf zivilem wie militärischem Gebiet seine „Reichsverdrossenheit" zu überwinden und sich stärker als bisher an Preußen anzupassen begann[156]. Für das Militär spielte dabei die sog. Bebenhäuser Konvention eine wesentliche Rolle. Der noch 1890 laut gewordene Wunsch, im Militär die Verhältnisse der 1860er Jahre wieder herzustellen[157], wurde seither nicht mehr geäußert; das XIII. Armeekorps war und fühlte sich dem Bundesheer nun weit stärker integriert als bisher. Wenn noch um 1900 dem hohen Adel entstammende Offiziere des Dragoner-Regiments Nr. 26 nach alter württembergischer Tradition antihohenzollerisch und prohabsburgisch gesinnt waren, so war das sicher eine Ausnahme[158]. Andererseits war das württembergische Militär auch nach 1893 nicht bereit, seinen eigenständigen Charakter und seine Vorbehalte gegen Preußen ganz aufzugeben. Die geradezu eigensinnige Hartnäckigkeit, mit der selbst noch der letzte Kriegsminister, v. Marchtaler, sowohl vor wie während des Weltkriegs gegen den Widerstand Preußens und selbst gegen Widerstände aus dem eigenen Land für die Existenz einer selbständigen Militärverwaltung eintrat, macht dies besonders deutlich[159]. So scheint das Verhalten König Wilhelms II., der als der „Treugesinnte" Kaiser Wilhelm II., seinem „kaiserlichen Herrn", loyal ergeben war, einer persönlichen Begegnung mit diesem aber mög-

---

oben Anm. 3) S. 105 ff., sowie die bisher dafür noch nicht ausgewerteten Archivalien M 1/2 Bü 10 und M 660 Nachlaß Fritz v. Graevenitz Bü 1, Bü 3, Bü 9, Bü 14, Bü 15.

155 H. Philippi (wie oben Anm. 20) S. 77. Vgl. auch R. Th. Walker (wie oben Anm. 3) S. 82 ff.

156 G. v. Gleich (wie oben Anm. 112) S. 35 f.; H. Philippi (wie oben Anm. 20) S. 74, S. 104 f.; R. W. Keck (wie oben Anm. 141) S. 246 ff.

157 H. Philippi (wie oben Anm. 20) S. 78.

158 M 660 Nachlaß Fritz Lauffer Bü 1 Blatt 16 und 17. – Wieweit der katholische Adel Württembergs die Tradition, in österreichische Dienste zu treten, nach 1870/71 fortsetzte, bedarf noch ebenso der Untersuchung wie überhaupt die Frage nach dem Anteil von Württembergern in nichtwürttembergischen Kontingenten.

159 Vgl. R. Th. Walker (wie oben Anm. 3) passim. Über partikularistische, gegen den Berliner Zentralismus gerichtete Bestrebungen auf militärischem Gebiet nach 1918 vgl. U. Kluge (wie oben Anm. 118).

lichst aus dem Wege ging[160], in gewissem Maße symptomatisch zu sein für das württembergische Offizierkorps, bei dem man auch nach den 1890er Jahren einer ähnlich komplexen Einstellung zu Preußen begegnen kann[161].

DER OFFIZIER IN DER MEINUNG DER ÖFFENTLICHKEIT

Zur Zeit des Deutschen Bundes erfreute sich der Offizierstand in Württemberg keines besonders großen Ansehens, das öffentliche und geistige Leben war wenig vom Militär geprägt[162]. Der Krieg von 1870/71 führte jedoch einen raschen Stimmungsumschwung herbei. Die entschieden preußenfreundliche Deutsche Partei, bisher Minderheit, gewann nun die Oberhand über die Volkspartei, und vor allem bei ihren Anhängern im gebildeten und besitzenden Bürgertum stieg mit dem Ansehen Preußens, mit der Begeisterung für die nationale, kleindeutsche Idee auch das Ansehen des Militärs und des Offiziers. Dieser Prozeß verlief in Württemberg im wesentlichen wohl ähnlich wie im übrigen Deutschland. Auch hier gewann der Militarismus im Sinne einer „Vormachtstellung des Militärs in Staat und Gesellschaft" an Boden[163], wobei die 1868 nach preußischem Vorbild eingeführte allgemeine Wehrpflicht, die Kriegervereine, die Jugendorganisationen (vor allem der Jungdeutschlandbund), militärische Feiern und dgl. wesentlich dazu beitrugen.

---

160 H. Philippi (wie oben Anm. 20) S. 100, S. 142; Tagebuch v. Spitzemberg (wie oben Anm. 20) S. 296.

161 Die Generale Wilhelm Groener und Walther Reinhardt mögen die Synthese württembergischer und preußischer Traditionen exemplarisch verdeutlichen. Daß bei den württembergischen Offizieren weiterhin Vorbehalte gegen Preußen bestehen blieben, zeigen z. B. die oben Anm. 147 zitierte Äußerung v. Gleichs und die von W. Groener (wie oben Anm. 20) S. 41, berichtete Empörung des früheren Kriegsministers v. Schnürlen darüber, daß Groener zur Vorbereitung des Kaisermanövers von 1909 „en Preuß" als Hilfe erbeten hatte. Sehr aufschlußreich für Animositäten zwischen württembergischen und preußischen Offizieren wie auch für Reibereien zwischen dem Militär und dem Zivil, für die Mißhandlung von Soldaten insbesondere jüdischer Herkunft und generell für die Standesauffassungen württembergischer Offiziere um 1910 ist M 660 Nachlaß Albert v. Berrer Bü 26.

162 Für das Folgende vgl. P. Sauer (wie oben Anm. 1) S. 223 ff.; R. W. Keck (wie oben Anm. 141) S. 255 f.; G. Runge (wie oben Anm. 30) S. 161 ff.; K. Spieß – H. Ritter (wie oben Anm. 60) S. 297.

163 Handbuch (wie oben Anm. 4) Bd. V, S. 30.

Aufschlußreich für diesen Gesinnungswandel ist die zunehmende Bedeutung des Reserveoffiziers. Die Möglichkeit, dazu ernannt zu werden, war in Württemberg erst seit 1871 gegeben[164]. Während das höhere Bürgertum sich bis dahin in der Regel dem Militärdienst hatte entziehen können[165], machte es nun von dieser Form, der allgemeinen Wehrpflicht zu genügen, so ausgiebig Gebrauch, daß der oben erwähnte Mangel an aktiven Offizieren für den Mobilmachungsfall bereits 1873 als durch die Reserveoffiziere ausgeglichen gelten konnte[166]. Offizier des Beurlaubtenstandes zu sein, versprach anscheinend schon seit Ende der 1870er Jahre auch in Württemberg eine Steigerung der beruflichen Chancen und des gesellschaftlichen Ansehens[167]. Wie sehr dadurch militärische Denkkategorien im zivilen Leben Einfluß gewannen, wurde deutlich, als wenige Jahre vor dem Weltkrieg einige württembergische Offiziere bzw. Sanitätsoffiziere der Reserve ihre beruflichen Konkurrenzkämpfe nach den für Ehrenhändel von Offizieren geltenden Regeln auszutragen versuchten[168].

Die Kräfte, die für eine stärkere Geltung des Militärs in Staat und Gesellschaft eintraten, konnten sich in Württemberg freilich nicht ungehemmt entfalten. Dazu wirkten die Erbitterung, mit der vom Ende des 17. bis zum Beginn des 19. Jahrhunderts Landesherr und Landstände Württembergs ihre Auseinandersetzungen um das Militärwesen geführt hatten, und die frühere Geringschätzung des Soldatenstandes zu spürbar

---

[164] Dies folgt aus Württ. Militärverordnungsblatt 1871 Nr. 1 und Nr. 20.

[165] Vgl. die Schilderung der Verhältnisse um 1866 bei F. Payer: Autobiographische Aufzeichnungen (wie oben Anm. 30) S. 123.

[166] M 1/4 Bü 676 (17. 4. 1873); ähnlich M 1/4 Bü 678 (22. 7. 1873).

[167] Vgl. z. B. die Gesuche des Secondeleutnants a. D. Raasche (1881) um Annahme als Reserveoffizier (M 1/4 Bü 678) und des Hauptmanns a. D. Baur (1888) um Wiederverleihung des Rechts zum Tragen seiner früheren Regimentsuniform (M 1/3 Bü 188). Die von einem Ehrengericht beantragte Bestrafung eines Reserveoffiziers wurde auf Antrag des Kriegsministers gemildert mit der Begründung: „Durch die Strafe der Entfernung aus dem Offiziersstand würde G.s Stellung als Staatsbeamter zwar nicht unmittelbar gefährdet, wohl aber könnte dieser in seinem weiteren Fortkommen sowie in seinen etwaigen späteren Beziehungen als Beamter zu Militär-Behörden unverhältnismäßig schwer geschädigt werden" (M 1/7 Bund 35 „Zusammenstellung" 1896 Nr. 2). Vgl. auch E. Miller (wie oben Anm. 20) S. 50 f.

[168] M 1/7 Bund 35 „Zusammenstellung" 1906 Nr. 1 und 1912 Nr. 10.

nach[169]; selbst die nach 1870 für das Militär auflebende Sympathie war nicht allgemein und beständig genug, um hier einen grundlegenden Wandel zu schaffen[170]. Man nahm weder widerspruchslos die Einrichtung von Kasinos hin[171], noch ließ man sich sehr von der Würde eines Leutnants beeindrucken[172]; weder in gesellschaftlicher noch – wie die hier nicht behandelte, ausgesprochen schlechte Zivilversorgung verabschiedeter Offiziere zeigt[173] – in beruflicher Hinsicht war man bereit, dem Militär bzw. speziell den Offizieren eine Vorzugsstellung einzuräumen, sofern sie nicht durch die persönliche Leistung des einzelnen Offiziers gerechtfertigt wurde.

Es scheint für Württemberg charakteristisch zu sein, wie wenig das Militär und die Offiziere für Kritik tabu waren. Jedenfalls klagte der Kommandierende General v. Alvensleben 1890 darüber, daß sich hier die Presse „mehr als anderswo in militärische Angelegenheiten mische"[174]. Vor allem der „Beobachter", das Presseorgan der Volkspartei, und die sozialdemokratische „Schwäbische Tagwacht", aber auch einzelne Verleger[175] taten sich dabei hervor. Die Kritik der Öffentlichkeit, die sich mitunter in Bemerkungen wie „die Offiziere sind Saukerls"[176] volkstümlich

---

169 Vgl. W. Grube: Der Stuttgarter Landtag 1457–1957. Von den Landständen zum demokratischen Parlament, Stuttgart 1957, bes. S. 342 ff. u. S. 469 ff.; P. Sauer (wie oben Anm. 1) S. 1 ff. und passim.

170 Selbst der preußische Gesandte in Stuttgart mußte 1890 ein Schwinden der Sympathien für die Armee registrieren, vgl. H. Philippi (wie oben Anm. 20) S. 74 f. Ein aus Gesundheitsgründen pensionierter Zahlmeister, der ohne Erfolg eine Zivilanstellung suchte, klagte 1900: „Mein vorgerücktes Lebensalter, die politische, dem Militär vielfach abgeneigte Tendenz sind Hindernisse, die mich nirgends ankommen lassen" (M 430/5 Bü 2740).

171 P. Sauer (wie oben Anm. 1) S. 184 f.

172 W. Groener (wie oben Anm. 20) S. 45.

173 Vgl. M 1/3 Bü 157 und vor allem M 730 Bü 379.

174 M 660 Nachlaß Alarich v. Gleich Bü 33. Die Veröffentlichung selbst geheimer Akten und Besprechungen – so 1905 im Fall Linsingen (M 1/2 Bü 10) – zeigt, daß die Presse z. T. über hervorragende Kontakte zu militärischen Stellen verfügte.

175 So der nach W. Keil (wie oben Anm. 20) S. 170, „von Gerechtigkeitssinn erfüllte" Stuttgarter Verleger Robert Lutz. Er verlegte nicht nur die oben Anm. 147 genannten Arbeiten E. Millers, sondern auch die Streitschrift des bayerischen Premierleutnants a. D. Rudolf Krafft und andere kritische Militärschriften, vgl. H. Rumschöttel (wie oben Anm. 10) S. 264, und E. Miller (wie oben Anm. 110) S. 45.

176 M 1/7 Bund 35 „Zusammenstellung" 1891 Nr. 5 und Nr. 6.

derb und global artikulierte, richtete sich in der Friedenszeit vor 1914[177] u. a. gegen Soldatenmißhandlungen, übersteigerten Drill und dadurch ausgelöste Desertionen und Selbstmorde, gegen die Duelle, den Luxus und das Kasinoleben der Offiziere, die Bevorzugung des Adels und die Arroganz einzelner Regimenter[178]. Bemerkenswert ist, daß nach dem derzeitigen Kenntnisstand diese Vorwürfe überwiegend den preußischen Offizieren im XIII. Armeekorps oder den Einrichtungen und Zuständen galten, die man dem Einfluß des preußischen Militärs zuschrieb. Inwieweit dieses tatsächlich Schuld trug, inwieweit die angegriffenen Mißstände, über die in ähnlicher Form auch in anderen Kontingenten geklagt wurde[179], tatsächlich bestanden, kann hier unberücksichtigt bleiben. Allerdings scheint sich die Kritik auf einzelne Mißstände beschränkt zu haben, ohne daß das bestehende Militärsystem grundsätzlich in Frage gestellt wurde; selbst die Volkspartei, die vor 1870 für die Einführung des Miliz-Systems plädiert hatte, fand sich – notgedrungen – mit den neuen Verhältnissen ab. Insgesamt bewahrte man in Württemberg dem Militär gegenüber Distanz. Wenn die Württemberger in großer Zahl Reserveoffiziere wurden, sich aber erst kurz vor dem Weltkrieg in ausreichender Zahl für den Beruf des aktiven Offiziers interessierten, so entspricht das dieser nüchternen Einstellung[180] ebenso wie der geringe äußere Glanz des württembergischen Heeres[181].

177 Das Fehlverhalten mancher Offiziere während des Weltkriegs und die sich darauf gründende wachsende Kritik bedürften einer eigenen Untersuchung. Aufschlußreiche Quellen dafür sind z. B. M 430/2 Bü 355 und Bü 1183; vgl. auch K. Schönhoven (wie oben Anm. 118) S. 240, S. 248, S. 250 f. Dagegen berichtet W. Keil (wie oben Anm. 20) S. 388: „Über das Verhältnis der Offiziere zu den Mannschaften hörte ich an der Front wenig Klagen".

178 Diese Kritik spiegelt sich besonders deutlich in der seit 1902 im württembergischen Kriegsministerium angelegten Zeitungsausschnittsammlung, die heute den Bestand M 731 bildet.

179 H. Rumschöttel (wie oben Anm. 10) S. 112 ff.

180 Aufschlußreich dafür ist die Äußerung eines württembergischen Reserveoffiziers im Weltkrieg 1918: „Ich sehe es nicht als meine Aufgabe an, Thron und Vaterland zu schützen, sondern ich mache den Schwindel eben mit, weil viele tausend andere es auch so machen [...] So denkt mindestens die Hälfte der jüngeren Herren des Bataillons. Diese sagen ihre Ansicht bloß nicht so frei heraus. Wenn ich den Schwindel als Offizier mitmachen kann, so wäre ich doch dumm, als Musketier in den Graben zu stehen" (M 1/7 Bund 35 „Zusammenstellung" 1918 Nr. 8).

181 Th. Pfizer (wie oben Anm. 42) S. 195.

ZUSAMMENFASSUNG

Der Stand der Forschung, Lücken in der Quellenüberlieferung und die begrenzte Redezeit haben es nicht erlaubt, das württembergische Offizierkorps der Jahre 1866–1918 hier eingehender zu behandeln. Die aufgezeigten Grundlinien dürften indessen ausreichen, um die eingangs gestellten Fragen zu beantworten.

Nach einem Vorspiel der Jahre 1866–1870 setzte 1871 ein Prozeß der „umfassenden Anpassung" Württembergs an das Vorbild Preußen ein. Dank der Bedeutung, die das Militär im Kaiserreich besaß, war diese Anpassung auf militärischem Gebiet, beim Offizierkorps besonders groß. Bei der Auslese des Offiziersersatzes, bei seiner Ausbildung und bei der Formung seiner Mentalität wurden nun in der preußischen Armee herrschende Grundsätze zunehmend auch für Württemberg maßgebend. Unterschiede zwischen den Offizieren des XIII. Armeekorps und den württembergischen Offizieren vor 1871 sind daher unverkennbar. Dabei fällt am meisten auf das seit 1871 zu beobachtende Streben des Offizierkorps nach Homogenität und Exklusivität, denen die Geringschätzung für das Zivil, vor allem für die nicht standesgemäßen Kreise der Bevölkerung entsprach. Ziel der Anpassung war für Preußen und auch für einen Teil des württembergischen Offizierkorps die völlige Verschmelzung beider Kontingente – ein Ziel, dem man durch die sog. Bebenhäuser Konvention von 1893 wesentlich näherrückte.

Aber weder damals noch in der Folge wurde das württembergische Offizierkorps dem preußischen juristisch oder faktisch völlig integriert. Es bestand nicht nur bei der Mehrzahl der Offiziere der um 1890 besonders deutlich sich artikulierende Wille, württembergisch zu bleiben und sich gegen forcierte Integrationsversuche Preußens zu wehren, sondern das württembergische Offizierkorps hob sich in seiner Struktur, seiner Mentalität und seiner Stellung in der Öffentlichkeit auch tatsächlich vom preußischen ab. Solche Unterschiede werden etwa deutlich in dem verhältnismäßig hohen Anteil an Abiturienten, an Bürgerlichen und an Nichtwürttembergern unter den Offizieren, in der Zurückhaltung, mit der diese ihre Ehrenhändel austrugen und den Juden und dem Zivil begegneten, sowie in der nicht unangefochtenen Stellung des Offiziers in der württembergischen Öffentlichkeit. Es sind freilich nicht Unterschiede grundsätzlicher Art, sondern nur Nuancen – Nuancen, deren Ursachen man in der „demokratischen Atmosphäre", im nüchternen Sinn der Bevölkerung, in der verhältnismäßig ausgeglichenen Sozial- und Wirtschaftsstruktur und in den auch nach 1871 fortwirkenden politischen Traditionen Württembergs wird suchen müssen und die dem württembergischen Offizierkorps bei aller grundsätzlichen Übereinstimmung mit dem preußischen in den Jahren 1866/70—1918 einen eigenen Charakter verliehen.

DAS OFFIZIERKORPS DER KAISERLICHEN MARINE VOR 1918

VON HOLGER H. HERWIG

> „Majestät, solange Sie dies Offizierkorps haben, können Sie sich freilich alles erlauben; sollte das nicht mehr der Fall sein, so ist es ganz anders"
> Bismarck an Wilhelm II., Dezember 1897

Das Seeoffizierkorps der Kaiserlichen Marine war weit mehr als die Offizierkorps der verschiedenen partikularistischen Heere „ein starkes Band der Einheit", wie es W. Drascher formulierte[1]. Die Marine stand direkt unter dem Befehl des deutschen Kaisers, wurde im Reichstag vom Reichskanzler durch den Staatssekretär des Reichs-Marine-Amts vertreten, trug allein bis März 1897 die schwarz-weiß-rote Kokarde und ihre Offiziere stammten aus allen Teilen des Reichs[2]. Ferner gab es bei der „schwimmenden Wehr" keine „Gardeschiffe" nach dem Muster der Garderegimenter, keine vom Adel beherrschten Eliteregimenter, keine Kadettenhäuser und keinen Admiralstab analog des preußischen Generalstabs. Dennoch stieg das Ansehen des Seeoffizierkorps nach der

---

[1] W. Drascher: Zur Soziologie des deutschen Seeoffizierkorps, in: Wehrwissenschaftliche Rundschau 12 (1962), S. 567 (zit. Drascher). Im Einklang mit dem herrschenden Seitenmangel wird von einer großzügigen Heranziehung der Marineliteratur verzichtet; der Leser soll aber kurz auf meine bisherigen Veröffentlichungen zu diesem Thema verwiesen werden: Soziale Herkunft und wissenschaftliche Vorbildung des Seeoffiziers der Kaiserlichen Marine vor 1914, in: Militärgeschichtliche Mitteilungen (zit. MGM) 2/71, S. 81–111; Zur Soziologie des kaiserlichen Seeoffizierkorps vor 1914, in: Marine und Marinepolitik im kaiserlichen Deutschland 1871–1914, H. Schottelius u. W. Deist (Hrsg.), Düsseldorf 1972, S. 73–88; The German Naval Officer Corps. A Social and Political History 1890–1918, Oxford 1973, welches in deutscher Fassung 1977 erschienen ist: Die Marineoffiziere im Wilhelminischen Deutschland. Hamburger Beiträge zur Sozial- und Zeitgeschichte 13.

[2] Drascher, S. 567; Herwig: German Naval Officer Corps, S. 1–16. Vgl. dazu E. Fehrenbach: Wandlungen des deutschen Kaisergedankens 1871–1918, München, Wien 1969.

Thronbesteigung Wilhelms II. seit 1888 so rasch empor, daß bereits 1889 der damalige Korvettenkapitän Georg Alexander Müller beobachten konnte, daß der „arme Linienoberst“ eine traurige Rolle „neben dem Garde-Lieutnant und gar erst recht neben dem jungen Seeoffizier“ beim Kaiser spielte[3].

Wie kam es hierzu? An erster Stelle muß die besondere Gunst Wilhelms II. erwähnt werden; er war sozusagen die Sonne, um die sich die soziale und gesellschaftliche Stellung des Seeoffizierkorps drehte. Das enge Verhältnis der Seeoffiziere zum Dynasten, dem sie in einer Art Vasallentreue verpflichtet waren, fand wohl seinen deutlichsten Ausdruck im Fahneneid. In dieser mittelalterlich erscheinenden Formel[4] schwor der Seeoffizier einen Eid auf den deutschen Kaiser und nicht etwa auf die Verfassung, auf das Reich oder auf die Landesfahne. Und durch den Obersten Kriegsherrn, der sogleich preußischer König war, wurden die Seeoffiziere in den preußischen Adelsstand erhoben. Auch für das Seeoffizierkorps konnte der Chef des Marine-Kabinetts, Konteradmiral Gustav Baron v. Senden-Bibran, noch im Jahre 1897 behaupten: „Die Offiziere dienen ihrem Könige, die Beamten dem Staat[5].“

Durch die bereits erwähnte Nobilitierung wurden bürgerliche Seeoffiziere nicht nur enger an den Dynasten sondern auch an die numerisch und finanziell schwächeren, aber politisch und gesellschaftlich ausschlaggebenden oberen Schichten gekettet. Die meisten bekannten Seeoffiziere – Capelle, Hipper, Knorr, Koester, Ingenohl, Hollmann, Müller, Pohl, Schröder, Tirpitz und so weiter – waren bürgerlicher Herkunft und wurden erst nach langen Dienstjahren in den Adelsstand erhoben[6].

Die hierin zum Ausdruck kommende „Feudalisierung“ bestimmter bürgerlicher Gruppen zeigt die Marine als getreues Spiegelbild der wilhelminischen Gesellschaft. Admiral v. Müller sah in dieser Entwicklung eine einmalige Gelegenheit, „für den zum Teil aussterbenden alten Adel einen neuen Militäradel zu schaffen, dessen Söhne wieder in den Militärdienst eintreten“ würden. Hohe Kosten (zirka 4 000 Mark) müßten

---

[3] BA-MA, Nachlaß Tirpitz, N 253, Bd. K 53. Müller an Kapitän Alfred Tirpitz, 8. 12. 1889.

[4] S. Marine-Taschenbuch 1905, Berlin 1905, S. 278–279.

[5] Herwig: German Naval Officer Corps, S. 68.

[6] BA-MA, F 3620/PG 68313 MK. Adelverleihungen im Allgemeinen, Bd. 1. Zu dieser bevorzugten und exklusiven Gruppe gehörten: Knorr (1896); Koester, Müller, Tirpitz, Grumme, Hollmann (1900); Pustau (1901); Bendemann (1905); Hintze, Fischel (1908); Ingenohl (1909); Fischer (1910); Truppel (1911); Schröder, Capelle (1912); Coerper, Pohl, Lans, Karpf, Thomsen (1913); Henkel (1914); und, durch den König von Bayern, Hipper (1916).

für das Adelspatent verlangt werden, „was ja die ganz Unvermögenden abhalten wird“[7]. Noch im Oktober 1918 rechnete der in den Ruhestand beförderte Admiral Gustav Bachmann „mit der Schaffung eines neuen Schwertadels nach dem Kriege“[8]. Dieser Kurs Müllers war kaum neu: die Hohenzollern haben besonders nach den verlustreichen Kriegen Friedrichs II. und nach den Befreiungskriegen erhebliche Zahlen verdienter Bürgerlicher in den Adelsstand erhoben und die Habsburger haben zwischen 1804 und 1918 nicht weniger als 4 044 österreichische Offiziere in den erblichen Adelsstand avanciert[9].
Der Kern des Problems lag darin, daß während im Großen und Ganzen überhaupt kein Mangel an Bewerbern bestand – zwischen 1900 und 1913 gab es fast jedes Jahr 150 bis 200 über den Bedarf hinausgehende Anmeldungen[10] –, die Zahl der Anwärter aus Adelsfamilien stark abfiel. Über die Lebensdauer des deutschen Adels fehlt uns leider noch eine zusammenfassende statistische Untersuchung, aber die Arbeit P. E. Fahlbeks über den schwedischen Adel zeigt, daß unter Grafen und Barons von 1 000 Familien keine einzige 175 Jahre überlebte; von weiteren 1 000 anderen adligen Familien existierten nach 225 Jahren nur noch 230[11].
Diese verblüffenden Ergebnisse werden durch die neuesten Forschungen der Schüler K. Bosls unterstützt: während im Jahre 1822 im Königreich Bayern noch 1 384 blühende Adelsgeschlechter vorhanden waren, fiel diese Zahl bereits 1909 auf 1 269 und 1918 sogar auf 715 zurück. Dieser Rückgang an Adelsfamilien machte sich bald im bayerischen Offizierkorps bemerkbar. Die Prozentzahl der adligen Offiziere fiel von 23 % in 1904 auf 18 % in 1911 herab und erreichte 1914 nur noch 15 %; diejenige der adligen bayerischen Offiziersanwärter sank noch schneller,

[7] Ebd. Müllers Denkschrift an das Militärkabinett v. 5. 11. 1913. Ich gebrauche das Wort „Feudalisierung“ im Sinne von H. Rosenberg: Die Pseudodemokratisierung der Rittergutsbesitzerklasse, in: Moderne deutsche Sozialgeschichte, H.-U. Wehler (Hrsg.), Köln, Berlin 1968, S. 287–308, u. K. E. Born: Der soziale und wirtschaftliche Strukturwandel Deutschlands, in: Ebd., S. 283. Vgl. dazu auch R. Lewinsohn: Das Geld in der Politik, Berlin 1930, S. 22, 29.

[8] BA-MA, IM 46/2. Personalakte Admiral Bachmann. Teil III, S. 90.

[9] A. Wandruszka: Die „Zweite Gesellschaft“ in der Donaumonarchie, in: Adel in Österreich. Probleme, Fakten, Analysen, H. Siegert (Hrsg.), Wien 1971, S. 60–63 (zit. Siegert).

[10] Herwig: Soziale Herkunft, S. 92; BA-MA, F 6082 RMA. Ergänzung der Seeoffiziere, H. 10. Denkschrift des RMA v. 18. 6. 1913.

[11] K. Demeter: Das Deutsche Offizierkorps in Gesellschaft und Staat 1650–1945, Frankfurt, 4. Aufl. 1965, S. 28 (zit. Demeter).

von 21 % in 1900 auf 15 % in 1907 und danach sogar auf 9 % in 1913[12]. Auch im Königreich Sachsen ist eine ähnliche Entwicklung zu erkennen: die Prozentzahl der adligen Offiziere ging von 43 % in 1888 auf 17 % in 1898 und dann auf 15 % in 1908 zurück[13]. Im k. u. k. Heer Österreichs schickten – nach der Rechnung J. Zimmermanns – die 60 führenden Familien des Uradels zwischen 1757 und 1897 nur 77 Söhne zur Theresianischen Militärakademie[14]. Damit lagen die Prozentzahlen für Bayern und Sachsen ungefähr auf derselben Höhe wie bei der Kaiserlichen Marine – 14 % in 1895, 13 % in 1902 und 14 % in 1905[15]. Diese Gefahr wurde bereits im letzten Jahrzehnt des 19. Jahrhunderts von mehreren Heeresoffizieren erkannt. Der preußische Kriegsminister, Generalleutnant Karl v. Einem, beschwerte sich ferner, daß die Marine die besten Offiziersanwärter anzog und fügte hinzu: „Die Söhne unserer alten Offiziersfamilien wollten einfach nicht mehr dienen, sondern Geld erwerben; die Söhne der reichen Parvenus dagegen wollten Offiziere werden, hauptsächlich aus Eitelkeit[16]."

Selbst die Uniform, die der Seeoffizier anlegte, trug einen exklusiven sowie einen dynastischen Geist. K. Demeter nannte Wilhelms starkes Interesse für die Uniform „eine psycho-soziologische Variante zu seiner Vorliebe für kameradliche Zusammen- und Abschließung des Offizierkorps" und Carl Zuckmayer hat diese Entwicklung glänzend durch den Gaunerstreich des Schusters Voigt mit seiner Köpenickiade im Jahre 1906 karikiert[17]. Wilhelm legte besonderen Wert darauf, daß von allen deut-

---

[12] Bayern im Umbruch. Die Revolution von 1918, ihre Voraussetzungen, ihr Verlauf und ihre Folgen, K. Bosl (Hrsg.), München 1969, S. 148; H. Rumschöttel: Das bayerische Offizierkorps 1866–1914 (= Beiträge zu einer historischen Strukturanalyse Bayerns im Industriezeitalter, Bd. 9), Berlin 1973, S. 63–64.

[13] Demeter, S. 33–34. Prozentzahlen vom Verfasser nach der 2. Aufl. (1962), S. 30, zusammengestellt.

[14] J. Zimmermann: Militärverwaltung und Heeresaufbringung in Österreich bis 1906, in: Handbuch zur deutschen Militärgeschichte, Bd. III, Freiburg 1965, S. 129; J. C. Allmayer-Beck: Die Allzeit Getreuen, in: Siegert, S. 311–312.

[15] Herwig: German Naval Officer Corps, S. 42; Demeter, S. 26.

[16] F. v. Bernhardi: Denkwürdigkeiten aus meinem Leben, Berlin 1927, S. 263. Bernhardis Besprechungen mit Einem sind v. 10. 12. 1904 u. v. 11. 2. 1905.

[17] Demeter, S. 237. Demgegenüber kritisch: Drascher, S. 559. Vgl. J. Zienert: Unsere Marineuniformen. Ihre geschichtliche Entstehung seit den ersten Anfängen und ihre zeitgemäße Weiterentwicklung von 1816 bis 1969, Hamburg 1970.

schen Fürsten nur er allein (bis 1911) die Seeoffiziersuniform trug[18] und daß er (bis 1905) der einzige Großadmiral der Kaiserlichen Marine war. Auch die ständig getragene Waffe war – nach C. Endres – „eine sehr lebhafte Erinnerung an das Schwert des Ritters“[19]. Aber die „ritterliche Ehre“ des Seeoffizierkorps, die als ausgesprochene Standesehre angesehen werden kann, wurde auch in anderer Weise durch die Klinge bestätigt. Im Jahre 1908 wurde in Wilhelmshaven und danach in Kiel ein „Marine-Offizier-Fechtklub“ gegründet, der „einem Bedürfnis entsprang, daß der Seeoffizier nach einer gesunden und zugleich ritterlichen Bewegung verlangt“[20]. Im Gegensatz zu England, wo, einer Denkschrift des bayerischen Kriegsministers aus dem Jahre 1858 nach, Zweikämpfe 1850 bereits zu den Seltenheiten gehörten, wurde die Klinge auch für andere Angelegenheiten benötigt. Verschiedene Allerhöchste Kabinetts-Ordres gegen das Duellwesen – vom ersten Duellverbot in Preußen am 17. 9. 1652 bis Wilhelms Erlaß vom 1. 1. 1897 – wurden einfach ignoriert und Admiral v. Müller beschwerte sich des öfteren, daß die von der preußischen Armee am 3. 8. 1808 gegründeten und von der preußischen Marine im Jahre 1864 übernommenen Ehrengerichte, anstatt die Unsitte einzudämmen, „Gutachten über die Satisfaktionsfähigkeit eines der Beteiligten“ abgaben[21]. Bei der Beförderung oder Ernennung zum Seeoffizier (auch der Reserve) wurde oftmals die Frage gestellt, ob der Betreffende „gegebenenfalls eine Herausforderung zum Duell annehmen würde“. Vor allem die Kommandanten der Schulschiffe klagten, daß die Kadetten allzuoft gezwungen wurden, eine Herausforderung zum Duell anzunehmen[22]. Und auch der Kaiser, im offenen Gegensatz zu seinen Willens-

[18] Der Kaiser ... Aufzeichnungen des Chefs des Marinekabinetts Admiral Georg Alexander v. Müller über die Ära Wilhelms II., W. Görlitz (Hrsg.), Göttingen 1965, S. 194 (zit. Müller).

[19] F. C. Endres: Soziologische Struktur und ihr entsprechende Ideologien des deutschen Offizierkorps vor dem Weltkriege, in: Archiv für Sozialwissenschaft und Sozialpolitik 55 (1927), S. 286 (zit. Endres).

[20] BA-MA, F 3479/PG 64413 MK. Offizier-Fechtklub, Bd. 1. Denkschrift vom Jahre 1908 des Korvettenkapitäns v. Natzmer, Präsident des Wilhelmshavener Fechtklubs.

[21] BA-MA, F 3682 IdBM. Ehrengerichtliche Angelegenheiten VII-2-14, Bd. 1, S. 635–636. Müller an Marinestation der Ostsee, 24. 1. 1911; Demeter, S. 122.

[22] BA-MA, F 3306/PG 66727 MK. Bestimmungen gemischten Inhalts, Bd. 3, S. 49–50. Müller an alle Marinebehörden, 8. 2. 1908; Demeter, S. 303; BA-MA, F 3682, Bd. 2, S. 106–109. Kommandant S.M.S. „Hertha“ an IdBM, 7. 5. 1913.

äußerungen und den verschiedenen Erlassen gegen das Duellwesen, warnte vor der Hinnahme „schwerer Beleidigungen“ und verlangte, „daß über die Standespflichten klare und in Fleisch und Blut übergehende Anschauungen herrschen“ müßten[23]. Schriftsteller wie Heinrich Mann und Theodor Fontane übten scharfe Kritik am Zweikampf, aber das Seeoffizierkorps maß dem anachronistischen „Ehrenspiel“ denselben Wert bei wie das Offizierkorps der Armee, weil in der ritualisierten Form der Ehre ein überaus geeignetes Mittel der Bindung des einzelnen an das Korps und damit ein Instrument zur Bewahrung der Homogenität des Korps gesehen wurde.

Schließlich unterlagen dem Dynasten gänzliche Bestimmungen in bezug auf den Offiziersnachwuchs. Besonders Wilhelm II. beharrte auf seinem Recht, jederzeit in die Entscheidungen der Seekadetten-Annahme-Kommission eingreifen zu können[24]. Durch Allerhöchste Kabinetts-Ordre vom 29. 3. 1890 leitete der „Flottenkaiser“ auch auf dem Gebiet des Offiziersnachwuchs einen „Neuen Kurs“ ein. Der „gesteigerte Bildungsgrad“ des Volkes erlaube es nun, daß neben dem „Adel der Geburt“ nun auch der „Adel der Gesinnung“ das Recht für sich in Anspruch nehmen könne, die „Offizier-Aspiranten“ der Zukunft zu stellen. Wilhelm II. ernannte nun zu „Träger[n] der Zukunft“ die Söhne „solcher ehrenwerter bürgerlicher Häuser, in denen die Liebe zu König und Vaterland, ein warmes Herz für den Soldatenstand und christliche Gesittung gepflegt und anerzogen werden“[25]. Bald aber entschieden die führenden Männer von Heer und Marine gegen die Erweiterung der gesellschaftlichen Basis des Offizierkorps; in ihren Augen stellte der Erlaß vom 29. März 1890 die Homogenität des Offizierkorps in Frage. Wilhelms Bruder, Admiral Heinrich Prinz v. Preußen, suchte, „grade zur Pflege der im Seeoffizierkorps allmählich sich bildenden Tradition und Rasseeigenschaften“, weiterhin den geeigneten Seeoffiziersnachwuchs aus den Familien, „in denen Vererbung, Rasse und Erziehung“ verbürgt

---

[23] BA-MA, F 3305/PG 66726, Bd. 2, S. 29. Wilhelm II. an alle Marinebehörden, 26. 11. 1900.

[24] S. Herwig: Soziale Herkunft, S. 84, 94–95.

[25] BA-MA, F 6082, H. 7. Vgl. dazu W. Deist: Die Armee in Staat und Gesellschaft 1890–1914, in: Das Kaiserliche Deutschland. Politik und Gesellschaft 1870–1918, M. Stürmer (Hrsg.), Düsseldorf 1970, S. 321–323 (zit. Deist); Offiziere im Bild von Dokumenten aus drei Jahrhunderten, Stuttgart 1964 (= Beiträge zur Militär- und Kriegsgeschichte, hrsg. vom Militärgeschichtlichen Forschungsamt, Bd. 6), S. 197–198 (zit. Offiziere im Bild von Dokumenten).

waren. „Das sind in erster Linie die alten, guten Offiziers- und Beamtenfamilien[26]." In einer Denkschrift des Reichs-Marine-Amts wurden die Söhne von Offizieren nicht unter dem Oberstenrang und Staatsbeamten mit zumindest dem Titel eines Rats II. Klasse als erwünschter Nachwuchs bezeichnet[27]. Der Kaiser äußerte dann auch schon vor der Jahrhundertwende den Wunsch, „daß nach Möglichkeit Söhne von Offizieren aus königstreuen Geschlechtern und aus Familien, deren Name in der Geschichte Preußens oder anderer deutscher Bundesstaaten verzeichnet sind ... mehr wie bisher in die Marine eintreten" sollten. Um letzteres zu ermöglichen, führte Wilhelm einen Dispens von den Eintrittsexamen zu dem bereits vorhandenen Dispens von der Primareife ein[28]. Der bekannte Graf Luckner war nur einer der vielen, derart bevorzugten Seeoffiziere.

Damit ist auch bereits die Frage, wer denn eigentlich Seeoffizier werden konnte angeschnitten. G. Sandhofers Untersuchung der Crew (Jahrgang) von 1907, die „als repräsentativ angesehen werden darf", zeigt, daß sich das Offizierkorps der Kaiserlichen Marine aus dem, von Gustav Freytag ostentativ gefeierten „staatstreuen und kultivierten preußischen Bürgertum" ergänzte. Von den 197 Seeoffizieranwärtern gehörten nur 11 % dem – überwiegend preußischen – Adel an; dagegen stammten 46 % der Anwärter aus Akademikerfamilien. Ferner waren 52 Väter aktive Offiziere, 34 Kaufleute oder Fabrikanten, 10 Gutsbesitzer und 10 Angehörige gehobener nicht akademischer Berufe. Das Bildungsniveau der Seeoffizieranwärter von 1907 war relativ hoch: 59 % der Anwärter waren Abiturienten; von den 81 Nichtabiturienten hatten 47 Primareife, 4 Sekundareife und 30 waren Korpskadetten ohne Abitur. Ferner stammten 87 % der Seekadetten aus dem Gebiet nördlich der Linie Mainz–Coburg[29]. Aufschlußreich ist auch, daß stets 2 % bis 3 % der Seeoffizieranwärter eines Jahrgangs dem Kleinbürgertum entstammten. Die Kaiserliche Marine bemühte sich, wie es scheint, jeder Crew wenigstens einige Mitglieder des Kleinbürgertums beizufügen, offensichtlich in der Hoffnung,

---

[26] BA-MA, F 6082, H. 8. Prinz Heinrich an Müller, 17. 3. 1908; Herwig: Soziale Herkunft, S. 98–103.

[27] BA-MA, F 6082, H. 7. Anl. 8 u. 9 einer RMA Denkschrift v. 1907.

[28] F. Forstmeier: Probleme der Erziehung und Ausbildung in der Kaiserlichen Marine in Abhängigkeit von geistiger Situation und sozialer Struktur, in: Marine-Rundschau 63 (1966), S. 193 (zit. Forstmeier); Demeter, S. 93 ff.; Herwig: Soziale Herkunft, S. 85–86.

[29] G. Sandhofer: Dokumente zum militärischen Werdegang des Großadmirals Dönitz, in: MGM 1/67, S. 61. Vgl. Demeter, S. 26.

dadurch den Reichstag zu überzeugen, daß es gegen die Zulassung derartiger Aspiranten keine Schranken gab.
Wie bereits erwähnt, schwankte die Prozentzahl der „Herren, die an ihren Familienerinnerungen leiden", kaum über die Jahre hinweg. Insgesamt kamen zwischen 1895 und 1914 nur 460 Söhne adliger Familien zur Kaiserlichen Marine; die jährliche Zahl der adligen Anwärter lag meistens zwischen 20 und 28, obgleich sie in den letzten beiden Friedensjahren auf 33, bzw. 37, stieg. Die Väter dieser Anwärter waren überwiegend ausgediente Offiziere (Hauptmann bis Oberst), hohe Staatsbeamte (vom Justizrat aufwärts) oder vor kurzem geadelte Kaufleute und Ärzte[30]. Demeter hat bereits angedeutet, daß die Marine vor dem Ersten Weltkrieg immer noch nicht ihren Nachwuchs aus den „erwünschten Elementen", das heißt, hohe Offiziers- und Beamtenfamilien sowie dem Adel, zog: während die Armee im Jahre 1910 25 % ihres Offiziersnachwuchses von Offiziersöhnen und 10,8 % von Gutsbesitzerfamilien ergänzte, hinkte die Marine mit 14,5 % resp. 3,4 % hinterher. Aus Akademikerkreisen kamen dagegen 48 % der Seekadetten aber nur 35,2 % der Fahnenjunker[31]. Schließlich zeigt die Arbeit K. Bertrams über die deutschen Admirale von 1872 bis 1939, daß unter den ungefähr 430 Admiralen der Kaiserlichen Marine, der Reichsmarine und der Kriegsmarine aus dem „ersten Kreise" nur drei Prinzen, neun Grafen, vierzehn Freiherrn und 83 Offiziere allein mit dem Adelsprädikat „von" dienten[32].
Überraschend ist jedoch, daß in einem Land, in dem jeder dritte Staatsbürger Anhänger der katholischen Kirche war, nur 14 % der adligen Anwärter (48 von 460) zwischen 1895 und 1914 Katholiken waren. Die Zahl der adligen katholischen Anwärter überschritt in diesen Jahren nur einmal (1909) fünf[33].
In bezug auf Anwärter des jüdischen Glaubens war das Bild noch trüber. Während es gegen 1910 ungefähr 500 jüdische Offiziere in der italienischen, 720 in der französischen und 2 179 in der k. u. k. Armee gab, befanden sich bereits seit 1878 keine aktiven Offiziere des jüdischen Glaubens in der preußischen Armee und nach 1885 auch keine in der Reserve.

---

[30] BA-MA, F 3350/PG 68077-78 MK. Adelsprädikate der eingestellten Seekadetten, 2 Bände.

[31] Demeter, S. 40.

[32] K. Bertram: Die deutschen Admirale von 1872–1939. Militärische Verwendung und Laufbahn, Koblenz 1964, 2 Bände.

[33] BA-MA, F 3550/PG 68077-78, 2 Bände. Vom Verfasser zusammengestellt. Vgl. auch BA-MA, F 3619/PG 68307 MK. Heiratskonsense.

Im Königreich Bayern bemühte man sich auch, Offiziere dieser Religion aus dem 2 700 Mann Offizierkorps zu entfernen, so daß es im Jahre 1913 nur noch einen jüdischen Offizier im aktiven Korps (Mediziner) und etwa 100 der Reserve gab[34].

Anwärter des israelitischen Glaubens wurden nur dann in der Marine geduldet, wenn sie sich taufen ließen; Beispiele dafür liegen aus den Jahren 1897 und 1915 vor[35]. Diesen Anwärtern wurde meist bedeutet, daß ihre Essensgewohnheiten als störend empfunden würden und daß sie die Homogenität und Exklusivität des Seeoffizierkorps – darauf lief die Argumentation hinaus – störten[36]. Die zugelassenen getauften Juden gehörten meist zum sogenannten „Millionenklub", wie zum Beispiel Kurt Dehn in der Crew von 1910, der auch Martin Niemöller und Karl Dönitz angehörten. Ihre Anwesenheit im Korps sagte mehr über ihr Einkommen als über die Toleranz der Marine[37]. Demgegenüber beförderte der junge Kaiser Franz Josef persönlich drei jüdische Seekadetten zu Offizieren und 1892 machten jüdische Offiziere und Matrosen 2,6 % der Mannschaftsstärke der österreichischen Flotte aus. Auch in Frankreich haben im 19. Jahrhundert zahlreiche Juden als Marineoffiziere gedient[38].

Schließlich war die Vor- und Ausbildung der Seeoffizieranwärter eng mit ihrer sozialen Herkunft verbunden; es waren – nach Demeter – „konzentrische Kreise". Im Grunde ging es um die Frage, ob in erster Linie die durch das Abitur vermittelte Bildung oder der in „häuslicher Erziehung" herangebildete Charakter die erwünschten Eigenschaften

---

[34] Rumschöttel: Bayerisches Offizierkorps, S. 245–251; J. Kopsch: Die Juden im deutschen Heer, Berlin 1910; M. Kitchen: The German Officer Corps 1890–1914, Oxford 1968, S. 40 (zit. Kitchen); W. T. Angress: Prussia's Army and the Jewish Reserve Officer Controversy, in: Leo Baeck Institute Year Book 17 (1972), S. 19–42.

[35] BA-MA, F 3356/PG 66977 MK. Bestimmungen über Einstellungen, Bd. 1. IdBM an Tirpitz, 22. 5. 1915. Vgl. W. T. Angress: Das deutsche Militär und die Juden im Ersten Weltkrieg, in: MGM 1/76, S. 77–146.

[36] Vgl. Herwig: Soziologie, S. 78–79; H. Rumschöttel: Bildung und Herkunft der bayerischen Offiziere, 1866 bis 1914. Zur Geschichte von Mentalität und Ideologie des bayerischen Offizierkorps, in: MGM 2/70, S. 81–131; besonders S. 129–130.

[37] Herwig: German Naval Officer Corps, S. 95. M. Niemöllers Mitteilung an den Verfasser v. 22. 7. 1970.

[38] A. M. Gurau: Jüdische Seeleute, in: Der Schild 14 (1935), hrsg. vom Reichsbund Jüdischer Frontsoldaten, Nr. 35 (30. 8. 1935).

eines Seeoffiziers bilden sollten[39]. Auch hier mußte die Marine ihre Praxis derjenigen der preußischen Armee anpassen.

Das Scherzwort, „Wegen allzu hohen Adels des Schreibens und Lesens unkundig", mag übertrieben sein, aber das preußische Offizierkorps – abgesehen vom Generalstab – zeichnete sich kaum durch seine hervorragende akademische Ausbildung aus; die Gloriole, „echter Soldat" zu sein, wie zum Beispiel Generalfeldmarschall Friedrich Graf v. Wrangel, der seinen Offizieren verbot, Befehle auszuschreiben, weil er den Krieg „mit das Schwert und nicht mit die Feder" führe, wurde von einer Generation zur anderen weiter gegeben[40]. Die Stellung des preußischen Militärkabinetts zu dieser Frage kam im Jahre 1908 in einer Besprechung zwischen dem bayerischen Militärbevollmächtigten in Berlin, Generalmajor Ludwig Freiherr v. Gebsattel und dem Chef des Militärkabinetts, Generalleutnant Dietrich Graf v. Hülsen-Haeseler, am besten zum Ausdruck: man brauche für die „Masse der Offiziere" keine Gelehrten, sondern „Leute mit praktischem Sinn, mit Ehr- und Pflichtgefühl", die vor allem in den Familien des „kleinen preuß. Adels seit zwei Jahrhunderten" zu finden waren[41]. Ein anderer Chef des Militärkabinetts, General Wilhelm v. Hahnke, bemerkte, die Hauptsache sei, „nur immer in den Soldatenrock hinein!" Hierbei ist zu bemerken, daß im Jahre 1900 von einer gesamten preußischen Bevölkerungszahl von 34,4 Millionen, 9 494 Studenten (0,028 %) in der Obersekundastufe standen[42]. Die preußische Armee hat nie das Abitur als Eintrittsbedingung übernommen und lehnte sogar 1909 die Primareife als Eintrittsbedingung ab – zu einer Zeit, in der die bayerische Armee bereits seit 1872 das Abitur verlangte, dann aber auch zu einem „Bildungsprivileg" sowie zu einer „Bildungsschranke" entwickelte[43].

Die Kaiserliche Marine verlangte im Jahre 1885 die Primareife, lehnte aber das Abitur als Eintrittsbedingung ab und noch im Jahre 1902 steuerte das Reichs-Marine-Amt die Zulassung von Oberrealschülern fest an und versicherte dem Kaiser, daß „die Seekadetten-Annahme-

---

[39] Demeter, S. 80; Rumschöttel: Bildung und Herkunft, S. 99.

[40] Endres, S. 299. Bei der Armee wurden 5 % der Leutnants im Generalstab weiter ausgebildet; bei der Marine waren es dagegen nur 2 %. S. C.-A. Gemzell: Organisation, Conflict and Innovation. A Study of German Naval Strategic Planning, 1888–1940, Lund 1973, S. 41.

[41] Rumschöttel: Bildung und Herkunft, S. 129–130.

[42] Demeter, S. 96; Statistisches Jahrbuch für das Deutsche Reich 1901, Berlin 1901, S. 1–3; BA-MA, F 6081, H. 6. Denkschrift des MK v. 27. 5. 1901.

[43] Rumschöttel: Bildung und Herkunft, S. 90–91, 99.

Kommission stets in der Lage" sei, „gesellschaftlich ungeeignete abzuweisen"[44]. Jedoch durch die energischen Bemühungen des Kaisers sowie des Admiral v. Müller stieg der Prozentsatz der Abiturienten unter den Seekadetten von 40 % im Jahre 1894 auf 90 % im Jahre 1914 (gegenüber 65 % in den preußischen, sächsischen und württembergischen Heeren im Jahre 1912)[45]. Am 2. Juli 1907 wurde die Vorpatentierung aller geeigneten Abiturienten um ein Jahr in der Anciennität – eine von der preußischen Armee übernommene Praxis, nach der die Beförderung, im Gegenteil zur Royal Navy, gehandhabt wurde – eingeführt[46]. Es ist hervorzuheben, daß von der Crew von 1910 durch Erlaß des Prima-Zeugnisses nur 6 % der Anwärter vom Kaiser zur Seeoffizierslaufbahn zugelassen wurden; 1910 waren es in der preußischen Armee fast 30 %, während zwischen 1901 und 1912 immer noch über 1 000 Anwärter ohne jedes Zeugnis zum Fähnrichsexamen zugelassen wurden[47].

Es zeigte sich aber spätestens in der Crew von 1906, daß fast 60 % der Abiturienten aus recht niedrigen sozialen Schichten stammten und das Reichs-Marine-Amt hatte bereits 1902 gewarnt, daß „das sociale Niveau des Offizierkorps" durch Zulassung zu vieler Abiturienten (Söhne deren Väter Fabrikbesitzer, Kaufleute, Pastoren, Gymnasialprofessoren und Lehrer waren) erheblich herabgesetzt würde und sogar „inner-politische" Probleme mit sich bringen würde[48]. Der Direkteur der Inspektion des Bildungswesens der Marine, Vizeadmiral Hans v. Dambrowski, beurteilte die Lage ein Jahr vor dem Kriege folgendermaßen: „Ein Offizierkorps, dessen Bewertung darin gipfelt, daß es in allen Gliedern über die abgeschlossene Schulbildung verfügt, dieses aber auf Kosten der ritterlichen und traditionellen Eigenschaften des deutschen Offizierstandes, ist für die Marine nicht erstrebenswert". Admiral Hans v. Koester sowie Prinz Heinrich schlossen sich diesem Urteil an und Kapitän Schmidt v. Schwindt von der Marineschule-Direktion meinte sogar: „Bleibt alles beim Alten, so müssen wir in bezug auf die Beschaffung

---

[44] BA-MA, F 6081, H. 6. RMA Immediatvortrag v. 29. 5. 1902. Vgl. Herwig: Soziale Herkunft, S. 84 ff. für die „Seekadetten-Annahme-Kommission".

[45] Demeter, S. 95; Forstmeier, S. 193.

[46] BA-MA, F 7154/PG 68786 RMA. Allerhöchste Kabinetts-Ordres, 1907/III, Bd. 97. Vgl. Herwig: Soziale Herkunft, S. 87–89.

[47] Demeter, S. 96.

[48] BA-MA, F 6082, H. 7. Anl. 8 u. 9 einer RMA Denkschrift v. 1907; BA-MA, F 3548/PG 68066 MK. Bestimmungen über Fähnrichs zur See und Seekadetten, Bd. 1; BA-MA, F 6081, H. 6. RMA Denkschrift v. November 1912.

geeigneten Ersatzes uns Bankrott erklären[49]." Vergleichsweise ist es interessant, daß die Reservierung der Seeoffiziersstellen in Japan für die Samurai – die 1868 noch 6 % der Bevölkerung stellten, aber nicht eine, dem Junkertum korrespondierende soziale Stellung innehielten – um die Jahrhundertwende auch zu Ende kam; das Seeoffizierkorps der japanischen Marine wurde mit den Studenten der sogenannten „Mittelschulen", deren Zahl im Jahre 1904 auf über 100 000 lag, ergänzt[50].
Manch einer beschwerte sich auch über den „ungesunden Luxus" im Seeoffizierkorps und besonders über den „Protzensport" der Kieler Woche, aber der Marine stand Geld als ein indirektes Mittel, um sozial unerwünschte Elemente vom Seeoffizierkorps fernzuhalten, zur Verfügung. So belief sich zum Beispiel die notwendige finanzielle Unterstützung der Seeoffizieranwärter durch die Eltern bis zur Beförderung zum Oberleutnant z. S. im Jahre 1910 auf ungefähr 9 000 Mark[51]. Dieser private Zuschuß war weder besonders hoch noch ungewöhnlich: im wilhelminischen Reich brauchte man zum theologischen Studium eine private Beihilfe von 15 000 Mark, zum medizinischen Studium 18 000 Mark und zum juristischen Studium 25 000 Mark; das Auswärtige Amt verlangte ein jährliches Privateinkommen von 12 000 bis 15 000 Mark von Offizieren, die in die diplomatische Laufbahn einsteigen wollten[52]. Während die englische Royal Navy nicht weniger als 20 000 Mark (1 000 Pfund) verlangte, kostete die Seeoffiziersausbildung um 1909 in der „liberalen" französischen Marine 2 000 bis 3 000 Mark[53]. Für Familien aus dem

[49] BA-MA, F 6081, H. 6. Koester an Wilhelm II., 17. 2. 1901; Herwig: Soziale Herkunft, S. 98–103; BA-MA, F 6082, H. 10. Dambrowskis Denkschrift v. 7. 4. 1913 u. Schwindt an Dambrowski v. 5. 5. 1913.

[50] D. C. Evans: Officer Recruitment in the German and Japanese Navies, 1870–1914, Ms in: Stanford University 1971, S. 27–28 (zit. Evans). Im Jahre 1874, das einzige, aus dem eine statistische Übersicht vorhanden ist, studierten 61 Samurai, 2 königliche und 5 bürgerliche Seeoffizieranwärter auf der japanischen Marineakademie. Ebd., S. 25.

[51] K. Peter: Seeoffizieranwärter-Ausbildung in Preußen/Deutschland von 1848–1945, Ms in: BA-MA, III M(A) 50, S. 130–131 (zit. Peter). Vgl. BA-MA, F 3355/PG 66969 MK. Marine-Ingenieure, Bd. 4.

[52] Demeter, S. 334; Kitchen, S. 128; E. Kuttner: Klassenjustiz, Berlin 1913, S. 17; S. Weinberg: Soziales Strafrecht, Leipzig 1908, S. 28; L. W. Muncy: The Junker in the Prussian Administration under William II, 1888–1914, Princeton 1944, S. 120; Herwig: Soziologie, S. 79; und jetzt L. Cecil: The German Diplomatic Service 1871–1914, Princeton 1976, S. 21–57.

[53] Nauticus. Jahrbuch für Deutschlands Seeinteressen. 1909, Berlin 1909, S. 171, 184; A. J. Marder: From the Dreadnought to Scapa Flow. The Royal Navy in the Fisher Era, 1904–1919, Bd. I, London 1961, S. 30–31.

Kleinbürgertum oder gar der Arbeiterschaft waren diese hohen Beträge (zirka 2 000 Mark jährlich bei der Kaiserlichen Marine) aber unerschwinglich; das durchschnittliche Jahreseinkommen eines deutschen Industriearbeiters im Jahre 1913 betrug ungefähr 1 300 Mark[54]. Der Kaiser war sich dessen voll bewußt, und im Februar 1907 versicherte er dem Inspekteur des Bildungswesens, Admiral Volkmar v. Arnim, daß diese hohen Kosten Söhne aus unerwünschten Elternhäusern vom Seeoffizierkorps fernhalten würden[55]. Es ist aufschlußreich, daß die Seeoffiziersausbildung in der Kaiserlichen Marine Japans von Anfang an (das heißt, ab 1870) denjenigen Anwärtern, die die erwünschte hohe akademische Vorbildung mitbrachten, frei stand[56].

Die vorangehenden Bemerkungen zur Soziologie des kaiserlichen Seeoffizierkorps erlauben die Schlußfolgerung, daß die junge Marine, ohne ihre eigene Tradition[57] oder Geschichte, um ihre eigene Homogenität und Exklusivität zu sichern, den Geist sowie die Institutionen des althergebrachten preußischen Militärsystems übernahm. Gerade dadurch wurde das enge Band mit der ruhmreichen Armee geschmiedet – wenn auch noch öfters das böse Wort von der Marine als „Trabant des Heeres" fiel –, denn nicht die bürgerlichen Anwärter übten einen reformierenden Einfluß auf die Gesamtheit des Offizierkorps aus, sondern das selbe konservative und national-liberale Bürgertum – das ursprünglich die gesellschaftliche und soziale Homogenität und Exklusivität des Offizierkorps scharf kritisiert hatte –, wurde in das preußisch/deutsche Offizierkorps assimiliert. Bereits vor einem halben Jahrhundert hat der bayerische Major F. C. Endres diesen Prozeß klar geschildert: „Aber diese bürgerlichen Offiziere übernahmen, von Kindheit an in den Vorstellungen der preußischen Geschichtsschreibung erzogen, willig, ja mit Übereifer die Tradition des Adels, der gesellschaftlich maßgebend war und beruflich vom System verlangt wurde, und bildeten die in der Armee des preußischen Adels vorhandenen Ideologien mit der ganzen Gründlichkeit weiter, deren der Deutsche fähig ist[58]."

---

[54] G. Bry: Wages in Germany, 1871–1945, Princeton 1960, S. 51.

[55] BA-MA, F 3356/PG 66977, Bd. 1. Müller an IdBM v. 16. 2. 1907. Vgl. Herwig: Soziale Herkunft, S. 94–96.

[56] Evans, S. 25.

[57] Am 10. 5. 1918 noch klagte der I. Offizier des Schlachtkreuzers „Moltke": „Das wenige an Tradition, was wir haben, möchte ich halten". BA-Koblenz, Logbuch Bogislav von Selchow, Bd. 37, S. 7329.

[58] Endres, S. 289–290; Deist, S. 322.

Im Jahre 1808 sollte Scharnhorsts Ideal von dem wissenschaftlich gebildeten Führerkorps statt der privilegierten Elite primär durch zwei reformierte Bestimmungen erzielt werden: die Institutionen der Ehrengerichte vom 3. August und der Offizierswahlen vom 6. August. Die Ehrengerichte sollten zunächst über „Vorstöße gegen die ungeschriebenen Gesetze" entscheiden und das Offizierkorps sich hierdurch „wechselseitig untereinander sorgsam bewachen"; durch Offizierswahlen sollten die Leutnants eines Regiments mit Dreiviertelmehrheit der Stimmen den besten Offiziersersatz wählen[59]. Die Restaurationszeit prägte der Reformära aber einen anderen Geist auf. Die Ehrengerichte wurden bald dazu benutzt, „politisch labil erscheinende oder oponierende Offiziere zur Ordnung zu rufen oder auszuschließen" und die Offizierswahlen wurden „bald ihres Wahlcharakters entkleidet" und dienten eher als ein geeignetes „Schutzmittel gegen nichtgewünschte Elemente"[60]. F. Meinecke erkannte schon früh, daß der „heraufkommende Typus" des preußischen Offiziers dem „ideellen Bildungsanliegen der Reformzeit" fern stand[61]. Dennoch wurden Ehrengerichte sowie Offizierswahlen im Jahre 1864 von der preußischen Marine übernommen. Neue Verordnungen zur Regelung des Verkehrs der Ehrengerichte – auch für die Marine – vom 2. November 1875 und 1. Januar 1897 dienten erneut zur Aufrechterhaltung des erwünschten Standesgeistes, wodurch die Marine „zur zuverlässigen Stütze der Krone gegen die Bewegungen des Zeitgeistes, gegen innere und äußere Gefahren" ausgebaut wurde[62].

Unter diesen Umständen ist es kaum erstaunlich, daß dem bürgerlichen Seeoffizier stets die hohe gesellschaftliche Stellung der Gardeoffiziere vor Augen schwebte. E. O. Volkmann erkannte das vor fast fünfzig Jahren: „Seine [Gardeoffizierkorps] Standesauffassung aber auch seine Berufsauffassung waren maßgebend und haben die bürgerlichen Offiziere völlig durchdrungen". Vor kurzem bestätigte W. Bräckow dieses Urteil indem er klagte, daß sich das Seeoffizierkorps „dem Korpsgeist

[59] Offiziere im Bild von Dokumenten, S. 63–67; Demeter, S. 129.

[60] Untersuchungen zur Geschichte des Offizierkorps. Anciennität und Beförderung nach Leistung, Stuttgart 1962 (= Beiträge zur Militär- und Kriegsgeschichte, hrsg. vom Militärgeschichtlichen Forschungsamt, Bd. 4), S. 192, 193 (zit. Anciennität und Beförderung).

[61] Offiziere im Bild von Dokumenten, S. 68, 74; Anciennität und Beförderung, S. 191; R. Höhn: Die Armee als Erziehungsschule der Nation. Das Ende einer Idee, Bad Harzburg 1963.

[62] Offiziere im Bild von Dokumenten, S. 81, 191–194, 194–195.

altpreußischer Prägung besonders verpflichtet fühlte und seine Mitglieder danach erzog"[63].

Die hohe gesellschaftliche Stellung der Seeoffiziere als „erster Stand im Staat" wurde auch durch strenge Heiratsbedingungen abgesichert. Durch Friedrich II. in seinen letzten Regierungsjahren fast abgeschafft, wurde die Ehe unter Subalternoffizieren von seinem Nachfolger im September 1798 bei Nachweis von 600 Talern jährlicher Einkünfte wieder zugelassen, um dadurch die „Mätressenwirtschaft unter anderen, noch übleren, Vorgängen" abzuschaffen[64]. Auch diese Institution wurde von der Marine übernommen und Seeoffiziere mußten, um „mésalliances" rechtzeitig zu vermeiden, ausführliche Angaben über die gesellschaftlichen und finanziellen Verhältnisse ihrer Braut und deren Eltern machen sowie einen persönlichen Vermögensnachweis – nach 1886 hatte ein Leutnant z. S. ein außerdienstliches jährliches Einkommen von 3 000 Mark nachzuweisen – einreichen[65]. Nur dann konnte man den Allerhöchsten Heiratskonsens erhalten. Wie unter dem preußischen Adel eheliche Verbindungen mit Töchtern aus Kreisen der Industrie oder sogar aus reichen jüdischen Familien akzeptiert wurden, um, wie die Spötter nicht immer mit Unrecht sagten, die Wappenkronen wieder zu vergolden, führten diese finanziellen Heiratsbestimmungen dazu, daß junge Seeoffiziere öfters Töchter der „reich gewordenen Handwerker, Banquiers und Kaufleute" durch Zeitungsannoncen suchten, eine Praxis, in der Wilhelm II. einen „Mangel an richtiger Auffassung der Standespflichten des Offizierkorps" sah und den Betreffenden mit dem Ausschluß aus dem Seeoffizierkorps drohte[66]. „Die Politik in die Armee zu tragen", war ein weiteres Prinzip, das weder im Offizierkorps der preußischen Armee noch im Seeoffizierkorps geduldet wurde. Wilhelm II. ordnete im Jahre 1907 erneut an, „daß im militärischen Dienstunterricht Fragen sozialpolitischer Art nicht zu erörtern sind". Der Marinehistoriker Otto Groos (Crew 1900) empfand dies später als ein Nachteil: „Völlig fehlten aber Vorlesungen über Innenpolitik und Sozialpolitik entsprechend der

---

[63] E. O. Volkmann: Soziale Heeresmißstände als Mitursache des deutschen Zusammenbruchs von 1918, in: Das Werk des Untersuchungsausschusses der Verfassunggebenden Deutschen Nationalversammlung und des Deutschen Reichstags 1919–1930, 4. Reihe, 2. Abt., Berlin, 2. Aufl. 1929, Bd. 11/I, S. 22 (zit. WUA); W. Bräckow: Die Geschichte des deutschen Marine-Ingenieuroffizierkorps, Oldenburg, Hamburg 1974, S. 70 (zit. Bräckow).

[64] Offiziere im Bild von Dokumenten, S. 61.

[65] BA-MA, F 3619/PG 68307. Bestimmungen der Admiralität v. 19. 1. 1886.

[66] Ebd. Bestimmungen v. 14. 12. 1894 u. 26. 11. 1895.

damaligen Auffassung, daß diese Fragen dem Soldaten möglichst ferngehalten [werden] sollten, um die Geschlossenheit in der Wehrmacht nicht zu gefährden"[67]. Damit teilte das Seeoffizierkorps die gewollte Isolierung gegenüber den politischen Bewegungen der Zeit mit dem Offizierkorps der Armee und damit galt auch für das Seeoffizierkorps das Prinzip des sogenannten unpolitischen Offiziers, eine Fiktion, der nachzugehen den Bogen dieser Untersuchung überspannen würde.
Die sorgfältig durch die Ehrengerichte überwachte „Ehre" des Seeoffizierkorps wurde ferner durch Schuldenmachen bedroht, da manche der jungen Herren ihr Geld von – oft jüdischen – Geldverleihern borgten. Der „gesellschaftliche Verkehr" innerhalb des Korps nahm aber besonders in Kiel ständig zu und bald richteten die Berichte der Ehrengerichte „grelles Licht auf Fälle moralischer Versumpfung und Schuldenwirtschaft von jungen Offizieren"[68]. Auch „die Freuden des Bechers" versuchte man durch den Appell an die Standesehre zu steuern und der Kaiser sowie Admiral v. Müller führten einen regelrechten – wenngleich erfolglosen – Kreuzzug gegen den übermäßigen Alkoholgenuß, worin sie eine Gefahr „für die hohe dienstliche und gesellschaftliche Stellung" der Seeoffiziere sahen. Auch in diesen beiden, anderswo näher behandelten Angelegenheiten, traten Parallelerscheinungen zum Offizierkorps der preußischen Armee auf[69].
Der Erste Weltkrieg unterbrach jedoch in ironischer Weise die bisherige Parallelentwicklung zwischen dem preußischen Armeeoffizierkorps und dem Seeoffizierkorps, „das den Krieg gewissermaßen im Friedenszustand führen" und seine innere Struktur wahren konnte. Diese Feststellung kann statistisch belegt werden: während die preußische Armee ungefähr 10 000 aktive Offiziere auf dem Felde hinterließ, kehrten nur 647 Seeoffiziere – und diese meistens Opfer des sogenannten „Krieg der Leutnants und Kapitänleutnants" – nicht von der Front zurück, oder starben in der Heimat[70]. Die hohen Kriegsverluste konnten nur durch Beförderung großer Zahlen Bürgerlicher zu Offizieren – darunter sogar 2 000 „deutsche Staatsbürger jüdischen Glaubens", wie der damalige Ausdruck lautet – letzten Endes gutgemacht werden, wodurch die Ho-

---

[67] BA-MA, F 3682, Bd. 1, S. 301, 321; BA-MA, Nachlaß Groos, N 165, Bd. 1, S. 75; BA-MA, F 3306/PG 66727, Bd. 3, S. 4. Tirpitz an Marinestation Ostsee v. 5. 2. 1907.

[68] Müller, S. 153–154. Vgl. BA-MA, F 3305/PG 66726, Bd. 2, S. 114–116.

[69] S. Herwig: Soziologie, S. 82.

[70] C. v. Altrock: Vom Sterben des Deutschen Offizierkorps, Berlin 1922, S. 62–63; Anciennität und Beförderung, S. 198.

mogenität und Exklusivität des Offizierkorps schwer erschüttert wurde[71]. Bei der Kaiserlichen Marine aber lagen die Verhältnisse bei der geringen Zahl der Verluste viel günstiger. Zu Kriegsausbruch wurde die Seeoffizierslaufbahn eingestellt und erst als der erwartete schnelle Sieg ausblieb, wurden zwischen April 1915 und Juli 1918 jährlich etwa 90 Anwärter zur Marine gerufen; erst unter dem Druck des U-Bootkrieges („Scheer-Programm") wurden im Juli und September/Oktober 1918 je 200 Anwärter eingestellt. Unter den letzteren befanden sich jedoch nur noch 6,4 % Söhne aus Adelsfamilien, aber Kapitän Karl v. Restorff vom Marine-Kabinett klagte bitter, daß die Marine sogar von den Söhnen der „alten Adelsgeschlechter" einen genauen Adelsnachweis forderte. „Diese Adelsschnüffelei im Kriege ist graulich[72]." Doch gerade durch diese sogenannte „Adelsschnüffelei" hoffte die Marine, ihre Exklusivität und Homogenität aufrechterhalten zu können und man scheute sich ferner, zwischen 1914 und 1918 geeignete Unteroffiziere zum Offizier zu befördern, besonders im „Hinblick auf die spätere Friedenszeit" und auf das, in dieser Angelegenheit negative Vorbild der preußischen Armee. Demgegenüber besaß die französische Armee bereits 1914 in den Rängen von Leutnant bis Hauptmann nicht weniger als zwei Drittel „sortis du rang" (zum Offizier beförderter Unteroffiziere)[73].
Im Jahre 1873 hatte der damalige Chef der Kaiserlichen Admiralität, Generalleutnant Albrecht v. Stosch, die Parole, „Nicht Schiffe kämpfen, sondern Menschen" verkündet und noch im März 1918 erinnerte das Reichs-Marine-Amt das Seeoffizierkorps, daß der alte friderizianische Grundsatz, „wie die Offiziere sind, so ist die ganze Armee", auch „zu Recht" für die Flotte bestehe[74]. Doch die „Menschen" fehlten dem Obersten Kriegsherrn: zuerst während der Marineunruhen im August 1917 und danach durch den, für den 30. Oktober 1918 vorgesehenen Flottenvorstoß (O-Befehl Nr. 19) gegen das Gros der Grand Fleet, gestärkt durch fünf amerikanische Superdreadnoughts. Die hierdurch entfachte Matro-

---

[71] Demeter, S. 220.

[72] Peter, S. 138–142; BA-MA, F 3350/PG 68078, Bd. 2. Restorffs Bemerkungen v. 12. 2. 1917.

[73] W. Schmidt-Richberg: Die Regierungszeit Wilhelms II., in: Handbuch zur deutschen Militärgeschichte 1648–1939, H. Meier-Welcker (Hrsg.), Bd. V, Frankfurt 1969, S. 90–91; Herwig, German Naval Officer Corps, S. 165–173; Endres, S. 301.

[74] BA-MA, Nachlaß Dähnhardt, F 7635, Bd. 3, S. 87–90. Kapitän Friedrich Behnckes Denkschrift v. 7. 3. 1918; A. v. Tirpitz: Erinnerungen, Leipzig 1919, S. 15.

senrevolte und folgende Revolution erschütterten den letzten Hohenzollern-Kaiser tief. Am 6. November klagte er, „daß die Marine, mit der ich doch so lange auf's engste verbunden bin, so treulos und undankbar ist" und drei Tage später verabschiedete Wilhelm II. den Chef der Seekriegsleitung, Admiral Reinhard Scheer, kurz mit den Worten: „Herr Admiral, die Marine hat mich fein im Stich gelassen[75]!" Hiermit kam Wilhelms besonderes Verhältnis mit dem Seeofffzierkorps zum Ende; am 28. November 1918 entband er in seiner Abdankungsurkunde die Offiziere ihres Treueides.

Für die soziologische Analyse des kaiserlichen Seeoffizierkorps dürfte es aufschlußreich sein, abschließend kurz auf dessen Einstellung zu einigen der verschiedenen anderen Offizierkorps der Marine einzugehen. Hier soll es sich nur um das Verhältnis zu den Marineingenieuren und den Deckoffizieren handeln; eine Untersuchung des Reserveoffizier-, Sanitätsoffizier- und Torpederoffizierkorps soll der weiteren Forschung vorbehalten bleiben.

Die Seeoffiziere sahen ihre Sonderstellung vor allem durch die wachsende Zahl und die sich mehrenden Ansprüche der Marineingenieure bedroht. Die letzteren fühlten sich durch eine Reihe von Sonderbestimmungen tiefstens gekränkt: an Bord befürwortete die Inspektion des Bildungswesens getrennte Quartiere für den Marineingenieur- und den Seeoffiziersnachwuchs und an Land separate Ingenieur- und Marineschulen; in Wilhelmshaven gab es ein Kasino für Seeoffiziere, ein anderes für Marineingenieure und Torpederoffiziere; darüber hinaus wurden Marineingenieure nur als „außerordentliche Mitglieder" des Kasinos ohne Stimmrecht bezeichnet – obgleich der Reichstag die Kasino-Geldmittel nach der Kopfzahl aller Marine-Offiziere berechnete – und sie konnten auch keine „ordentliche Mitglieder" des Kaiserlichen Yachtklubs in Kiel (1891) werden; und während der Dienstgrad des Kapitäns für Marineingenieure erst am 19. September 1912 in der Kaiserlichen Marine eingeführt wurde, gab es schon Jahrzehnte früher Ingenieuroffiziere mit dem Rang eines Vizeadmirals in England, Frankreich, Japan und Italien, eines Konteradmirals in den Vereinigten Staaten und eines Kapitäns in Rußland. Während der Kaiser im Juli 1906 bereit war, den Marineingenieuren das Allerhöchste Heiratskonsens zu erstatten und ihren Nachwuchs als „Ingenieurkadetten" (statt Anwärter) anzuerkennen, gelang

[75] BA-MA, Nachlaß Levetzow, N 239, Box 16, Bd. 2. Niederschrift v. 6. u. 9. 11. 1918; A. Niemann: Revolution von Oben – Umsturz von Unten. Entwicklung und Verlauf der Staatsumwälzung in Deutschland 1914–1918, Berlin 1927, S. 393, 414.

es den älteren Flaggoffizieren, dieser gefürchteten Entwicklung eines „Staat im Staate" dadurch vorzubeugen, indem sie dem Monarchen schlicht erklärten, sie könnten „nicht mehr für die Schlagfertigkeit der Flotte garantieren". Bräckow schreibt jedoch Admiral v. Tirpitz den heftigsten Widerstand gegen die Ingenieure und sogar „ein nur geringes Hineindenken in das beginnende technische Zeitalter" in dieser Angelegenheit zu. Die „starre Auffassung" des Staatssekretärs in der Marineingenieurfrage sieht Bräckow als Gegenstück zu der von dem Staatssekretär erstrebten „Aristokratenstellung" der Seeoffiziere und führt sie vor als einen krassen Versuch Tirpitz', zu beweisen, „wie gerechtfertigt der vor wenigen Jahren verliehene Adel war"[76].

Sicher zog Tirpitz im Dezember 1906 eine scharfe Trennungslinie zwischen Seeoffiziere und Marineingenieure indem er letztere als „technische Berater", die Seeoffiziere aber als „Frontoffiziere" einstufte. Der Marineingenieur „ist eben ganz überwiegend Ingenieur und weniger Kombattant; in seinen höheren Stellungen sogar ausschließlich technischer Berater". Weiter noch: „Die Ingenieurlaufbahn hat ihren natürlichen Abschluß mit dem Leitenden einer Schiffsmaschine, die des Seeoffiziers mit dem Kommandanten, der als Repräsentant des Kaisers mit dem ganzen Schiff für die Ehre und die Interessen des Vaterlandes einzustehen hat[77]." Und obgleich die privaten Zuschüsse für die Marineingenieuranwärter um die Jahrhundertwende mit 7 000 Mark fast auf der gleichen Höhe als diejenigen der Seekadetten standen, wurden Ingenieure weiterhin als „mittlerer" Dienstrang eingestuft und sollten dementsprechend aus den unteren bürgerlichen Schichten rekrutiert werden. Selbst die Verleihung der Seeoffiziersschärpe durch den Kaiser am 1. Juli 1908 wurde von Tirpitz ausgebeutet, die Marineingenieure an ihre subalterne Stellung zu erinnern: der Staatssekretär verhinderte eine Veröffentlichung der Allerhöchsten Entscheidung außerhalb der Marinekreise und vertarnte die Nachricht in dem MVOblatt unter den allgemeinen „Kleiderbestimmungen"[78].

Im Juli 1917 noch bestätigte Admiral Scheer als Flottenchef Tirpitz' Stellungnahme zur Marineingenieurfrage. „Es sollen für die Zwecke der Wehrmacht zur See", so lautete es in seiner Denkschrift, „zwei ganz verschiedene Persönlichkeiten ‚herangezüchtet' werden: auf der einen Seite der führende Admiral auf der Kommandobrücke, auf der anderen Seite

---

[76] Bräckow, S. 59, 75, 79, 84–86, 110, 112, 121.

[77] BA-MA, F 3354/PG 66967 MK. Marineingenieure. Tirpitz' Denkschrift v. 28. 12. 1906.

[78] Bräckow, S. 88, 90–91.

der militärische Leiter des Marine-Maschinenbetriebes. Das bedingt Unterschiede, die hinuntergehen bis auf die Auswahl des Ersatzes". Scheer lehnte jede „Vermengung beider Korps" entschieden ab und schob damit den Aspirationen der Marineingenieure einen Riegel[79]. Es handelte sich hier freilich um ein reines Standesvorurteil, da sich die Marineingenieure von Jahr zu Jahr aus höheren gesellschaftlichen Schichten rekrutierten, Frauen aus den gleichen Kreisen wie die Seeoffiziere heirateten und öfters als Seeoffiziere (3 % gegenüber 2 %) Absolventen der Technischen Hochschulen waren. Dabei soll nicht unerwähnt bleiben, daß erst kurz vor der Jahrhundertwende den Technischen Hochschulen das Promotionsrecht sowie die Gleichberechtigung mit den Universitäten gestattet wurden[80]. Auch hier zeigte sich die Kaiserliche Marine erneut als ein getreues Spiegelbild der wilhelminischen Gesellschaft. Schließlich ist aufschlußreich, daß der Signalmaat a. D. Richard Hubatsch, Vater des Historikers W. Hubatsch, das Seeoffizierkorps in seinen während des Zweiten Weltkriegs verfaßten Erinnerungen als „stets eine Kaste für sich" darstellte, oder, daß der Canaris-Biograph H. Höhne es vor kurzem als einen „Klub der Exklusivität" beschrieb: „Die Offiziere der Kaiserlichen Marine sahen sich als den künftigen Ritterorden des Reiches, allein dem Kaiser verantwortlich: abgekapselt gegen die Strömungen und Konflikte der Zeit, ein Klub der Exklusivität, der seinen Mitgliedern Enthaltsamkeit in allen Lebensbereichen vorschrieb und ihnen zugleich das Recht zubilligte, vermeintliche Ehrenfragen gewaltsam zu erledigen[81]."

Weit schwieriger gestaltete sich das Verhältnis der Seeoffiziere zu den Deckoffizieren — ein in sich schon irreführender Begriff, denn es handelte sich hier nicht um legitime „Offiziere". Im Jahre 1854 zunächst „hinter den Offizieren und vor den Unteroffizieren mit Portepee" als ein besonderes Offizierkorps eingestuft, wurden die Deckoffiziere durch die Tirpitz'schen „Organisatorischen Bestimmungen für die Marine" vom 26. Juni 1899 zu den „Mannschaften" degradiert[82]. Proteste seitens eines Siebener Ausschusses und des Bundes der Deckoffiziere a. D. sowie

[79] BA-MA, F 3354/PG 66965. Scheer an alle Flottenverbände v. 3. 7. 1917.

[80] Bräckow, S. 70.

[81] W. Hubatsch: Kaiserliche Marine. Aufgaben und Leistungen, München 1975, S. 449; H. Höhne: Canaris. Patriot im Zwielicht, München 1976, S. 23.

[82] WUA, Bd. 10/I, S. 89; P. Kässner: Zur Geschichte der Deckoffizierbewegung des Deckoffizierbundes und des Bundes der Deckoffiziere, Altona 1932, S. 10.

durch den Reichstagsabgeordneten Dr. Peter Struve (Freisinnige Vereinigung), die sich für die gesellschaftliche, militärische und finanzielle Verbesserung der Stellung der Deckoffiziere einsetzten, wurden vom Seeoffizierkorps nicht berücksichtigt. Das Reichs-Marine-Amt wies diese öffentliche Agitation im Jahre 1912 mit folgenden Worten zurück: „Allen Bestrebungen, die darauf abzielen, die Grenze zwischen Offizieren und Deckoffizieren zu verwischen, müßten auf das Bestimmteste entgegengetreten werden, eine Forderung, die nicht nur im Interesse der Disziplin gestellt werden muß, sondern auch in der gesellschaftlichen Herkunft der Deckoffiziere, in ihrem gesamten Bildungsgange und der hierdurch bedingten Lebensanschauungen und Denkungsweise ihre innere Begründung findet[83]."

Hier lag der Kern der Sache. Fünf Jahre nachdem die französische Marine bestimmt hatte, daß nicht weniger als 20 % aller Seeoffiziere und Marineingenieure aus dem Deckoffizierkorps ergänzt werden sollten, verpönte die Kaiserliche Marine weiter jeden Versuch, die Grenzen zwischen den verschiedenen Korps zu verwischen und ein einheitliches Offizierkorps aus Seeoffizieren, Marineingenieuren und Deckoffizieren zu bilden. Tirpitz' Auffassung, daß aus den verschiedenen Offizierkorps der Kaiserlichen Marine kein „einziger Brei" gemacht werden dürfe, wurde auch durch Scheers Abneigung gegen jegliche „Vermengung" der Offizierkorps der Marine vertreten. Ferner erkannte der Chef der Hochseeflotte, Vizeadmiral v. Ingenohl, im Jahre 1913 die Bestrebungen seitens der Deckoffiziere und sprach sich in einem Schreiben an Tirpitz dagegen aus, „die Deckoffiziere als eine Klasse für sich aus dem Mannschaftsstande herauszuheben"[84]. Auch für das Deckoffizierkorps brachte der Krieg 1914 bis 1918 keinerlei Besserung der gesellschaftlichen und militärischen Stellung gegenüber den anderen Offizierkorps der Marine; das Versprechen Tirpitz' Nachfolger, Admiral Eduard v. Capelle, vor dem Reichstag im Juli 1918, „die Deckoffiziere aus dem Mannschaftsstande herauszuheben und ein besonderes Deckoffizierkorps zu bilden", wurde von dem Triumvirat Scheer, Trotha und Levetzow nicht eingelöst. Schließlich kann man auch die Bestrebungen der Deckoffiziere, wie diejenigen der Marineingenieure, „auf den im Kaiserreich herrschenden Kastengeist" zurückführen, „der den Abstand zur nächstniederen Gruppe möglichst ausbauen wollte und auf besondere Vorrechte großen Wert

[83] BA-MA, F 6085 RMA. Angelegenheiten der Deckoffiziere, Bd. 3. RMA Arbeit für Tirpitz v. Juli 1912.

[84] BA-MA, F 6085, Bd. 3. Ingenohl an Tirpitz, 5. 8. 1913; Bräckow, S. 74.

legte"[85]. Hier, wie in vielen anderen, zum Teil kurz angedeuteten Beispielen der Haltung und Gesinnung waren die Offizierkorps der Kaiserlichen Marine ein getreues Abbild der wilhelminischen Gesellschaft.

Die vorangehenden Bemerkungen erlauben die Schlußfolgerung, daß sich das kaiserliche Seeoffizierkorps soweit nur irgend möglich dem Vorbilde des Offizierkorps der preußischen Armee anzugleichen versuchte. Man übernahm von dem preußischen Militärsystem nicht nur die Kasinos, Ehrengerichte und Offizierswahlen (1864), Anciennität, Heiratskonsense, Dispens von Eintrittsbedingungen und das Duellwesen, sondern auch – trotz der Bemühungen des Admiral v. Müller zur Vorpatentierung der Abiturienten – das Prinzip der Bevorzugung „häuslicher Erziehung" eines guten Elternhauses gegenüber dem bürgerlichen Leistungsprinzip „der grundsätzlichen Meßbarkeit von Leistung und Erfahrung". Adelspatent und „ritterliche Ehre" galten bei der Marine fast ebensoviel wie bei der preußischen Armee und auch hier wurden die „technischen Fachoffiziere" wie die „studierenden Herren" nicht als ebenbürtig angesehen. Vor allem galt aber auch für das Seeoffizierkorps das Prinzip der Homogenität und Exklusivität, so wie es im preußischen Offizierkorps gehandhabt wurde. Auch Müllers Bestrebungen, einen neuen Militäradel zu schaffen, zielten auf diese preußischen Vorbilder ab. Der spätere Marinehistoriker, Vizeadmiral Eberhard v. Mantey, beschwerte sich nach dem Ersten Weltkrieg über die „altpreußische" Hochdressur, die im kaiserlichen Seeoffizierkorps herrschte und fügte hinzu: „Wir waren ein auf eisernen Kasernen verpflanztes preußisches Armeekorps[86]." Denn im Gegensatz zu England, wo man den Offiziersstand als einen Berufsstand betrachtete, wurde er in Deutschland als ein Gesellschaftsstand angesehen.

Die Seeoffiziere der Kaiserlichen Marine, die sich als Träger des konservativen, monarchischen deutschen Kaiserreichs betrachteten, entwickelten sich – wie bereits die Offiziere der preußischen Armee vor ihnen – zu einer „feudalen" Gruppe innerhalb einer Gesellschaftsstruktur, die infolge der fortschreitenden Industrialisierungsprozesse rapide im Wandel begriffen war. Hierin wurde das Seeoffizierkorps in noch größerem Maße als das preußische Armeeoffizierkorps – gerade weil es über-

---

[85] Verhandlungen des Reichstags. XIII. Legislaturperiode. II. Session, Bd. 313, 184. Sitzung, 5. 7. 1918, S. 5843C; BA-MA, Nachlaß Behncke, N 173, Bd. 10. Behnckes Aufzeichnungen v. 21. 8. 1918; Bräckow, S. 114.

[86] BA-MA, Nachlaß Hollweg, F 7590, Bd. 4. Mantey an Vizeadmiral Karl v. Hollweg, 16. 4. 1929; Offiziere im Bild von Dokumenten, S. 63–67.

wiegend aus dem Bildungs- und Besitzbürgertum stammte – zum Spiegel des wilhelminischen Klassenstaates, mit seinen sich von Jahr zu Jahr verschärfenden Gegensätzen, von denen das preußische Dreiklassenwahlrecht nur eine äußere Erscheinung war. G. Papke hat den inneren Zusammenhang zwischen dem kaiserlichen Seeoffizierkorps und dem Offizierkorps der preußischen Armee treffend gekennzeichnet: „Gerade das Offizierkorps der Reichsmarine, ohne militärische Tradition und in der Anfangszeit fast rein bürgerlich, entwickelte unter dem Patronat des jungen Kaiser Wilhelm II. einen Korpsgeist ‚altpreußischer' Prägung, der in der Armee nicht seinesgleichen findet[87]."
Letzten Endes überkam die Marine selbst den „Makel der Matrosenrevolte" und rettete sich – nach Papke – in die Weimarer Republik hinüber, nicht durch „monarchische Eigenbrötelei" oder „schwarz-weiß-rote Färbung", sondern weil es vielmehr „seine Geschlossenheit, seine ‚politische Exklusivität und Homogenität'" erhalten konnte[88]. Der Chef der neuerrichteten Admiralität, Vizeadmiral Adolf v. Trotha, war sich dessen bewußt, als er sich entschloß, „die noch brauchbaren Bausteine" der Kaiserzeit „zu sammeln und zu pflegen" und hinzufügte: „Ich will den kleinsten Keim erhalten, damit seiner Zeit wieder ein brauchbarer Baum daraus erwachsen kann[89]." Die „Keime", die Trotha erhielt, hießen Canaris, Carls, Ciliax, Dönitz, Lütjens und Raeder, unter anderen, und der „brauchbare Baum", der daraus erwuchs, war die Kriegsmarine Adolf Hitlers Großdeutschen Reichs.

---

[87] Anciennität und Beförderung, S. 194.
[88] Ebd., S. 198.
[89] BA-MA, Nachlaß Michaelis, N 164, Bd. 5, S. 39. Trothas Gespräch mit Kapitän William Michaelis, März 1919.

DAS OFFIZIERKORPS DER DEUTSCHEN KOLONIALTRUPPEN 1889–1918

VON WOLFGANG PETTER

Die vorliegende Studie will nicht eine Organisationsgeschichte der deutschen Kolonialtruppen und speziell ihres Offizierkorps geben, sondern baut auf der verbreiteten Darstellung von Edgar Graf von Matuschka im „Handbuch zur deutschen Militärgeschichte" auf (s. Quellen- und Literaturnachweis 3), und leitet davon Bemerkungen zu den Strukturen ab, die sich aus der Begegnung des deutschen Offizierkorps mit dem deutschen Imperialismus entwickelten.

Den Anstoß zur Aufstellung von Kolonialmilitär hat die schwere Kolonialkrise von 1888/89 gegeben, als die Aufrichtung einer effektiven Herrschaft an der ostafrikanischen Küste mißlang, ihre ersten bescheidenen Ansätze in Südwestafrika hinweggefegt wurden und sie auf Samoa bereits im informellen Vorstadium scheiterte. Aufgabe der Kaiserlichen Schutztruppen, die sukzessive und zunächst in nur halbstaatlicher Form in Deutsch-Ostafrika (Wissmann-Truppe 1889, kaiserlich 1891), Deutsch-Südwestafrika (François-Truppe 1889, kaiserlich 1894/95) und Kamerun (Polizeitruppe 1891, Schutztruppe 1894/95) entstanden, war es, umfangreichere Eingeborenenaufstände niederzuschlagen.

In den kleinräumigen Kolonien Togo und Samoa, sowie in dem lediglich punktuell erschlossenen Deutsch-Neuguinea genügte zur Befriedung der Eingeborenen die Polizei, zu deren Unterstützung im Notfall die Kameruner Schutztruppe vorgesehen war, bzw. Marineinfanterie oder Matrosendetachements eingesetzt wurden. In allen sechs Tropenkolonien war die Polizei militärisch organisiert, bewaffnet und ausgebildet, allerdings entsprechend ihrer Zweckbestimmung als Vollzugsorgan der Zivilverwaltung mehr zur Verwendung auf Gang, Posten und Streife, und weniger zum Gefecht gegen geschlossene Kriegshaufen oder europäisch geschulte Verbände geeignet.

Ein Sonderfall war Kiautschou, das als Hafenkolonie und Stützpunkt des ostasiatischen Kreuzergeschwaders administrativ und militärisch dem Reichsmarineamt unterstand. In den Jahren 1898–1906, in denen

das Reich ganz Schantung als Halbkolonie beanspruchte, erstreckte sich die Verantwortung der hier stationierten Marineinfanterie für deutsches Leben und Besitztum über die ganze Provinz. Die Selbstbehauptung der Chinesen verwandelte den Brückenkopf in eine Rückzugsposition und beraubte die Kolonie und ihre Besatzung eines tieferen Sinns.
Als ureigenste Aufgabe betrachtete die Schutztruppe die Verwaltungstätigkeit in den Militärdistrikten, die ihr die Gouvernements zwecks erstmaliger Herstellung von Sicherheit und Ordnung im deutschen Sinn oder mangels ziviler Planstellen zuwiesen. Denn der Kolonialdienst schöpfte seine Attraktivität vor allem aus der Aussicht auf die Kampftätigkeit, in der sich das Militär damals selbst verwirklichte. Gelegenheiten zu kriegerischer Tätigkeit in exotischen Gebieten waren, wenn die feste Aussicht auf Wiedereingliederung in die geregelten Laufbahnverhältnisse des Reichsheeres bestanden, sehr begehrt. Es ging dabei um „Lorbeeren", nicht um die Exotik. Von 26 deutschen Instruktionsoffizieren kehrten 20 im Jahr 1897 vorzeitig und enttäuscht aus Chile zurück, weil der erwartete Krieg gegen Argentinien ausblieb. Der Schutztruppendienst in den unkontrollierten Militärdistrikten bot die Chance, einen Krieg, wenn er schon nicht herrschte, im kleinen Rahmen gegebenenfalls zum eigenen Gebrauch herbeizuführen. Häufig führte der Aufenthalt in der Mitte potentieller Feinde zu Nervosität und, verbunden mit dem Bewußtsein überlegener Waffenmacht, zu der für alle Kolonialkriege typischen Überreaktion. Ohne Notwendigkeit führte Hauptmann v. Zelewski 1891 ein Viertel der ostafrikanischen Schutztruppe in den Untergang; leichtfertig brach Hauptmann v. François 1892 einen langwierigen Konflikt mit den Nama vom Zaun; aus Ehrgeiz führte Leutnant Dominik 1894 die Kameruner Schutztruppe in das gefürchtete Bakokoland, wo sie der Vernichtung gerade noch entging. Hinweise auf weniger prominente Fälle finden sich in der Literatur in großer Zahl. Bezeichnenderweise fanden in Deutsch-Ostafrika 1891–1905, also zwischen der ersten Befriedung und dem großen Maji-Maji-Aufstand von 1905, insgesamt 76 Gefechte statt, die als Kriegsdienst angerechnet wurden. In Kamerun wurden 1895–1906: 25 anerkannt. Gefechte zahlten sich aus: Duurdrift (5. 1. 1906), ein Sieg von mäßiger Bedeutung über den Guerillero Morenga, brachte Lettow-Vorbeck eine Beförderungsgutschrift von 2 Jahren ein. Gegen die Reduzierung der Militärdistrikte, die nach den großen Aufständen zum Abbau des vielbeklagten Militarismus in den deutschen Kolonien vorgenommen wurde, setzte sich das Berliner Kommando der Schutztruppen zur Wehr. Noch 1914 verlangte es, „daß die Schutztruppe an der Verwaltung beteiligt bleibt, um uns diesen interessanten Dienst zu erhalten".

Militärverwaltung und Buschkrieg stehen in einem Kausalnexus zueinander, aus dem die lokalen und zentralen Kolonialverwaltungsspitzen erst in der zweiten Phase herausfanden. Gouverneur Seitz ging 1908 so weit, Eingeborene durch die Erklärung einer Sperrzone vor der Kameruner Schutztruppe zu schützen. Die Gouvernements halfen sich mit verstärktem Ausbau der Polizeitruppen, die als Element der Zivilverwaltung ihnen unterstanden. Denn den lokalen Kommandeuren der Schutztruppen bot sich immer die Möglichkeit, durch ihre fachliche Unterstellung unter das Oberkommando der Schutztruppen, bzw. bis 1896 unter das Reichsmarineamt, verantwortungsbewußte Kolonialpolitik zu unterlaufen. Das Berliner Kommando forderte die Auflösung der Polizeitruppen in militärisch besetzten Kolonien, um die Gouverneure auszuschalten: im Sommer 1914 fanden Beratungen darüber statt.

Schutztruppenoffiziere mit Verständnis für ihre kolonisatorische Aufgabe waren und blieben Gefangene des militärisch-zivilen Dualismus, der die Kolonialverwaltung aller Mächte bis in die jüngste Zeit gekennzeichnet hat, und standen immer in Gefahr, daß ihnen draufgängerische Untergebene von anderem Horizont nolens volens in den Rücken fielen: wie Leutnant Jobst, dessen – möglicherweise bewußt – provokative Haltung den verheerenden Herero- und Namaaufstand in Deutsch-Südwestafrika 1904–1907 einleitete.

Das häufige Auftreten des Militärs als Störfaktor war strukturell vorgegeben. Zu klein und unrentabel war das deutsche Kolonialreich, als daß der Aufbau einer eigenen Kolonialarmee und die Schaffung einer speziellen Laufbahn mit entsprechenden Spitzendienstgraden militärisch und fiskalisch vertretbar gewesen wären. Vorarbeiten dazu wurden 1909 ergebnislos abgebrochen. Deswegen herrschte unter den Offizieren der deutschen Kolonialtruppen eine starke Fluktuation, die die Entstehung eines die Mehrzahl der Individuen prägenden esprit de corps und einer aufgabenbezogenen Moral unterband.

Die Fluktuation ist am Beispiel der ostafrikanischen Schutztruppe, für die entsprechende Unterlagen zur Verfügung stehen, gut nachweisbar: von den insgesamt 293 aktiven Offizieren, die 1891–1918 in ihr gedient haben, blieben 44 % eine und 29 % zwei Verpflichtungsperioden (je 2,5 Jahre) im Land, d. i. 73 % sahen den Schutztruppendienst eher als Abenteuer an, sofern sie ihn nicht aus gesundheitlichen Gründen hatten abbrechen müssen. Nur 12 % dienten drei bis vier Verpflichtungsperioden. Da die wenigen Offiziere mit noch längerer Kolonialdienstzeit in der Regel als „hängengeblieben“ zu betrachten sind, und anzunehmen ist, daß sie in der Heimat vorzeitig ausgeschieden wären, dürfte sich die engagierten und qualifizierten Kolonialoffiziere im wesentlichen auf diese 12 % beschränken. Darauf, daß sich die Aufgabenerfüllung im Sinn der Kolonialpolitik bei dieser Verpflichtungsdauer optimierte, deuten die entsprechenden Daten bei den 101 vergleichbaren ostafrikanischen Sanitätsoffizieren hin, von denen 33 % eine, 24 % zwei, aber sogar 28 % drei bis vier Dienstperioden verblieben. Besonders kurz dienten die Offiziere, die nur für die Dauer des „Boxeraufstandes" 1900/01 in die ad hoc aufgestellten, schutztruppenähnlichen Verbände des „Ostasiatischen Expeditionskorps" unter der Oberleitung des Generalfeldmarschalls Grafen von Waldersee eintraten, und die, die während des großen Aufstandes in die vorübergehend fast verzehnfachte südwestafrikanische Schutztruppe versetzt wurden.

Einschließlich der Kiautschouer Marineinfanterie standen 1913 im deutschen Überseereich 300 Offiziere, mit Sanitäts- und anderen Fachoffizieren und Beamten im Offizierrang 400, also gegen 1 % des Offizierkorps des Reichsheeres, dessen soziale (etwa 30 % Adel) und regionale Zusammensetzung sie ziemlich getreu widerspiegelten. Weitere 30 Offiziere und Sanitätsoffiziere des Reichsheeres waren im gleichen Stichjahr von ihren Regimentern, denen sie weiter angehörten, „kommandiert zur Dienstleistung beim Reichskolonialamt": d. h.: 7 zur Polizei in Togo (3), Neuguinea (1) und Südwestafrika (3); 5 zu Bezirksverwaltungen in Togo (4) und Ostafrika (1); die Verwendung der übrigen läßt sich aus den preußischen und bayerischen Ranglisten und dem Handbuch für das Deutsche Reich nicht klären; nachweislich wenigstens 1 Offizier (Detzner) diente 1914 in Neuguinea sogar ohne ausdrückliche Abkommandierung, was alle exakten Zahlenangaben zum deutschen Kolonialoffizierkorps im Prinzip fragwürdig macht.

Der Andrang führte zu längeren Wartezeiten, die z. B. bei Leutnant H. Pfeiffer vor der Jahrhundertwende über 1 Jahr betrug; Major Lettow-Vorbeck mußte vor dem Ersten Weltkrieg bereits 4 volle Monate von der Antragstellung bis zur Aufnahme in die Anwärterliste warten. Allerdings konnte es Spezialisten, wie dem chinaerfahrenen MG-Zugführer Oberleutnant Petter 1906 für Südwestafrika, geschehen, daß sie vom Militärkabinett zur freiwilligen Meldung aufgefordert wurden.

Den Chancen stand die unangenehme Aussicht entgegen, nach Ableistung der 2–3,5 Jahre Kolonialdienst aus dem Planstellensystem herausgefallen zu sein. Oberleutnant Epp mußte 1901, von der Waldersee-Expedition zurück, in die bayerische Provinz, und die in Aussicht genommene Münchener Adjutantenstelle wurde anderweitig besetzt. Hauptmann Lettow-Vorbeck, in der gleichen Situation, mußte monatelang auf die ihm zustehende Kompaniechefstelle warten. Der Übertritt zur Marineinfanterie oder die Neueinstellung bei den Schutztruppen, die überseegediente Offiziere bevorzugt annahmen, boten sich als Ausweg an, solange kein Stabsoffizierdienstgrad beansprucht werden konnte; diese Truppen verfügten 1913 nur über 27 derartige Planstellen, davon 19 im Überseedienst. Von den Einsätzen im Boxeraufstand und im Herero-Namaaufstand gingen deshalb personelle Impulse aus: eine Reihe Namen aus China finden sich wieder in Südwest und dann eine Zeitlang bei einer der Kolonialtruppen, bis die Aufstiegsmöglichkeit ausgeschöpft war.

Formell wurden gemäß den Vorschriften der Schutztruppenordnung von 1898 nur gut beurteilte Offiziere in die Kolonialtruppen übernommen. Wie die gewissen freiwilligen Meldungen angeschlossenen Beurteilungen zustanden kamen, steht jedoch auf einem ganz anderen Blatt. Als offenes Geheimnis galt, daß 1902/03 „noch so mancher Leichtfuß Schulden halber schleunigst nach Südwestafrika befördert wurde ..." (P. Leutwein), daß bald darauf immer noch „nicht alle Kompagniechefs nur solche Leute ziehen lassen, denen sie ehrliche Tränen nachweinten ..." (B. v. Deimling). Leutnant Pfeiffer war nach wohlwollendem Urteil „unausgeglichen", nur „im Grunde solide", und ein Einzelgänger. Für ehrengerichtlich behandelte oder gesellschaftlich unmögliche Offiziere galten die Kolonien als angemessener Aufenthalt. Prinz Johann Albrecht von Preußen, der bürgerlich verheiratete Vetter des Kaisers, war 1907 unter Hottentotten zu finden. Major Leutwein hatte eine Ehescheidungsaffäre hinter sich, als er 1894 nach Afrika geschickt wurde, und sein Sohn folgte ihm 1903 wegen einer Frauengeschichte nach. Bekannt wurde das Verfahren bei dem Kürassierleutnant Prosper Prinz von Arenberg, der wegen Soldatenmißhandlung unterzutauchen hatte und, wie der Kolonialdirektor eine Reichstagsinterpellation beantwortete, von einer unanfechtbaren Beurteilung gedeckt in die südwestafrikanische Schutztruppe kam. Lettow-Vorbeck entdeckte als Personalbearbeiter in Südwest 1904 „manche Namen ehemaliger Offiziere, die in Deutschland durch die Presse gegangen waren und sich rehabilitieren wollten" und durften. Im Jahr 1909 waren gegen 6 von 50 Offizieren und 16 Sanitätsoffizieren der Schutztruppe in Kamerun ehrengerichtliche Verfahren anhängig. Mangels solider Quellen kann hier keine Charakterisierung abgegeben, sondern nur eine Problematik angedeutet werden, die sich einer in Prozentsätzen und Pauschalurteilen ausgedrückten Beurteilung verschließt. Hinzugefügt sei, daß Offiziere der Schutztruppen unproportional selten das Objekt der scharfen zeitgenössischen Diskussion um „Kolonialgreuel" dargestellt haben.

Besondere fachliche Qualifikationen wurden dem Kolonialoffizier, im Gegensatz zum Kolonialbeamten, vor Dienstantritt weder abverlangt noch vermittelt. Für Kamerun empfahlen sich Kenntnisse in Englisch, für Ostafrika in Swahili, den Verkehrssprachen gegenüber den Askaris. Ostafrika-Anwärter wurden zu Swahilikursen in das 1887 gegründete „Seminar für Orientalische Sprachen" an der Berliner Universität kommandiert. An der 1892 geschaffenen „Realien-Abteilung" des Seminars ließ sich darüber hinaus landeskundliches Wissen erwerben. Das 1908 gegründete „Hamburgische Kolonialinstitut" stand aus Zeitgründen trotz theoretischer Möglichkeiten für Offiziere tatsächlich nur Beamten offen. Eine Koloniallaufbahn mit obligatorischem Ausbildungsgang wurde 1905/06 nur für Beamte geschaffen, erst nachdem sich die Länder bereit erklärt hatten, Tropeninvalide in ihren Dienst zu übernehmen. Offizieren wurde eine solche Garantie nicht erteilt: die Rückübernahme in die Heimatarmee erfolgte nur unter dem Vorbehalt voller Tauglichkeit.
Zum festen Kern des Offizierkorps der Schutztruppen lassen sich nicht allzuviele Offiziere zählen. Irgendwann fand auch der engagierteste keinen Platz auf dem stumpfen Planstellenkegel mehr, wenn er nach oben strebte. Unter Vorkriegsbedingungen konnte keiner in die aktive Generalität aufsteigen, der in einer Schutztruppe bleiben wollte. Auch der Erste Weltkrieg half im Feld nur einem einzigen Kommandeur dazu: Paul v. Lettow-Vorbeck. Andere Generale in Schutztruppenuniform sind entweder bereits mit diesem Dienstgrad oder der unmittelbaren Anwartschaft auf ihn in den Kolonialdienst getreten: v. Liebert, Müller, v. Trotha, v. Glasenapp, oder beim Ausscheiden aus dem aktiven Dienst befördert worden: Leutwein, Franke, Zimmermann. Ludwig v. Estorff hatte fast eineinhalb Jahrzehnte im Kolonialdienst gestanden, als er ihn 1910 zwecks Beförderung zum General verlassen mußte.

Nur ein kleiner Kern ist von der Tätigkeit unter Eingeborenen geprägt worden. Diese Offiziere übertrafen die Kolonialbeamten, in deren Kreis eine noch stärkere Fluktuation herrschte, an Erfahrung bei weitem. Hinzu kam, daß sich die administrativ und juristisch ausgebildeten Beamten vorzugsweise den Weißen als Verwaltungsobjekten zuwenden mußten, während sich die Soldaten den Farbigen widmeten, unter denen sie mit den berufsspezifischen Grundsätzen praktischer Menschenführung auskamen. Jene „alten Afrikaner" sind als das eigentliche Kolonialoffizierkorps anzusehen. Doch entziehen sich die Verhältnisse auch hier einer exakten Quantifizierung, da namentlich im Zug der Umwandlung von Militärdistrikten in Zivilbezirke eine Reihe mit ihrer Aufgabe verwachsener Schutztruppenoffiziere in die Bürokratie übertraten. Diese Doppelgruppe von militärischem und zivilem Status, aber militärischer Herkunft, war am besten in der Lage, das Verwaltungsziel der deutschen Kolonialpolitik zu erreichen: zugunsten des wirtschaftlichen Fortkommens der Weißen Druck auf die Eingeborenen auszuüben, bis zur Grenze der Belastbarkeit und bis knapp vor den Beginn von Widerstand, dessen Brechung unverhältnismäßige Mittel erforderte. Ausdrücklich verboten wurde von Gouverneur Seitz, die Farbigen so wohlwollend zu behandeln, daß „eine wirtschaftliche Entwicklung unmöglich" war. Die Ernennung eines erfahrenen Schutztruppenoffiziers zum Eingeborenenschutz-Kommissar in Südwestafrika durch den gleichen Seitz steht dazu nicht im Widerspruch, denn seit 1906/07, nachdem Staatssekretär Dernburg an die Spitze der zentralen Kolonialverwaltung getreten war, galten die Eingeborenen amtlich als das „wirtschaftliche Aktivum der Tropenkolonien".

Der Preis für vorbildliche Erfüllung der Aufgaben als Lebensinhalt bestand im Stehenbleiben auf der Ebene Kompaniechef/Landrat, Hauptmann/Bezirksamtmann. Den Ton gaben in den Schutztruppen deshalb die Stabsoffiziere und Kommandeure an, die kamen und gingen, und sich dazwischen bemühten, die Heimatverhältnisse in möglichst exakter Kopie auf das Militärwesen der Schutzgebiete zu übertragen. So konnte Leutnant Pfeiffer befriedigt nach Hause melden, daß auch in Ostafrika der gewohnte Kommiß herrsche. Und „wir Schutztruppler" empfanden als Höhepunkt des kolonialen Wohlbehagens: „In den Woilach eingehüllt denkt man an die heimatliche Kaserne ...".

Die Aufgabe der Landesverteidigung ergab sich stillschweigend aus dem Charakter der Schutztruppen als sozusagen dritte Teilstreitkraft des Deutschen Reiches. Da man bis 1914 bei Ausbruch eines auswärtigen Krieges Eingeborenenaufstände erwartete – die dann aber nicht im erwarteten Umfang ausgebrochen sind – vernachlässigte man bewußt die äußere Verteidigung, über die etwa seit der Jahrhundertwende durchaus diskutiert wurde, und setzte seine Hoffnungen auf ein gentlemen's agreement der Kolonialherren gegen die Kolonisierten. Überdies rechnete die zentrale Kolonialverwaltung und Schutztruppenführung nur mit kurzen Kriegen. Die Kolonien sollten auswärtige Konflikte möglichst mit Hoheitswahrung, aber vordringlich ohne größere Beschädigungen überstehen. Die Schutztruppen sollten sich hinhaltend kämpfend einigeln und ihr Hauptaugenmerk auf die Wahrung des Landfriedens richten.

An diese Weisung hielten sich Südwestafrika und Kamerun. Dagegen ging das ostafrikanische Schutztruppenkommando eigene Wege: der neue Kommandeur, Oberstleutnant v. Lettow-Vorbeck faßte im Frühjahr

1914 eine strategische Zielsetzung ins Auge. Er entschloß sich, im Kriegsfall eine Höchstzahl gegnerischer Kräfte auf Deutsch-Ostafrika zu ziehen und dadurch die Heimatfront wenigstens etwas zu entlasten; gegebenenfalls wollte er einen zögernden Gegner durch eine Offensive zur strategischen Diversion zwingen. Das Reichskolonialamt, dem seine Denkweise bekannt war, hatte seine Ernennung drei Jahre lang zu verschleppen gewußt. Als es sich schließlich doch damit abfinden mußte, verwarf es Lettow-Vorbecks strategische Konzeption und ließ eine Entscheidung über sie durch das Berliner Kommando der Schutztruppen hintertreiben. Gouverneur Schnee hat sich fast während des ganzen Krieges Lettow-Vorbecks Bemühungen widersetzt, nicht das Schutzgebiet sondern die Schutztruppe zu verteidigen und alle Kräfte Deutsch-Ostafrikas rücksichtslos für diesen Zweck zu mobilisieren. Da der Gouverneur nur Rahmenweisungen geben, nicht aber Operationen beeinflussen durfte, konnte der Kommandeur seinen Plan durch Herbeiführen militärischer Sachzwänge ungerührt in die Tat umsetzen. Schnee vermochte nicht mehr, als einen Prozeß nach Kriegsende anzudrohen. Umgekehrt gelangte der „Geist der Aufsässigkeit gegenüber dem Gouverneur", den Staatssekretär Solf in den letzten Friedensjahren bei der ostafrikanischen Schutztruppe registriert hatte, die an dem Mangel größerer Aufgaben und der Begrenzung ihres Tätigkeitsfeldes durch Ausbreitung der Zivilverwaltung litt, während des Krieges so recht zur Entfaltung: einzelne Schutztruppenoffiziere konspirierten über einen Art Staatsstreich durch die Anklage Schnees als Hochverräter im Sinne des Militärstrafgesetzbuches.

Nicht unzutreffend hat Hans Grimm lange Jahre danach auch das Wesen des deutschen Schutztruppenoffizierkorps erfaßt, als er in seinen dreizehn Briefen aus Südwestafrika die Sentenz formulierte: „Es ist für ein Volk nötig, daß seine ‚reinlichen' Abenteurer nicht zu Zuchthäuslern und Amokläufern werden vor lauter Verhemmtheit . . . das Kolonialland ist für ein Volk nötig wie der Turnplatz in der Schule".

QUELLEN- UND LITERATURNACHWEIS

1. Ungedruckte Quellen: Nachlässe

a) Im Bundesarchiv-Militärarchiv Freiburg i. Br.
Arnold Lequis
Paul v. Lettow-Vorbeck
Theodor Leutwein
Curt v. Morgen

Harald Pfeiffer
Carl Zimmermann
b) In Privatbesitz
Paul Gustav Petter

2. Erinnerungen und Biographien

Berthold v. Deimling: Aus der alten in die neue Zeit. Lebenserinnerungen, Berlin 1930
Franz Ritter von Epp. Ein Leben für Deutschland, hg. von Josef H. Krumbach, München 1939
Ludwig v. Estorff: Wanderungen und Kämpfe in Südwestafrika, Ostafrika und Südafrika 1894–1910, Wiesbaden 1968
Curt v. François: Deutsch-Südwestafrika, Berlin 1899
Albert Hahl: Gouverneursjahre in Neuguinea, Berlin 1937
Paul v. Lettow-Vorbeck: Mein Leben, Biberach 1957
Paul Leutwein: Afrikanerschicksal. Gouverneur Leutwein und seine Zeit, Stuttgart 1929
Theodor Leutwein: Elf Jahre Gouverneur in Deutsch-Südwestafrika, [2]Berlin 1906
Eduard v. Liebert: Aus einem bewegten Leben, Berlin 1925
Hans Paasche: Im Morgenlicht. Jagd-, Kriegs- und Reiseerlebnisse in Ostafrika, Berlin 1907
Jesco v. Puttkamer: Gouverneursjahre in Kamerun, Berlin 1912
Erich v. Salzmann: Im Kampf gegen die Herero, [3]Berlin 1912
Werner Schiefel: Bernhard Dernburg, 1865–1937. Kolonialpolitiker und Bankier im wilhelminischen Deutschland, Zürich 1974
Theodor Seitz: Vom Aufstieg und Niederbruch deutscher Kolonialmacht, 3 Bde., Karlsruhe 1927
Eberhard v. Vietsch: Wilhelm Solf. Botschafter zwischen den Zeiten, Tübingen 1961
Hermann v. Wissmann, Deutschlands größter Afrikaner, von A. Becker, C. v. Perbandt u. a., [4]Berlin 1911

3. Grundlegende Literatur und Handbücher

Deutsches Kolonial-Lexikon, hg. von Heinrich Schnee, 3 Bde., Leipzig 1920
Ernst Rudolf Huber: Deutsche Verfassungsgeschichte seit 1789, Bd. 4, Stuttgart 1969, dort S. 604–634: Die deutsche Kolonialverfassung
Edgar Graf von Matuschka: Organisationsgeschichte des Heeres 1890–1918, in: Handbuch zur deutschen Militärgeschichte 1648–1939, hg. vom Militärgeschichtlichen Forschungsamt, Band 3/Abschnitt V, Frankfurt/M. 1968, S. 201–211, 272–275
Ranglisten der aktiven Offiziere der Königlich Bayerischen Armee, München 1904–1914
Ranglisten der Kaiserlich Deutschen Marine, Berlin 1892–1896

Rang- [und Quartier]listen der Königlich Preußischen Armee und des XIII. (Königlich Württembergischen) Armeekorps, Berlin 1897–1914

Mary E. Townsend: The Rise and Fall of Germany's Colonial Empire 1884–1918, New York 1930 (unzulänglich ins Deutsche übersetzt: Leipzig 1932)

Albert Wirz: Die deutschen Kolonien in Afrika, in: Rudolf v. Albertini: Europäische Kolonialherrschaft 1880–1940, Zürich 1976, S. 302–327

4. Kriegs- und Organisationsgeschichten

Ludwig Boell: Die Operationen in Ostafrika. Weltkrieg 1914–1918, Hamburg 1951

Deutschland in China 1900–1901, bearb. von Teilnehmern an der Expedition, Düsseldorf 1902

Deutschlands koloniale Wehrmacht in ihrer gegenwärtigen Organisation und Schlagfähigkeit, bearb. von einem höheren Offizier, Berlin 1906

Willy Gartzke: Der Aufstand in Ponape und seine Niederwerfung durch S.M. Schiffe „Emden", „Nürnberg", „Cormoran" und „Planet", in: Marine-Rundschau 22 (1911), S. 703–738

Gustav Adolf Graf von Götzen: Deutsch-Ostafrika im Aufstand 1905/06, Berlin 1907

Hans von Haeften: Eine deutsche Kolonialarmee, in: Vierteljahrshefte für Truppenführung und Heereskunde, hg. vom Großen Generalstab, 2 (1905), S. 609–631

Die Kämpfe der deutschen Truppen in Südwestafrika, bearb. von der Kriegsgeschichtlichen Abteilung I des Großen Generalstabes (Autor: Hans von Haeften), 2 Bde., Berlin 1906/07

Die Kämpfe der Kaiserlichen Marine in den Deutschen Kolonien, = Der Krieg zur See 1914–1918, hg. vom Marine-Archiv (Bd. 6), Berlin 1935

Heinrich Mentzel: Die Kämpfe in Kamerun 1914–1916. Vorbereitung und Verlauf, (Phil. Diss.) Berlin 1936

Ernst Nigmann: Geschichte der Kaiserlichen Schutztruppe für Deutsch-Ostafrika, Berlin 1911

Hans v. Oelhafen: Der Feldzug in Südwest 1914–1915, Berlin 1923

Herbert Pürschel: Die Kaiserliche Schutztruppe für Kamerun. Gefüge und Aufgabe, (Phil. Diss.) Berlin 1936

Heinrich Schnee: Deutsch-Ostafrika im Weltkriege. Wie wir lebten und kämpften, Leipzig 1919

H. Rafalski: Vom Niemandsland zum Ordnungsstaat. Geschichte der ehemaligen Kaiserlichen Landespolizei für Deutsch-Südwestafrika, Berlin 1930

Erich Student: Kameruns Kampf 1914–16, Berlin 1937

Rudolf Wagner und E. Bruchmann: Wir Schutztruppler. Die Deutsche Wehrmacht Uebersee, Berlin 1913

5. Literatur zu verschiedenen Kolonialproblemen

Klaus J. Bade: Antisklavereibewegung in Deutschland und Kolonialkrieg in Deutsch-Ostafrika 1888–1890. Bismarck und Friedrich Fabri, in: Geschichte und Gesellschaft, Zeitschrift für Historische Sozialwissenschaft 3 (1977), S. 31–58

Detlef Bald: Deutsch-Ostafrika 1900–1914. Eine Studie über Verwaltung, Wirtschaft und Interessengruppen, (Phil. Diss.) Freiburg 1970

Helmut Bley: Kolonialherrschaft und Sozialstruktur in Deutsch-Südwestafrika 1894–1914, Hamburg 1968

Britain and Germany in Africa. Imperial Rivalry and Colonial Rule, ed. Prosser Gifford & William R. Louis, London 1967

Deutsche Kolonial-Zeitung, Berlin 1 (1884) ff.

Horst Drechsler: Südwestafrika unter deutscher Kolonialherrschaft. Der Kampf der Herero und Nama gegen den deutschen Imperialismus 1884–1915, Berlin 1966

Klaus Epstein: Erzberger and the German Colonial Scandals 1905–1910, in: English Historical Review 54 (1959), S. 637–663

Matthias Erzberger: Die Kolonial-Bilanz. Bilder aus der deutschen Kolonialpolitik aufgrund der Verhandlungen des Reichstages im Sessionsabschnitt 1905/06, Berlin 1906

Hans Grimm: Die dreizehn Briefe aus Deutsch-Südwest-Afrika, München 1929

Hans Haarhaus: Das Recht des deutschen Kolonialbeamten unter Berücksichtigung des englischen, französischen und niederländischen Kolonialrechts, Karlsruhe 1912

Karin Hausen: Deutsche Kolonialherrschaft in Afrika. Wirtschaftsinteressen und Kolonialverwaltung in Kamerun vor 1914, Freiburg i. Br. 1970

John Iliffe: Tanganyika under German Rule 1905–1912, London 1969

Kamerun unter deutscher Kolonialherrschaft. Studien, hg. von Helmuth Stoecker, 2 Bde., Berlin 1960/68

Paul M. Kennedy: The Samoan Tangle. A Study in Anglo-German-American Relations 1878–1900, Dublin 1974

William R. Louis: Das Ende des deutschen Kolonialreiches. Britischer Imperialismus und die deutschen Kolonien 1914–1919, Gütersloh 1971 (englisch 1967)

ders.: Ruanda-Urundi 1884–1918, Oxford 1963

Fritz Ferdinand Müller: Deutschland, Zanzibar, Ostafrika. Geschichte einer deutschen Kolonialeroberung 1884–1890, Berlin 1959

Gustav Noske: Kolonialpolitik und Sozialdemokratie, Stuttgart 1914

Harry R. Rudin: Germans in the Cameroons 1884–1914. A Case Study in Modern Imperialism, London 1938

Franz J. Sassen: Deutsches Kolonial-Militärrecht, in: Sammlung militärrechtlicher Abhandlungen und Studien, hg. von Heinrich Ditz, Bd. 1, Rastatt 1911

Jürgen Schaefer: Deutsche Militärhilfe an Südamerika. Militär und Rüstungsinteressen in Argentinien, Bolivien und Chile vor 1914, Düsseldorf 1974
John E. Schrecker: Imperialism and Chinese Nationalism. Germany in Shantung, Cambridge/Mass. 1971
Hans Spellmeyer: Deutsche Kolonialpolitik im Reichstag, Stuttgart 1931
Gert Sudholt: Die deutsche Eingeborenenpolitik in Südwestafrika. Von den Anfängen bis 1904, Hildesheim 1975
Rainer Tetzlaff: Koloniale Entwicklung und Ausbeutung. Wirtschafts- und Sozialgeschichte Deutsch-Ostafrikas 1885–1914, (Phil. Diss.) Berlin 1970
Hans-Ulrich Wehler: Bismarck und der Imperialismus, [4]München 1976
Alfred Zimmermann: Geschichte der deutschen Kolonialpolitik, Berlin 1914

DIE DEUTSCHE GENERALITÄT UND ADMIRALITÄT BIS 1918

VON FRIEDRICH WILHELM EULER

Bis zum Eintritt in das 19. Jahrhundert war das hohe Offizierkorps des deutschen Sprachraumes von den ständischen Begriffen des Adels bestimmt.

Gewiß gab es schon sehr viel früher, spätestens seit den großen Kriegen des 17. Jahrhunderts, den Aufstieg aus nicht-adeligen Kreisen bis in die Spitzenfunktionen der Kommandogewalt und doch war dies eine vereinzelte Erscheinung, die sich nicht auf die Gesamtstruktur des Standes auswirken konnte.

Grundsätzlicher war schon die landläufig werdende Erscheinung, daß der hohe Offizier der Artillerie und des Ingenieurkorps durchaus ein Träger bürgerlichen Namens sein und bleiben konnte, aber gerade bei dieser Waffe setzte dann in der zweiten Hälfte des 18. Jh. das Bestreben ein, der erfolgreichen Laufbahn auch das äußere Zeichen fürstlicher Anerkennung zu zollen, so daß die Kommandeure dieser Waffengattung sehr oft zu Begründern adeliger Geschlechter wurden.

Es kann hier nicht untersucht werden, in wie weit dieser Vorgang zu der Auflockerung beitrug, die wir dann im zeitlichen Bereich unserer Untersuchung, übergreifend auf alle anderen Waffengattungen, vorfinden.

Jedenfalls läßt sich auch ohne statistische Aufschlüsselung für den mit den Freiheitskriegen beginnenden Zeitraum feststellen, daß in die vom adeligen Herkommen bestimmte Schicht der älteren Generalität, deren Geburtsjahre noch in den fünfziger Jahren des 18. Jh. zu suchen sind, sich bereits eine Fülle von Inhabern entscheidender Kommandostellen mischte, die erst durch Adelsdiplome den fast noch überall geforderten adeligen Stand erworben hatten.

Erst sehr viel später hat man diese von da ab stark wachsende Generalität nicht-adeliger Abstammung als „Schwertadel" gekennzeichnet und damit den grundsätzlichen Unterschied betont, der zum korporierten, auf eigenem Grundbesitz basierenden, nur in einzelnen Gliedern in den Staatsdienst tretenden alten Adel bestand.

Zwar ist schon oft der Versuch unternommen worden, diese schon von der Fragestellung her interessante und bis in die politische Meinungsbildung unserer Tage nachwirkende Frage nach der ständischen Herkunft der militärischen Spitze zu untersuchen, aber es fehlt trotzdem bis heute eine umfassende Darstellung.

Wir haben bei unserem Beginnen dankbar auf diese wertvollen Vorarbeiten zurückgegriffen, aber zugleich ein weitergehendes Ziel verfolgt. Es konnte uns nicht genügen, die Verhältnisse für die beiden zentralen Mächte Preußen und Österreich, oder für einzelne spätere Bundesstaaten des deutschen Reiches, oder gar nur für kürzere Zeitabschnitte zu untersuchen. Ebenso wenig konnten wir uns darauf beschränken, jeweils nur den Geburtsstand des Probanten und den im Milieu des Elternhauses in Erscheinung tretenden Bereich in die Betrachtung einzubeziehen. Vielmehr haben wir in jedem Falle die Einzelfeststellungen so weit in die Vergangenheit voran getrieben, bis eine eindeutige Einordnung sowohl der väterlichen, wie der mütterlichen Großeltern in eine der Gruppen altständischer Ordnung möglich war.

Wir standen dabei vor einer Reihe von grundsätzlichen Schwierigkeiten: einmal war sehr bald offensichtlich, daß nicht nur die ältere Literatur über die Geschlechter des deutschen Adels weitgehend von dem Bestreben gekennzeichnet war, eine Abstammung zu produzieren, die den adelstümlichen Vorstellungen der Zeit nahe kam. Selbst bis in die persönlichen Papiere und in die Konduiten hinein wurden bereitwillig Angaben übernommen, die diesem Ziel dienten, und wir müssen hier nicht im einzelnen nachweisen, wieviele Söhne und Enkel von ehrgeizigen Männern abstammen, die wider besseres Wissen, oder aber auch im Wunschglauben tradierter Behauptungen einen adeligen Stand prätendierten.

Was hier belangvoller ist, scheint mir die Tatsache zu sein, daß nicht wenige dieser Schicht gerade in die entscheidenden Funktionen des Jahrhunderts gerückt sind.

Einige von ihnen haben wir in der folgenden alphabetischen Liste vorgestellt, andere gehören nach den strengen Prinzipien der Auswahl, die wir uns aus Raumgründen abgewinnen mußten, nicht in die einzeln betrachtete Kategorie, sollen aber doch hier genannt werden, weil ihre Namen geradezu Geschichte gemacht haben, wie etwa Clausewitz und Tegetthoff. Überhaupt sind wir uns dessen bewußt, daß der militärische Rang nicht unbedingt die Bedeutung kennzeichnet, die sein Träger in der

Geschichte des Militärs gespielt hat. Wir mußten deshalb die folgende Liste ganz streng den äußeren Kriterien unterwerfen und haben uns auf Feldmarschälle, Generalobersten, Kommandierende Generäle von AK (mit Auswahl) und Kriegsminister beschränkt. Ausgeklammert haben wir grundsätzlich die Mitglieder der regierenden Häuser, deren militärischer Rang, bei aller Anerkennung ihrer persönlichen Eignung im Einzelfall, doch weitgehend von der Zugehörigkeit zu diesen Häusern bestimmt war – sie bieten ja auch für die Betrachtung keine Aufschlüsse, da der hohe Adel damals noch ein geschlossener Geburtsstand war.
Auch hier würde sich allerdings zeigen, daß die Feldmarschälle aus den Fürstenhäusern untereinander in oft bemerkenswerten engeren genealogischen Beziehungen zueinander standen.
Ihnen an die Seite zu stellen sind auch einige Mitglieder mediatisierter Häuser, wobei ich nur auf das Beispiel des K. K. Feldmarschalls Alfred Fürst Windischgrätz, 1787–1862, hinweise, von dem zwei Söhne den Rang eines Generals der Kavallerie und zwei weitere den Rang eines Feldmarschalleutnants erreichten.
Ich mußte es mir auch versagen, auf die Verwandten einzugehen, die unsere Probanten in der militärischen Führungsschicht hatten. Nur Brüder habe ich erwähnt, wenn sie Kommandierende Generäle waren. Dennoch wird bei genauer Betrachtung der Listen sichtbar, daß es bestimmte Familiengruppen gab, die einen überdurchschnittlichen Anteil an dieser Gesamtschicht stellten.
Vorausbehandeln möchte ich aus diesem Grund das besonders aufschlußreiche Geschlecht v. Rauch, dessen Entwicklung noch einige Züge mehr des Ungewöhnlichen zeigt, als sie das Jahrhundert sonst aufweist. Der nähere Stammvater, Johann Bonaventura, 1740–1814, Sohn des Lehrers Anton Rauch in Peterskirchen bei Traunstein, und der Maria Gertrud Rosina Reither führt aus eigener Machtvollkommenheit das Adelsprädikat, wird 1761 Ingenieur in braunschweigischen Diensten, 1764 Kondukteur, 1766 Leutnant, 1772 Kapitän, tritt 1777 als Stabskapitän im Mineur-Korps in Königsberg in preußische Dienste, bald Lehrer im Ingenieurwesen, 1788 Major und steigt bis zum Generalmajor, Vizekommandant von Stettin 1806 auf, wird aber im gleichen Jahr noch wegen der Kapitulation ohne Abschied entlassen und 1809 verurteilt (Priesdorff III, 180 ff). Aus seiner Ehe, 1773, mit Johanna Justine Eleonore Bandel, Tochter des Amts- und Kammerrats Justus B. und der Helene Catharina Copal (Pf.) stammten neun Kinder, deren Aufrücken in höchste Positionen und Einheirat in alte Adelsgeschlechter (v. Wulffen, v. Bismarck, v. Knobelsdorff) vom unrühmlichen Ende des Vaters nicht überschattet wurde. Im Gegenteil, der älteste Sohn Gustav, 1774–1841, wird General

der Infanterie und 1837–1841 Kriegsminister, nachdem er 1813 Generalstabschef Yorcks gewesen war (Priesdorff IV, 201–215). Zweimal adelig verheiratet, war er der Vater des Generals der Kav. Gustav Waldemar und des Generals der Inf. Albert v. Rauch. Zu den weiteren Nachkommen gehören der Generalmajor Leopold v. R., der Gen.Lt. Friedrich (1790–1850), verheiratet mit Laurette Gräfin v. Moltke, und dessen Söhne der Gen. d. Kav. Alfred und der Gen. Lt. Friedrich v. Rauch. Eine Enkelin heiratet einen preußischen Prinzen und wird Gräfin Hohenau.

Hier kommen alle Elemente beispielhaft zusammen, die für die nunmehr einsetzende neue Entwicklung kennzeichnend sind.

Wenn wir die gesamte Generalität Preußens über diesen Personenkreis hinaus mit der gleichrangigen Schicht der österreichischen Doppelmonarchie vergleichen, so wird deutlich, daß trotz aller Durchbrüche einzelner, doch in Preußen die Rekrutierung für die Spitzenfunktionen auf ein sehr breites, ständegeschichtlich bereits vorgeformtes Arsenal an bewährten Familien zurückgreifen konnte.

In Österreich fehlt es weitgehend an gleichgerichteten Voraussetzungen – überhaupt an einer entsprechend breiten, nicht-adeligen, aber durch Beamtung bewährten Zwischenschicht. Deshalb mußte der Bruch viel gewaltsamer und die Ablösung grundsätzlicher sein, worauf Preradovich schon vielfach mit umfassenden Unterlagen hinwies. Aber auch hier wird der Versuch gemacht, die neue Führungsschicht den alten Vorstellungen anzunähern, und was die eigene Abstammung des Probanten nicht hergab, wurde durch eine wahre Inflation von Diplomen und ein adeliges Konnubium ausgeglichen.

Ganz besonders möchte ich die Aufmerksamkeit auf den Heiratskreis der Aufsteiger lenken. Während die hohen Offiziere aus älteren Adelsfamilien oft ohne Rücksicht auf ihre gesellschaftliche Stellung Ehen schlossen, sind die Offiziere bürgerlicher Herkunft in diesem Punkte wesentlich ehrgeiziger, und oft ist die adelige Heirat einer der Gründe vorzeitiger Nobilitierung gewesen. Das gilt auch für das preußische Kontingent und für die deutschen Bundesstaaten, wobei Bayern und Württemberg durch die betont bürgerlichen, allerdings durch Nobilitierung schwerer erkennbaren Spitzenfunktionen in Militär und Verwaltung auffallen. In beiden Königreichen gab es ja die Einrichtung des persönlichen Adels – in Bayern noch zusätzlich den Ritterstand durch Verleihung des Max-Joseph-Ordens, der sich für das ganze Offizierkorps als nahezu selbstverständliche Begleiterscheinung im höheren Dienst auswirkte.

Die beiden Marinen können hier nur in ganz wenigen Beispielen behandelt werden, weil nur die Großadmirale und Marinestabschefs die hier gesetzte Grenze überschreiten. Auch hier überwiegt bei weitem das bürgerliche Element und diese Erscheinung ist auch für die Voll-Admirale der monarchischen Zeit typisch. Selbst die Träger alt-adeliger Namen sind in der Regel aus besitzlosen und bürgerlich verheirateten Linien. Die auf der Hand liegenden Gründe sind hier nicht zu erörtern. Was die folgende Liste leider nicht zeigen kann, sind die ständischen Übergänge mit näheren beruflichen Gruppierungen, die einer eingehenden Nuancierung bedurft hätten. In der Tat sind sprunghafte Entwicklungen noch selten und der jeweilige Aufstieg wird durch entsprechende Vorstufen vorbereitet. Was für diese Spitzengruppe gilt, wird bei einer Erfassung der beiden darunter liegenden Ränge der Vollgenerale und Generalleutnants, der Admirale und Vizeadmirale im breitesten Umfang bestätigt. Das Gesamtergebnis dieser noch laufenden Untersuchungen hoffen wir in einer ausführlichen Darstellung von Dr. Bernd Schröder vorlegen zu können.

ALPHABETISCHE LISTE DER GENERALITÄT 1815–1918

Die genauen Unterlagen des hier gegebenen Extraktes befinden sich im Bensheimer Archiv.

In der folgenden Liste werden die Ahnengruppen jeweils so weit geführt, bis sie eindeutig einer bestimmten sozialgeschichtlichen Schicht zugeordnet werden können. Normalerweise ist das bei den Eltern oder Großeltern möglich – in einigen Fällen müssen aber noch die Urgroßeltern klassifiziert werden.

Wir wenden dabei folgende Abkürzungen an:

A	alter Adel
HA	Hochadel
BA	Briefadel bis 18. Jahrhundert
NA	Neu-Adel 19. und 20. Jh.
P	Patriziat
B	Beamtentum
BB	Bildungsbürgertum
Pf.	Pastorentum
K	Kaufmannsschicht
GK	Großkaufleute, Bankiers
H	Handwerkertum
L	Bauernstand
US	städtische Unterschicht
UL	ländliche Unterschicht

Die in Klammern gesetzte Zahl zwischen dem Adelsprädikat und dem Familiennamen bezeichnet das Jahr der Standeserhöhung. Von der Laufbahn wird jeweils nur der letzte Rang mit dem Jahr der Ernennung und die letzte militärische Funktion angegeben. Die konfessionelle Zuordnung wird durch (e.) und (k.) für evangelisch und katholisch gekennzeichnet. Der Besitzstand des Vaterhauses wird nur dann näher bestimmt, wenn dadurch die Laufbahn des Sohnes mit beeinflußt wurde (Gutserwerb oder Verkauf, Vermögensverfall). Die Berufe einzelner Vorfahren werden nur dann berücksichtigt, wenn sie hohe Ränge in Verwaltung und Militär betreffen. Die landschaftliche Einordnung wird nur in den Fällen besonderer Mobilität berücksichtigt.

1. v. Albedyll, Emil, 1824–1897, Pr. Gen. d. Kav. (1886), Chef des Mil. Kab. (1871), Kdr. d. VII. AK (1888–1893); (e.)
   ∞ I. 1847 Hedwig v. Barby, T. d. Gen. (A); ∞ II. 1869 Julie v. Alten, T. d. Hannover. Geh.Rats Victor Gf v. A., auf Wildenburg, u. d. Hermine Schminke (K, B); Schwester des Pr. Gen. d. Kav. Carl Gf v. A.
   V: August v. A., verk. 2 Güter (BA, A, A, K)
   M: Ernestine Ulrike v. Wedell (A, A, A, BA)
   Bruder: Georg v. A., Gen. d. Kav.; Neffe: Victor v. Hennings Gen. d. Kav.
2. Frhr (1850) v. Alemann, Wilhelm, 1797–1881, K.K. FZM., Mil.Gouv. v.Venetien (e. dann k.);
   ∞ I. 1839 Josepha v. Eisenbach (BA); ∞ II. 1859 Carola Deymek (K)
   V: Carl v. A., K.K. Hptm, gef. (P, BA, H, H)
   M: Elisabeth Conrad v. Heydendorf (BA, Pf.)
3. Frhr (1860) v. Appel, Johann Nepomuk, 1826–1906, K.K. Gen. d. Kav., Kom.Gen. u. Chef d. Lds.Reg. von Bosnien und Herzegowina (k.); ∞ 1853 Johanna Körtvelyessy de Ascuth (ung. BA)
   V: Ritter (1846) v. A., Joseph, FMLt (B, K, H, K)
   M: Franziska Romana Freiin Ržikowsky v. Dobržicz (A, A, BA, A) siehe Beck;
   Vettersohn: Michael (1878) v. Appel, 1856–1915, k.u.k. Gen. d. Inf., Kom.Gen. d. XV. AK; M: Anna Bederlunger (K)
4. Frhr (1917) Arz v. Straußenburg, Arthur, 1857–1935, k.u.k. Gen. Oberst, Chef d. Gen.Stabs (1917) (e.);
   ∞ 1903 Stephanie Thomka de Thomkaháza et Falkusfálva (k.), T. d. Wilhelm, Oberst (BA) u. d. Olga Westenholz (K)

V: Karl A. v. S., Postmeister in Hermannstadt (NA, Pf., B, B)
M: Luise Pfaffenhuber (K, H, K, H)

5. Frhr v. Asch zu Asch auf Oberndorf, Adolf, 1839–1906, Bayer. Gen. d. Inf. und Kriegsminister (k.);
∞ 1893 Marie Hauner, T. d. Geh.Rats Prof. Dr. med. August (1881 pers. Adel) v. H., Kinderarzt München, u. d. Marie Gattinger;
V: Joseph, Gen.Major (A, A)
M: Violanda Freiin Schrenck v. Notzing, T. d. Justizministers (A, BA, A, BA)

6. v. (1884) Aster, Ernst, 1778–1855, Pr. Gen. d. Inf. (1842), Generalinspekteur der Festungen, Ingenieure und Pioniere; (e.)
∞ I. 1809 Yvette v. Raussendorf (BA); ⚮ II. 1821 Marie v. Brandt (BA);
Zwei Brüder: sächs. Generale;
V: Ludwig. Sächs. Gen.Major, Chef d. Ing.Korps, Schöpfer des Pontonier-Korps (Pf., K)
M: Susanne Ludovika Hennig (B, K)

7. Frhr (1915) v. Auffenberg-Komarów, Moritz, 1852–1928, k.u.k. Gen. Oberst, Kriegsminister, Führer der 4. Armee (k.);
∞ 1892 Theresina Maurer (k.), T. d. Gutsbes. Heinr. u. d. Therese Winkler (K)
V: Moritz Ritter v. A., Präs. d. Landgerichts Czernowitz (BA, A, BA)
M: Henriette Frendl (H, B, B, K)

8. Bachmann, Gustav, 1860–1943, Admiral (1912), Chef des Admiralstabs der Marine;
∞ 1888 Ella Holzapfel (beide e.) (K)
V: Julius, Rittergutspächter, S. d. Prof. f. Klass. Philologie in Rostock Ludwig B., u. d. Louise Horstig (Professorentochter u. Enkelin;
M: Anna Raspe (Pf., Mecklenburg);
Anm.: die väterl. Urgroßeltern waren ein Kaufmann aus Leipzig und Rittergutsbes., aus K, mit einer Tochter des Malers August Ludwig Stein in Leipzig.

9. Graf Baillet v. Latour, Theodor, 1780–1848, K.K. FZM, Kriegsminister (1848), Generalgeniedir.; (k.);
∞ 1816 Sophie Gräfin Bourcier (A) (franz. Comtes)
V: Maximilian, K.K. FZM, Hofkriegsratspräs. aus Lothringen (A, A)
M: Charlotte Comtesse de La Marche (A, A);
Vetter: Carl Ludwig Gf v. Ficquelmont, 1777–1854, K.K. Gen. d. Kav. und Außenminister.

10. Frhr (1918 v.) Bardolff, Carl, 1865–1953, k.u.k. Gen. d. Inf., Dr. jur. et phil. h.c.; (k.)
∞ 1899 Cäcilie v. Wenz, Sängerin, Obersten-Tochter (NA)
V: Carl B., Hof- und Feldtrompeter, Musiker am Hof-Burgtheater; S. d. aus Franken zugewanderten Wiener Gastwirts Georg B. (L, H);
M: Theresia Gründorf (B, K)

11. Graf v. Baudissin, Friedrich, 1852–1921, Admiral und Chef d. Admiralstabs (1908), Chef der Marinestation der Nordsee (1909) (e.);
∞ 1879 Edith Kinderling, T. d. Franz, Vizeadmiral, u. d. Nelly Klaasen (L, K)
V: Wolf, Postdirektor (A, HA, BA, A, L, B, K, L)
M: Theonie v. Mesmer-Saldern (K, franz. BA, A, A)

12. Graf (1906) Frhr (1878) Ritter (1861) v. Beck-Ržikowsky (1913) Friedrich, 1830–1920, k.u.k. Gen.Oberst und FZM, Chef d. Generalstabs (K);
∞ 1861 Anna Freiin Ržikowsky v. Dobržicz, T. d. FMLt Leopold, stellvertr. Generalgenieinspektor (A) u. d. Magdalena Kampmüller-v. Langholsen; (K, BA)
Bruder: Bernhard, preuß. Generalarzt;
V: Karl Joseph, Dr. med., Bad. Geh.Hofrat, Prof. d. Chirurgie und Augenheilkunde in Freiburg (Bruder des Karl B., 1854 v. Schwörburg, k.u.k. Hofrat und Generalkriegskommissär) (BB, K)
M: Philippine Wirth (Vater: Hofgerichtsrat) (L, K) (Mutter: aus Freiburg, K, K)

13. v. (1859) Beyer, Augustin gen. Gustav, 1812–1889, Pr. und Bad. Gen. d. Inf. (1873), Bad. Kriegsminister (1868) (k., dann e.);
∞ 1836 Therese Reichenbach, verw. Limburger, Bankierstochter aus Leipzig (K, K)
V: Joachim Friedrich B., Geh.Reg.Rat und Oberlotterie-Dir. Berlin (K, B)
M: Elisabeth Vercelli (K, K)

14. Graf v. Bellegarde, Heinrich, 1756–1845, K.K. FM (1806), Kriegsminister (1818–1825) usw.; (k.);
∞ 1791 Augusta Freiin v. Berlichingen, T. d. K.K. FMLt Friedrich Alexander (A) u. d. Catharina Gräfin Forgách (ung. A). Zwei Söhne K.K. FMLt, ein Bruder FMLt, ein Vatersbruder Sächs. Gen.
V: Johann Franz Graf (1741) v. B., Sächs. Gen. und Kriegsminister (savoyischer A, A)
M: Maria Antonia Gräfin v. Hartig (BA, BA)

15. v. Below, Fritz, 1853—1918, Pr. Gen. d. Inf., OBefh. d. 1. Armee (e.), ledig; 2 Brüder Generale;
V: Ferdinand, Gen.Major, Sohn eines GenLt (A, A)
M: Therese Mauve (B, B, K, H)
Anm.: Urgroßmutter Wagner geb. Grabia, Goldschmiedstochter aus der franz. Kolonie in Berlin.

16. v. Below, Otto, 1857—1944, Pr. Gen. d. Inf., OBefh. d. 14. Armee (e.); ∞ 1897 Gerti Pfaff, T. d. Wilhelm (pers. A. v. P.) Württ. Gen. d. Inf. u. d. Lina Hübner. Bruder Hans, Gen.Lt.;
V: Hugo v. B., Gen.Lt., Kommandant von Posen (A, A, BA, EA, 2 Generale)
M: Alexandra v. Lupinska, T. d. Gen.Lt. Vinzent Cajetan v. Lupinski (poln. A) u. d. Emilie Henriette Neugebauer (B, H, K)

17. v. (1905) Bendemann, Felix, 1848—1915, Admiral (1903), Chef d. Admiralstabs usw. (e.);
∞ 1873 Helene Sturz, T. d. Jacob (GK), Brasil. Gen.Konsul in Berlin, u. d. Melina Cayme (K). Vetter Hans: Pr. Gen.Lt.;
V: Eduard B., Dr. phil. h.c., Maler, Prof. u. Direktor der Kunstakad. Düsseldorf (jüd. GK, GK, Berlin)
M: Lida Schadow, T. d. Bildhauers Dr. phil. h.c. Gottfried, Dir. d. Akad. d. Künste Berlin (H) u. d. Henriette Rosenstiel (B, Pf., K, K)

18. v. (1873) Bernhardi, Friedrich, 1849—1930, Pr. Gen. d. Kav. (1908), Kd.Gen. d. VII. AK (e.);
∞ I. 1881 Armgard v. Klitzing (A, BA); ∞ II. 1893 Katharina v. Colomb (BA, A)
V: Theodor, Pr. Leg.Rat, Rittergutsbes., S. d. August Ferdinand, Prof., Sprachforscher, Berlin (B, B, Pf., K), u. d. Sophie Tieck, Schwester des Ludwig und Friedrich Tieck (H., H., Berlin)
M: Charlotte v. Krusenstern, T. d. Russ. Gen.Admirals u. Weltumseglers (BA, A) u. d. Juliane v. Taube (A, BA)

19. v. (1904) Beseler, Hans, 1850—1921, pr. Gen.Oberst, Gen.Gouv. von Warschau usw. (e.);
∞ 1885 Clara Cornelius, T. d. Bankdirektors in Moskau und Berlin Eduard Wilh. C., u. d. Helene Olga Casparsenn (K), Bruder: Preuß. Justizminister;
V: Georg B., Dr. jur., Geh. Justizrat, Prof. d. Rechte in Greifswald, 2. Vizepräs. d. Herrenhauses (H, B, K, H)
M: Emilie Karsten, T. d. Mineralogen, Geh.OBergrats Karl K. (K, Pf.) u. d. Charlotte Adelaide Rosenstiel (B, Pf., K, K, siehe Bendemann)

20. v. (1871) Biehler, Hans Alexius, 1818–1886, Pr. Gen. d. Inf. (1880), Gen.Inspekteur der Festungen usw. (e.);
∞ 1868 Wilhelmine v. Kleist, T. d. Wilhelm, Gen. d. Pioniere (A) u. d. Emilie Gundelach (B, K)
V: Friedrich Theodor, Dr. med., Sanitätsrat Berlin und Kyritz (L, B)
M: Luise Charlotte Woderb, T. d. Karl Wilhelm W., Kalkbrennereibes., illeg. d. Majors Bernhard v. Bredow, u. d. Marie Sophie Labes (K)

21. Frhr (1868), Ritter (1860) v. Bienerth, Carl, 1825–1882, k.u.k. GFMlt. Kommandant von Krakau usw. (k.);
∞ 1860 Violetta v. Schmerling, T. d. Dr. jur. Anton v. S., Staatsminister, Präs. d. Obersten Gerichtshofs (NA) u. d. Pauline Freiin v. Koudelka, Malerin, selbst T. d. FMLt. Joseph, seit 1834 Frhr v. K. u. d. Katharina Freiin Wetzlar v. Plankenstern (jüd. GK);
V: Andreas B., Soldat, aufgestiegen zum charakterisierten Kapitänleutnant (UL, UL aus Gerlsdorf und Fulnek, Ostsudeten);
M: Theresia Kopczinsky, T. d. Stanislaus K., Korporal in Sternberg (UL) u. d. Pauline Zimmer (US), T. d. Totengräbers in Sternberg.

22. Graf v. Bylandt, Arthur, 1821–1891, k.u.k. FZM, Kriegsminister (1876–1888) (k.);
∞ 1852 Maria Gräfin v. Harbuval-Chamaré, T. d. Anton, auf Pottenstein usw. (A), u. d. Anna Gfin Woracziczky (A);
V: Ferdinand, 2 Güter, Kämmerer und Hptm. (A, A aus den Niederlanden und Böhmen);
M: Adelheid v. Mikusch und Buchberg (BA, A, K, B)

23. Graf v. Bismarck-Bohlen, Friedrich Theodor, 1818–1894, Pr. Gen. d. Kav., Gen.Gouv. von Elsaß-Lothringen 1870, Gen.Adj. (1871) (e.);
∞ 1850 Johanna v. Below, T. d. Wilhelm, Gen.Lt., u. d. Auguste Zimmermann, T. d. Hess. Geh.Staatsrats Z. in Darmstadt (B, BB);
V: Theodor, 1818 Graf v. B.-B., Gen.Lt., 3 Güter, Pomm. Landtagsmarschall (A, A, ms Hugenotten);
M: Caroline Gfin v. Bohlen (A, A, schwed. Großmutter).

24. v. (1899) Frhr (1902) v. Bilfinger, Hermann, 1843–1919, Württ. Gen. d. Inf., Gen.Adj., Chef d. Gen.Stabs des V.AK usw. (e.);
∞ 1872 Henriette Ruoff, T. d. Kaufmanns und Gutsbes. Otto R. in Ludwigsburg (K, K);
V: Carl Friedrich B., Dr. phil., Pfarrer (B, B);
M: Adelheid Frank (H, K, B, B)

25. Frhr v. Bissing, Moritz, 1844–1917, Pr. Gen.Oberst, Gen.Gouv. von Belgien usw. (e.);

∞ I. 1872 Myrrha Wesendonck, T. d. Otto (GK, Zürich) u. d. Mathilde Luckemeyer (K); ∞ II. 1890 Alise Gfin v. Königsmarck, T. d. Gutsbes. Carl Graf v. K. (A) u. d. Leontine Gfin Sayn-Wittgenstein (HA);
V: Moritz, Gutsbes. u. Landesältester, S. d. August v. B., Oberst, u. d. Auguste v. Gröna, illeg. T. d. Friedr. Albrecht Fürst v. Anhalt-Bernburg, (HA) u. d. Christine Auguste Börner (K, B, Pf.);
M: Dorothea Freiin v. Gall (BA, A)

26. Fürst (1814) Blücher v. Wahlstatt, Gebhard Lebrecht, 1742–1819, Pr. GFM usw. (e.);
∞ I. 1773 Caroline Amalie Freiin v. Mehling, T. d. Friedr. Wilh., Poln. Oberst der Krongarde (BA) u. d. Bernhardine v. Bojanowska (A); ∞ II. 1795 Amalie v. Colomb; Schwester des Gen. d. Kav. Peter v. C., T. d. Pierre, Geh.Finanzrat (NA) u. d. Elisabeth Bacmeister (B);
V: Christian Friedrich, Hessen-Kassel. Rittm., Gutsbes. in Mecklenburg (A, A)
M: Dorothea Marie v. Zülow (2 Güter, A, A)

27. v. (1888) Blume, Wilhelm, 1835–1919, Dr. phil. h.c., Pr. Gen. d. Inf., Kom.Gen. d. XV. AK, Mitgl. d. Staatsrats und Bundesrats usw. (e.);
∞ 1866 Caroline Suffrian, T. d. Provinizialschulrats in Münster (K, B);
V: Hermann, D., Dr. phil., Gymnasialdirektor und Domherr zu Brandenburg (Pf., B);
M: Luise Wuttig (Pf., B; Mutter Pf.)

28. Graf (1883) v. Blumenthal, Leonhard, 1810–1900, Pr. GFM (1888), 3 Güter (e.);
∞ 1832 Delicia Vyner, T. d. engl. Rechtsanwalts und Gutsbes. Robert V. (Pf.) u. d. Laura Glover (Gutsbes.);
V: Ludwig v. B., Rittm., gefallen, ms. Enkel des Pr. Staatsministers Joachim Ewald v. Massow (A, A);
M: Friederike v. Below (2 Güter, A, A)

29. v. Bock und Polach, Max, 1842–1915, Pr. GFM, Gen.Insp. d. 3. Armee (e.);
∞ 1873 Mathilde Freiin v. Plettenberg; Base, T. d. Gutsbes. Wilhelm u. d. Mathilde Freiin v. Nordeck (e.);
V: Ernst, Pr. Hptm. in Trier und Koblenz (A, BA);
M: Luise Caroline Freiin v. Nordeck (A, B)

30. v. Boehn, Max, 1850–1921, Pr. Gen.Oberst, OBefh. d. 7. Armee (e.);
∞ 1873 Martha Elsner, T. d. Domänenpächters und Amtsrats Mo-

ritz E. (Pf.), u. d. Louise Koppe (L, L), Bruder: Hans Matthias, 1853–1931, Gen. d. Kav.;
V Julius Heinrich, Gen.Lt. (A, A, BA, B);
M: Josepha Luise Cords (L, Pf., A, A, 2 Generale)
Vatersbruder: Philipp Octavio v. B., pr. Gen. d. Inf., 1824–1899

31. v. Bockenheim, Franz, 1856–1937, k.u.k. FZM, Stellver. Chef d. Ministeriums f. Ldvert. usw. (k.);
∞ 1882 Therese Gröbner, T. d. Hausbesitzers Joseph G. in Olmütz, u. d. Therese Meixner (H, H);
V: Franz, Major (BA, K);
M: Therese Franziska Kurz, T. d. Karl, Hptm. in Brünn, u. d. Emilie Fischer (Gubernialratstochter in Krakau)

32. Frhr (1917) v. Boehm-Ermolli, Eduard, 1856–1941, k.u.k. FM und Dtsch. GFM (k.), ledig;
V: Georg, 1885 v. B.-E., aufgestiegen vom Gefreiten (1836) bis zum Major i. P. (1887) (UL, UL in Kunewald Kr. Neutitschein);
M: Marie Josepha Ermolli (H, K, in Mailand)

33. v. Bonin, Eduard, 1793–1865, Pr. Gen. d. Inf. (1859), Kriegsminister (1852 und 1858) (e.);
∞ 1821 Sophie Mathilde Dequer de Jouy (k.), T. d. Jean Louis franz. Gen.Postdir. in Lothringen (NA);
V: Ernst, Gen.Lt., Gutsbes. (A, A);
M: Albertine v. Podewils (A, A, ein Gut)
Vettern: Adolf v. B., 1803–1872, Gen. d. Inf., Gen.Gouv. v. Lothringen 1870, Mutter gleichfalls A, A, und Gustav, Pr. Finanzminister, OPräs. v. Sachsen u. Posen, 1797–1878

34. Baron (1915) Boroëvic de Bojna (ungar. Adel 1915), Svetozar, 1856–1920, k.u.k. FM, OBefh. d. 3. Armee (1914) und der 5. Armee (1915) (griech.-orth.);
∞ 1899 Leontine v. Rosner (k.), T. d. Jakob Ritter v. R. (NA);
V: Adam B., kroatischer Freiwilliger, zum Olt, aufgestiegen (L);
M: Maria Kowarbasic, Tochter eines kroatischen Grenzer-Hptm.

35. Graf (1880) v. Bose, Julius, 1809–1894, Pr. Gen. d. Inf., Kom.Gen. d. XI. AK (e.);
∞ 1835 Johanna Therese v. Alemann, T. d. Landrats Christoph Christian v. A. (BA) u. d. Dorothea Musstopf (L);
V: Ernst Gottlieb v. B., Sächs. Rittm. (A, B)
M: Johanna Sophie Lüttich (L, B, B, B)

36. Graf v. Bothmer, Felix, 1852–1937, Bayer. Gen.Oberst, OBefh. d. Südarmee und der 19. Armee (e.);

∞ 1882 Auguste v. Baldinger, T. d. Ministerialrats Friedrich Wilhelm (BA) u. d. Amalie Balbier (B);
V: Maximilian, Bayer. Gen.Lt. u. Gen.Quartierm., Chef der Operationsabtlg. (1816–1878), S. d. Württ. Gesandten am Bayer. Hof Carl Gf v. B. (A) u. d. Antoinette Charlotte v. Hanstein (A);
Vatersbruder: Friedrich, 1805–1886, Bayer. Gen. d. Inf.;
M: Laura v. Reichert, T. d. Ignaz Johann, App.Ger.Dir. zu Ansbach (k.) (NA, H, H) u. d. Juliane Vetter (B, Pf.)

37. v. Boyen, Hermann, 1771–1848, Pr. GFM (1847), Kriegsminister (1814–1819 und 1841–1848) (e.);
∞ 1807 Amalie Berent, T. d. Kammerassistenzrats Sigismund Ludwig B., u. d. Regine Christine Menger (K, B), Sohn Hermann, 1811–1886 Gen. d. Inf., Gouv. von Mainz und Berlin; ∞ 1850 Fanny Prinzessin Biron v. Kurland (HA);
V: Johann Friedrich, OtLt. (Na, NA);
M: Hedwig Sophie v. Holtzendorff (A, A)

38. Frhr (1875) v. Branca, Maximilian, 1839–1906, Bayer. Gen. d. Inf., Gen.Adj. d. Prinzregenten Luitpold (k.);
∞ 1867 Wilhelmine Hummel (e.), T. d. Karl, OBaurat, u. d. Henriette Werner (B);
V: Maximilian v. B., Landger.Ass. in Aibling (BA, BA, A);
M: Sophie Ott (B, B)

39. Graf v. Brandenburg, Friedrich Wilhelm, 1792–1850, Pr. Gen. d. Kav., Kom. d. VI. AK, Präs. d. Staatsministeriums (1848) (e.);
∞ 1818 Mathilde Aurora Freiin v. Massenbach, Oberhofmeisterin der Königin, T. d. Carl Christoph, Gen.Lt., u. d. Amalie Henriette Gualtieri (Pf.) 2 Söhne Generale;
V: Friedrich Wilhelm II. König v. Preußen (HA)
M: Sophie Gräfin v. Dönhoff (A, BA)

40. Frhr (1856) v. Brandis, Eberhard, 1795–1884, Hannover. General der Inf. und Kriegsminister; (e.);
∞ 1817 Luise v. Lenthe, T. d. Carl, Landschaftsdir., 2 Güter, u. d. Sophie v. Bennigsen (T. d. Russ. Gen. en Chef und Gen.Gouv. von Litauen, Lewin 1813 Graf v. B.);
V: Ferdinand. Großbrit. Captain in The King's German Legion (BA, P, B, US);
M: Luise Floto (K, K)

41. v. Broizem, Hermann, 1850–1919, Sächs. Gen. d. Kav. (1904), Kom. Gen. d. XII. AK;

∞ 1877 Alexandra Gfin v. Fersen, T. d. Russ. Oberjägermeisters u. Gutsbes. Paul, u. d. Elisabeth v. Rauch (BA);
V: Eduard v. B., Sächs. Geh.Rat und Abt.Dir. im Finanzministerium (BA, BA, A, BA);
M: Bertha Freiin v. Seckendorff-Gudent (A, A, B, K)

42. Bronsart v. Schellendorf, Paul, 1832–1899, Pr. Gen. d. Inf. (1888) und Kriegsminister (1883–1889) (e.);
∞ 1853 Rosalie Schmidt, T. d. Geh.Hofkammerrats Heinrich Friedrich, u. d. Rosalie v. Knobelsdorff. Bruder: Walter, 1833–1914, Pr. Gen. d. Inf. (1889), Kriegsminister (1893–1896); ∞ 1863 Harriet Donner, T. d. Bernhard (GK, Hamburg) u. d. Helene Freiin v. Schroeder (GK);
V: Heinrich, Pr. Gen.Lt. (A, Pf.);
M: Antoinette Drege (K, H, US)

43. Graf (1814) Bülow v. Dennewitz, Friedrich Wilhelm, 1755–1816, Pr. Gen. d. Inf., Kom.Gen. d. I. und IV. AK (e.);
∞ Auguste und Pauline v. Auer, T. d. Gen.Majors Casimir v. A. u. d. Friederike Elisabeth d'Artis (A);
V: illeg. Friedrich Ulrich Arved Frhr v. B. (2 Güter), Preuß. Gesandter in Stockholm, S. d. Kriegsministers Friedrich v. B. (A, A);
M: Sophie Schultze (B, L)

44. v. Bülow, Carl, 1846–1921, Pr. GFM (e.);
∞ 1883 Molly v. Kracht, T. d. Maximilian, Major (A) u. d. Hedwig Gfin v. Luckner (BA, B, K);
V: Paul, OtLt. (A, BA)
M: Marie v. Waldow (A, A)

45. v. (1912) Capelle, Eduard, 1855–1931, Admiral, Staatssekretär des Reichsmarineamts usw. (e.);
V: Eduard, Kommerzienrat, Fabrikbes. in Celle (K, B);
M: Emilie Krause (K, K)

46. Graf (1891) v. Caprivi, Leo, 1831–1899, pr. Gen. d. Inf., Reichskanzler usw., ledig (e.);
V: Julius Leopold, Geh. OTribunalrat, Kronsyndikus (BA, A, Großvater: Kriegsminister v. Kannewurff);
M: Emilie Köpke (Pf., Pf.)

47. v. Carlowitz, Adolf, 1858–1928, Sächs. Gen. d. Inf. u. Kriegsminister (1914) (e.);
∞ 1893 Priska v. Stieglitz, T. d. Thuisko, Sächs. Gen.Lt. (BA) u. d. Emma aus dem Winckel (A);

V: Georg, Gerichtsamtmann zu Riesa (A, A);
M: Ida v. Könneritz (A, A)

48. v. Claer, Eberhard, 1856–1945, Pr. Gen. d. Inf., Kom.Gen. d. VII. AK (k.);
∞ 1885 Magdalene v. Heyden (e.) (A, A);
V: Otto Clemens August (de, 1882) v. C., Gen.Lt. (B, B);
M: Marie Magdalena Spitz; Schwester des Peter Alexander, (1886 v. S.) 1832–1910, Pr. Gen. d. Inf. (B, B)

49. Graf (1918) Frhr (1910) Conrad v. Hötzendorf, Franz, 1852–1925, k.u.k. FM usw. (k.);
∞ I. 1886 Wilma v. Lebeau, T. d. K.K. Gen.Majors August, u. d. Etelka d'Agoston; ∞ II. 1915 Gina Agujari-Karasi (e.); gesch. von Hans v. Reininghaus, Ind., T. d. Prof. Titus A., in Triest, u. d. Fanny Agujari
V: Franz Xaver, K.K. Oberst (NA, B);
M: Barbara Kübler (H, H)

50. Graf (1918) Frhr (1917) Dankl v. Kraśnik, Viktor, 1854–1941, k.u.k. Gen.Oberst usw., (k.);
∞ 1888 Michaeline Freiin v. Lilien, T. d. Anton (1881 Frhr v. L.) (BA), Oberst, u. d. Maria v. Berswordt (A);
V: Ignaz, aufgestiegen bis zum Major a. D. (H, H);
M: Amalie Pozzi (K Mailand)

51. Frhr Daublebsky v. Sterneck, Maximilian, 1829–1897, k.u.k. Admiral und Chef der Marinesektion im Reichskriegsministerium; (k.)
∞ 1896 Lydia Griswold (anglik.), T. d. George G., (GK, New York) u. d. Lydia Alley;
V: Joseph, K.K. Wirkl. Geh.Rat, App. Ger.Präs. und Ldshptm. von Kärnten (BA, BA);
M: Franziska Eugenie Freiin v. Kaiserstein (BA, A, BA, BA)
Vetter: k.u.k. General der Inf.; Vetter II. Grades: k.u.k. FZM

52. v. Deines, Adolf, 1845–1911, pr. Gen. d. Kav., Kom.Gen. d. VI. AK; (e.)
∞ 1897 Elsa Freiin v. Falkenhausen, T. d. Ludwig, pr. Gen.Oberst, siehe diesen
V: Ludwig, Gutsbes., Rentier in Hanau (NA, H, B, Pf.);
M: Emilie Pfeiffer aus Kassel; Base I. Grades (GK, K, H)

53. Graf zu Dohna-Schlobitten, Friedrich Emil, 1784–1859, Pr. GFM (1854); (e.)
∞ 1809 Julie v. Scharnhorst, T. d. Gen.Lt. Gerhard (NA) u. d. Klara Schmaltz (B);

V: Friedrich Alexander, OMarschall usw. (2 Herrschaften, A, HA, 4 FM);
M: Luise Amalie Gräfin Finck v. Finckenstein, Erbin (A, A, Großvater FM)

54. v. (1906) Eben, Johannes, 1855–1924, Pr. Gen. d. Inf., OBefh. d. 9. Armee; (e.)
∞ 1890 Emilie Worlée, T. d. Friedrich (GK, Hamburg) u. d. Johanna Wedekind (K, B);
V: Wilhelm Ferdinand, OAmtmann (2 Güter, B, H, L, Pf.);
M: Agnes Monod de Froideville (BA, A Waadtland, BA, B, Ostpreußen)

55. v. Eichhorn, Hermann, 1848–1918, Pr. GFM usw.; (e.)
∞ 1880 Jenny Jordan, T. d. Wilhelm J., Geh. Leg.Rat im AA (B, K);
V: Hermann (1856 v. E.) Reg.Präs., S. d. Staatsministers Albrecht Friedrich E. (B, B. Pf., Pf.);
M: Julie Schelling, Schwester des Hermann v. S., Preuß. Justizminister, T. d. Prof. d. Philosophie Friedrich Wilhelm Joseph, 1808 Ritter v. S., u. d. Pauline Gotter (Pf., Pf., B, B)

56. v. Einem gen. v. Rothmaler, Carl, 1853–1934, Pr. Gen.Oberst, Kriegsminister 1903–1909, Namensvereinigung 1884 (e.);
∞ 1877 Marie Amalie v. Rothmaler, T. d. Louis, Gen. d. Inf. (BA) u. d. Charlotte v. Ladiges (NA);
V: George August, Hann. Rittm. (Pf., B, A, A);
M: Julie v. Hedemann (BA, A, BA, BA, A, A, A, HA)

57. d'Elsa, Carl (Adelsanerkennung 1893), 1849–1922, Sächs. Gen. Oberst, OBefh. d. Armee-Abtlg. A 1916 (e.);
∞ I. 1875 Margarethe Andree, T. d. Otto, Oberst (B) u. d. Luise v. Rosenberg (A); ∞ II. 1891 Charlotte v. Stieglitz, T. d. Thuisko, GenLt. (BA) u. d. Charlotte Emma aus dem Winckel (A);
V: Ferdinand Ludwig, Sächs. OtLt. (B, K);
M: Huberta v. Brandenstein (A, K, A, B)

58. v. (1912) Emmich, Otto, 1848–1915; (e.), Pr. Gen. d. Inf., Komm.Gen. des X. AK;
∞ 1880 Elisa v. Graberg, T. d. Carl, (1861 v. G., B) u. d. Hedwig Stuck; Schwester des Hermann v. G., Gen. d. Inf.;
V: Theodor, Oberst (US, B);
M: Adele Hagspihl, T. d. Reg.- und Forstrats Joseph H. in Minden (H, H), u. d. Dorothee Harmes (B, B)

59. v. Etzel, August, 1808–1888, pr. Gen. d. Inf., Stellvertr. Kdr. d. IX. AK, Dir. d. Kriegsakad. usw. (e.);

∞ 1838 Fanny Nernst, T. d. Hermann Ludwig, OPostdir. in Tilsit (B, Pf.) u. d. Marianne Thermin-Formey (K, K, franz. Kol.);
V: August Oetzel, (1815 O'Etzel, 1846 v. Etzel), Dr. phil., Gen.Major, OTelegrafendir. (K, K aus Bremen);
M: Adelaide Hitzig (jüd. GK in Berlin u. Potsdam)

60. Graf (1884) v. Fabrice, Alfred, 1818–1891, Sächs. Gen. d. Kav., Kriegs- und Außenminister, Min.Präs., usw. (e.);
∞ 1850 Anna v. der Asseburg, Oberhofmeisterin der Großherzogin v. Sachsen-Weimar, T. d. Pr. OJägerm. Ludwig Gf v. d. A. (3 Herrschaften) u. d. Anna Gfin v. d. Schulenburg (A);
V: Friedrich, Sächs. Gen.Lt. (A, A);
M: Charlotte v. Weißenbach (A, A)

61. v. Falkenhayn, Erich, 1861–1922, Pr. Gen.Oberst, Kriegsminister 1913, Chef d. Gen.Stabs 1914 usw. (e.);
∞ 1886 Ida Selkmann (k.), T. d. Oldenburg. Staatsrats und Gesandten in Berlin Wilhelm S.; Bruder: Eugen, 1853–1934, Gen. d. Kav.; Neffe: GFM Fedor v. Bock;
V: Fedor (3 Güter, A, A, A, BA–K);
M: Franziska Freiin v. Rosenberg (A)

62. Frhr v. Falkenhausen, Ludwig, 1844–1936, Pr. Gen.Oberst usw. (e.);
∞ 1868 Helene v. Waldow und Reitzenstein, T. d. Gutsbes. Carl (A) u. d. Elisabeth v. Jacobs (BA);
V: Alexander, Gen.Lt. (HA, A, A, A, BA, BA);
M: Katharina v. Rouanet (Russ. BA, K)

63. v. François, Hermann, 1856–1933, Pr. Gen. d. Inf., Kom.Gen. d. I. AK (e.);
∞ 1878 Elisabeth v. Besser, T. d. Louis, Gen.Major (BA) u. d. Charlotte v. Bredow (A);
V: Bruno, Gen.Major, S. d. Gen.Lt. Carl (BA, A, B, B);
M: Marie v. Wentzel, T. d. Gen.Lt. Wilhelm (BA, BA, A, A)

64. v. (1913) Gallwitz, Max, 1852–1937, Pr. Gen. d. Art., Insp. d. Feldart. (k.);
∞ 1891 Friederike Englert, T. d. Gutsbes. Hugo E. in Eltville, u. d. Susanne Scheffer (K, L, K);
V: Carl Joseph, Kreissteuereinnehmer in Breslau (L, UL, Schlesien);
M: Elisabeth Buchwald (e.) (B, L, K, B)

65. Frhr (1912) v. (1901) Georgi, Friedrich, 1852–1926, k.u.k. Gen.Oberst, Minister für Landesverteidigung (e., dann k.);
∞ 1878 Bertha Stamm (k.), T. d. Joseph (K in Kaaden) u. d. Barbara

Kreutzberger; Bruder: Franz (1911 v. G.) 1855–1933, K.u.K. Gen. d. Inf.;
V: Eduard, KK Oberst, Bruder des Robert, Sächs. Finanzminister (B, B, K, K);
M: Katharina Müller (aus Prag, H, K)

66. Graf Gyulay de Maros-Németh, Franz, 1798–1868, K.K. FZM, Kriegsminister 1849 (8 Herrschaften) (k.);
∞ 1827 Antonie Gfin v. Wratislaw-Mitrovic (A);
V: Ignaz, FZM, Hofkriegspräs., 1763—83- (ungar. A, A);
M: Julie Freiin v. Edelsheim (BA, A, BA, B, A, BA, A, A)

67. v. Goeben, August, 1816–1880, Pr. Gen. d. Inf., 1870 OBefh. d. 1. Armee (e.);
∞ 1845 Marianne v. Frese; Base, T. d. Gutsbes. Georg Friedrich, u. d. Cäcilie Eleonore v. Goeben; Bruder William, 1818–1902, Gen. d. Inf.;
V: Wilhelm, Hann. Major (A, BA, A, BA);
M: Johanna Kuckuck-Walden, T. d. August, Hann. Gen.Major, aufgestiegen als Fourier (H, H) u. d. Johanna Thiele (aus Einbeck, K, H)

68. Frhr (1865) v. der Goltz, Kolmar, 1843–1916. Pr. und Türk. GFM usw. (e.);
∞ 1867 Therese Dorguth, T. d. Gutsbes.; Vetter: Maximilian Frhr v. d. G., 1836–1906, Admiral, Kom.Admiral der Kais. Marine;
V: Erhard, Gutsbes. (A);
M: Palmyra Schubert, T. d. Kunst- und Lustgärtners Friedrich S. in Königsberg, u. d. Charlotte Keyler (L)

69. v. Gossler, Heinrich, 1841–1827, Pr. Gen. d. Inf., Kriegsminister (1896–1903) (e.);
∞ 1872 Emma v. Sperber, T. d. Franz Eugen (1869 v. S.), Gutsbes. (4 Güter, B, L) u. d. Emilie Donalitius (Pf., B); Bruder Konrad, 1848–1933 Gen. d. Inf., Kom.Gen. d. X. AK;
V: Gustav, OLandesger.Präs., Kronsyndikus und Kanzler des Kgr. Preußen (B, B, K, K, franz. Kol. Magdeburg);
M: Auguste Sophie v. Mühler, T. d. Justizministers Heinrich (v.) M. (B, K, H)

70. Frhr v. Gumppenberg, Anton, 1787–1855, Bayer. Gen. d. Kav. u. Kriegsminister (k.) (2 Güter);
∞ 1815 Franziska Freiin v. Perfall, T. d. Reg.Rats und Herrschaftsbes. Max Joseph, u. d. Theresia Gfin v. Preysing;
V: Max, Obersthofmeister (3 Güter) (A, HA);

M: Marianne Freiin v. Werneck, T. d. Württ. FM Friedrich Franz (BA, A) u. d. Dorothea Marianne Freiin v. Mentzingen (A)

71. Graf v. Haeseler, Gottlieb, 1836–1919, Pr. GFM usw. (e.); ledig;
V: Alexis, Major, Landrat (2 Güter, BA, A, A, A);
M: Albertine v. Schönermarck, T. d. Gen.Majors Georg (BA) u. d. Albertine Hering (GK, K)

72. v. Hahnke, Wilhelm, 1833–1912, Pr. GFM usw. (e.);
∞ 1865 Josephine v. Bülow, T. d. Friedrich, Geh.Leg.Rat (A) u. d. Ida v. Carlowitz (A);
V: Wilhelm, (1836 v. H.) Oberst im Kriegsministerium (H, H);
M: Angélique v. der Lancken (A); Urenkelin des GFM Hans Heinrich Graf v. Katte

73. Frhr v. Haynau, Julius, 1780–1853, K.K. FM usw. (Adel, vom Vater legitimiert und Freiherrnstand 1800) (e.);
∞ 1808 Maria Theresia Weber v. Treuenfels, T. d. Johann Baptist Franz, FMLt. (k.);
V: Wilhelm I. Kurfürst v. Hessen-Kassel (HA);
M: Rosalie Dorothea Ritter, T. d. Apothekers Joh. Georg R. (H) in Biel/Schweiz u. d. Marie Magdalene Witz (K, K)

74. v. Hake, Albrecht, 1768–1835, Pr. Gen. d. Inf. (1825), Kriegsminister 1819–1833 (e.), ledig;
V: Carl Friedrich (2 Güter, A)
M: Johanna Beate Charlotte v. Fuchs (BA, A); ihr Großvater war der 1716 geadelte Kriegsminister und Präs. d. Kammergerichts Dr. jur. Heinrich Fuchs, aus pfälzer Beamtengeschlecht

75. Frhr v. Hauer, Leopold, 1854–1931, k.u.k. Gen.Oberst (k.);
∞ I. 1881 Elisabeth Scheichenberger (k.); ∞ II. 1921 Cornelie Kubinyi de Felsö-Kubin (ung. A);
V: Stefan, K.K. Geh.Rat und Sektions-Chef im Ministerium des Innern (BA, BA)
M: Antonie Gfin Welser v. Welsersheimb (A, ung. A)

76. Haus, Anton, 1851–1917, (posthumer Adel und Freiherrnstand 1917) k.u.k. Großadmiral usw. (k.);
∞ 1887 Anna Karolina Trenz, Base, T. d. Gutsbes. Ferdinand Adolf T., auf Schloß St. Georg in Draskovics, u. d. Mathilde Walter;
V: Joseph Matthias H., Gutsbes. in Tolmein (L);
M: Maria Walter, T. d. Franz, Maler und Zeichenlehrer in Olmütz

77. Frhr v. Hausen, Max, 1846–1922, Sächs. Gen.Oberst (1910), Kriegsminister (1902–1914) und Min.Präs. (1912) (k.);

⚭ 1876 Maria v. Salviati, T. d. Pr. Geh.OReg.Rats und Gutsbes. Carl u. d. Helene Freiin Bjelke (schwed. A) 2 Brüder Gen.Lt.;
V: Clemens, Sächs. Gen.Lt. (A, BA, A, A);
M: Anna v. Ammon, T. d. Leibarztes Geh.Rat Friedrich Aug. v. A. (NA, B, BB), u. d. Nathalie Redlich (jüd. K, H, US)

78. v. Heeringen, Josias, 1850–1926, Pr. Gen.Oberst, Kriegsminister (1909–1913), OBefh. d. 7. Armee (e.);
⚭ 1874 Auguste v. Dewall, T. d. Kasimir, Pr. Gen.Lt. (NA, B) u. d. Marie Zimmermann (B, BB); Bruder August, 1855–1927, Admiral, Chef des Admiralstabs der Marine (1909);
V: Josias, Kurhess. OHofmarschall und Theaterintendant (A, H, K, K);
M: Caroline v. Starkloff (BA, BA)

79. v. Hellingrath, Philipp, 1862–1939, Bayer. Gen. d. Kav., Kriegsminister (k.);
⚭ 1896 Mathilde Reissner Freiin v. Lichtenstern, T. d. Gutsbes. Carl u. d. Adelheid Freiin Seefried v. Buttenheim;
V: Friedrich, Bayer. Gen.Lt. u. Chef des Gend.Korps (NA, B, K);
M: Luise Freiin v. Brand zu Neidstein (A, A, A, BA)

80. Herwarth v. Bittenfeld, Carl Eberhard, 1796–1884, Pr. GFM usw. (e.);
⚭ I. 1823 Caroline Schulze, T. d. Heinrich Christian, Pastor zu Döbritz, u. d. Dorothea Luise Wilcke (Pf., Pf.); ⚭ II. 1831 Sophie v. Scholten, T. d. Wilhelm, Oberst (BA) u. d. Philippine Sieburg (K); Sohn Hans Anton, 1841–1923, Gen. d. Inf.; Bruder Hans, 1800–1881, Gen. d. Inf. und Friedrich Adrian, 1802–1884, Gen. d. Inf.;
V: Eberhard, Pr. Gen.Major (P, BA, BB, B);
M: Johanna v. Arnstedt (A, A, BA, BA)

81. Frhr (1849) v. Hess, Heinrich, 1788–1870, K.K. FM, Chef des Gen. Stabs usw. (k.);
⚭ I. 1826 seine Base Maria Catharina Freiin v. Hess, T. d. Hermann Franz, Gen.Gouv., Präs. d. App.Gerichts (BA), u. d. Anna v. Kronenfels (BA); ⚭ II. 1841 Tochter einer Base Maria Anna Freiin v. Diller, T. d. K.K. Hofrats Joseph u. d. Antonie Freiin v. Hess;
V: Franz Joseph Ritter v. H., K.K. Reg.Rat (BA, BA);
M: Theresia v. Leporini (BA, K)

82. (v. Beneckendorff und) v. Hindenburg, Paul, 1847–1934, Pr. GFM, Reichspräs. usw. (e.);
⚭ 1879 Gertrud v. Sperling; Schwester des Gen. d. Inf. Kurt v. S.

und Muttersschwester des GFM v. Manstein, T. d. Oskar, Gen.Major (BA, A) u. d. Marie v. Klass (BA, BA);
V: Robert, Major, S. d. Otto Ludwig, auf Neudeck, Landschaftsdir., u. d. Eleonore v. Brederlow (A, A);
M: Luise Schwickart, T. d. Carl Ludwig, Gen.Arzt (UL, US), u. d. Julie Mönnich (B, Pf.)

83. v. (1916, pers. Ritter) Hipper, Franz, 1863–1932, Admiral, Chef der Hochseeflotte (k.), ledig;
V: Anton, Kaufmann in Weilheim/OB (H, K);
M: Anna Miller (H, K, L)

84. v. (1913) Höppner, Ernst, 1860–1922, Pr. Gen. d. Kav., Kom.Gen. d. Luftstreitkräfte 1916;
∞ 1885 Vally v. Pöppinghausen, T. d. Max, Hptm. (A) u. d. Valentine v. Bismarck (A);
V: Ernst, Major und Gutsbes., S. d. Joh. Christian, Zimmermann, Feldwebel, 1813, Leutnant, zuletzt Major (US Stettin) u. d. Regine Neumann (B);
M: Wilhelmine Kropf (K, L)

85. Frhr v. Hohenhausen und Hochhaus, Leonhard, 1788–1872, Bayer. Gen. d. Kav., Kriegsminister usw. (k.);
∞ I. 1820 Magdalena Kleinknecht (e.); ∞ II. 1852 Anna Pohl, T. d. Fidel, Litograph, u. d. Anna Roth; ∞ III. 1864 Wilhelmine Fischer-Rhomberg, Adoptivtochter des Malers;
V: Joh. Nepomuk, Zollbeamter (A, A, BA, A);
M: Maria Anna Freiin v. Wittorff (A, A, BA, BA)

86. v. (1905) Hollmann, Friedrich, Admiral, Staatssekretär des Reichsmarineamts, (1890–1907) 1842–1913 (e.);
∞ 1868 Helene Ladendorf, T. d. Ferdinand, Particulier in Berlin, u. d. Johanna Hübner (K, K);
V: Gustav Friedrich, Kaufmann, Berlin, Gutsbes., Westpreußen (K, K);
M: Charlotte Luise Lenke (K, H, K)

87. v. Holtzendorff, Henning, 1853–1919, Großadmiral, Chef des Admiralstabs usw. (e.);
∞ 1887 Margerethe Zitelmann, T. d. Gen.Landschaftssyndikus Justizrat Otto in Stettin (B) u. d. Ernestine Giesebrecht (B, BB);
V: Otto, App. Ger.Vizepräs., Bankdir. Gotha (A, BB);
M: Eveline v. Ribbentrop, T. d. Wirkl. Geh.Kriegsrats Erich (1826 v. R., B BA) u. d. Charlotte v. Sydow, Tochter eines Gen.Lt. (A, franz. A)

88. Graf (1911) v. Horn, Carl, 1847–1923, Bayer. Gen.Oberst, Kriegsminister (1905–1912) (k.);
∞ 1874 Maria Freiin v. Gienanth, Base, T. d. Eisenhütten- und Gutsbes. Carl zu Eisenberg, u. d. Mathilde Freiin v. Horn; Bruder Luitpold, Bayer. Gen. d. Art.;
V: Carl Frhr v. H., Gen. d. Inf. (NA, K);
M: Maria Auernheimer, (K, K)

89. Graf v. Huyn, Carl, 1857–1938, k.u.k. Gen.Oberst und Gen.-Kav. Insp. (k.);
∞ 1892 Ignatia Gfin v. Lützow, T. d. Gustbesitzers Viktor (A) u. d. Klementine Gfin Kollonitz v. Kollegrad;
V: Joh. Carl, k.u.k. FZM (A);
M: Nathalie Gfin v. Sarnthein (A, BA, K)

90. Frhr (1857) v. John, Franz, 1815–1876, K.u.K. FZM, Kriegsminister und Chef d. Gen.Stabs (k.);
∞ I. 1849 Antonia v. Weise (e.), T. d. Prof. u. Dir. d. Sternwarte in Krakau, Dr. Max (v.) W. (B, BB) u. d. Caroline Lierhammer (K);
∞ II. 1873 Anna Gfin Orsini v. Rosenberg, T. d. Majors Joseph u. d. Ida Gfin Grimaud d'Orsay (A, A);
V: Franz, aufgestiegen im Sappeur-Korps zum Hptm. a. D. (UL);
M: Theresia Rittersprон (K, B)

91. v. Kaltenborn-Stachau, Hans, 1836–1898, Pr. Gen. d. Inf., Kriegsminister (1890–1893) usw. (e.);
∞ 1875 Helene Quoos, T. d. Amtsrats und Domänenpächters (L);
V: Friedrich, Major, Bruder des Kurhess. GenMajor u. Kriegsministers Georg, 1805–1875 (A);
M: Caroline Voigtel (B, K, franz. Kol., B, K)

92. v. Kameke, Georg, 1817–1893, Pr. Gen. d. Inf., Kriegsminister (1873 bis 1883) (e.);
∞ 1862 Helene Freiin v. Oelsen, T. d. Geh.Rats Theodor u. d. Adele Gfin v. Kanitz (A); Bruder Hermann, 1819–1889, Gen. d. Inf.;
V: Georg Christian Friedrich, Gen.Lt. (A, B);
M: Caroline Lehmann (B, B) aus Friedeberg/Neumark

93. Graf v. Kanitz, August, 1783–1852, Pr. Gen.Lt. und Kriegsminister, Kom.Gen. d. VIII. AK (e.);
∞ 1816 Luise Gfin v. der Schulenburg (A);
V: Alexander (1798 Graf), Gutsbes. (7 Güter, A);
M: Antoiniette v. Massow (A, deren Großmutter BA)

94. v. Kessel, Gustav, 1846–1918, Pr. Gen.Oberst usw.; (e.)
∞I. 1877 Frieda Freiin v. Esebeck, T. d. Carl, Major, u. d. Clara v.

Rothkirch und Panthen; ∞ II. 1917 Katharina v. Borstell, T. d. Gutsbes. Walter, u. d. Martha v. Boehlendorff-Kölpin (A);
V: Emil Friedrich, Gen.Major, S. d. Gustav, Gen.Lt. (A), u. d. Angelique Schock, Halbschwester von Bismarcks Mutter, T. d. Pierre S., Dir. d. Tabak-Manufaktur, Potsdam;
M: Julie Elise Freiin v. Canstein (A, BA, A, BA) 2 Generale

95. v. Kirchbach, Hans, 1849–1928, Sächs. Gen.Oberst 1918, OBefh. d. Armee-Abt. D (e.);
∞ 1873 Margarethe v. Pawel-Rammingen, T. d. Albert, Rentner (P) u. d. Elise Martini (B), Halbbruder Eugen, 1835–1911, Sächs. Gen. d. Kav.;
V: Carl, Geh.Finanzrat, OLandforstm., S. d. Gen.Majors (A, A);
M: Josephine v. Bodenhausen (A, B)

96. Graf v. Kirchbach, Günther, 1850–1925, Pr. Gen.Oberst usw. (e.);
∞ 1883 Ada Freiin v. Liliencron, T. d. Gutsbes. Carl u. d. Ada Freiin v. Wrangel (T. d. Carl, Gen. d. Inf.);
V: Hugo, (1880 Graf v. K.) 1809–1887, Pr. Gen. d. Inf., Gutsbes., S. d. Carl v. K., Hptm. im Yorkschen Korps, Polizeidir., selbst Sohn eines seit 1781 ohne Rechtsgrund als adelig erscheinenden Premier-Lt. Ernst v. K., u. d. Zeugmacherstochter Henriette Caroline Kuntz aus Berlin, u. d. Barbara Antonie Weyland (B, A);
M: Anna Schwartz, aus Magdeburg (K, K, franz. Kol., Pf., B)

97. Graf (1917) v. Kirchbach auf Lauterbach, Carl, 1856–1939, k.u.k. Geh.Rat, u. Gen.Oberst (k.);
∞ 1893 Rosa Gfin Vay v. Vaja, T. d. Gutsbes. Tihamér u. d. Ilona Beniczky v. Benicze (A, A); Bruder Ferdinand Frhr (1909) v. K., 1858–1920, k.u.k. Gen. d. Inf.;
V: Hans Ferdinand (Frhr) K.u.K. FMLt. (e.) (BA, A);
M: Adelheid Freiin v. Rieffel (k.) (BA, NA)

98. v. Kleist (1814 Graf K. v. Nollendorf), Friedrich Heinrich Ferdinand, 1762–1823, Pr. GFM usw. (e.);
∞ 1787 Charlotte v. Retzow, T. d. Gutsbes. Wilhelm Leopold (A) u. d. Henriette v. Thiele (BA);
V: Friedrich Conrad, Gutsbes., Geh.Rat und Dechant des Domstifts Brandenburg (A);
M: Luise Dorothe Juliane v. Schwerin, Tochter eines Generals (A)

99. v. (1909) Kluck, Alexander, 1846–1934, Pr. GFM (e.);
∞ 1874 Fanny v. Donop, T. d. Gutsbes. William (A, K) u. d. Harriet Hogue aus Kalkutta (B, K);

V: Carl, Reg.Baumeister in Münster (B, B, Pf., K);
M: Elisabeth Tiedemann (K, H)

100. v. dem Knesebeck, Carl Friedrich, 1768–1848, Pr. GFM usw. (e.);
∞ 1819 Adolfine Johanna v. Klitzing, T. d. Gen.Majors Carl (A), u. d. Charlotte v. Wangelin (A);
V: Friedrich Wilh. Leopold, Gutsbes. (A);
M: Sophie Henriette v. dem Knesebeck (A)

101. v. (1900) Koester, Hans, 1844–1928, Großadmiral usw. (e.);
∞ 1875 Elisabeth Schroeter, T. d. GK Leopold in Lissabon (Pf. Hessen) u. d. Luise Frick (B, K);
V: Hans Andreas K., Dr. phil., Schriftsteller, Gutsbes., Mitgl. d. Reichstags (K, BB, Pf., B);
M: Luise Artz gen. Schlegel, Hofopernsängerin, illeg. Tochter des Schauspielers Christoph Michael Gentz, u. d. Louise Artz (US)

102. Baron (1917) Kövess de Kövessháza, Hermann, 1854–1924, k.u.k. FM usw. (e.);
∞ 1892 Eugenie Freiin Hye v. Glunek (k.), T. d. Anton, (1854 Ritter, 1869 Frhr) Dr. jur., Geh.Rat, Jusitz- und Kultusminister, u. d. Eugenie Grünwald;
V: Victor (1873 v. K.) k.u.k. Gen.Major (B, B);
M: Johanna Sterzing, T. d. Joseph, Apotheker und Bürgerm. in Fogaras (Pf., Pf., H) u. d. Johanna Fritsch (K, H, in Hermannstadt)

103. Frhr v. Koller, Alexander, 1813–1890, k.u.k. Gen. d. Kav., Kriegsminister (1875) (k.);
∞ 1846 Auguste v. Raymann aus Prag (NA);
V: Franz (1803 Ritter, 1810 Frhr v. K.) K.u.K. FMLt., Gutsbes. (K, H);
M: Johanna v. Gränzenstein (BA, A, BA, A)

104. Krafft v. Dellmensingen, Conrad, 1862–1953, Bayer. Gen. d. Art., OBefh. d. Alpen-Korps usw. (k.), ledig;
V: Konrad, Justizrat, Notar in München (P, P, B, B);
M: Anna Winkler (H, H)

105. Frhr Kress v. Kressenstein, Otto, 1850–1929, Bayer. Gen.Oberst, Kriegsminister (1912–1916) (e.);
∞ 1879 Caroline Johanna v. Orff (k.), T. d. Carl, Gen. d. Inf. (e.) u. d. Franziska v. Schelling (NA, NA); Bruder Friedrich, 1855–1920, Gen. d. Inf.; Sohn Franz: Gen. d. Kav.;
V: Joseph, Major (P, P, B, K);
M: Caroline v. Stetten (P, P, A, A)

106. Frhr (1899) v. Krieghammer, Edmund, 1831–1906, k.u.k. Gen. d. Kav. und Kriegsminister (1893 bis 1902) (k.);

∞ 1872 Adelheid Haupt verw. Grognet „de Gruléans", T. d. Fabrik- und Gutsbesitzer in Brünn, Leopold H. u. Emilie Schöll;
V: Rudolf, seit 1858 Edler v. K., KK Major (B, K);
M: Theresia Josepha Woller, Witwe des Agenten Ferdinand Mautner in Wien (B, B, A)

107. Frhr (1915) Ritter (1881) v. Krobatin, 1849–1933, k.u.k. FM, Kriegsminister (1912–1917), (K) ledig;
V: Gregor, KK Art. OtLt in Olmütz (L);
M: Maria Theresia Herzmann (B) NN; ihre 4 Kinder 1881 geadelt

108. v. (1913) Kuhl, Hermann, 1856–1958, Dr. phil., pr. Gen. d. Inf., Generalstabschef der 1. und 6. Armee (K);
∞ 1889 Helene Richter (e.), T. d. Alexander, Dr. phil., Gymn.OLehrer, u. d. Katharina Springmann;
V: Joseph, Prof. und Rektor d. Progymnasiums in Koblenz (K, H);
M: Amalie Böcking (e.) (K, K)

109. Frhr (1852) Kuhn v. Kuhnenfeld, Hans, 1817–1896, k.u.k. FZM, Kriegsminister usw. (k.);
∞ 1852 Rosa v. Thoren, T. d. K.K. Oberst Kasimir Ritter v. Th. (BA) u. d. Konstantia Wachmann (K);
V: Franz K., seit 1823 v. K., aufgestiegen zum char. Major (L, L in Mährisch-Weyßwasser);
M: Johanna Schwab (L in Dörfles bei Gewitsch/Mähren)

110. Frhr (1819) v. Kutschera, Johann Nepomuk, 1766–1832, K.K. FZM, Gen.Adj. usw., ledig (k.);
V: Carl, (1805 v. K.), Vizelandesbuchhalter in Böhmen (B, L);
M: Maria Josepha Hoffmann (B, L)

111. Frhr (1907) Latscher v. Lauendorf (Adel 1899), Julius, 1846–1909, k.u.k. FZM, Minister für Landesverteidigung usw. (k.);
∞ 1883 Antonia v. Callenberg, T. d. Friedrich, Gutsbes. in Oberungarn (BA) u. d. Anna v. Rath (NA). Zwei Brüder Johann (1882 Adel und Frhr) Gen. d. Kav. und Viktor (1900 Edler v. L.) Gen. d. Inf.;
V: Johann Nepomuk, K.K. Hptm. (K, B);
M: Katharina Prokop v. Lilienwald (BA, B)

112. Frhr v. Lattermann, Christoph, 1753–1835, K.K. FM usw. (k);
∞ 1791 Maria Anna Gfin Welser v. Welsersheimb, T. d. Landrechtsrats und Gutsbes. Leopold (A) u. d. Marie Cäcilia Elisabeth Gfin Galler (A);
V: Franz (1792 Frhr), K.K. FMLt. (BA, BA);
M: Maria Anna Freiin v. Wittorff (A, BA)

113. Frhr v. Lederer, Ignaz, 1769—1849, K.K. FM usw. (k.);
∞ 1805 Franziska Xaveria Edle v. Trattnern, T. d. Buchdruckereibes. und Verlagbuchhändlers Thomas (1764 v. T., NA);
V: August Gottlob (1763 v., 1778 Frhr v. L.) K.K. Wirkl. Hofrat (e., dann k.), S. d. Kursächs. Domänenadm. in Großenhain (B);
M: Sabine Edle v. Trientl (NA, B)

114. Liman (1913 v.) Sanders, Otto, 1855—1929, Preuß. Gen. d. Kav., Kais. Ottoman. FM (e.);
∞ 1877 Amelie v. Sanders, T. d. OtLt Henry Oakley Howard (1848 v. S.) aus engl. Landed Gentry u. d. Bertha v. Küchler (NA);
V: Carl Leonhard, Gutsbes. S. d. Bankiers und Kaufmanns u. franz. Lt. a. D. Heinrich Stephan Viktor L. in Berlin und Hamburg, (aus taufjüd. K) u. d. Henriette von Halle (jüd. K., Hamburg);
M: Emma Michaelis, T. d. Kaufmanns, dann Küsters und Lehrers Carl Ludwig Heinrich M. in Königsberg-Neumark (B) u. d. Amalie v. Hake (A, BA)

115. v. Lindequist, Oskar, 1838—1915, Pr. GFM usw. (e.);
∞ 1867 Anna v. Podewils, T. d. Julius, Gutsbes., Stadt- und Kreisger.Rat (A) u. d. Molly Torgani (K);
V: Carl Gustav, OtLt. (A, BA, A, A)
M: Lonny v. Mayer, T. d. Christian Friedrich, Gen.Major u. Gutsbes. (B, BA) u. d. Luise Egloff v. Egloffstein, illegitim, Adel 1792, T. d. Otto Friedr. (1786 Graf v. E.), pr. Gen.Lt., Gutsbes. (A) u. d. Barbara Stein (L)

116. v. Lindheim, Carl Friedrich David, Kgl. Pr. Gen. d. Inf., Kom.Gen. d. VI. AK usw. (e.);
∞ I. 1821 Amalie Gräfin v. Waldersee, T. d. Franz (1786 Graf v. W.) (HA, B), Anhalt. OHofmeister, u. d. Luise Gfin v. Anhalt (HA, A);
∞ II. 1835 Luise Alexandrine v. Borstell, T. d. Pr. Gen. d. Kav. Carl Heinrich (A) u. d. Henriette Adelheid Freiin Oest v. Priesen (A);
V: Johann Philipp, Major a. D., Postmeister, S. d. Gotthard, (seit 1768 v. L.) Hess. Generalmajor (K, B, Lindheimer, Frankfurt) u. d. Anna Maria Mehl (H, B);
M: Louise v. Werner, T. d. Leopold (1770 v. W.), Hess. Gen.Lt. u. Kriegsminister (Pf., B.) u. d. Luise Christine Roth (B, K)

117. Frhr v. Lyncker, Moritz, 1853—1932, Pr. Gen.Oberst, Chef d. Mil. Kab. (e.);
∞ 1889 Anna Marie Freiin v. d. Horst, T. d. Bodo (A, BA), u. d. Valeska Schröder (GK, GK Hamburg);

V: Arthur, Major (BA, A);
M: Emma Siecke (K, H)

118. v. Linsingen, Alexander, 1850—1935, Pr. Gen.Oberst usw.; (e.)
∞ I. 1880 Paula Mummy; ∞ II. 1887 Felice Mummy, Töchter des Rittergutsbes. M.;
V: Wilhelm, Kreishptm., S. d. Ernst, Hannover. Gen. d. Kav. (A, B) u. d. Emilie v. Jeinsen (A, BA);
M: Marie v. Berlepsch (A, B, A, A)

119. Frhr v. Loë, Walther, 1828—1908, Pr. GFM usw. (k.);
∞ 1859 Franziska Gräfin v. Hatzfeld-Trachenberg, T. d. Hermann Anton 2. Fürst v. Hatzfeld, Standesherr, (A) u. d. Mathilde Gfin v. Reichenbach-Goschütz (A, H, A);
V: Maximilian, Gutsbes. und Landrat (A);
M: Helene Gfin v. Hatzfeld; Vatersschwester des Schwiegervaters, T. d. Franz Ludwig, (seit 1803 Fürst v. H.) Pr. Gen.Lt. und Gesandter (k.) u. d. Friederike Caroline Sophie Gfin v. d. Schulenburg (e.), T. d. Pr. Gen. d. Kav. und Ministers Friedrich Wilhelm u. d. Sophie Helene v. Arnsted (A)

120. Ludendorff, Erich, 1865—1937, Pr. Gen. d. Inf. usw.; (e.)
∞ I. 1908 (gesch.) Margarethe Schmidt, T. d. Fabrikanten Karl in Berlin u. d. Henny Hardt; ∞ II. 1926 Mathilde Spiess, verw. v. Kemnitz, T. d. Bernhard, Dr. phil., Prof., u. d. Johanna Peipers;
V: Wilhelm, Gutsbes. (K, K, mütterlicherseits Schweden);
M: Klara v. Tempelhoff (BA, B, A, A)

121. v. (1899) Mackensen, August, 1849—1945, Pr. GFM usw. (e.);
∞ I. 1879 Doris v. Horn, T. d. Carl, (1865 v. H.) OPräs. von Posen und Ostpreußen (BB) u. d. Dorothea Martens (K, B); ∞ II. 1908 Leonie v. der Osten, T. d. Leopold (seit 1897 Graf), Gutsbes., Major, u. d. Helene v. Barby (A);
V: Ludwig, Ökonomierat, Gutsbes. (L, Pf.);
M: Marie Rink (B, L)

122. Frhr v. Manteuffel, Edwin, 1809—1885, Pr. GFM usw. (e.);
∞ 1845 Hertha v. Witzleben, T. d. Pr. Kriegsministers Job v. W. (A) u. d. Auguste v. Splitgerber (NA);
V: Hans Carl, Chefpräs. d. OLG Magdeburg (A, BA);
M: Isabella Johanna Gfin v. Lynar (A)

123. v. (1854) Manz, Wilhelm, 1804—1867, Bayer. Gen.Lt. u. Kriegsminister 1855—1859 (k.);
∞ 1846 Adelaide Gfin v. Zedwitz (e.), T. d. Carl Ludwig, Gutsbes., u. d. Henriette v. Beulwitz;

V: Anton, Stiftungsadministrator des Domkapitels Augsburg, dann Reg.Rat in Ansbach (UL, US);
M: Margarethe Rosenauer (H, B)

124. v. Marchtaler, Otto, 1854—1920, Württ. Gen.Oberst, Kriegsminister usw. (e.);
∞ 1879 Helene Milz, T. d. OStaatsanwalts Ewald M. u. d. Bertha Haag (B);
V: Heinrich, Württ. Oberst, S. d. Hans, Major (P, B) u. d. Franziska Alexia Freiin v. Handel (k.), Schwester des K.K. FZM Heinrich (BA, BA, B, K);
M: Elise Müller (B, K)

125. Frhr (1849) v. Mertens, Carl, 1803–1874, k.u.k. FZM, Stv. Kriegsminister, Statthalter v. Küstenland und Präs. d. Zentral. Seebehörde (k.);
∞ 1840 Marie Freiin v. Langenau, T. d. KK FMLt. Friedrich (sächs. A) u. d. Sarah v. Sturtz (BA);
V: Carl Ritter v. M., Oberst (K, BB, Brüssel, Straßburg);
M: Ludovika Hepperger v. Tirschtenberg und Hoffensthall (BA)

126. Graf (1870) Frhr (1843) v. Moltke, Helmuth, 1800—1891, Pr. GFM usw. (e.);
∞ 1841 Mary Burt, T. d. Gutsbes. John B. (eng. K.) u. d. Ernestine v. Staffeldt (BA);
V: Friedrich Philipp, Dän. Gen.Lt. und Gutsbes. (A, A, BA, franz., A);
M: Henriette Sophie Paschen (K, Pf., B, US)

127. v. Moltke, Helmuth, 1848—1916, Pr. Gen.Oberst, Chef des Gen.Stabs usw. (e.);
∞ 1878 Eliza Gfin v. Moltke-Huitfeldt, T. d. Wladimir, Gutsbes. u. Dän. Hofjägermeister (A), u. d. Octavia Hjelm (B);
V: Adolf Erdmann, Landrat, Bruder von 126;
M: Adolfine Doris v. Krohn, T. d. August Friedrich Nikolaus (Schleswig-Holstein. Gen.Major und Kriegsminister, K, B) u. d. Charlotte Margarethe Thomsen (L, Pf.)

128. Graf Montecuccoli degli Erri, Rudolf, 1843–1922, k.u.k. Admiral (k.);
∞ 1885 Emilie Freiin v. Suttner, Base 2. Grades, T. d. Gutsbes. Gustav Ferdinand (BA) u. d. Adele Airoli v. Markowitz (BA);
V: Alois, OtLt, aus Modena und Pisa (A);
M: Caroline Freiin v. Puthon (BA, P)

129. Frhr v. Müffling gen. Weiss, Friedrich Carl, 1775–1851, Pr. GFM u. Chef d. Gen.Stabs usw. (e.);
∞ 1799 Wilhelmine Freiin v. Schele, T. d. Gutsbes. Ludwig Clamor u. d. Clara Freiin v. Münster;
V: Friedrich Wilhelm, Gen.Major (A);
M: Christiane v. Borschittau (A, B, B, P)

130. Graf (1814) Neidhardt v. Gneisenau, August Wilhelm Anton, 1760–1831 (k. dann e.), Pr. GFM usw.;
∞ 1796 Juliane Freiin v. Kottwitz, T. d. Gutsbes. Sigmund Wilhelm u. d. Helene Dorothe v. Bassewitz (A);
V: August Wilhelm N., nennt sich ohne Rechtsgrund v. G., Premierleutnant a. D., Bauinspektor in Oppeln (e.) (Pf., B);
M: Marie Margarethe Müller (k.) (H, L, L, K)

131. Graf v. Paar, Eduard, 1837–1919, k.u.k. Gen.Oberst, ledig (k.); Bruder Alois, 1840–1909 k.u.k. Gen. d. Kav.;
V: Carl Fürst v. P. Erboberhofpostmeister, Gutsbes. usw. (A);
M: Ida Prinzessin v. Liechtenstein (HA)

132. v. Pape, Alexander, 1813–1895, Pr. Gen.Oberst mit Rang als GFM (e.);
∞ 1841 Anna Charlotte Meyer, T. d. Kaufmanns Johann M. in Memel und Berlin;
V: Wilhelm, Gutsbes., zuletzt Bürovorsteher der Militärkommission Berlin (B, BA);
M: Caroline v. Röpert (BA, L)

133. v. (1816) Peucker, Eduard, 1791–1876, Pr. Gen. d. Inf., Reichskriegsminister 1848 (e.);
∞ I. 1816 Christiane Rimpler, T. d. Kriegsrats Werner Friedrich in Berlin; ∞ II. 1820 Clara Gfin v. d. Schulenburg (A);
V: Christian Ephraim, Kaufmann, Gutsbes. und Forstinspektor (Pf.);
M: Christiane Henriette Claussen (K)

134. Frhr (1897) v. Pflanzer-Baltin, Carl, 1855–1925, k.u.k. Gen.Oberst usw. (k.);
∞ 1807 Hedwig Féger de Merzyfálva, T. d. Gutsbes. Franz (BA);
V: Wilhelm:, (1893 Edler v.) K.K. Oberst und Gen.Auditor (B, BA);
M: Charlotte v. Baltin; Schwester des Carl (1859 Frhr v. B.) K.K. FZM (K, B aus Belgien, BA und A aus Tirol)

135. Frhr (1909) v. Pitreich, Heinrich, 1841–1920, k.u.k. Kriegsminister (1902–1906) und FZM (k.);
∞ 1871 Helene v. Dessary, T. d. Alois (Ritter v. D.), Sektionschef (B) u. d. Antonie v. Sartory (BA); Bruder Anton, k.u.k. FZM usw.;

V: Vinzenz Ritter v. P., Hofrat am Obersten Ger.Hof (BA, BA);
M: Marie Steiner Edle v. Steinberg (BA, BA)

136. Edler v. d. Planitz, Ernst, 1836—1920, Pr. Gen.Oberst usw. (e.);
∞ 1865 Clara Auguste Gfin v. d. Schulenburg (A); Bruder Maximilian, 1834—1910, Gen. d. Art.;
V: Gustav Adolf, Sachsen-Altenburg. Minister, Gutsbes. (A, BA);
M: Marie v. Watzdorff (A)

137. v. Plessen, Hans, 1841—1928, Pr. GFM usw. (e.);
∞ 1874 Elisabeth v. Langenbeck, T. d. Bernhard Rudolf Konrad (v.), Geh. OMed.Rat, Leibarzt, (BB, Pf.) u. d. Arnoldine Reimbold (B);
V: Hermann, Pr. Gen.Lt., Gutsbes. (A, BA);
M: Pauline Meyer (L, K, L, B)

138. Frhr v. Pranckh, Sigmund, 1821—1888, Bayer. Gen. d. Inf. u. Kriegsminister usw. (k.);
∞ 1852 Josepha Würstl, T. d. Ignaz GK, Salzburg, (k.) u. d. Theresia Han (UL);
V: Sigmund, OTLt. (A);
M: Anna Therese Thomass, T. d. Karl, Salzburg. Forstm. zu Saalfelden (B in Fulda) u. d. Anna v. Studnitz (A, K)

139. v. Prittwitz und Gaffron, Max, 1868—1917, Pr. Gen.Oberst usw. (e.);
∞ 1874 Olga v. Dewitz, T. d. Curt, Gutsbes., u. d. Euphemia v. d. Groeben;
V: Gustav, Geh. Justizrat (A)
M: Elisabeth v. Klass, T. d. Friedrich Wilh. (v.), Pr. Gen.Lt. (NA, BA) u. d. Bertha v. Schrötter (BA)

140. Graf Radetzky v. Radetz, Joseph, 1766—1858, K.K. FM usw. (k.);
∞ 1798 Franziska Gräfin v. Strasoldo, T. d. Leopold, Gutsbes. (A) u. d. Franziska Gfin v. Auersperg (A, HA);
V: Peter Euseb, Gutsbes., Hptm. (seit 1765 Graf) (A);
M: Maria Venantia Freiin Bechynitz v. Lažan (A)

141. Reinhardt, Walther, 1872—1930, Württ. Gen. d. Inf., Pr. Kriegsminister 1918, erster Chef der Heeresleitung (e.);
∞ 1900 Luise Fürbringer, T. d. Paul, Dr. med. Geh. Med.Rat, Prof. Jena, Berlin (BB, K, jüd. Abstammung) u. d. Rose Baumgärtel (B);
V: August (pers. Adel), Württ. Gen.Major (B, Pf.);
M: Emilie Wiedenmann, T. d. Prof. d. Forstwissenschaften in Tübingen Wilh. (v.) W. (B, K) u. d. Luise Friederike Jäger (Pf., B)

142. Graf (1871) v. Roon, Albrecht, 1803—1879, Pr. GFM, Kriegs- und Marineminister usw. (e.);

∞ 1836 Anna Rogge, T. d. Pfarrers Samuel Wilhelm R. u. d. Auguste Wolfram (B, Pf.);
V: Heinrich de R., nimmt ohne Rechtsgrund das Adelsprädikat an, Off. und Gutsbes. (K, B, Tournay, Frankfurt a. M., Berlin);
M: Ulrike v. Borcke (A)

143. Frhr Roth v. Schreckenstein, Ludwig, 1789—1858, Pr. Gen. d. Kav. u. Kriegsminister (k.);
∞ 1828 Luise Gfin v. Hatzfeld; Schwester der Mutter von 119;
V: Friedrich Joseph, Pfalz-Neuburg- und Salzburg. Geh.Rat, Gutsbes. (A);
M: Kunigunde Freiin v. Riedheim (A)

144. v. (pers. Adel 1870, erbl. 1891) Safferling, Benignus, 1825—1899, Bayer. Gen. d. Inf. u. Kriegsminister (k.);
∞ 1878 Caroline Freiin v. Redwitz, T. d. Gutsbes. Philipp u. d. Auguste Freiin v. Reitzenstein;
V: Alois OtLt. (B, K);
M: Juliane Friederike Bender v. Bienenthal, T. d. Friedrich Wilhelm, Major u. Senator in Frankfurt a. M. (BA) u. d. Dorothea Amalie Jäger (K, K)

145. Scheer, Reinhard, 1863—1928, Admiral, Chef der Hochsee-Streitkräfte (1916) u. d. Admiralstabs (1918) (e.);
∞ 1899 Emilie Mohr, T. d. Kommerzienrats und Bankdir. Ferdinand M. in Kiel;
V: Julius, Oberlehrer, Hanau (US, B, K, H);
M: Marie Reinhardt (H, K)

146. Graf (1917) v. Scheuchenstuel, Victor, 1857—1938, k.u.k. Gen.Oberst, ledig; (k.)
V: Victor, Hüttenmeister der Eisenwerke in Witkowitz/Mähren (B);
M: Mathilde Blatt (B)

147. Graf v. Schlieffen, Alfred, 1833—1913, Pr. GFM, Chef des Gen.Stabs usw. (e.);
∞ 1868 Base Anna Gfin v. Schlieffen, T. d. Albert u. d. Marie Gfin zu Stolberg-Wernigerode (HA);
V: Magnus, Gutsbes., Major (seit 1812 Graf) (P, K, BA, K, A, A);
M: Auguste v. Schönberg, T. d. Moritz Haubold, OPräs. von Schlesien (A) u. d. Luise Gfin zu Stolberg-Wernigerode (HA)

148. v. (pers. Adel) Schnürlen, Albert, 1843—1923, Württ. Gen. d. Inf. u. Kriegsminister 1901—1906 (e.);
∞ 1878 Fanny Blumhardt, T. d. Carl Hermann (pers. Adel v. B.) Oberst, u. d. Emilie Obermüller;

V: Joh. Georg, Dr. med. Tübingen (K);
M: Christiane Walcker (K)

149. Frhr (1908) v. Schönaich, Franz, 1844–1916, k.u.k. Gen. d. Inf., Kriegsminister 1906–1911 (k.);
∞ 1908 Mathilde Gall, Witwe des Albrecht Hiller, Dr. jur., Hof- u. Ger. Advokat in Wien;
V: Franz, Hofrat im Handelsministerium, Wien (B);
M: ? Maria Standhartner (k.)

150. Fürst v. Schönburg-Hartenstein, Alois, 1858–1944, k.u.k. Gen. Oberst, Minister f. Landesverteidigung usw., Standesherr (k.);
∞ 1887 Johanna Gfin v. Colloredo-Mansfeld, T. d. Hieronymus, Ackerbauminister (HA, P, BA, B) u. d. Aglae Gfin Festetics de Tolna (A);
V: Fürst Alexander, Standesherr, Gesandter (HA);
M: Caroline Josephine Prinzessin v. Liechtenstein (HA, A)

151. v. (1848) Schönhals, Karl, 1788–1857, K.K. Gen.Feldzeugmeister, Reichskriegsminister, Wirkl. Geh.Rat, ev., ledig, (der Freiherrnstand als Ritter des Maria-Theresien-Ordens wird nicht geführt)
Bruder: Georg Heinrich, K.K. Gen.Major.
V: Georg Heinrich S., Fürstl. Solms-Braunfels. Baurat und Hofbaumeister (L, Pf.);
M: Marie Caroline Michaud (Vater: franz. Sprachmeister und Kammerdiener, Sohn eines aus Orléans stammenden Sprachmeisters, Mutter: Kammerzofe, Tochter eines Stiftsbereiters in Diez)

152. v. (1880) Scholl, Friedrich, 1846–1928, Pr. Gen.Oberst und Gen.Adj. usw. (e.);
∞ 1877 Adelheid Freiin Löw v. und zu Steinfurth, T. d. August, Gutsbes. (A) u. d. Adelheid v. Pape (BA);
V: Friedrich, Hess. Oberst im Kriegsministerium Darmstadt (B, K);
M: Auguste Hallwachs (BB)

153. Frhr Schott v. Schottenstein, Maximilian, 1836–1917, Württ. Gen. d. Inf., Kriegsminister 1892–1901, (e.);
∞ 1868 Ottilie Bar. v. Ochs, T. d. Carl Philipp, Hessen-Kassel. Gen. Major u. Chef d. Gen.Stabs (L, B) u. d. Therese Freiin Grote (A, B);
V: Carl, Reg.Dir. (A, BA);
M: Luise v. Vischer, T. d. Friedr. (1814 v.) V., Gen.Major (B) u. d. Luise Zech (B, Pf.)

154. v. (1909) Schubert, Richard, 1850–1916, Pr. Gen.Oberst usw. (e.);
∞ 1885 Helene Maria Wenzel, T. d. Karl, Dr. med. Geh. Med.Rat,

Mainz (k.) u. d. Amalie Michel (e.) (B, K); Bruder Theodor, Gen. d. Art., Philipp Gen.Lt. (Adel 1899);
V: Theodor, Gutsbes. (K);
M: Amalie Lebius (GK)

155. v. (1913) Stein, Hermann, 1854–1927, Pr. Gen. d. Art., Kriegsminister 1916–1918 (e.);
∞ 1883 Elise Meyer, Base, T. d. Domänenpächters in Seehausen;
V: Hermann Robert, Pfarrer in Wedderstedt Kr. Quedlinburg (H, B);
M: Julie Meyer, T. d. Amtmanns u. Domänenpächters Andreas (L) u. d. Katharina Elisabeth Koetz (L)

156. v. Steinmetz, Carl Friedrich, 1796–1877, Pr. GFM usw. (e.);
∞ I. 1825 Base Wilhelmine Johanna v. Steinmetz, T. d. Gen.Lt. Carl Friedr. Franz (B) u. d. Magdalene Dorothea v. Vigny (illeg. BA);
∞ II. 1867 Auguste Elisabeth v. Krosigk, T. d. Gen.Majors Hermann (A) u. d. Elisabeth v. Pallandt (BA);
V: Wilhelm, Pr. Lt. a. D., nennt sich, wie sein Vater, ohne Rechtsgrund mit Adelsprädikat (L, H);
M: Friederike Louise v. der Mosel, T. d. Gutsbes. u. Kapitäns Carl Friedr. v. d. M. (A, BA) u. d. Elisabeth Carove (K, K)

157. v. Stockhausen, August Wilhelm Ernst, 1793–1861, Pr. Gen.Lt. u. Kriegsminister (1850–1852) usw. (e.);
∞ 1824 Emilie v. Witzleben, T. d. Gen.Majors u. Gutsbes. Heinrich Günther u. d. Amalie Freiin v. Wulff (A);
V: Christian Ludwig (1798 v. St.), OtLt. (BB, P);
M: Johanne Susanne Friederike Lütcke (H in Berlin)

158. Frhr (1918) Stöger (1892 – Steiner Edler v. Steinstätten), Rudolf, 1861–1921, k.u.k. Gen.Oberst u. Kriegsminister (k.);
∞ 1892 Maria Magdalena v. Link, T. d. Dr. jur. Leopold (seit 1913 Ritter v. L.) in Graz, u. d. Magdalena Selbacher;
V: Georg, Fabrikant in Pernegg a. d. Mur (H);
M: Agathe Marie Hofer, wiederverehel. Joseph Steiner (seit 1891 Edler v. Steinstätten) k.u.k. Major (H, K)

159. v. Stosch, Albrecht, 1818–1896, Pr. Gen. d. Inf., Staatsminister, Chef d. Admiralität usw. (e.);
∞ 1845 Rosalie Ulrich, T. d. Med.Rats in Koblenz;
V: Theodor Ferdinand (1815 v. S.), Gen.Lt. (Pf., BB, K, K franz. Kol. Magdeburg);
M: Karoline Woltersdorf, (Pf., B)

160. v. Suckow, Albert, 1828–1893, Württ. Gen. d. Inf. u. Kriegsminister (e.);
∞ 1857 Sophie Schweizerbarth, T. d. Kaufmanns in Stuttgart;
V: Karl, Württ. Oberst (S. d. Mecklenburg. u. Hess. OForstm. und Amtmanns, geadelt 1792) (B, Pf.);
M: Emma v. Calatin, Schriftstellerin „Emma v. Niendorf", illeg. u. Adoptivtochter d. Bayer. Gen.Lt. Carl Theodor Friedrich Graf v. Pappenheim (HA) u. d. Maria Eder (K, L)

161. Frhr v. d. Tann-Rathsamhausen, Ludwig, 1815–1881, Bayer. Gen. d. Inf. u. Chef d. Gen.Stabs usw. (e.);
∞1852 Anna Gfin v. Voss, T. d. Landrats und Gutsbes. Felix in Mecklenb. u. d. Luise Gfin v. Hahn-Basedow (A);
V: Heinrich, OtLt., Gutsbes. (A);
M: Sophie Freiin v. Rathsamhausen (A, Elsaß);
Neffe: Luitpold, 1847–1918, Gen. d. Inf. (M: v. Stetten, P)

162. v. (1900) Tirpitz, Alfred, 1849–1930, Großadmiral usw. (e.);
∞ 1884 Marie Lipke, T. d. Reg.Rats Gustav Adolf (K, Berlin jüd.);
V: Rudolf, Geh. Justizrat, Notar, Kammerger.Rat (B, Pf.);
M: Malwine Hartmann (BB, K)

163. v. Verdy du Vernois, Justus, 1832–1910, Pr. Gen. d. Inf. u. Kriegsminister 1889 usw. (k.);
∞ 1855 Luise Karoline Zimmermann (e.), T. d. Karl, Dr. med., Sanitätsrat in Thorn, u. d. Luise Carius (K, Pf.);
V: Ludwig, Major u. Geh. Sekretär im Kriegsministerium (A, franz., BA, BA, A)
M: Gertrud Münzel (L)

164. Graf v. Waldersee, Alfred, 1832–1904, Pr. GFM usw. (e.);
∞ 1877 Mary Esther Lee, verw. Fürstin v. Noer, T. d. David (GK, New York);
V: Franz, Pr. Gen. d. Kav. usw. (S. d. Franz, seit 1786 Graf, Anhalt. OJägermeister u. Preuß. Geh. OFinanzrat, illeg. HA, Pf., u. d. Luise Gfin v. Anhalt, illeg. HA, K, A);
M: Bertha Freiin v. Hünerbein (T. d. Gen.Lt. Georg Heinrich, A, u. d. Wilhelmine v. Knobelsdorff, T. d. Generals, A);
Vatersbruder: Friedrich Gustav, 1795–1864, Gen.Lt. u. Kriegsminister 1854–1858

165. Graf Welser v. Welserheimb, Zeno, 1835–1921, k.u.k. Gen. d. Inf., Minister f. Landesverteidigung (1880–1905) (k.);
∞ 1870 Caroline Freiin Roden v. Hirzenau, T. d. Franz, Gen.Major, u. d. Juliane Gfin Hadik v. Futak (A);

V: Leopold, Gouverneur von Illyrien (A);
M: Antonia Gfin Szápáry usw. (A ung.)

166. Wild (1900 v. Hohenborn), Adolf, 1860–1925, Pr. Gen. d. Inf. und Kriegsminister 1916, Gutsbes. (e.);
∞ 1887 Else Kunoth, T. d. Georg Heinrich (GK u. Ind. Hoboken, USA) u. d. Dorothea Friederike Dönges;
V: Johann Rudolf, (preuß. Adel 1888 v. W.) Dr. phil. OMed.Ass., Apotheker (S. d. Apothekers Rudolf in Kassel, P. Bern, Basel, u. d. Louise Allamand, K, Lausanne);
M: Auguste Studte (B, H, Niedersachsen)

167. v. Wittich, Adolf, 1836–1906, Pr. Gen.Oberst mit Rang als GFM usw. (e.);
∞ 1866 Anna Schade, T. d. Gutsbes.
V: Wilhelm, Kriegsgerichtssekretär (S. d. Hans Gottfried, Kapitän, BA, u. d. Caroline v. Barfuss, A);
M: Christine Henriette Mildebradt (B, Pommern)

168. v. Woyrsch, Remus, 1847–1920, Pr. GFM usw. (e.);
∞ 1873 Base Thekla Jenny v. Massow, T. d. Hermann, Gutsbes. u. OForstm (A), u. d. Thekla Auguste Websky (K);
V: Carl Wilh. Remus, Wirkl. Geh. OReg.Rat, Gutsbes. (A);
M: Cäcilie Websky (GK)

169. Graf (1864) v. Wrangel, Friedrich, 1784–1877, Pr. GFM usw. (e.);
∞ 1810 Base Lydia v. Below;
V: Ernst Friedr. (Frhr), Gen.Major (A);
M: Sophie Luise v. Below (A)

170. v. Xylander, Emil (Ritter u. Edler) 1835–1911, Bayer. Gen.Oberst usw. (e.);
∞ 1871 Rosa Logan, T. d. Brit. Capt. Robert L. u. d. Catherine Baldwin (L);
Bruder Heinrich, 1840–1905, Gen. d. Inf., Neffe Oskar, 1856–1940 Gen. d. Inf.;
V: Joseph, Gen.Major (BA);
M: Caroline v. Tausch, T. d. Joh. Baptist (Adel 1823) Gen.Lt. (B, K)

171. Graf (1814) Yorck (v. Wartenburg, 1814), David Ludwig, 1759–1830, Pr. GFM (e.);
∞ 1792 Johanna Henriette Seydel, T. d. Kaufmanns Joh. Heinrich in Namslau;
V: David Jonathan Jarcken-Gustkowski gen. v. Yorck, Kapitän (S. d. Johann J.-G., Pastor in Rowe bei Stolpe (Pommern) aus pom-

merel. A, u. d. Anna Sophia Birrovius, Tochter eines Pfarres, Enkelin eines Guts-Untertans und Schneiders);
M: Maria Sophie Pflug, I. d. Christian Bartholomäus aus Köthen, Stellmachermeister in Charlottenburg (H) u. d. Elisabeth Lippert, Tochter eines Tischlermeisters u. Ratsherren in Charlottenburg

172. Graf (1817) v. Ziethen, Hans Ernst, 1770—1848, Pr. GFM usw. (e.); ∞ 1797 Josephine Komtesse de Berlosuys (k.), T. d. Gutsbes. Leopold, (Belg.-Luxemburg, A) u. d. Maria Viktoria Freiin v. Ledebur-Wicheln (A);
V: Ernst Dietrich, Pr. Rittm. u. Gutsbes. (A);
M: Charlotte Sophie v. Moeller, T. d. Christian Ludwig (v.) M., Geh. Kriegsrat (B) u. d. Susanne Agnes de Forestier, franz. Kol., Berlin; Mutter: Lyncker, (B)

In der vorstehenden Liste sind bewußt einige nach ihrem Rang hierher gehörigen militärischen Spitzenkräfte vernachlässigt zu Gunsten solcher Persönlichkeiten, deren Abstammungsverhältnisse in der zugänglichen Literatur bisher nicht gebührend geklärt worden sind.
Dennoch würde sich dadurch der Gesamteindruck, auf den es hier ständegeschichtlich ankommt, nicht wesentlich verändern. Im Gegenteil verstärkt er sich noch bei der Erfassung der breiteren Kreise der Generalität in der zu betrachtenden Zeit bis zum Zusammenbruch der Monarchien zu der Hauptthese meiner Ausführungen: während des 19. Jhdt. und zu Beginn des 20. Jhdt. tritt der Anteil des Geburtsadels in der obersten militärischen Führungsschicht ständig weiter zurück. Diese Tendenz wird durch Nobilitierungen und Standeserhöhungen gerade auf Grund einer erfolgreichen militärischen Laufbahn nach außen hin und für das Bewußtsein der Gesellschaftsordnung nicht sichtbar, da das adelige Leitbild weiter erhalten bleibt und die Führung eines Adelsnamens auch die Zugehörigkeit zu der staatstragenden ersten Gesellschaftsschicht institutionell mit sich bringt.

DAS OFFIZIERKORPS DER REICHS- UND KRIEGSMARINE

VON MICHAEL SALEWSKI

1. MARINEOFFIZIERE UND TRADITION

Nach dem Ersten Weltkrieg war der Fortbestand einer deutschen Marine keineswegs unumstritten und somit auch die Weiterexistenz des Marineoffizierkorps nicht. Infolgedessen sahen sich die Marineoffiziere zur gleichen Zeit einer zweifachen Belastung ausgesetzt: Sie mußten erstens den Nachweis führen, daß sie im Weltkrieg nützlich gewesen waren und zweitens die Skeptiker von der Notwendigkeit ihrer gegenwärtigen und zukünftigen Tätigkeit überzeugen. Beide Aufgaben bedeuteten einen vollständigen Bruch mit dem Selbstverständnis, das die Marineoffiziere bis zum Ende des Ersten Weltkriegs geprägt hatte.

Die Entwicklung eines neuen Selbstbewußtseins und Selbstverständnisses war eine der wichtigsten Aufgaben der Marineführung in den zwanziger und dreißiger Jahren. Die eigene Vergangenheit war daher nicht antiquarisch zu betrachten, sondern gehörte über den Erlebnis- und Erfahrungshorizont hinaus zu den notwendigen und konstitutiven Bedingungen der gegenwärtigen Existenz. Die Erforschung und Bewältigung der Marinevergangenheit von 1890 bis 1918 hatte für die maßgeblichen Führerpersönlichkeiten in der Reichs- und Kriegsmarine daher eine Bedeutung, die weit über das normale Maß der Traditionsbildung hinausreichte. Um einen der wesentlichen Bestimmungsfaktoren des Offizierkorps von Reichs- und Kriegsmarine umschreiben zu können, ist eine Analyse der Interpretation der Geschichte der Kaiserlichen Marine in den zwanziger und dreißiger Jahren notwendig. Es gab zwei entscheidende Fragen:

Die erste, an der sich die Geister der Politiker und Historiker nach 1918 schieden, lautete, ob der Tirpitzsche Flottenbau und die auf ihm fußende Strategie richtig oder falsch gewesen seien. Ging man vom Resultat des Ersten Weltkrieges aus, so waren erhebliche Zweifel an der Stichhaltigkeit des Tirpitzschen Konzepts nicht von der Hand zu weisen. Es gab tatsächlich auch eine Reihe von höheren Marineoffizieren – so etwa Galster, Wegener, von Maltzahn – die die These vertraten, daß Tirpitz' Grundidee, durch den Schlachtflottenbau England zum „Kommen" zu bewegen, ein fundamentaler Irrtum gewesen sei. Dies zugegeben, stellte sich sofort die Frage nach dem Sinn einer Restauration der Marine und der Flotte. Das war aber bereits eine „Existenzfrage", zumindest interpretierte die Marineleitung diese Frage so. Folglich mußte sie tabuisiert werden. Tatsächlich erließ die Marineleitung entsprechende Richtlinien, die sich in der Konzeption des amtlichen Reichsarchivwerks, „Der Krieg zur See" spiegelten: Kritik war nur an vordergründigen taktischen und operativen Maßnahmen der Marineführung des Ersten Weltkrieges erlaubt, die Frage nach der Notwendigkeit des Flottenbaues vor dem Krieg durfte nicht gestellt werden. Es galt seitdem – bis ins Jahr 1943 hinein – der Grundsatz, daß das Tirpitzsche Werk „auf dem richtigen Wege" gewesen und nur durch die Entschlußlosigkeit und das Fehlverhalten der „politischen Leitung" um seinen Erfolg gebracht worden sei. Jeder Marineoffizier, der diese Interpretation bezweifelte, riskierte seine Karriere; in der Ära Raeder erstreckte sich die „Rache" gegen „Ketzer" sogar auf deren Söhne, das bekannteste Beispiel dafür liefert die Familie Wegener: Der Sohn des Admirals aus dem Ersten Weltkrieg wurde nicht zur Marineakademie, d. h. also zum Führerkorps zugelassen. (Er wurde in der Bundesmarine gleichwohl der führende strategische Kopf.)

Die Marineoffiziere der Reichs- und Kriegsmarine mußten also nicht nur mit einer geklitterten Historie leben, sondern waren verpflichtet, sie gegen Renegaten in Schutz zu nehmen.

Die zweite, nicht minder schicksalhafte Frage an die eigene Vergangenheit betraf das Verhalten der Marine, genauer: des Seeoffizierkorps in den Unruhejahren 1917 und 1918. Rührte das Problem der Tirpitzschen Flotte an die Grundlagen des eigenen „Ressorts", so bestimmte die Antwort auf die Frage nach der Rolle der Seeoffiziere in der Revolutionszeit das Bild der Marine in der politischen Öffentlichkeit. Im ersten Fall ging es um das Selbstverständnis des Berufs und der Institution „Marine", im zweiten um den gesellschaftlichen „Stellenwert" dieser Institution.

Kritische Fragen nach Tirpitz und dem militärischen Verhalten der Kaiserlichen Marine waren verhältnismäßig leicht unter Hinweis auf die Fachkompetenz bzw. die Laienhaftigkeit der Fragenden abzuwehren. Die Frage nach dem Rollenverhalten der Marine im Jahre 1918 aber war eine öffentliche, war eine politische Frage. Davon „verstand" auch die Öffentlichkeit etwas, und im demokratisch und parlamentarisch gewordenen Staat auch diejenigen, die über die Mittelverteilung das Fortleben oder Absterben der Marine steuern konnten. Evasionen wie im Falle

Tirpitz waren daher nicht möglich, Sprachregelungen griffen nicht, das Marineoffizier- und Führungskorps mußte sich mit diesem Problem auseinandersetzen.
Diese Auseinandersetzung geschah aber nicht freimütig, sondern apologetisch bzw. aggressiv. Die Marineoffiziere kämpften auf diesem Feld zudem mit verkehrten Fronten: Wer die Revolution von 1918 positiv wertete, war geneigt, den Matrosen – und damit einem Teil der Marine – die 1918 gemeutert und 1918 die Revolutionsfackel in Brand gesteckt hatten, das Etikett „fortschrittlich" umzuhängen und die neue Marine als Sproß aus dieser revolutionären Wurzel zu begreifen – und zu fördern – das war im wesentlichen die stärkste Partei, die SPD. Wer die Revolution verurteilte, sah in der Marine des Jahres 1918 einen der gefährlichen Spaltpilze und Brandherde, die zu dem ganzen Unglück geführt hatten. Für die ersteren waren die Offiziere die „Reaktionäre", für die letzteren die „Waschlappen". Das Gesamturteil von links und rechts über das Marineoffizierkorps der Kaiserlichen Marine fiel daher überwiegend negativ (wenn auch mit entgegengesetzten Begründungen) aus, das über die Mannschaften und Unteroffiziere orientierte sich an den Stimmenverhältnissen bei den großen politischen Parteien.
Mit Recht konnten sich die ehemals kaiserlichen Marineoffiziere als ausgestoßen und mißverstanden fühlen. Sie reagierten darauf nicht rational, sondern mit einem Komplex, dem sog. „Trauma von 1918". Es artikulierte sich in einem bekannten Satz Raeders, der als Leitlinie des politischen Verhaltens des gesamten Marineoffizierkorps in der Reichs- und Kriegsmarine bis 1945 angesehen werden kann: „Es herrschte ein stiller Schwur, daß es ein 1918 nicht mehr geben dürfte".
Der geistige Horizont des Marineoffizierkorps nach 1918 wurde in seinem historischen Teil also von einer Geschichtsklitterung und einem tiefeingewurzelten Trauma bestimmt. Seitdem war klar, daß die Marineführung kein unbefangenes Verhältnis zu ihrer eigenen und der allgemeinen Geschichte des Deutschen Reiches bis 1918 gewinnen konnte. Es entbehrte damit einer jener tragenden Stützen, die etwa für das Heeresoffizierkorps in der Ära Seeckt und darüber hinaus charakteristisch sein sollte. Das Seeoffizierkorps war „verunsichert".
Es lag auf der Hand, daß diese Unsicherheit und Richtungslosigkeit zu vielfältigen Versuchen der Kompensation, und den gegebenen Umständen entsprechend, Überkompensation führen mußte. Die Geschichte der Kriegsmarine von 1939 bis 1944 ist voll von typischen Beispielen. Das Verhalten des Führungskorps unter Leitung von Raeder und Dönitz ist überhaupt nur verständlich in Kenntnis der geistesgeschichtlichen Grundlagen, auf denen die Admirale des Zweiten Weltkrieges standen.

2. MARINEOFFIZIERE „AN LAND“

Die ersten Jahre nach dem deutschen Zusammenbruch von 1918 wurden durch das Bemühen der ehemals kaiserlichen Marineoffiziere bestimmt, sich für den Staat in irgendeiner Weise nützlich zu machen. Die Ausgangslage wurde durch zwei Faktoren bestimmt:

Erstens: Nach der Versenkung der Flotte in Scapa Flow – einer Tat, der ähnlich leitmotivischer Charakter zukommen sollte wie der Skagerrakschlacht und der Meuterei vom November 1918, dies nur am Rand – und nach dem Inkrafttreten des Versailler Vertrages war klar, daß man an die Tradition der „Hochseeflotte“ nicht mehr anknüpfen konnte. Es gab keine großen modernen Schiffe mehr; die 6 bzw. 8 Schiffe der „Braunschweig“- und „Schleswig-Holstein-Klasse“ besaßen geringen Kampfwert, die Personalbeschränkung des Vertrages auf insgesamt 15 000 Mann, davon 1 500 Offiziere, reduzierte das Seeoffizierkorps der Kaiserlichen Marine zur Bedeutungslosigkeit. Im Gegensatz zur Heeressituation aber waren Marineoffiziere ohne Schiffe militärisch wertlos; besaß die Republik keine Schiffe, so benötigte sie auch keine Matrosen, Kapitäne und Admirale. Den Marineoffizieren wurde klar, daß sie, im Gegensatz zu den Heeresoffizieren, nur ein, wenn auch das vielleicht wichtigste Teilstück im technisierten Apparat „Flotte“ gewesen waren. Seitdem die Flotte untergegangen war, mußten sie sich und ihren Beruf neu überdenken.

Zweitens: Das Selbstwertgefühl der „Kaiserlichen Marine“ war vor und im Ersten Weltkrieg nicht nur durch die Schiffe, die man führte, bestimmt. Es entsprang gleichermaßen der Einsicht und dem Bewußtsein, Träger des wichtigsten Reichsinstituts zu sein. Im Gegensatz zur Armee, die sich aus den Kontingenten der einzelnen Bundesstaaten zusammensetzte, war die Marine eine Reichs-Marine. Der Zusammenbruch der Dynastien hatte das Heeresoffizierkorps zunächst geistig heimatlos gemacht, die Abdankung des Kaisers wurde von den Marineoffizieren zwar ebenfalls schmerzlich empfunden, doch wie in einem System kommunizierender Röhren erhöhte sich damit gleichzeitig die Bedeutung der Marine als einer Reichseinrichtung. Die Marine als Klammer des Reiches konnte auch nach 1918 ihre Aufgabe in diesem Sinne verstehen[1].

---

[1] Daneben gab es natürlich zahlreiche Offiziere, die weniger der Reichsgedanke bewegte als das unmittelbare Empfinden, dem in Not geratenen Vaterland dienen zu müssen.

Aus diesen beiden Faktoren ergaben sich folgende Schlüsse: Der kaiserliche Dienst des Marineoffizierkorps wandelte sich zur Verpflichtung zum Dienst an der Idee der Reichseinheit. Marineoffiziere empfanden sich als Instrumente zur Erhaltung des Deutschen Reichs, zur Verteidigung des Vaterlandes. Das Reich wurde für sie zum übergeordneten und verpflichtenden Begriff. Die Republik war lediglich die augenblicklich nun einmal gegebene Staatsform. Dem Reich zu dienen bedeutete daher zugleich, sich in den Dienst der Staatsführung zu stellen, soweit diese sich als Sachwalterin des Reiches betrachtete.

Da nun aber der Dienst am Reich nicht mehr wie vor 1918 von Bord aus, von den Schiffen und mit den Schiffen geleistet werden konnte, mußte der Marinegeist sich an Land artikulieren. Die Folge davon waren die wie Pilze aus dem Boden schießenden Marinefreikorps. Die beiden wichtigsten waren die von Ehrhardt und Loewenfeld. Doch es gab zahlreiche andere „blaue" Freikorps. Ernst von Salomon hat ihren Geist und die Winkelzüge ihres Denkens ausführlich und zutreffend beschrieben. Im Freikorpsdienst kam das existentielle Bedürfnis des Marineoffizierkorps zum Ausdruck, sich aus der hergebrachten Symbiose Mensch–Schiff zu befreien, gleichzeitig aber die ethischen Grundlagen des Marineoffizierberufs in die Weimarer Zeit hinein zu retten.

Freilich: das waren alles idealtypische Entwicklungen. Die Praxis sah für die Mehrzahl der ehemals kaiserlichen Seeoffiziere weit trüber aus: Massenentlassungen, tiefe Verbitterung über die schmähliche Behandlung, die man durch die Untergebenen erfahren hatte, 1918, im November, 1920, im März, Empörung den sog. „staatstragenden" Parteien gegenüber, die keine Hand zur Verteidigung der Ehre des Marineoffizierkorps gerührt hatten, Arbeitslosigkeit, vergebliche Stellensuche, Absturz von einem Gipfelpunkt der gesellschaftlichen Leiter in die Verachtung. Verzweifelte Bemühungen, den „Korpsgeist" zu retten: so kommt es zur Gründung der Marine-Offizier-Vereinigung, einer Notinstitution, die unter dem trotzig hochgehaltenen Motto „Alle für einen, einer für Alle" die ärgsten Auswüchse des Jammers und der Not, auch der materiellen Not, zu lindern sucht. Der „Crewgeist", entwickelte sich in den Jahren nach dem Ersten Weltkrieg zu einem starken immateriellen Band zwischen den Jahrgängen; er durchzog die amorph gewordene Masse des ehemaligen kaiserlichen Marineoffizierkorps und begann das neue Marineoffizierkorps zu strukturieren. Die Crew reichte nunmehr weit in den zivilen, vor allen den wirtschaftlichen Bereich hinein. Die zahlreichen zwangsweise oder freiwillig aus dem aktiven Offizierdienst Ausscheidenden bildeten überall in der Wirtschaft, Industrie, im Handel, der Verwaltung, bei der Seeschiffahrt „Stütz- und Anlaufpunkte" für die Kameraden, denen es schlechter ging und die nur schwer den Anschluß an die bürgerliche Gesellschaft fanden. Man kann sagen, daß sich das Marineoffizierkorps der Reichs- und Kriegsmarine auf diese Weise – und weder ursprünglich gewollt noch so gesehen – tiefer in die Gesellschaft eingliederte, als vor dem Ersten Weltkrieg. Das zeigte sich vor allem in der Phase der Aufrüstung seit 1934, als die zahlreichen Querverbindungen zu Industrie und Wirtschaft aktiviert werden konnten; das zeigte sich im Rahmen der Offiziersvermehrung seit 1935, als zahlreiche „ehemalige" aktive Offiziere wieder den blauen Rock anzogen, gleichzeitig aber ihre zivilen Verbindungen als Morgengabe miteinbrachten. Es gibt bisher leider keine wissenschaftlichen Ansprüchen genügende Soziologie der Institution „Crew", so daß hier nur allgemeine Beobachtungen mitgeteilt werden können.

Die Marine an Land, die Freikorps, die ausgeschiedenen Marineoffiziere und ihr Wirken – all dies gehört zum soziologischen Umfeld der nach dem 10. Januar 1920 entstehenden kleinen aktiven Reichsmarine und ihres Offizierkorps.

3. REICHSMARINE IN DER KONSOLIDIERUNG

Daß sich die Weimarer Republik trotz der bedenklichen Erfahrungen aus der Vorkriegs- und Kriegszeit dazu entschloß, auch weiterhin eine Marine in Dienst zu halten, ging im wesentlichen auf drei Ursachen zurück: Erstens: Die territorialen Bestimmungen des Versailler Vertrags hatten Ostpreußen zu einer Insel gemacht, die unkontrolliert nur über See zu erreichen war. Die Sicherung Ostpreußens war nur mit Hilfe einer Flotte möglich. Zweitens: Die militärischen Bestimmungen des Versailler Vertrags, wie der ganze Vertrag selbst wurden nicht als ewiggültig betrachtet, sondern als Durchgangsstufe zur Revision. Eine Wiederherstellung der politischen Zustände von vor 1914 erforderte aber auch die Restauration des „Seegedankens". Drittens: Die Alliierten selbst hatten mit ihren Marinebestimmungen in Teil V des Vertrags den zunächst gültigen Rahmen abgesteckt; schon aus psychologischen Gründen war es den Regierungen der Weimarer Republik unmöglich, freiwillig noch größere Beschränkungen auf sich zu nehmen, als der Vertrag sie erzwang.

Dennoch dauerte es bis in das Frühjahr 1920, bevor die Weiterexistenz der Marine gesichert war. Schuld daran trug das Marineoffizierkorps selbst, das sich mit Trotha an der Spitze in den Kapp-Lüttwitz-Putsch hatte verwickeln lassen und nach dem Zusammenbruch des Kapp-Unternehmens vor einem wahren Trümmerhaufen stand. Es waren der Reichswehrminister Geßler und der Chef der Heeresleitung, Seeckt, die eine Auflösung der Marine, bzw. eine völlige Eingliederung der Marine in das Heer verhinderten.

In den Monaten nach dem Kapp-Putsch ging es in der jungen Reichsmarine vielerorts drunter und drüber. Unglaubliche Dinge trugen sich zu, der Begriff „Disziplin“ existierte praktisch nicht mehr, hierarchische Autorität war nicht gefragt, der Chef der Marineleitung, Michaelis, war hilflos. Energische Offiziere brachten es daher mühelos fertig, ihn von seinem Posten zu verdrängen und einen ihnen genehmen Mann an die Spitze zu befördern: den Admiral Behncke. Es war fast wie eine germanische Schilderhebung.

Die Marine an Land, die Freikorps, die Stationskommandos, die verbliebenen „dicken“ Schiffe stellten für das Ansehen des Marineoffizierkorps in dieser Zeit eine erhebliche Belastung dar. Der innere Zusammenhalt der Marine und ihres Offizierkorps bestand praktisch nicht mehr. Condottieregeist machte sich allenthalben breit. Einsichtige Offiziere erkannten, daß man praktisch von vorne beginnen mußte. Es bildeten sich erste Keimzellen neuer Autorität, neuer Berufsethik, und zwar auf den verbliebenen kleinen Einheiten der Marine. Vor allem die Torpedobootsflottillen wurden zum Kristallisationskern einer neuen Disziplin.

Als sich die innenpolitischen Verhältnisse einigermaßen beruhigt hatten, begann unter der etwas hausbackenen, jedoch zielstrebigen Führung Behnckes der systematische Neuaufbau eines homogenen Marineoffizierkorps. Vorauszugehen hatte eine Analyse der Soziologie des kaiserlichen Marineoffizierkorps. Denn allen Verantwortlichen war klar, daß das Versagen in den kritischen Wochen, Tagen und Stunden des November 1918 nicht zuletzt auf die ungesunde Struktur des Korps zurückzuführen gewesen war.

Ein Punkt sprang besonders in die Augen: die Zwei- bzw. Dreiteilung des Korps in das der „Seeoffiziere“, der „Marineingenieuroffiziere“ und der „Deckoffiziere“. Nur in spannungslosen Perioden hatte diese Dreiteilung funktioniert. Den psychologischen Belastungen des Kriegsendes war sie nicht gewachsen gewesen.

Am einfachsten war das Problem der Deckoffiziere zu lösen. Es gab fortan keine Deckoffiziere mehr. In der Reichsmarine wurde ein einheitliches Unteroffizierkorps gebildet. Die numerisch enge Begrenzung des Personals – es reichte nicht einmal zur vollständigen Bemannung der zugestandenen Schiffe aus – erlaubte eine strenge Auswahl, so daß die sog. „Unruhestifter“ von 1917 und 1918 rasch und gründlich eleminiert

werden konnten. Sie sammelten sich freilich nicht zu einem geringen Teil dann in den verbotenen paramilitärischen Verbänden und trieben dort ihr Unwesen.
Ein Mannschaftsproblem, wie es vor allem auf den dicken Schiffen sich im Verlaufe der beiden letzten Kriegsjahre herausgebildet hatte, existierte übrigens auch nicht mehr, nachdem die Minenräumaktionen im wesentlichen abgeschlossen waren und man auf Mannschaftsdienstgrade in hoher Zahl nicht mehr angewiesen war. Wer in die Reichsmarine zu zwölfjährigem Dienst aufgenommen wurde, besaß in aller Regel auch die Qualifikation zum Unteroffizier. Wie im Reichsheer, so gab es auch in der Reichsmarine praktisch nur Unteroffiziere. Eine Kader-Bildung wie beim Reichsheer war jedoch nicht notwendig, da das nur langsame Anwachsen der Flotte nach 1935 die üblichen Ausbildungs- und Beförderungsmethoden ausreichen ließ.
Schwieriger war das Problem der Ingenieuroffiziere zu lösen. Hier schwangen alte Vorurteile und fixe Ideen lange und weit in die Reichs- und Kriegsmarine hinein. Das Flaggoffizierkorps der Reichsmarine setzte sich fast geschlossen aus Seeoffizieren zusammen. Von daher war mit einer Lösung des Ingenieurproblems, das ja ein Standes- und Prestige-, kein Sachproblem war, nur schwer zu rechnen.
Die Chefs der Marineleitung, Behncke, Zenker und Raeder wußten genau, daß die Geschlossenheit und Tüchtigkeit des Marineoffizierkorps wesentlich davon abhing, ob es gelingen würde, die Ingenieuroffiziere voll zu integrieren. Wie die Seeoffiziere, so mußten auch die Ingenieure die Chance erhalten, auf der militärischen Stufenleiter bis ganz nach oben zu kommen. Die Ingenieure selbst entwickelten seit den zwanziger Jahren ein sich immer stärker steigerndes Selbst- und Standesbewußtsein, das sich auch in Äußerlichkeiten — wie Angleichung der Uniformen, Abzeichen und Insignien — ausdrückte. Sie verwiesen, nicht zu Unrecht, auf die Tatsache, daß der Wiederaufbau einer schlagkräftigen Marine keineswegs nur ein rein militärisches, sondern auch ein wissenschaftlich-technisches Problem war. In dem Maße, in dem sich die Marine technisierte, stieg die Bedeutung der Ingenieure. Die Chancen, die sich ihnen damit eröffneten, waren aber zugleich auch die Chancen der „braunen" Seeoffiziere: die Technisierung der Flotte erforderte den Aufbau eines ganzen technischen Apparates, der sich als zweite Säule neben den Kommandoapparat stellte. Seitdem wurde es tüchtigen Ingenieuroffizieren möglich, innerhalb ihrer Fachkompetenz aufzusteigen und die höchsten militärischen Dienstränge zu erklimmen.
Schließlich gewann Raeder den Eindruck, als kehrten sich die alten Verhältnisse um. Im Jahre 1937, also auf dem Höhepunkt der Flottenpla-

nungen, versuchte der Oberbefehlshaber in einer grundsätzlichen Regelung wieder die unbedingte Präponderanz des Seeoffizierkorps herzustellen. Er erntete bei den Seeoffizieren Beifall, bei den Ingenieuren Empörung. Seitdem blieb die Atmosphäre zwischen der Marine – später Seekriegsleitung – und dem technischen Bereich angespannt. Beide Seiten scharten sich enger zusammen, und mit der einheitlichen Auffassung im Marineoffizierkorps war es aus. Die Annäherung aus den zwanziger Jahren wich einem latenten gegenseitigen Mißtrauen. Es hatte unangenehme Folgen während des Krieges[2]. Bedenklicher aber waren die Folgen eines anderen Grundsatzentschlusses aus den zwanziger Jahren. Es ging um das Problem, ob die Reichsmarine Admiralstabsoffiziere benötigte, besser: ob sie ein Offizierkorps benötigte, das eine besondere Admiralstabsqualifikation erwerben und einheitlich zum Einsatz bringen sollte. Die Antwort lautete: Nein. Die Begründung war charakteristisch. Sie resultierte zum einen aus dem Trauma von 1918, zum anderen aus einer fehlerhaften Interpretation des „maritimen Denkens".

Die Marine unter Tirpitz hatte eine Sonderlaufbahn, wie sie im Heer mit der Institution des Generalstabs und der Generalstabsoffiziere gegeben war, immer abgelehnt. Tirpitz hatte eifersüchtig darauf geachtet, daß der Admiralstab in seinen Kompetenzen zugunsten des Reichsmarineamtes begrenzt blieb. Hinzu kamen liberale Reminiszenzen von 1848 und eine geradezu pathologische Furcht vor der Entstehung einer besonderen „Kaste" innerhalb des Seeoffizierkorps, wenn man das Heeresbeispiel kopierte. Schon die äußerliche Kenntlichmachung der Offiziere, die als Generalstäbler sozusagen die „höheren Weihen" erhalten hatten, galt in der Marine als verabscheuenswürdig. Die allgemeine Offizierausbildung sollte so gestaltet werden, daß die nun einmal vorhandenen Admiralstabsfunktionen theoretisch von jedermann wahrgenommen werden konnten. Man hoffte, damit eine weitere Spaltung des Korps zu verhindern und der Gefahr zu entrinnen, von des Gedankens Blässe angekränkelte „Theoretiker" Entschlüsse „vom grünen Tisch" aus treffen zu lassen, die frontfern waren.

Natürlich hatte diese Methode einige Vorteile. Insgesamt überwogen aber die Nachteile. Die Geschichte des Admiralstabs, des Flottenkom-

[2] So z. B. in der Frage des Kriegsschiffbaues während des Krieges, als das Mißtrauen dem Konstruktionsamt gegenüber so hoch stieg, daß Offiziere der Operationsabteilung der Seekriegsleitung massiv gegen die bisherige Baupolitik von Admiral Fuchs, dem verantwortlichen Amtschef, opponierten. Vgl. dazu *Salewski, M.*: Die deutsche Seekriegsleitung 1935–1945, Bd. III, S. 168 ff.

mandos und der Seekriegsleitung im Ersten Weltkrieg kennt zahlreiche Beispiele des Versagens admiralstabsmäßigen Denkens, Könnens und Handelns. Die Ereignisse vom November 1918 aber waren geeignet, die tiefeingewurzelten Vorurteile gegen den Admiralstabssonderdienst nur noch zu vergrößern. War die Geschlossenheit des Marineoffizierkorps schon unter den gegebenen Verhältnissen nur schwer zu bewahren, so hätte die Aufteilung des Korps in Admiralstabsoffiziere und „normale" Seeoffiziere einheitliches Denken und Handeln erst recht vereitelt.

Es sollte also auch in Zukunft keine Admiralstabslaufbahn geben, wenngleich man ab Beginn der dreißiger Jahre nicht umhin kam, einer Handvoll geeigneter Kandidaten eine „Führergehilfenausbildung" an der Marineakademie angedeihen zu lassen. Der Entschluß dazu fiel um so leichter, als der Versailler Vertrag das Institut „Generalstab" – und in Analogie dazu „Admiralstab" ohnehin verboten hatte.

Aber wie unterschiedlich waren die Lehren, die Heer und Marine hieraus zogen! Die Marine pflegte ihre Universalausbildung und war stolz auf den allseits ausgebildeten und zu allem befähigten Stabsoffizier ohne zu merken, daß sie eine Dilettantengeneration nach der anderen heranzüchtete. Das Heer, und hier waren es Seeckt, Adam Hasse, Stülpnagel, die die Weichen stellten, dachte gar nicht daran, sich die von den Alliierten verfügte geistige Kastration gefallen zu lassen. Selbstverständlich wurde, wenn auch in nur rudimentärer und beschränkter Form, der Generalstab beibehalten (Truppenamt), und der Chef der Heeresleitung legte persönlich äußersten Wert auf eine grundsolide Ausbildung besonders qualifizierter Offiziere für den zukünftigen Generalstabsdienst. Man nannte sie nur nicht mehr Generalstabsoffiziere sondern „Führergehilfen".

Die Marine hatte all das nicht nötig, zumindest glaubte sie das und hielt bis zum Ende des Krieges an diesem Glauben unbeirrt fest. Den Preis, den sie im Zweiten Weltkrieg dafür entrichten mußte, war bitter.

Betrachtet man das Marineoffizierkorps in der Reichswehrzeit insgesamt, so fallen vor allem zwei Tatsachen ins Auge: Die Betonung, ja teilweise Überbetonung des Komplexes, den man heute mit „Innerer Führung" bezeichnet, und die Vernachlässigung modernen wissenschaftlichen Denkens. Die Folgen waren entsprechend: Es gelang der Marineführung und dem gesamten Korps, die Probleme der inneren Führung weitgehend zu lösen und die Fehler der Vergangenheit gründlich abzustellen. Es wurde unendliche Sorgfalt auf die „menschliche" Seite gelegt. Die Schulung des Marineoffizierkorps in Fragen der Menschenführung war hervorragend. Auch die Bundesmarine hat nichts Besseres zuwege gebracht. Höhepunkt war die Herausgabe eines Buches, das man geradezu als „Bibel“ des menschenführenden Marineoffiziers ansehen könnte: Siegfried Sorges Werk: Der Marineoffizier als Führer und Erzieher. Vor allem Raeder hat als Chef der Marineleitung, später als Oberbefehlshaber, einen beträchtlichen Teil seiner Zeit und Energie darauf verwandt, das innere Gefüge der Marine zu festigen, vor allem das Verhältnis zwischen Offizierkorps und Mannschaften zu verbessern. Er wurde überall als „Schulmeister“ apostrophiert, und das war er auch. Die innere Disziplin, die Moral der Soldaten, Unteroffiziere und Offiziere, ihr Auftreten, ihre Lebensweise, ihr kameradschaftliches Verhalten – all dies war vorbildlich. Raeder achtete darauf, daß seine Offiziere die richtigen Frauen nicht zu früh heirateten, er kümmerte sich rührend um die finanziellen Verhältnisse seiner Untergebenen, er achtete auf „Sitte und Anstand“. Unnachsichtig verfolgte er menschliche Schwächen; der Fall Heydrich war dafür typisch. Die Marine besaß eine hervorragende Kinderstube, sie war durch und durch brav.

Für Raeder und seine Generation schien das der Gipfel des militärisch Wünschbaren zu sein. Angesichts der Exzesse in den braunen Horden mag das verständlich sein. Doch Musterschüler sind selten Genies, und so ging es auch dem Marineoffizierkorps. Die von Raeder anerzogene und erzwungene Hausbackenheit übertrug sich auf das militärische Denken, das Ergebnis waren große Durchschnittlichkeit und einige, gleichsam wildwuchernde geniale Spitzen. Diese waren es dann auch, die im Zweiten Weltkrieg führten – führten mit unerhörtem Selbstbewußtsein, mit Mut zum Risiko, leidenschaftlich und oft romantisch.

4. MARINEOFFIZIERE UND DIE POLITIK

Eine historische Analyse des Marineoffizierkorps von Reichs- und Kriegsmarine darf sich nicht auf eine Interpretation des „Ressorts“ beschränken. Die Marineoffiziere waren Teil der bürgerlichen Gesellschaft in den Jahren von 1920 bis 1945. Zumindest waren sie dies in der Mehrzahl. Es ist jedoch charakteristisch, daß sich bis zum Ende des Zweiten Weltkrieges immer auch einige Elemente nicht-bürgerlichen, nicht-konformen Zuschnitts fanden, die die soziologische Geschlossenheit des Korps auflockerten und einige bizarre Blüten trieben. Persönlichkeiten wie Graf Luckner, Lohmann, Canaris, Heydrich aber auch Karrieristen wie Boehm, Witzell, Dönitz widersprachen durchaus dem bürgerlichen Komment, und ein Hauch von Störtebeker wehte auch noch in Reichs- und Kriegsmarine. Es waren dies Ausläufer einer historischen Entwicklung, die aus dem 18. und 19. Jahrhundert stammte, als der Beruf des Seeoffiziers noch mit einer abenteuerlichen Aura umgeben war. Es waren nicht die „feinsten" Kreise des Bürgertums, die ihre Söhne den blauen Rock anziehen ließen, und der Adel bediente weiterhin in erster Linie Garde und Kavallerie. Erst das große innere Engagement Wilhelms II. machte den Beruf des Seeoffiziers ganz salonfähig.

Die durchaus vom Heer verschiedene Herkunft der großen Marine-Familien, die das Bild und das Schicksal der deutschen Marine bis heute bestimmen, spiegelte sich natürlich auch im politischen Verhalten der Marineoffiziere. Eine genaue Aufschlüsselung des politischen Denkens des Marineoffizierkorps ist hier nicht möglich und dürfte auf Grund der mangelhaften Quellenlage auch kaum gelingen, aber man kann einige allgemeine Beobachtungen machen, die charakteristisch und aufschlußreich sind.

An der konservativen, ja reaktionären Grundhaltung der Mehrzahl des Korps änderten die Ereignisse des Herbstes 1918 nichts. Im Gegenteil, der Schock vom November 1918 vertiefte die bisher gültigen politischen Auffassungen. Nirgendwo wurde die Dolchstoßlegende leichter geglaubt, als in der Reichsmarine; der verunglückte Flottenvorstoß vom Oktober 1918 erhielt in dieser Beziehung nahezu unerschütterliche Beweiskraft.

In der politischen Landschaft der Weimarer Republik fanden sich Marineoffiziere nur schwer zurecht. Die allgemeine Ablehnung des „Systems" ging weiter als im Heer. Daß mit Trotha und Raeder zwei Spitzenoffiziere dem Blendwerk eines Kapp und Lüttwitz erliegen konnten, war nicht Zufall, sondern typisch. Der Freikorpsgeist durchsetzte die Marine in den ersten Jahren nach 1918. Die Marineführung scheute sich nicht, geschlossene Kontingente der Brigaden Loewenfeld und Ehrhardt in die Reichsmarine zu übernehmen. Die Freikorpsleute paßten sich nach und nach den strengeren Regeln der Reichsmarine an, doch an ihren politischen Grundüberzeugungen änderte sich nichts. Die Begriffe Reich und Vaterland standen weiterhin im Zentrum politischer Artikulationen, und von allen Initiativen der Weimarerer Außenpolitik wurden nur die akzeptiert, die auf eine möglichst weitgehende Revision des Versailler Vertrages zielten. Das Verhältnis zu den Parteien der Weimarer Koalition war und blieb gespannt, das zur Sozialdemokratie feindlich. Dem tradierten allgemeinen Mißtrauen den Sozialisten gegenüber gesellte sich die – oft berechtigte – Empörung über die Halb- und Gemeinheiten der sozialdemokratischen Marinepolitik zu; als Raeder 1928 die Marineleitung übernahm, waren die Beziehungen zwischen Marine und SPD gründlich vergiftet. Das färbte natürlich auf das allgemeine politische

Verhalten des Marineoffizierkorps ab. Früher und heftiger als die Heeresoffiziere wurde es vom Bazillus des Nationalsozialismus infiziert. Zunächst waren es die jüngeren Jahrgänge, die gebannt nach Ulm blickten, aber es dauerte nach Hitlers Machtergreifung nicht allzu lange, bis auch zahlreiche Flaggoffiziere mehr als nur ihren Frieden mit der „Bewegung" gemacht hatten. Typische Beispiele waren Boehm, Schuster, Fricke, Fuchs, und sie alle schließlich übertreffend: Dönitz. Darauf wird noch zurückzukommen sein.
Im Gegensatz zu zahlreichen Ondits kann man nicht sagen, daß das Offizierkorps von Reichs- und Kriegsmarine „kaiserlich" gesonnen war. Der Begriff „kaiserlich" bezog sich nicht ad personam, sondern war eine Reminiszenz an die Verfassungsform der Marine. Später, nach dem Zweiten Weltkrieg, ließen es sich Marineoffiziere natürlich gerne gefallen, wenn sie von der „nationalsozialistischen Luftwaffe" und dem angeblich „preußischen Heer" durch das Epitheton „kaiserlich" abgesetzt wurden. Das gehörte zum Prozeß der Vergangenheitsbewältigung.
In Wirklichkeit haben Restaurationspläne im Marineoffizierkorps, soweit ich sehe, niemals eine Rolle gespielt. Allerdings waren die Seeoffiziere unentwegt auf der Suche nach einer Figur, die ihnen ähnlich wohlgesonnen sein sollte, wie es Wilhelm II. gewesen war. Schließlich hat Hitler das erkannt, und tatsächlich gelang es ihm durch das Versprechen, wieder eine starke Marine zu bauen, weitgehend die ehemals wilhelminischen Funktionen zu übernehmen. Die Reichsmarine wollte eben nicht den Kaiser wiederhaben, sondern die kaiserliche Flotte. Das war das entscheidende Kriterium, an das sich auch das Phänomen des politischen Ressortdenkens kristallisieren läßt.
Damit wird ein wichtiger Punkt angesprochen: Die Politik und das Nachdenken über Politisches waren in Reichs- und Kriegsmarine ganz auf das Ressortinteresse polarisiert. Die Erziehung des Marineoffizierkorps unter Behncke, Zenker und Raeder zielte auf den allseits ausgebildeten Fachmann, der seine politische Umwelt nur nach Maßgabe der Ressortbedürfnisse zur Kenntnis nahm und auszunutzen bzw. zu steuern trachtete. Raeder entwickelte eine wahre Meisterschaft in dieser Technik, die den Ressortegoismus zur höchsten Maxime politischen Verhaltens machte. Dabei ging die Freiheit des Denkens oft verloren. Diese geistige Selbstbeschränkung aber widersprach diametral den Prinzipien des maritimen Denkens, wie es etwa das englische Seeoffizierkorps durch Jahrhunderte hindurch geprägt hatte. Die Folge war schließlich, paradoxeraber doch konsequenterweise auch die Verkümmerung des Ressortdenkens, das in sich kreiste und von außen nicht mehr gespeist wurde. Das hatte im Krieg fatale Folgen.

Die Beziehung des politischen Denkens ausschließlich auf das Ressort fand ihre Entsprechung in der Rolle des Gehorsamsbegriffs, dem die Marineoffiziere verpflichtet waren. Politisches Verhalten und Gehorsam müssen sich nicht gegenseitig ausschließen; in der Praxis der Reichs- und Kriegsmarine war dies jedoch der Fall. Der Gehorsam war dabei mehr als militärische Disziplin, mehr als das Prinzip Befehl und Gehorsam im Rahmen der militärischen Hierarchie. Der Gehorsam im Sinne Raeders und — vor allem — Dönitz' war selbst reinster Ausdruck der politischen Weltanschauung, war selbst ein Politikum. Gehorsam als höchste soldatische Tugend wurde zum Ersatz für politisches Mitdenken — und Zweifeln, zugleich freilich zum Alibi für die Masse der Offiziere nach dem Zweiten Weltkrieg.

Von daher nimmt es nicht Wunder, daß die Marine das Dritte Reich seelisch und geistig unbeschadet überstehen konnte. Die Offizierkorps des Heeres und der Marine waren während des Zweiten Weltkrieges geistig und politisch durchaus unterschiedlich strukturiert. Die innere Zweiteilung der höheren Heeresführung, wie sie sich nach dem Sturze Fritschs herausgebildet hatte, war der Marine fremd. Infolgedessen fand auch der Oppositionsgedanke im Marineoffizierkorps — von wenigen individuellen und atypischen Ausnahmen abgesehen — keine Verwurzelung.

5. DAS MARINEOFFIZIERKORPS IM ZWEITEN WELTKRIEG

Der Historiker, der sich bemüht, die Dinge nicht ex eventu zu betrachten, muß erschüttert vor dem Bilde stehen, das sich ihm bei der Lektüre und Auswertung der Akten der Marine- und Seekriegsleitung bis zum September 1939 ergibt. Mit Ausnahme des Bereichs „Innere Führung" befand sich die Marine auf allen Feldern im Stadium des Experiments, des Aufbaus, der Irrwege. Die Bauplanung steckte in einer Krise, die durch die Hypertrophie des sog. „Z-Planes" verursacht war. Das stragegische Denken zersplitterte sich schon über den Grundbegriffen der Seestrategie. Die Personalpolitik kämpfte mit dem immer krasser in Erscheinung tretenden Mangel an qualifizierten und spezialisierten Offizieren. Der Hafen- und Werftbau erstickte an seiner eigenen Gigantik und stockte wegen fehlender Beton- und Stahlmengen. Völlig ungeklärt war die Frage der Energieversorgung; riesige Erdbunker, in denen Öl gehortet werden sollte, erwiesen sich als überflüssig, weil es kein Öl gab. Die Liste der Mängel und Unzuträglichkeiten war schier endlos. Das aus den Akten zu gewinnende Bild konnte nur einen Schluß erlauben: diese Marine war unfähig, Krieg zu führen, geschweige denn einen Krieg gegen England.

Wer im Führungskorps der Marine nüchtern dachte, war zum gleichen Ergebnis gekommen. Aber man hütete sich, die Dinge beim Namen zu nennen. Ersatzweise wurde die Marineleitung mit immer neuen Memoranden und Forderungen der verschiedenen Dienststellen und Kommandos überschüttet. Daß Dönitz, beispielsweise, zunächst wenigstens 300 U-Boote haben wollte (56 waren tatsächlich vorhanden) war nur eines der geläufigsten Beispiele. Man kann sagen, daß die Verantwortlichen, als der Krieg ausbrach, alle behaupten konnten, sie hätten rechtzeitig auf das Notwendige hingewiesen; mit dem Vorhandenen sei der Krieg erfolgreich nicht zu führen.

Als es soweit war, wiesen sie nicht darauf hin. Nur Raeder hat in einer berühmten Aufzeichnung vom 3. September 1939 ausgesprochen, was alle dachten: die Marine könne nur zeigen, daß sie anständig zu kämpfen — und zu sterben verstehe. Damit allein hoffte Raeder die geistigen Grundlagen für einen Wiederaufbau nach dem Kriege schaffen zu können.

Man muß bei der Aufzeichnung vom 3. September 1939 einen Augenblick verweilen. Es handelt sich um ein in der deutschen Kriegsgeschichte wohl einmaliges Dokument. Wann immer hätte ein Oberbefehlshaber am Tage des Kriegsausbruchs darauf verwiesen, daß der Untergang seiner Waffe den Boden für eine ferne Wiederauferstehung abgeben müsse?

Dieses „morituri te salutant" stand als ungeschriebenes Motto über der Geschichte der Marine im Krieg und es prägte das Selbstverständnis des Seeoffizierkorps. Allgemein war das Empfinden verbreitet, daß man nichts zu verlieren, aber viel zu gewinnen, besser: wiederzugewinnen habe: moralisches Ansehen bei der Staatsführung und in der Bevölkerung. Die Folge davon war der Entschluß der Seekriegsleitung, die vorhandenen Flotteneinheiten mehr oder weniger hemmungslos einzusetzen und bewußt ein hohes Verlustrisiko einzugehen. Die älteren Flaggoffiziere freilich blieben weitgehend den Vorstellungen verhaftet, die ihnen im Ersten Weltkrieg eingeimpft worden waren: daß es nämlich darauf ankomme, die Schiffe nach Möglichkeit zu erhalten. Hieraus resultierten jene Spannungen zwischen Front und Führung, die im Jahre 1940 und 1941 zum Abgang zweier Flottenchefs und zum Tod des dritten, Lütjens, führten. Das Flaggoffizierkorps und die hohen Stäbe der Kriegsmarine sahen diesem Ringen zwischen zwei Prinzipien gebannt zu.

Ohne Frage hätten sich am Ende Raeder und die Seekriegsleitung durchgesetzt, wenn die Auseinandersetzung zwischen den Flottenführern und der Marineführung intern geblieben wäre. Als sich jedoch Hitler einmischte und die Partei der Zauderer ergriff, zerbrach der bis dahin oft mühsam aufrechterhaltene Konsensus zwischen Hitler und Raeder. Der Chef der Seekriegsleitung kämpfte erbittert und leidenschaftlich gegen die Schatten der Vergangenheit und die Gespenster von 1918, er wußte das Marineoffizierkorps – mit wenigen, wenngleich wichtigen Ausnahmen – hinter sich. Es war Hitler, der der Überwasserflotte Zurückhaltung auferlegte und für die Seeoffiziere der „dicken Schiffe" das in Ehren Untergehen verweigerte.

Das hatte schwerwiegende Folgen, vor allem zwei:
Erstens: Raeders Sturz, zweitens: die völlige Umstrukturierung des Begriffs „Flotte". Beide Ereignisse verwandelten die Marine und mit ihr das Marineoffizierkorps mitten im Kriege zu einem neuen sozialen Körper. Die Grenzlinie wird durch die Monate vom 30. Januar 1943 bis zum Juli 1943 bezeichnet.

Raeders Sturz, über dessen Ursachen und Verlauf hier nicht zu reden ist, bedeutet zugleich das Ende der Dickschiffsmentalität. Der aus dem Ersten Weltkrieg rührende Gegensatz zwischen der Bootmarine und der Schiffsmarine, ein Gegensatz, der die Geschichte des Marineoffizierkorps der Weimarer Jahre mitgeprägt hatte, verschwand. Die Torpedoträger hatten sich den Artilleristen gegenüber durchgesetzt. Damit aber versank auch die bis dahin von Raeder und seiner Schule hochgehaltene Tirpitz-Tradition. Das Marineoffizierkorps der Jahre 1943 bis 1945 hatte nichts mehr mit dem der Jahre 1914 bis 1918 zu tun. Auch die Führer traten ab, der Nachfolger von Raeder gehörte einer neuen Generation an, er war der Vertreter des Bootsgedankens. Dönitz vermied allerdings einen Bruch innerhalb des Seeoffizierkorps, indem er den Traditionalisten den ehrenvollen Untergang mit den schweren Schiffen zugestand. Das Schicksal der Schlachtschiffe „Scharnhorst" und „Tirpitz" symbolisierte das Schicksal der alten, der „kaiserlichen" Marine aus den zwanziger und dreißiger Jahren. Militärisch war die Aufopferung der Schiffe fragwürdig, psychologisch von großer Bedeutung und von daher zu rechtfertigen. Ein zweites Scapa Flow sollte es nicht geben und es gab es nicht. Die Dickschiff-Leute konnten mit der Kleinbootmarine und deren Offizieren ihren Frieden schließen.

Das Auseinanderbrechen der „Geschlossenheit" des Marineoffizierkorps über der Frage große oder kleine Schiffe wurde durch Dönitz verhindert, aber es gab bald nach Dönitz' Amtsantritt keinen Zweifel mehr daran,

welcher Teil des Marineoffizierkorps in Zukunft bestimmend sein würde: die Ubootoffiziere und die Uboottechniker. Seekrieg und Ubootkrieg wurden synonym. Das Offizierkorps der Ubootwaffe aber war wesentlich von dem der Überwasserflotte verschieden.
Zunächst war es traditionslos, denn in der Reichsmarine hatte es keine Uboote gegeben und außerdem war das Problem Ubootkrieg nach den negativen Erfahrungen seit dem Jahre 1917 auch geistig tabuisiert worden. Die Ubootfahrer schleppten nichts von der Tirpitzschen Tradition mit sich. Die Ubootoffiziere und Fachleute waren Spezialisten. Sie entsprachen nicht mehr dem Ideal des allseitig ausgebildeten und verwendungsfähigen „braunen" Seeoffiziers. Sie waren vielmehr Technokraten und Techniker des Krieges. Die hohen Verluste der Ubootwaffe ließen gleichzeitig ein immer stärker ausgeprägtes Selbstwertgefühl entstehen, ein Elitebewußtsein, das schließlich zu der scherzhaft klingenden, aber bitter ernst gemeinten Formulierung von dem 4. Wehrmachtteil, nämlich der Ubootwaffe, führte. Neben den Ubootoffizieren konnten nur noch die Schnellboot-, Torpedoboot- und Zerstörerfahrer bestehen. Der Geist der Torpedobootshalbflottillen aus den zwanziger und dreißiger Jahren bestimmte nunmehr das Bild des Seeoffizierkorps. Die Ingenieure sahen sich zunehmend von den Beamten und Fachleuten des Ministeriums Speer überflügelt, nur im Rahmen der Ubootbautätigkeit konnten sie sich weiterhin voll entfalten.
Die Spezialisierung auf die komplizierte Hauptwaffe des Seekrieges, das Uboot, wurde mit einer Einengung des geistigen Horizontes erkauft. Die Ubootoffiziere- und Kommandanten waren Ubootfahrer und sonst nichts. Wenn sie in der Hierarchie aufstiegen, wurden sie Ubootflottillenchefs, einige rückten in die Stäbe der FdU's, gelangten in die 2. Skl., in den BdU-Stab. Auch hier verstanden sie alles von Ubooten, Ubootkriegführung, doch wenig von den Gesetzen des Seekrieges, den Wechselwirkungen zwischen Politik und Kriegführung, den anderen Wehrmachtteilen, und, was schwererwiegend wurde, den Bedingungen des technischen Krieges. Sie führten vielmehr einen romantischen Krieg. Auf der schmalen Schiene ihres Fachwissens ging ihnen der Sinn für technische Innovationen weitgehend ab, sie entwickelten kein ausreichendes Gespür für die Erfordernisse des sich verwissenschaftlichenden Krieges, für jene Phänomene, die mit dem Begriff „operations research" umschrieben werden. Wie anders hingegen der Verlauf der technologischen Entwicklung bei den angelsächsischen Gegnern! Erst seit wenigen Jahren wird Stück um Stück bekannt, wie es der Admiralty gelang, die deutschen Codes zu brechen und mit der deutschen Seekriegsleitung gleichsam Katz und Maus zu spielen.

Das langsame Abgleiten in die technologische Mittelmäßigkeit, das gleichermaßen aber auch bei Heer und – stärker noch – der Luftwaffe zu beobachten war, wurde von Dönitz durch eine Intensivierung der sog. „weltanschaulichen" Schulung kompensiert. Je weniger Chancen sich im Wettlauf mit den Alliierten auf dem Sektor der Kriegsforschung- und Rüstung abzeichneten, desto heftiger wurde das eigene Handeln und Denken auf die Ebene des „Grundsätzlichen" gehoben. Schließlich kam es zu einem regelrechten dialektischen Umschlag vom Ressortdenken zum Weltanschauungsdenken. Das Ressort wurde zur Weltanschauung. Diese als unverletzbar auszugestalten wurde eine der vornehmsten Aufgaben von Dönitz. Jener alte, traditionelle, aus dem Ersten Weltkrieg sattsam bekannte Vorgang, dem überlegenen „Material" des Gegners den eigenen angeblich überlegenen „Geist" entgegenzusetzen, ein Verfahren, das ja auch zu Reichswehrzeiten weitergepflegt, ja verfeinert wurde, führte nunmehr zum Versuch, die propagandistischen Versatzstücke des Nationalsozialismus unlösbar in den Sachzusammenhang des Ressorts einzugliedern. Die von Dönitz immer wieder beschworene „seelische Haltung", auf die es ankomme, der „Fanatismus", mit dem man kämpfen müsse, die „Hingabe an den Führer", die den Sieg endlich bringen werde, sollten die maritimen Fachleute, das Marineoffizierkorps zu „Kämpfern" im nationalsozialistischen Sinne machen. Hätte Dönitz mit seinen Bemühungen vollen Erfolg gehabt – er hatte ihn, Gottseidank, nicht – so hätte dies die völlige Entwurzelung des Marineoffizierkorps bedeutet, nachdem der Nationalsozialismus zusammenbrach und sich als säkulares Verbrechertum entlarvte.
Obwohl in der Ära Dönitz die meisten der von Raeder hochgehaltenen Prinzipien im Offizierkorps der Marine verloren gingen, das Korps sich in stürmischem Prozeß umstrukturierte, blieben die zwei vornehmsten Grundsätze erhalten: das der „Geschlossenheit" nach außen hin und das des Gehorsams. Sie haben das Bild des Marineoffizierkorps auch nach dem Zweiten Weltkrieg weitgehend geprägt. Das hohe Ansehen, das die Bevölkerung den Marineoffizieren auch nach 1945 entgegenbrachte – es stand in krassem Gegensatz zur Haltung der Bevölkerung nach 1918 – verdankte die Marine Raeder und Dönitz – und der Entwicklung der Kriegslage in den letzten Monaten vor dem Zusammenbruch. Waren die Begriffe „Geschlossenheit" und „Gehorsam" angesichts der Hitlerischen Politik und Kriegsführung immer mehr sinnentleert worden, so füllten sie sich plötzlich mit sehr sinnvollem Inhalt, als es nämlich darum ging, Soldaten und – vor allem – Flüchtlinge über die Ostsee in Sicherheit zu bringen. Moralisch gesehen war dies die größte Leistung des Seeoffizierkorps. Da sie am Ende des Krieges erbracht wurde, also zu einem Zeit-

punkt, als sich überall sonst die Bande des Gehorsams und der Geschlossenheit aufzulösen begannen, mußte sie besonders eindrucksvoll wirken. So wenig gut die Geschichte es mit dem Marineoffizierkorps am Ende des Ersten Weltkriegs gemeint hatte, so gut meinte sie es am Ende des Zweiten – gerechter Ausgleich der Historie?

Die Folgen von 1918 waren das Trauma von 1918. Die Folgen von 1945 war der Stolz auf 1945. Nach 1918 gingen die Offiziere in sich. Nach 1945 erwarteten sie Beifall. Nach 1918 hatte es eine, wenngleich oft falsche, Katharsis gegeben. Nach 1945 gab es Raeders Nürnberger Wort von dem „reinen Schild und der unbefleckten Flagge". Nach 1918 dachten die Marineoffiziere sehr heftig über ihre eigene Vergangenheit nach. Nach 1945 überließen sie dies Außenseitern und Zivilisten. Es ist nicht verwunderlich, daß das Bild, das die „zivile" Wissenschaft von der Reichs- und Kriegsmarine entwarf, den ehemaligen Seeoffizieren oft nicht genehm war. Die Marine, auch die heutige, hat durchaus Grund, nach-denklicher zu werden.

LITERATURHINWEISE

Eine wissenschaftlichen Ansprüchen genügende Darstellung der Geschichte des Offizierkorps der Reichs- und Kriegsmarine gibt es nicht. Die Ausführungen stützen sich im wesentlichen auf folgende Werke:

1. Für die Zeit der Reichsmarine:

Werner Rahn: Reichsmarine und Landesverteidigung 1919–1928, München 1976

Jost Dülffer: Weimar, Hitler und die Marine. Reichspolitik und Flottenbau 1920 bis 1939, Düsseldorf 1973

Werner Bräckow: Die Geschichte des deutschen Marine-Ingenieur-Offizierkorps, Oldenburg und Hamburg 1974

Walther Hubatsch: Der Admiralstab und die obersten Marinebehörden in Deutschland 1848 bis 1945, Frankfurt 1958

Bird, K. W.: Officers and Republic. The German Navy and Politics. Diss. phil. Duke University, Durham N.C. 1971

Drascher, W.: Zur Soziologie des deutschen Seeoffizierkorps. In: Wehrwissenschaftliche Rundschau 12, 1962

2. Für die Zeit der Kriegsmarine:

Dönitz, K.: Zehn Jahre und zwanzig Tage, Frankfurt ²1963

Raeder, E.: Mein Leben, Bd. 2, Tübingen 1957

Salewski, M.: Die deutsche Seekriegsleitung 1935–1945, 3 Bände, Frankfurt, München 1970–1975

DAS OFFIZIERKORPS DES REICHSHEERES*

VON HEINZ HÜRTEN

Die inneren und äußeren Verknüpfungen zwischen der Wehrmacht der Weimarer Republik, der Reichswehr, und der Armee des Kaiserreichs, aus der sie herausgewachsen ist, sind so zahlreich und treten mit solcher Eindringlichkeit hervor, daß es auf den ersten Blick fast überflüssig scheinen mag, hier nach Differenzierungen zu suchen, die das Eigentliche der Reichswehr, das sie und ihr Offizierkorps in spezifischer Weise kennzeichnet, von der alten Armee abzuheben vermöchten. Die bekannte Formulierung von den in ihr scheinbar fortbestehenden „klaren Verhältnissen" der Kaiserzeit[1] oder die Selbststilisierung Seeckts als „Repräsentant des alten Deutschland"[2] sind dazu angetan, solche Zusammenhänge in einer Eindeutigkeit erscheinen zu lassen, die jeglicher Diskussion enthoben ist. Zudem ist es der Reichswehr durch die kurze Frist ihrer Existenz unmöglich gewesen, eine Offizierkarriere auszubilden, die über alle Stufen hinweg das dienstliche Leben eines in ihr dienenden Offiziers umfaßt hätte. Wer in der Reichswehr die höchsten Stellen erreichte, war schon lange vor 1918 Offizier geworden, und wer erst als Offizieranwärter in sie eingetreten war, hatte es bei ihrer Umwandlung in die Wehrmacht im Jahre 1935 noch nicht zum Hauptmann gebracht und im Höchstfall die Hälfte der Dienstzeit abgeleistet, zu der er sich beim Eintritt verpflichtet hatte. Überspitzt, aber doch nicht ganz zu Unrecht ist daher behauptet worden: „Die Forschung kennt ein wilhelminisches Offizierkorps und ‚Hitlers Generale', Weimarer Offiziere gibt es

* Angesichts der zahlreichen Literatur zu diesem Abschnitt, welche die karge Quellenüberlieferung weitgehend ausgeschöpft hat, beschränkt sich dieser Beitrag darauf, zusammenfassende Hinweise auf die Ergebnisse anderer Untersuchungen zu liefern.

1 D. v. Choltitz: Soldat unter Soldaten, Konstanz–Zürich–Wien 1951, S. 17 f.

2 H. Meier-Welcker: Seeckt. Frankfurt/M. 1967, S. 513.

nicht. Für die einen war die Reichswehr letzte Stufe vor der Pension, für die anderen Sprungbrett zu einer Karriere im Dritten Reich"[3].
Gerade wegen solcher ins Auge fallenden Verbindungen der Reichswehr zu den deutschen Streitkräften, die ihr vorangingen, ist der Hinweis angebracht, daß das Reichsheer, von dem im Folgenden ausschließlich die Rede sein soll, keineswegs bruchlos aus der alten Armee hervorgegangen ist. Das Heer der Weimarer Republik stellt nicht einfach einen Kernbestand dar, auf den die durch Weltkrieg und Nachkriegswirren hindurchgegangene Truppe reduziert worden wäre. Organisatorisch bedeutete das Reichsheer durchaus einen Neuanfang. Das Gesetz über die Vorläufige Reichswehr vom 6. März 1919[4] schuf die Voraussetzung, aus bestehenden Truppenteilen ein neues Heer zu schaffen und das alte aufzulösen. Für eine Zeit stand daher das alte, zur Auflösung bestimmte Heer neben dem neuen, dessen Truppen zur Unterscheidung den Zusatz „Reichswehr-" vor ihrer Bezeichnung führten, selbst dann, wenn sie (vor dem Wirksamwerden der Weimarer Reichsverfassung) nach wie vor den Ländern, und nicht dem Reiche unterstanden. Für den Offizier, der seinen Beruf nicht aufgeben wollte, kam es also darauf an, in einen Truppenteil versetzt oder für ihn vorgemerkt zu werden, der für die künftige Reichswehr bestimmt war. Nicht ganz ohne Bedeutung für die künftige politische Standortbestimmung der Offiziere war die von der Weimarer Verfassung bestimmte Umwandlung des Heeres in eine Reichsinstitution, die bereits durch das Gesetz über die Vorläufige Reichswehr im Vorgriff auf die Bestimmungen der Verfassung eingeleitet worden war. Damit wurde (wohl stärker für die nichtpreußischen als die preußischen Offiziere) nicht nur als politischer Bezugsrahmen des militärischen Dienstes das Reich in seiner Gesamtheit als allein maßgeblich gesetzt und frühere Bindungen an die historischen Länder mit ihren Armeen aufgehoben; auch die bisher möglichen Differenzierungen der Kontingente in Uniform und Ausbildung, sozialer Herkunft und gesellschaftlichem Status fielen dahin.
Das Offizierkorps des Reichsheeres, das nach einem schmerzlichen und langwierigen Umwandlungs- und Reduktionsprozeß am 1. Januar 1921 seine vom Versailler Vertrag vorgeschriebene Gestalt angenommen hatte, war zu diesem Zeitpunkt durch einen vielfältigen Mechanismus von Selektionen hindurchgegangen. Das aus dem Kriege zurückkehrende

---

[3] M. Geyer: Die Wehrmacht der Deutschen Republik ist die Reichswehr. Bemerkungen zur neueren Literatur, in: Militärgeschichtliche Mitteilungen 1973 Heft 2, S. 173.

[4] Reichsgesetzblatt, S. 295.

alte Offizierkorps des Heeres war rund 34 000 Köpfe stark[5], der Versailler Vertrag erlaubte mit der Modifikation des Protokolls von Spa dem neuen Reichsheer 4 000 Offiziere und Militärbeamte im Offiziersrang sowie 300 Sanitäts- und 200 Veterinäroffiziere[6]. Die Rückführung des Personalbestandes auf diese Größe mußte jedoch nicht ausschließlich auf dem Wege der Verabschiedung erfolgen. Eine Reihe von Offizieren hatte bereits seit dem Sturz der Monarchie keinen Sinn mehr in weiterem Dienst gesehen und war freiwillig ausgeschieden, andere wiederum gingen lieber ins Zivilleben, als daß sie sich von der jungen Republik in Eid nehmen ließen und wieder andere schreckte die Aussicht auf ein langes Offizierdasein in bescheidener Stellung ohne Aussicht auf Beförderung. Solche Motive mögen vielfältig miteinander verkettet gewesen sein und die biographische Nachzeichnung des individuellen Entschlusses bei vielen vermag nichts darüber auszusagen, wie groß der Anteil der Ausscheidenden gewesen ist, bei denen diese Motive den Ausschlag gegeben haben. Es dürfte jedoch des Hinweises wert sein, daß das Verbleiben im Dienst keineswegs für jeden Offizier als das schlechthin erstrebenswerte Ziel gegolten hat, vielmehr ist verschiedentlich belegt, daß Offiziere, die der Republik zu dienen bereit waren, von ihren ausgeschiedenen Kameraden gesellschaftlich gemieden oder diffamiert wurden[7].

Unter der nicht quantifizierbaren Gruppe jener, die im Dienst bleiben wollten, ist besonders die herauszuheben, die dies nicht um des persönlichen Fortkommens und der sicheren Versorgung wegen tat, sondern aus überlegtem politischem Entschluß. Von Stabsoffizieren im Umkreise des Ersten Generalquartiermeisters Groener ist die Auffassung überliefert, daß es darauf ankomme, auch unter den obwaltenden unerfreulichen, ja unerträglichen Umständen die Position des Offizierkorps im Staat nicht preiszugeben, sondern um fast jeden Preis für die künftigen Einflußmöglichkeiten der Offiziere im Staat zu kämpfen, was aber nur

---

5 Diese Zahl bei E. Marcks: Das Reichsheer von 1919 bis 1935, in: K. Linnebach (Hg.): Deutsche Heeresgeschichte. Hamburg 1935 [weiterhin zitiert: E. Marcks: Reichsheer], S. 380.

6 Schultheß' Europäischer Geschichtskalender 36. Jg. 1920, Bd. II, S. 373.

7 Vgl. hierzu die Angaben von Eccard Frhr. v. Gablenz im Zeugenschrifttum des Instituts für Zeitgeschichte, München, ZS 326. Auch Generaloberst Heye berichtet in seinen ungedruckten Lebenserinnerungen (Bundesarchiv-Militärarchiv Freiburg [weiterhin zitiert: BA-MA] N 18/4) S. 532 f. von gegesellschaftlicher Diffamierung von Reichswehroffizieren durch ausgeschiedene Kameraden.

möglich sei, wenn der Offizier weiterhin bereit sei zu dienen. „Ich bleibe, und wenn ich Dreck fressen muß"[8].

Die amtliche Personalführung bemühte sich naturgemäß, für das neue Reichsheer besonders qualifizierte Offiziere festzuhalten, wenngleich bei ihren Maßnahmen auch soziale Gesichtspunkte stark mitsprachen. In der Frage nach den Kriterien der für den künftigen Reichswehroffizier erwünschten Qualifikation kam es zu einer aufschlußreichen Kontroverse zwischen dem Personalamt im preußischen Kriegsministerium und den in dieser Frage verbündeten Generälen Groener und Seeckt. Für Groener kam es darauf an, die in der Reduzierung des Offizierkorps liegende Chance zur Schaffung eines „Eliteoffizierkorps" zu nutzen, die ihm bei der Betonung der sozialen Gesichtspunkte durch das Personalamt nicht genügend wahrgenommen schien. „Bei Beurteilung ist der Hauptwert auf Charakter und Gesinnung, auf militärisches Können, weniger auf Wissen, zuletzt auf die wirtschaftliche Lage zu legen. [. . .] Die Fähigkeit und das Verständnis in der Behandlung Untergebener ist zu berücksichtigen"[9]. Als Anwärter für ein soldermaßen gereinigtes Offizierkorps standen bei Groener wie bei Seeckt die Generalstabsoffiziere obenan. Groener betonte dabei weniger die Kriegsverdienste als die Leistungen der Generalstabsoffiziere in den Nachkriegswirren, wie er umgekehrt den Standpunkt vertrat, daß kein Offizier in die Reichswehr übernommen werden sollte, der nicht über die Zäsur des 9. November 1918 hinweg unerschütterlich weiter gedient habe. Eine Gegenüberstellung von „bewährtem Frontoffizier" und „Generalstabsoffizier" schien ihm gegenstandslos. „Der Generalstabsoffizier soll, muß und ist der am besten bewährte Frontoffizier!"[10] General v. Seeckt, damals mit der Wahrnehmung der im Frieden dem Chef des Generalstabs obliegenden Geschäfte betraut, schrieb wenige Tage später dem preußischen Kriegsminister im gleichen Sinne und mit fast denselben Worten[11].

---

[8] Als Ausspruch des Majors Paul v. Jahreiß erwähnt von Heye [s. Anm. 7], S. 628.

[9] Schreiben des Ersten Generalquartiermeisters, Generalleutnant Groener, Nr. 3241 vom 26. März 1919 an den preußischen Kriegsminister, Oberst Reinhardt. BA-MA. N 46/130. Masch.Abschrift.

[10] Schreiben des Ersten Generalquartiermeisters, Generalleutnant Groener, II Nr. 13462 geh. op. vom 24. August 1919 an den Reichswehrminister Noske. BA-MA. N 46/131. Masch.Durchschrift.

[11] Schreiben des Generalmajors v. Seeckt Nr. 17 pers. vom 29. August 1919 an den preußischen Kriegsminister, Oberst Reinhardt, in: F. Ernst: Aus dem Nachlaß des Generals Walther Reinhardt, in: Die Welt als Geschichte Bd. 18, 1958, S. 90.

Das Offizierkorps des Reichsheeres rekrutierte sich allerdings nicht nur aus den aktiven Offizieren der früheren Armee, sondern auch aus Soldaten, die erst durch das Erlebnis des Krieges sich zum Beruf des Offiziers entschlossen hatten. Ernst Jünger, der 1924 wieder ausschied, dürfte wohl der bekannteste unter ihnen sein. Stärker beachtet wurde von Zeitgenossen und Forschung das Einströmen von Unteroffizieren. Die Beförderung von Unteroffizieren zu Offizieren wegen Tapferkeit vor dem Feinde war eine alte, aber wenig geübte deutsche Tradition. Im Weltkrieg waren es keine 300, denen in Heer und Marine dieser Sprung gelang[12]. Die Öffnung der Offizierlaufbahn für die Unteroffiziere konnte daher nach 1918 als ein Tribut an den Geist der neuen Zeit betrachtet werden. Tatsächlich hat bereits bald nach dem Zusammenbruch, am 14. Dezember 1918, der General Maercker in selbstherrlicher Rechtsetzung dem von ihm gebildeten Freiwilligen Landesjägerkorps das Recht verliehen, „Landesjäger wegen heldenhaften Verhaltens zur Beförderung zum Offizier vorzuschlagen"[13]. Die Reichswehr hat einen größeren, heute anscheinend nicht mehr exakt feststellbaren Anteil ehemaliger Unteroffiziere in ihrem Offizierkorps besessen[14]. Aber nach einem frühen „Peers-Schub" anfangs der 20er Jahre, bei dem offensichtlich eine Reihe von Soldaten zu Offiziersrang gelangten, die später nicht reüssierten, ist die gesetzlich mögliche Beförderung von bewährten Unteroffizieren zu Offizieren wohl nur mehr in wenigen Ausnahmefällen praktiziert worden. Jedenfalls hat der Einstrom ehemaliger Unteroffiziere in das Offizierkorps in diesem keine kontrollierbaren Veränderungen in Selbstdarstellung und Lebensstil oder gar in seiner politischen Einstellung hervorgerufen.

---

[12] Die Geschichte des deutschen Unteroffiziers, hg. vom Reichstreubund ehemaliger Berufssoldaten, bearb. von F. Frhr. v. Ledebur. Berlin 1939, S. 493 f.

[13] Grundlegender Befehl Nr. 1 für das Freiwillige Landesjägerkorps vom 14. 12. 1958, u. a. in: G. Ritter – S. Miller: Die deutsche Revolution 1918–1919. Dokumente. ²Hamburg 1975, S. 142 f.

[14] Die in der Literatur gelegentlich angegebenen Zahlen lassen sich nicht leicht miteinander vereinbaren. Vgl. H. J. Gordon: Die Reichswehr und die Weimarer Republik 1919–1926. Frankfurt/M. 1959 [weiterhin zitiert: H. J. Gordon, a.a.O.], S. 193 f. und S. 428; F. L. Carsten: Reichswehr und Politik 1918–1933. Köln und Berlin 1964 [weiterhin zitiert: F. L. Carsten, a.a.O.], S. 414. Neuerdings F. Doepner: Zur Auswahl der Offizieranwärter im 100 000-Mann-Heer, in: Wehrkunde Bd. 22, 1973 [weiterhin zitiert: F. Doepner: Auswahl], S. 204 Anm. 11.

Eine andere Möglichkeit zur Veränderung des Personalreservoirs für das Offizierkorps der neuen Reichswehr durch die revolutionäre Erschütterung wurde nicht einmal in Ansätzen realisiert. Solche Offiziere, die in der Führung von Freikorps weit größere Verbände befehligt hatten, als es ihrem Rang entsprach, wurden im Falle ihrer Übernahme in die Reichswehr mit ihrem alten Rang eingestellt, wie es dem Anciennitätsprinzip[15] gemäß war, und nicht nach der von ihnen innegehabten Kommandostelle. Eine Ausnahme, die der Reichswehrminister Noske dem Schöpfer der württembergischen Sicherheitskompanien, dem Kunstmaler und Leutnant der Landwehrkavallerie II Paul Hahn, anbot, schlug dieser aus. Er zog es vor, in Stuttgart Polizeiwehrdirektor zu werden[16].
Der Offizier des Reichsheeres, der nicht aus der alten Armee übernommen, sondern als Anwärter zu ihr gekommen war, wie es in der Folgezeit die Regel wurde, hatte ein Ausleseverfahren durchlaufen, das sich von dem der Vorkriegszeit in mancher Hinsicht unterschied. Einstellungsvoraussetzung war nunmehr einheitlich das Abgangszeugnis einer neunklassigen höheren Lehranstalt. Soldaten, die „ohne eigene Schuld" das Abiturientenzeugnis nicht hatten erwerben können, durften nur in Ausnahmefällen als Offizieranwärter angenommen werden, wenn sie im Laufe ihrer Dienstzeit sich in zwei verschiedenen Prüfungen über einen Wissensstand ausgewiesen hatten, der sie den Abiturienten vergleichbar erscheinen ließ[17]. Die Führung langdienender Freiwilliger, aus denen das Heer nunmehr bestand, stellte höhere Anforderungen an die intellektuelle Qualifikation der Offiziere. Der entscheidende Fürsprecher für eine Verbesserung des Bildungsstandards im Offizierskorps war General v. Seeckt: „Die Höhe der geistigen Ausbildung des Offiziers wird für den Wert des Heeres bestimmend sein"[18]. Das Abitur als normale

---

[15] G. Papke: Offizierkorps und Anciennität, in: Untersuchungen zur Geschichte des Offizierkorps. Anciennität und Beförderung nach Leistung (Beiträge zur Militär- und Kriegsgeschichte, Bd. 4). Stuttgart 1962, S. 177–206; zur Reichswehr insbes. S. 199–201.

[16] Die Kämpfe in Südwestdeutschland 1919–1923 (Darstellungen aus den Nachkriegskämpfen deutscher Truppen und Freikorps, Bd. 5). Berlin 1939, S. 11.

[17] H. Meier-Welcker: Der Weg zum Offizier im Reichsheer der Weimarer Republik, in: Militärgeschichtliche Mitteilungen 1976 Heft 1 [weiterhin zitiert: H. Meier-Welcker: Der Weg zum Offizier], S. 147–180.

[18] Befehl des Chefs des Truppenamtes Nr. 127/11.19.T.4 vom 5. November 1919, gedruckt in: Offiziere im Bild von Dokumenten aus drei Jahrhunderten (Beiträge zur Militär- und Kriegsgeschichte, Bd. 6). Stuttgart 1964 [weiterhin zitiert: Offiziere im Bild von Dokumenten], S. 222 f.

Voraussetzung für den Zugang zur Offizierlaufbahn bedeutete unter den Umständen der Zeit eine nicht gering zu achtende soziale Barriere; die Ausbildung zum Offizier war jedoch verglichen mit anderen Ausbildungsgängen finanziell verhältnismäßig leicht erschwinglich[19]. Der früher für erforderlich erachtete private Zuschuß zur Aufrechterhaltung einer standesgemäßen Lebensführung des Fähnrichs und jungen Offiziers war nicht mehr notwendig, wenn auch erwünscht. Der als Freiwilliger eingetretene Offizieranwärter erhielt die seinem jeweiligen Rang zustehenden Gebührnisse, die seinen Lebensunterhalt, wenn auch manchmal nur knapp, gewährleisteten[20]. Die Verwandten mußten jedoch die Sicherheit übernehmen, daß der Anwärter bei seiner Ernennung zum Offizier die erforderliche Erstausstattung stellen konnte[21].
Bedeutungsvoller als diese formalen Einstellungskriterien war aber das Verfahren der Auswahl, das darum auch zu politischen Auseinandersetzungen führte. Der Abiturient mußte sich bei einem Regiment seiner Wahl bewerben, dessen Kommandeur darum, sofern nicht ein ausgesprochener Mangel an Offizieranwärtern wie in den ersten Jahren bestand, nach eigenem, nicht nachprüfbarem Ermessen eine Vorauswahl traf, die den Vorstellungen des Offizierkorps von seinem erwünschten Nachwuchs gerecht werden konnte[22]. Der sozialdemokratische Reichstagspräsident Paul Löbe propagierte im Oktober 1926 ein Gesetz, das diese Form der Kandidatenauslese beseitigen sollte. Bei Vorliegen der erforderlichen Qualifikationen sollten die Bewerber „in der Reihenfolge der Anmeldungen" bei einer von zivilen Parlamentskommissaren überwachten Werbestelle eingestellt werden[23]. Diese Vorstellung traf „den Lebensnerv des Heeres", wie Generalleutnant Otto Hasse, der langjährige Chef des Truppenamtes, schrieb. Er befürchtete geradezu die Zerstörung des Heeres durch die bei solchem Auswahlverfahren dann unabweisbar werdenden politischen Einflüsse. „Eine solche in sich uneinige, politisierende Armee ist kein Schutz, sondern eine Gefahr für den Staat"[24].

---

[19] v. Rodenberg: Offiziersersatz- und Beförderungsverhältnisse im Reichsheer, in: Militär-Wochenblatt Bd. 112, 1927/28 [weiterhin zitiert: v. Rodenberg: Offiziersersatz], Sp. 60.

[20] F. Doepner: Die Entscheidung für den Offizierberuf, in: Wehrkunde Bd. 23, 1974, S. 426.

[21] H. Meier-Welcker: Der Weg zum Offizier, S. 179 Anm. 88.

[22] Zur Praxis vgl. F. Doepner: Auswahl, S. 200 f.

[23] Volkswacht Nr. 246 vom 21. Oktober 1926.

[24] Stellungnahme des Generalleutnants Otto Hasse für den Chef der Heeresleitung vom 30. November 1926, in: Th. Vogelsang: Reichswehr, Staat und

Da es gelang, die von Löbe versuchte Änderung des Ausleseverfahrens für die Offizierbewerber zu inhibieren, war bei formal sehr weit geöffneten Zugangsmöglichkeiten in der Praxis doch die Möglichkeit gegeben, die Bewerber für den Offizierberuf nach freiem Ermessen auszuwählen und sie aus den Kreisen zu rekrutieren, die politisch und gesellschaftlich als besonders geeignet betrachtet wurden. Dieser Gesichtspunkt war auch für General v. Seeckt so stark, daß er gegebenenfalls sogar bereit war, auf das sonst für erforderlich gehaltene Abiturientenzeugnis zu verzichten, weil „wirtschaftliche Nöte gerade die Kreise, die früher in erster Linie den guten Offiziersersatz stellten", nach seiner Ansicht dazu veranlaßten, „die Schulbildung ihrer Söhne früher abzuschließen"[25]. Für die Bereitschaft eines Regimentskommandeurs zur Annahme von Bewerbern konnten naturgemäß auch andere als streng dienstliche Gründe wirksam werden, und die Bedeutung von Konnexionen ist neuerdings in der Literatur an einem Einzelfall anschaulich demonstriert worden[26]. Allerdings strömte der Nachwuchs nicht immer in gleichmäßiger Qualität und Dichte. In den Anfangsjahren des Reichsheeres blieb die Zahl der Bewerber unter der der offenen Stellen. Dabei waren es auch, wie Rabenau vermerkt hat, „die alten besitzlichen und Offiziersfamilien"[27], also gerade diejenigen, die sich sonst gern als die staatstragenden Schichten apostrophieren ließen, deren Söhne wenig Interesse am Offizierberuf bekundeten. Zeitweilig mußten sogar wieder Leutnants eingestellt werden, die man zuvor verabschiedet hatte[28]. Die „Offiziersersatzkrisis" war auch darum nicht leicht zu überwinden, weil die Ausbildung bis zum Leutnant mehr als vier Jahre umfaßte. Erst 1927 konnten die Fehlstellen ausgeglichen und die Verzerrungen im altersmäßigen Aufbau des Offizierkorps behoben werden. Aber damit war lediglich ein Zustand nach Altersgliederung und Beförderungsmöglichkeiten erreicht, der dem für unerfreulich gehaltenen von 1912 entsprach[29].

NSDAP. Beiträge zur deutschen Geschichte 1930–1932 (Quellen und Darstellungen zur Zeitgeschichte, Bd. 11). Stuttgart 1962 [weiterhin zitiert: Th. Vogelsang, a.a.O.], S. 400 f.

[25] Auszug aus den Richtlinien des Reichswehrministeriums für die Ausbildung der Offizieranwärter vom 14. April 1924, in: H. Meier-Welcker: Der Weg zum Offizier, S. 170 f.

[26] H. Meier-Welcker: Der Weg zum Offizier, S. 176 Anm. 27.

[27] F. v. Rabenau: Seeckt. Aus seinem Leben 1918–1936. Leipzig 1940 [weiterhin zitiert: F. v. Rabenau, a.a.O.], S. 515.

[28] H. J. Gordon, a.a.O., S. 194.

[29] v. Rodenberg: Offiziersersatz Sp. 61 f.

Der Offizier des Reichsheeres hatte somit nach langer, aber bezahlter Ausbildungszeit eine Berufsstellung erreicht, die ihm nicht nur ein langes Verharren in niederen Dienstgraden (14 Jahre vom Leutnant bis zum Hauptmann, weitere 10 Jahre bis zum Major) auferlegte, sondern auch einen harten Zwang, sich zu qualifizieren, wenn er nicht schon in seinen besten Jahren, nach Ablauf der gesetzlich festgelegten Frist von 25 Jahren, verabschiedet werden wollte, wie es für die Mehrzahl unausweichlich war[30].

Vornehmste Möglichkeit zu solcher Qualifizierung war die Generalstabsausbildung, die unter dem Druck des Versailler Vertrages zwar eine andere Form annahm als in der Vergangenheit, aber nicht weniger als vordem darauf abgestellt war, die künftigen Führer des Heeres zu erziehen[31]. Die in der Vergangenheit errungene Vorrangstellung der Generalstabsoffiziere im Heer blieb unbestritten.

Nicht weniger als der Versailler Vertrag für Umfang und Gliederung des Heeres bedeutete der Sturz der Monarchie einen grundlegenden Wandel in der gesellschaftlichen und politischen Rolle des Offizierkorps. Durch den Verlust des „Königsschildes"[32] verlor das Offizierkorps nicht allein den Bezugspunkt seiner politischen Loyalität, die ihm scheinbar die Distanzierung von Entscheidungen der Politik ermöglicht hatte, es verlor zugleich auch die Basis seiner gesellschaftlichen Selbsteinschätzung als der dem Throne am nächsten stehende Berufsstand, der durch des „Königs Rock" von allen anderen abgehoben war. Wie bekannt, hat sich das Offizierkorps der Reichswehr mit Erfolg allen Versuchen entzogen, der politischen Führung oder dem Parlament nennenswerte Einwirkungen auf seine innere Struktur zu gewähren, und statt dessen sich als das den Parteien entzogene „Element reiner Staatlichkeit" dargeboten, das allein dem Reichspräsidenten als dem zweiten „Element reiner Staatlichkeit" in der Republik zugeordnet sein wollte[33]. Die solchen Auffassungen zugrunde liegende Distanzierung vom gesellschaftlichen Umfeld bot die

[30] Vgl. zu dem daraus entstehenden Phänomen der „Schusterei" den Befehl des Chefs der Heeresleitung, General d. Inf. Heye, vom 22. September 1927, in: Offiziere im Bild von Dokumenten, S. 246–249.

[31] F. v. Rabenau, a.a.O., S. 500 f. und S. 515–517.

[32] Ansprache Seeckts vom 15. Januar 1927, zitiert bei F. v. Rabenau, a.a.O., S. 575.

[33] Typisch erscheint die Formulierung von E. Marcks: Reichsheer, S. 397: „Bis zu diesem Punkte [der beginnenden Revision der militärischen Bestimmungen des Versailler Vertrages] hatten die Elemente reiner Staatlichkeit, Reichspräsident und Reichswehr, Deutschland geführt."

Voraussetzung, innerhalb der eigenen Reihen Wertmaßstäbe und Verhaltensweisen zu kultivieren, die nicht die der demokratischen Gesellschaft der Weimarer Republik waren. Diese rückwärts gewandte Haltung ergab sich jedoch nicht allein aus verständlicher Reaktion gegen eine ungeliebte Veränderung oder aus nostalgischer Sehnsucht nach einer entschwundenen besseren Zeit, sondern nicht weniger aus der normativ gesetzten Ansicht, daß das alte Heer – trotz der endlichen Niederlage – die Probe des Krieges glänzend bestanden hatte, also vorbildlich für die Neuschöpfung blieb[34]. Wenn die das Militär umgebende zivile Gesellschaft neue Werte bevorzugte, war dies für das Offizierkorps kein Grund, ihr auf diesem Weg zu folgen. In Seeckts Augen galt es nicht als Entschuldigung für Verfehlungen von Soldaten, daß „im deutschen Volke eine gewisse allgemeine Zersetzung eingetreten" sei[35]. Der Offizier hatte nach anderen Normen zu leben als die Allgemeinheit. Aus diesem Willen, einen Moral- und Ehrenkodex der früheren Zeit für den Bereich des Militärs in unveränderter Geltung zu lassen, ergab sich nicht allein die forcierte Traditionspflege, die das Vorbild des alten Heeres lebendig erhalten sollte, sondern auch die einer liberalen Gesellschaft nicht mögliche und nicht sinnvoll erscheinende Reglementierung der persönlichen Lebensführung. Mochte die Zölibatsverpflichtung für den jungen Offizier noch als Ausdruck gesteigerter Fürsorge angesehen werden, so dokumentiert die Anweisung für den Offizier, seine Ehefrau „in den Kreisen" zu suchen, „in denen Ehrgefühl, Pflichtgedanke und gute Sitte als höchste [!] Güter gelten", einen Eingriff in den Bereich persönlicher Lebensgestaltung, der nur aus dem Willen erklärt werden kann, das Offizierkorps sozial homogen zu gestalten[36]. Familien zu schaffen, in denen der Offizierberuf selbstverständliche Tradition sei, war ein erklärtes Ziel Seeckts. Der aus solchen Gründen für Offiziere und Militärbeamte bereits vor der Veröffentlichung der Verlobung einzuholende Konsens ihrer Vorgesetzten zur beabsichtigten Eheschließung gab jedoch nicht allein die Gelegenheit, die Offiziere gesellschaftlich an die als erwünscht betrachteten Kreise zu binden, sondern führte auch, wie die in Einzelfällen erhaltenen Akten erweisen, zu mancherlei Ent-

---

[34] H. v. Seeckt: Die Reichswehr. Leipzig 1933. S. 15.

[35] Befehl des Chefs der Heeresleitung, General d. Inf. v. Seeckt, über die Erziehung der Offiziere und des Offiziernachwuchses vom 30. August 1924, in: Offiziere in Bild von Dokumenten, S. 239–241.

[36] Ebd. Die Heiratsordnung vom 5. Januar 1922 in: Heeres-Verordnungsblatt Nr. 5 vom 31. Januar 1922.

faltung bürgerlicher Vorstellungen von Sitte und Moral[37]. Dem gleichen Interesse, das Offizierkorps als Stand mit eigenen Ehrbegriffen und Lebensnormen zu erhalten, entsprach die Pflege einer spezifischen Ehrauffassung, die sich in dem Befehl über die „Wahrung der Ehrenhaftigkeit in der Armee" vom 30. April 1924 niederschlug[38]. „Die Grundsätze, die in der alten Armee gültig gewesen" waren, wurden hier global und damit einschließlich der bereits zu ihrer Zeit fragwürdigen Zweikampfordnung als weiterhin geltend beschrieben. Auch hier wurde also die Überlieferung für bedeutsamer erachtet als die rechtliche Ordnung der Gesellschaft, in der die Reichswehr lebte und wirkte.
Dem Offizierkorps „Gleichartigkeit im Wesen, in der Erziehung und Denkweise" zu sichern, war eines der erklärten Ziele der Heeresleitung[39]. Daß zugleich eine gewisse Gleichartigkeit hinsichtlich der gesellschaftlichen Herkunft angestrebt wurde, legt die Auswahlpraxis für die Bewerber ebenso nahe wie die Bestimmungen über die Einstellung der Offiziere.
Die Gleichartigkeit der Herkunft und der ihr korrespondierenden Verwurzelungen in bestimmten Gesellschaftsschichten ist in der Vergangenheit gelegentlich etwas stärker betont worden als genaue statistische Analysen zulassen. So kann wohl nicht mehr davon gesprochen werden, daß der Offiziernachwuchs des Reichsheeres sich tatsächlich rund zur Hälfte aus Offizierfamilien rekrutiert habe[40]. Für die Jahrgänge 1926, 1927 und 1930 der Offizierbewerber, die, wenn auch mit einigen Unschärfen, erfaßt sind, läßt sich nur einmal das Maximum von 49,3 % aktiver und inaktiver Offiziere als Väter der neu eintretenden Freiwilligen nachweisen, in den beiden anderen Jahrgängen liegt er bei 44,3 % und 40,1 %. Die nächststärkere Berufsgruppe unter den Vätern dieser drei Jahrgänge ist die der „Akademiker", die zwischen 41,4 und 21,6 % schwankt. Eine nähere Aufschlüsselung für das Jahr 1927 ergibt, daß unter diesen akademisch gebildeten Offiziervätern die Juristen die größte Gruppe stellen (14 von 34 insgesamt); von den Nichtjuristen der Offizierväter ist der überwältigende Anteil (15 von 20 insgesamt) in irgendeiner Weise dem öffentlichen Dienst zuzurechnen.
In allen drei Jahrgängen nehmen Gutsbesitzer und Gutspächter (mit Schwankungen zwischen 4,6 und 13,5 %) und Kaufleute und Fabrikbesit-

---

[37] BA-MA. RH 37/v.602.
[38] Jetzt in: Offiziere im Bild von Dokumenten, S. 237.
[39] H. Meier-Welcker: Seeckt S. 525 f.
[40] Zum Folgenden vgl. F. Doepner: Auswahl, S. 259 f., wo einige statistische Erhebungen über Offizieranwärterjahrgänge kritisch verglichen werden.

zer (6,1 bis 12,1 %) die nächst bedeutsame Position in der Statistik der Väterberufe ein. Der Nachwuchs aus Schichten, für die der Offizierberuf einen erheblichen sozialen Aufstieg bedeutet hätte, ist demgegenüber gering. „Subalternbeamte und Unteroffiziere" stellen 1926: 1,4 %, 1927: 0,5 % und 1930: 8,9 % der neueingetretenen Offizierbewerber.
Gemessen an der Statistik der Väterberufe scheint die Zielsetzung der Heeresleitung, den Offizierberuf wie früher möglichst den Offizier- und Beamtenfamilien zu entnehmen, weitgehend gelungen. Trotz des immer wieder bemängelten hohen Anteils von Adligen im Reichsheer wird man jedoch nicht von einer Vorherrschaft von „Junkern", Vertretern des ostelbischen Grundbesitzes, sprechen können. Die Erben adliger Namen und Familienüberlieferungen, die im Reichsheer dienten, hatten nach der Statistik der Väterberufe in der überwältigenden Mehrzahl keine unmittelbare Verbindung zur Schicht der Großagrarier. Dem sozialen Status ihres Elternhauses nach waren auch sie überwiegend aus der gehobenen Mittelschicht, aber nicht aus dem Großgrundbesitz hervorgegangen, wenn auch durch freundschaftliche oder verwandtschaftliche Beziehungen gewisse Vorlieben für diese Gruppe noch bestehen mochten. Der normale Reichswehroffizier war zur Bestreitung seines Lebensunterhaltes auf sein Gehalt angewiesen wie der normale Beamte auch[41].
Das Offizierkorps des Reichsheeres repräsentiert sich allen politischen Erschütterungen zum Trotz als eine sozial stabil gebliebene Größe. Was unter dem Gesichtspunkt der Traditionswahrung ein unbestreitbarer und darum angestrebter Vorteil war, hätte aber ebenso gut als ein Nachteil verstanden werden können, wenn man darauf Wert gelegt hätte, die Schicht der Offiziere nicht als in sich ruhend, festgefügt und darum weitgehend abgeschlossen zu gestalten, sondern — was er im Hinblick auf das als Ziel nie aufgegebene Wehrpflichtheer nahe gelegen hätte — als

---

[41] Gegen die These von den „Junker-Generälen" insbes. N. v. Preradovich: Die soziale Herkunft der Reichswehr-Generalität, in: Vierteljahrschrift für Sozial- und Wirtschaftsgeschichte, Bd. 54, 1967, S. 481–486. Die Parallele zum Beamten betont M. Geyer: Aufrüstung oder Sicherheit. Die Reichswehr und die Krise der Machtpolitik 1924–1936. Phil. Diss. Freiburg (masch.) 1975 [weiterhin zitiert: M. Geyer: Aufrüstung oder Sicherheit], S. 109. – Für die geringe Bindung bereits des älteren Offizierkorps an agrarische Schichten spricht, daß von 9232 statistisch erfaßten ehemaligen aktiven Offizieren (einschl. Sanitätsoffiziere und Militärbeamte) gegen Ende der 20er Jahre nur 583 = rd. 6,3 % einen Beruf in Land- oder Forstwirtschaft ausübten. Vgl. Sozialer Auf- und Abstieg im Deutschen Volk. Statistische Methoden und Ergebnisse. Bearb. v. J. Nothaas (Beiträge zur Statistik Bayerns, Heft 117). München 1930, S. 147–149.

eine Führungsschicht zu formen, die Befähigten aus allen Volksschichten offen stand und darum die Unterschiede sozialer Gruppierungen im Volke stärker in sich zum Ausdruck brachte. Einseitigkeiten in der sozialen Auffächerung des Offiziernachwuchses treten nämlich nicht allein hinsichtlich der väterlichen Berufe auf, sondern auch nach der landsmannschaftlichen und konfessionellen Herkunft. Im Jahre 1930 waren 46,2 % der Offizierbewerber Ostelbier, in der Gesamtzahl von 169 nur 20 Katholiken. Wenn auch diese soziologischen Verschiebungen als solche nicht unbedingt angestrebt worden sind, so standen sie doch in einem offenkundigen Zusammenhang mit der Politik, die Führer des Reichsheeres aus den Schichten zu rekrutieren, die auch dem Kaiserreich seine Offiziere gestellt hatten.

Die Zeitgenossen haben das Reichsheer oft als ein Relikt der Monarchie betrachtet, nicht nur wegen des stets betonten Traditionszusammenhanges mit der alten Armee, sondern auch wegen der politischen Haltung der Offiziere, die ja zu einem großen Teil ihre Berufsentscheidung unter den vergangenen Verhältnissen getroffen hatten und diese früheren Bedingungen ihres Berufes nach wie vor als ihr politisches und soziales Ideal betrachteten. Die Distanz des Reichsheeres zu seiner politischen Umwelt war offenkundig und wurde durch die scharfe Betonung ihrer politischen Neutralität, die weniger Neutralität als Abwendung war, förmlich ausgedrückt. Gleichwohl bleibt die Frage zu stellen, ob die politische Haltung des Offizierkorps durch die ganze Zeit der Reichswehr hindurch so konsequent der Vergangenheit zugewandt war und darum in diesen Kategorien betrachtet werden kann. Es ist hier nicht allein auf die Beobachtungen in manchen Offizierkasinos anfangs der 30er Jahre zu verweisen, die starke Sympathien der jungen, nicht mehr im Kaiserreich aufgewachsenen Offiziere für den Nationalsozialismus konstatieren[43]. Das Ideal der Monarchie war jedoch schon früher, auch in den Reihen der alten, noch vor 1918 ernannten Offiziere in Frage gestellt worden. Im Jahre 1926 hat der damalige Oberst v. Schleicher in seiner forschen Redeweise davon gesprochen, daß es den Offizieren vielfach nur an „Bekennermut" fehle, um unzweideutig ihrer Auffassung Ausdruck zu geben, daß die Monarchie in Deutschland keinen Boden mehr habe[44]. Eine noch ausgeprägtere Abwendung von den Normen der Ver-

[42] F. Doepner: Auswahl S. 262.

[43] F. L. Carsten, a.a.O., S. 341–347.

[44] Niederschrift von grundsätzlichen Ausführungen des Obersten v. Schleicher über die Stellung der Reichswehr zur politischen Lage, in: Th. Vogelsang, a.a.O., S. 409–413.

gangenheit und den unter dem Chef der Heeresleitung General v. Seeckt anscheinend konkurrenzlos herrschenden Vorstellungen von einem sozial-elitären Offizierkorps und einer singulären Sonderstellung der Armee im Staat ist dann, wie erst neuerdings von der Forschung betont wurde, um 1930 von einer entschlossen fortschrittlich denkenden Offiziergruppe propagiert worden. Die Zielsetzung eines künftigen erfolgreichen Krieges machte für diese Anhänger einer neuartigen Wehrorganisation nicht allein eine vollständige, „totale" Ausschöpfung des Wehrpotentials und damit eine andere Zuordnung von Militär, Wirtschaft, Politik und Gesellschaft, eine dauernde Orientierung dieser Bereiche auf den Krieg und eine innere Militarisierung der gesamten Gesellschaft notwendig. Wenn der „Wehrgedanke" zum „Kitt einer neuen Staatsgesinnung werden" (v. Schleicher) sollte, mußte zwangsläufig auch die Orientierung des Heeres an den Idealen der Vergangenheit preisgegeben werden und der propagierte „neue" Militarismus konnte „nicht mehr – auf die ‚Elite' begrenzt – der Abstützung einer überlebten Sozialordnung" dienen[45]. Die nationalsozialistische Herrschaft hat dieses Programm freilich in einer Weise realisiert, welche die Reichswehr um den Erfolg brachte, den die Exponenten dieser neuen Auffassung erstrebt hatten.

Abschließend wird man wohl die Frage stellen dürfen, in welcher Weise nach den Feststellungen vom Offizierkorps des Reichsheeres als einer führenden Schicht der deutschen Gesellschaft ihrer Zeit gesprochen werden kann. Die Zahl der Offiziere blieb immer klein, ihr Anteil an den Erwerbspersonen des Deutschen Reiches unter einem Prozent. Man wird ihm auch nicht ohne weiteres einen über die eigenen Reihen hinausstrahlenden Einfluß auf das Gesamte der Gesellschaft zubilligen können. Politische Einwirkungsmöglichkeiten auf das Ganze waren ihm kaum anders als durch den Artikel 48,2 der Weimarer Reichsverfassung eingeräumt, diese Möglichkeit kam freilich öfter, als es die Väter der Weimarer Verfassung vorgesehen hatten, und die Reichswehr war gerne bereit, die darin liegenden Chancen zu nutzen. Aber dies galt doch nur für zeitlich begrenzte Ausnahmesituationen, und nicht für die Normalität des politischen Alltags. Auch läßt sich die Tatsache, daß die Mehrzahl

[45] A. Hillgruber: Militarismus am Ende der Weimarer Republik und im Dritten Reich, in: Ders.: Großmachtpolitik und Militarismus im 20. Jahrhundert. Beiträge zum Kontinuitätsproblem. Düsseldorf 1974, S. 37–51. Die Zitate ebd. Zum gleichen Gegenstand auch M. Geyer, Aufrüstung oder Sicherheit.

der Offizierbewerber aus dem Verwandten- oder Bekanntenkreis der aktiven Offiziere entstammten, dahin interpretieren, daß die Anziehungskraft dieses Berufes und damit seine Ausstrahlungskraft für die Gesellschaft begrenzt war. Diese mußte zudem Einbußen erleiden, sobald das Reichsheer im Zuge der Aufrüstung auch solche Gruppen, wie das vordem nicht als gleichrangig betrachtete Korps der Polizeioffiziere, aufnehmen mußte, denen es sich vordem entzogen hatte. Doch diese Veränderungen des Reichsheeres gehören bereits in den Umwandlungsprozeß der Reichswehr zur Wehrmacht des Deutschen Reiches.

DAS OFFIZIERKORPS DES DEUTSCHEN HEERES 1935–1945

VON RUDOLF ABSOLON

I.

Ab April 1933 waren die von der Reichswehrführung vorbereiteten vergleichsweise bescheidenen Maßnahmen zur Vergrößerung des Heeres angelaufen. Der eigentliche Heeresaufbau hatte am 1. Oktober 1933 zunächst behutsam und unter strenger Tarnung begonnen. Die von Hitler immer wieder geforderten, von der Generalität sowohl in diesem Tempo als auch in diesem Umfang nicht gewollten Vermehrungen und Neuorganisationen wurden ab Herbst 1934 in einem Maße beschleunigt, daß das Heer sich im Zustand einer permanenten Mobilmachung befand und sich zudem vom Berufsheer der sorgsam ausgewählten langdienenden Freiwilligen zum Volksheer der allgemeinen Wehrpflicht entwickeln mußte. Das mit dem Gesetz über den Aufbau der Wehrmacht vom 16. März 1935[1] gesetzte Ziel, ein Friedensheer von (vorerst) 36 Divisionen aufzustellen[2], machte es erforderlich, die vorhandenen 3 858 Offiziere des 100 000-Mann-Heeres zu verfünffachen[3]. Die Aufstellungsvorhaben waren bei Kriegsbeginn noch längst nicht abgeschlossen. Die Planungen reichten vielmehr bis 1942.

---

[1] RGBl. 1935 I S. 369, 375. Soweit im folgenden nicht besonders angegeben, ist der Nachweis einschlägiger Gesetze, Verordnungen und Erlasse bei R. Absolon: Die Wehrmacht im Dritten Reich. Bd. I ff. Boppard a. Rh. 1969 ff., geführt.

[2] G. Tessin: Formationsgeschichte der Wehrmacht 1933–1939. Stäbe und Truppenteile des Heeres und der Luftwaffe. Boppard a. Rh. 1959. B. Müller-Hillebrand: Das Heer 1933–1945. Entwicklung des organisatorischen Aufbaues. Band I: Das Heer bis zum Kriegsbeginn. Darmstadt 1954.

[3] Die Dienstaltersliste vom 1. 5. 1933 weist 3858 Offiziere der Truppe aus. Diese setzten sich wie folgt zusammen: 48 Generale, 704 Stabsoffiziere, 1152 Hauptleute und Rittmeister, 1954 Oberleutnante und Leutnante.

Wenn nunmehr auf zwangsläufige Verabschiedungen weitgehend verzichtet wurde[4] und sich die Ausbildungszeit bis zum Offizier von bisher vier Jahren auf etwa zweieinhalb Jahre kürzen ließ, konnte auch durch vermehrte Einstellung von Nachwuchs der Bedarf nicht gedeckt werden, weil er gleichzeitig in allen Dienstgraden eintrat, zumal in den Jahren 1933 bis 1938 auch noch 896 Offiziere des Heeres an die Luftwaffe abgegeben werden mußten, darunter 187 Stabsoffiziere und 228 Hauptleute. Auch das Tempo der Beförderungen konnte nur begrenzt beschleunigt werden.

Das Heerespersonalamt ging dazu über, etwa 800 ehemalige Berufs- und Reserveoffiziere nach einer Probezeit bei den aktiven Offizieren anzustellen. Hierbei handelte es sich durchweg um Offiziere in einem vorgeschrittenen Lebensalter aus dem Weltkrieg 1914/18. Sie brachten Lebens- und Kriegserfahrung mit, ihnen fehlten aber zwangsläufig die Fähigkeiten als Ausbilder und Erzieher in einem modernen Heer. Und doch mußten sie als Kompanie- und Bataillonsführer eingesetzt werden. Zugleich aber war es notwendig, ihre eigene Ausbildung nachzuholen. Erst im Laufe der Zeit wurden sie eine wirkliche Hilfe und Entlastung für das Offizierkorps.

Dagegen erhielt das Offizierkorps einen von vornherein beachtlichen Nachwuchs von einigen Hundert erstklassig durchgebildeter langgedienter Berufsunteroffiziere des 100 000-Mann-Heeres. Diese Männer brachten in hohem Maße praktisches Können und militärisches Wissen sowie auch ausreichende Führungseigenschaften mit. Zwar fehlte ihnen zumeist die sonst geforderte höhere Schulbildung, sie waren jedoch fast durchweg für den Aufstieg bis zum Bataillonskommandeur auch in Friedenszeiten geeignet. Einzelne qualifizierten sich nach Charakter und Leistung auch für den Aufstieg in höhere Stellen.

Das am 1. Oktober 1933 gebildete getarnte Landesschutzoffizierkorps (L-Offz.) wurde verstärkt, weiter ausgebaut und erhielt mit Erlaß Blombergs vom 5. März 1935 die Bezeichnung „Ergänzungsoffizierkorps" (E-Offz.). Dieses stand solchen ehemaligen aktiven und Reserveoffizieren offen, die aus körperlichen oder Eignungsgründen für den Dienst bei der aktiven Truppe nicht mehr in Frage kamen. Die von 3 000 im Jahre 1935 auf 5 000 im Herbst 1938 vermehrten E-Offiziere leisteten

[4] Diese Maßnahme hatte den Vorteil, daß wertvolle Kräfte für die Zeit des Aufbaues dem Heeresdienst erhalten werden konnten; zugleich hatte sie aber auch den Nachteil, daß fast jede Aussonderung ungeeigneter Kräfte unterblieb.

vorwiegend bei den Ergänzungseinheiten und in der Verwaltung Dienst und ersetzten den aktiven Offizier in fast allen Stellungen außerhalb des eigentlichen Truppendienstes[5]. Die Ergänzungsoffiziere entlasteten so die aktiven Truppenoffiziere spürbar und machten diese für Kommandeurstellen frei. Der häufige Wechsel an Offizieren beeinflußte ohnehin die Stetigkeit in der Ausbildung und der Erziehung der Truppe nachteilig. Auf Anordnung Hitlers wurde die Einrichtung der E-Offiziere 1943 aufgehoben. Alle bewährten Ergänzungsoffiziere sollten ohne Rücksicht auf das Lebensalter zu den aktiven Truppenoffizieren, alle hierzu nicht geeigneten zu den Offizieren z. D. übergeführt werden[6].

Die mit der Landespolizei in den Jahren 1935 und 1936 übergeführten etwa 2 500 Polizeioffiziere brachten dem Offizierkorps des Heeres einen wert- und leistungsmäßig unterschiedlich zu beurteilenden Zuwachs. Bei den jüngeren spielten Werdegang und Verwendung in geschlossenen Polizeiformationen eine Rolle, bei den älteren, die zu einem Teil von den ehemaligen Unteroffizieren kamen, vornehmlich ihre frühere militärische Ausbildung.

Die Eingliederung von etwa 1 600 österreichischen Offizieren im März und April 1938[7] in das deutsche Heer wurde durch verschiedene Umstände erleichtert, ganz allgemein durch die Tatsache, daß das österreichische Bundesheer sich in vielem bereits dem Reichsheer angepaßt hatte. Darüber hinaus sympathisierten vornehmlich die jüngeren österreichischen Offiziere weitgehend mit dem Nationalsozialismus und begrüßten das Aufgehen in der um so viel größeren Wehrmacht. Manche

---

[5] Die im dauernden aktiven Wehrdienst stehenden Truppen- und Ergänzungsoffiziere bildeten das aktive Offizierkorps des Heeres. Truppen- und Ergänzungsoffiziere hatten die gleichen Pflichten und Rechte im Sinne des Wehrgesetzes. Sie unterschieden sich nur durch die Art der militärischen Verwendung und der Beförderung. Die Laufbahn der E-Offiziere endete mit dem Erreichen des Obersten-Dienstgrades.

[6] Anordung Hitlers für die gesamte Wehrmacht vom 17. 12. 1940, daß die Einrichtung der Ergänzungsoffiziere spätestens im Zuge der Demobilmachung aufzulösen sei (BA-ZNS HPA I 7); R. Absolon: Wehrgesetz und Wehrdienst 1935–1945. Das Personalwesen in der Wehrmacht. Boppard a. Rh. 1960, S. 377 f. – Die Einrichtung der Offiziere z. D. [= zur Dienstleistung] war mit dem 1. April 1938 geschaffen worden. Ehemalige aktive Offiziere bis zum Oberst einschließlich konnten mit ihrem Einverständnis erneut auf unbestimmte Zeit in freie Offizierplanstellen zum aktiven Wehrdienst einberufen werden (HM 1938 S. 49).

[7] BA-ZNS WAllg; HVwVfgen Bd. 9 Nr. 92, Bd. 10 Nr. 300 u. 443; vgl. E. v. Manstein: Aus einem Soldatenleben 1887–1939. Bonn 1958, S. 326–329.

älteren Offiziere dagegen empfanden den Verlust der österreichischen Selbständigkeit schmerzlich. Die Mehrzahl von ihnen schied aus.

Zu der beispiellosen Aufgabe, aus dem kleinen, aber auf einer hohen Bildungsstufe stehenden Offizierkorps des 100 000-Mann-Heeres das vielfach vergrößerte des Wehrpflichtheeres zu schaffen, trat – neben der Notwendigkeit der Vergrößerung und Neubildung von Offiziersonderlaufbahnen – die Heranbildung eines Offizierkorps des Beurlaubtenstandes für das Kriegsheer.
Am 1. September 1939 verfügte das Heer über einen Istbestand von 89 075 Offizieren. Bis zum 1. September 1943 war die Anzahl der Offiziere auf 246 453 gesteigert worden. Das Verhältnis von aktiven Offizieren zu den Reserveoffizieren betrug etwa 1:6. Ab Dezember 1943 sank dann die Stärke des Offizierkorps und erreichte seinen Tiefststand am 1. Juli 1944 mit 232 670 Offizieren. Das bedeutete in der 1. Phase zunächst noch keine übermäßige Schwächung der Front, sondern vorerst lediglich die Auswirkung der seit längerer Zeit befohlenen Maßnahmen, die entbehrlichen sowie die gesundheitlich geschädigten und die überalterten Offiziere, die der Front ohnehin nicht zugute kamen, zu entlassen und der Kriegswirtschaft zuzuführen.

II.

Die „Berufspflichten des deutschen Soldaten" vom 9. Mai 1930 waren am 25. Mai 1934 durch neue, bereits auf die allgemeine Wehrpflicht abgestellte „Pflichten des deutschen Soldaten" ersetzt worden[8]. „Soldatisches Führertum", so heißt es hier, „beruht auf Verantwortungsfreude, überlegenem Können und unermüdlicher Fürsorge. Charakter und Leistung bestimmen den Weg und Wert des Soldaten".
Dem Zwang zur Deckung des hohen Bedarfs (1938 hatte sich die Zahl der Oberleutnante und Leutnante gegenüber 1933 fast verfünffacht) entsprach es, daß für die Auswahl der Bewerber für die Offizierlaufbahn Rang, Stand und Vermögen der Eltern nicht mehr entscheidend sein sollten. Das Heerespersonalamt schraubte – wenn auch nur widerwillig – die Anforderungen an den jungen Offiziernachwuchs auf ein Mindestmaß zurück, nahm eine qualitative Minderung in Kauf, hielt dabei aber, soweit wie eben möglich, an dem Prinzip einer sorgfältigen Auswahl und gründlichen Vorbildung der Offizierbewerber wie auch am Be-

[8] HDv 3/4, MDv Nr. 15.

griff des „für den Offizier erforderlichen Standesbewußtseins"[9] fest. Die Herkunft der Bewerber mußte die Gewähr bieten, daß sie von Jugend an zu „lauterer Gesinnung, sittlicher Reinheit und hoher Ehrauffassung" erzogen worden waren.
Neben den Abiturienten, die als Fahnenjunker eingestellt wurden, ergänzten sich die jungen aktiven Offiziere aus

1. Soldaten (Abiturienten und Nichtabiturienten), die erst während ihrer aktiven Dienstzeit in die Offizierlaufbahn übernommen wurden[10],
2. Berufsunteroffizieren sowie Reserveoffizieranwärtern und Reserveoffizieren[11], ohne daß von diesen eine bestimmte wissenschaftliche Ausbildung gefordert wurde; sie mußten jedoch in jeder Hinsicht ihre volle Eignung erweisen.

Bei der Auswahl von Berufsunteroffizieren für die aktive Offizierlaufbahn sollte berücksichtigt werden, daß ein guter und bewährter Unteroffizier durchaus nicht immer gleichzeitig die Voraussetzungen erfüllte, die von einem vollwertigen Offizier gefordert werden mußten, zumal die älteren Unteroffiziere sehr bald schon zur Verwendung als Kompanieführer und damit als Erzieher heranstanden. Ein entscheidender Gesichtspunkt aber durfte nicht übersehen werden: das laufende Herausziehen gerade der besten Kräfte aus dem Unteroffizierkorps, das selbst unter Nachwuchssorgen litt, bedeutete eine ernste Gefahr für das innere Gefüge der Truppe, deren Festigkeit in nicht geringem Maße von einem hochwertigen und geschlossenen Unteroffizierkorps abhing. 1936 wurde daher verfügt, daß die Übernahme von Unteroffizieren in die aktive Offizierlaufbahn auf Ausnahmefälle beschränkt werden sollte[12].
Nach Kriegsbeginn ergingen neue Bestimmungen für die Beförderung aktiver und ehemaliger Berufsunteroffiziere zu Kriegsoffizieren[13]. Hiernach wurden allein im ersten Kriegsjahr 5 000 Unteroffiziere zu Offizie-

---

[9] Ergänzungsbestimmungen für die Offizierlaufbahnen im Heere (D 8/3) vom 26. 4. 1937.
[10] D 8/3 S. 22.
[11] Vfg. ObdH Nr. 4962/35 PA 1 (A) vom 27. 9. 1935 (BA-ZNS HPA IV C); HVwVfgen Bd. 3 Nr. 545, Bd. 4 Nr. 343 u. 475a, Bd. 7 Nr. 663, Bd. 11 Nr. 234a; Erlaß RKrMin u. ObdW vom 21. 6. 1937 (HM S. 120); Bestimmungen für Ergänzung und besondere Dienstverhältnisse der Offiziere des Beurlaubtenstandes (D 3/8) vom 12. 5. 1938.
[12] ObdH Nr. 795/36 PA (1) vom 19. 2. 1936 Ziff. 2 (HVwVfgen Bd. 8 Nr. 795).
[13] ObdH, 18. 1. 1940 (HVBl. C S. 30 Nr. 80).

ren befördert[14]. Wiederum wurden solche Beförderungen auf Berufsunteroffiziere mit hervorragenden Führereigenschaften beschränkt[15]. Als eine der Maßnahmen zum Ausgleich der erheblichen Offizierverluste an der Ostfront befahl Hitler am 7. Januar 1942 die vermehrte Beförderung von Unteroffizieren zu Offizieren[16]. Unter dem 13. November 1942 erging eine Verfügung des OKH[17], wonach die in der besonderen Dienstaltersliste C geführten Kriegsoffiziere (das waren die ehemaligen aktiven Unteroffiziere) ab 1. Oktober 1942 zu den aktiven Truppenoffizieren übergeführt und in die entsprechende Dienstaltersliste A aufgenommen wurden. Damit sollte klargestellt werden, daß die früheren Berufsunteroffiziere nicht Offiziere 2. Klasse waren.
Junge tüchtige Reserveoffiziere, die sich auch für den Frieden als Berufsoffiziere eigneten, wurden im Kriege zur Auffüllung der ganz erheblichen Fehlstellen zum Übertritt in das aktive Offizierkorps veranlaßt. Das Heerespersonalamt war besonders interessiert an jungen Reserveoffizieren, die von der Schule weg Soldat geworden waren, Hauptleute d. R. über 30 Jahre und Majore d. R. über 35 Jahre waren nicht gefragt[18].

Im Kriege wurde die Zulassung zur aktiven Offizierlaufbahn auf Grund des erheblich gestiegenen Offizierbedarfs (Vermehrung der aktiven Offiziere von 20 812 im Herbst 1938 um 26 894 auf 47 706 im Mai 1944, Verluste nicht berücksichtigt) weiter vereinfacht[19], bis schließlich am 10. Oktober 1942 Hitler auf Anregung seines Chefadjutanten und Chefs des Heerespersonalamtes Generalmajor Schmundt grundlegend neue Annahmebedingungen für den aktiven Offiziernachwuchs genehmigte[20]. Jeder junge Deutsche sollte nunmehr Offizier werden können, ohne Rücksicht auf seine Herkunft, nur ausgelesen auf Grund seiner Persön-

---

[14] Generaloberst Halder: Kriegstagebuch. Tägliche Aufzeichnungen des Chefs des Generalstabes des Heeres 1939–1942. Bd. II. Bearbeitet von Hans-Adolf Jacobsen. Stuttgart 1963, S. 87 (künftig zitiert: Halder-KTB).

[15] ObdH, 12. 9. 1940 (HM S. 427 Nr. 982).

[16] Halder-KTB Bd. III S. 376.

[17] HM 1942 S. 549 Nr. 983.

[18] Adjutantenhinweis Nr. 10 vom 23. 3. 1944 (BA-ZNS HPA I 4).

[19] Abschnitt 9 der HDv 75 vom 15. 9. 1939 in Verbindung mit HM 1939 S. 369 Nr. 845; ObdH Nr. 1000/40 PA 1 (Gr. I) vom 30. 1. 1940; HDv 82/3 b Teil A vom 15. 5. 1941.

[20] HVBl. 1942 C S. 594 u. 643, HVBl. 1943 C S. 17; OKH/HPA: Merkblätter für den Offiziernachwuchs Nr. 1 ff. (BA-ZNS HPA I 6).

lichkeit und seiner Bewährung vor dem Feinde. Ab sofort konnten sich daher junge Deutsche als Bewerber für die aktive Offizierlaufbahn melden, sobald sie das 16. Lebensjahr vollendet hatten. Das Reifezeugnis oder ein Abschlußzeugnis oder der Besuch einer bestimmten Schulart wurde nicht mehr gefordert. Dem entsprach, daß der Nachweis der außerdienstlichen Eignung abgeändert wurde (Fortfall der Befragung von Bürgen und aller Fragen nach wirtschaftlichen Verhältnissen, Schuldverbindlichkeiten, Familienstandsangelegenheiten)[21] und die Offizierwahl durch sämtliche Offiziere des Regiments usw. als Voraussetzung für die Beförderung zum Offizier fortfiel[22].

Mitbestimmend bei dieser Neuregelung waren zum einen die Feststellung, daß der enorme Offizierbedarf aus den Abiturienten allein auch nicht annähernd gedeckt werden konnte, zum anderen die Tatsache, daß das Prinzip durch Übernahme von Unteroffizieren und Reserveoffizieren ohne Reifezeugnis ohnehin schon weitgehend durchbrochen war.

Dem steigenden Offizierbedarf im Kriege (bedingt durch Verluste und Neuaufstellungen) wurde durch ständige Vergrößerung der Offizieranwärter-Lehrgänge begegnet. Während der 7. O.A.-Lehrgang am 1. 8. 1941 noch mit 1 600 zu Offizieren beförderten Feldwebeln abschloß, wurde der 9. O.A.-Lehrgang im Herbst 1942 mit der Beförderung von 7 800 Feldwebeln zu Offizieren beendet. Am 13. Fahnenjunker-Lehrgang 1943 nahmen 13 519 Offizieranwärter teil, von denen 9 962 zu Leutnanten befördert wurden. Insgesamt wurden im Jahre 1943 45 870 Oberfähnriche und im Jahre 1944 rd. 51 000 Oberfähnriche zu Leutnanten befördert.

Die Offizierverluste des Heeres einschl. der Waffen-SS betrugen vom 1. 9. 1939 bis 31. 1. 1945

69 361	Gefallene sowie durch Verwundung, Unfall und Krankheit Verstorbene,
107 265	Verwundete und Erkrankte, von denen etwa 40 % dauernd dienstunbrauchbar blieben,
27 260	Vermißte und in Kriegsgefangenschaft Geratene
203 886	insgesamt.

[21] Erlaß des OKW vom 3. 12. 1942 (HM 1943 S. 245 Nr. 382 u. S. 365 Nr. 571).

[22] Vfg. des OKH/P 4 vom 24. 12. 1942 (HVBl. 1943 B S. 6 Nr. 12). Mit der Wahl zum Offizier bestätigten die Offiziere des Regiments usw., daß sie den Vorgeschlagenen für würdig erachteten, in ihre Reihen aufgenommen zu werden.

III.

Die verschiedenen Offizierlaufbahnen waren den Aufgaben und Bedürfnissen entsprechend ausgestaltet.

Die Truppenoffiziere bildeten die älteste und ursprünglichste Offizierlaufbahn. Sie taten vornehmlich als Führer und Erzieher in der Truppe Dienst, als Gehilfen der Kommandeure (Adjutanten, Ordonnanzoffiziere), als Sachbearbeiter und Referenten in höheren Stäben und bei Kommandobehörden, als Leiter von militärischen Dienststellen und deren Abteilungen sowie als Lehrer an Schulen. Hervorragend befähigte Truppenoffiziere konnten nach Ausbildung in der Truppe, bei Stäben und auf der am 15. Oktober 1935 wiedereröffneten Kriegsakademie, der „höchsten Bildungsstätte des Heeres"[23], Generalstabsoffiziere werden. Diese ausgewählte und durch besondere Dienstbezeichnung und Uniform[24] kenntlich gemachte Gruppe stellte die ersten und engsten Berater, Helfer und Vollstrecker der Entschlüsse und Befehle der höheren Truppenführer.

Was für die Offiziere der Truppe im allgemeinen galt, traf für die Generalstabsoffiziere im besonderen zu. Beim Übergang vom Freiwilligenheer zum Wehrpflichtheer waren etwa 200 zum Generalstabsdienst geeignet befundene Offiziere vorhanden. Diese reichten zur Deckung des nunmehr ständig steigenden Bedarfs und erst recht für den eines Kriegsheeres nicht aus. Um den dringendsten Bedarf an Generalstabsoffizieren auch nur einigermaßen decken zu können, waren auf Kosten der Qualität gehende Aushilfsmaßnahmen notwendig, z. B. Besetzung von Generalstabsstellen beim OKH und bei allen Kommandobehörden mit anderen Offizieren; längere Verwendung der Generalstabsoffiziere im Generalstabsdienst, also Einschränkung der Zeiten des Frontdienstes; Wiederversetzung älterer, früherer Generalstabsoffiziere aus ihren jetzigen

---

[23] Vgl. HDv 52: Kriegsakademie-Vorschrift. Entwurf vom 14. 5. 1938. Die Kriegsakademie hatte hiernach die Aufgabe, Offiziere, die nach Charakter, Begabung, Wissen und Können besonders hervortraten, in ihrer militärischen und allgemeinen Bildung zu fördern. Sie sollte Gehilfen der höheren Führung heranbilden und ihnen die Grundlage für ihre Weiterentwicklung zum höheren Führer vermitteln.

[24] Vfg. des ObdH vom 18. 11. 1938 über die Dienstbezeichnung der Generalstabsoffiziere und der Offiziere, die die Uniform des Generalstabes tragen (HVBl. 1938 B S. 275 Nr. 418). – Vfg. des ObdH vom 18. 11. 1938 für das Tragen der Uniform des Oberkommandos des Heeres und der Uniform des Generalstabes durch aktive Truppenoffiziere des Heeres (HVBl. 1938 B S. 276 Nr. 419).

Kommandeurstellen in den Generalstab; breitere Basis für den Nachwuchs von unten, vermehrte Einberufungen zur Kriegsakademie, Verkürzung der dreijährigen Ausbildungszeit auf zwei Jahre. Zwar forderte der Chef des Generalstabes des Heeres, General der Artillerie Beck, daß Charakter und Leistung weiterhin und weitgehend erste Voraussetzung für eine Verwendung im Generalstab sein müsse; aber in der Realität zeigt die Stellenbesetzung vom Herbst 1938, daß von 419 Generalstabsoffizieren und zum Generalstab kommandierten Offizieren 91, = 21,7 v.H., adeliger Herkunft waren; ein ungewöhnlich hoher Anteil, bedenkt man die sonst starke Verbürgerlichung des Heeresoffizierkorps, bei dem im Herbst 1938 der Gesamtanteil des Adels 13,2 v.H. betrug. Zum Vergleich: Am 1. September 1944 betrug der Anteil des Adels bei den 1 635 Generalstabsoffizieren, den zum Generalstab kommandierten und den in der Generalstabsausbildung befindlichen Offizieren 15 Prozent, bei den Hauptleuten gar nur noch 10,4 v.H.

Bei Kriegsausbruch wurde, übrigens mit Erfolg, auf die Generalstabsoffiziere des alten Heeres zurückgegriffen. Trotz dieser und der oben geschilderten Behelfsmaßnahmen mußten anfangs etwa 40 Prozent der Etatstellen für Generalstabsoffiziere des Kriegsheeres provisorisch besetzt werden. Alsbald erhielten bewährte jüngere Frontoffiziere in zunächst zwölfwöchigen, schließlich in sechsmonatigen Generalstabslehrgängen eine behelfsmäßige Ausbildung. Bei den Generalstabsoffizieren an der Ostfront waren die Ausfälle – insbesondere durch Erschöpfung und durch Überforderung bedingte Krankheit – besonders hoch.

Hitler hatte kein gutes Verhältnis zum Generalstab des Heeres. Er mißtraute den nüchternen Generalstabsoffizieren, denen der „fanatische Glaube an die Idee“[25] und an die „Größe des Führers“[26] fehlte. Er bestritt dem Generalstab die führende Rolle in der geistigen Entwicklung des Heeres[27], war vielmehr von einer Unterbewertung der Generalstabsarbeit nicht abzubringen[28]. Er lehnte die Vorausbeförderungen der Generalstabsoffiziere ebenso ab[29] wie deren Auszeichnung mit dem Ritterkreuz des Eisernen Kreuzes wegen „Führungsverdienste“[30]. Er verurteilte das angebliche Prinzip, „nur reine Intellektuellakrobaten und

---

[25] Halder-KTB Bd. III S. 528.

[26] Halder-KTB Bd. III S. 421.

[27] Halder-KTB Bd. II S. 63.

[28] Halder-KTB Bd. I S. 95.

[29] Halder-KTB Bd. II S. 365.

[30] Vfg. OKH/PA vom 26. 9. 1944 (BA-ZNS WAllg) und Chef OKW vom 10. 3. 1945 (BA-ZNS WAllg).

-athleten, Geistesathleten heranzuzüchten" und forderte „man muß tapfere kühne Leute nehmen, die auch [ihr Leben einzusetzen] bereit sind, wie jeder Soldat sein Leben einsetzt"[31].
Daß Hitlers Mißtrauen gegenüber dem Generalstab aus seiner Sicht nicht unberechtigt war, zeigt der hohe Anteil von Generalstabsoffizieren an der Planung und Durchführung des mißglückten Attentats vom 20. Juli 1944. Im Verlauf des noch an diesem Tage einsetzenden großen Strafgerichts verloren 23 Generalstabsoffiziere ihr Leben, darunter auch Generaloberst Beck, der seit 1938 den Mittelpunkt der militärischen Widerstandsgruppe gebildet hatte.

Das Rechtsverhältnis der Soldaten wies prinzipiell nicht auf eine bestimmte, von ihnen auszuübende Aufgabe oder Tätigkeit hin. Neben dem Truppenoffizier gab es in früherer Zeit schon Offizierlaufbahnen für Sonderdienste. Hierzu gehörten neben den Sanitäts- und Veterinäroffizieren die im Feuerwerks- und Feldzeugdienst eingesetzten Offiziere (W). Diese ergänzten sich ausschließlich aus langdienenden Unteroffizieren der Feuerwerkerlaufbahn.
Mit Verordnung vom 22. Dezember 1934[32] waren sämtliche Beamte der Heeresverwaltung unter dem Begriff „Wehrmachtbeamte (Heer)" zusammengefaßt und damit die Trennung in Militärbeamte und Zivilbeamte der Heeresverwaltung beseitigt worden[33]. Die Beamten, gerade die des gehobenen Dienstes, strebten jedoch eine weitergehende Neugestaltung ihrer Rechtsverhältnisse durch Schaffung eines Verwaltungsoffizierkorps an. Mit Verordnung vom 21. April 1939 wurde eine Ingenieuroffizierlaufbahn des Heeres gebildet durch Überführung der geeigneten Wehrmachtbeamten des höheren technischen Dienstes, der Truppeningenieure, in das Offizierverhältnis[34]. Die Ingenieuroffizierlaufbahn sollte sich weiterhin ergänzen durch Neuanstellung von Diplomingenieuren aus der freien Wirtschaft und durch Einstellung von Abiturienten,

---

[31] Hitler in der Lagebesprechung am 1. 2. 1943. – In: H. Heiber: Hitlers Lagebesprechungen. Die Protokollfragmente seiner militärischen Konferenzen 1942–1945. Stuttgart 1962, S. 120 ff., vgl. insbesondere S. 128.

[32] Verordnung über Rang- und Dienstverhältnisse sowie Uniform der Wehrmachtbeamten (Heer) vom 22. 12. 1934 (HM 1935 S. 1).

[33] Verordnung über Rang- und Dienstverhältnisse und Uniform der Reichsheeresbeamten vom 11. 3. 1930 (HVBl. S. 24).

[34] Verordnung über die Bildung einer Ingenieur-Offizier-Laufbahn des Heeres vom 21. 4. 1939 (RGBl. I S. 913).

die das technische Studium ergreifen wollten, als Fahnenjunker (im Ing. Korps).

Im Winter 1942/43 wurde im Zusammenhang mit der Bildung der Kraftfahrparktruppe das Ingenieuroffizierkorps aufgelöst. Die Ingenieuroffiziere wurden zur Kraftfahrparktruppe, zu den Offizieren (W) und zu den Truppenoffizieren übernommen[35]. Für die neue Kraftfahrparktruppe wurden Offizierbewerber nicht angenommen. Die Offiziere der Kraftfahrparktruppe ergänzten sich aus den Offizieren der bisherigen Kraftfahrzeuginstandsetzungsdienste und -einrichtungen sowie aus Offizieren motorisierter Truppenteile. Außerdem konnten geeignete Beamte des gehobenen kraftfahrtechnischen Dienstes und Schirrmeister des Kraftfahrwesens zu den Offizieren der Kraftfahrparktruppe übernommen werden[36].

Als Hitler mit der Frage der Rechtstellung gewisser Gruppen von Wehrmachtbeamten befaßt wurde, bestimmte er: Erste Aufgabe der Wehrmacht sei der Waffendienst; ihn leiste der Soldat. Die Aufgaben, die der unmittelbaren Versorgung der Truppe dienten und daher im engen Zusammenhang mit dem Waffendienst ständen, sollten von einer besonderen „Gruppe von Soldaten", von Führern im Truppensonderdienst, wahrgenommen werden. Alle übrigen Verwaltungsaufgaben sollten Wehrmachtbeamte erfüllen, deren Status dem der Zivilbeamten weitgehend anzugleichen sei[37].

Mit der Bildung des Truppensonderdienstes in der Wehrmacht durch „Führerbefehle" vom 24. Januar 1944[38] gelang den Wehrmachtbeamten der große Einbruch in die angestrebte Sphäre. Mit Wirkung vom 1. Mai 1944 wurden die Wehrmachtbeamten des richterlichen Dienstes[39] sowie

---

[35] OKH/HPA, 19. 12. 1942: Bildung und Ergänzung des Offizierkorps der Kraftfahrparktruppe. Auflösung des Ingenieuroffizierkorps (K) (HM 1943 S. 5). – OKH/Ag P 1, 18. 2. 1943: Ingenieuroffiziere (HM S. 148).

[36] Vgl. Anm. 35) und OKH/HPA vom 1. 2. 1943: Durchführungsbestimmungen zur Bildung und Ergänzung des Offizierkorps der Kraftfahrparktruppe (HM 1943 S. 76).

[37] Vgl. Der Chef der Wehrmachtverwaltungsabteilung im OKW vom 4. 5. 1942: Entwürfe eines Führererlasses und eines Schreibens des Chefs OKW an die Wehrmachtteile (BA-ZNS Ordner TSD). – Erste Besprechung des Ausschusses zur Bildung einer besonderen „Gruppe der Soldaten im Truppensonderdienst" am 9. 7. 1943 bei OKW/W Allg (BA-ZNS Ordner TSD).

[38] HM 1944 S. 63 Nr. 109.

[39] Befehl für die Bildung der Laufbahn der Wehrmachtrichter im Truppensonderdienst vom 24. 1. 1944 (HM S. 64 Nr. 111).

die Wehrmachtbeamten des höheren Intendantur- und des gehobenen Intendantur- und nichttechnischen Verwaltungs-(Zahlmeister-)Dienstes[40] – das waren etwa 12 000 aktive und 46 000 Reservebeamte, die auf den Gebieten der Verpflegung, der Bekleidung, des Unterkunfts- und des Gebührniswesens ausgebildet und in der Regel eingesetzt waren – Offiziere im Truppensonderdienst. An ihren Fachaufgaben änderte sich nichts.

Die Entwicklung auf dem Gebiet der Gestaltung neuer Offizierlaufbahnen war bei Kriegsende noch in Fluß. Es war weiter beabsichtigt, zunächst die Wehrmachtbeamten des technischen Dienstes, die als unmittelbare Helfer der kämpfenden Truppe anzusehen waren, in besondere Offizierlaufbahnen des Truppensonderdienstes zu überführen. Zur Bildung dieser neuen Laufbahnen, die seit dem Sommer 1944 in Vorbereitung waren, ist es aber nicht mehr gekommen. Jedoch waren die seitdem begonnenen Lehrgänge für die Ausbildung von langdienenden Unteroffizieren zu Beamten des gehobenen technischen Dienstes – Fachrichtung Pionierwesen, Nachrichtenwesen usw. – schon darauf abgestellt, Nachwuchs für diese Offizierlaufbahnen heranzubilden.

IV.

Erst ab Mai 1935 konnte mit der Erfassung der für einen Krieg verfügbaren ehemaligen Offiziere als Offiziere des Beurlaubtenstandes begonnen werden. Für eine zukünftige Mobilmachung standen zunächst nur diejenigen Personen zur Verfügung, die noch bis 1918 Offizier geworden waren, denen aber jede neuzeitliche Ausbildung fehlte. Selbst die jüngsten unter ihnen näherten sich dem 40. Lebensjahr. Jahre ruhiger Entwicklung waren daher nötig, um den erforderlichen großen Bedarf an jüngeren Reserveoffizieren heranbilden zu können.

Der Weg zum Offizier des Beurlaubtenstandes – der Reserve und der Landwehr – stand nach § 34 des neuen Wehrgesetzes vom 21. Mai 1935[41] und seinen Durchführungsbestimmungen jedem Wehrfähigen offen, der als Soldat im Heere gedient hatte, nach Auffassung, Persönlichkeit und Lebenswandel den an Führerpersönlichkeiten zu stellenden Anforderungen entsprach, sich zur nationalsozialistischen Staatsauffassung be-

[40] Befehl für die Bildung der Laufbahn des Verwaltungsdienstes im Truppensonderdienst vom 24. 1. 1944 (HM S. 64 Nr. 110).

[41] RGBl. 1935 I S. 609.

kannte[42], geordnete wirtschaftliche Verhältnisse nachwies und für sich und ggf. auch für seine Ehefrau den Nachweis arischer Abstammung erbrachte. Der erfolgreiche Abschluß einer höheren Bildungsanstalt war nicht erforderlich.
Für die Ergänzung des Offizierkorps d. B. kamen zunächst insbesondere in Frage:

1. ehemalige aktive und Reserveoffiziere der alten und der neuen Wehrmacht,
2. Berufsunteroffiziere nach Ablauf ihrer zwölfjährigen Dienstverpflichtung,
3. gediente Soldaten, die die Grundausbildung für ihren Beruf bereits abgeschlossen hatten.

Der Major d. R. bzw. d. L. bildete im Frieden und bis weit in den Krieg hinein den höchsten Dienstgrad im Offizierkorps des Beurlaubtenstandes.
Da die älteren Offiziere d. B. bei weitem überwogen, wurde ab 1936 die Heranbildung eines an Lebensjahren jüngeren Offizierkorps d. B. in den Vordergrund gestellt. Schließlich konnten sich Reserveoffizieranwärter im Anschluß an die zweijährige Dienstzeit freiwillig für ein 3. Dienstjahr verpflichten. Sie wurden nach Ablauf des 2. Dienstjahres zum überplanmäßigen Feldwebel und zum nächstfolgenden 18. Januar zum Leutnant d. Res. befördert[43].
Eine weitere Möglichkeit, den für eine Mobilmachung erforderlichen starken Bedarf an Offizieren zu mindern, wurde dadurch geschaffen, daß jeder Deutsche, der irgendwann einmal – in der alten Armee, in der Reichswehr oder in der neuen Wehrmacht – Offizierrang erreicht hatte, nunmehr nach § 6 des Wehrgesetzes ohne zeitliche Begrenzung wehrpflichtig wurde. Er konnte „zur Verfügung" des Heeres gestellt werden, wenn und solange er für eine Kriegsverwendung in Frage kam[44].

---

[42] Erlaß des RKrMin u. ObdW vom 22. 7. 1935 (in: Wichtige politische Verfügungen des Reichskriegsministers und Oberbefehlshabers der Wehrmacht. Geheim! Gedruckt in der Reichsdruckerei, Berlin 1935, S. 14).

[43] Erlaß des RKrMin u. ObdW vom 21. 6. 1937 über die Verpflichtung von Reserveoffizieranwärtern des 2. Dienstjahres für ein 3. Dienstjahr (HM 1937 S. 120 Nr. 294).

[44] Verordnung über die Wehrpflicht von Offizieren und Wehrmachtbeamten im Offizierrang vom 22. 2. 1938 (RGBl. I S. 214) und ÄnderungsVO vom 28. 1. 1939 (RGBl. I S. 103).

Als eine Aushilfsmaßnahme wurde für den Mob. Fall die Einrichtung der „Sonderführer" geschaffen[45]. Für bestimmte Arbeitsgebiete, die besondere Fachkenntnisse erforderten (Abwehr, Feldeisenbahn, Landwirtschaft, Nachrichten- und Bauwesen, Propaganda usw.) wurden Personen ohne oder mit nur geringer militärischer Ausbildung auf Grund ihrer zivilen Fachkenntnisse und führenden Stellung außerhalb der Wehrmacht als Soldaten zum aktiven Wehrdienst einberufen und jederzeit widerruflich als „Sonderführer" in solche Offizierstellen eingesetzt, für deren Besetzung kein geeigneter Offizier vorhanden war.
Mit Verfügung vom 26. Oktober 1942[46] wurde befohlen, daß den Sonderführern nunmehr eine militärische Grundausbildung gegeben oder bereits früher erhaltene Ausbildung so gefördert werden solle, daß ihre Beförderung zu militärischen Dienstgraden und ihre Übernahme in die Reserveoffizierlaufbahn möglich würde. Bis zum 15. August 1944 konnte die Zahl der Sonderführer von ursprünglich 16 800 auf 10 940 gesenkt werden. Von den 5 860 Sonderführern, deren Beleihung widerrufen wurde, konnten 3 100 der kämpfenden Truppe zugeführt werden.

V.

Das schon im 100 000-Mann-Heer „Rangdienstalter" genannte Patent blieb auch im Wehrpflichtheer die klar erkennbare Grundlage für den Aufstieg des Offiziers, diente aber doch nur noch als Ordnungsfaktor des Beförderungswesens, das jetzt, deutlicher als früher, mehr durch den Persönlichkeitswert und durch die dienstliche Leistung bestimmt wurde. Die hauptsächliche Grundlage für die Beförderung und Verwendung der Offiziere bildeten die von den Truppenvorgesetzten abzugebenden Offizierbeurteilungen nach folgenden Gesichtspunkten[47]: Der Wert des Heeres beruht in erster Linie auf seinen Führern. Die richtige Auswahl der Führer ist entscheidend für den inneren Wert und die Schlagkraft der Truppe. Zu deren Nutzen muß das Offizierkorps in seiner Gesamtheit frisch und leistungsfähig erhalten werden. Es muß gelingen, die wertvollsten Kräfte des Offizierkorps in bevorzugte und Führer-Stellen des Heeres zu bringen. Die Vorgesetzten mußten in den Beurteilungen

[45] HDv g 151 (MDv Nr. 157, LDv g 151), Anlage 12 zu Ziff. 91; vgl. R. Absolon: Wehrgesetz und Wehrdienst 1935–1945. Das Personalwesen in der Wehrmacht. Boppard a. Rh. 1960, S. 183–185.

[46] HM 1942 S. 503.

[47] HDv 291: Bestimmungen über Aufstellung und Vorlage der Beurteilungen des Heeres vom 11. Mai 1936 [mit Deckblättern Nr. 1–46].

abschließend dazu Stellung nehmen, ob und wie der betreffende Offizier seine derzeitige Stelle ausfüllte, ob er zur Beförderung und ggf. für welche nächsthöhere Stelle er geeignet war[48].
Die von Hitler geforderte schnellere Beförderung der aus dem Weltkrieg noch vorhandenen Hauptleute zum Major bedingte eine Änderung der bisherigen Handhabung der vorzugsweisen Beförderung von Generalstabs- und Hochschuloffizieren[49]. An deren vorzugsweiser Beförderung zum Major wurde grundsätzlich festgehalten, der Beförderungsvorteil jedoch im Ausmaß gering gehalten und fallweise geregelt[50]. Darüber hinaus galt der Ablauf der planmäßigen Beförderung nach dem Rangdienstalter in alljährlich bestimmten Dienstaltersgrenzen[51] für alle Offiziere, denen die Eignung zugesprochen worden war, einheitlich, bis mit Verfügung des OKH vom 31. Januar 1939[52] die vorzugsweise Beförderung und das Vorpatent[53] für solche besonders geeigneten Hauptleute, Majore und Oberstleutnante eingeführt wurde, die frühzeitig in verantwortungsvolle Stellen gebracht werden sollten.
Für den Kriegsfall war in den Mobilmachungsbestimmungen unter Fritsch ausdrücklich festgelegt worden, daß jede vorzugsweise Beförderung, auch für die Generalstabsoffiziere, entfallen sollte. Nur eine Ausnahme war vorgesehen, nämlich die Belohnung für hervorragende Tapferkeit auf dem Schlachtfeld. Aber schon unter Brauchitsch wurde von diesem Prinzip wieder abgegangen.

---

[48] Die Anforderungen, die für die einzelnen Dienststellen verlangt wurden, sind aus der Verordnung über die Befehlsbefugnisse im Heer (HDv 3/11) vom 21. 4. 1936 ersichtlich.

[49] Hochschuloffiziere waren Offiziere, die die Diplomprüfung an einer Technischen Hochschule bestanden hatten, eine abgeschlossene militärtechnische Ausbildung besaßen und für eine Verwendung im Heereswaffenamt in Frage kamen.

[50] Verfügung des ObdH vom 31. 10. 1935 (BA-ZNS HPA II 11).

[51] Verfügungen des OKH über die Beförderungsgrenzen 1936 vom 25. 3. 1936 (HM S. 76), über die Beförderungsgrenzen 1937 vom 15. 3. 1937 (HM S. 51), über die Beförderungsgrenzen für 1938 vom 17. 1. 1938 (HM S. 8), über die Beförderungsgrenzen für 1939 vom 16. 3. 1939 (HM S. 91) mit Berichtigung in HM 1939 S. 244.

[52] HVBl. 1939 C S. 46.

[53] Das Vorpatent war grundsätzlich nicht mit einer Beförderung verbunden. Es bedeutete vielmehr das Vorrücken des Rangdienstalters in demselben Dienstgrad. In seinem Ausmaß richtete es sich nach der allgemeinen Beförderungslage. Ein zweimaliges Vorpatent blieb auf Ausnahmefälle beschränkt.

Im Kriege gewann auf Drängen Hitlers die vorzugsweise Beförderung, zunächst der Leutnante und Oberleutnante, die sich als Kompanieführer besonders bewährt hatten, an Bedeutung[54]. Nach erheblichen Offizierverlusten an der Ostfront und während der Krise im Winter 1941/42 schrieb Hitler am 29. Dezember 1941 an Mussolini von seiner Absicht, nunmehr „alle jene Offiziere [in der Beförderung] vorzuziehen, deren Führerfähigkeit sich im Kriege erwiesen hat“[55]. Bei den Tischgesprächen am 20. Januar 1942[56] führte Hitler hierzu und zu der von ihm angestrebten Verjüngung des Offizierkorps aus: Wenn einer sich bewährt habe, müsse man ihm den Rang geben, der mit der Führung des von ihm geleiteten Verbandes verbunden sei. Kompanieführer müsse einer sein mit 26 Jahren, Regimentskommandeur mit Mitte Dreißig und Divisionär mit 40 Jahren. Ein Blick in die Generalslisten lehre, die Männer seien alle überaltert. (Die Heeresgruppen- und Armeeführer waren im Herbst 1942 im Durchschnitt älter als 55 Jahre; Ausnahmen bildeten Rommel, Model, Paulus und Dietl mit 51 bzw. 52 Jahren).
Das Heerespersonalamt folgte ihm hierin nur zögernd. Am 1. Oktober 1942 ernannte er daher seinen Chefadjutanten, Generalmajor Schmundt, zum Chef des Heerespersonalamtes mit der erklärten Absicht, die Offizierbeförderungsverhältnisse grundlegend neu zu gestalten, durch sie eine Verjüngung des Offizierkorps und dadurch auch eine Veränderung seiner sozialen, geistigen und politischen Struktur herbeizuführen. Schon am 4. November 1942 verkündete Schmundt[57], jeder Offizier (aktiv, d. R. und z. V.), der am Feinde eine Truppe erfolgreich führe, werde nunmehr ohne Rücksicht auf Dienst- und Lebensalter zu dem seiner Dienststellung entsprechenden Dienstgrad befördert; eine gleichmäßige Beförderung aller widerspreche dem Leistungs- und Führerprinzip.
Nunmehr gaben die Verluste und sonstigen Abgänge sowie die vor dem Feind nachgewiesene Eignung und Bewährung das Tempo der Beförderungen an. Das Durchschnittslebensalter der Oberbefehlshaber der Heeresgruppen und Armeen wurde von 61,8 bzw. 57,4 Jahren im September 1939 auf 56,9 bzw. 52,9 Jahren im April 1945 gesenkt. In der glei-

---

[54] Bemerkungen Hitlers über Offizierbeförderungen im Kriege. Notiz des Adjutanten der Wehrmacht beim Führer Hauptmann Engel vom 3. 10. 1939, in: BA-ZNS Offz.Beförd.Best. I.

[55] ADAP Serie E Bd. I S. 104–118.

[56] Henry Picker: Hitlers Tischgespräche im Führerhauptquartier 1941–1942. Stuttgart 1963, S. 160 f.

[57] HM 1943 S. 65 Nr. 98, S. 67 Nr. 99; Merkblatt 14/2 I. Teil vom 1. 7. 1944.

chen Zeit fiel der Anteil des Adels bei den Oberbefehlshabern der Heeresgruppen und Armeen von 63,6 auf 19,4 v. H.

Alle die Offiziere, die von der neuen Beförderungsverfügung nicht erfaßt wurden, sollten nunmehr den bevorzugt zu befördernden Truppenoffizieren mit einem merklichen Abstand folgen. Aus Gründen der allgemein zu fordernden Jugendlichkeit der Wehrmacht sollten die inzwischen verbesserten planmäßigen Beförderungszeiten bis zum Hauptmann beibehalten, von der Beförderung zum Major ab aber gestoppt werden.

Nach Kriegsbeginn hatte Hitler – unter Hinweis auf seine Erfahrungen im Ersten Weltkrieg – die völlige Gleichstellung der Reserveoffiziere mit den aktiven Offizieren hinsichtlich der Beförderung und Verwendung gefordert[58]. (In der zweiten Hälfte des Krieges wurden 14 Reserveoffiziere zu Generalsdienstgraden, rund 200 zu Obersten und rund 1 000 zu Oberstleutnanten befördert). Nachdem bereits mit Verfügung vom 7. September 1939[59] die Bezeichnungen „d. R.", „d. L." und „z. V." und die besonderen Unterscheidungsmerkmale ihres Dienstverhältnisses an der Uniform weggefallen waren, bot die Zweite Verordnung zum Einsatz-Wehrmachtgebührnisgesetz[60] den Angehörigen des Beurlaubtenstandes die Möglichkeit, ab 1. April 1940 Kriegsbesoldung in Höhe der Friedensgebührnisse ihres Dienstgrades zu beziehen. Noch im Oktober und Dezember 1944 beschäftigte Hitler sich mit Versorgungsfragen. Hinterbliebene von Reserveoffizieren sollten nicht schlechter gestellt werden als die der aktiven Offiziere[61]. Er wünschte nicht die von den Fachleuten dann ins Gespräch gebrachte „Angleichung", sondern die „völlige Gleichstellung". Dieses Projekt trat dann aber in den Hintergrund, als der Reichsfinanzminister seine Zahlungsunfähigkeit erklärte.

VI.

In den Jahren 1934 bis 1938 ist der Grundstein zu dem Offizierkorps des neuen Wehrpflichtheeres gelegt worden. Die einströmenden Elemente verschiedener Herkunft, Vorbildung, geistiger und sittlicher Einstellung mußten zu einem geschlossenen Körper zusammengefügt werden. Das führende Element blieb dabei der zahlenmäßig kleine Kern, der aus dem 100 000-Mann-Heer stammte. Jedoch war er zu schwach an Zahl, um in

[58] Vgl. Anmerkung 54.
[59] HVwVfgen Bd. 11 Nr. 402.
[60] RGBl. 1940 I S. 447.
[61] BA-ZNS WAllg [11. 10. 1944, 22. 12. 1944].

wenigen Jahren die innerliche Geschlossenheit und die einheitliche Auffassung des Offizierkorps dauerhaft sicherzustellen.
Der von Hitler rücksichtslos vorangetriebene Heeresaufbau führte zwangsläufig zu einem Mißverhältnis zwischen Anzahl und Güte. Wiederholte Vorstellungen des Heerespersonalamtes gegen das zu schnelle Anwachsen des Offizierkorps wegen überstürzter Aufrüstung blieben unberücksichtigt.
Der außerordentlich hohe Offizierbedarf des Wehrpflichtheeres machte es unumgänglich, daß sowohl die Bedingungen für den Eintritt der Offizieranwärter in das Heer als auch ihre Ausbildung und Erziehung in zunehmendem Maße erleichtert werden mußten. Der Zwang zur Dekkung des hohen Bedarfs ließ keine andere Wahl als Zugeständnisse an die Qualität des Offizierersatzes. Schließlich stand den Söhnen aller Kreise und Schichten die Laufbahn des Offiziers offen. Es bedurfte nur eines knappen Vierteljahrhunderts, um Gesicht und Charakter des Offizierkorps, namentlich der niederen Dienstgrade, grundlegend zu wandeln[62]. Zu Zeiten der Monarchie hatte sich das Offizierkorps im wesentlichen aus den Kreisen des Adels und des Bürgertums ergänzt; es trug ganz eindeutig die Züge einer Standeskörperschaft. Aber bereits in der Weimarer Republik begann sich seine soziale Struktur zugunsten einer breiteren Basis des Herkommens zu verändern. Im Dritten Reich nahm es schließlich – was vornehmlich die niederen Dienstgrade betraf – den Charakter eines „Volksoffizierkorps" an. Der Beruf überwog nunmehr den Stand. Von einem Offizierkorps im Sinne einer beruflich und sittlich streng gebundenen Ordensgemeinschaft war das Heer – auch nach den Zeugnissen seiner eigenen Mitglieder – weit entfernt.

Bereits im Frühjahr 1933 hatte der Reichswehrminister von Blomberg mit der schrittweisen Annäherung der Reichswehr an den Nationalsozialismus begonnen und in der Folge immer wieder „die Verbundenheit der Wehrmacht mit dem nationalsozialistischen Staat" betont[63]. Um die Jahreswende 1934/35 führten die von Anfang an bestehenden Spannungen zwischen Reichswehr und Partei, insbesondere auch die bald nach der Röhmaffäre aufgetretenen ernsten Reibungen zwischen Heer und SS, zu einer akuten Vertrauenskrise. Hitler benutzte am 3. Januar 1935

[62] Über den Wandel in der gesellschaftlichen Schichtung des Offizierkorps laufen gegenwärtig Untersuchungen. Aber wir wissen heute noch zu wenig, um hierzu gesicherte Ergebnisse vorlegen zu können.
[63] Vgl. R. Absolon, a.a.O., Bd. I, Boppard a. Rh. 1969, S. 76–85; Bd. III, Boppard a. Rh. 1975, S. 44–58.

eine „Kundgebung der deutschen Führerschaft" in Berlin, um vor den Spitzen der Staats-, Wehrmacht- und Parteiführung eine Vertrauenserklärung für das Heer und den von Parteiseite heftig angegriffenen Chef der Heeresleitung, Frhr. von Fritsch, abzugeben[64].

Vor allem Göring und Himmler haben in der Folge das Mißtrauen Hitlers gegen das Heer wachgerufen und geschürt, um ihren eigenen Zielen näher zu kommen. Sie hatten ihre Hand im Spiel, als Anfang 1938 der Reichskriegsminister von Blomberg trotz aller Treue zu Hitler entlassen wurde. Hitler nutzte die Gelegenheit, um selbst den unmittelbaren Oberbefehl über die Wehrmacht zu übernehmen. Zugleich entfernte er den Oberbefehlshaber des Heeres, Generaloberst Frhr. von Fritsch, der ein Feind jeder Abenteurerpolitik und darum ein Gegner seiner jetzt reif gewordenen Pläne war. Fritsch hatte das Heer nach den besten Grundsätzen alter deutscher Soldatentradition erzogen. Ehrauffassung und Pflichttreue standen bei ihm höher im Kurs als nationalsozialistische Phrasen und Schlagworte. Darum war seine Zeit abgelaufen.

Während Hitler schon in der Zeit vor 1938 auf Tempo, Umfang und die waffentechnische Seite der Aufrüstung bedeutenden Einfluß genommen hatte, kümmerte er sich bis zum 4. Februar 1938 um das Kernproblem des Heeres, Aufbau, Ergänzung und Erziehung des Offizierkorps, überhaupt nicht. Der Chef des Heerespersonalamtes war nicht ein einziges Mal bei ihm. Die vom Reichskriegsminister und Oberbefehlshaber der Wehrmacht und dem Oberbefehlshaber des Heeres gegengezeichneten Personalveränderungen unterschrieb er, meist ohne vom Inhalt der Verfügung überhaupt Kenntnis zu nehmen. Er fand sich auch damit ab, daß unter den wiedereingestellten ehemaligen Offizieren viele nicht der NSDAP oder einer ihrer Gliederungen angehört hatten. Er akzeptierte den Standpunkt des Heeres, daß nicht Parteizugehörigkeit, sondern die militärische Eignung für die Auswahl ausschlaggebend sein dürfe, und hat diesen Standpunkt auch gegenüber der Sturm laufenden Partei durchgesetzt. Trotzdem gab es gerade in dieser Hinsicht genügend Schwierigkeiten und Reibungen zwischen dem Heer und der NSDAP[65].

Mit den Entlassungen Blombergs und Fritschs und mit der Übernahme des unmittelbaren Oberbefehls über die Wehrmacht trat Hitler aus sei-

---

[64] H. Domarus: Hitler, Reden und Proklamationen 1932–1945. I. Bd. Würzburg 1962, S. 468 ff. Vgl. auch H. Foertsch: Schuld und Verhängnis. Die Fritsch-Krise im Frühjahr 1938 als Wendepunkt in der Geschichte der nationalsozialistischen Zeit. Stuttgart 1951, S. 68.

[65] F. Hoßbach: Zwischen Wehrmacht und Hitler 1934–1938. Göttingen ²1965, S. 39.

ner bisherigen Zurückhaltung heraus. Abgesehen von einschneidenden personellen und organisatorischen Veränderungen, trat ein starker Wandel in der Auffassung und dem Zusammenspiel der führenden Männer der bewaffneten Macht ein. Unsicherheit und Mißtrauen machten sich breit. Die unmittelbare Einflußnahme Hitlers auf die Wehrmacht und insbesondere auf das Heer kam – gestützt durch das Oberkommando der Wehrmacht unter der Führung Keitels – mit jedem Tag zu stärkerer Geltung. Auch das Vertrauen des Offizierkorps zur Spitze des Heeres geriet unter dem neuen Oberbefehlshaber des Heeres, Generaloberst von Brauchitsch, ins Wanken. Als dieser am 19. Dezember 1941 sein Amt niederlegte, übernahm Hitler selbst den Oberbefehl über das Heer[66] und begründete diesen Entschluß: Aufgabe des Oberbefehlshabers des Heeres sei es, das Heer nationalsozialistisch zu erziehen; er kenne keinen General des Heeres, der diese Aufgabe in seinem Sinne erfüllen könnte. Den Chef des Generalstabes des Heeres unterstellte sich Hitler unmittelbar, die Ausübung der Befugnisse des ObdH als oberste Kommando- und Verwaltungsbehörde übertrug er dem Chef OKW.

Keitel sah es als seine vornehmste Aufgabe an, das Offizierkorps des Heeres seinem Oberbefehlshaber näher zu bringen und das Verständnis für sein Wirken zu vertiefen[67]. Der Offizier sollte die großen Ideen des Nationalsozialismus verkörpern und dieses weltanschauliche Gedankengut auch auf seine Untergebenen übertragen[68]. Mit Erlaß vom 15. Oktober 1942[69] setzte Hitler die zur „Wahrung der Ehre" vorgeschriebenen Maßnahmen außer Kraft. Zum Träger des nationalsozialistischen Kurses wurde schließlich durch Befehl Hitlers vom 22. Dezember 1943 die Einrichtung der „Nationalsozialistischen Führungsoffiziere" geschaffen[70].

---

[66] Vgl. amtliche Verlautbarung zur Übernahme des Oberkommandos des Heeres durch den Führer und Aufruf des Führers an die Soldaten des Heeres und der Waffen-SS (Dok.d.Dtsch.Pol., Bd. 9 Teil 1/1941, Nr. 36).

[67] OKH/PA (2) I a Az. 21 Nr. 6290/42 geheim vom 1. 6. 1942, abgedruckt in der Dokumentation von Waldemar Besson: Zur Geschichte des Nationalsozialistischen Führungsoffiziers, in: Vierteljahrshefte für Zeitgeschichte, 9. Jahrg. 1961, S. 84.

[68] Verfügung OKH/PA vom 21. 5. 1942 (HM S. 256 Nr. 468).

[69] Mit Durchführungsbestimmungen des Chefs HPA in BA-ZNS WAllg und HM 1942 S. 497 Nr. 919; vgl. RdSchrb. Nr. 178/42 des Leiters der Partei-Kanzlei vom 18. 11. 1942, in: BA NS 6/vorl. 338.

[70] W. Besson: Zur Geschichte des Nationalsozialistischen Führungsoffiziers (NSFO). Dokumentation, in: Vierteljahrshefte für Zeitgeschichte, 9. Jahrg. 1961, S. 76–116. G. L. Weinberg: Adolf Hitler und der NS-Führungsoffizier.

Das Heer, das am stärksten in der durch die Jahrhunderte geformten militärischen Tradition wurzelte, hatte die Überlieferung soldatischer Anschauungen und Ehrbegriffe von der königlichen Armee übernommen und sie über das Freiwilligenheer der Weimarer Republik in das Wehrpflichtheer des Dritten Reiches getragen. Es war weder monarchisch geblieben noch republikanisch geworden. Die überwiegende Mehrzahl der Offiziere – wie auch die Masse der realitätsverhafteten Unteroffiziere und Mannschaften – fanden im Nationalsozialismus kein überzeugendes Glaubensbekenntnis. Untersuchungen über den Zusammenhang von Primärgruppen und Ideologie bei der deutschen Wehrmacht haben konstatiert, daß nicht die nationalsozialistische Ideologie, sondern eher soziale Praktiken und Verhaltensformen innerhalb der militärischen Kampfgruppen die Ursachen für den Zusammenhalt und die Widerstandsfähigkeit der Truppe bildeten[71].

Als Reichsführer der immer mächtiger gewordenen SS, die durch Aufstellung bewaffneter Einheiten noch an Bedeutung gewonnen hatte, und als Chef der Deutschen Polizei hatte Himmler jene Doppelfunktion inne, die ihm in der nationalsozialistischen Hierarchie eine zwar nicht allumfassende, aber doch unübersehbare zentrale Stellung verschaffte. Die Zuspitzung der militärischen und politischen Lage im Zweiten Weltkrieg sowie das Mißtrauen und die Abneigung Hitlers gegenüber den führenden Militärs brachte Himmler weiteren Machtzuwachs, der seine Bedeutung steigerte und ihm schließlich weite Teile des Heeres auslieferte.
Nach dem Zusammenbruch der Heeresgruppe Mitte im Osten um die Juni/Juli-Wende 1944 stellte Himmler 15 neue Heeresdivisionen, die Volksgrenadierdivisionen, auf, die seinem Oberbefehl unterstanden. Der mißglückte Staatsstreich vom 20. Juli 1944 brachte ihm den eindeutigen Sieg. Hitler ernannte ihn zum Chef der Heeresrüstung und Befehlshaber des Ersatzheeres[72]. Zu seinem ständigen Vertreter als ChHRüst u. BdE

Dokumentation, in: Vierteljahrshefte für Zeitgeschichte, 12. Jahrg. 1964, S. 443–456.

[71] Vgl. Detlef Bald: Militär und Gesellschaft als Gegenstand der Forschung, in: Wehrwissenschaftliche Rundschau, 25. Jahrg. 1976, S. 154–161.

[72] Mit Befehl Hitlers vom 5. 1. 1945 zur Erweiterung seiner unmittelbaren Einflußnahme auf die militärischen Belange des Waffen- und Gerätegebietes ging das Arbeitsgebiet der Heeresrüstung auf den Chef des Heeresstabes beim Chef OKW, Gen.d.Inf. Buhle, über, der in dieser Hinsicht Hitler unmittelbar unterstellt wurde. Die Bezeichnung „ChHRüst u. BdE“ entfiel; neue Bezeichnung für den BdE „Oberbefehlshaber des Ersatzheeres“ (BA-ZNS WAllg).

ernannte Himmler den SS-Obergruppenführer und General der Waffen-SS Jüttner, den Chef des SS-Führungshauptamtes und Kommandoamtes der Waffen-SS. Weitere wichtige Aufgaben und Schlüsselpositionen vergab er an höhere SS-Führer. Die Annahmestellen für den Führernachwuchs des Heeres und der Ergänzungsstellen der Waffen-SS wurden auf seinen Befehl am 15. Januar 1945 zusammengelegt[73].
Himmlers erklärtes Ziel war es, das gesamte Heer unter seine Befehlsgewalt zu bringen, um es zu beseitigen. An seine Stelle sollte eine neue „nationalsozialistische Volksarmee" treten[74].

[73] KVBl. VI 1945 S. 41 Nr. 141.
[74] Vgl. den Tagesbefehl Himmlers an das Ersatzheer vom 1. August 1944 (BA-ZNS WAllg) und die Dokumentation von Theodor Eschenburg: Die Rede Himmlers vor den Gauleitern am 3. August 1944, in: Vierteljahrshefte für Zeitgeschichte, 1. Jahrg. 1953, S. 357–394.

DAS OFFIZIERKORPS DER LUFTWAFFE 1935–1945

VON HORST BOOG

1. QUELLENLAGE

Eine Gesamtdarstellung des Offizierkorps der Luftwaffe und auch allgemein verbindliche Aussagen über seine innere Verfassung sind schon wegen seiner Heterogenität schwierig und darüber hinaus kaum möglich, weil etwa 97 % aller Luftwaffenakten größtenteils bei Kriegsende vernichtet wurden, darunter vor allem die der entscheidenden Spitzenstellen. Mit Ausnahme des schon 1945 erschienenen Buches „Trumpf oder Bluff?" von Generalleutnant Rieckhoff gibt es praktisch keine Memoirenliteratur, die Auskunft über das Luftwaffenoffizierkorps und vor allem über sein Selbstverständnis erteilte. Zwar sind die Personalunterlagen der Offiziere mehr oder weniger unvollständig erhalten geblieben, aber sie alle zu prüfen ist bei der anfallenden Menge einem Forscher kaum zumutbar. Sie unterliegen außerdem meist noch der Sperrfrist. Es fehlen auch ausreichende Unterlagen, die es gestatteten, eine Art Erfolgskontrolle der vom Luftwaffenpersonalamt auf dem Gebiet des Offizierpersonalwesens verfügten Maßnahmen durchzuführen. Im folgenden kann es sich daher nur um den Versuch einer Darstellung einiger Aspekte der Entwicklung des Offizierkorps der Luftwaffe handeln.

2. ENTSTEHUNG, ZUSAMMENSETZUNG, ERGÄNZUNG

Trotz des dem Deutschen Reich durch den Versailler Vertrag auferlegten und es von der Entwicklung der Militärluftfahrt ausschließenden Verbots der Unterhaltung von Luftstreitkräften und des Baues von Kriegsflugzeugen bemühte sich die Reichswehr besonders in ihren letzten Jahren insgeheim um die Heranbildung eines Offizier- und Technikerkorps auf dem Gebiete des Militärflugwesens[1]. Im Mai 1933 konnte das neugebildete Reichsluftfahrtministerium für den noch getarnten Aufbau der neuen Luftwaffe immerhin auf etwa 550 ausgebildete Fliegeroffiziere aus Reichsheer und Reichsmarine zurückgreifen[2]. Diese Zahl war klein genug gemessen an den gewaltigen Aufbauplänen, die die Bildung des Luftwaffenoffizierkorps von Anfang an unter einen enormen Zeitdruck setzten. Die Fliegeroffiziere, die ihre Pilotenausbildung teilweise schon im Ersten Weltkrieg erhalten hatten, bildeten zusammen mit anderen, meist älteren Heeres- und Marineoffizieren u. a. des Nachrichtenwesens, die gleich ihnen 1933 und später aus dem Befehlsbereich des Reichswehrministers* in den des Reichsministers der Luftfahrt übergetreten waren, den Grundstock des Luftwaffenoffizierkorps. Sie waren damals noch getarnt als Fliegerschaft des Deutschen Luftsportverbandes, dessen Uniformen sie trugen und dessen ihrem militärischen Rang entsprechenden Dienstgradbezeichnungen sie führten. Personalrechtlich waren sie aber Soldaten. Weiter setzte sich dieses Offizierkorps zusammen aus in die Luftwaffe übergetretenen Polizeioffizieren, häufig noch Weltkriegsflieger, aus früheren Berufs- und Reserveoffizieren, aus sogenannten T-Fähnrichen, die vor ihrem Eintritt in das Reichsheer oder in die Reichsmarine schon eine einjährige fliegerische Ausbildung auf Staatskosten erhalten hatten, und schließlich aus Zivilpiloten, die in Sportlehrgängen für die Luftwaffe umgeschult worden waren[3].

---

[1] Vgl. Völker, K.-H., Die Entwicklung der militärischen Luftfahrt in Deutschland 1920–1933, in: Bd. 3 der Beiträge zur Militär- und Kriegsgeschichte, hrsg. vom Militärgeschichtlichen Forschungsamt, Stuttgart 1962 (zit. Völker, Luftfahrt).

[2] Köhler, K. (†), und K.-H. Hummel, „Die Organisation der Luftwaffe 1933–1939", in: Handbuch zur deutschen Militärgeschichte 1648–1939, hrsg. vom Militärgeschichtlichen Forschungsamt, 8. Lieferung, VII, Wehrmacht und Nationalsozialismus 1933–1939, Bernard & Graefe Verlag für Wehrwesen München 1978, S. 513; vgl. Völker, Luftfahrt, S. 223 f.

[3] Absolon, R., Die Wehrmacht im Dritten Reich, Bd. I, Boppard am Rhein 1969 (= Bd. 16/I der Schriften des Bundesarchivs, zit. Absolon I), S. 69 ff.; Völker, K.-H., Die deutsche Luftwaffe 1933–1939 (= Bd. 8 der Beiträge zur Militär- und Kriegsgeschichte, hrsg. vom Militärgeschichtlichen Forschungsamt), Stuttgart 1967 (zit. Völker, Luftwaffe), S. 20 ff.

* Von 1933 bis zur Umbennung des Reichswehrministers in Reichskriegsminister am 1. 6. 1935 verwandte Blomberg in seinen Erlassen auch häufig die Bezeichnung „Reichsverteidigungsminister". S. hierzu die unten in Anm. 4 genannten Werke: Völker, Dokumente, S. 131, 133, 188, 259, 263 und 290 sowie Absolon III, S. 329.

Daneben bestand die Einrichtung der sogenannten Landesschutz- oder L-Angestellten, ausschließlich ehemalige Offiziere der alten Armee, der kaiserlichen Marine, des Reichsheeres und der Reichsmarine. Schon in den Jahren vor 1933 wurden sie aus Tarnungsgründen als zivile Angestellte im Reichswehrministerium, in höheren Stäben und in der Truppe beschäftigt. Sie waren mit der Überführung des Luftschutzamtes aus dem Reichswehrministerium in das Reichsluftfahrtministerium am 15. Mai 1933 in die Luftwaffe übergetreten. Nach der Schaffung des Landesschutz-Offizierkorps der Wehrmacht am 1. Oktober 1933, das ihrem Dienstverhältnis eine verbindliche Rechtsgrundlage gab, erfolgte die Übernahme vieler L-Angestellter als L-Offiziere auf der Basis freiwilliger Meldung. Sie leisteten den Eid wie aktive Offiziere, taten in bürgerlicher Kleidung Dienst, führten ihren militärischen Dienstgrad mit dem Zusatz „a. D.", durften im Gegensatz zu den aktiven Offizieren Mitglied, wenn auch nicht Funktionäre der NSDAP sein und ergänzten sich aus ehemaligen aktiven und Reserveoffizieren sowie Offizieranwärtern vornehmlich der alten Luftstreitkräfte. Durch Erlaß des Reichsverteidigungsministers vom 5. März 1935 erhielten sie die Bezeichnung „Ergänzungs"- (E-)Offizier und waren nun Soldaten im Sinne des Wehrgesetzes. Ihre Vorgesetzteneigenschaft gegenüber aktiven Soldaten unterlag keiner Beschränkung mehr, doch waren Unterstellungen der im allgemeinen dienstälteren E-Offiziere unter dienstjüngere, aktive Truppenoffiziere keine Seltenheit[4]. Der Zustrom der sich um Reaktivierung bewerbenden ehemaligen Offiziere war auch weiterhin beträchtlich. Sie wurden im allgemeinen ein bis zwei Ränge über ihrem letzten Dienstgrad als E-Offiziere eingestellt und vornehmlich bei der Luftnachrichtentruppe, der Flakartillerie und der Luftwaffenbodenorganisation eingesetzt, wohl weil dort ihre im Zivilleben erworbenen Kenntnisse am besten verwertet werden konnten. Sie waren dort häufig zahlreicher als die aktiven Offiziere[5]. Ab 1938 wurden sie zunehmend zu den aktiven Offizieren

---

[4] Absolon I, S. 36–39; Absolon, R., Die Wehrmacht im Dritten Reich, Bd. II, Boppard am Rhein (1971) (= Bd. 16/II der Schriften des Bundesarchivs, zit. Absolon II), S. 57 f., 70 ff.; Absolon, R., Die Wehrmacht im Dritten Reich, Bd. III, Boppard am Rhein (1975) (= Bd. 16/III der Schriften des Bundesarchivs, zit. Absolon III), S. 219 ff.; Völker, Luftwaffe, S. 21 f.; Völker, K.-H., Dokumente und Dokumentarphotos zur Geschichte der deutschen Luftwaffe 1919–1939 (= Bd. 9 der Beiträge zur Militär- und Kriegsgeschichte, hrsg. vom Militärgeschichtlichen Forschungsamt), Stuttgart 1968 (zit. Völker, Dokumente), S. 303 ff.

[5] Völker, Luftwaffe, S. 122.

überführt[6]. Hitler forderte Ende 1940 die Auflösung der Institution der E-Offiziere durch Entlassung oder Überführung zu den Truppenoffizieren bei Vorliegen entsprechender Leistungen in diesem Kriege und ohne Rücksicht auf frühere Verdienste in der alten Armee oder in der Partei[7]. Die Luftwaffe entsprach dem unter Anlegung strengster sachlicher Friedensmaßstäbe und unter Außerachtlassung des Gesichtspunktes des Wohlwollens[8]. Am 10. Januar 1944 fiel die Bezeichnung „E-Offizier" weg[9]. Die E-Offiziere waren anfangs eine notwendige Ergänzung des zu kleinen aktiven Offizierkorps und hatten maßgeblichen Anteil am Aufbau der Luftwaffe. Ihr höchster Dienstgrad war der eines Obersten.
Die Flakoffiziere, auch Luftschutzoffiziere genannt, wurden noch bis zur Überführung der Flakverbände (Fahrabteilungen) vom Heer in die Luftwaffe am 1. April 1935 personalmäßig vom Heerespersonalamt gesteuert, doch besaß der auch für den Luftschutz verantwortliche Reichsminister der Luftfahrt bereits ein Mitspracherecht[10].
Die Bedeutung der drei hauptsächlichen Offizierkategorien der ersten Stunde für die Luftwaffe, nämlich der aktiven Heeres- und Marineoffiziere der Reichswehr, der Polizeioffiziere und der L-Offiziere geht daraus hervor, daß die führenden Stellen in der Luftwaffe von ihnen eingenommen wurden und daß 128 der Fliegeroffiziere der geheimen Fliegertruppe des Reichsheeres, der Seefliegerei der Reichsmarine und der für die geheime Fliegerei tätig gewesenen inaktiven Fliegeroffiziere bis

---

[6] Ebd.

[7] Der Reichsminister der Luftfahrt und Oberbefehlshaber der Luftwaffe, Luftwaffenpersonalamt Nr. 29249/40 geh. (3 III) v. 7. 12. 1940. BA-MA (= Bundesarchiv – Militärarchiv), RL 5/1232.

[8] Der Reichsminister der Luftfahrt und Oberbefehlshaber der Luftwaffe, Luftwaffenpersonalamt Az. 21 g – Nr. 30119/40 geh. (2IA2) v. 20. 12. 1940, und Besprechung bei RLM LP 3 am 6. 1. 1941. BA-MA RL 5/1232.

[9] (Abschrift) Der Chef des Luftwaffenpersonalamts Az. 21 Nr. 39400/43 (2,ID) v. 16. 6. 1943. BA-MA RL 5/1039, abgedr. in: Untersuchungen zur Geschichte des Offizierkorps. Anciennität und Beförderung nach Leistung (= Bd. 4 der Beiträge zur Militär- und Kriegsgeschichte, hrsg. vom Militärgeschichtlichen Forschungsamt), Stuttgart 1962 (zit. Untersuchungen), S. 322 ff. Der Reichsminister der Luftfahrt und Oberbefehlshaber der Luftwaffe Luftwaffenpersonalamt Az. 21 Nr. 25542/43 geh. 2/IC v. 10. 1. 1944. Vgl. Absolon, R., Wehrgesetz und Wehrdienst 1933–1945. Das Personalwesen der Wehrmacht. Schriften des Bundesarchivs Nr. 5, Boppard am Rhein 1960, S. 174.

[10] Völker, Luftwaffe, S. 22 f.

1945 in die Rangklasse der Generale und Feldmarschälle der Luftwaffe aufstiegen[11].

Damit ist zugleich eine Schwäche des höheren Offizierkorps der Luftwaffe bloßgelegt. Im Reichsheer der mittzwanziger Jahre befanden sich die flugerfahrenen Offiziere trotz ihres vorgerückten Alters mit vergleichsweise meist niederen Dienstgraden (Hauptmann) in Stellungen, in denen sie nicht die letzte Verantwortung in ihrem Führungsgebiet hatten. Mit 180 Offizieren repräsentierten sie nur 4 % aller Heeresoffiziere. Die Gesamtführungsverantwortung lag, den Umständen entsprechend, im Erdkriegssektor. Gemäß der Rangliste des deutschen Reichsheeres vom April 1924 war sie auf fast 340 höhere und höchste Offiziere verteilt, auf 42 Generale, 106 Obersten und 190 Oberstleutnante. Nur unter letzteren waren einige wenige flugerfahrene, aber nicht luftfahrtmäßig eingesetzte Offiziere zu finden[12]. Das lange Abgeschnittensein Deutschlands von der aktiven Militärluftfahrt zeigte sich in dem Mangel an Offizieren, die in der Führung größerer Fliegerverbände und überhaupt in der höheren Luftkriegführung erfahren waren, und brachte Schwierigkeiten bei der Besetzung der höheren Führungspositionen der Luftwaffe mit sich, die deswegen zunächst auch nur mit höheren Heeres- und Marineoffizieren — teilweise ohne jede fliegerische Erfahrung — besetzt werden konnten[13]. Noch größer war das fliegerische Erfahrungsdefizit bei den Offizieren, die nach dem Ersten Weltkrieg, den sie als Leutnante oder Oberleutnante beendet hatten, in einen Zivilberuf gegangen waren. Soweit die Offiziere der ersten Stunde eine Generalstabsausbildung genossen hatten, war es keine den Luftwaffenbelangen genügende. Das Erfahrungsdefizit in der Führung einer Luftwaffe mußte gleichzeitig mit deren stürmischem Aufbau und aufbauend auf den bescheidenen Vorarbeiten der Reichswehr[14] wettgemacht, eine Luftkriegsdoktrin neu entwickelt und erprobt werden. Bezeichnend für diesen Zustand war es, daß der Oberbefehlshaber der Luftwaffe in den Wochen der Blomberg-Krise Anfang 1938, als er noch damit rechnete, dessen Nachfolge als Reichskriegsminister antreten zu können, einen Generalstabsoffizier und

---

[11] Völker, Luftfahrt, S. 284 ff.

[12] Baeumker, A., Ein Beitrag zur Geschichte der Führung der deutschen Luftfahrttechnik im ersten halben Jahrhundert 1900–1945 (= H. XXXXIV der Schriftenreihe „Langfristiges Planen der Forschung und Entwicklung", hrsg. von der Deutschen Forschungs- und Versuchsanstalt für Luft- und Raumfahrt e.V.), Bad Godesberg (1971), S. 24 f.

[13] Vgl. Völker, Luftwaffe, S. 93 ff.; Absolon II, S. 69.

[14] Vgl. Völker, Luftfahrt, und Völker, Luftwaffe, S. 202.

Abteilungsleiter des Heeresgeneralstabes bat, ihm einige Stunden in Taktik und Strategie zu geben[15], hatte er doch selbst 1918 als Oberleutnant nur ein Jagdgeschwader für kurze Zeit geführt.
In diesem Zusammenhang sei darauf hingewiesen, daß die wichtigsten ersten Amtschefs und Befehlshaber der Luftwaffe Heeresoffiziere ohne fliegerische Vorkenntnisse waren und daß die entscheidenden Persönlichkeiten beim Aufbau der Luftwaffe, Göring, der Staatssekretär Milch und der Chef des Technischen Amtes bzw. Generalluftzeugmeister Udet bei ihrer Reaktivierung sechs, fünf und drei Offizierdienstgrade übersprangen und anschließend in schneller Folge zu den höchsten Offiziersrängen befördert wurden. Die Folgen insbesonders im Fall Udet, der sein Amt einer auf Görings Gefallsucht Hitler gegenüber beruhenden falschen Führungsentscheidung verdankte, sind bekannt[16]. Gerade die Besetzung der beiden ersten Stellen der Luftwaffe mit Persönlichkeiten, deren eine, Göring[17], der zweite Mann in der politischen Hierarchie nach Hitler war und deren andere, Milch[18], mit diesem und der NSDAP sympathisierte, erweckte nach außen den unzutreffenden Eindruck, die Luftwaffe entwickle sich zu einer Partei-Luftwaffe, und bewog das konservative Heer, das den weitaus größten Anteil an Offizieren für die Luftwaffe stellte, durch die Besetzung von Schlüsselstellungen im neuen Wehrmachtteil mit hervorragenden Offizieren seinen geistigen Einfluß auf das neu sich bildende Luftwaffenoffizierkorps sicherzustellen und zu verhindern, daß sich die Luftwaffe statt zu einem rein militärischen Instrument zu einer politischen Truppe entwickelte. Dies war eine der Aufgaben des Heeresgeneralstabsoffiziers Wilhelm Speidel, der von 1933 bis 1935 die Gruppe „Spitzengliederung" im Luftkommandoamt (Generalstab der Luftwaffe) leitete. Auch der Personalamtschef, Oberst Stumpff, handelte so und besetzte die wichtigsten Posten mit fachlich kompetenten Offizieren[19]. Hingewiesen sei noch auf die führungsrele-

---

[15] Adam, W., Generaloberst a. D., Erinnerungen, Bd. II (Unveröffentl. Manuskript), S. 398. BA-MA MSg. 1/699.

[16] Vgl. Suchenwirth, R., Udet. MGFA Lw 21/6, und Irving, D., Die Tragödie der deutschen Luftwaffe, Frankfurt/Main–Berlin–Wien (1970) (zit. Irving, Tragödie), S. 120, 188 ff.

[17] Vgl. Suchenwirth, R., Göring. MGFA Lw 21/3.

[18] Vgl. Suchenwirth, R., Milch. MGFA Lw 21/4.

[19] Speidel, W., General der Flieger a. D., Gedanken über den deutschen Generalstab. Landsberg am Lech, 20. 2. 1949. MGFA MS Nr. P-031a, 26. Teil/I, S. 53 f. (zit. Speidel, Generalstab I). Vgl. Homze, E. L., Arming the Luftwaffe. Lincoln, London (1976) S. 59 f.

vanten, ständigen Zerwürfnisse innerhalb der Luftwaffenführung zwischen Generalstab und Staatssekretär, die vornehmlich in der Persönlichkeit Milchs, der kein „gestandener" (Generalstabs)Offizier war, ihre Ursache hatten, aber auch sachlicher Natur waren.
Mit der zum 1. März 1935 erfolgten „Enttarnung" der Luftwaffe[20], die damit als dritter Wehrmachtteil gleichberechtigt neben die beiden anderen trat, ohne daß ihr Offizierkorps von diesen schon als ebenbürtig anerkannt wurde[21], wurden die Truppenoffiziere Soldaten im vollen Rechtssinne und trugen nun die Uniform mit den Hoheitsabzeichen der Luftwaffe sowie mit den militärischen Rangabzeichen und Waffenfarben. Es sollte aber noch bis zum 1. April 1936 dauern, daß die Luftwaffe ihre Offizieranwärter selbst annahm und ausbildete. Bis dahin mußten diese den Umweg über das Heer bzw. die Marine gehen und stießen erst nach ihrer Grund- und Unterführerausbildung zur Spezial- und Offizierausbildung zu ihr[22]. Daneben wurden auch in den folgenden Jahren in geringerem Maße weiterhin Heeres- und Marineoffiziere zum Beispiel als Beobachter in den aktiven Dienst der Luftwaffe und inaktive Offiziere als E-Offiziere übernommen. Ein größerer Personalzuwachs erfolgte mit der Eingliederung des Offizierkorps der ehemals österreichischen Luftstreitkräfte im Frühjahr 1938. Bis Anfang April 1942 hatte das Heer 1000 Offiziere und 2300 Offizieranwärter an die Luftwaffe abgegeben[23].
Die vorläufigen Ergänzungsbestimmungen der Luftwaffe vom 21. Februar 1935[24] legten fest, daß sich die Offiziere der Luftwaffe zunächst aus Freiwilligen ergänzten, die durch tadellose Führung und hohen Persönlichkeitswert, Allgemeinbildung und militärische Fähigkeit besonders hervortraten, Führer- und Erziehereigenschaften sowie die Neigung zum Offizierberuf besaßen, von seinen hohen idealen Aufgaben für Staat und Volk durchdrungen waren und sich rückhaltslos zum NS-Staat und sei-

---

20 Vgl. Völker, Luftwaffe, S. 68 ff.

21 Nielsen, A., Generalleutnant a. D., The German Air Force General Staff. USAF Historical Studies No. 173. Arno Press, New York (1968), S. 23, 180 f.

22 Absolon III, S. 176; Völker, Luftwaffe, S. 121 f.; Völker, Dokumente, S. 305 f.

23 Heerespersonalamt (1. Staffel) Nr. 549/42 gKdos v. 6. 7. 1942. BA-MA RH 2/v. 156.

24 Vgl. Absolon III, S. 176; Merkblatt für den Offiziernachwuchs der Luftwaffe, August 1935, und Merkblatt für die Sanitätsoffizierlaufbahn bei der Luftwaffe, September 1936, beides hrsg. vom Reichsluftfahrtministerium, in: Jahrbuch der Luftwaffe 1937, S. 131 ff. und 136 f.; Völker, Luftwaffe, S. 123; Völker, Dokumente, S. 310 ff.

nem Führer bekannten. Das Abgangszeugnis einer neunklassigen, ab 1937 einer achtklassigen höheren Schule war Vorbedingung zu ihrer Einstellung als Fahnenjunker. Jedoch sollte besonders tüchtigen, bereits in der Luftwaffe dienenden Abiturienten nach mindestens halbjähriger, Nichtabiturienten nach einjähriger Dienstzeit ebenfalls der Weg zum Offizier offenstehen, soweit sie die Gewähr boten, nach Erziehung und Berufsauffassung und auch ohne die sonst nötige „wissenschaftliche" Vorbildung vollgültige Offiziere zu werden. Weitere Voraussetzungen für die Offizieranwärter waren die deutsche Staatsangehörigkeit, „arische" Abstammung, volle Heeres- bzw. Fliegertauglichkeit, Unbescholtenheit und Straffreiheit, hervorragende sittliche, geistige und körperliche Eignung sowie eine Körpergröße zwischen 1,60 m und 1,90 m und ein Lebensalter zwischen 17 und 24, später 25 Jahren. Hinzu kam ab 1936 die vorherige Ableistung des halbjährigen Pflichtdienstes im Reichsarbeitsdienst. Trotz der ideologischen Passagen dieser Bestimmungen und trotz der hohen Stellung Görings in der NS-Hierarchie und seiner bekenntnishaft-ideologischen Forderungen an die jungen Luftwaffenoffiziere vom 20. Mai 1936 behielten, worauf Messerschmidt bereits hinwies[25], die alten Werte Persönlichkeit, Charakter und Fähigkeit ihren traditionellen Platz und mußten u. a. in einer psychologischen Prüfung unter Beweis gestellt werden. Auch von den alten gesellschaftspolitischen Gesichtspunkten waren diese Bestimmungen nicht frei, wie die auf das „erwünschte" Elternhaus hinweisende Forderung der guten Erziehung zeigt. Göring dachte nicht daran, sein Offizierkorps allein nach den Erziehungsvorstellungen der Partei aufzubauen, die solche gesellschaftlichen Rücksichten nicht kannte.

Auch für die Anwärter des Offizierkorps des Beurlaubtenstandes (Reserve) der Luftwaffe galten diese alten Sachforderungen und seit 1938 auch die Bedingung, daß sie „völlig auf dem Boden des nationalsozialistischen Staates" standen, wenn auch von einer abgeschlossenen höheren Schulbildung abgesehen wurde. In Betracht kamen Persönlichkeiten mit guter militärischer Vorbildung und den für die einzelnen Waffengattungen erforderlichen Sonderkenntnissen, ehemalige aktive und Reserveoffiziere der alten und neuen Wehrmacht sowie die nach einer zwölfjährigen Dienstzeit entlassenen Versorgungsanwärter („Zwölfender", zumeist Feldwebel), die alle ihre Befähigung zum Reserveoffizier

---

[25] Messerschmidt, M., Die Wehrmacht im NS-Staat. Zeit der Indoktrination (= Bd. 16 der Reihe Truppe und Verwaltung. Hrsg. General a. D. J. A. Graf Kielmansegg und Dr. Albert Klas), Hamburg (1969) (zit. Messerschmidt, Wehrmacht), S. 140 f., 145.

in mehr oder weniger zahlreichen Reserveübungen nachweisen mußten[26].

In den grundsätzlichen Anforderungen sind die Offiziergänzungsbestimmungen nicht geändert worden. Im Kriege entfiel der halbjährige RAD-Dienst. Dafür wurden die Offizierbewerber zunächst als Freiwillige eingestellt und erst nach Bewährung zu Fahnenjunkern ernannt. Statt des Abiturs genügte der Reifevermerk. Nichtabiturienten, die bereits in der Luftwaffe Dienst taten, konnten sich bei entsprechender Eignung und Bewährung weiterhin als Berufsoffiziere bewerben[27]. Die Bildungsvoraussetzung trat im Kriege angesichts des steigenden Offizierbedarfs hinter die charakterliche Veranlagung, den Persönlichkeitswert, die Anlage zum militärischen Führer und militärischen Anforderungen zurück. Nur für Sanitäts- und Ingenieuroffizieranwärter blieb der erfolgreiche Besuch einer höheren Schule Vorbedingung[28]. In der Neuregelung des Ausbildungsganges des Offiziernachwuchses der Luftnachrichtentruppe vom 19. März 1944[29] war hiervon nicht mehr die Rede. Wie hoch der Anteil der Nichtabiturienten an den Berufsoffizieren im Kriege war, ist unbekannt. Sicherlich war er schon wegen der zahlreichen Tapferkeitsoffiziere höher als im Frieden. Auch für die nicht aktiven Offiziere, jetzt meist Kriegs- oder Reserveoffiziere, galten die Vorkriegsbestimmungen für die Offiziere des Beurlaubtenstandes im wesentlichen weiter. Eine unmittelbare Einstellung für die Kriegs-(Reserve-)offizierlaufbahn erfolgte jedoch nicht mehr. Der Nachwuchs wurde vielmehr aus den Reihen der Soldaten ausgewählt[30].

Von Anfang an war die Luftwaffe – wie im geringeren Maße auch Heer und Marine – auf die Übernahme bewährter aktiver Unteroffiziere in das Offizierkorps angewiesen. Nach einer Verfügung vom 30. Oktober 1935[31] sollte hierbei unter allen Umständen eine Verminderung der ho-

---

26 Merkblatt für die Ergänzung des Offizierkorps des Beurlaubtenstandes der Luftwaffe – Juni 1936, hrsg. vom Reichsluftfahrtministerium, in: Jahrbuch der Luftwaffe 1937, S. 138 ff; Vgl. Adler, H., Der Reserveoffizier der Luftwaffe, Berlin 1939, S. 9; Messerschmidt, Wehrmacht, S. 146.

27 Offizier-Ergänzungsbestimmungen. Der Offiziernachwuchs der Luftwaffe im Kriege. November 1940, in: Westarpscher Taschenkalender für die Luftwaffe, 7. Jg., 1. April 1942 bis 31. März 1943, S. 63 ff.

28 Adler, H.: Wie werde ich Offizier der Luftwaffe?, Berlin 1943 (zit. Adler, Offizier), S. 26, 44.

29 Der Reichsminister der Luftfahrt und Oberbefehlshaber der Luftwaffe Az. 22 e 14 Nr. 6058/43 g (LP 2 II) v. 19. 3. 1943. BA-MA RL 5/1233.

30 Adler, Offizier, S. 40; Westarpscher Taschenkalender, S. 149.

31 Völker, Dokumente, S. 316 f.; Messerschmidt, Wehrmacht, S. 141 f.

hen Berufs- und Ehrauffassungen des Offizierkorps verhindert werden. Persönlichkeit und soldatische Führeranlagen sowie die Gewähr, vollwertiger Offizier zu werden, waren die Maßstäbe für eine solche Übernahme, nicht etwa Belohnung für frühere gute Dienste. Das Interesse der Luftwaffe und die Bewältigung der schweren Aufgaben ihres Offizierkorps standen dabei im Vordergrund. Deswegen waren nur einzelne, vollwertige, nicht Massen von nicht voll geeigneten Unteroffizieren vorzuschlagen, die dann einen Auswahllehrgang und einen mehrmonatigen Offizierlehrgang zu bestehen hatten. Die strengen Auswahlbestimmungen erstreckten sich auch auf die Familien und den Ruf der Braut. Unverheiratete Unteroffiziere hatten den Vorzug, weil sie leichter am Leben in den Offizierheimen teilnehmen konnten und so besser in das Offizierkorps hineinzuwachsen versprachen. Die Offizierauswahl erfolgte durch die Offiziere des Stammtruppenteils. So standen auch bei der Übernahme von Unteroffizieren in das Offizierkorps sachliche und traditionelle Gesichtspunkte im Vordergrund. Die Bestimmungen hierfür wurden durch Verfügung Görings vom 28. August 1936 in diesem Sinne verschärft[32]. Schon während der Tarnzeit waren laufend ausgewählte einzelne Portepeeunteroffiziere in das Offizierkorps übernommen worden. Insgesamt machte diese Gruppe in den Jahren 1937 bis 1939 höchstens ein Zehntel der jährlichen Zuwachsrate der Offiziere aus. Zwei Zehntel waren E-Offiziere[33]. Im Jahre 1944 konnten Reserve- und Kriegsoffiziere, die im Ersten Weltkrieg noch nicht Portepeeträger waren, zu Hauptleuten befördert werden, ehemalige Portepeeunteroffiziere auch zum Major[34].

3. AUS- UND WEITERBILDUNG

Die grundlegende Verfügung über die Aus- und Weiterbildung des Offizierkorps der Luftwaffe erging am 18. Februar 1935[35]. Ausgehend von der Dreiteilung der Luftwaffe in Flieger-, Flak- und Luftnachrichten-

---

32 Messerschmidt, Wehrmacht, S. 142.

33 Völker, Luftwaffe, S. 123.

34 Der Reichsminister der Luftfahrt und Oberbefehlshaber der Luftwaffe, Luftwaffenpersonalamt Az (21) o 10. 10. (3,I) Nr. 5002 v. 30. 3. 1944. BA-MA RL 5/1037 I.

35 Völker, Dokumente, S. 305 ff; vgl. Adler, H., Der Weg zur Offizierlaufbahn der Luftwaffe, und Möckel, Der Fahnenjunker der Luftwaffe, beides in: Adler, H. (Hrsg.), Ein Buch von der neuen Luftwaffe, Stuttgart (1938), S. 120 ff. und 124 ff.

truppe und wohl auch im Hinblick auf die Heterogenität der Zusammensetzung ihres ersten Offizierkorps wurde die Einheitlichkeit im Aufbau der einzelnen Stammwaffen als Voraussetzung für eine zweckvolle Zusammenarbeit betont, wie sie in erster Linie durch ein einheitliches Offizierkorps gewährleistet werden müsse. Durch einen gemeinsamen Ausbildungsgang von Anfang an sollten die Offiziere zur Einheit der Auffassungen und zu einem starken Zusammengehörigkeitsgefühl erzogen werden. Ein fest umrissenes Leitbild des Luftwaffenoffiziers scheint es wegen der Vielgestaltigkeit seiner Aufgaben nicht gegeben zu haben.

Der hohe Bedarf an Offizieren erlaubte schon gleich nur eine zweijährige Ausbildung der Offizieranwärter bis zum Leutnant. Ursprünglich waren für die planmäßige Heranbildung des Offiziernachwuchses drei Jahre vorgesehen. Der nur für eine Übergangszeit gedachte verkürzte Ausbildungsgang sollte Dauerzustand bleiben. Ausbildungsstätten waren in erster Linie die drei Luftkriegsschulen in Berlin-Gatow, Wildpark-Werder und Dresden, seit 1937 noch eine vierte in Fürstenfeldbruck. Die Offizieranwärter der Fliegertruppe begannen ihre Ausbildung mit einem ersten, viermonatigen Lehrgang an der Luftkriegsschule zur militärischen Grundausbildung. Es folgte ebenda ein neunmonatiger zweiter Lehrgang zur Fortsetzung dieser Ausbildung und zur Flugzeugführerausbildung bis zum militärischen Grundschein. Für Seeflieger verkürzte sich der erste Lehrgang um sechs Wochen und wurde zwischen diesem und dem zweiten die seemännische Ausbildung von drei Monaten auf einem Segelschulschiff eingeschoben. Mit der Beförderung zum Fähnrich nach insgesamt dreizehn Monaten begann ein zehnmonatiger dritter Lehrgang der Luftkriegsschule, in dem die Fähnriche aller drei Luftwaffenteile gemeinsam militärisch und technisch auf den Offizierberuf vorbereitet wurden. Die Flakoffizieranwärter wurden zunächst acht Monate lang militärisch und waffentechnisch bei der Flaktruppe und dann weitere fünf Monate als Beobachter auf einer Kampffliegerschule ausgebildet. Entsprechend verfuhr die Luftnachrichtentruppe, die ihre Fahnenjunker erst einmal für acht Monate in der Nachrichtenlehrabteilung in Halle/Saale zusammenfaßte. Nach Ablegung der Offizierprüfung folgte am Ende des zweiten Dienstjahres die Beförderung zum Leutnant. Grundsätzlich ging ihr die Wahl zum Offizier voraus, an der alle Offiziere des Verbandes des zu Befördernden teilnahmen[36]. Dieses im Kriege allerdings bedeutungslos gewordene, seit 1808 bestehende Insti-

[36] Völker, Luftwaffe, S. 123.

tut der Selbstergänzung und konservativen Exklusivität des Offizierkorps wurde in der Luftwaffe am 1. März 1943 (Luftwaffenverordnungsblatt – LVBl, S. 261), ein Vierteljahr später als im Heere, abgeschafft[37]. Die ersten 913 in der Luftwaffe ausgebildeten, aber noch bei Heer und Marine Soldat gewordenen Offizieranwärter wurden am 1. April 1937 zu Leutnanten, einige gleichzeitig zu Oberleutnanten und drei zu Hauptleuten befördert[38].

Für Heeres- und Marineoffiziere fand laufend eine mehrjährige Ausbildung und Verwendung als Beobachter in der Luftwaffe statt. Für die jungen Fliegerleutnante folgte eine drei- bis vierjährige Weiterbildung an Flugzeugführer- und Fliegerwaffenschulen und die Verwendung als Flugzeugführer im Flug- und Staffeldienst, verbunden mit Kommandos zu anderen Waffengattungen und Wehrmachtteilen sowie mit Sonderausbildungen etwa zu fliegertechnischen oder Bildoffizieren. Die jungen Flak- und Luftnachrichtenoffiziere wurden in der gleichen Zeit als Zugführer oder Batterie/Kompanieoffiziere mit ähnlichen anderweitigen Kommandierungen eingesetzt. Allgemein hatte die Ausbildung eine breite Verwendungsmöglichkeit des Offizierkorps im militärischen Bereich zum Ziel, was dazu führte, daß die Spezialaufgaben in den Bereichen Technik und Versorgung zivilen Beamten und dem Ingenieurkorps überlassen wurden.

Nach etwa acht Dienstjahren wurden alle Truppenoffiziere zu einem drei- bis viermonatigen Lehrgang an der Luftkreisschule II bzw. ab 1937 der Höheren Luftwaffenschule und anschließender Ablegung der der Wehrkreisprüfung entsprechenden Luftkreisprüfung befohlen. Diese Schule betrieb die taktische Offizierausbildung auf der unteren Führungsebene zur Vorbereitung auf die Verwendung als Einheitsführer sowie zur Sicherstellung eines einheitlichen Kenntnisstandes aller Offiziere und wählte auf Grund der Prüfungsergebnisse und Truppenbeurteilungen für die taktische und technische Generalstabsausbildung geeignete Truppenoffiziere aus.

Geplant war eine zweijährige Ausbildung an der Luftkriegsakademie für die „taktischen" und an der Lufttechnischen Akademie, beide in Berlin-Gatow, für die technischen Generalstabsoffizieranwärter. Nach erfolgreichem Akademieabschluß und Bestehen eines weiteren Probejahres sollten diese dann in den Generalstab versetzt und in stetem Wechsel zwischen Stabsarbeit und Truppenverwendung in die höheren Stabsstellungen und bei Eignung auch in die höheren Truppenführerstellen

---

[37] Vgl. Messerschmidt, Wehrmacht, S. 428.

[38] Völker, Dokumente, S. 317 ff.; Völker, Luftwaffe, S. 121 f.

aufsteigen können, wie jeder andere Offizier auch. „Taktiker" und „Techniker" sollten in jeder Hinsicht als gleichgestellt gelten, was aber praktisch nicht der Fall war, denn die „Techniker" wurden auch in der Luftwaffe weder von den „Taktikern" noch von den Ingenieuren als gleichwertig angesehen.

Während im Kriege der Ausbildungsgang der Offizieranwärter zwar geändert — er bestand jetzt aus der militärischen Grundausbildung, einem Frontkommando, einem Waffenschulkommando und einem abschließenden Luftkriegsschullehrgang —, aber kaum gekürzt wurde[39], glaubte man gemäß dem für Blitzkriege gedachten, zu Lasten der Infrastruktur gehenden Prinzip der Breitenrüstung mit seiner Forderung nach hohen Präsenzzahlen von Mensch und Material bei der Fronttruppe die Akademieausbildung[40] der Generalstabsoffiziere kürzen zu können. Von den anfangs erwogenen zwei Jahren reduzierte man die Lehrgänge auf zunächst 14, dann 10 und schließlich vier Monate, im Kriege sogar auf nur zweieinhalb bis drei Monate, insgesamt von zunächst 1 400 auf nur 310 Unterrichtsstunden und weniger, wobei Dauer und Reihenfolge der einzelnen Ausbildungsphasen (Höhere Luftwaffenschule, Akademieteil, Stabskommando, Truppenkommando, Probezeit) ständig geändert wurden. In dieser Kürzung drückte sich auch eine Minderbewertung der Generalstabsarbeit gegenüber der Truppenführung aus. Im Jahre 1942 gelangten über sechzig Offiziere ohne Akademieausbildung in den Generalstab der Luftwaffe, was später im kleineren Maße noch einmal wiederholt wurde, weil der Mangel an Generalstabsoffizieren anders nicht behebbar schien. Sicher war dies auch ein künstlich erzeugter Mangel, sofern es die guten Truppenoffiziere — nur aus diesen sollte sich der Generalstab rekrutieren — in den erfolgreichen ersten Kriegsjahren nicht zur freiwilligen Meldung für die Generalstabsausbildung drängte. Der Lehrstoff wurde auf das für die tägliche Routinearbeit, auf das für die sogenannte „Handlangerarbeit" in den lediglich ausführenden Truppengeneralstäben unbedingt Nötige beschränkt, die technische General-

---

[39] Vgl. Adler, Offizier, S. 38.

[40] Die Angaben über die Generalstabsausbildung an der Luftkriegsakademie beruhen auf einem noch unveröffentlichten Manuskript des Verfassers mit dem Titel: Die deutsche Luftwaffenführung 1935–1945. Führungsprobleme — Spitzengliederung — Generalstabsausbildung. Es wird 1980 als Bd. 21 der Beiträge zur Militär- und Kriegsgeschichte, hrsg. vom Militärgeschichtlichen Forschungsamt, bei der Deutschen Verlagsanstalt Stuttgart erscheinen. Vgl. auch Rieckhoff, H. J., Trumpf oder Bluff?, 12 Jahre deutsche Luftwaffe. Genf (1945), S. 75, 77, 85, 91 ff., 97 ff. (zit. Rieckhoff).

stabsausbildung, weil sie bei weiterer Kürzung nur rudimentär und daher völlig nutzlos gewesen wäre, schon 1938 ganz fallen gelassen; die Vorauswahl durch den Lehrgang an der Höheren Luftwaffenschule und die anschließende Luftkreisprüfung entfielen mit Kriegsbeginn. Dennoch wurde das Prinzip der allgemeinen Verwendbarkeit und vor allem das im Krieg völlig unerfüllbare Bildungsprinzip – die im allgemeinen 29 Jahre alten Akademieabsolventen hatten die Schule lange schon verlassen und eine Universität meist nicht kennengelernt – bis zum Schluß theoretisch hochgehalten. So verlor die Luftwaffengeneralstabsausbildung, die vor dem Kriege derjenigen anderer Luftstreitkräfte im taktisch-operativen Bereich weit überlegen war, allmählich an Niveau. Die Luftkriegsakademie sank zu einer militärischen Fachschule herab. Nach den Worten eines ihrer Kommandeure, Generalleutnant Dr. Knauß, im Abschlußbericht vom 1. September 1943 entsprach das Ausbildungsniveau dort zu dieser Zeit kaum noch dem eines Kriegsschul-Oberfähnrichslehrganges im Frieden. Höhere Luftkrieg- und Kriegführung wurde zu Anfang kaum, im Kriege überhaupt nicht gelehrt. Möglicherweise sollte dies der 1938 ebenfalls aufgelösten Wehrmachtakademie vorbehalten bleiben, sehr wahrscheinlich aber wollte die oberste Wehrmacht- bzw. Luftwaffenführung, die das Führerprinzip für sich in Anspruch nahm, den Generalstab an der letzten Beschlußfassung gar nicht beteiligen. Die nicht unmittelbar zum taktischen Handwerkszeug gehörigen, für die gerade in der hochtechnisierten Luftwaffe nötige langfristige taktisch-technische und strategische Vorausplanung unbedingt erforderlichen Fächer der industriellen Fertigungsplanung, Fabrikorganisation, Kriegswirtschaftslehre, Technik und des Nachschubwesens wurden z. T. vollständig vernachlässigt mit der Folge, daß die damit zusammenhängenden Probleme der Ersatzbeschaffung und Einsatzbereitschaft der Verbände vom Generalstab kaum verstanden und bei den operativen Planungen ungenügend berücksichtigt wurden, mithin die Enttäuschung Görings und Hitlers bei den sich mehrenden Fehlschlägen immer größer wurde. Vernachlässigt wurde ferner bald vollkommen der Unterricht über die fremden Luftmächte, der Informationen über das Wirtschafts- und Kriegspotential möglicher Gegner, wie sie für eine zutreffende Ziel-Mittel-Relation bei den obersten Planungen nötig waren, hätte vermitteln können. Die Kriegsgeschichte beschränkte sich meist auf Zeiten, in denen Luftstreitkräfte noch nicht existierten oder noch keine entscheidende Rolle spielten. Ähnlich war es in den taktischen Fächern, in denen meist Beispiele aus Landkriegen herbeigezogen wurden, weil das neue Gebiet der Luftkriegführung trotz Vorliegens der hervorragenden Luftwaffendienstvorschrift (L.Dv.) 16 noch keine durch Erfahrung genügend gesicherten Grundsätze kannte wie die Landkriegführung und die Lufttaktiklehrer deshalb, im Kriege auch aus Mangel an Fronterfahrung, häufig „schwammen". Diese beeindruckten die Generalstabsanwärter auch wegen ihres geringeren Alters und Dienstgrades sowie als Persönlichkeiten nicht so stark wie die dem Heer und der Marine entstammenden Erd- und Seetaktiklehrer. Es fehlte schließlich die langjährige Prägung durch Tradition — sie war, 1918 unterbrochen, noch kaum vorhanden — und überragende Persönlichkeiten als Akademie-Kommandeure und Generalstabschefs; letztere fanden mit Ausnahme des ersten Generalstabschefs, Wever, kaum Zeit, sich um die Generalstabsausbildung zu kümmern.

Die Generalstabsausbildung der Luftwaffe zeichnete sich aus den dargelegten Gründen durch Heterogenität, Spezialisierung und Verengung des Führungsdenkens auf das Handwerkliche, Unterschätzung der Technik, des Quartiermeisterdienstes, der Ausbildung, des Transport- und Ic-Wesens, mithin durch ein auf das Militärisch-Taktisch-Operative hin orientiertes Führungsdenken, ferner durch den dominierenden Offensivgedanken und durch das Überwiegen des (Heeres-) Kooperationsdenkens gegenüber dem strategischen Luftkriegsgedanken aus und entsprach damit weitgehend der erdorientierten deutschen militärischen Denktradition seit der Mitte des neunzehnten Jahrhunderts. Sie war deshalb den Anforderungen des Material- und Abnutzungskrieges und einer in sich folgerichtigen Luftstrategie nicht adäquat, ebensowenig wie lange Zeit hindurch die auf das Taktisch-Operative abgestellte Spitzenführungsorganisation der Luftwaffe. Versuche in den letzten Kriegsjahren, die Generalstabsausbildung nach Qualität und Quantität zu verbessern und die Spitzengliederung den vielfältigen Erfordernissen des Krieges anzupassen, kamen nicht mehr zur Auswirkung. Sie scheiterten auch an den negativen Vorstellungen Hitlers und Görings über die Rolle des Generalstabes. Ein Luftwaffengeneralstab, der genügend lange und seinen Aufgaben in einem hochtechnisierten Wehrmachtteil entsprechend hätte ausgebildet werden können, hätte dem militärischen Halbwissen Hitlers und Görings möglicherweise eigene, der tatsächlichen Lage angemessene Vorstellungen entgegensetzen und manche falsche Entscheidung verhindern können, wenn er dazu noch die nötige Homogenität besessen hätte. Allerdings hätte dies die dem Generalstabsoffizier im Führerstaat zugestandene, lediglich ausführende Rolle überschritten. Trotzdem gehörte der Generalstabsoffizier der Luftwaffe relativ zum übrigen Offizierkorps und zu den Zeitumständen einer besonderen Leistungselite an und stand schon wegen seiner der Geheimhaltung besonders unterliegenden Tätigkeit bis etwa Mitte des Krieges in hohem Ansehen bei der Truppe. Mindestens hundert Generalstabsoffiziere stiegen in die Ränge der Generale und höheren Truppenführer der Luftwaffe auf.

4. LAUFBAHNEN

An Berufsoffizierlaufbahnen in der Luftwaffe gab es anfangs nur diejenigen der Offiziere der Fliegertruppe, der Flakartillerie, der Luftnachrichtentruppe und die Sanitätsoffizierlaufbahn, ferner die Laufbahn der Offiziere (W)[41], der im Feuerwerker- und Feldzeugdienst eingesetzten, im allgemeinen aus dem Unteroffizierstand hervorgegangenen Offiziere. Diese Laufbahn erlosch am 1. April 1944 (LVBl., S. 273) mit nur 193[42] Offizieren, nachdem bereits am 17. Juli 1943 (LVBl., S. 756) die Besetzung ihrer Stellen durch Truppenoffiziere mit entsprechender waffentechnischer Zusatzausbildung verfügt worden war[43]. Diese trugen auch während ihrer Verwendung im waffentechnischen Dienst die Waffenfarben ihrer Truppengattung, um sie nach außen nicht als Waffenoffiziere kenntlich zu machen und ihnen so die Gleichachtung mit den übrigen Truppenoffizieren zu erhalten.

Eine neue Berufs- oder Truppenoffizierlaufbahn entstand mit der Verordnung über die Bildung einer Ingenieuroffizierlaufbahn in der Luftwaffe vom 11. Mai 1940 (LVBl., S. 285). Sie sollte das auf Grund einer Verfügung Hitlers vom 20. April 1935 durch Gesetz vom 18. Oktober 1935 (RGBl. I, S. 1248) gebildete Ingenieurkorps der Luftwaffe ablösen, da es als erwiesen galt, daß das aus Beamten bestehende Ingenieurkorps mangels ausreichender militärischer und Fliegerausbildung sowie militärischer Befehlsgewalt seiner Angehörigen in vielen Fällen seine Aufgaben nicht voll erfüllen und sich gegenüber der militärischen Seite in technischen Angelegenheiten häufig nicht durchsetzen konnte. Es sollten durch die Vereinigung von Offizier und Techniker in einer Person auch die auf beiden Seiten zum Teil vorhandenen Spannungen abgebaut werden, die auf Rivalitätsgefühlen hinsichtlich der Stellenbesetzung im taktisch-technischen Bereich und auf gegenseitige Geringschätzung hinsichtlich der Fähigkeiten im jeweils anderen Bereich beruhten. Das Ingenieuroffizierkorps sollte sich aus geeigneten Angehörigen des Ingenieurkorps, das langsam auslaufen sollte, sowie aus (Not)Abiturienten aufbauen, die als Fahnenjunker (Ing) in die Luftwaffe eintraten und bis zum Leutnant

[41] Absolon II, S. 56 f.
[42] Nach einer Aufstellung von LP 2 I B in BA-MA III L 50/1.
[43] Vgl. Absolon III, S. 231 f.

(Ing) die gleiche militärische Ausbildung zu durchlaufen hatten wie die Berufsoffizieranwärter der Fliegertruppe, bevor sie nach der Frontbewährung als Fliegeroffiziere ihre theoretische Ausbildung als Ingenieure des Flugzeugwesens an der Technischen Akademie der Luftwaffe erhielten, die schon lange keine Generalstabsoffiziere mehr ausbildete. Die Laufbahn war nur ein halber Schritt zur Bewältigung der Technik in der Luftwaffe, da sie sich nicht auch auf das Waffen- und Luftnachrichtenwesen erstreckte. Sie kam nicht mehr zur Auswirkung, da noch Jahre nach ihrer Errichtung Unklarheit über den Ausbildungsgang herrschte[44], was den Zustrom von Bewerbern hemmte, der Generalstab nur einen geringen Teil der militärisch bereits ausgebildeten Ingenieuroffizierkorpsanwärter aus dem fliegerischen Fronteinsatz für das technische Studium freigab und daher die Akademieausbildung erst 1944 mit nur 28 Ingenieuroffizieren begann. Von 632 bereits zu Offizieren beförderten Ingenieuroffizierkorpsanwärtern waren schon 248 gefallen; 179 waren wegen mangelnder Eignung zum Ingenieur in die Truppenoffizierlaufbahn übernommen worden; 177 befanden sich im Frontfliegereinsatz. Rund 800 Fähnriche (Ing.) durchliefen Ende 1944 noch ihre militärische Ausbildung[45]. Die damals über 6 000[46] Angehörigen des alten Ingenieurkorps trugen weiterhin die Hauptlast der Technik in der Luftwaffe.
Das aus Beamten bestehende Nautikerkorps lief ab Ende 1941 durch Übernahme der Beamten zu den Truppenoffizieren allmählich aus (LVBl. 1941, S. 1 099). Von 295 Nautikern waren Anfang 1942 81 Truppenoffiziere[47].
Ab 1943 gab es noch die Truppenoffizierlaufbahnen der Fallschirmtruppe und der Panzerdivision Hermann Göring, die ohne Bedeutung blieben. Letztere entsprang wohl hauptsächlich der Eitelkeit Görings[48]. Am 24. Ja-

---

[44] Loßberg, V. von, Oberst i. G. a. D., Geschichte der Technischen Akademie der Luftwaffe. BA-MA III L (A) 5, Bl. 20 ff., und schriftl. Mitteilung v. Loßbergs vom 19. 1. 1975.

[45] Oberkommando der Luftwaffe, Luftwaffenpersonalamt/Chefabteilung: Studie v. 19. 12. 1944 über die Stellung der Ingenieure in der Luftwaffe. BA-MA RL 5/v. 1148/I, Bl. 134–148.

[46] Nach einer Aufstellung von LP(B)3 v. 17. 1. 1945 (BA-MA RL 5/1149) gab es am 1. 1. 1945 2482 aktive Ingenieure und 3776 Ingenieure des Beurlaubtenstandes in der Luftwaffe.

[47] Schreiben des Luftwaffenpersonalamtes LP Nr. 8149/42 (Chefabt. IA) vom 5. 2. 1942 an Chef OKW. BA-MA RL 5/1204 und 1205.

[48] Vgl. Adler, Offizier, S. 11, 21, 23. Im Westarpschen Taschenkalender, 7. Jg., v. 1. 4. 1942, S. 63, sind diese Laufbahnen noch nicht aufgeführt.

nuar 1944 befahl Hitler mit Wirkung zum 1. Mai desselben Jahres (LVBl., S. 125 ff.) die Bildung zweier neuer Offizierlaufbahnen in der Wehrmacht, der Laufbahn des Verwaltungsdienstes im Truppensonderdienst (TSD (V)) und derjenigen der Wehrmachtrichter im Truppensonderdienst (TSD (R))[49], wonach die Wehrmachtbeamten des Verwaltungsdienstes und des richterlichen Dienstes Offiziere im Truppensonderdienst mit den gleichen Rechten und Pflichten wie die Offiziere im Truppendienst, allerdings zunächst noch ohne Disziplinarstrafbefugnis diesen gegenüber, werden konnten. Nach dem Willen Hitlers war vorgesehen, nur diejenigen Wehrmachtbeamten in den Truppensonderdienst zu übernehmen, die „unmittelbare Helfer der Truppe oder für einen Einsatz in der Truppe uneingeschränkt geeignet" waren, außerdem nach Haltung und Persönlichkeit, wie das Luftwaffenpersonalamt hinzufügte, die uneingeschränkte Eignung zum Offizier besaßen. Beamte, die im zivilen Luftschutz, in der Finanzierung, Forschung und Erprobung beim Generalluftzeugmeister tätig waren, kamen zum Beispiel für eine Übernahme nicht in Frage[50]. Beamte, die für den Truppensonderdienst geeignet waren, eine Übernahme jedoch ablehnten, sollten aus der Luftwaffe ausgeschieden werden, da ihre Handlungsweise „ja nur egoistische Beweggründe" haben könne[51]. Der Chef des Luftwaffenverwaltungsamtes entschied über die Übernahme von Beamten des höheren Dienstes, die Luftflotten- und Luftgauintendanten über diejenige von solchen des gehobenen Dienstes in die Laufbahn im TSD (V). Hier sollte es fortan, wie schon im alten Ingenieurkorps[52], keinen Unterschied zwischen einer unteren (Zahlmeister-) und einer höheren (Intendantur-)Laufbahn mehr geben und allen Offizieren im Verwaltungsdienst sollte das Aufrücken in die höchsten Verwaltungsstellen ausschließlich auf Grund ihrer Persönlichkeit und Leistung und nicht mehr nur auf der Basis von auf höheren Schulen und Akademien erworbenen Berechtigungsscheinen of-

---

[49] Abschriften der Befehle auch in BA-MA RL 5/1156.

[50] Schreiben Chef des Generalstabes der Luftwaffe an Chef des Luftwaffenpersonalamtes v. 14. 3. 1944 (Abschrift von Abschrift). Rundschreiben des Chefs des Luftwaffenpersonalamts v. 25. 5. 1944 an die Luftflottenintendanten u. a., BA-MA RL 5/1156.

[51] Schreiben Luftwaffenpersonalamt (A) Nr. 198/43 (2,I) v. 17. 1. 1944 (Entwurf) an Luftwaffenpersonalamt (B). BA-MA RL 5/1155.

[52] Vgl. Fliegeroberstabsingenieur Dr. Genthe: Flieger-Ingenieur, ein neuer Beruf, S. 122, in: Jahrbuch der Luftwaffe 1939, und Adler, H., Die Laufbahnen in der Luftwaffe. Berlin 1942, S. 53.

fenstehen[53]. Für die fachliche Ausbildung wurde die Verwaltungsakademie der Luftwaffe in Greifswald gegründet. Die fachliche Ausbildung der Offiziere im TSD (R) sollte offenbar weiterhin an den Universitäten stattfinden. Die Offiziere im Truppensonderdienst ergänzten sich aus Offizieren aller Wehrverhältnisse[54]. Sie mußten für den TSD (R) zusätzlich die Befähigung zum Richteramt besitzen. Nach den Vorläufigen Laufbahnrichtlinien für den Verwaltungsdienst im Truppensonderdienst kamen hierfür auch jährlich einzustellende freiwillige Offizierbewerber mit mindestens Mittelschulabschluß in Betracht. Der Ausbildungsgang entsprach demjenigen der Ingenieuroffiziere[55]. Im Truppensonderdienst galten den Militärdienstgraden angeglichene Dienstgradbezeichnungen vom Stabs- bis zum Generalstabsrichter und vom Zahlmeister bis zum Generaloberstabsintendanten. Die beiden neuen Laufbahnen stellten den Versuch dar, die den im Januar 1944 an die 30 000 Köpfe[56] zählenden Wehrmachtbeamten der Luftwaffe, vor allem die den Richtern noch verbliebene Unabhängigkeit zu beseitigen und sie alle in das immer mehr nach Vereinheitlichung und Einebnung strebende System von Befehl und Gehorsam einzuschmelzen, wie es für Soldaten galt[57]. Dies kam deutlich in dem vom Luftwaffenpersonalamt herausgegebenen Merkblatt aus Anlaß der Überführung von aktiven Wehrmachtbeamten zu den Offizieren im Truppensonderdienst[58] zum Ausdruck, in dem auf die „im bedingungslosen Einsatz seiner Person für Volk und Vaterland bis zur Opferung seines Lebens" liegenden Pflichten des deutschen Soldaten und auf die Strafbarkeit von Ungehorsam besonders hingewiesen wurde. Es gab auch den Status der Offiziere im Truppensonderdienst des Beurlaubtenstandes für die übergetretenen Wehrmachtbeamten des

---

53 Wie Anmerkung 51.

54 Ausführungsbestimmungen des RdLuObdL zu dem „Befehl für die Bildung der Laufbahn des Verwaltungsdienstes im Truppensonderdienst" v. 1. 5. 1944, BA-MA RL 5/1156, und dass. vom gleichen Datum für die Wehrmachtrichter im Truppensonderdienst, BA-MA RL 5/1155. Siehe auch LVBl. 1944, S. 335, 342 und 343.

55 Vgl. Schnellbrief Oberkommando der Luftwaffe Luftwaffenpersonalamt Az. 25e 10/11 TSD (LP(B)/Chefabt(IA) v. 15. 9. 1944 an alle einsatzdurchführenden Dienststellen, betr.: Laufbahn der Offiziere des Verwaltungsdienstes im Truppensonderdienst. BA-MA RL 5/1156.

56 LP(B) Az. 25 Statistik 1IB v. 26. 3. 1945. BA-MA RL 5/1173.

57 Vgl. Messerschmidt, Wehrmacht, S. 381.

58 Luftwaffenpersonalamt Az. 25a (LP'(A) 2IA) v. 24. 4. 1944. BA-MA RL 5/1156.

Beurlaubtenstandes[59]. Das sachliche Bemühen um die Qualitätserhaltung des Luftwaffenoffizierkorps ist bei all diesen Maßnahmen nicht zu übersehen. Im Januar 1945 zählte man in der Luftwaffe 9 000 Offiziere im Truppensonderdienst neben weiterhin 2 000 Beamten und 6 300 Ingenieuren, Nautikern und Flugführern[60]. Die Maßnahme der Freigabe der Offiziere im Truppensonderdienst zum Dienst mit der Waffe als Truppenoffiziere[61] kam bis zum Kriegsende nur zur Hälfte zur Durchführung. Eine Reihe von Offizieren im TSD wurden an das Heer abgegeben[62]. Am Schluß des Krieges gab es an Truppenoffizierlaufbahnen diejenigen der Offiziere der Flieger-, Flak-, Luftnachrichten- und Fallschirmtruppe sowie der Hermann Göring-Verbände, der Sanitäts- und Ingenieuroffiziere und der Offiziere des Verwaltungsdienstes und der Wehrmachtrichter im Truppensonderdienst.

5. ZAHLENMÄSSIGE ENTWICKLUNG

Die Entwicklung des Luftwaffenoffizierkorps war – wie die der Offizierkorps der anderen Wehrmachtteile – gekennzeichnet durch ein lawinenhaftes Anwachsen seiner Personalstärke vor allem im Kriege unter gleichzeitiger Auflösung seiner sich erst bildenden Homogenität u. a. vermittels eines Beförderungssystems nach Leistung und Bewährung.
Zur Zeit der Enttarnung der Luftwaffe im März 1935 zählte ihr Offizierkorps rund 900 Köpfe einschließlich der 200 Landesschutzoffiziere. Hinzu kamen am 1. April des gleichen Jahres 200 Flakoffiziere[63]. Im Oktober 1937 waren es schon 5 500 bis 6 000 Offiziere aller Waffengattungen, Ende 1937 6 067 (davon 3 298 Truppen- und 2 139 Ergänzungsoffiziere)[64], am 1. Dezember 1938 6 300 Truppen- und 2 066 Ergänzungsoffiziere[65] und

---

[59] Merkblatt aus Anlaß der Überführung von Wehrmachtbeamten d. B. zu den Offizieren im Truppensonderdienst des Beurlaubtenstandes, Luftwaffenpersonalamt Az. 25a (Chefabt. IIA) b. 15. 11. 1944. BA-MA RL 5/1156.
[60] Wie Anmerkung 55.
[61] Vgl. Oberkommando der Luftwaffe Luftwaffenpersonalamt Az. 34 TSD (Chefabt.IIA) v. 2. 2. 1945, betr.: Waffendienstverwendung innerhalb der Luftwaffe der Offiziere im TSD, und Schnellbrief Oberkommando der Luftwaffe Luftwaffenpersonalamt Az. 21c 30(S.A.) (B1IIIA) v. 9. 2. 1945. BA-MA RL 5/1174.
[62] BA-MA RL 5/1173.
[63] Völker, Luftwaffe, S. 55 f.
[64] Ebd., S. 122 f., 125.
[65] Völker, Dokumente, S. 299.

vor Kriegsbeginn rund 12 000 aktive und 3 000 E-Offiziere[66]. Von nun an überflügelte die Zahl der nichtaktiven Offiziere (des Beurlaubtenstandes, Reserve-, Kriegsoffiziere usw.) diejenige der aktiven (Truppen)Offiziere bald um mehr als das Vierfache. Bei einem von November 1943 bis Juni 1944 nur wenig abfallenden Gesamtpersonalbestand der Luftwaffe von knapp drei Millionen[67] einschließlich etwa einer Million an Zivilbediensteten und Behelfspersonal erreichte das Offizierkorps eine Stärke von ca. 77 000 Mann. Davon waren am 1. Juni 1944 15 019 aktive, die anderen vier Fünftel Reserve- und Kriegsoffiziere usw.[68] Am 1. Dezember 1944 zählte das Luftwaffenoffizierkorps 80 688 Köpfe einschließlich rund 8 000 Vermißter oder in Kriegsgefangenschaft Geratener[69]. Rechnet man die etwa 10 000[70] bis Ende 1944 ums Leben gekommenen und die ca. 1 200[71] bis dahin aus Gesundheitsgründen und wegen mangelnder Eignung oder Verwendungsmöglichkeit entlassenen Offiziere hinzu, so waren in der Luftwaffe im Kriege bis dahin etwa 92 000 Soldaten Offizier gewesen. Ein Vergleich der Gesamtstärke der Luftwaffe Ende 1943 und Anfang 1945 mit den entsprechenden Offizierstär-

---

66 Ebd., S. 343; Völker, Luftwaffe, S. 124.

67 Nach einer Aufstellung von GenStdLw 9. Abt. v. 23. 6. 1945 (BA-MA RL 2/715) setzte sich die Luftwaffe am 1. 11. 1943, 1. 6. 1944 und 15. 2. 1945 wie folgt zusammen:

	1. 11. 1943	1. 6. 1944	15. 2. 1945
Uffz. und Mannsch.	1 970.000	1 809 600	1 331 700
Offz., Beamte u. Ing.	119 000	120 000	100 000
Behelfspersonal	430 000	510 000	546 500
Ziviles Personal	475 000	450 000	201 200
	2 994 000	2 989 600	2 179 400

Vgl. auch Anlagen 1 u. 2 zu OKL Organisationsstab Nr. 376/45 gK GenSt GenQu 9. Abt. I vom 6. 4. 1945, 2. Angelegenheit. BA-MA E-2064.

68 Wie Anmerkung 56.

69 Luftwaffenpersonalamt Nr. 5042/44 gK (Chefabt ID) v. 1. 12. 1944 und 2. Ang vom 21. 12. 1944. BA-MA III L 50/1.

70 Nach: Verluste des Offizierkorps seit 1. 9. 1939–31. 12. 1944 einschl. Sonderlaufbahnen und TSD. (Entwurf). Anlage zu LP 206/45 g, o. D. Dort werden 8784 (4974 aktive und 3810 Reserve-)Offiziere als gefallen aufgeführt. Eine Zusammenstellung über die Gesamtausfälle der Luftwaffe bis 30. 11. 1944 von OKW/AWA/WNW(V) v. 18. 1. 1945 weist 9878 ums Leben gekommene Offiziere auf.

71 LP 4/III, o. D., führt 1182 entlassene Offiziere an (1 GenObst, 2 Kdr. Generale, 9 GenLt, 14 GenMaj, 34 Obersten, 51 ObstLt, 218 Majore, 476 Hauptleute, 236 Oblt, 142 Lt). BA-MA RL 5/1113.

ken ergibt einen zunehmenden Überhang an Offizieren. Am 1. Februar 1945 gab es trotz des inzwischen um 800 000 Köpfe abgesunkenen Gesamtpersonalbestandes der Luftwaffe immer noch ca. 82 000 Offiziere einschließlich der rund 9 000 vermißten und in Gefangenschaft befindlichen[72]. Das Luftwaffenoffizierkorps setzte sich zu dieser Zeit wie aus der Tabelle auf Seite 291 ersichtlich zusammen.
Obwohl das Personalstärkeverhältnis zwischen Flieger-, Flak- und Luftnachrichtentruppe sich im allgemeinen wie 2:3:1 verhielt, am 15. Februar 1945 wie 541 200 : 821 100 : 291 500[73], zeigt doch die Verteilung besonders der höheren Dienstgrade, welcher Wertschätzung sich die einzelnen Stammwaffen bei Göring erfreuten, der die Beförderungsangelegenheiten von Offizieren sehr ernst nahm und sich das Luftwaffenpersonalamt bzw. dessen Chefs stets persönlich unmittelbar unterstellte. An erster Stelle in seiner Wertschätzung stand die Fliegertruppe, gefolgt von der Flak und schließlich der Luftnachrichtentruppe.

6. BEFÖRDERUNGSWESEN

Die das Beförderungswesen regelnden Bestimmungen der Luftwaffe entsprachen zunächst denjenigen des Heeres. Sie wurden jedoch am 27. Mai 1937 neu gefaßt[74], setzten doch viele Planstellen in diesem hochtechnisierten, neuen Wehrmachtteil der jeweiligen Waffengattung entsprechende besondere Fachkenntnisse, Fähigkeiten und Leistungen voraus. Beurteilt wurden vor allem die menschlichen und soldatischen Eigenschaften der Offiziere, nicht jedoch ihre politische Einstellung. Maßgebender Gesichtspunkt war, „das Offizierkorps der Luftwaffe in seiner Gesamtheit zum Nutzen der Truppe frisch und leistungsfähig zu halten". Der rasche Aufbau der Luftwaffe zog jedoch notwendigerweise ebenso rasche Beförderungen nach sich, die eine scharfe Auslese nicht zuließen. Diese wurde nun mit Hilfe der bevorzugten Beförderung versucht. Am Schluß der Beurteilung war anzuführen, ob sich der Offizier für die nächsthöhere Dienststellung und die Beförderung zum nächsthöheren

---

[72] Letztere sind in der Aufstellung auf S. 291 offenbar enthalten. Im übrigen differieren die Zahlenangaben auch in den Originaldokumenten voneinander. Nach LP Nr. 520/45 v. 10. 2. 1945 gab es am 1. 2. 1945 73121 Offiziere (27477 Flieger-, 29432 Flak-, 9751 Luftnachrichten- und 6461 Sanitätsoffiziere) in der Luftwaffe. Hinzu kamen 9082 vermißte und in Gefangenschaft geratene Offiziere. BA-MA III L 50/1.

[73] Aufstellung vom Oberkommando der Luftwaffe, GenSt 9. Abt. v. 23. 6. 1945, MGFA.

[74] LDv 98. Vgl. Messerschmidt, Wehrmacht, S. 142 f.

Dienstgrad	Truppenoffiziere (aktiv) Fl	Flak	Ln	Wehrm Org	San	Reserve-, Kriegs- u. sonst. Offze Fl	Flak	Ln	Wehrm Org	San
Reichsmarschall	1									
GenFeldm	4									
GenObst	7	1								
GendFl	37									
GendFlak		12								
GendLnTr			2							
GenFsTr	6									
GenOStArzt					1					
GenLt	70	23	8							
GenStArzt					5					
GenMaj	129	29	18							
GenArzt					11					
Oberst	815	324	138	141		27	16	3	2	
Oberstarzt					68					13
OberstLt	895	425	139	258		223	96	17	33	
Oberfeldarzt					25					86
Major	1 133	397	129	118		3 510	2 114	675	4	
OberStArzt					111					361
Hauptmann	2 051	1 080	360			6 815	2 557	1 250		
Stabsarzt					241					3 747
Oblt	2 200	1 641	1 015			4 520	9 148	2 666		
Oberarzt					82					1 347
Oblt (Ing)	82									
Leutnant	2 715	539	288			7 015	13 441	3 579		
AssArzt					72					578
Leutnant (Ing)	235									
	10 380	4 471	2 097	517	616	22 110	27 372	8 190	39	6 132
Summe					18 081					63 843*
Gesamt										81 924

* Im Original 64074 (einschließlich 280 mit Offizierdienstgraden Beliehener)
(Nach LP 3 I D und I E Nr. 1290/45 g. v. 1. 2. 1945. BA-MA III L 50/1)

Dienstgrad eignete. Beförderungen sollten mit der Eignung zum nächsten Dienstgrad einhergehen. Zusätzlich waren über alle aktiven Hauptleute und Stabsoffiziere – nicht auch, wie beim Heer, über die Generalmajore – Bewertungslisten getrennt nach Flieger-, Flak- und Luftnachrichtentruppe aufzustellen, aus denen ersichtlich war, ob der Beurteilte zur Spitzengruppe (I), zum guten Durchschnitt (II) oder Durchschnitt (III) oder aber zu den schwächeren Offizieren seines Dienstgrades (IV) gehörte. Außerdem dienten besondere Listenvorschläge als Hilfsmittel dazu, die richtige Persönlichkeit an den richtigen Platz zu stellen. Die Listen umfaßten die Aufgabenbereiche der Luftwaffe, nämlich Liste I: Reichsluftfahrtministerium, II: Generalstabsoffiziere, III: Adjutantur und Reichskriegsgericht, IV: Lehrfach, V: Technik, ferner VI: Offiziere, die für die nächsthöhere Dienststellung ungeeignet, und VII: Offiziere, die für ihre gegenwärtige Stelle nicht mehr geeignet waren. Ausschlaggebend war nur der Gesichtspunkt, ob der Offizier der geforderten Befähigung „bei einwandfreier charakterlicher Veranlagung in vollem Umfang" entsprach. Für Ergänzungsoffiziere galten mit steigendem Dienstgrad bis zum Oberst strenger werdende, ansonsten ähnliche Bestimmungen[75]. So galten insgesamt für die Offizierbeförderungen in der Luftwaffe nicht ideologische, sondern sachlich auf die Stellenerfordernisse bezogene Gesichtspunkte, die mit einem an den hergebrachten ethischen Maßstäben orientiertem Leistungsdenken verknüpft waren, das allerdings die Homogenität des Offizierkorps in Frage zu stellen geeignet war[76], denn zweifellos mußte die bevorzugte Beförderung auf Grund von Bewährung und Leistung auf die Dauer den individuellen Ehrgeiz anregen und korporationslösend wirken[77].

Auch die Stellenerfordernisse hatten auflösende Wirkung und führten Anfang 1939 zur Loslösung der Luftwaffe von der Beförderungspraxis des Heeres und zur Aufstellung eigener Beförderungsrichtlinien, mit denen sie mehr als das Heer aus den Fesseln der Anciennität herausdrängte[78]. Bis zum Oberleutnant waren die Laufzeiten in der Flieger-, Flak- und Luftnachrichtentruppe gleich. Dann wurden die Fliegeroberleutnante zwei Jahre früher zum Hauptmann befördert, um sie möglichst

---

[75] Absolon III, S. 309 ff.; BA-MA RL 5/1232.

[76] Messerschmidt, Wehrmacht, S. 142 ff.; vgl. Absolon III, S. 305 ff.

[77] Vgl. Papke, G., „Offizierkorps und Anciennität", in: Untersuchungen zur Geschichte des Offizierkorps (= Bd. 4 der Beiträge zur Militär- und Kriegsgeschichte, hrsg. vom Militärgeschichtlichen Forschungsamt) Stuttgart 1962 (zit: Papke), S. 203 und 206.

[78] Vgl. ebd., S. 204, 206.

jung in die Führerstellungen der fliegenden Verbände zu bringen. Dies war angesichts der Überalterung mancher Geschwaderkommodore, die nicht mehr voll flugtauglich waren, eine sachliche Notwendigkeit. Zum Ausgleich sollten die Beförderungen zu Oberstleutnanten und Obersten bei der Flak- und Luftnachrichtentruppe schneller erfolgen als bei den Fliegern, so daß alle wieder im gleichen Dienstalter für die Beförderung zum Generalmajor heranstanden. Der Gesichtspunkt der Homogenität hatte also noch seine Gültigkeit. Dabei hätte ein Luftwaffenoberst über 4 Jahre Vorsprung vor einem Heeresoberst gehabt. Diese Planung wurde durch die rasche Aufstellung neuer Flakverbände und rasche Beförderung von Flakhauptleuten zu Majoren sowie durch andere Maßnahmen vielfach durchbrochen[79]. Immerhin blieben die spektakulärsten Karrieren in der Luftwaffe Fliegeroffizieren vorbehalten, allen voran der General der Jagdflieger Galland, der den Krieg als Oberleutnant begann und am 1. November 1944 Generalleutnant wurde, sowie der General der Kampfflieger Peltz, der es mit etwa gleicher Geschwindigkeit vom Oberleutnant bis zum Generalmajor schaffte, des weiteren die Generalstabschefs Kreipe und Koller, die im Kriege vom Major bis zum General der Flieger aufstiegen, und die Generalmajore Storp und Diesing, bei Kriegsbeginn noch Hauptleute.

Im Verlaufe des Krieges setzte sich unter Abschwächung der Bedeutung des Rangdienstalters zunehmend das Beurteilungselement der Bewährung durch. Dies zeigte sich u. a. bei den Beförderungen in Generaldienstgraden. Die Beförderung von Generalleutnanten zu Generalen war zum Beispiel seit dem 20. Januar 1942 „von der im Generalleutnantsrang verbrachten Dienstzeit als völlig losgelöst" zu betrachten. Strengere Maßstäbe und die Verabschiedung von Offizieren höherer Dienstgrade wurden angekündigt, „um den geeigneten Nachwuchs auf die ihm zukommenden Plätze zu stellen"[80]. Zweck der neuen Regelung war somit auch die Verjüngung des höheren Führerkorps.

Die Luftwaffe nahm gelegentliche Äußerungen Hitlers zum Anlaß für eine Verfügung des Luftwaffenpersonalamtes über die bevorzugte Beförderung von Offizieren in Truppenführerstellungen vom 16. Oktober 1942[81], wonach „Offiziere, die im Kriege einen Truppenverband vor

---

[79] Absolon III, S. 308 f.; vgl. Beförderungsplanung, LP 1 B Ic vom 31. 1. 1939, in: BA-MA RL 5/1296.

[80] Der Chef des Luftwaffenpersonalamts Az. 21 Nr. 1931/42 geh. v. 20. 1. 1942, in: Untersuchungen, S. 317.

[81] (Abschrift) Der Reichsminister der Luftfahrt und Oberbefehlshaber der Luftwaffe Luftwaffenpersonalamt Az. 21 Nr. 71489/42 (2, ID) v. 16. 10. 1942, in: Untersuchungen, S. 318.

dem Feind im Kampf erfolgreich führen und sich während eines angemessenen Zeitraums in ihrer Dienststellung voll bewährt haben, ohne Rücksicht auf Lebens- und Dienstalter alsbald zu dem ihrer Dienststellung entsprechenden Dienstgrad zu befördern" waren. Nähere Erläuterungen erfolgten mit der Verfügung vom 22. Dezember 1942[82], die die bevorzugte Beförderung auf Grund der Dienststellung und auf Grund besonderer Leistungen behandelte. Entsprechend der vom Heere häufig verschiedenen Einsatzarten der einzelnen Waffengattungen der Luftwaffe wurde der Begriff „Führung vor dem Feind im Kampf" auch auf Transportverbände im Gefechtsgebiet und auf die im Heimatgebiet zur Luftverteidigung eingesetzten Flakverbände erweitert[83]. Der Kreis derjenigen, die vorzugsweise befördert werden konnten, wurde später auch auf die Truppenoffiziere der höheren Kommandobehörden und Schulen[84], die im Feindeinsatz stehenden Regiments- und Geschwaderadjutanten[85] und die 1944 eingesetzten, in der Beförderung wie Angehörige höherer Kommandobehörden behandelten NS-Führungsoffiziere in Planstellen[86] ausgedehnt. Als angemessener Zeitraum der Bewährung wurden an Kampffronten drei bis sechs Monate angesehen. Als besondere Leistungen galten Tapferkeit – es sollten aus diesem Grunde künftig auch Mannschaften und Unteroffiziere bevorzugt zu Offizieren befördert werden können – und hervorragende Truppenführung. Die zur bevorzugten Beförderung Vorgeschlagenen sollten „unter Anlegung schärfster Maßstäbe würdig" sein, „als sichtbare Vorbilder herausgestellt zu werden" und die „uneingeschränkte Eignung für den nächsthöheren Dienstgrad" besitzen. In der Regel waren aber Ordensverleihungen für hervorragende Waffentaten in Betracht zu ziehen. Bevorzugte Beförderungen wegen Tapferkeit waren bis zum Hauptmann an keine Laufzei-

---

[82] Der Reichsminister der Luftfahrt und Oberbefehlshaber der Luftwaffe Luftwaffenpersonalamt Az. 21 Nr. 71489/42 (2, ID)-II. Ang– v. 22.12.1942, in: Untersuchungen, S. 318 ff.

[83] Ebd., S. 319 (Teil A 3. der Verfügung). Vgl. Notiz LP 2 v. 8.12.1942, in: BA-MA RL 5/1296.

[84] Vgl. Der Reichsminister der Luftfahrt und Oberbefehlshaber der Luftwaffe Az. 21 Nr. 5669/44 (LP 2,II) v. 3.2.1944, LVBl v. 21.2.1944, Ziff. 210.

[85] Der Reichsminister der Luftfahrt und Oberbefehlshaber der Luftwaffe Luftwaffenpersonalamt Az. 21 Nr. 14391/43 (2, ID) v. 10. 3. 1934. BA-MA RL 5/1039.

[86] Der Chef der Personellen Rüstung u. Nationalsozialistischen Führung der Luftwaffe Az. 21 – (LP 3. I) – v. 19. 7. 1944, LVBl, S. 524, Ziff. 1015.

ten im Dienstgrad gebunden[87]. Ab 11. August 1943[88] sollten bei allen Vorschlägen für vorzugsweise Beförderungen die im laufenden Krieg erworbenen Auszeichnungen angegeben werden.
Es war also der Typ des jungen Kämpfers, der als Einzelpersönlichkeit und werbendes Vorbild die militärische Stufenleiter schnell erklettern sollte, nicht der Typ des wägenden Planers und Denkers in Uniform. Ihm wurde, wie die Bindung des Dienstgrades an die Dienststellung implizierte, der Besitz der nötigen Autorität nicht auf Grund seiner Eigenschaft als Angehöriger des Offizierkorps unterstellt, sondern die für die Dienststellung erforderliche Autorität wurde über den entsprechenden Dienstgrad besorgt[89].
Dies alles brachte der Führererlaß an das Heer vom 19. Januar 1943[90], der nach dem Willen Görings auch in der Luftwaffe Anwendung finden sollte[91], noch einmal deutlich zum Ausdruck. Er ging auf Hitlers durch die Beförderungsmaßnahmen der Luftwaffe eigentlich schon vorweggenommenen, grundsätzlichen Befehl vom 4. November 1942[92] zur „Förderung von Führerpersönlichkeiten im Heer" zurück, der eine gleichmäßige Beförderung aller Offiziere als im Widerspruch zum Leistungs- und Führerprinzip stehend ablehnte. Nun sollte eine „richtige Führerauslese ... vom Schützen bis zum General" ermöglicht werden. „Nur willensstarke, einsatzbereite und krisenfeste ... Führerpersönlichkeiten", wie sie oft erst in Krisenlagen hervortreten und „die in der Lage sind, in entscheidender Stunde hart und unbeirrbar zu führen", sollten ausgewählt und „ohne Rücksicht auf ... Lebensalter, Rangdienstalter, Herkunft, Schulbildung und Ähnliches ... gefördert werden". Der Befehl war Ausdruck der Krise im Osten und eines aus der Krise erwachsenen

[87] Der Chef des Luftwaffenpersonalamtes (–LP 2,II–) v. 31. 5. 1944, LVBl., S. 403, Ziff. 771.
[88] Der Reichsminister der Luftfahrt und Oberbefehlshaber der Luftwaffe Luftwaffenpersonalamt Az. 21 Nr. 35891/43 (2, ID) v. 11. 8. 1943. BA-MA RL 5/1037 I.
[89] Vgl. Papke, S. 206.
[90] Der Führer, Oberkommando des Heeres, Heerespersonalamt, Führerhauptquartier, den 19. 1. 1943, abgedr. bei Messerschmidt, Wehrmacht, S. 425 f., und Untersuchungen, S. 276.
[91] Der Chef des Luftwaffenpersonalamts Az. 21 Nr. 4137/43 geh. (2, ID) v. 22. 2. 1943, betr.: Führerauslese, gez. Kastner, General der Flieger. Verteiler: bis zu den Divisionen bzw. entsprechenden Dienststellen. BA-MA RL 5/1154.
[92] Abgedr. bei Papke, S. 205.

Wunschglaubens, daß solche Führerpersönlichkeiten noch den Sieg gegen eine Übermacht von Feinden erringen könnten. An die Führerpersönlichkeit, die in der Lage war, das Entstehen solcher Krisen von vornherein zu verhindern, war offenbar nicht gedacht. Nach Messerschmidt stellte der Erlaß nicht nur „einen späten Triumph des Weltkriegsgefreiten über die in hierarchischer Ordnung aufgestiegene militärische Führerschicht dar"; sondern auch eine „Neuauflage des ‚Frontkämpfers'" und eine „Übertragung ... des ‚alten Kämpfers' in den militärischen Bereich". Hier kam auch der in der NS-Ideologie angelegte sozialdarwinistische Gedanke der Auslese des Tüchtigsten durch Kampf zum Ausdruck[93]. Hitler sah, wie Papke erläutert hat, nicht mehr das Offizierkorps, sondern nur noch die kämpferische Führerpersönlichkeit. Dies, die Unterscheidung zwischen Front- und Heimatoffizieren, die das Luftwaffenpersonalamt schon immer aus Gründen der Homogenität des Offizierkorps durch Forcierung des Austauschs zwischen Front und Heimat zu verhindern bemüht war[94], und der Fortfall der für den inneren Zusammenhalt des Offizierkorps konstitutiven Elemente der Schulbildung usw. mußten egalisierend und homogenitätsauflösend wirken.
Hitlers Chefadjutant übersandte die auf diesem Erlaß basierenden grundsätzlichen Heeresverfügungen über die Beförderungsplanung im Heere vom 11. und über die Beförderung zu Generalsdienstgraden vom 14. Mai 1943 am 17. Mai 1943 an den Chef des Luftwaffenpersonalamtes mit der Maßgabe, sie nach dem Willen des Führers unter Berücksichtigung der besonderen Verhältnisse in der Luftwaffe zu beachten[95]. Fast wörtlich gingen sie in entsprechende Verfügungen des Luftwaffenpersonalamtes ein. Laut Verfügung des Luftwaffenpersonalamtes vom 16. Juni 1943 über die Beförderungsplanung für Offiziere der Luftwaffe[96] war im Gegensatz zur bisherigen, breit streuenden Praxis eine „schnelle Beförderung nur" bei den Offizieren vorzunehmen, „die der kämpfenden Truppe angehören oder ihr nach Verwendung im Generalstab, höheren Kommandobehörden und Schulen in absehbarer Zeit wieder angehören werden", wie es nach der seit Dezember 1942 durchgeführten, außerhalb der Beförderungsplanung laufenden vorzugsweisen Beförderung solcher

[93] Messerschmidt, Wehrmacht, S. 206.
[94] Vgl. Der Reichsminister der Luftfahrt und Oberbefehlshaber der Luftwaffe, LP Nr. 12103/40 geh. 1,I v. 22. 6. 1940. BA-MA E-1608.
[95] Abgedr. in: Untersuchungen, S. 295 ff. Siehe auch BA-MA Sammlung Milch 53, S. 1126 ff.; und Messerschmidt, Wehrmacht, S. 424.
[96] Der Chef des Luftwaffenpersonalamts Az. 21 Nr. 39400/43 (2, ID) vom 16. 6. 1943, abgedruckt in: Untersuchungen, S. 322 ff.

Offiziere in der Luftwaffe schon geschehe. Solche Beförderungen wurden lediglich zeitlich durch die geforderte Bewährung und zahlenmäßig durch den Bedarf bestimmt, der durch die Ausfälle entstand. Ein Unterschied zwischen aktiven Offizieren, Kriegsoffizieren, Offizieren der Reserve usw. wurde nicht mehr gemacht. Es wurde zwischen den in der Truppe, den dort nicht verwendbaren und den in ihren Leistungen nicht mehr genügenden Offizieren unterschieden. Erstere waren planmäßig innerhalb der Beförderungsgrenzen, die folgenden jeweils später, letztere nicht mehr zu befördern. Für die aktiven Offiziere wurden statt der bisherigen zwei[97] Dienstalterslisten (A1 und A2) nunmehr drei (A1–A3) aufgestellt. In die erste wurden alle Generale, Generalstabsoffiziere, bevorzugt zu befördernden Truppenoffiziere und in der Truppe verwendeten oder zu verwendenden Offiziere eingereiht, soweit sie zum fliegenden bzw. springenden Personal gehörten, in die zweite alle anderen bevorzugt zu befördernden und in der Truppe zu verwendenden Offiziere, in die dritte schließlich die dort nicht mehr einsetzbaren und ihre Stellungen nicht mehr ausfüllenden Offiziere. Die in die Dienstaltersliste A1 Eingereihten konnten, wie die Offiziere der Dienstaltersliste I des Heeres, nach 9½ Jahren Hauptmann werden, aber schon nach 14, nicht erst wie dort nach 16 Jahren Major und bereits nach 18 Jahren – statt wie dort 21 – Oberstleutnant und hielten den Vorsprung von drei Jahren bis zum Generalmajor. Offiziere der Dienstaltersliste A2 wurden wie die genannten Heeresoffiziere der Liste 1 befördert, die der Dienstaltersliste A3, soweit sie bis zum Oberst noch befördert werden konnten, jeweils im Abstand von zwei Jahren nach den für A2 vorgesehenen Fristen. Diese Beförderungsgrundsätze wurden später auch auf die Offiziere im Truppensonderdienst ausgedehnt mit dem ausdrücklichen Hinweis, daß für die Beförderung neben der Haltung, dem Persönlichkeitswert und den vorhandenen Stellen „in erster Linie die Leistungen ausschlaggebend“ seien und das Rangdienstalter „lediglich eine formale Voraussetzung“ dafür bilde[98]. Die neue Beförderungsregelung kam einer weiteren Zersplitterung des inneren Zusammenhaltes des Luftwaffenoffizierkorps gleich, wenn auch das alte Anciennitätssystem nicht

---

[97] Vgl. Der Reichsminister der Luftfahrt und Oberbefehlshaber der Luftwaffe Luftwaffenpersonalamt Az. 21 c 21 Nr. 5622/41 geh. (2, ID) v. 15. 8. 1941. BA-MA E-1608.

[98] Schreiben Oberkommando der Luftwaffe – Luftwaffenpersonalamt – Az. 25 TSD LP (B) 1 II TSD v. 29. 1. 1945 an alle einsatzführenden Dienststellen. BA-MA RL 5/1098.

ganz aufgehoben wurde, denn die nunmehr drei Dienstalterslisten bauten ja auf dem Rangdienstalter auf.
Über die Beförderung zu Generaldienstgraden für die Dauer des Krieges erließ der Chef des Luftwaffenpersonalamtes am 6. Juli 1943[99] eine Verfügung ähnlichen Sinnes, wonach Generalmajore nur solche Offiziere werden sollten, „die in diesem Kriege im Einsatz als Truppenführer verwandt worden sind und sich dabei bewährt haben", Generalleutnante nur ebenso frontbewährte oder dafür noch in Frage kommende Offiziere als Führer von Divisionen oder mit den Befugnissen von Divisionskommandeuren. Entsprechendes galt für die Beförderung zu Generalen.
Auch die Generalstabsoffiziere der Luftwaffe wurden von der neuen, an der Bewährung im Kampf orientierten und auf Verjüngung des Führerkorps hinzielenden Beförderungsregelung betroffen. Gemäß dem auch für sie geltenden Grundsatz „Mehr sein als scheinen" war bislang eine vorzugsweise Beförderung für sie ausgeschlossen[100]. Sie wurden vielmehr seit 1939 nach dem erwähnten Fliegerkegel befördert, also bis zum Major früher als die Flak- und Luftnachrichtenoffiziere[101]. Ausnahmsweise wurden 1940 auch Verbesserungen des Rangdienstalters auf Grund besonderer Leistungen vorgenommen[102]. Beurteilt wurden sie vornehmlich nach Charakter und Persönlichkeit, die anfangs über Wissen und Können gestellt wurden, dazu nach Leistung, geistiger Veranlagung und der auch zum Verständnis der Truppe nötigen Frontbewährung. Es wurde von ihnen ein lauterer, klarer und aufrechter Charakter und eine überlegene, verantwortungsfreudige, mit Initiative und Entschlußkraft begabte soldatische Persönlichkeit verlangt mit dem Willen zum Dienst an der Sache und der Bereitschaft zum Verzicht auf äußere Anerkennung. Sie sollten Führernaturen und frei von persönlichem Ehrgeiz sein, außerdem geistig wach, zu klarem, folgerichtigem Denken befähigt, zuverlässig gerade im Detail, von guter Gesundheit, geistiger und körperlicher Spannkraft und starken Nerven, im Alter für die Ausbildung nicht über dreißig. Sie sollten „mehr als nur der beste Typ des Frontoffiziers"

[99] Der Chef des Luftwaffenpersonalamts Az. 21 Nr. 36796/43 (2, ID) vom 6. 7. 1943. BA-MA RL 5/1039.
[100] Der Chef des Generalstabes der Luftwaffe, Der Chef des Luftwaffenpersonalamts Nr. 900/37 geh Chefgruppe v. 31. 7. 1937. BA-MA RL 5/v. 1029.
[101] Absolon III, S. 308 f.
[102] Der Reichsminister der Luftfahrt und Oberbefehlshaber der Luftwaffe Luftwaffenpersonalamt Chefabt. Nr. 2486/41 geh (IV) v. 28. 1. 1941. BA-MA RL 5/v. 1029.

sein[103]. Das traditionelle Bild des deutschen Generalstabsoffiziers stand hier prägend Pate.

Durch einen vom Generalstabschef der Luftwaffe, Jeschonnek, in Abstimmung mit Hitler schon am 28. Oktober 1942 erlassenen Befehl[104] wurde dieses Bild des Generalstabsoffiziers durch dasjenige der jungen Führerpersönlichkeit und des frontbewährten Kämpfers in den Hintergrund abgedrängt. Die Generalstabsoffizierlaufbahn wurde mehr als bisher nur als Zwischenstadium für diesen angesehen. Generalstabsoffiziere waren nun „bei weiterer Bewährung, vor allen Dingen als Truppenführer, in großen Sprüngen zu befördern, damit sie als junge Generale physisch und psychisch unverbraucht zur Führung größerer Einheiten gelangten". Es sei eine „Sünde wider den Geist", solche Führerpersönlichkeiten in Stabsstellungen zu verbrauchen und sie damit „ihrem eigentlichen Element, nämlich der Führung von Truppen", zu entziehen. Ein Unterschied zwischen dem Generalstabsoffizierkorps und dem Truppenoffizierkorps wurde nicht mehr gesehen, ein gesunder Rhythmus zwischen Generalstabs- und Frontverwendung angestrebt, der wegen des Mangels an Generalstabsoffizieren spätestens seit 1940 unterbrochen war. Insgesamt wurde hier Hitlers und Görings Geringschätzung des Generalstabes und seiner Tätigkeit offenkundig. Hitler hatte schon Ende Mai 1942 nach dem ersten 1 000-Bomber-Angriff auf Köln Anstoß am Luftwaffengeneralstab wegen der falschen Feindstärkemeldung genommen, doch erreichte seine Abneigung gegen diesen erst im September 1944, also später als gegen den Heeresgeneralstab, seinen Höhepunkt, als er ihn abzuschaffen drohte[105]. Auch Göring war voller Ressentiments gegen seinen Generalstab, den er immer nur als seinen persönlichen Arbeitsstab betrachtete, und nannte seine Generalstabsoffiziere wiederholt „Generalstabsbestien".

Nur die wichtigsten Generalstabsstellen sollten künftig noch mit Generalstabsoffizieren besetzt werden, um dadurch freiwerdende Generalstabsoffiziere der Truppe zuzuführen. Wenn diese Regelung praktisch

---

[103] Der Chef des Generalstabes der Luftwaffe Nr. 255/42 geh. v. 11. 4. 1942. BA-MA RL 5/v. 1029. Vgl. Richtlinien für die Ausbildung und Erziehung auf den Akademien der Luftwaffe, Der Reichsminister der Luftfahrt und Oberbefehlshaber der Luftwaffe L.A.III,2 Nr. 611/35 geh. vom 1. 11. 1935. BA-MA RL 2 II/164.

[104] Der Chef des Generalstabes der Luftwaffe Nr. 740/42 geh. v. 28. 10. 1942. BA-MA RL 5/1031.

[105] Persönl. Kriegstagebuch des Generals der Flieger Kreipe, 19. 9. 1944. BA-MA Lw 108/3.

auch wenig änderte, weil der Personalmangel bis dahin sowieso nur die Besetzung der wichtigsten Stellen gestattet hatte, so implizierte sie doch eine Verjüngung, Verkleinerung und Qualitätsminderung des Luftwaffengeneralstabs und dokumentierte die im Führerprinzip angelegte Auffassung von der sekundären Bedeutung der Stabsarbeit. Je jünger die Generalstabsoffiziere waren, desto weniger Erfahrungen und Kenntnisse konnten sie den hohen Führern nötigenfalls entgegensetzen. Hitler brauchte, wie bekannt, den jungen, gläubigen Generalstabsoffizier, wie es der Generalstabschef der Luftwaffe, Jeschonnek, war, und haßte den „kalten Rechner" unter ihnen. Göring tat es ihm gleich. Als revolutionären Emporkömmlingen war ihnen beiden die nicht an Wunschvorstellungen, sondern an der Realität orientierte, sachlich und nüchtern wägende Art der traditionell erzogenen Generalstabsoffiziere fremd.
In den neuen Beförderungsbestimmungen für Generalstabsoffiziere vom 18. Januar 1943[106] wurde betont, daß die Versetzung in den Generalstab auf dem Leistungs- und Führerprinzip beruhte und daß eine frühzeitige Verwendung von sich entsprechend auszeichnenden Generalstabsoffizieren in maßgebenden Führerstellungen dem Befehl vom 28. Oktober 1942 gemäß nötig sei, schon um ihre Benachteiligung in der Beförderung gegenüber den dauernd in der Truppe Dienst tuenden Offizieren auszugleichen. Mit der Versetzung in den Generalstab wurde der Generalstabsoffizier fortan automatisch zum Major befördert. In bestimmten wichtigen Generalstabsstellungen konnte er bei Bewährung nach sechs Monaten und gegebenenfalls in zweimaliger bevorzugter Beförderung zu dem der Dienststellung entsprechenden Dienstrang befördert werden. Sonstige bevorzugte Beförderungen für Generalstabsoffiziere wurden auf „Fälle außergewöhnlicher Tapferkeit vor dem Feinde" und solche festgelegt, „in denen ein Generalstabsoffizier durch Fassung und Durchführung eines selbständigen kühnen Entschlusses eine wichtige Kampfhandlung entschieden hat", wobei der Belohnung durch Auszeichnung der Vorzug einzuräumen war[107]. Damit waren die Beförderungsbedingungen für Generalstabsoffiziere denen der im Einsatz stehenden Truppenführer angepaßt. Aber schon im Mai

---

[106] Der Reichsminister der Luftfahrt und Oberbefehlshaber der Luftwaffe Chef GenSt/LP Nr. 1200/43 geh (Chefabt/IV) v. 18. 1. 1943. BA-MA RL 5/1098.
[107] Der Chef des Generalstabes der Luftwaffe Nr. 2070/43 geh. (LP Chefabt IV) v. 18. 2. 1943. BA-MA L III 109.

1944[108] wurde die Abschaffung der bevorzugten Beförderung von Generalstabsoffizieren auf Grund ihrer Dienststellung erwogen, weil diese Stellen mangels rangälterer, erfahrener und tüchtiger Generalstabsoffiziere, die sich nun in Truppenführerstellen befanden, häufig mit weniger erfahrenen und tüchtigen, rangjüngeren Generalstabsoffizieren besetzt werden mußten, die dann unverdient schnell befördert wurden. Nur noch von der Leistung sollte daher künftig eine bevorzugte Beförderung von Generalstabsoffizieren abhängig gemacht werden. Die automatische Beförderung zum Major bei Versetzung in den Generalstab entfiel. Dies war das Eingeständnis der durch Hitlers Richtlinien und die entsprechenden Luftwaffenverfügungen inzwischen eingetretenen Qualitätsminderung des Luftwaffengeneralstabes. Der mit der schnellen Durchschleusung von Generalstabsoffizieren zu Truppenführerstellen weiterbestehende Mangel an Generalstabsoffizieren verhinderte auch die vorgesehene Rotation zwischen Stabsarbeit und Fronteinsatz und führte wohl besonders in der Luftwaffe zu einer Entfremdung zwischen Truppe und Generalstab, wie sie mit den Stichworten „Überbrückungslehrgänge der Luftkriegsakademie", „Fall Klosinski" und „Jägermeuterei"* (die natürlich keine war) nur angedeutet werden kann. Durch die erwähnten Maßnahmen und durch das Leistungsstreben des einzelnen erlitt die Homogenität des Generalstabes weiteren Schaden, zumal eine Leistung auch in der Gesinnungstüchtigkeit gesehen werden konnte.

---

108 Schreiben Luftwaffenpersonalamt Nr. 1415/44 geh (Chef) 1 v. 18. 5. 1944 an Kommandeur der Luftkriegsakademie. BA-MA RL 5/1038. Sprechzettel LP (Chef) 1 v. 5. 11. 1943. BA-MA RL 5/1039.

* In den Überbrückungslehrgängen sollten vor allem ältere Truppenführer und Fliegerkommandeure zwecks Überbrückung der Kluft zwischen Truppenoffizier und Generalstabsoffizier zu Generalstabsoffizieren ausgebildet werden. Der Fall Klosinski steht für die u. a. vom Kommodore des Kampfgeschwaders 4, Oberstleutnant Klosinski, geführte Kritik junger Truppenkommandeure an der unsachgemäßen Führung der Luftwaffe durch Göring, dessen nächste, durch „Vetternwirtschaft" verbundene Umgebung und am Generalstab, wobei sich auch weltanschauliche Töne einmischten. Vgl. Messerschmidt, Wehrmacht, S. 474 f. Ähnliches gilt für die „Jägermeuterei". Hierzu Steinhoff, In letzter Stunde. Verschwörung der Jagdflieger. München 1975. (zit. Steinhoff). Rezensionen dazu von Oberst a. D. Gollob im Jägerblatt, April 1975, und H. Boog in den Militärgeschichtlichen Mitteilungen Nr. 2/1975, S. 187 ff.; s. ferner Galland, A., Die Ersten und die Letzten, Darmstadt (1953), S. 337 ff.; Baumbach, W., Zu spät? Stuttgart (^{3}1977), S. 96 f., 273; Dahl, W., Rammjäger, Heusenstamm 1961, S. 171 ff.

Im Jahre 1943 hatte die Luftwaffe ihre größte Personalstärke erreicht, die sich mit kleineren Schwankungen etwa ein Jahr lang hielt, um dann rapide abzusinken. Das Luftwaffenpersonalamt verfügte so angesichts des absehbaren Endes einer weiteren stärkemäßigen Ausdehnung am 11. August 1943 strengere Grundsätze für die Beförderung zum Oberst[109], da die Verlängerung der Laufzeiten in Stabsoffizierdienstgraden für Offiziere der dritten Kategorie allein nicht mehr ausreichte, die anstehenden Beförderungen zum Oberst auf ein vertretbares Maß herabzuschrauben. Für Offiziere mit lediglich einseitiger Verwendungsmöglichkeit sollte daher in Zukunft nicht mehr der Oberst, sondern der Oberstleutnant oder nur der Major der Auslaufdienstgrad sein, damit jüngere, einsatzfähige und mehrseitig hochqualifizierte Offiziere in die Oberstenstellen nachrücken konnten. Letztlich zeigte sich in dieser Verfügung die Einsicht in die Kehrseite der bisher geübten vorzugsweise Beförderungspraxis auf Grund meist einseitiger besonderer Leistungen. Verstärkt wurde nun statt bevorzugter Beförderungen auf Verbesserungen des Rangdienstalters ausgewichen. Die Beförderungszeiten wurden zum Abbau von Verstopfungen in den höheren Dienstgraden allmählich wieder verlängert. Als Endplanung wurden im August 1944 für Truppenoffiziere folgende Laufzeiten bis zur Beförderung zum nächsthöheren Dienstgrad vorgesehen: zum Oberleutnant 3 Jahre, zum Hauptmann 4, zum Major 7,5, zum Oberstleutnant 5, zum Oberst 3, zum Generalmajor 5, zum Generalleutnant 2 und zum General 1,5 Jahre. Im Februar 1945 wurde die Beförderungszeit zum Generalleutnant auf drei Jahre verlängert[110], die zum Major um anderthalb Jahre gekürzt[111]. Diese neuen Laufzeiten waren im Durchschnitt ab Oberleutnant etwa doppelt so lang wie die im Jahre 1943 bei der Luftwaffe üblichen[112], die weit unter denjenigen der Marine lagen[113].

---

[109] Der Chef des Luftwaffenpersonalamts Az. 21 Nr. 55854/43 (2,ID) v. 11. 8. 1943, in: BA-MA RL 5/1039.

[110] LP 4, Endplanung – Beförderungszeiten (Truppenoffiziere), 2. 8. 1944. BA-MA RL 5/1037 I.

[111] LP-O Az. 21–3IC– v. 12. 2. 1945, betr.: Beförderungsgrenzen für aktive Offiziere. BA-MA RL 5/1098.

[112] Vgl. Aufstellung der tatsächlichen und der erstrebten Laufzeiten von Luftwaffenoffizieren in ihren Diensträngen, LP 2, ID vom 13. 1. 1943. BA-MA RL 5/1296.

[113] Nach einem Sprechzettel von LP 2, ID v. 14. 1. 1943 waren die damaligen Dienstranglaufzeiten bei der Marine wesentlich länger, Kapitän zur See wurde man nach etwa 21–22 Dienstjahren, Oberst der Fliegertruppe konnte man schon über sieben Jahre früher werden. BA-MA RL 5/1296.

Entlassungen von aktiven und anderen Offizieren aus Gründen ihres Alters, ihrer nicht mehr genügenden geistigen und körperlichen Verfassung oder charakterlichen Eignung und aus Mangel an Planstellen mußten schon Anfang 1944 ins Auge gefaßt werden. Nicht zuletzt sollte dadurch jüngerem Nachwuchs Platz gemacht werden. Man ging davon aus, daß die in der Luftwaffe nicht mehr nutzbringend einzusetzenden Offiziere in der Wirtschaft den Kriegsanstrengungen besser dienlich sein könnten[114]. Gegen Ende des Krieges wurde der große Überhang an Offizieren, die nicht mehr ihrem Dienstgrad gemäß als Führerpersönlichkeiten eingesetzt werden konnten, zum Problem, wie ein durch Ratlosigkeit gekennzeichnetes Gespräch zwischen hohen Vertretern der Offizierkorps von Heer, Luftwaffe und Waffen-SS am 27. Januar 1945 im Führerhauptquartier zeigt[115]. Einzig Göring wagte trotz seines kaum noch vorhandenen Ansehens bei Hitler, diesem entgegenzutreten und das Offizierkorps und den in Ehren verdienten Dienstrang zu verteidigen. Er wandte sich dagegen, daß ein Offizier, nur weil er nicht mehr seinem Rang entsprechend eingesetzt werden konnte, im Rang herabgesetzt würde. Gerade dies beabsichtigte Hitler, der solche Offiziere nicht mehr als Führerpersönlichkeiten ansah und, da er sie angesichts des Aufbaues des Volkssturms auch nicht verabschieden konnte, im Rang, ihrer untergeordneten, neuen Verwendung gemäß, herabsetzen wollte und damit zeigte, daß für ihn ein eigenständiges Offizierkorps nicht existierte. Hitler setzte sich schließlich teilweise durch, wie die Verfügung des Luftwaffenpersonalamtes vom 12. 2. 1945 über die Weiterverwendung von Offizieren, Offizieren im TSD und Wehrmachtbeamten, die zur Entlassung heranstanden, zeigt[116]. Demnach waren die nicht mehr zum Waffendienst verwendbaren und die noch truppendienstfähigen Offiziere ohne Verwendungsmöglichkeit in ihrem Dienstgrad zu entlassen, letztere jedoch als z. V.-Offiziere mit dem ihrer Verwendungsmöglichkeit entsprechenden niederen Dienstgrad oder, falls sie aus charakterlichen oder selbstverschuldeten Gründen nicht mehr als Offiziere einsetzbar waren, in dem ihrer Eignung entsprechenden Unteroffizier- oder Mannschaftsdienstgrad wieder einzuziehen. Über die Verwendbarkeit bis zum Oberst einschließlich entschied der Kommandie-

[114] Der Reichsminister der Luftfahrt und Oberbefehlshaber der Luftwaffe Az. 21 GenStGenQu 2. Abt III/LP 3/2 v. 20. 3. 1944. BA-MA RL 5/1037 II.

[115] Heiber, H. (Hrsg.), Hitlers Lagebesprechungen, Stuttgart 1962, S. 872–883; auch abgdr. in: Untersuchungen, S. 277–285.

[116] Oberkommando der Luftwaffe, Luftwaffenpersonalamt Nr. 2028/45 geh. (Chefabt. IIa/I). BA-MA L III 109.

rende General der Fallschirmausbildungs- und -ersatztruppen. Außerhalb der Truppe, etwa in Stabs- oder Verwaltungsstellen, sollten Offiziere bis zu zwei Dienstgraden unter ihrem erworbenen verwendet werden können, innerhalb der Truppe sollten derartige Verwendungen die Ausnahme bilden und möglichst unter dienstälteren Offizieren erfolgen. Dies war auch ein halber Erfolg Görings.

Wenn sich diese Maßnahmen auch nicht mehr voll auswirkten, so existierte doch ein Offizierkorps mit der traditionellen Homogenität schon lange nicht mehr, falls es dies in der Luftwaffe jemals gegeben hatte. Es war unter anderem der vereinzelnden Wirkung eines Beförderungssystems erlegen, das auf die Führerpersönlichkeit, nicht auf das Korps abgestellt war, wenngleich das die Homogenität stützende Anciennitätsprinzip nicht völlig abgeschafft wurde, sondern in den nicht zuletzt auf die verschiedenartigen Anforderungen einer technisch differenzierten Waffe zurückgehenden Dienstalterslisten gedrittelt und mit geminderter Bedeutung weiterlebte. Das Offizierkorps wurde durch die vielfach technisch bestimmten Stellenerfordernisse und mit Hilfe eines Beförderungssystems atomisiert, das immer mehr von der individuellen Leistung und Bewährung und damit von dem diese Beurteilenden aus- und dabei vom Anciennitätsprinzip abging sowie als Kehrseite bei nachlassender Leistung und ohne den Schutz der Anciennität auch den Abstieg im Dienstgrad nach sich zog. Damit konnten seine einzelnen Elemente um so besser auf den letztlich die Bewertungsmaßstäbe festsetzenden Führer als Pol eines Magnetfeldes ausgerichtet werden. Diese Einschmelzung durch Vereinzelung setzte aber immerhin starke individuelle Kräfte frei. Sie war nicht allein das Werk Hitlers, sondern auch der Kriegserfordernisse, die, wie Papke es formulierte, nach soldatischen Führern und nicht Funktionsträgern einer Korporation verlangten[117]. Daß die meisten Offiziere auch der Luftwaffe diese Beförderungspolitik als unter den Umständen notwendig und angemessen hinnahmen, deutet darauf hin, daß sie selbst nicht mehr in dem alten Ordnungsbewußtsein lebten[118]. Mangel an dem alten Korpsgeist scheint sich darin auszudrükken, daß Luftwaffenoffiziere maßgeblich nicht am Aufstand des 20. Juli 1944 beteiligt waren. Gerade dort, wo vorzugsweise Beförderungen und hohe Auszeichnungen nach dem Prinzip von Leistung und Bewährung am häufigsten vorkamen, nämlich bei den Jägern, trafen die individuellen Anschauungen am härtesten aufeinander und wurde das Korpsge-

---

[117] Papke, S. 203.
[118] Ebd., S. 206.

fühl in den Hintergrund gedrängt, wie das Buch von Steinhoff über die sogenannte Verschwörung der Jagdflieger beweist. Ähnliches gibt es von den Bomber- oder Flakoffizieren nicht zu berichten. Sicherlich war an der Auflösung des Korpsgeistes in der Luftwaffe auch die das funktionale Denken erfordernde Technik beteiligt. Politisch und sozialgeschichtlich gesehen hat aber das auf der individuellen Leistung und Bewährung und auf individuellen Fachkenntnissen und -fähigkeiten beruhende Auswahl- und Beförderungssystem auch positive Aspekte, wenn man die Nachkriegskarrieren der auf diese Weise zu einer Elite aufgestiegenen Offiziere etwa in der Wirtschaft verfolgt. Gewiß ist der rasche wirtschaftliche Aufstieg Deutschlands zu einem großen Teil dieser durch Fachkenntnisse und die Fähigkeit zu rationalem Denken hierfür gut vorbereiteten und auf Leistung trainierten Elite zu verdanken, die im Grunde schon „bürgerlich" war, wie es Papke ausdrückte. Hätten sie sich weiterhin in erster Linie als Angehörige eines Offizierkorps verstanden, wäre der Wiederaufbau wohl auch politisch nicht so reibungslos vonstatten gegangen.

7. EHRE, IDEOLOGIE

Der Einschmelzungsprozeß wurde schon frühzeitig auch von anderer Seite eingeleitet, wie etwa mit dem von Milch am 15. Juni 1934[119] für die Luftwaffe in Kraft gesetzten Erlaß des Reichswehrministers vom 24. Mai 1934[120] über „Wehrmacht und Nationalsozialismus", wonach die Offiziere vom Gedanken der Volksgemeinschaft erfüllt sein und sich bei Feiern zu ihren Mannschaften setzen sollten, oder durch den Erlaß des Reichswehrministers „Erziehung in der Wehrmacht" vom 16. April 1935[121], der alte preußische Werte mit ideologischen Forderungen verknüpfte und der Wehrmacht die Aufgabe zuwies, „ein nationaler und gesellschaftlicher Schmelztiegel für die Erziehung eines neuen deutschen Menschen" zu sein. Der Offizier sollte nicht nur zur Wehrhaftigkeit erziehen, sondern auch weltanschaulich Vorbild sein. Diesem Einebnungsprozeß war die durch das nationale Schicksal und die anfänglichen Erfolge Hitlers starke nationale Begeisterung der dreißiger Jahre und wohl auch die Tatsache förderlich, daß die Masse der Luftwaffenoffiziere kein

[119] Der Reichsminister der Luftfahrt Nr. 6350/34 g.Kdos IV 1. BA-MA RL 5/1235.

[120] Absolon I, S. 83.

[121] Nr. 600/35 g J IVa. BA-MA RL 5/1235, Bl. 127 ff.

eigenes Vermögen besaß und auf das Gehalt angewiesen war[122]. Die im Gefolge einer Anordnung des Oberkommandos des Heeres vom 22. Mai 1942 am 20. September desselben Jahres von Göring verfügte Außerkraftsetzung[123] der schon 1933[124] ins Leben gerufenen Offiziersehrengerichtsbarkeit der Luftwaffe, die er als „unzeitgemäße Einrichtung" bezeichnete, war nach der Inkraftsetzung des Ehrenabkommens zwischen Partei und Staat vom 31. August 1939[125] ein weiterer Schlag gegen die vom Nationalsozialismus als antiquiert betrachteten Ehrbegriffe des Offizierkorps und damit gegen dessen Homogenität. Ehrenräte blieben als Organe der Kommandeure bestehen. Ehrenprüfverfahren und Ehrenverfahren fielen fort[126]. Nicht mehr das Korps vermittels seiner Ehrenräte führte diese jetzt durch, sondern der zuständige Vorgesetzte ahndete Verstöße durch Belehrung oder Verwarnung bzw. disziplinar oder gerichtlich, in schweren Fällen der Oberbefehlshaber selbst. Auf die ein Jahr später erfolgte Abschaffung der Offizierwahl sei noch einmal hingewiesen. Die preußisch-deutschen Offiziersehrenbegriffe blieben trotzdem im allgemeinen verbindlich, wie die Behandlung von Ehrenfällen[127] in der Luftwaffe zeigt, doch läßt sich eine zunehmend pragmatische und individualisierende Handhabung und Betrachtungsweise dabei nicht verleugnen. Befahl Göring anfangs noch in der Absicht, bei dem sehr heterogenen Luftwaffenoffizierkorps die Entwicklung eines einheitlichen Korpsgeistes zu fördern, daß jeder Offizier der Luftwaffe seine Ehre auch gegenüber Angehörigen von NSDAP-Organisationen mit allen Mitteln zu verteidigen habe, so schlug er später notwendige Ehrenprüfverfahren zuweilen nieder, weil die Luftwaffe immer mehr Offiziere benötigte und Göring meinte, auf keinen von ihnen, soweit er sich nicht schwerwiegender Ehrverletzungen schuldig gemacht hatte, verzichten

[122] Hübener, A., Die wirtschaftliche Stellung der Offiziere und Unteroffiziere der Luftwaffe, in: Jahrbuch der Luftwaffe 1940, S. 160 ff.

[123] LVBl. 1942, Ziff. 2420.

[124] Vgl. BA-MA RL 5/1235, Bl. 140 ff.

[125] Vgl. Messerschmidt, Wehrmacht, S. 386.

[126] LVBl. 1942, Ziff. 2761.

[127] Akte „Grundsätzliche Erziehungsverfügungen". Behandlung von Ehrenfällen von Offizieren, und Oberkommando der Luftwaffe Az. 14e10 Nr. 85/44 geh(II) Chef f. Ausz. u. Diszipl. v. 19. 8. 1944, betr.: Zusammenstellung der wichtigsten Verfg. betr. Offiziers-Erziehung pp. BA-MA RL 5/1156. Vgl. Papke, S. 203.

zu können[128]. So wurde von Richtlinien für die Behandlung von Ehrenfragen abgesehen und – das mutet sehr modern an – auf die Umwelteinflüsse zum Verständnis von Ehrenverfehlungen hingewiesen. Für Göring gab es keine Sonderehre für Offiziere, weil ihm das Offizierkorps kein besonderer Stand war[129]. „Ehrenbegriffe", so hieß es im Neudruck über „Wahrung der Ehre"[130], „sind unter anständigen Menschen gleich", und: „Die Ehre des deutschen Menschen ist Treue zum Führer und Volk." Die demokratisierende und gleichzeitig totalisierende Tendenz des Nationalsozialismus wird hier deutlich spürbar. Sie blieb in Offizierkreisen nicht ohne Resonanz. NS-ideologische Bewertungsmaßstäbe griffen immer mehr um sich. Vor allem die reaktivierten Offiziere brachten sie in das Offizierkorps hinein[131], aber auch die jungen Offiziere. Die vorläufigen Richtlinien für die Ausbildung der Offizieranwärter der Luftwaffe vom 23. März 1938[132] sahen allerdings während eines 33wöchigen Ausbildungsabschnittes nur 132 von 1 551 Unterrichtsstunden im Wehrwesen für den nationalpolitischen Unterricht vor. Dies waren vier von 47 Wochenstunden. Doch schon Anfang 1939 wurde darauf gesehen, daß bei der Beurteilung sämtlicher Offiziere deren weltanschauliche Auffassung und Fähigkeit zu weltanschaulichem Unterricht gewertet und bei Beförderungen zum Offizier die Lektüre von Hitlers „Mein Kampf" bestätigt wurde[133], schwerwiegende Forderungen, die aber bei der Truppe meist als Formalien behandelt wurden, war doch nationale Gesinnung äußerlich oft nur schwer von nationalsozialistischer zu unterscheiden, wenngleich beide im Grunde tatsächlich sehr verschieden waren. Bei Offizieren und Mannschaften der Fliegertruppe herrschte durchaus keine einhellige Begeisterung für die NS-Partei. Im

---

[128] Wien, O., Ein Leben und viermal Deutschland. Erinnerungen aus siebzig Lebensjahren 1906–1976. Düsseldorf (1978) (zit. Wien, Leben), S. 157 ff., 174 ff.

[129] Vgl. Messerschmidt, Wehrmacht, S. 87.

[130] Offiziere im Bild von Dokumenten aus drei Jahrhunderten (= Bd. 6 der Beiträge zur Militär- und Kriegsgeschichte, hrsg. vom Militärgeschichtlichen Forschungsamt), Stuttgart 1964, S. 270 f.; vgl. Messerschmidt, Wehrmacht, S. 87.

[131] Rieckhoff, S. 84.

[132] Der Reichsminister der Luftfahrt und Oberbefehlshaber der Luftwaffe LIn. 10 Abt IA Az. 34a Nr. 379/38 geh v. 28. 3. 1938. BA-MA RW 6/v. 147.

[133] Der Reichsminister der Luftfahrt und Oberbefehlshaber der Luftwaffe, LP Nr. 91/39 geh v. 10. 1. 1939 (BA-MA G-3).

Gegenteil[134]! Aber der ideologische Druck von oben wurde immer stärker. Die Verfügung Görings über die „Verfolgung politischer Straftaten in der Wehrmacht" vom 28. Juli 1943[135] endete mit den Sätzen: „Offizier kann nur sein, wer rückhaltlos für den nationalsozialistischen Staat und die nationalsozialistische Wehrmacht eintritt. Er muß Vorbild sein für seine Soldaten und für die gesamte Bevölkerung. Ein Offizier der Luftwaffe hat stets und überall als unbedingter Garant des deutschen Siegeswillens zu gelten." Offiziere, deren Vorbehalte gegenüber dem Nationalsozialismus bekannt waren, wurden aus der Offizierserziehung entfernt. Vor allem deswegen mußten die beiden Kommandeure der Luftkriegsakademie, die Generalleutnante Dr. Knauß und Rieckhoff gehen, letzterer u. a., weil er seine Tochter hatte taufen lassen[136].

Die Luftwaffe wehrte sich, auch nachdem am 24. September 1944 die Mitgliedschaft von Soldaten in der NSDAP freigegeben worden war[137], gegen ein Überhandnehmen des Parteieinflusses. Die Luftkriegsakademie hielt ihren regulären Lehrplan bis nach dem 20. Juli 1944 auffallend frei von parteipolitischen Veranstaltungen und beschränkte sich auf rein militärisch-taktische Belange. Nach dem 20. Juli 1944 kam sie in den Geruch des Defaitismus. Noch am 15. September 1944 verfügte ihr Kommandeur, daß „entsprechend dem Charakter der Akademie ... massenpsychologische Beeinflussung [im Unterricht] vermieden werden" müsse[138]. Wenn auch der neue Chef des Generalstabes der Luftwaffe vielleicht aus Tarnungsgründen in seinem Tagesbefehl vom 29. August 1944 und in sei-

---

[134] Vgl. Stahl, P. W., Kampfflieger zwischen Eismeer und Sahara. Stuttgart (1973), S. 11: „ . . . führende(r) Leute in der Luftwaffe, für die alles, was Partei ist, ein rotes Tuch bedeutet . . . " (gem. Tagebucheintragung vom 10. 2. 1940); S. 121: Opposition gegen die Partei bei uns allgemein (16. 3. 1941); S. 261: „Die meisten von uns mögen den Hitler nicht. In keiner Staffel wird der vorgeschriebene politische Unterricht durchgeführt. Ein jeder von uns haßt die Clique der ‚Goldfasanen' [NSDAP-Funktionäre] in der Heimat. Und alle sind wir uns einig darüber, daß wir, sobald der Krieg zu Ende ist, erst einmal in der Heimat ‚Ordnung' schaffen werden" (13. 9. 1942).

[135] Der Reichsmarschall des Großdeutschen Reiches und Oberbefehlshaber der Luftwaffe. BA-MA RL 5/1156.

[136] Rieckhoff, S. 98.

[137] Erstes Gesetz zur Änderung des Wehrgesetzes v. 24. 9. 1944. Vgl. Messerschmidt, Wehrmacht, S. 429. Die Gesetzesänderung wurde nicht mehr wirksam.

[138] LKA Ia Az. 34 Nr. 12103/44 geh. v. 19. 9. 1944: Richtlinien für den Unterricht im 6. Kriegslehrgang 1944/45. BA-MA RL 5/1032.

nem Aufruf an die Generalstabsoffiziere[139] eine Ergebenheitsadresse an Hitler in diesem genehmen Formulierungen richtete, wonach der Generalstab der Luftwaffe „in allem ein Vorbild treuesten nationalsozialistischen Soldatentums sein" werde und „dünkelhafter Intellekt und eiskalte Berechnung keine Führungsmittel" seien, so war er selbst doch nicht der Typ des gläubigen Gefolgsmannes und wurde von Hitler bald gerade deswegen nicht mehr empfangen[140]. Statt mit der Einführung der Nationalsozialistischen Führungsoffiziere einen Parteidienstweg für die der Truppenführung als ebenbürtig an die Seite gestellten weltanschaulichen Führungs- und Erziehungsaufgaben anzunehmen, wurde aus traditionellem und institutionellem Denken nicht diesen, sondern den Truppenführern die Veantwortung für die NS-Führung in der Luftwaffe übertragen. Die Luftwaffe lehnte das Kommissarsystem ab[141]. Der Generalstab forderte die Unterstellung der NS-Führungsoffiziere unter die Chefs der Stäbe und bekämpfte das Herauslösen gewisser Arbeitsgebiete aus deren Bereichen, worin eine Erschütterung des Wesens des Generalstabes gesehen wurde[142]. Die grundsätzlichen Anordnungen Nr. 1 vom 10. Oktober 1944[143] und Görings Verfügung vom 16. Januar 1945 über den NS-Führungsstab der Luftwaffe[144] gingen allerdings über diese Einwände hinweg und stellten den NS-Führungsoffizier in einem Stabe dem Chef des Stabes gleich. Der Generalstab wehrte sich weiterhin dagegen, indem sein Chef den Gleichstellungspassus in der vorläufigen Dienstanweisung für den Chef des NS-Führungsstabes der Luftwaffe gegen dessen Protest gar nicht erwähnte[145] und die Organisationsabteilung des Generalstabes dessen Wünsche nach personeller Erweiterung ablehnte[146]. Auch in der Truppe setzte teilweise passiver

[139] BA-MA RL 2/v. 3399.

[140] Pers. Kriegstagebuch des Generals der Flieger Kreipe, 19. 9. 1944. BA-MA Lw 108/3.

[141] Vgl. Messerschmidt, Wehrmacht, S. 467 f.

[142] Schreiben Generalquartiermeister Az. 11b12 Nr. 1941/44 geh (2. Abt. IIA) v. 24. 7. 1944 an Chef der Personellen Rüstung und NS-Führung der Luftwaffe. BA-MA RL 2/991.

[143] Vgl. Messerschmidt, Wehrmacht, S. 470.

[144] Der Reichsmarschall des Großdeutschen Reiches Adj. Nr. 235/44 geh. vom 16. 1. 1945. BA-MA RL 5/1140.

[145] Oberkommando der Luftwaffe Luftwaffenorganisationsstab Nr. 2047/45 geh. (GenStGenQu 2. Abt(I)) v. 15. 2. 1945. BA-MA RL 2/1338.

[146] Schreiben Oberkommando der Luftwaffe Der Chef des NS-Führungsstabes Az. Chefabt/IB Nr. 166/45 geh. v. 14. 3. 1945 an Oberkommando der Luftwaffe Chef des Generalstabes u. a. BA-MA RL 2/1338.

Widerstand, ja sogar ein regelrechter Kleinkrieg gegen NS-Führungsoffiziere ein, so wenn ihnen zum Beispiel die Gestellung von Kraftwagen für Truppenbesuche mit vordergründigen Argumenten verweigert wurde[147]. Sie stellten sowieso meist nur eine sehr kompromißhafte Offiziersauslese dar. Im allgemeinen richteten sich die NSFO sogar nach den Richtlinien der Chefs der Stäbe, obwohl sie wie diese den Kommandeuren in gleicher Weise unmittelbar unterstellt waren[148].
Sicherlich hätte am Ende dieser Entwicklung die Unterwerfung auch der Luftwaffe unter die Partei gestanden, wie sie sich auch mit der wachsenden Einflußnahme Goebbels' in seiner Eigenschaft als Reichsbevollmächtigter für den totalen Kriegseinsatz, mit der über Bormann an Hitler gelangenden und sich steigernden Kritik der Gauleiter an der Luftwaffe und mit dem Einschwenken mancher verbitterter Frontkommandeure[149] auf eine politische Ausrichtung der Offiziere bereits anbahnte. Dieser politischen Usurpierung der Macht in der Luftwaffe kam jedoch die militärische Niederlage zuvor.

8. BEMERKUNGEN ZUM GENERALSTAB, ZUR GENERALITÄT UND ZUM FÜHRUNGSSTIL

Zur Ergänzung seien noch einige Angaben über den Generalstab[150] der Luftwaffe und über die Luftwaffengeneralität nachgereicht. Am 13. November 1935 zählte der Generalstab der Luftwaffe 29 Offiziere[151], am

---

[147] Beschwerde des Chefs des NS-Führungsstabes der Luftwaffe über den Chef des Stabes des Generals der Jagdflieger v. 28. 3. 1945 an den Chef des Generalstabes der Luftwaffe. BA-MA RL 5/1040. Vgl. hierzu die Hinweise auf ähnlich ablehnendes Verhalten im deutschen Heer bei Quinnet, Robert L., „The German Army Confronts the NSFO", in: Journal of Contemporary History, Vol. 13, No. 1, January 1978, S. 53—64.

[148] Nielsen, The German Air Force General Staff, S. 188 f.

[149] Vgl. den „Fall Klosinski" bei Messerschmidt, Wehrmacht, S. 474 f., und Steinhoff.

[150] Zum Generalstab der Luftwaffe allgemein siehe die erwähnten Studien von Nielsen (Anm. 21) und Speidel (Anm. 19) sowie die Studie von Kesselring, A., Generalfeldmarschall, Berührungspunkte des Heeres-Generalstabes mit dem Luftwaffengeneralstab. BA-MA Lw 101/11 (zit. Kesselring), Bl. 170—190.

[151] Der Reichsminister der Luftfahrt und Oberbefehlshaber der Luftwaffe LP Stab Nr. 9028/35 geh v. 13. 11. 1935, betr.: Generalstabsoffiziere. BA-MA RL 5/1230.

1. Oktober 1939 145 oder 1,2% des damaligen aktiven Offizierkorps[152]. Vorhanden waren zu dieser Zeit 295 Generalstabsstellen. Seine höchste Stärke erreichte er am 1. Januar 1945 mit 2 % des aktiven Offizierkorps oder 356 Offizieren bei 390 Generalstabsstellen, in denen sich aber nur 222 Generalstabsoffiziere befanden[153]. Der Generalstab verlor vom 1. September 1939 bis zum 1. März 1945 115 gefallene, vermißte, tödlich verunglückte, verstorbene oder in Gefangenschaft geratene Generalstabsoffiziere und -anwärter[154]. Sein Blutzoll war demnach sehr hoch, aber nicht so hoch wie beim gesamten aktiven Offizierkorps, das bis zum 31. Dezember 1944 beinahe die Hälfte seines damaligen Bestandes von etwa 18 000 Offizieren, nämlich 8 451 allein an Gefallenen, Vermißten und Gefangenen verloren hatte[155], während die entsprechenden (ohne Verwundete) Verluste des gesamten Offizierkorps der Luftwaffe bis zum 30. November 1944 18 338 Offiziere bei einem seinerzeitigen Ist-Bestand von 72 511 Köpfen betrugen[156]. Zum Luftwaffengeneralstab gehörten im Laufe seines zehnjährigen Bestehens insgesamt rund 550 Offiziere. Dies waren ca. 0,6% aller im Kriege bei der Luftwaffe vorhandenen Offiziere oder fast 0,02% aller Soldaten, die im Kriege zur einen oder anderen Zeit in der Luftwaffe gedient hatten. Die 550 Generalstabsoffiziere und in höhere Truppenführerstellungen aufgestiegenen ehemaligen Generalstabsoffiziere der Luftwaffe erwarben im Laufe des Krieges knapp 4 % der 1 750 in der Luftwaffe verliehenen Ritterkreuze, 3,7 % der 242 Ritterkreuze mit Eichenlaub, knapp 4 % der 54 Ritterkreuze mit Eichenlaub und Schwertern und 8% der Brillanten[157]. Die meisten dieser Auszeichnungen wurden wegen Tapferkeit verliehen. Soldatisch war der Generalstab, wie aus diesem Vergleich hervorgeht, eine Elite.

Von seiner Organisation her und wegen seines nur kurzen Bestehens war der Generalstab der Luftwaffe kein festgefügtes Korps und aus dem

---

152 Angaben in den monatlichen Statistiken des Luftwaffenpersonalamtes über die Generalstabsoffiziere, z. B.: Der Reichsminister der Luftfahrt und Oberbefehlshaber der Luftwaffe, Luftwaffenpersonalamt Nr. 65/44 gKdos (Chef) 1 v. 1. 1. 1944. BA-MA III L 50/1. Vgl. Völker, Luftwaffe, S. 125.

153 Oberkommando der Luftwaffe Luftwaffenpersonalamt Chefabt. Gr. G Nr. 184/45 gKdos v. 1. 1. 1945. BA-MA RL 5/1036.

154 Oberkommando der Luftwaffe Luftwaffenpersonalamt Chefabt. Gr. G Nr. 768/45 gKdos v. 1. 3. 1945. BA-MA RL 5/1036.

155 Entwurf/Pk. Verluste des Offizierkorps seit 1. 9. 1939 – 31. 12. 1944 einschl. Sonderlaufbahnen und TSD, Anlage zu LP 206/45 geh. BA-MA RL 5/1123.

156 OKW/AWA/WVW (V), Gesamtausfälle der Luftwaffe (nach dem Stand vom 30. 11. 1944), Saalfeld/Saale, d. 18. 1. 1945. BA-MA RL 5/1123.

157 Vgl. Feuerstein, G., Mit und ohne Ritterkreuz. Stuttgart (1974), S. 64.

zuletzt genannten Grund nicht mit dem Heeresgeneralstab zu vergleichen. Wie dieser bestand er aus Generalstabsoffizieren, die entweder im (Großen) Generalstab ihres Wehrmachtteiles selbst oder in den Truppengeneralstäben bzw. beim OKW oder aber im Zuge der Rotation zwischen Front- und Stabsverwendung — die angestrebten 30 % in der Frontverwendung wurden nie erreicht — bei den Frontverbänden eingesetzt waren und ihre disziplinarische Spitze im Chef des Generalstabes der Teilstreitkraft hatten. Der „Generalstabsdienstweg" war verboten. Generalstabsressorts waren die Führung (Ia-Bereich), der Quartiermeisterdienst einschließlich Organisation (Ib), der Feindnachrichtendienst (Ic) und das Luftnachrichtenwesen. Einen technischen Zweig gab es, wie erwähnt, nicht. Wegen der aus technischen Gründen notwendigen starken Differenzierung des Ia-Bereiches in höheren Stäben und auch aus einer unübersehbaren Bevorzugung dieses Bereiches auf Kosten der anderen waren hier die meisten der Generalstabsoffiziere tätig. Krönung einer Generalstabsoffizierlaufbahn war vor allem die Stellung des Chefs des Generalstabes der Luftwaffe oder aber einer Luftflotte, daneben die eines Abteilungschefs im Generalstab der Luftwaffe oder im Reichsluftfahrtministerium, ferner die des Generalquartiermeisters der Luftwaffe oder eines Oberquartiermeisters einer Luftflotte. Der Unterschied zwischen dem Generalstab der Luftwaffe und den Truppengeneralstäben vergrößerte sich während des Krieges, weil in letzteren noch verhältnismäßig sinnvoll gearbeitet werden konnte und eine gesündere Arbeitsatmosphäre herrschte als im ersteren, in dessen Tätigkeit Göring und später besonders Hitler immer unsinniger hineinbefahlen, so daß planvolles Arbeiten dort nicht mehr möglich war.

Gegen Ende des Krieges faßte Generalmajor Herhudt von Rohden, der Chef der Kriegswissenschaftlichen Abteilung der Luftwaffe, erstmals die Vorstellungen über den idealen Generalstabsoffizier zu einem Gesamtbild zusammen[158], das in die Feststellungen mündete, die Bewährung vor dem Feind als Einheits- und Verbandsführer sei eine Selbstverständlichkeit für den Generalstabsoffizier und über alles Wissen und Können hinaus werde der Grundton der Haltung des Generalstabsoffiziers durch das Verständnis und die Liebe zur Truppe sowie durch den Stolz auf seine Waffe bestimmt. Der Wert der geistigen Bildung wurde besonders hervorgehoben, denn ihr Mangel bringe den Verlust der

---

[158] Oberkommando der Luftwaffe, Chef des Generalstabes Nr. 20/44 (8. Abt. Chef) v. 20. 4. 1944: Hinweise für den Truppenführer der Luftwaffe, Teil 1B II: Der Generalstabsoffizier, Heft 4 der Studien zum Luftkrieg. BA-MA RL 2/v. 3170a, S. 23 ff.

Schlachten von morgen mit sich. Im übrigen knüpfte das Bild des Luftwaffengeneralstabsoffiziers an die Tradition des preußisch-deutschen Generalstabes an. Die Ausarbeitung über den Generalstabsoffizier der Luftwaffe enthielt keinerlei NS-ideologische Elemente.

Auch Generalleutnant Wever, der erste Generalstabschef der Luftwaffe, hatte in seiner Rede zur Eröffnung der beiden Akademien der Luftwaffe am 1. November 1935 seine Vorstellungen über den Generalstabsoffizier entwickelt[159]. Sein großes Ziel, den Generalstabsoffizier soweit auszubilden, daß er die Taktik und die Technik, die ihm beide gleich wichtig für die Luftwaffe waren, sozusagen in einer Person beherrschte, konnte aus Zeitmangel und aus Unterschätzung der Technik durch seine Nachfolger – für Jeschonnek waren Taktik und peinlich genaues Arbeiten das Ausschlaggebende, die Technik war ihm von untergeordneter Bedeutung[160] – nicht verwirklicht werden. Es befanden sich kaum Techniker unter den Generalstabsoffizieren. Die Generalstabsliste mit dem Stand vom 31. März 1940[161] wies nur elf von 238 dort aufgeführten, auch ehemaligen Generalstabsoffizieren mit dem Titel eines Diplom- oder Doktoringenieurs auf. Es könnten noch die zwölf erfolgreichen Absolventen der Lufttechnischen Akademie hinzugezählt werden, von denen sich im Januar 1943 aber nur einer im Technischen Amt befand[162]. Da aber diese Offiziere mit der Erlangung ihres Diploms im allgemeinen der Wissenschaft entsagten und auch keine Industriepraxis absolvieren konnten, war ihr Wert für die Führung der Technik in der Luftwaffe begrenzt. Sie wurden deshalb zuweilen als „Auch-Ingenieure"[163] von den Ingenieuren abgetan.

Wahrscheinlich wäre das Weversche Ziel auch bei einer normalen Friedensentwicklung der Luftwaffe nicht erreicht worden, weil diese dem

---

159 Vortrag des Generalmajors Wever bei Eröffnung der Luftkriegsakademie und Lufttechnischen Akademie in Berlin-Gatow am 1. November 1935, in: Die Luftwaffe. Militärwissenschaftliche Aufsatzsammlung, Heft 1, Berlin, 20. Januar 1936, S. 5–9.

160 Anlage 2 zu Der Reichsminister der Luftfahrt und Oberbefehlshaber der Luftwaffe Generalstab 3. (takt.) Abt(I) Nr. 230/39 gKdos. V.Ang v. 29. 6. 1939, Besprechung der Planübung des 2. Spieltages der Generalstabsreise, S. 5. BA-MA RL 2/v. 3404. Luftflottenkommando 3 Führungsabteilung Nr. 2778/39 gKdos., o. D. Verlauf der Generalstabsreise der Luftwaffe 1939 (Aufzeichnung des Majors i. G. Koller), 1. Tag, S. 36. BA-MA RL 7/159.

161 BA-MA RL 5/1030.

162 BA-MA RL 5/1031, Bl. 54

163 Ludwig, K.-H., Technik und Ingenieure im Dritten Reich, Düsseldorf (1974) (zit. Ludwig), S. 267.

humanistischen Ideal der umfassenden Allgemeinbildung und der entsprechend urteilsfähigen Persönlichkeit entstammende Vorstellung an der Differenziertheit des modernen Militärwesens und an dem Zwang der Technik zur Spezialisierung gescheitert wäre. Daß taktisch-technische Entscheidungen nicht von einer wenn auch noch so gebildeten Persönlichkeit allein richtig getroffen werden können und daß es eines Gremiums von Fachleuten bedürfe, um richtige taktisch-technische Führungsentscheidungen vorzubereiten, war in der Luftwaffe wohl nur wenigen in der Truppe und um Milch wirklich klar. Dazu hätte es noch eines anderen als des personalen und traditionalen, auf formaler Disziplin und Amtsautorität beruhenden Führungsstiles bedurft, der sich in der Luftwaffe besonders stark mit dem — wie die bis 1944 uneingeschränkt gültige Bezeichnung ihrer gesamten ministeriellen und militärischen Führungsspitze als Der Reichsminister der Luftfahrt und Oberbefehlshaber der Luftwaffe[164] zeigt — dort herrschenden Führerprinzip[165] verband. Daß der Übergang zum kooperativen, auf Fachautorität und funktionaler Disziplin beruhenden Führungsstil, wie ihn in der Luftwaffe gerade die Technik nahelegte, nicht stattfand, lag am Zeitmangel, am Führerprinzip, das im Dritten Reich überhaupt herrschte und von dem die Luftwaffe nicht abrücken konnte, an dem Fehlen von Diplomingenieuren und Technikern gerade des Flugzeugbaues allgemein in den dreißiger Jahren und speziell in der Luftwaffe, wie es Ludwig dargestellt hat[166], an der nicht weitergeführten technischen Generalstabsausbildung der Luftwaffe, an dem Umstand, daß alle nichtmilitärischen, Spezialkenntnisse voraussetzenden Belange von vornherein Militärbeamten oder Ingenieuren übertragen wurden, die der Offizier, der das Kommando beanspruchte, lediglich als seine Gehilfen ansah — ein teil-

---

[164] Vgl. das Gutachten der Amtsgruppe Recht v. 15. 12. 1943 über die Zeichnungsbefugnis im Reichsluftfahrtministerium (BA-MA RL 2/v. 999). Dort heißt es: „Der im Reichsluftfahrtministerium verwendete Briefkopf ‚Der Reichsminister der Luftfahrt und Oberbefehlshaber der Luftwaffe' entspricht dem im Deutschen Reich, besonders in Preußen, seit jeher üblichen. Nicht ein anonymes Amt, sondern der Leiter dieses Amtes tritt der Außenwelt im Sinne des Führerprinzips entgegen ... Das Reich hat diese autoritäre Form im allgemeinen übernommen." Die unpersönliche Bezeichnung „Reichsluftfahrtministerium" stehe „dem Führerprinzip in der Verwaltung" entgegen.

[165] Vgl. Kesselring, Bl. 182: „In der Luftwaffe herrschte von Anfang an das reine Führerprinzip: Einer befiehlt und hat die Verantwortung".

[166] Ludwig, S. 281, 284.

weise spannungsreiches Verhältnis, da sich diese zivilen Spezialisten auch ihres Wertes bewußt waren –, und wohl auch an dem „Antiamerikanismus", d. h. an dem Unverständnis gegenüber der mehr rationalen Lebens-, Denk- und Handlungsweise in einer technischen Zivilisation, wie es die vor allem irrationale Werte betonende nationalsozialistische Ideologie beherrschte, zuletzt aber sicherlich daran, daß die maßgebenden Luftwaffenführer auf Grund ihrer Erziehung gar nicht geistig darauf vorbereitet waren und Technik und Ingenieure einseitig auf dem Befehlsweg glaubten führen zu können.

Über die Ursachen der Unterbewertung der Technik in der Luftwaffe, die ja nur einen Ausschnitt der allgemeinen Unterbewertung der Technik in Militär und Gesellschaft während der vorangegangenen hundert Jahre darstellte, gibt es noch keine befriedigenden Untersuchungen. Zum tieferen Verständnis des Phänomens wird man nicht nur auf die Abstraktheit, Kompliziertheit und Seelenlosigkeit des Technischen hinweisen können, sondern auf weiter zurückliegende Ursachen zurückgehen müssen, die, wie in anderen Ländern auch, von den durch die Französische Revolution und die Industrialisierung ausgelösten politischen und sozialen Veränderungen bestimmt wurden. Speziell ist dabei die politische und soziale Entwicklung Deutschlands während der letzten Jahrzehnte der preußisch-deutschen Monarchie zu betrachten. Man muß sich auch vergegenwärtigen, daß der Offizierstand in Preußen seine Gesinnung und Moral vornehmlich aus aristokratisch-feudaler Wurzel entwickelte und daß sich das neu in die militärische Führungsschicht drängende Großbürgertum immer feudaler gab, sich dem „seigneural-aristokratischen" Lebensstil immer mehr anpaßte und ihn übernahm[167], während die Technik vor allem vom Erwerbsbürgertum und Proletariat getragen wurde, die beide das teilweise feudalisierte, besitzende und gebildete Bürgertum und die Aristokratie aus ihren politischen und gesellschaftlichen Führungsstellen zu verdrängen im Begriffe waren. Im politischen Abwehrkampf der Monarchie und ihrer Stützen, des monarchisch-exklusiven Offizierkorps und der feudalisierten Gesellschaftsteile, gegen die von den unteren und erwerbsbürgerlichen Volksschichten getragenen demokratischen und egalitären Ansprüche auf Mitbestimmung in Staat und Gesellschaft wurden auch die Schulen instrumentalisiert. Wenn sich damals das Militär auch eine mehr auf das Praktische und die Gegenwartsbedürfnisse bezogene Vorbildung seiner Offizier-

[167] Vgl. Martin, G., Die bürgerlichen Exzellenzen. Zur Sozialgeschichte der preußischen Generalität 1812–1918. Düsseldorf (1979), S. 36, 54, 64 f., 74, 106, 128.

aspiranten gewünscht hätte, wie sie die Realgymnasien und Oberrealschulen (aber auch die Kadettenanstalten) vermittelten, so zog es doch Absolventen der humanistischen Gymnasien insbesondere den Oberrealschülern vor, weil die Humanisten den „erwünschten", d. h. das monarchisch-feudalisierte Staats- und Gesellschaftssystem tragenden und als national angesehenen Kreisen entstammten, von denen man meinte, daß sie nicht nur im Erwerbsstreben aufgingen[168]. Es sei daher nun ein Blick auf die Erziehung und Herkunft der im Gegensatz zum gesamten Luftwaffenoffizierkorps noch überschaubaren Gruppe der Luftwaffengenerale geworfen, die den Führungsstil gewiß maßgeblich prägte. Dabei muß einschränkend vorausgeschickt werden, daß Herkunft und Erziehung natürlich nicht als absolut zwingende Maßstäbe für späteres Verhalten gegenüber der Technik angesehen werden können und daß es sich aus Mangel an einschlägigen Autobiographien nur schwer bestimmen läßt, inwieweit die Luftwaffengeneralität durch ihre soziale und regionale Herkunft, durch Erziehung und Beruf in ihrer Einstellung zur Technik und zu einem die Technik mit einbeziehenden Führungsstil beeinflußt wurde. Aber es ist auch nicht von der Hand zu weisen, daß diese Faktoren einen bestimmenden Einfluß hatten oder aber Anhaltspunkte hierfür liefern können. Man wird sich zunächst an die äußeren Lebensdaten der Generale halten müssen.
Von 570[169] Offizieren, die in der Luftwaffe Generale waren, hatten nur 27 einen Doktor- oder Diplomingenieur- bzw. Ingenieurtitel erworben;

[168] Vgl. Messerschmidt, M., „Militär und Schule in der wilhelminischen Zeit", in: Militärgeschichtliche Mitteilungen 1/1978 (zit. Messerschmidt: Schule), S. 56, 63, und ders.: „Die preußische Armee", in: Handbuch zur deutschen Militärgeschichte 1648–1939, hrsg. vom Militärgeschichtlichen Forschungsamt, Bd. IV, 2, München 1976, S. 108; ferner auch Bald, Detlef, „Soziale Herkunft und soziale Mobilität des deutschen Offizierkorps 1900–1978", in: Zoll, R. (Hrsg.), Wie integriert ist die Bundeswehr? Zum Verhältnis von Militär und Gesellschaft in der Bundesrepublik. München, Zürich (1979), S. 185 ff.

[169] Dies ist die Zahl, die Kurt Bertram in seiner Privatarbeit Kurzbiografien der Generale der deutschen Luftwaffe vom Februar 1972 angibt. Die vom Bundesarchiv-Zentralnachweisstelle, Kornelimünster, herausgegebenen Ranglisten der Luftwaffengenerale von 1963 (Generale bis Reichsmarschall) und 1966 (Generalleutnante und Generalmajore) sowie die Rangliste der deutschen Luftwaffe vom 20. 4. 1945, Teil A I, 1. Bd., hrsg. vom Personenstandsarchiv II des Landes Nordrhein-Westfalen, kommen auf 565 Luftwaffengenerale. Nach Bertram gab es in der Luftwaffe 1 Reichsmarschall, 5 Generalfeldmarschälle, 12 Generalobersten, 105 Generale der

285 hatten zur Zeit ihrer Übernahme aus Heer, Marine und Polizei in die Luftwaffe keinerlei fliegerische Vorbildung. Eine Auswertung der 513 im Bundesarchiv-Militärarchiv Freiburg einsehbaren Personalakten von Luftwaffengeneralen ergab hinsichtlich ihres Bildungsganges folgende Zahlen:

Bildungsgang geht aus Personalakte nicht hervor		162
Abitur, humanistisches Gymnasium	172	
Abitur, Realgymnasium	43	
Abitur, Oberrealschule	20	
Abschluß einer Kadettenanstalt	74	
Höhere Schule (meist hum. Gymn.), aber ohne Abitur (meist mittl. Reife)	27	
Ohne höhere Schulbildung	15	
	351	351
		513

Nimmt man an, daß die Verhältnisse bei den 162 Generalen, deren Personalakten keine Information über den Bildungsweg geben, und bei den 57, deren Akten nicht eingesehen werden konnten, ähnlich lagen wie bei den 351, deren Bildungsgang bekannt ist, so kommt man zu folgenden Prozentzahlen:

Humanistisches Gymnasium (ohne mittl. Reife)	49,0%
Realgymnasium	12,3%
Oberrealschule	5,7%
Kadettenanstalt	21,0%
Höhere Schule (ohne Abiturabschluß)	7,7%
Ohne höhere Schulbildung	4,3%
	100,0%

Demnach hatten etwa 88% der Luftwaffengenerale eine abgeschlossene höhere Schulbildung, die Hälfte hatte humanistische Gymnasialbildung, ein gutes Fünftel besaß den Abschluß einer Kadettenanstalt, ein Sechstel den eines Realgymnasiums oder einer Oberrealschule. Es gab in Deutschland allerdings auch doppelt so viele humanistische höhere Schulen als solche des Realzweiges[170].

Flieger, Flak, Luftnachrichten- u. Fallschirmtruppe, 169 Generalleutnante und 278 Generalmajore.

[170] Vgl. Messerschmidt, Schule, S. 67 f.

Daß die militärisch ausgerichtete Erziehung an einer Kadettenanstalt den traditionalen Führungsstil in die Schüler einprägte, bedarf wohl keiner näheren Erläuterung. Es bedarf aber noch einiger Bemerkungen zum Gymnasium, speziell zum humanistischen, wie es zu der Zeit aussah, als es die späteren Generale besuchten. Da das Durchschnittsalter aller Luftwaffengenerale im Jahre 1944 etwa 53 bis 54 Jahre betrug, wird deutlich, daß die meisten von ihnen vor dem Ersten Weltkrieg die höhere Schule absolvierten, als das gebildete Denken in Deutschland unter dem Einfluß von Philosophien des Irrationalismus wie Lebensphilosophie und Voluntarismus stand. Das deutsche Gymnasium jener Zeit war eine Lehrer- und Stoffschule[171], in der der Unterricht autoritär von dem dozierenden Lehrer beherrscht wurde und die Schüler sich im allgemeinen rezeptiv zu verhalten und sich den dargebotenen Stoff gut einzuprägen hatten, da man sich vor allem vom Stoff die geistige und sittliche Förderung des Schülers versprach. Allerdings wandten sich gegen diese „alte Schule" schon eine Reihe von Reformbewegungen wie etwa die Kunsterziehungs- oder die Arbeitsschulbewegung, auch die neue Pädagogik vom Kinde aus. Im allgemeinen herrschte aber auf den deutschen Gymnasien noch der Geist der Autoritätsgläubigkeit und Untertänigkeit. In dieser Atmosphäre sind also die meisten Luftwaffengenerale groß geworden.
Was das humanistische Gymnasium betrifft, so ist dessen Gegenstellung zur naturwissenschaftlich-technischen Erziehung oder realistischen Richtung im Schulwesen des 19. Jahrhunderts bekannt[172]. Die humanistische, an der Antike und der Geistesbildung ausgerichtete Schule wandte sich gegen eine an der konkreten Natur und an den konkreten Erfordernissen des Erwerbslebens ausgerichtete und zur Spezialisierung zwingende Erziehung, die sie als ihrem Ideal der allgemein geistesgebildeten und urteilsfähigen Persönlichkeit entgegenstehend ansah. Es ist kaum anzunehmen, daß das humanistische Gymnasium den späteren Luftwaffengeneralen schon den Sinn für das Technische vermittelte. Vielleicht ist es noch erwähnenswert, daß von den 351 überprüften Generalen 32 oder 9,1% ein abgeschlossenes Hochschulstudium vorwiegend auf dem Gebiet des Ingenieurwesens, daneben in wirtschaftlichen und sprachlichen Fächern vorweisen konnten. Fünfzehn weitere Generale waren zumindest kurze Zeit mit der Universität in Berührung ge-

---

171 Vgl. Wilhelm, Th., Pädagogik der Gegenwart, Stuttgart (²1960), S. 1–15.

172 Vgl. Schnabel, Fr., Deutsche Geschichte im neunzehnten Jahrhundert. Die moderne Technik und die deutsche Industrie. Herder-Bücherei, Bd. 208, Freiburg–Basel–Wien (1965), S. 89, 109 ff.

kommen, indem sie dort wenige Semester ohne Abschluß studierten. So war doch wenigstens ein geringer Prozentsatz der Generale während des Erziehungsganges mit dem wissenschaftlichen Denken bekannt geworden.
Über die soziale Herkunft der Luftwaffengenerale ergab die Auswertung der Bertramschen Zusammenstellung ihrer Kurzbiografien folgendes Bild:

Berufe der Väter		Anzahl		Davon techn. Berufe
Beamte,				
davon höhere Beamte (einschl. 9 Ärzte u. 1 Apotheker)	136		15	
mittl. u. gehobene Beamte	67		7	
		203		22
Selbständige,				
davon Kaufleute	25			
Rechtsanwälte	5			
Ärzte	21			
Apotheker	6			
Fabrikanten	32		32	
Gutsbesitzer/Landwirte	42			
		131		32
Offiziere		91		4
Geistliche		20		
Angestellte		19		1
Ingenieure, Architekten, Chemiker		11		11
Handwerksmeister und Arbeiter		10		10
Kunstmaler		4		
Schiffskapitäne		3		3
		492		83

Der Tabelle haften selbstverständlich manche Ungenauigkeiten an, da die Berufe der Väter von 78 Generalen in den Kurzbiografien nicht genannt sind und die Frage ihrer Gruppenzugehörigkeit nicht in jedem Fall einwandfrei geklärt werden konnte. Dennoch dürften sich dadurch keine nennenswerten Verschiebungen im Gesamtbild ergeben[173]. Die

[173] In der Tat sind die hier in Kauf genommenen Ungenauigkeiten unerheblich, denn auch Reinhard Stumpf, der sich in seiner Heidelberger Disser-

übergroße Mehrheit der Luftwaffengenerale entstammte dem besitzenden und gebildeten Bürgertum und dem Offizierstand. Die höheren Beamten bildeten die größte Gruppe, gefolgt von den Selbständigen, den Offizieren und Geistlichen. Die Hälfte der Väter hatte akademische Berufe. Außerdem waren 75 von 570 adelig, in einigen Fällen war die Mutter adeliger Abstammung. Eine ganze Reihe von Generalen heiratete adelige Frauen. Der Adel war – von Ausnahmen abgesehen – vor dem Ersten Weltkrieg nicht die Schicht, die die Technik trug, auch nicht das Heeresoffizierkorps, dem die als Offiziere ermittelten Väter fast ausschließlich angehörten, und schließlich nicht das Bildungsbürgertum oder die Gutsbesitzer. Insofern scheint das über die geistesgeschichtlich-kulturellen und soziologischen Ursachen des mangelnden Technik-Verständnisses in der Luftwaffenführung Gesagte weitgehend zuzutreffen. Nur 83 von 492 Generalen hatten Väter mit technischen Berufen, wenn man, was nur zum Teil berechtigt sein dürfte, die Fabrikanten alle zu den „Technikern" rechnet. Die Aufstellung legt nahe, die Unterentwicklung des technischen Denkens in der Luftwaffe auch als Folge des nichttechnischen Milieus zu verstehen, dem die Generale entstammten, und damit als Wirkung eines starken sozio-kulturellen Überhanges. Dieser Schluß dürfte auch durch ihre landsmannschaftliche Herkunft bestätigt werden. Von 547 Generalen, deren Geburtsorte lokalisiert werden konnten, stammten 200 aus ostelbischen Gebieten, 64 aus Bayern, vor allem Nordbayern, 64 aus Niedersachsen/Ostwestfalen/Schleswig-Holstein und 34 aus Österreich-Ungarn und aus anderen Ländern, also insgesamt 362 aus industriell wenig erschlossenen Gebieten; 90 kamen aus

tation (1979) über „Die Wehrmacht-Elite, Rang- und Herkunftsstrukturen der deutschen Generale und Admirale 1933–1945" sehr viel eingehender und auf breiterer Basis mit der gesellschaftlichen Herkunft der Luftwaffengeneralität befaßt hat, kommt im wesentlichen zu den gleichen Ergebnissen. Er weist darüber hinaus nach, daß besonders die jüngeren Luftwaffengenerale, die in den Jahren kurz vor der Jahrhundertwende geboren wurden, mehr als die gleichaltrige Heeres- und die ältere Luftwaffengeneralität Väter mit freien Berufen oder mit Berufen aus Handel, Industrie und Gewerbe hatten. Diese Väter zählten nicht gerade zu den militärfreundlichen Kreisen im damaligen Deutschland und waren der Modernität mehr aufgeschlossen als die als besonders „offizierfähig" geltenden Gruppen der Offiziere und höheren Beamten, denen die älteren Generale vornehmlich entstammten. Insgesamt war die jüngere Luftwaffengeneralität aber nicht stark und einflußreich genug, um das Führungsdenken entscheidend modernisieren zu können.

Westdeutschland einschließlich Elsaß-Lothringen, 73 aus Mitteldeutschland und 22 aus Württemberg/Baden.
Eine andere Ursache mangelnden Technikverständnisses war die im Heere, dem die meisten maßgebenden Luftwaffenführer entstammten, herausgebildete Führungstradition, wie sie durch den Begriff der Auftragstaktik charakterisiert wird. Sie erlaubte die selbständige Ausführung von Befehlen in Anpassung an die im einzelnen gegebene Lage. Im Landkrieg war eine schnelle Anpassung an die Lage durch neue Entschlüsse und Befehle im allgemeinen möglich, in der Luftwaffe jedoch so leicht nicht, weil dort die Technik eine größere Rolle spielte und technische Entscheidungen etwa auf dem Rüstungsgebiet die Taktik und die Führung für längere Zeit banden. Einmal in die Wege geleitete Luftoperationen konnten nicht ohne weiteres wieder umdirigiert werden. In der Führung der Luftwaffe war daher längeres Vorausdenken vonnöten als beim Heer, denn die Taktik mußte wegen der Technik zu einem großen Teil vorprogrammiert werden und war dann nicht mehr zu ändern. Dies brachte manchen im Heere erzogenen General zur Verzweiflung. Ein Luftwaffengeneral, der selbst viele Jahre Chef des Generalstabes einer Luftflotte und Befehlshaber war, einen höheren Forstbeamten zum Vater, eine Adelige zur Mutter und das humanistische Gymnasium durchlaufen hatte, schrieb nach dem Kriege resignierend, die Führungstätigkeit in der Luftwaffe sei keine Generalstabsarbeit mehr gewesen, weil operatives Denken und Können nur noch bedingt Voraussetzung hierfür waren und Operation und Taktik von den Absichten des Heeres, verkehrstechnischen Faktoren oder politischen bzw. rüstungswirtschaftlichen Erwägungen der obersten Führung bestimmt wurden und nicht mehr ausschließlich auf den klassischen Grundelementen der Heeresführung: Feindlage, eigene Absicht, Beurteilung der Lage, Entschluß beruhten. Vielmehr sei Führung in der Luftwaffe das Ergebnis sorgfältiger Zirkelarbeit und exakter Zeitenberechnung auf Grund technischer Gegebenheiten, keine „Kunst auf wissenschaftlicher Grundlage“ mehr gewesen und habe der Phantasie und der intuitiven Einfühlung in die eigene und gegnerische Situation keinen Platz gelassen. Es habe die Routine eines Fachmannes genügt und nach dem ersten Einsatz nichts mehr zu befehlen und zu führen gegeben. Im gleichen Atemzug wie die Technik wurde das Nachschubwesen bei der Luftwaffe abgewertet, das lediglich organisatorisches Können und einiges technische Wissen, aber kein taktisches Denken mehr erfordert habe. Wesentliche Aufgaben, so schrieb der General schließlich weiter, hätten sich aus der Sphäre wissenschaftlichen Denkens und künstlerischen Planens auf die Ebene des gesunden Menschenverstandes verschoben (der offenbar als unterhalb

des Generalstabsniveaus angesiedelt verstanden wurde). Dem Generalstab sei nichts anderes übrig geblieben, als hinter der Technik herzulaufen. Diese habe ihn in der Luftwaffe entthront. Nicht er stellte Forderungen an die Technik, sondern er hatte seine Forderungen den technischen Gegebenheiten anzupassen. Die Führung habe sich von der Operation und Taktik auf Organisation und Technik verlagert. Die Taktik habe aber versäumt, auch technisch in die Zukunft zu denken[174].

9. SCHLUSSBEMERKUNGEN

Zusammenfassend kann folgendes gesagt werden:
Das Luftwaffenoffizierkorps war im eigentlichen Sinne kein Offizierkorps mit einem besonderen, eigenen und einheitlichen Korpsgeist, obwohl bis zuletzt sachliche und ziemlich einheitliche Maßstäbe für die Aufnahme in dieses Korps und für die Offizierpersonalwirtschaft überhaupt galten. Für diese These können viele Gründe angeführt werden, in erster Linie die fehlende gemeinsame Tradition, das nur zehnjährige Bestehen dieses Korps, das ihm keine Zeit zur Selbstfindung und Konsolidierung ließ, und seine viel zu schnelle und zu starke Vermehrung in dieser kurzen Zeit. Außerdem war das Luftwaffenoffizierkorps schon von seinem Ursprung aus Heeres-, Marine-, Polizeioffizieren und ehemaligen, zwischenzeitlich in bürgerlichen Berufen beschäftigten Fliegeroffizieren des Ersten Weltkrieges und Freunden Görings her sehr heterogen. Dem Zusammenwachsen zu einem Korps stand ferner die große Verschiedenartigkeit der einzelnen Waffengattungen entgegen, aus denen sich die Luftwaffe zusammensetzte, von rein infanteristischen Verbänden wie die Luftwaffenfelddivisionen über das Panzerkorps Hermann Göring, die ebenfalls mehr infanteristischen Fallschirmdivisionen, die Flak, die technisierte Luftnachrichtentruppe und Bodenorganisation bis hin zu den allerdings traditionsbehafteten fliegenden Verbänden. Letztere gaben aber der Luftwaffe personalmäßig sicher nicht das Gepräge, denn es gab nur etwa 4 000 fliegende Frontbesatzungen zu Beginn und ca. 8 000 am Ende des Krieges, bei einem Gesamtpersonalbestand von etwa zwei Millionen Soldaten und einer Million Zivilisten und

---

174 Vgl. Speidel, Generalstab I, S. 53 f., 72 f., 79, und ders., Der Weg zum Generalstab. Eine Denkschrift über Auswahl, Erziehung und Ausbildung des deutschen Generalstabsoffiziers. Landsberg am Lech, April 1950. MGFA MS P-031a/26 Part II, S. 34, 92 f.

Behelfspersonal 1943/44. Auch von hier aus wird das Fehlen einer allgemein verbindlichen (Flieger-)Tradition der Luftwaffe verständlich, ein Faktum, das außerdem durch die etwa 30 heute bestehenden und zumeist auf Geschwaderebene oder Waffengattungen beschränkten Traditionsverbände und -kameradschaften der ehemaligen Luftwaffe bestätigt wird. Eine Luftwaffenoffiziervereinigung ähnlich der Marineoffiziervereinigung gibt es nicht. Man könnte daher vielleicht sagen, daß der Korpsgeist der Luftwaffenoffiziere auf deren jeweilige Waffengattungen oder auf einzelne Verbände beschränkt war. Der hohe Grad der Technisierung in der Luftwaffe mit dem daraus für die einzelnen Waffengattungen folgenden Zwang zur Spezialisierung der Offiziere war einer Homogenisierung des Offizierkorps ebenfalls nicht förderlich. Der Versuch seiner einheitlichen Ausbildung konnte die heterogenisierenden Tendenzen nicht auffangen. Schließlich wirkte das an den individuellen Ehrgeiz appellierende, auf Leistung und Bewährung mehr als auf Anciennität abgestellte und auch wegen taktisch-technischer Notwendigkeiten zu Ungleichheiten zwingende Beförderungssystem ebenso homogenitätsauflösend wie der Umstand, daß die Luftwaffe im Kriege auf geographisch so verschiedenen Kriegsschauplätzen eingesetzt war, daß man von einer Nord- und einer Süd-, einer Ost- und einer West- bzw. Heimatluftwaffe sprechen konnte[175], die ihre Offiziere jeweils verschieden prägten.

Die dem Luftwaffenoffizierkorps mit der hohen Technisierung der Waffe und durch das Fehlen einer einheitlichen Tradition gegebene Chance zur Erweiterung des vom Heere übernommenen traditionalen, auf Amtsautorität und formaler Disziplin beruhenden und durch das Führerprinzip verhärteten Führungsstiles zu einem der Technik angepaßten, Fachkönnen und funktional richtiges Handeln anerkennenden, kooperativmodernen Führungsstil wurde nicht verwirklicht. Daran war neben vielen anderen Gründen der Zeitmangel schuld. Der Offizier wurde nur zum militärischen Führer mit einer möglichst großen Verwendungsbreite erzogen, was nicht selten zum Dilettantismus und zu Fehlentscheidungen größter Tragweite führte, wo, wie in einem Abnutzungskrieg üblich, technisch-wirtschaftliche Bereiche involviert waren. Des weiteren wäre die erwähnte Herkunft des entscheidenden Teiles der Luftwaffenoffiziere, nämlich der Luftwaffengeneralität anzuführen, die in

[175] Schreiben 8. Abteilung Generalstab der Luftwaffe, Abteilungschef Nr. 13/43 g v. 14. 12. 1943 an den Chef des Generalstabes der Luftwaffe. BA-MA 8A–2417.

ihrer Mehrheit dem traditionsbewußten Heer, Beamten- und Offizierfamilien sowie außerdem industriell wenig erschlossenen Gebieten entstammte und bei vor dem Ersten Weltkrieg genossener, vornehmlich humanistischer Gymnasialbildung eher autoritär und wenig technikfreundlich erzogen war. Der Mangel an Ingenieuren und das Führungsdenken im Rahmen der Auftragstaktik sowie schließlich die Hervorhebung vorindustrieller Soldatentugenden und die Betonung irrationaler Werte durch die NS-Ideologie wären ebenfalls zu nennen. Schließlich war das Führungsdenken in der Luftwaffe – exemplifiziert an der Luftwaffengeneralstabsausbildung – vornehmlich an Taktik und Operationen orientiert und weitgehend, wie beim Heere, auf das Militärische begrenzt, wo Befehl und Gehorsam zu genügen schienen.

Die Technik und der ideologisch motivierte, besonders durch Kriegsnotwendigkeiten forcierte gesellschaftliche Einschmelzungsprozeß förderten die Herausbildung eines nicht standes-, sondern berufsorientierten Offizierkorps in der Luftwaffe. Sicherlich gehörte es in der Zeit seines Bestehens zu den gesellschaftlichen Führungsschichten. Abgesehen von den anfänglichen Durchsetzungsschwierigkeiten gegenüber dem Heeresoffizierkorps und von dem mit der Unfähigkeit zur Abwehr des alliierten Bombenkrieges einhergehenden Prestigeverlust am Ende des Krieges genaß das Luftwaffenoffizierkorps das gleiche hohe Ansehen in der Gesellschaft wie die Offiziere der beiden älteren Wehrmachtteile. Es besteht der Eindruck, daß die Luftwaffenoffiziere, deren Selbstverständnis schon in der Wehrmacht Züge bürgerlichen Leistungsdenkens trug, auch nach dem Kriege kraft ihrer in bürgerlichen Berufen erlangten Stellungen zu den gesellschaftlichen Führungsschichten zu zählen waren und sind. Zur abschließenden Klärung dieses Sachverhaltes bedarf es jedoch noch umfassender statistischer Untersuchungen.

Das Luftwaffenoffizierkorps spielte mangels innerer Geschlossenheit politisch – etwa beim 20. Juli 1944 – keine Rolle und ist im Gegensatz zu dem Eindruck außenstehender Betrachter wahrscheinlich von der NS-Ideologie weniger infiziert gewesen und weniger indoktriniert worden als die Offizierkorps der anderen Wehrmachtteile, was, wie die Beispiele Wever, Jeschonnek, Loerzer, Christiansen u. a. zeigen, natürlich nicht heißt, daß es frei von Nationalsozialisten gewesen wäre. Das Wort vom „preußischen Heer", von der „kaiserlichen Marine" und der „nationalsozialistischen Luftwaffe" trifft sicherlich nicht zu. Zur Begründung dieser – vorläufig mangels ausreichender Quellen noch hypothetischen – Behauptung sei darauf hingewiesen, daß die die Luftwaffe bestimmende und weltanschaulich noch neutrale Technik vor allem funktionieren mußte und dazu keiner Ideologie und keiner ideologisch fixierter Führer und Offiziere, sondern eher des Technokraten bedurfte, der sich hier als Problem stellt. Auch war die Luftwaffe, was das gewaltige Ausmaß ihres Aufbaus anbetrifft, eine Gründung des NS-Staates und damit etwas qualitativ Neues und anderes, als in der Reichswehrzeit vorgeplant worden war. Ohne die Person Görings und daneben diejenige Milchs wäre dies nicht möglich gewesen. Beide galten wegen ihres großen Ansehens in der NSDAP und bei Hitler sowie wegen ihrer hohen Stellungen im Staat als Garanten für den nationalsozialistischen Charakter der Luftwaffe und schirmten diese andererseits mit ihrer pragmatischen Einstellung weitgehend von der NS-Indoktrinierung ab, vom letzten Kriegsjahr abgesehen. Jedenfalls spielten parteipolitische Gesichtspunkte bei der Besetzung hoher Offizierstellen während der Aufbauzeit offenbar keine entscheidende Rolle. Es zählten, von persönlichen Beziehungen in einigen Fällen abgesehen, vor allem die militärischen Leistungen und Erfahrungen[176]. Der Luftwaffenoffizier konnte in dem Hochgefühl, Angehöriger einer – für die damalige Zeit sehr modernen – Schöpfung des NS-Staates zu sein, seinen Dienst tun. Er bedurfte daher einer ideologischen Existenzrechtfertigung nicht so sehr wie der Marineoffizier, der unter dem „schlechten Gewissen von 1918" litt und somit einen ideologischen Nachholbedarf hatte. Es bedurfte aber andererseits auch keiner ideologischen Anstrengung zur Abwehr von konservativen Beharrungsbestrebungen, wie sie im Heere stark waren, denn das Luftwaffenoffizierkorps hatte keine eigene, lange und gefestigte Tradition zu verteidigen. So war die politische Haltung der Luftwaffenoffiziere im allgemeinen wohl indifferenter als die der Heeres- und Marineoffiziere. Das stärkere Eindringen NS-ideologischer Bewertungsstäbe und Egalisierungsbestrebungen hätte aber bei längerdauerndem Krieg trotz Widerstandes wohl nicht verhindert werden können.

Das Offizierkorps der Luftwaffe war technisch sicher in größerem Maße spezialisiert als dasjenige des Heeres. Es war eine Leistungselite, die sich soldatisch in Einsatz – wie die über 11 000 toten Offiziere, darunter 113 Luftwaffengenerale[177], zeigen – und Haltung bis zum Kriegsende bewährte.

---

[176] Vgl. Wien, Leben, S. 156, und Rieckhoff, S. 83 ff., der auf das sehr unterschiedliche Verhältnis („Antinazi" bis „Edelnazi" und „pro-Hitler") der Luftwaffengenerale zur NSDAP hinweist.

[177] Folttmann, J., und H. Möller-Witten, Opfergang der Generale. Berlin 1957, S. 115 ff. Wehrwissenschaftliche Rundschau 1962, S. 550.

DAS FÜHRERKORPS DER WAFFEN-SS IM KRIEGE

VON BERND WEGNER

Die Waffen-SS[1] und namentlich ihr Führerkorps haben als militärgeschichtliches Phänomen bislang in der Forschung und wissenschaftlichen Literatur erstaunlich wenig Resonanz gefunden. Ihre Behandlung erfolgte lange Zeit hindurch vorwiegend im Rahmen allgemeiner SS-geschichtlicher Arbeiten und unter dem Aspekt ihrer Zugehörigkeit zur nationalsozialistischen Avantgarde. Erst seit etwa zehn Jahren, als George H. Steins immer noch grundlegendes Buch über die Geschichte der Waffen-SS erschien, hat sich dieses Thema zu einem eigenständigen Forschungsgegenstand emanzipiert[2]. Gleichwohl fehlt es bislang an empirischen Analysen zur sozialen, politischen und militärischen Struktur des Führerkorps dieser Truppe. Der Schwerpunkt der vorliegenden Studie soll daher ganz diesem Themenkomplex gewidmet sein[3]. Die lei-

[1] Der Begriff der „Waffen-SS" entstand offenbar früher, als bislang angenommen wurde. Das früheste uns vorliegende Dokument, das den Begriff verwendet, ist ein SS-Befehl vom 7. 11. 1939 (BA Koblenz, Slg. Schumacher/ v. 432, Bd. 2). „Waffen-SS" erscheint dort als Sammelbezeichnung für die „bewaffneten Einheiten der SS und Polizei".

[2] G. H. Stein: The Waffen-SS. Hitler's Elite Guard at War 1939–1945, Ithaca/ New York 1966; die deutsche Ausgabe erschien unter dem Titel: Geschichte der Waffen-SS, Düsseldorf 1967. Waren für die erste Phase der Erforschung Werke wie die von E. Neusüss-Hunkel, E. Kogon oder G. Reitlinger charakteristisch, so erscheinen seit etwa Mitte der sechziger Jahre auch Spezialstudien zum Thema „Waffen-SS". Zu den wichtigeren unter ihnen zählen die Arbeiten von J. J. Weingartner über die „Leibstandarte", von Ch. W. Sydnor jr. über die SS-Totenkopf-Division sowie von R. A. Gelwick über die Personalpolitik in der Waffen-SS. Vgl. Anm. 56.

[3] Der vorliegende Aufsatz ist in erweiterter Form Teil einer Dissertation: B. Wegner: Das Führerkorps der bewaffneten Waffen-SS 1933–1945. Studien zu Leitbild, Struktur und Funktion einer nationalsozialistischen Elite. Diss.phil., Hamburg 1980. Unter Hinweis auf diese Arbeit seien Quellen- und Literaturhinweise im Folgenden auf ein Minimum reduziert.

tenden Fragestellungen der Untersuchung seien im Folgenden anhand einiger Betrachtungen zum quantitativen Wachstum der Waffen-SS und ihres Führerkorps veranschaulicht.

I.

Nachdem die Aufstellung bewaffneter SS-Einheiten im Frühjahr 1933 – zunächst dezentral in Form der „politischen Bereitschaften" und der späteren „Leibstandarte Adolf Hitler" – begonnen hatte, vollzog sich ihr Aufbau bis Kriegsbeginn trotz mannigfacher politischer Schwierigkeiten relativ kontinuierlich, wie Tabelle 1 zeigt[4].

Tabelle 1: Entwicklung der Gesamtstärken von SS-Verfügungstruppe (SS-VT) und SS-Totenkopfverbänden (SS-TV) zwischen Januar 1935 und Dezember 1938

	SS-VT	SS-TV
Januar 1935	4 984	1 987
Januar 1936	9 212	2 855
Januar 1937	10 641	3 626
Januar 1938	12 047	5 371
Dezember 1938	14 234	8 484

Für das Wachstum des Führerkorps darf bei der Verfügungstruppe wie bei den Totenkopfverbänden eine der Gesamtentwicklung vergleichbare Kontinuität angenommen werden, jedoch mit dem bezeichnenden Unterschied, daß die Zahl der SS-Führer schneller wuchs als die Zahl der Unterführer und Mannschaften. So betrug der Anteil des Führerkorps an der Gesamtstärke der Verfügungstruppe und der Totenkopfverbände Ende 1937 je 4,5 %, ein Jahr später aber schon 5,4 bzw. 5,2 %[5]. Die langfristig angelegte[6], überproportionale Vermehrung des Führerkorps

[4] Die folgenden Angaben basieren auf: Statistisches Jahrbuch der Schutzstaffeln der NSDAP 1937, S. 47 und 51 (National Archives, T-175/roll 205/2264 und 2266), sowie ebd. 1938, S. 16 (BA Koblenz, NSD 41/1).

[5] Ebd., Jahrbuch 1937, S. 48 und 52 sowie Jahrbuch 1938, S. 78 und 87.

[6] Ein Beispiel für die Langfristigkeit dieser Personalplanung sind die jahrelangen Auseinandersetzungen über die Einbeziehung der Führerschulen Tölz und Braunschweig in den Etat der SS-VT; die Einbeziehung wurde seitens des Reichskriegs- und Reichsfinanzministeriums vor allem mit dem Argument abgelehnt, daß die Ausbildungskapazität beider Schulen den aktuellen Bedarf der SS-VT an Führernachwuchs um ein Vielfaches übersteige.

muß zweifellos als Vorsorgemaßnahme der Reichsführung-SS für den Kriegsfall interpretiert werden, um die dann zu erwartenden erhöhten Führerverluste bei gleichzeitiger Ausweitung der Truppe kompensieren zu können. Diese Planung schien um so notwendiger, als die bewaffnete SS vor dem Kriege über kein Reserveführerkorps verfügte, das bei Ausbruch des Krieges hätte mobilisiert werden können[7].

Der explosionsartige Ausbau der Waffen-SS 1939 und 1940, hervorgerufen vor allem durch die Einberufung der als Verstärkung der Totenkopfverbände vorgesehenen „Polizeiverstärkungen"[8], führte innerhalb von 16 Monaten zu einer Vervierfachung der Gesamttruppenstärke; demgegenüber konnte sich das Führerkorps im gleichen Zeitraum „nur" verdoppeln[9].

Tabelle 2: Entwicklung der Gesamtstärke der Waffen-SS und ihres Führerkorps (Ist-Stärke) 1938–1944[10]

	Waffen-SS:	Führerkorps:	Anteil des Führerkorps a. d. Gesamtstärke (in %)
31. 12. 1938	22 718	1 203	5,3
1. 5. 1940	90 638	2 453	2,7
1. 9. 1942	236 099	9 558	4,0
Davon Feldtruppe	141 975	4 683	3,3
31. 12. 1943	501 049	?	?
Davon Feldtruppe	257 472	6 631	2,6
30. 6. 1944	594 443	15 722	2,6
Davon Feldtruppe	368 654	9 437	2,6

[7] Bald nach dem Polenfeldzug wurde mit dem Aufbau eines SS-Reserveführerkorps begonnen, für das die zur Dienstleistung in der Waffen-SS einberufenen Führer der Allgemeinen SS den Grundstock bildeten; vgl. SS-Befehl vom 7. 11. 1939 mit Ausführungsbestimmungen vom 13. 11. 1939 (BA Koblenz, Slg. Schumacher/v. 432, Bd. 2, Blatt 81 und 83 f.).

[8] Den großen Anteil der „Polizeiverstärkungen" an der Truppenvermehrung der ersten Kriegsmonate verdeutlicht eine Statistik über die Gesamtstärke der SS am 1. 7. 1940: Von insgesamt 104 853 Angehörigen der Waffen-SS, zählten allein 61 035 zu den Totenkopf-Standarten; „Statistische Monatshefte", Nov. 1940 (BA Koblenz, Slg. Schumacher/436).

[9] Die Angaben von Tabelle 2 basieren auf: „Übersichtsplan" vom 4. 5. 1940 (Nat.Archives, T-175/roll 104/6381 ff.); „Stärke der SS am 30. 6. 1944" (ebd. roll 111/5909 ff.); Dienstaltersliste der Waffen-SS vom 1. 7. 1944 (weiterhin zitiert als: DAL WaSS); K. G. Klietmann: Die Waffen-SS. Eine Dokumentation, Osnabrück 1965, S. 499 ff.

[10] Die erste Zeile gibt die addierten Zahlen für SS-Verfügungstruppe und

Wie Tabelle 2 zeigt, hält das extrem starke Wachstum der Waffen-SS und ihres Führerkorps in den folgenden Jahren unvermindert an[11], nachdem es der SS gelungen war, ihre im Reichsgebiet stets begrenzte Rekrutierungsbasis durch Werbung „germanischer" Freiwilliger, Volksdeutscher sowie später auch ost- und südosteuropäischer Hilfswilliger beträchtlich zu erweitern. Die Aufstellung der ausländischen und volksdeutschen Verbände aber trug, da sie in der Regel zwecks einheitlicher Ausbildung und Ausrichtung mit reichsdeutschem Rahmenpersonal ausgestattet werden mußten, zu einer weiteren Verschärfung des Führermangels bei. In demselben Sinne wirkte die Tatsache, daß die Verluste der Waffen-SS bei den Führerdienstgraden durchweg höher lagen als bei Unterführern und Mannschaften[12].

Die Skizzierung des quantitativen Ausbaues der Truppe im Kriege führt unmittelbar zur Frage nach den strukturellen Begleiterscheinungen dieses Prozesses für das Führerkorps der Waffen-SS. Inwieweit förderte die vermehrte Heranbildung von Offizieren den Generationswechsel innerhalb der Truppe? Welche soziale, bildungsmäßige, politische und laufbahnmäßige Struktur besaß das Waffen-SS-Führerkorps der Kriegszeit? Geben die einzelnen Strukturelemente Aufschluß über die Motivation zum Eintritt in bewaffnete Verbände? Gab es spürbare Veränderungen in der Ideologie und Mentalität, im Selbstverständnis und Korpsgeist des Führungspersonals?

Die folgenden Darlegungen sind der Versuch, auf der Basis quantifizierter biographischer Daten einige dieser Fragen für den Bereich des höheren Führerkorps zu beantworten. Die hierzu angestellten Untersuchungen stützen sich — falls nicht anders vermerkt — auf eine Analyse der Personalakten des Berlin Document Center. Für die Auswahl der Akten

---

SS-Totenkopfverbände an; die SS-Polizei-Division mit ihren Ersatzeinheiten ist erst ab 1942 inbegriffen.

[11] Für die letzten Kriegsmonate liegen über die Stärke der Waffen-SS nur Schätzungen vor, die z. T. stark voneinander abweichen; am realistischsten sind vermutlich die Angaben Brills vor dem Nürnberger Militärtribunal, der die Ist-Stärke bei Kriegsende auf ca. 550 000 Mann schätzte; IMT, Bd. XX, S. 373, Nürnberg 1947 ff.

[12] Die Analyse zahlreicher Stärke- und Verlustmeldungen der Waffen-SS ergab, daß bei einem durchschnittlichen Anteil des Führerkorps von 2,5 bis 3,5 % an der jeweiligen Gesamt-Ist-Stärke der Truppenteile, sein Anteil an der Gesamtzahl der Gefallenen bei rd. 5 % lag. Dem entspricht, daß die festgestellten Sollstärken der SS-Verbände meist einen höheren Prozentsatz an Führerdienstgraden vorsahen, als er in den Präsenzstärken ausgewiesen ist.

war die Dienstaltersliste der Waffen-SS vom 1. Juli 1944 maßgeblich[13], aus der sämtliche Personen mit dem Dienstgrad eines Standartenführers oder mit höherem Dienstgrad statistisch erfaßt wurden; außerdem wurde ca. ein Viertel der als Sturmbann- und Obersturmbannführer eingetragenen SS-Angehörigen in die Untersuchung einbezogen[14].

II.

Das Führerkorps der Waffen-SS umfaßte am 1. Juli 1944 15 722 Offiziere und hatte sich damit gegenüber September 1941 um das Zweieinhalbfache vergrößert[15]. Zieht man seine dienstgradmäßige Binnenstruktur in Betracht, so hatte sich diese bis 1944 in zweierlei Hinsicht spürbar gewandelt: Erstens hatte sich das Verhältnis von aktiven und Reserveführern stark zugunsten der Reserveführer verschoben. Angesichts des immer drückender werdenden Mangels an geeigneten aktiven Offizieren war das SS-Führungshauptamt schon frühzeitig dazu übergegangen, in steigendem Umfang Abiturienten, Absolventen von Nationalpolitischen Erziehungsanstalten und Adolf-Hitler-Schulen, Politische Leiter sowie Führer der Allgemeinen SS und der HJ bevorzugt zu Reserveführern zu ernennen[16]. Eine derartige, SS-eigenen Grundsätzen widersprechen-

---

[13] Dies scheint die einzige DAL speziell der Waffen-SS gewesen zu sein. In ihr sind noch nicht die zahlreichen Übernahmen höherer SS-Führer aus dem Polizidienst und aus der Allgemeinen SS berücksichtigt, die 1944 innerhalb weniger Monate zu einer völlig überproportionalen Vermehrung der „Obergruppenführer und Generale der Waffen-SS" führte; ihre Zahl stieg von 21 am 1. 7. 1944 auf 43 (!) am 9. 11. 44; vgl. DAL der Gesamt-SS vom 9. 11. 1944.

[14] Die Auswahl der Stubaf. und OStubaf. erfolgte unter dem Gesichtspunkt ihrer Zugehörigkeit zur Feldtruppe und deren Ersatzeinheiten sowie dem ihrer truppendienstlichen Stellung. Demnach wurden all diejenigen Stubaf. und OStubaf. in die Untersuchung einbezogen, die am ersten Juli 1944 eine Kommandeursposition (einschließl. Schul-Kdre u. ä.) im Befehlsbereich des SS-Führungshauptamtes inne hatten. Dabei wurden aktive und Reserveführer gleichermaßen berücksichtigt, so daß sich die Gesamtzahl der untersuchten Stubaf. und Oberstubaf. auf 317 Fälle beläuft.

[15] Am 1. Sept. 1941 umfaßte das Führerkorps der Waffen-SS insgesamt 6 129 Führer; vgl. DAL WaSS v. 1. 7. 1944 und Übersicht „Bestätigte Führer der Waffen-SS", Stand vom 1. Sept. 1941 (Nat.Archives, T-175/roll 110/4506).

[16] Als Beispiel einer derartigen bevorzugten Erfassung sei auf die Einführung des Begriffs „Führerbewerber" im Dezember 1940 verwiesen; vgl. SS-FHA/Kdo. der Waffen-SS, Verfügung vom 2. 12. 1940 betr. Einführung der Bezeichnung „Führerbewerber" (BA-MA Freiburg, RS 4/622).

de Personalpolitik[17] führte zwangsläufig zu einem überproportionalen Anschwellen des Reserveführerkorps vornehmlich in den unteren Dienstgradgruppen (Untersturmführer bis Hauptsturmführer). So stieg zwischen 1941 und 1944 der Anteil der Reserveführer am Gesamtführerkorps von 53,1 auf 67,5 % an, während sich die relative Zahl der aktiven Führer entsprechend verringerte[18].
Zweitens hatte sich eine Umschichtung in der Dienstgradstruktur des Offizierkorps insofern vollzogen, als die Zahl der Obergruppenführer (Generale der Waffen-SS), von denen es im Sommer 1941 erst einen gegeben hatte[19], bis Mitte 1944 auf 21 gewachsen war. Desgleichen hatte sich der Anteil der Stabsoffiziere, verglichen zum Gesamtführerkorps, leicht überdurchschnittlich entwickelt[20]. Beide Tendenzen sind leicht erklärbar, berücksichtigt man die Vermehrung der SS-Divisionen, deren Zahl im Sommer 1944 bei zwanzig lag, die Bildung von sieben SS-eigenen Armeekorps[21] sowie die entsprechende Aufstockung der Dienststellen in den zentralen Verwaltungsinstanzen der SS.
Auf den im Zusammenhang der vorliegenden Betrachtung besonders relevanten Teil des Führerkorps, die Generale und Stabsoffiziere, entfiel im Juli 1944 mit 1 576 Offizieren rund ein Zehntel des Gesamtführerkorps. Unter diesen befanden sich ein Armee-Oberbefehlshaber[22], 7

---

[17] Die Kennzeichnung eines Rekruten der Waffen-SS vom Tage seiner Einstellung an als „Führerbewerber" verletzte natürlich, auch wenn sie mit keinerlei Rechtsansprüchen verbunden war, das von der SS so stark betonte Prinzip der gleichen Chance für alle zumindest de facto, indem sie einer Vorauswahl gleichkam.

[18] Zur Berechnungsgrundlage vgl. Quellenangaben in Anm. 15.

[19] Sepp Dietrich war mit Wirkung vom 1. 7. 1934 zum Obergruppenführer befördert worden, wurde aber erst im Oktober 1941, gleichzeitig mit Paul Hausser, zum „General der Waffen-SS" ernannt.

[20] Vgl. Anm. 15.

[21] Mit der Aufstellung eines ersten SS-Generalkommandos, des späteren II. SS-Panzerkorps unter P. Hausser, war im Frühjahr 1942 begonnen worden; fünf weitere SS-Armeekorps, davon drei Panzerkorps, entstanden 1943; ein weiteres Waffen-Geb. Korps der SS wurde im Frühsommer 1944 aufgestellt; vgl. K. G. Klietmann, Die Waffen-SS, S. 59 ff. Himmlers Pläne zur Aufstellung SS-eigener Generalkommandos reichen indes, wie ein Tagebuchvermerk des Generaloberst Halder vom 22. 1. 1940 beweist, mindestens bis in die Anfangsphase des Krieges zurück; Franz Halder: Kriegstagebuch. Bearb. von H.-A. Jacobsen, Bd. 1, S. 169 f., Stuttgart 1962.

[22] SS-Obergruppenführer P. Hausser war seit Ende Juni 1944 mit der Führung der 7. Armee beauftragt.

Kommandierende Generale, 5 Befehlshaber der Waffen-SS, 19 Divisionskommandeure, 2 Kommandeure von Brigaden, 69 Regiments- sowie 260 Bataillons- und Abteilungskommandeure.
Die dienstgradmäßige Strukturierung dieser Teilgruppe des Führerkorps zeigt Tabelle 3. Die Zahl der zum Befehlsbereich des SS-Führungshauptamtes (SS-FHA) gerechneten Führer entspricht dabei ungefähr der Zahl der im Truppendienst tätigen Offiziere[23].

Tabelle 3: Zusammensetzung des höheren Führerkorps der Waffen-SS nach Dienstgrad und Wehrdienstverhältnis (Stand: 1. 7. 44)

	Aktive Führer	Reserve-Führer	Gesamt	Davon im Bef.-bereich d. SS-FHA
SS-Obergruppenführer u. Generale d. W-SS	21	—	21	—
SS-Gruppenführer und Generalltnt. d. W-SS	20	—	20	—
SS-Brigadeführer und Generalmajore d. W-SS	39	—	39	—
SS-Oberführer	32	16	48	22
SS-Standartenführer	94	43	137	67
SS-Obersturmbannführer	224	123	347	160
SS-Sturmbannführer	576	388	964	508
Gesamt	1 006	570	1 576	757

Tabelle 4: Alter der Waffen-SS-Führer am 1. 7. 1944 nach Dienstgradzugehörigkeit (in %)

Jahre	OGruf. + Gruf.	Brif.	Oberf.	Staf.	OStubaf.	Stubaf.
26—30	—	—	—	—	2,9	13,7
31—35	—	—	4,2	8,8	26,8	37,9
36—40	4,9	7,7	4,2	17,5	20,2	17,1
41—45	14,6	10,3	20,8	19,0	14,7	10,7
46—50	29,3	30,8	33,3	24,1	10,4	10,7
51—55	22,0	25,6	27,1	16,8	18,4	6,4
56—60	9,8	7,7	4,2	10,9	5,5	3,1
61—65	17,1	7,7	4,2	2,2	1,4	0,3
66 u. älter	2,4	10,3	2,1	0,7	—	—
Gesamt:	100	100	100	100	100	100 %

[23] DAL WaSS vom 1. 7. 1944.

Betrachten wir die Altersstruktur der in Tabelle 3 aufgeführten Dienstgrade, so fallen zunächst die erheblichen, eineinhalb Generationen umfassenden Altersunterschiede ins Auge[24]. Die dienstgradmäßige Verteilung dieser Unterschiede, wie sie Tabelle 4 darstellt[25], zeigt dabei an, wo der Generationswechsel wirksam zu werden beginnt. In der Rangklasse der Generale, aber auch bei den Oberführern, zählt die Mehrzahl der Offiziere zur Gruppe der 46- bis 55jährigen, mithin zu jenen, die, geboren zwischen 1889 und 1898, das Ende des Weltkrieges samt seinen politischen und ideologischen Wirren im Alter von zwanzig bis dreißig Jahren erlebten[26].

Die Gruppe der Standartenführer stellt generationsmäßig einen Intermediärbereich dar, mit breiter Streuung in den Altersjahrgängen und einer deutlichen Öffnung zum jüngeren Führerkorps. Deutet sich die letztgenannte Tendenz schon bei den Oberführern an, so gewinnt sie nun erstmals numerische Bedeutung. Gut ein Viertel aller Standartenführer gehört zu jenen Jahrgängen, die den Ersten Weltkrieg allenfalls als Kinder erlebt hatten. Zugleich aber findet in dieser Dienstgradgruppe eine nicht minder große Zahl älterer Offiziere zwischen 50 und 60 Jahren ihren Platz.

Bei den Sturmbann- und Obersturmbannführern schließlich wird der Anteil derjenigen, die das Alter von 40 Jahren noch nicht überschritten haben, absolut dominierend: von 26,3 % bei den Standartenführern steigt er auf 49,9 % bei den Obersturmbannführern und auf 68,7 % bei den Sturmbannführern.

Der Eindruck eines recht scharf markierbaren Wandels in der Altersstruktur des SS-Stabsoffizierkorps gewinnt noch an Deutlichkeit, beschränken wir die Betrachtung auf den Teil der aktiven Führer.

---

[24] Der älteste Offizier der Waffen-SS war der 1871 geborene Brigadeführer F. Tscharmann; die jüngsten in der Untersuchung erfaßten Sturmbannführer sind vom Jahrgang 1917.

[25] Abweichend von der in Anm. 14 erläuterten Auswahl liegen den Berechnungen in Tab. 4 alle im Befehlsbereich des SS-FHA tätigen OStubaf. und Stubaf. zugrunde. Daraus ergibt sich eine erhöhte Basiszahl, die unter Berücksichtigung der veränderten Anteile von aktiven und Reserveführern auf die Gesamtzahl aller 1 311 OStubaf./Stubaf. hochgerechnet wurde.

[26] Die Klassifizierung der Altersgruppen in Hinblick auf den Ersten Weltkrieg rechtfertigt sich aus dessen fundamentaler Bedeutung für den Karriereverlauf der SS-Führer. Dem entspricht im vorliegenden Kontext die Bezeichnung „ältere" Führer für jene, die den Krieg als schon Erwachsene erlebten; die ihn allenfalls als Kinder erlebten, zählen zum „jüngeren" Führerkorps.

Tabelle 5: Anteil der nach 1903 geborenen SS-Führer an der Gesamtstärke ihrer Dienstgradgruppen (in %)

	Aktive Führer	Reserveführer
OGruf. + Gruf.	4,9	—
Brigadeführer	7,7	—
Oberführer	12,5	—
Standartenführer	34,0	9,3
Obersturmbannführer	70,9	11,5
Sturmbannführer	90,2	36,9

Im Gegensatz zum aktiven Führerkorps findet der Verjüngungsprozeß bei den Reserveführern, deren Zahl freilich bei den hier untersuchten Dienstgraden relativ klein ist[27], nur sehr zögernd statt und tritt erst bei den Sturmbannführern deutlicher in Erscheinung. Unter den Oberführern, dem höchsten für Reserveführer erreichbaren Dienstgrad, den Standarten- und Obersturmbannführern der Reserve, gehört die überwiegende Mehrheit zu jener Altersgruppe der 46- bis 55jährigen, die bei den aktiven Führern nur für die Rangklasse der Generale und Oberführer charakteristisch ist. Erst die Sturmbannführer der Reserve bieten ein altersmäßig breit gefächertes Bild, in dem alle Altersstufen zwischen 31 und 55 Jahren annähernd gleich stark vertreten sind.

Was die Sonderlaufbahnen innerhalb des Stabsoffizierkorps betrifft, also etwa den Wirtschafts- und Verwaltungsdienst, den Sanitäts- und Veterinärdienst, den Dienstbereich der Konzentrationslager oder die SS-Gerichtsbarkeit[28], so beeinflußt die Altersstruktur der dort tätigen Ober- und Standartenführer das Gesamtbild ihrer Dienstgrade nur wenig. Allenfalls unter den Standartenführern ist ein Trend dahingehend feststellbar, daß unter den jüngsten Führern die aktiven Truppenoffiziere stärker repräsentiert sind, während bei den 50- bis 60jährigen den in den Sonderlaufbahnen tätigen Führern ein gewisses Übergewicht zukommt. Diese Tatsache dürfte indes weniger auf Strukturunterschieden der einzelnen Laufbahnbereiche beruhen als vielmehr darauf, daß in den

[27] Bei Ober- und Standartenführern beträgt der Anteil der Reservisten im Juli 1944 ca. ein Drittel, bei OStubaf. und Stubaf. steigt er auf 35 bzw. 40 %. Da von den beiden letztgenannten Dienstgraden nur jeweils ein Teil der Reserveführer berücksichtigt wurde (vgl. Anm. 25), können die folgenden Äußerungen nicht als völlig gesichert angesehen werden.

[28] Als zu den Sonderlaufbahnen gehörig werden hier all jene Führer gezählt, die in der DAL WaSS vom 1. 7. 1944 unter den entsprechenden Abschnitten subsumiert sind.

Sonderlaufbahnen der Anteil der – meist älteren – Reserveführer größer ist als unter den Truppenoffizieren.

Zusammenfassend beurteilt ergibt die Analyse der Altersstruktur für das Jahr 1944 etwa folgendes Bild: In der Rangklasse der Generale und in der Gruppe der Oberführer ist der Typ des älteren Offiziers absolut vorherrschend; junge Führer, vierzigjährig oder jünger, sind Einzelfälle, während, zumindest unter den Generalen, ein beträchtlicher Teil mit über sechzig Jahren als überaltert anzusehen ist. Bei den unteren Stabsoffizieren, Obersturmbann- und Sturmbannführern, ist das Bild gerade umgekehrt: nur wenige Offiziere, meist Reserveoffiziere, sind älter als fünfzig, die meisten zwischen dreißig und vierzig Jahren – bei den aktiven Sturmbannführern oft noch jünger. Die altersmäßig stark heterogene Gruppe der Standartenführer markiert den Punkt, bis zu dem der Generations- und Führungswechsel um die Jahresmitte 1944 fortgeschritten war.

Die folgenden Analysen und Überlegungen sollen beleuchten, an welchen sozialen Erscheinungen sich die inhaltliche Bedeutung des bisher nur formal beschriebenen Generationswechsels manifestiert.

III.

Als Indikatoren zur Beschreibung des sozialen Umfeldes, aus dem das Führerkorps der Waffen-SS sich rekrutierte, wurden gewählt: regionale Herkunft, konfessionelle Zugehörigkeit, Beruf des Vaters, schulischer und beruflicher, insbesondere militärischer Werdegang.

Die regionale Verteilung der Geburtsorte zeigt, daß sich das Führungspersonal der Waffen-SS aus allen Ländern und Provinzen des Deutschen Reiches ergänzte; eine Minderheit von 48 der insgesamt 582 erfaßten Führer war außerhalb der deutschen Reichsgrenzen geboren, die meisten von ihnen in den Ländern der ehemals österreichisch-ungarischen Monarchie. Die gebietliche Verteilung innerhalb des Reiches weist keine extremen Abweichungen zur Streuung der männlichen Gesamtbevölkerung auf, setzt aber doch einige aufschlußreiche Akzente[29]: So stammt ein deutlich überproportionaler Anteil der späteren SS-Führer aus den sozial äußerst heterogen strukturierten Ballungszentren München und Berlin, aber auch aus Hessen-Nassau sowie aus Ostpreußen und Schleswig-Holstein, die beide als industriell weit unterentwickelte, vornehm-

[29] Eine potentielle Fehlerquelle der folgenden Auswertung liegt darin, daß sie sich allein auf die Geburtsorte stützen mußte, die natürlich nicht immer mit den späteren Wohnorten identisch sind. Insofern sind die folgenden Bemerkungen hypothetischer Natur.

lich protestantisch-agrarisch bestimmte Provinzen sich in den frühen dreißiger Jahren auch als Wahlhochburgen der NSDAP erweisen sollten. Demgegenüber spielen vor allem die stark industrialisierten Regionen wie Schlesien, Sachsen und das Rheinland, aber auch Westfalen bezüglich der regionalen Herkunft eine vergleichsweise geringere Rolle. Hinsichtlich der Gemeindegröße der Geburtsorte fällt gleichwohl der relativ zum Reichsdurchschnitt hohe Anteil städtischer, vor allem großstädtischer Heimatorte auf[30].

Das konfessionelle Erscheinungsbild des Waffen-SS-Führerkorps ist, trotz der Ausgewogenheit in der regionalen Herkunft der Offiziere, überwiegend protestantisch bestimmt. Für alle Dienstgrade vom Obersturmbannführer aufwärts liegt der jeweilige evangelische Anteil bei über 75 % der feststellbaren Fälle[31]. Lediglich in der Gruppe der Sturmbannführer scheint, insbesondere unter den aktiven Offizieren, das Verhältnis ausgewogener. Die Tatsache protestantischer Dominanz bestätigt die allgemeine Erfahrung über die besondere Anfälligkeit evangelischer Bevölkerungsschichten gegenüber dem Nationalsozialismus um so mehr, als sie nicht nur auf das hier untersuchte Führerkorps zutrifft, sondern darüber hinaus auf den ganzen Bereich der bewaffneten wie der zivilen SS[32].

Die väterlichen Berufe als die für die Bewertung des Sozialstatus des Elternhauses konstitutiven Merkmale, sind in ihrer quantitativen Auswertung mit einer Reihe methodischer Probleme verbunden, die eine Einschränkung der kategorialen Differenzierung vor allem in den „unteren" Berufsgruppen bedingen[33]. Indes ist festzustellen, daß ein bemer-

---

30 Vgl. hierzu wie zur folgenden Berufsanalyse die z. T. stark abweichenden Bemerkungen bei H. Höhne: Der Orden unter dem Totenkopf, Gütersloh 1967, S. 413.

31 Die Angaben beziehen sich auf die Ursprungskonfession und berücksichtigen nicht die späteren Kirchenaustritte, die bei 69,1 % der Standarten- bis Obergruppenführer aktenkundig sind. Der Anteil der Protestanten an der deutschen Reichsbevölkerung lag am 1. 12. 1910 bei 61,6 %, der der Katholiken bei 36,7 %; vgl. Statistisches Jahrbuch des Deutschen Reiches, Jg. 1914, S. 9.

32 Vgl. die vermutlich vom Inspekteur für Statistik beim RF-SS verfaßte Übersicht: „Die Konfession der SS-Angehörigen" mit Stand vom 31. 12. 1938 (BA Koblenz, Slg. Schumacher/245, Bd. 2).

33 Die Probleme, auf die hier aus Platzgründen nicht näher eingegangen werden kann, resultieren u. a. aus der völligen Uneinheitlichkeit der Berufsangaben, die sich teils auf das Arbeitsverhältnis und die soziale Stellung, teils auf die jeweilige Wirtschaftsbranche beziehen.

kenswert großer Teil des Führerkorps der Waffen-SS Familien des gehobenen Mittelstandes entstammt. Allein jene Führer, deren Väter Offiziere, Polizeioffiziere, Beamte in höherer oder gehobener Laufbahn waren oder einen sonstigen akademischen Beruf ausübten, machen rd. 35 % aller untersuchten Dienstgrade, vom Standartenführer bis zum Obergruppenführer, aus[34]. Dabei weichen die Obergruppenführer mit über 71 % sowie die Standartenführer mit nur 28,5 % spürbar vom genannten Durchschnittswert ab. Angesichts der relativ zahlreichen Fälle nicht feststellbarer Berufszugehörigkeit und der Tatsache, daß sich in den Berufsgruppen der nichtakademischen Angestellten, der Landwirte, Kaufleute und Handwerker eine weitere nennenswerte Zahl von Personen befindet, denen als Unternehmer, Gutsbesitzer oder leitenden Angestellten ein zweifellos hoher Sozialstatus zukam, kann davon ausgegangen werden, daß in der Rangklasse der Generale, Ober- und Standartenführer der Gesamtanteil der aus Familien des gehobenen Mittelstandes bzw. der Oberschicht stammenden Waffen-SS-Führer bei 45 bis 50 Prozent liegt[35]. Auch von den übrigen Offizieren kommt die Mehrzahl aus mittelständischen Familien, deren Berufsbild von handwerklichen und kaufmännischen Berufen geprägt ist, aber auch vom niederen Beamtentum. Berufe des „neuen Mittelstandes" hingegen scheinen ebenso selten wie bäuerliche oder proletarische Lebensläufe gewesen zu sein. Adlige Herkunft fällt vor allem in der Rangklasse der Generale ins Gewicht: Unter den 80 Obergruppenführern, Gruppenführern und Brigadeführern befanden sich acht Adlige; indes sank ihr Anteil mit dem Dienstgrad. So betrug er bei Ober- und Standartenführern nur noch 4,3 %, bei Obersturmbann- und Sturmbannführern gar nur noch 1,9 %.

Die Schulbildung der späteren Waffen-SS-Führer spiegelt in etwa die soziale Schichtung ihrer Elternhäuser. Die Zahl der Volksschüler, im Durchschnitt der untersuchten Fälle 30,3 %, ist unter den Generalen minimal (5 von 80), steigt aber mit abnehmendem Dienstgrad an, so daß sie bei Ober- und Standartenführern je 27, bei Obersturmbann- und Sturmbannführern je 37 von Hundert beträgt. Der Anteil der Abiturienten liegt im Gesamtdurchschnitt bei 40 %, jedoch weisen die höheren

---

[34] Vermutlich liegt der Anteil noch höher, da in 18,9 % aller Fälle die Lebensläufe der SS-Führer den Beruf des Vaters nicht auswiesen.

[35] Die exakte numerische Bestimmung hängt hier vom Definitionsumfang des Begriffs „gehobener Mittelstand" ab, wird zudem aber auch von der begrifflichen Unschärfe vieler Berufsbezeichnungen wie „Fabrikant", „Verwaltungsbeamter" u. ä. beeinträchtigt.

Dienstgrade eine tendenziell größere Abiturientenrate auf[36]. Aus dem Rahmen fallend ist die mit 21,3 % überraschend niedrige Abiturientenzahl der Obersturmbannführer; sie erklärt sich vermutlich daraus, daß hier jene Altersgruppe besonders stark vertreten ist, die gegen Ende des Weltkriegs von der Schulbank an die Front rückte, oder aber sogleich in die Strudel der Nachkriegsrevolution geriet. So ist denn bei diesem Dienstgrad – wie übrigens auch im Gruppenführerkorps – die Zahl der „abgebrochenen" Gymnasiasten ungewöhnlich hoch[37].
Vergleicht man das Berufsbild, das das höhere Führerkorps vor Beitritt zur SS bietet, mit demjenigen der Vätergeneration, so kontrastieren beide, wie Tabelle 6 zeigt, in bezeichnender Weise.
Die frappierendsten Besonderheiten im beruflichen Spektrum der Standarten- bis Obergruppenführer zeigen sich, verglichen zu den Berufen ihrer Väter, in dem außergewöhnlich erhöhten Anteil an Militärs und Polizeioffizieren, im weitgehenden Fehlen eines Beamtenstandes sowie in der großen Zahl nichtbeamteter Akademiker. Erklärt sich diese vor allem aus dem Anteil der in der Waffen-SS tätigen Ärzte, so spiegelt sich in der Gruppe der Militär- und Polizeiberufe in erster Linie die hohe Zahl der Weltkriegsoffiziere, von denen nur ein Teil wieder in das Hunderttausend-Mann-Heer der Weimarer Republik eintreten konnte und wollte, während ein anderer Teil im Polizeidienst Verwendung fand und ein dritter sich, oft mehr schlecht als recht, in Zivilberufen durchschlug, wie in Tabelle 6 an der beträchtlichen Zahl der nur vage als „Kaufmann" angegebenen Berufe abzulesen ist.
Die weiteren Verschiebungen, die sich im Berufsbild der Obersturmbannführer und Sturmbannführer zeigen, sind einen Teils Folgen einer veränderten Altersstruktur; so sind die stark rückläufigen Anteile der Militärpersonen (insbesondere der Offiziere) und der akademischen Berufe, aber auch der steile Anstieg der Berufslosenzahl weitgehend mit der außerordentlichen Verjüngung des Führerkorps in den beiden unte-

[36] Unter den 80 Generalen sind 44 Abiturienten, in vier Fällen war der Schulabschluß nicht feststellbar; bei den Stubaf. liegt der Abiturientenanteil bei 35,6 % der feststellbaren Fälle. Die Zahl der Abiturienten schließt auch Führer mit sog. Notabitur ein.

[37] Die Zahl der Mittelschüler bzw. der Gymnasiasten, die die Schule vor dem Abitur verließen, liegt im Gesamtdurchschnitt bei 30,4 %, bei den OStubaf. jedoch über 40 %; ähnlich hoch ist der Anteil bei OGruf. und Gruf. mit 50 bzw. 42 %, wobei hier eine gewisse Zahl ehemaliger Kadetten ins Gewicht fällt, die mit Erreichen der Primareife in die Offizierslaufbahn der kaiserlichen Armee übernommen worden waren.

Tabelle 6: Die erlernten Berufe der Waffen-SS-Führer und die ihrer Väter im prozentualen Vergleich[38]

Berufe	OGruf.-Staf. (Vaterberuf)	OGruf.-Staf. (eig. Beruf)	OStubaf./Stubaf. (eigener Beruf)
Militärpersonen	12,1	32,5	10,7
Davon Offiziere	11,7	23,8	1,9
Unteroffz.	0,4	8,7	8,8
Polizeibeamte	1,5	14,7	11,4
Davon Polizeioffz.	0,8	12,8	8,8
Polizisten	0,8	1,9	2,5
Sonstige Beamte	24,5	6,4	4,1
Davon höh. + gehob. Laufbahn	15,8	3,4	2,8
einf. + mittl. Laufbahn	8,7	3,0	1,3
Akademische Berufe (außer Beamten)	7,5	21,9	3,8
Angestellte u. Arbeiter (außer Akademikern)	9,8	7,5	11,4
Selbständige Landwirte	4,2	3,4	5,0
Kaufleute	13,2	15,8	18,0
Handwerker u. Techniker	9,8	9,8	27,1
Beruf nicht feststellbar (bzw. ohne Beruf)	18,9	4,5	20,2

[38] Die Statistik basiert hinsichtlich der väterlichen Berufe auf den Angaben in den Lebensläufen der Standarten- bis Obergruppenführer, ansonsten auf den Berufsangaben der Führer-Stammkarten. Angestellte des öffentlichen Dienstes sind als „Beamte" erfaßt; unter „Kaufleute" fallen vornehmlich solche Führer, bei denen eine nähere Berufsbestimmung nicht möglich war, während unter „Handwerker und Techniker" solche nichtakademischen Berufe subsumiert sind, die das Dienstverhältnis – angestellt oder selbstständig – nicht erkennen ließen.

ren der hier betrachteten Dienstgrade zu erklären[39]. Andererseits signalisieren die erhöhte Zahl der nichtakademischen Angestellten, vor allem aber die Verdreifachung der handwerklichen und technischen Berufe, eine bildungs- und statusmäßige Umschichtung des jüngeren Führerkorps zugunsten der unteren Mittelschicht[40].

IV.

Über den Rahmen des oben skizzierten Berufsbildes hinaus sei im Folgenden der Kreis derjenigen SS-Führer näher betrachtet, die vor ihrem SS-Beitritt eine militärische oder polizeidienstliche Karriere absolviert respektive einer halb- oder paramilitärischen Organisation angehört hatten.

Tabelle 7: Militärische, paramilitärische und polizeidienstliche Betätigung der SS-Führer vor ihrem SS-Beitritt (in %)[41]

	Generale	Oberf./Staf.	OStubaf./Stubaf.
Soldat im I. Weltkrieg	87,5	61,1 (53,9)	(16,4)
Freikorps-Kämpfer (einschl. Einwohnerwehren)	56,3	31,4 (38,2)	(11,7)
SA-Mitglied (einschl. Chef-AW)	43,8	36,8 (38,2)	(34,1)
Stahlhelm-Mitglied	16,3	10,3 (10,1)	(6,0)
Soldat der Reichswehr bzw. der Wehrmacht	25,0	19,5 (33,7)	(10,7)
Polizeibeamter (nach 1918)	21,3	14,1 (19,1)	(11,4)

39 Bei der Abnahme der akademischen Berufe ist freilich auch die Nichtberücksichtigung der Ärzte in der Zahl der Stubaf. und OStubaf. von Bedeutung; jedoch vermag ihr Anteil allein die bestehende Diskrepanz nicht hinreichend zu erklären.

40 Zur endgültigen Absicherung dieser These wäre noch der Sozialstatus des Elternhauses bei Stubaf. und OStubaf. zu untersuchen.

41 Die Zeilen „Soldat im I. Weltkrieg“ und „Soldat der Reichswehr“ schließen Militärbeamte und Angehörige fremder Wehrmachten ein. Die eingeklammerten Werte bezeichnen den jeweiligen Anteil an der Gesamtzahl der dem SS-FHA unterstellten Führer, also an den eigentlichen Truppenoffizieren; bzgl. der Stubaf. und OStubaf. vgl. Anm. 14. Eine Hochrechnung der für diese beiden Dienstgrade ermittelten Werte auf die Gesamtzahl aller Sturmbann- und Obersturmbannführer wäre, wie der Zahlenvergleich in der Spalte der Oberf./Staf. zeigt, problematisch.

Die in Tabelle 7 aufgeführten Daten spiegeln einerseits die selbstverständlichen Begleiterscheinungen des oben erörterten Generationswechsels. Mit ihm dürften insbesondere die je nach Dienstgradgruppe unterschiedlichen Zahlen der Weltkriegssoldaten, Freikorpskämpfer, Reichswehr- und Polizeiangehörigen zusammenhängen.
Andererseits verweisen die Zahlen der Tabelle 7 auf Tatbestände, bei denen die Generationenverschiebung als Erklärungsfaktor weniger augenfällig ist, und die darum der näheren Erklärung bedürfen. So ist beispielsweise der Anteil der Weltkriegsteilnehmer unter denjenigen Ober- und Standartenführern, die im Befehlsbereich des SS-Führungshauptamtes, also vorwiegend im Truppendienst tätig waren, niedriger als der Durchschnittswert dieser beiden Dienstgrade insgesamt, während sich die Zahlen hinsichtlich der Freikorpszugehörigkeit gerade umgekehrt verhalten. Die Ursache dieser Diskrepanz dürfte vermutlich auf die Tatsache zurückgehen, daß unter den Truppenoffizieren im Ober- und Standartenführerrang jene Führer besonders zahlreich repräsentiert waren, die, geboren in den Jahren unmittelbar nach der Jahrhundertwende, gleichsam zwischen den Zeiten standen: zu jung für den Krieg, aber doch ganz infiziert von der Unruhe und der Umbruchstimmung, die er mit sich brachte. So waren sie unter den Aktivsten in den Kämpfen der Nachkriegszeit[42].
Auffallend ist auch, daß unter den Ober- und Standartenführern die Zahl der aus der Polizei (meist aus der Landespolizei) und vor allem der aus der Reichswehr hervorgegangenen Truppenoffiziere ungewöhnlich hoch ist. Dies ist allerdings nicht verwunderlich, berücksichtigt man, daß die aus der Reichswehr stammenden Offiziere und Unteroffiziere in der bewaffneten SS vornehmlich da eingesetzt wurden, wo ihre speziellen militärischen Kenntnisse und Erfahrungen am dringendsten benötigt wurden, und das war der Bereich der Ausbildung und Truppenführung; demgegenüber waren die Sonderlaufbahnen zwar auch auf fachlich vorgebildetes, aber nicht auf ausschließlich militärfachliches Personal angewiesen.
Zu erwähnen ist schließlich noch ein weiteres, für Selbstverständnis und Korpsgeist der jungen Truppe stilbildendes Merkmal, das aus den Angaben in Tabelle 7 nicht unmittelbar ablesbar ist, die Tatsache nämlich, daß es sich bei den in der Waffen-SS zum Generalsrang aufgestiegenen

[42] Die Situation gerade dieser Altersgruppe findet ihre exemplarische Beschreibung in E. v. Salomons autobiographischen Romanen „Die Kadetten“ und „Die Geächteten“.

Wehrmachtsangehörigen fast stets um ehemalige Offiziere handelte, während bei den Sturmbann- und Obersturmbannführern der Anteil ehemaliger Unteroffiziere bei weitem überwog und auch in der Gruppe der Ober- und Standartenführer noch leicht dominierte. Dieser Umstand, der übrigens bei früheren Polizeiangehörigen nicht festzustellen ist, kann kaum mit einer längeren Reichswehr-Dienstzeit der ehemaligen Offiziere erklärt werden, da sich gerade unter den zur Waffen-SS übergetretenen Unteroffizierdienstgraden sehr viele Führer mit zwölfjähriger Dienstzeit befanden; im übrigen sind in der zugrundeliegenden Statistik Fälle von weniger als vierjähriger Dienstzeit gar nicht erfaßt. Größeres Gewicht dürfte mithin der Tatsache beizumessen sein, daß die meisten der späteren Waffen-SS-Generale ihr Offizierspatent schon während des Weltkrieges erhalten hatten und mit dem erreichten Dienstgrad in die Reichswehr übernommen wurden, wohingegen zahllose der sehr viel jüngeren Obersturmbannführer und Sturmbannführer am Kriege entweder gar nicht mehr oder nur in den letzten Monaten teilgenommen hatten und infolgedessen nicht mehr zum Leutnant befördert wurden. In der Reichswehr aber blieb ihnen die Offizierslaufbahn zumeist wegen fehlender Bildungsvoraussetzungen versperrt.
Was das Reserveführerkorps der Waffen-SS betrifft, so sind hinsichtlich des Grades der militärischen Vorbildung einige bezeichnende Unterschiede gegenüber dem Gesamtbild erkennbar. Sie bestehen im Wesentlichen in einem stark überdurchschnittlichen Anteil der Reserveführer an der Zahl der Weltkriegsteilnehmer, der Freikorpskämpfer und Stahlhelmmitglieder sowie in der bemerkenswert geringen Zahl von Wehrmachts- und Polizeikarrieren. Beide Tatbestände können nicht überraschen: Den zahlreichen Weltkriegssoldaten entspricht der große Anteil älterer Geburtsjahrgänge unter den Reserveführern; der geringe Prozentsatz ehemaliger Polizei- bzw. Heeresangehöriger erklärt sich daraus, daß die längerdienenden, also meist aktiven Offiziere und Unteroffiziere bei ihrem Eintritt in die bewaffnete SS in aller Regel auch wieder in den aktiven Dienst übernommen wurden und nur in Ausnahmefällen aus Alters- oder versorgungsrechtlichen Gründen (Verfall von Pensionsansprüchen u. ä.) eine Einstellung als Reserveführer der Waffen-SS erfolgte.

V.

Es gehört zu den Charakteristika der Biographien der hier behandelten Waffen-SS-Führer, daß in vielen Fällen der militärische und der politische Aspekt ihres Werdeganges kaum voneinander zu trennen sind. Bis zu einem gewissen Grade mag diese Tatsache gemeinsames Attribut einer Offiziersgeneration sein, die in der Folge des Ersten Weltkriegs eine bis dahin nicht gekannte Verflechtung militärischen und revolutionären Denkens und Handelns erlebte. Im vorliegenden Falle gewinnt der angedeutete Umstand insofern besondere Bedeutung, als es sich beim Führerkorps der Waffen-SS gerade um den Exponenten eines „politischen Soldatentums" handelte, in dem nach dem Willen des Reichsführers-SS Heinrich Himmler militärisches, politisches und rassistisches Denken zu einem kämpferischen Dynamismus sich verbinden sollten[43]. Wenn auch, wie die vorhergehenden Abschnitte zeigten, das höhere Offizierkorps der Waffen-SS nach Herkunft und Werdegang viel zu heterogen war, als das Himmlers Kriegermythos in wenigen Jahren zum gemeinsamen Begriff ihres Soldatentums hätte werden können, so ist nicht zu übersehen, daß bei nahezu allen Führern die unterschiedlichen Erfahrungen, gleichviel, ob sie in den Materialschlachten des Weltkrieges oder in der Wandervogelbewegung und der bündischen Jugend gewonnen waren, in einen politischen Grundkonsens mündeten, als dessen gemeinsamer Nenner nicht nur die kompromißlose Ablehnung des „Weimarer Systems", sondern auch die betonte Bejahung des Nationalsozialismus anzusehen ist[44]. Freilich war diese grundsätzliche Zustimmung, gerade im höheren und höchsten Führerkorps, sehr unterschiedlich motiviert und mit den verschiedensten Erwartungen verknüpft, die im einzelnen darzulegen sich hier aus Raumgründen verbietet. Gleichwohl bestand der erwähnte Grundkonsens aber, wie im Folgenden zu belegen sein wird, in den weitaus meisten Fällen schon vor dem Eintritt in die Waffen-SS und kann somit nicht als Begleiterscheinung jener unpolitischen Solidarität gedeutet werden, die aus der gemeinsamen Zugehörigkeit zu einer neuen „Gardedukorps" erwachsen sein mochte[45].

---

[43] Himmlers Begriff des Soldatischen trägt dementsprechend einen sehr eigenen Akzent: Soldaten sind für ihn nicht Militärs, sondern im archaischen Sinn des Wortes „Krieger". Beispielhaft für diese Sinngebung ist Himmlers Rede vom 8. 11. 1938 vor den SS-Gruppenführern in München, abgedruckt in: Heinrich Himmler. Geheimreden 1933–1945, hg. von B. F. Smith/ A. F. Peterson, Frankf. a. Main/Berlin/Wien 1974, S. 25 ff., vor allem S. 31 f..

[44] Dies gilt freilich nicht für viele der erst im Kriege zur SS gestoßenen ausländischen Offiziere.

[45] Diese These bezieht sich nur auf die Extensität der nationalsozialistischen Grundhaltung, nicht aber auf ihre Intensität; sie impliziert somit auch nicht die schwer beweisbare Behauptung, daß es sich bei der großen Mehrheit der höheren Waffen-SS-Führer um politische Fanatiker gehandelt habe.

Diese These kann seitens des biographischen Quellenmaterials vor allem durch Untersuchungen über das Ausmaß politischer Betätigung vor Übernahme in die Waffen-SS erhärtet werden. Dabei zeigt sich, daß durchgehend durch alle Alters- und Dienstgradstufen ein beträchtlicher Teil des späteren Offizierkorps schon vor Beginn seiner Laufbahn in der Waffen-SS politisch in der SA, der NSDAP und der Allgemeinen SS organisiert war. Hinsichtlich der SA liegt dieser Anteil, wie Tabelle 7 zeigt, je nach Dienstgradgruppe zwischen 34 und knapp 44 Prozent; der überwiegende Teil davon entfällt auf SS-Führer, die noch unmittelbar oder doch wenige Monate vor ihrem SS-Beitritt in der SA bzw. im Bereich der Dienststelle „Chef Ausbildungswesen" tätig waren.
Größer noch ist mit fast 50 % der untersuchten Führer die Zahl derjenigen, die schon vor Beitritt zur SS der Partei angehörten; weitere 13,7 % traten der SS und der NSDAP gleichzeitig bei[46]. Die zeitlichen Schwerpunkte der Parteieintritte liegen dabei in den Jahren 1931 bis 1933. Ende 1933 waren mindestens zwei Drittel der kommenden Waffen-SS-Führer Mitglieder der NSDAP[47]. Nach 1933 ist die einzig nennenswerte Beitrittswelle 1937 zu verzeichnen, als sich nach Aufhebung der Mitgliedersperre vornehmlich die jungen SS-Führer um Aufnahme in die Partei bemühten. Mit höchstens zehn Prozent blieb nur ein kleiner Teil der Generale und Stabsoffiziere des Jahres 1944 bis Kriegsende parteilos, darunter nicht selten jene, die erst während des Krieges zur Truppe stießen.
Was schließlich die Zugehörigkeit zur Allgemeinen SS angeht, so fällt auf, daß der Anteil derjenigen, die der SS schon vor der Machtergreifung beigetreten waren, bei den Generalen mit nur 23,8 % am geringsten ist, während er bei Ober- und Standartenführern bei 34,1 % liegt und bei den Obersturmbannführern gar 51,2 % erreicht. Erst in der Gruppe der Sturmbannführer sinkt er, offenbar altersbedingt, wieder auf 29,4 %. Da die höheren Dienstgrade zugleich den überwiegenden Teil der älteren Geburtenjahrgänge repräsentieren, ergibt sich daraus folgende bemerkenswerte Korrelation: Die älteren, 1895 und früher geborenen SS-Führer sind in ihrer großen Mehrheit erst nach der „Machtergreifung" zur

---

[46] Nur bei 20,3 % der Führer erfolgte der Parteibeitritt mehr als einen Monat nach Erwerb der SS-Mitgliedschaft; davon in der Hälfte der Fälle noch innerhalb des ersten Jahres; bei 10,5 % war eine Parteimitgliedschaft gar nicht festzustellen, bei weiteren 7 % fehlten die Personalunterlagen.

[47] Vermutlich liegt der Anteil noch höher, da bei 16,7 % der untersuchten Fälle das Datum des Parteibeitritts nicht zu ermitteln war.

SS gekommen, während die jüngeren Führer etwa der Jahrgänge 1896 bis 1910 das Gros der „alten Kämpfer“ in der SS stellten. Gleichwohl wäre der Schluß unzutreffend, daß es sich bei den älteren Offizieren, also insbesondere bei den Generalsdienstgraden, überwiegend um Personen gehandelt hätte, die der bewaffneten SS nach Beginn ihrer Aufstellung im Jahre 1933 unmittelbar, also ohne den „Umweg“ über die Allgemeine SS beigetreten seien. Das Gegenteil ist der Fall; ca. 60 % der Generale waren bei ihrer Übernahme in die bewaffneten Teile der SS bereits Angehörige der Schutzstaffeln. Bei den nachfolgenden Dienstgraden liegt dieser Anteil sogar noch höher, so daß von den 1944 im Truppendienst tätigen Sturmbann- und Obersturmbannführern kaum jeder Fünfte ohne vorherige SS-Mitgliedschaft in die Verfügungstruppe oder die Totenkopfverbände eingetreten war[48]. Die in der Nachkriegszeit vornehmlich von ehemaligen Soldaten der Waffen-SS unter dem Druck gerichtlicher und moralischer Anschuldigungen aufgestellte und oft wiederholte Behauptung, zwischen Waffen-SS und ziviler SS habe es keine nennenswerten personellen Verflechtungen gegeben, ist somit, zumindest hinsichtlich des höheren Führerkorps, nicht haltbar[49].

VI.

Überblicken wir das soziale Umfeld und den beruflichen Werdegang des hier untersuchten Führerkorps im Zusammenhang der eingangs formulierten leitenden Fragestellungen, so kristallisieren sich — grob schematisiert — vier sozial typische Entwicklungsstränge heraus, die jeweils auf ihre Weise den späteren Eintritt in die Waffen-SS und den dortigen Karriereverlauf wesentlich beeinflußt haben dürften. Alle vier weisen zugleich eine statistische Affinität zu verschiedenen Alters- und Dienstgradgruppen des Führerkorps auf.

---

[48] Auch in den Sonderlaufbahnen ist die Zahl derjenigen, die über die Allgemeine SS zur Waffen-SS kamen, auffallend hoch und beträgt bei Ober- und Standartenführer ca. 75 %. Dies ist dadurch erklärlich, daß zahlreiche Ärzte, Verwaltungsführer etc. schon lange vor Übernahme in die Waffen-SS im hauptamtlichen SS-Dienst standen, und oft erst im Kriege durch Versetzung, Umorganisation von Dienststellen oder Planstellenveränderung auf den Etat der Waffen-SS übernommen wurden.

[49] Vgl. die Aussagen R. Brills und P. Haussers anläßlich des Hauptkriegsverbrecherprozesses vor dem Nürnberger Militärgerichtshof, IMT: Bd. XX, S. 376, 395 und 402.

Im ersten Fall handelt es sich um den Typ eines älteren, zumeist dem höheren Stabsoffizierkorps oder der Generalität zuzurechnenden Waffen-SS-Führers, der, in konservativen Kreisen des gehobenen Mittelstandes aufgewachsen, vor oder während des Krieges den Offiziersberuf ergriff und nach Kriegsende, je nach erreichtem Dienstgrad, zumeist als Leutnant, Oberleutnant oder Hauptmann, in Einzelfällen auch als Stabsoffizier in die Reichswehr oder, war dies nicht möglich, in den Polizeidienst übernommen wurde. Ergab sich im letztgenannten Falle der Übertritt zur bewaffneten SS durchweg aus der seit 1933 bestehenden Kooperation und späteren planmäßigen Verschmelzung von SS und Polizei[50], so war der Wechsel der Wehrmachtoffiziere zur Waffen-SS meist individuell unterschiedlich motiviert und läßt nur indirekt strukturelle Ursachen erkennen. Konflikte mit den Standesbegriffen des Wehrmacht-Offizierkorps, wehrpolitischer Reformismus, die Aussicht auf rasche Beförderung und die Chance weiterer militärischer Betätigung nach schon erfolgter Pensionierung sind nur einige der häufigeren Gründe für den oft erst in der zweiten Hälfte der dreißiger Jahre oder während des Krieges erfolgten Übertritt zur Waffen-SS[51].

Der zweite zu schildernde Offizierstypus ist von Alter und sozialer Herkunft dem erstgenannten verwandt; er unterscheidet sich von ihm grundlegend dadurch, daß es ihm nach Kriegsende und Freikorpszeit nicht gelang, in der Reichswehr oder Polizei beruflich Fuß zu fassen. Einerlei, ob er Offizier von Beruf gewesen war oder zu den Kriegsfreiwilligen von 1914 gehört hatte, nur selten brachte er Neigung und fachliche Vorbil-

---

[50] Bei den zur bewaffneten SS übergetretenen Polizeioffizieren ist vor allem zwischen zwei Gruppierungen zu unterscheiden: eine erste Gruppe von Offizieren der Landespolizei entschied sich nach oder kurz vor Auflösung derselben im Jahre 1935 zum Übertritt in die SS-VT; eine zweite, sehr viel größere Zahl von Offizieren der Ordnungspolizei wurde nach Kriegsbeginn im Zuge der Aufstellung der SS-Polizeidivision und deren Eingliederung in die Waffen-SS (1942) kollektiv in die SS überführt. – Grundsätzlich zum Verhältnis von SS und Polizei vgl. die immer noch gültige Darstellung von H. Buchheim: Die SS – das Herrschaftsinstrument. In: H. Buchheim/M. Broszat/H.-A. Jacobsen/H. Krausnick: Anatomie des SS-Staates, Bd. 1. Olten/Freiburg 1965.

[51] Andererseits sind aus den Jahren 1935 und 1936 ca. zwanzig Fälle bekannt, in denen freiwillig zur SS-VT beurlaubte Offiziere der Landespolizei wieder zur Wehrmacht bzw. Polizei übertraten, wobei offenbar in mehreren Fällen versorgungsrechtliche Gründe (Pensionsverlust u. ä.) ausschlaggebend waren; vgl. Dienstalterslisten der SS, Jahrgänge 1935 bis 1938.

dung mit, um unter den erschwerten Bedingungen der frühen Weimarer Jahre eine gesicherte zivile Existenz zu begründen und zu erhalten. In einigen Fällen gelang dies; die Mehrzahl dieser Frontoffiziere aber mußte sich, in häufig wechselnden Stellungen, als kleinere oder mittlere Angestellte im industriellen oder landwirtschaftlichen Sektor verdingen; ein Teil von ihnen wurde nach 1930 arbeitslos; nicht wenige versuchten, sich als Kaufleute selbständig zu machen; andere studierten[52]. Einige, denen nichts von alledem gelang, glitten ab in Asozialität und Kriminalität[53]. Doch sie waren nur der Bodensatz der sehr zahlreichen Schar zutiefst frustrierter Frontkämpfer, die Dank und gesellschaftliches Ansehen glaubten erwarten zu dürfen, sich aber stattdessen Existenzbedingungen gegenüber sahen, die weniger materiell als eher noch hinsichtlich des Sozialprestiges und der sozialen Sicherheit, die sie gewährten, weit hinter dem zurückblieben, was viele der deklassierten Offiziere von ihrem Elternhause her gewohnt waren. Für sie war die bewaffnete SS somit in doppeltem Sinne attraktiv: Sie bot die große Chance des sozialen Wiederaufstiegs und zugleich die Möglichkeit, nochmals zu werden, was diese Männer von jeher sein wollten: Soldaten.

Eine dritte Kategorie von Waffen-SS-Führern, die überwiegend der unteren Hälfte des analysierten Dienstgradspektrums zuzuordnen ist, rekrutiert sich aus langgedienten Reichswehr-Unteroffizieren (bzw. entsprechenden Dienstgraden der Schutz- und Landespolizeien), von denen nur ein Teil noch den Krieg im Mannschafts- oder Unterführerrang erlebt hatte, während andere ihre Karriere erst in der Reichswehr begannen. Infolge fehlenden Abiturs am Aufstieg in die Offizierslaufbahn gehindert, wurden sie in aller Regel nach zwölfjähriger Dienstzeit als Portepee-Unteroffiziere entlassen oder, seltener, anläßlich ihrer Entlassung zu Leutnanten oder Oberleutnanten befördert. Die Anziehungskraft der SS-Verfügungstruppe auf diesen, aus dem Unteroffizierkorps hervorgegangenen Personenkreis ist augenfällig: Nicht nur die günstigen Einstellungsbedingungen, die zumeist eine Übernahme als Unter-, Ober- oder gar Hauptsturmführer mit sich brachten, übten ihren Reiz aus; verlocken mußte auch die Aussicht auf einen dank dringend benötigter Fachkennt-

---

[52] Die Eindrücke gründen sich auf zahlreiche, oft fragmentarische Angaben der in den Personalakten befindlichen Lebensläufe.

[53] Himmler setzte diese Leute später bevorzugt bei den SS-TV und im Konzentrationslagerwesen ein und wußte so einerseits ihre antibürgerlichen Affekte zu kanalisieren, zugleich aber ihre völlige Abhängigkeit zur SS, der sie alles verdankten, geschickt zu nutzen.

nisse im Truppen- und Verwaltungsdienst möglichen raschen Aufstieg in Stabsoffiziersstellen.
Die vierte, in ihren sozialen Bezügen charakteristisch anmutende Personengruppe besteht im wesentlichen aus jenen jungen Obersturmbann- und Sturmbannführern, die, von den Erfahrungen des Krieges und der unmittelbaren Nachkriegszeit weitgehend unberührt, in der Waffen-SS ihre erste militärische Ausbildung und Prägung erlebten. Es handelt sich dabei teils um Abiturienten, die nach Schulabschluß in die Verfügungstruppe eintraten, teils um Nichtabiturienten mit handwerklicher, technischer oder kaufmännischer Ausbildung, von denen nicht wenige über die HJ, die SA oder den Arbeitsdienst zur SS fanden. Als „Schüler" der erstgenannten drei Gruppen waren sie die einzigen Offiziere innerhalb des höheren Führerkorps, die ihren Aufstieg ausschließlich den Auslese- und Beförderungsbedingungen der Waffen-SS verdankten. Insofern bildete sich hier ein ganz neuer Typ des Waffen-SS-Führers heraus, dessen Laufbahnverhalten vermutlich ebenso wie sein militärisches und politisches Selbstverständnis auch für die nachfolgenden Dienstgrade charakteristisch gewesen sein dürfte, während man die Karrieren der übrigen Stabsoffiziere und Generale als für das Laufbahnwesen der Waffen-SS insgesamt völlig atypisch bezeichnen muß. Indes ging der Krieg zu Ende, ehe diese erste, ganz unter den Gesetzen ihrer neuen Truppe groß gewordene Offiziersgeneration in die höchsten Führungspositionen hatte nachrücken können.
Die hier beschriebenen Kategorien sozialer Eingruppierung können nicht mehr sein als idealtypische Abstraktionen des vorgefundenen biographischen Materials. Insofern wird bei zahlreichen Führern eine eindeutige Zuordnung zu einer der Gruppen problematisch sein, da ihre Biographien Merkmale teils dieser, teils jener Personengruppe aufweisen. Andererseits gibt es Führer, deren Lebensläufe gänzlich aus dem hier vorgestellten Rahmen herausfallen; dazu zählen in erster Linie die volksdeutschen und ausländischen Offiziere[54]. Eine Sondergruppe innerhalb des höheren Führerkorps stellen in gewissem Sinne auch die Ärzte dar, von denen offenbar zahlreiche aus völkisch-nationalistischem Idealismus ihre Zivillaufbahn aufgaben, um eine schlecht bezahlte und zunächst auch sozial ungesicherte Stellung als SS-Ärzte anzunehmen.

[54] Zumeist handelte es sich dabei um Österreicher, die nach dem Putschversuch vom Juli 1934 nach Deutschland geflüchtet waren. Sonstige Ausländer, wie der Däne Kryssing, oder Volksdeutsche, wie die Rumänen Phleps und Konradt, waren dagegen im höheren Führerkorps Einzelfälle.

Doch selbst von diesen Ausnahmen abgesehen, bleibt das Bild sozialer Schichtung innerhalb des höheren Führerkorps der Waffen-SS äußerst vielfältig. Die als Folgen solcher Vielfalt sehr unterschiedlichen militärischen und politischen Auffassungen der einzelnen Kommandeure über Soldatentum, Erziehung und Truppenführung bestimmten vor dem Kriege entscheidend den Charakter jeder VT-Standarte und ihres jeweiligen Führerkorps[55]. Erst der Einfluß einer zentralisierten Führerausbildung, die zunehmende personelle Fluktuation zwischen den Verbänden, die rasante Personalvermehrung und der wachsende Leistungsdruck während des Krieges vermochten diese Unterschiede in Haltung und Können weitgehend zu nivellieren[56].

---

[55] H. Höhne: Der Orden unter dem Totenkopf, S. 408 ff.

[56] Die unveröffentlichte Dissertation von G. C. Boehnert: A sociography of the SS officer corps, 1925–1939, London 1977 wurde dem Verf. erst nach Drucklegung des vorliegenden Beitrages zugänglich und konnte darum nicht mehr berücksichtigt werden. Soweit erkennbar, stehen die Ergebnisse Boehnerts, der auch die Führer der Verfügungstruppe und der Totenkopfverbände in seine Analyse einbezog, jedoch nicht im Widerspruch zu den hier entwickelten Thesen. Weiterhin vgl. jetzt B. Wegner: Die Garde des „Führers" und die „Feuerwehr" der Ostfront. Zur neueren Literatur über die Waffen-SS. In: Militärgeschichtliche Mitteilungen 23 (1978), S. 210–236.

ZU FRAGEN DER PERSONELLEN AUSWAHL BEI DER VORBEREITUNG EINES WESTDEUTSCHEN VERTEIDIGUNGSBEITRAGES (1950–1956)

VON GEORG MEYER

Die Quellen- und Materiallage können für das Thema nicht ungünstiger sein, als sind sind; insbesondere statistische Hilfsmittel stehen nicht zur Verfügung. Es gibt keine Ranglisten mehr, der „Gotha" und das „Genealogische Handbuch des Adels" sind kaum noch eine Hilfe. Memoiren fehlen. Nach verlorenen Siegen ist auf diesem Gebiet in der Regel eine Hausse zu verzeichnen. Die immer satter gewordenen Friedensjahre nach 1945 – und der bedeutende Anteil der Streitkräfte an der Bewahrung des Friedens – gelten offenbar noch nicht als geeigneter Gegenstand. Keiner der ehemaligen Generalinspekteure hat bisher seine Erinnerungen geschrieben; das Buch des Generals a. D. de Maizière (1930)[1] wird den Leser in diesem Punkte sehr enttäuschen, wenn er aus diesem „Handbuch für Nachfolger" sonst auch manchen reichen Gewinn ziehen kann. Die Memoiren von General a. D. Professor Dr. Speidel (1914), des ersten deutschen COMLANDCENT (1957–1963) sind inzwischen (Ende 1977) erschienen und vermitteln nicht nur für die ersten Nachkriegsjahre und die Zeit des Aufbaus der Bundeswehr die sehr persönliche, gelegentlich eigenwillige Sehweise des belesenen Autors. Alle Inspekteure der Teilstreitkräfte seit 1957, auch die Kommandierenden Generale von Heer und Luftwaffe, die Befehlshaber der Flotte, die Staatssekretäre und Ministerialdirektoren des Verteidigungsministeriums, die Wehrbereichsbefehlshaber und -präsidenten der ersten und zweiten Generation, alle befolgen die Maxime „viel leisten, wenig hervortreten, mehr sein als scheinen". Von den Divisionskommandeuren hat, soviel ich sehe, bislang nur einer seine etwas chiffrierten Erinnerungen geschrieben; das

[1] U. de Maizière: Führen – im Frieden. 20 Jahre Dienst für Bundeswehr und Staat. München 1974. Die eingeklammerte Jahreszahl bei diesem und den folgenden im Text erwähnten Namen bezeichnet das Eintrittsjahr in ein Bundeskontingent des Deutschen Reichsheeres, in die Reichswehr oder die Wehrmacht.

Buch ist nicht nur seiner Singularität wegen lesenswert[2] und hilfreich für unseren Gegenstand. Die zur Verfügung stehenden Akten geben über manch ein Detailproblem Auskunft. Sie sind indes unvollständig und lückenhaft, zum Teil gelten sie noch als Verschlußsachen. Gelegentlich können sie durch mündliche oder schriftliche Auskünfte ergänzt werden.

Die Akten des Personalgutachterausschusses (PGA) sind – aufgrund eines Beschlusses vom 30. August 1955 – zu Ende der 50er Jahre auf Weisung des Vorsitzenden, Staatssekretär Dr. Wilhelm Rombach, mit guten Gründen sämtlich vernichtet worden: für dieses Thema und weitere einschlägige Forschungen ein nicht abzuschätzender Verlust[3].

Alle folgenden Aussagen verallgemeinernden Inhalts müssen mit der nötigen Vorsicht als Diskussionsbeiträge angesehen werden. Sie sind auch bei unserem gegenwärtigen Forschungs- und Wissensstand nichts anderes als vorläufige Arbeitsergebnisse, manchmal noch nicht mehr als Vermutungen.

Mit der bedingungslosen Kapitulation der Wehrmacht am 7./8. Mai 1945 hörte in der Folge auch die Wehrmacht zu bestehen auf: ein wesentlicher Unterschied zur Niederlage von 1918, in der jedenfalls grundsätzlich nicht das Fortbestehen der bewaffneten Macht infrage gestellt war. 1918/19 gab es, – bei gleichzeitiger Demobilisierung in deutscher Zuständigkeit – bewaffnete Formationen in großer Zahl (wenn auch unterschiedlich zuverlässig und kampffähig), es existierten eine intakte Führungsorganisation, die Oberste Heeresleitung und die Kriegsministerien der Bundesstaaten. Trotz Bürgerkrieg, staatlichem Neuaufbau, erbitterter innerer Diskussion um den Friedensvertrag und seinen harten Folgen gerade auch für die Armee ist durchaus eine ununterbrochene Entwicklung vom Heer und der Marine der Kriegszeit hin zu Reichsheer und Reichsmarine zu verzeichnen, in materieller, personeller, struktureller Hinsicht. Man wird aber beim besten oder auch beim bösesten Willen nicht die nach Kriegsende im Sommer 1945 in Schleswig-Holstein unter britischer Oberhoheit organisierten deutschen „Korpsgruppen" Witthöft und Stockhausen als fortbestehende deutsche Streitkräfte bezeichnen

---

[2] G. Kobe: Der Wind kam vom Westen. Ein fast schon historischer Bericht. Würzburg 1974 (= Würzburger Wehrwissenschaftliche Abhandlungen, Bd. 5).

[3] Vgl. Deutscher Bundestag – 3. Wahlperiode. Drucksache 109: Tätigkeitsbericht des Personalgutachterausschusses für die Streitkräfte, S. 10 (Beschluß vom 30. August 1955). – Deutscher Bundestag – 3. Wahlperiode. 16. Sitzung vom 12. März 1958, Protokoll S. 747 ff.

können; das Deutsche Reich war ausgelöscht und bestand nur mehr als eine Rechtsfiktion.

Auch die ehemaligen deutschen Soldaten, die uniformiert, zum Teil bewaffnet, bei den westalliierten Besatzungsmächten Hilfsdienste unterschiedlicher Art versahen, waren niemals der Kern künftiger deutscher Streitkräfte. Die deutschen Minenräumer unter britischem Kommando in Ost- und Nordsee waren keine getarnte deutsche Marine, selbst wenn zu den dort Diensttuenden ein späterer Generalinspekteur der Bundeswehr gehörte. Zwar bestanden bei diesen Formationen, die nicht einmal als paramilitärisch zu bezeichnen sind, aus organisatorischen oder praktischen Gründen gewisse militärische Umgangsformen, Sitten und Gebräuche fort, es galt auch verschiedentlich – nicht bei den Arbeitseinheiten – das deutsche Militärstrafgesetzbuch: aber nicht einen Tag verzichteten die Siegermächte auf die Verfügungsgewalt über diese Hilfsorganisationen, dachten sicher auch nie daran, sie je deutscher Verfügungsgewalt zu übergeben. Mit deutschen Soldaten unter nationaler Befehls- und Kommandogewalt schien es ein für alle Male zu Ende zu sein. Ein Beruf, ein Stand sollte ganz ausgetilgt werden. Man sprach in den Gefangenenlagern davon, die Generale und Generalstabsoffiziere würden zwangsweise mit ihren Familien nach Madagaskar oder Feuerland ausgesiedelt werden. Die Kontrollratsgesetze und die Maßnahmen der Besatzungsmächte waren so eindeutig, daß niemand ernsthaft daran denken konnte, Soldat zu bleiben, zu sein oder zu werden. Der Soldat, der Offizier, ehedem und lange hoch angesehen, galt als Paria, nicht nur bei den Siegern – der die Soldaten zu Millionen in den Gefangenen- und Internierungslagern verwahrte –, auch bei den eigenen Landsleuten. Die Unterlegenen konnten es wohl am wenigstens verwinden, daß zum ersten Mal seit dem Dreißigjährigen Krieg das ganze eigene Land Schlachtfeld und Kriegsschauplatz geworden war. Soldaten aller Dienstgrade und Wehrmachtteile standen wegen Kriegsverbrechen und Verbrechen gegen die Menschlichkeit, auch allein wegen Teilnahme am Krieg und Kriegsvorbereitungen, vor den Tribunalen der Sieger. Beim Hauptkriegsverbrecherprozeß in Nürnberg 1945/46 waren zudem das Oberkommando der Wehrmacht und der Generalstab als „verbrecherische Organisationen" angeklagt. Demütigende und kleinliche Maßnahmen der deutschen Behörden – gelegentlich noch die Vorstellungen der alliierten Administrationen übertrumpfend – trafen auch die Familien der Berufssoldaten, ihre Frauen und Kinder, machten es den nach und nach aus der Gefangenschaft Heimkehrenden schwer, eine Wohnung zu finden, Lebensmittelkarten zu bekommen, einen bürgerlichen Beruf zu ergreifen, zum Studium zugelassen zu werden. Schlechte und böse Zeiten zwar für alle, von den Soldaten und den Hinterbliebenen, den Witwen und Waisen aber besonders schwer empfunden. Hier sammelte sich – hinzu kam noch die lange erbittert umstrittene Versorgungsfrage – viel Zündstoff für die vielgesichtige, lange Jahre beherrschende „Ohne-mich-Diskussion", die ja von allen Gegnern und Kritikern eines westdeutschen Verteidigungsbeitrages aus allen Schichten der Bevölkerung, unbeschadet ihrer politischen Einstellung mit ganz unterschiedlichen Argumenten geführt worden ist.

Zwei Einrichtungen können hier nicht unerwähnt bleiben, um die sich viele falsche und irrige Vorstellungen ranken, weil man in sie ein wenigstens getarntes Fortbestehen der deutschen militärischen Führungsorganisation hineingeheimniste. Bald nach Kriegsende entstanden unter amerikanischer Obhut die „Organisation Gehlen" und die „Historical Division"[4] (des Heeres). Entsprechende Institutionen der Luftwaffe und der Marine bildeten sich etwas später.

Es ist wohl ein singulärer Vorgang in der Kriegsgeschichte, daß in der Niederlage eine ganze Abteilung des alten Führungsinstruments Vorbereitungen trifft, um bald nach dem letzten Schuß die Arbeit auf Seiten der Sieger, genauer eines Siegers, fortzusetzen. Eben dies geschah mit der Abteilung „Fremde Heere Ost" des Generalstabes des Heeres, unter ihrem letzten Abteilungschef, dem Generalmajor Gehlen (1920). „Er hatte Pläne, die weit in eine neue Zukunft wiesen, während die meisten anderen nur in die Vergangenheit zurückblickten"[5], bemerkte einer seiner ehemaligen Untergebenen, der ihm Ende Mai, Anfang Juni 1945 in einem Kriegsgefangenenlager begegnete. Gehlen sah sicher seine im Aufbau befindliche Organisation auch „als Sammelbecken stellungslos gewordener Offiziere, denen er dank seiner Beziehungen zu Washington eines fernen Tages die Chance sichern wollte, wieder eine Armee und wieder einen Generalstab zu führen"[6]. Einige ehemalige Offiziere, die später in der Dienststelle Blank mitwirkten, kam aus Pullach dorthin;

---

[4] H. Zolling und H. Höhne: Pullach intern. General Gehlen und die Geschichte des Bundesnachrichtendienstes. Hamburg 1971, S. 95 ff. – Ch. Burdick: Vom Schwert zur Feder. Deutsche Kriegsgefangene im Dienst der Vorbereitung der amerikanischen Kriegsgeschichtsschreibung über den Zweiten Weltkrieg, in: Militärgeschichtliche Mitteilungen (MGM), Heft 2/1971, S. 69–80.

[5] W. Strik-Strikfeldt: Gegen Stalin und Hitler. General Wlassow und die russische Freiheitsbewegung. 2. Aufl., Mainz 1970, S. 244.

[6] H. Zolling und H. Höhne, a.a.O. S. 118.

man könnte leicht eine ununterbrochene Verbindungslinie von der Wehrmacht über die Organisation Gehlen zur Dienststelle Blank, von da zur Bundeswehr ziehen: wenn denn die Motive der betreffenden Offiziere übereinstimmten. Aber die Gründe, warum sie den Dienst in Pullach quittierten, um in die „alte Tätigkeit" zurückzuwechseln, sind zu vielschichtig, als daß diese Konstruktion Bestand hätte. Nicht anders verhält es sich mit den Angehörigen der Historical Division, die unter dem ehemaligen Chef des Generalstabes des Heeres, Generaloberst Halder (1902), Schlachten und Feldzüge des Zweiten Weltkrieges auswerteten, Fragen der Versorgung, der Rüstung, der Ausbildung, der Taktik, des Kampfes gegen Partisanen, Probleme der Strategie, der Bündniskriegführung in amerikanischem Auftrag untersuchten. Schon von der Altersstruktur her kamen die wenigsten der dort tätigen Generale und älteren Generalstabsoffiziere noch für eine Verwendung in den neuen Streitkräften in Frage. Einige jüngere passierten den PGA und wurden in die Bundeswehr übernommen; aber zu keinem Zeitpunkt war etwa diese Einrichtung so etwas wie ein über die Fährnisse des Nachkrieges bewahrtes Führungsinstrument, auch wenn einige Mitarbeiter Halders ihre Rolle dort ohne Frage überschätzten.
Der umständliche Weg zu einem westdeutschen Verteidigungsbeitrag kann hier keineswegs nachgezeichnet werden. Ein ganzes Bündel politischer, militärpolitischer, sicherheitspolitischer, auch ideengeschichtlicher und ideologischer Fragen, zum Teil kontroverser Natur, wäre dazu eingehend zu erörtern. Einige Hinweise müssen genügen: Vor dem Hintergrund des „Kalten Krieges", in den sich die so gegensätzlichen Bündnispartner der Anti-Hitler-Koalition bald verstrickt sahen, nachdem ihr hauptsächliches Kriegsziel mit der Niederlage des Deutschen Reiches und Japans erreicht war, erhielt die Frage einer Beteiligung Westdeutschlands an einer zu schaffenden westeuropäischen Verteidigungsorganisation eigentlich schon vor der Bildung der Bundesrepublik Deutschland recht deutliche Konturen. Sie war von Anfang an verknüpft mit dem Problem, wie die seit 1949 bestehende Bundesrepublik Deutschland als vertrauenswürdiger Partner des Westens so kurz nach dem Zweiten Weltkriege ihre volle Souveränität erlangen könnte. Mit anderen Worten: für einen westdeutschen militärischen Beitrag war — ganz abgesehen von einer fraglos vorhandenen Bereitschaft auf deutscher Seite — eine politische Entscheidung im Westen nötig, und die im Entstehen begriffene westliche Allianz hatte dazu eine alles andere als einheitliche Auffassung. Militärisch war die Frage leichter zu entscheiden und zu begründen, als politisch und psychologisch den Betroffenen begreiflich zu machen, nach all dem, was in Europa von Deutschland ausgehend seit dem

1. September 1939 geschehen war. Eine „nationale" Armee Westdeutschlands unter alleiniger deutscher Verfügungsgewalt war von Anfang an undenkbar. Das bedeutete einen radikalen Neubeginn, ein völliges Umdenken, nicht nur auf dem Gebiet der Menschenführung. Solche Prämisse konnte nicht ohne bedeutende Rückwirkung auf die personellen Fragen bleiben. Die EVG, der ganz eng integrierte Bündnisbeitrag, warf da größere Probleme auf, als die schließlich zustande gekommene Verbindung mit der NATO und der WEU. Dennoch wurde die letztere, wenn man so will nationalere, Lösung nur als zweitrangig empfunden, der europäische Impuls war stark in den ersten zehn Nachkriegsjahren; vielleicht hoffte man insgeheim auch, mit einer eng integrierten militärischen Lösung „nationale" Vorbehalte leichter überwinden zu können. Fest steht, daß unsentimentale, kühle militärische Fachleute im Laufe ihrer Arbeit an der EVG europäische Enthusiasten wurden, tief betroffen und verzweifelt, als dieses Vorhaben 1954 scheiterte. Nicht zu vergessen ist ein weiterer psychologischer Faktor: die Planungen, später dann der Aufbau westdeutscher Streitkräfte vollzogen sich in einem geteilten Land. Und „drüben", bei der sich so national gebärdenden, dabei auch unlösbar in ein Bündnis gebetteten Volksarmee, waren bei der Aufstellung einstige Kameraden in zum Teil hoher verantwortlicher Stellung als Fachleute tätig. Man kannte sich von der Infanterieschule, aus den Regimentern, von der Kriegsakademie, aus dem Krieg. Vincenz Müller (1913) war nur drei Jahre älter als Hans Speidel und Adolf Heusinger (1915).

Was hatten diese Generalstabsoffiziere der mittleren und jüngeren Generation in ihrer Laufbahn nicht alles erlebt außer dem Krieg, der Niederlage, der Gefangenschaft, dem Nachkriegselend! Die älteren von ihnen, in das Reichsheer und die Reichsmarine eingetreten, galten Teilen der Öffentlichkeit noch als „Noske-Hunde" oder wurden von Freunden und Verwandten noch konservativerer Gesinnung über die Schulter angesehen („man tritt nicht in ein republikanisches Heer ein" – die Reichswehr wurde ja keineswegs nur von links abgelehnt). Das Jahr 1923 – der Hitlerputsch –, später dann im September/Oktober 1930 der „Ulmer Reichswehrprozeß" vor dem Staatsgerichtshof in Leipzig gegen die der Sympathie mit dem Nationalsozialismus verdächtigen jungen Offiziere Ludin, Scheringer und Wendt hatten deutlichere Spuren im Offizierkorps zurückgelassen, als das so homogene äußere Bild erkennen ließ. Die Machtergreifung Hitlers, der Röhmputsch mit dem Mord an zwei Generalen, Blomberg-Skandal und Fritsch-Krise, der 20. Juli: sie waren Zeitgenossen der düstersten Epoche deutscher Militärgeschichte, mit genug bitteren Erfahrungen. Aber sie hatten auf den verschiedenen Ebenen ihrer militärischen Verwendungen auch große Erfolge erlebt, wenn man so will, höchste berufliche Erfüllung gefunden. „Glauben Sie denn nicht, daß es ein befriedigendes, aufregendes, stolzes Gefühl sein kann, im Kriege ein Panzerkorps erfolgreich zu führen?" Dieser Satz aus einem Gespräch mit einem profilierten Angehörigen der Dienststelle Blank macht klar, daß in der Paraphrase eines viel zitierten Wortes von Liddell Hart das eben wirklich keine Philosophen waren, sondern vorzügliche Soldaten, überzeugt von ihrem Eigenwert, stolz auf ihre Leistungen. Nach dem für sie vorhersehbaren schrecklichen Kriegsende, als sie dann überdeutlich sahen, einsehen mußten, daß die berufliche Höchstleistung, erbracht in den besten Jahren ihres Lebens, weniger dem Vaterland, als einem verbrecherischen System gedient hatte, kam die große Ernüchterung, der Stolz blieb und das Bewußtsein eigener Leistungsfähigkeit.

Woher nun die Menschen nehmen, vor allem welche Menschen nehmen, als es daran ging, einen westdeutschen Verteidigungsbeitrag vorzubereiten? Die Politik steckte die Grenzen für den Auftrag ab, undeutlich genug allerdings für Offiziere, denen klare Befehlsgebung und eindeutige Kompetenzverteilung über alles ging. Und im politischen Finassieren waren die Soldaten keineswegs erfahren, kannten sich ja kaum in den demokratischen Institutionen aus. Die älteren von ihnen erinnerten sich noch daran, daß es einen Reichstag gab, Abgeordnete, einen Haushaltsausschuß. Gewählt hatten sie freilich nie. Die jüngeren kannten nur das autoritäre, personale Regime der Dreißiger Jahre, wo weniger regiert als verwaltet wurde. Wenn OKH, OKL, OKM, das OKW bei irgendeinem Ministerium anrief, es um finanzielle, personelle, materielle Forderungen ging, beeilte man sich, den Soldaten gefällig zu sein. Ganz anders im Bonn der ersten 50er Jahre. Der parlamentarische Staatsaufbau war vollendet, die „klassischen" und einige neue Ministerien bestanden längst, als an ein Verteidigungsministerium noch nicht zu denken war. Die Vorbereitungen für einen westdeutschen Verteidigungsbeitrag vollzogen sich organisatorisch unter unmittelbarer Obhut des Bundeskanzlers und seiner Behörde, dem Kanzleramt, beargwöhnt von den Parteien, dem Parlament, den anderen Ministerien, der Öffentlichkeit[7]. Und so bald nach dem verlorenen Kriege konnten die Soldaten ja auch mit allem anderen rechnen, nur nicht mit freundlichem Entgegenkommen. Das bedeutete auch, daß das Personal im Schatten des Bundeskanzleramtes, das

[7] Chr. Greiner: Die Dienststelle Blank. Regierungspraxis bei der Vorbereitung des deutschen Verteidigungsbeitrags von 1950–1955, in: MGM Heft 1/1975, S. 99–124.

sich mit diesen Dingen zu befassen hatte, sorgfältig ausgesucht werden mußte, erst recht die verantwortlichen militärischen Spitzenpersönlichkeiten. Sie mußten nicht nur deutschen sicherheitsmäßigen Ansprüchen genügen, für den Bundeskanzler und die Opposition akzeptabel sein, sondern auch das uneingeschränkte Vertrauen der Alliierten besitzen. Die ersten drei Generale, die sich in amtlichem Auftrage auf diesem Gebiete betätigten, der General der Panzertruppe a. D. Gerhard Graf v. Schwerin (1914), Jahrgang 1899, und die Generalleutnante a. D. Adolf Heusinger und Dr. Hans Speidel, beide Jahrgang 1897, entsprachen diesen Anforderungen. Alle hatten einen guten Namen als hervorragende militärische Sachkenner, Graf v. Schwerin hatte den beiden etwas älteren „Nachfolgern" dazu noch gewichtige Erfahrungen als Regiments- und Divisionskommandeur und als Kommandierender General voraus. Daß seine Aufgabe als Berater des Kanzlers für Sicherheitsfragen weniger als ein halbes Jahr dauerte, von Ende Mai bis Ende Oktober 1950, hatte Gründe, die jedenfalls nicht mit seiner persönlichen Integrität zusammenhingen. Allen drei Generalen ist gemeinsam, daß sie zwar zur Spitzengarnitur der militärischen Fachleute zählten, aber keiner von ihnen ein ausgeprägtes Oberbefehlshaber- oder Feldherrenprofil hatte. Genau dieser militärische Typ wäre der ungeeignetste für die heike Aufgabe gewesen. Darüber bestand im In- und Ausland bei den Verantwortlichen völlige Übereinstimmung, weniger bei den Betroffenen, die Verteidigungsfragen weiter mit der nationalen Elle maßen. Entsprechend dominierten als Mitarbeiter sowohl des Grafen Schwerin, wie auch als militärische Gehilfen des Abgeordneten Blank die „mittelalten" und jüngeren Generalstabsoffiziere[8], der Typ des allein an der Front bewährten höheren Kommandeurs und Truppenführers fehlte eigentlich und war für planerische Aufgaben wohl auch weniger geeignet als nachher für die Aufstellung und die Ausbildung. Nicht ohne Nachdenklichkeit liest man in der Ziffer 5. der Vorschrift „Truppenführung" von 1933 in diesem Zusammenhang die ohne weiteres für eine Friedensarmee umkehrbaren Worte: „... mancher tritt auf dem Schlachtfelde hervor, der im Frieden übersehen wurde." Für den Ausbildungsdienst im Frieden bedarf es einer vielseitigeren militärischen Begabung als der des begeisternden Truppenführers auf der mittleren Führungsebene. Solche gab es in der Anfangszeit der Bundeswehr auch noch, aber sie hatten es nicht leicht.

---

[8] Vgl. K. Fett: Die Grundlagen der militärischen Planungen, in: Aspekte der deutschen Wiederbewaffnung bis 1955, hrsg. vom Militärgeschichtlichen Forschungsamt. Boppard a. Rh. 1975 (= Militärgeschichte seit 1945, Bd. 1), S. 177.

Vermutlich im Herbst 1950, spätestens in den ersten Wochen des Jahres 1951 war das Problem eines westdeutschen Verteidigungsbeitrages vom rasch benötigten Verteidigungsinstrument zu einer „Friedenswehrmacht" mutiert, mit Konsequenzen für die personelle Auswahl, die hier nur erwähnt, aber nicht diskutiert werden können, da sie noch nicht erforscht worden sind. Ab Ende 1950, Anfang 1951 waren Heusinger und Speidel, damals 54 Jahre alt, als militärische Sachverständige der Bundesregierung in der Dienststelle Blank tätig. Wohl der Benjamin war der damalige Hauptmann a. D. Krupinski (1939), Jahrgang 1920, im Kriege zuletzt Staffelkapitän in einem Me 262-Verband, 1952, als er in die Dienststelle Blank eintrat, gerade 32 Jahre alt. Noch einige wenige Namen und Daten: die Obersten im Generalstab a. D. Graf v. Kielmansegg (1926), Bergengruen (1927) und Fett (1928) waren 1907, 1909 und 1910 geboren, die Oberstleutnante im Generalstab a. D. de Maizière und Kobe (1932) 1912, beziehungsweise 1914. Diese Jahrgänge haben die entscheidenden Vorarbeiten und Planungen geleistet. Aber die vermeintliche Dichte und große Nähe der Geburtsjahrgänge erweckt einen falschen Eindruck. Denn den typischen Angehörigen der Dienststelle Blank hat es eigentlich nicht gegeben, wie er hier erscheint als der ehemalige Generalstabsoffizier, 1950/51 um die 40 Jahre alt. Jeder war durch seine Kriegs- und nicht zuletzt die Nachkriegserfahrungen auf unverwechselbare Weise geprägt. Seit 1935 bestand auch kein homogenes Offizierkorps mehr, wie es Seeckt vorgeschwebt hatte. Bei Kriegsende gab es hunderttausende Offiziere der drei Wehrmachtteile, aufgefächert nach den einzelnen Waffengattungen, und die zahlenmäßig demgegenüber sehr kleine Gruppe der Generalstabsoffiziere — wobei hier besonders zu unterscheiden wäre zwischen dem Wehrmachtführungsstab, den Generalstäben der Wehrmachtteile, den Quartiermeistern, den Organisatoren, den Operateuren, deren unterschiedliche Auffassungen und Sehweisen freilich selten nach außen drangen, deren Kontroversen von früher weiter in der relativen Stille der Amtsstuben in der Argelanderstraße und in Paris ausgetragen wurden.
Für die ersten „Soldaten mit Angestellten- oder Gutachterstatus" — Soldaten wurden sie ja amtlich erst sehr viel später wieder — gilt die Faustregel, immer vor dem Hintergrund des „Kalten Krieges" verstanden, vor allem 1950/51: unbedingte Zuverlässigkeit vor Eignung. Danach, im Jahre 1952, kam die Dienststelle Blank mehr und mehr in das Fahrwasser einer planmäßigen, geregelten Personalpolitik. Vorher war es eine Art „organisiertes Schneeballsystem" gewesen, nach dem Prinzip: Wer kannte wen, wer war wo wie rasch verfügbar. Einige kamen, kaum daß man an sie herangetreten war. Unlust am bürgerlichen Beruf, der Reiz

der neuen, zugleich alten Aufgabe, der Wunsch, manches besser als „früher“ zu machen: die Motive zur Mitwirkung in der Dienststelle Blank lassen sich schwer auf einen gemeinsamen Nenner bringen. Andere, vor allem Spezialisten, auf die man großen Wert legte, ließen sich länger bitten. Sie waren teils schon fest im Berufsleben verankert, andererseits saßen Ressentiments aus der Zeit der Kriegsgefangenschaft noch tief: unangenehme Verhöre, „Umerziehungsversuche“, Entnazifizierung, das alles spielte eine Rolle. Hinzuweisen ist an dieser Stelle noch auf ein genauer zu untersuchendes Generationsproblem, das den Mitarbeitern in der Dienststelle Blank offenbar recht deutlich bewußt gewesen ist. Die jüngeren und „mittelalten“ ehemaligen Generalstabs- und Stabsoffiziere dort leisteten die Planungsarbeit für den Aufbau. Die erste Generation der Kommandeure, Kommandierenden Generale, Befehlshaber (ab 1956) war beinahe eine ganze militärische Generation älter. Nicht, daß sie ihr Handwerk nicht mehr beherrscht hätte. Diese Generation brachte sicher viel militärische Altersweisheit und Erfahrung mit, dazu Abgeklärtheit des Urteils. Aber ob alle gleich flexibel waren, um allen neuen Erfordernissen gewachsen zu sein, die eine westdeutsche Bündnisarmee stellte? Andere Fragen wirft die Verwendung eben aus sowjetischer Gefangenschaft heimgekehrter hoher Offiziere nach vergleichsweise kurzer Erholungs- und Umgewöhnungszeit nach jahrelangem Lager- und Gefängnisaufenthalt auf.
Gänzlich verfehlt erschiene es, von einem allgemeinen Konsensus der Auffassungen in der Dienststelle Blank zu sprechen. Einen größten gemeinsamen Nenner gab es sicher nicht, vor allem nicht bei Beginn der Arbeiten. Im Laufe der mehrjährigen Tätigkeit in der Dienststelle Blank amalgamierten manche Gegensätze, andere beraubte man offenbar dadurch ihrer Schärfe und möglichen Sprengkraft, daß sie nicht zu Ende diskutiert wurden. So bildete sich langsam eine Art „esprit d'corps“, auch in der gemeinsamen Abwehr nach außen, denn was in der Dienststelle Blank geschah, stieß ja nicht nur auf begeisterte Zustimmung der Kameraden draußen, die sich in Soldatenvereinigungen zu organisieren begannen und die Planungen für einen westdeutschen Verteidigungsbeitrag, um es vorsichtig auszudrücken, „kritisch begleiteten“[9]. Übrigens sollte beim Blick auf die Dienststelle Blank nicht nur die Arbeit der Sol-

[9] Noch immer grundlegend zur Rolle der Soldatenverbände K. Frhr. Schenck zu Schweinsberg: Die Soldatenverbände in der Bundesrepublik, in: Studien zur politischen und gesellschaftlichen Situation der Bundeswehr, Erste Folge, hrsg. von G. Picht. Witten und Berlin 1965 (= Forschungen und Berichte der Evangelischen Studiengemeinschaft, Bd. 21/I), S. 96–177.

daten beachtet werden; wenigstens ebenso bedeutend für den künftigen Aufbau der Streitkräfte war der Beitrag der zivilen Seite, der Verwaltungs- und Rüstungsfachleute, der von den Soldaten oft über die Schultern angesehenen Juristen, die man eigentlich schon in der Wehrmacht und im Reichsheer und der Reichsmarine nicht sonderlich ernst genommen hatte. Sie revanchierten sich mit einer Mißdeutung des damals oft gebrauchten angelsächsischen Ausdrucks „civil control", den sie zu ihren Gunsten auslegten. Dadurch entstand einiger beträchtlicher Ärger, der freilich nicht auf die Stille der Amtsstuben beschränkt blieb. Daß Soldaten – zudem in ihren Angestellten- und Gutachterverträgen den Beamten gegenüber offensichtlich im Nachteil – und Beamte in der Dienststelle sich nicht immer verstanden, war offenes Geheimnis in Bonn und läßt sich auch in den Zeitungen und dem bekannten deutschen Nachrichtenmagazin nachlesen.
Bei allem gelegentlichen Knirschen des auf militärischer Seite sehr langsam anwachsenden Apparates – 1950, beim Grafen Schwerin, waren es noch nicht einmal 40 Bedienstete, etwa je zur Hälfte Soldaten und Zivilisten, 1952 in der Dienststelle Blank etwas mehr als 100 Soldaten (davon weniger als 50 in Paris) und knapp 100 Zivilisten, 1953 noch nicht 300 Soldaten gegenüber mehr als 400 Zivilisten, 1954 mehr als 600 Zivilisten gegenüber 300 Soldaten, 1955 standen dann 300 Soldaten mehr als 1 000 Zivilisten gegenüber[10] – wurde eine erstaunlich reichhaltige und zukunftsweisende Arbeit auf vielen Gebieten geleistet. Besondere Aufmerksamkeit widmete man der Frage der Auswahl der künftigen Truppen- und Schul-Kommandeure, Kommandierenden Generale, Befehlshaber, der Offiziere, die für Verwendungen im Bündnis vorgesehen waren. Wie die Spreu vom Weizen zu sondern sei, war seit langem eine vieldiskutierte Frage. Schon in den Gefangenenlagern hatten dazu heiße Debatten stattgefunden, etwa, als in Neu-Ulm, am 14. Mai 1946, der General der Gebirgstruppe Hubert Lanz (1914) eine „Kundgebung gegen alle Generale" vorschlug, „die sich unwürdig benommen haben, wie Keitel, Göring, Burgdorf usw."[11], oder, im gleichen Jahr, kurz vor dem Nürnberger Urteil, als Generaloberst Hoth (1904) vergeblich die jüngeren Generalstabsoffiziere zu einer Sympathiekundgebung für Jodl (1910) und Keitel (1901) bewegen wollte. Immer wieder taucht der Gedanke an eine

[10] K. Fett, a.a.O. S. 175 (Die Entwicklung der Personalstärken).
[11] Generalfeldmarschall Wilhelm Ritter v. Leeb: Tagebuchaufzeichnungen und Lagebeurteilungen aus zwei Weltkriegen. Aus dem Nachlaß hrsg. und mit einem Lebensabriß versehen von G. Meyer. Stuttgart 1976 (= Beiträge zur Militär- und Kriegsgeschichte, Bd. 16), S. 80.

„Selbstreinigung" des Offizierkorps auf; ein Generaloberst a. D. sagte einmal resignierend und zugleich recht spitzig dem Bundespräsidenten Theodor Heuss, nach seiner Überzeugung kranke der Aufbau der Bundeswehr daran, daß wir – er meint die ehemaligen Generale – „zu schlapp waren, um uns selbst zu säubern. Gott sei Dank" – so fuhr er fort – „hat einen Teil dieser Aufgabe der Personalgutachterausschuß in letzter Minute noch durchführen können ..." Einer der aktenkundigen Väter des PGA in der Dienststelle Blank ist ohne Zweifel der damalige Oberstleutnant im Generalstab a. D. Ernst Ferber (1933). Im August 1951 bezeichnete er den Personenkreis, der besonders sorgfältig ausgewählt werden müßte und entwickelte auch grundsätzliche Überlegungen zur Stellenbesetzung und zum Auswahlverfahren, die im Kern den später vom Personalgutachterausschuß gefundenen Richtlinien entsprechen[12]. Bei der zum Teil harten internen und öffentlichen Diskussion um den PGA und seine Wirksamkeit sind alle Argumente pro und contra mit großer Leidenschaft hin- und hergewendet worden. Auch in diesem Teil der Debatte um den richtigen Weg zu einem westdeutschen Verteidigungsbeitrag begegnet einem der argumentatorische Rückgriff auf die preußische Reformzeit nach 1806. Hier bezog man sich insbesondere auf die Tätigkeit der nach dem Tilsiter Frieden in Verfolgung der im „Ortelsburger Publicandum" vom 1. Dezember 1806 niedergelegten Prinzipien eingesetzten „Immediatkommission zur Untersuchung der Kapitulationen und sonstigen Ereignisse des letzten Krieges"[13]. Selbst wenn man voraussetzt, daß Epochenvergleiche unzulässig sind, erscheint es dem heutigen Betrachter so, daß der Vergleich mit der preußischen Reformzeit wenigstens nicht zu Ende gedacht, daß die Legende der Reform für die Reform selbst genommen worden ist. Die Niederlage von Jena und Auerstedt, die Katastrophe des preußischen absoluten Königtums hatten nicht den Soldatenstand an sich in Frage gestellt, auch nicht die Monarchie. Alle militärische Reform in Preußen damals, ein seltsamer Kompromiß

---

[12] Vgl. U. de Maizière, a.a.O. S. 78 ff.; G. Kobe, a.a.O. S. 178 ff. – Ph. Frhr. v. Boeselager: Diskussionsbeitrag, in: Aspekte der deutschen Wiederbewaffnung a.a.O. S. 212 ff. – Gesetz über den Personalgutachterausschuß für die Streitkräfte (Personalgutachterausschuß-Gesetz) vom 23. Juli 1955, in: Bundesgesetzblatt, Teil I, Nr. 23/1955, S. 451. – Tätigkeitsbericht des Personalgutachterausschusses für die Streitkräfte, a.a.O., bes. S. 10 ff. (B. Die Arbeit des Personalgutachterausschusses, I. Die Richtlinien).

[13] Vgl.: 1806. Das Preußische Offizierkorps und die Untersuchung der Kriegsereignisse. Hrsg. vom Großen Generalstabe, Kriegsgeschichtliche Abteilung II. Berlin 1906, S. 7 ff., 11 ff.

hochkonservativer und revolutionärer Auffassungen, hatten ja das Ziel, für den nächsten, bald erwarteten Waffengang mit dem noch verbündeten Gewaltherrscher besser bereit zu sein als vordem, um ein für alle Male das Joch der Fremdherrschaft abzuschütteln, die alten Zustände, der neuen Zeit angepaßt, wiederherzustellen. Und auch des Ende der preußischen Reformzeit hatte man in der Dienststelle Blank offenbar nicht deutlich genug vor Augen: nach dem Siege über Napoleon versandete die Reform. Dieser doch recht bedenkliche Aspekt taucht jedenfalls beim reichlich kurzatmigen Streit um den wahren Scharnhorst, den wahren Gneisenau nicht auf, die im Kalten Krieg zwischen Ost und West hin- und hergezerrt wurden. Es gab ein zeitlich sehr viel näher liegendes Ereignis, warum ein Personalgutachterausschuß unbedingt für die künftigen westdeutschen Streitkräfte nötig war, und warum nicht nur Soldaten über die Wiederverwendung von Soldaten entscheiden sollten.

Am 1. April 1950 war im Bundeskanzleramt eine Dienststelle für Auswärtige Angelegenheiten eingerichtet worden, am 15. März 1951 hatte der Bundeskanzler selbst als Erster das neu geschaffene Amt des Außenministers der Bundesrepublik Deutschland übernommen. Der Aufbau des Auswärtigen Dienstes wurde in der Presse kritisch und aufmerksam verfolgt, nicht zuletzt deswegen, weil hohe Beamte des ehemaligen Auswärtigen Amtes, an der Spitze der Staatssekretär Ernst Frhr. v. Weizsäcker, am 11. April 1949 wegen Verbrechen gegen die Menschlichkeit, im Fall XI, dem sogenannten „Wilhelmstraßen-Prozeß", zu langjährigen Freiheitsstrafen verurteilt worden waren. Diplomaten wurden in der Bundesrepublik Deutschland eher benötigt, als Soldaten. An ihrer Auswahl war seit Sommer 1950 ein Unterausschuß des Bundestages beteiligt, der – bis auf einen Zentrumsabgeordneten – aus ehemaligen Angehörigen des Auswärtigen Dienstes bestand. Sie ließen bei der Personalauswahl Gnade vor Recht ergehen, meinten Kritiker, und es kam schließlich zu einem offenen Skandal, ausgelöst durch eine Artikel-Serie in der „Frankfurter Rundschau" mit dem bezeichnenden Titel „Ihr naht Euch wieder . . ."[14]. Ein Untersuchungsausschuß des Bundestages gelangte zu einem vernichtenden Urteil über die bisherige Personalpolitik des Auswärtigen Amtes. Der Start des Auswärtigen Dienstes der Bun-

[14] Vgl. den Schlüsselroman von M. Mansfeld: Bonn, Koblenzer Straße. Der Bericht des Robert v. Lenwitz. München 1967, bes. S. 315 ff. Die Gegenposition vertritt W. Haas: Beitrag zur Geschichte der Entstehung des Auswärtigen Dienstes der Bundesrepublik Deutschland. Bremen (Selbstverlag) 1969.

desrepublik Deutschland war durch die Vergangenheit einiger seiner wiederverwendeten Angehörigen erheblich diskreditiert. Nicht auszudenken, wenn sich durch Unachtsamkeit bei der Auswahl der militärischen Spitzenpersönlichkeiten etwa ähnliche Vorkommnisse wiederholen würden. Es scheint, auch wenn bei den Soldaten der PGA und seine Praxis heiß umstritten war (nicht nur bei denen, die sich seinem Verfahren zu stellen hatten), daß keine andere Berufsgruppe, kein anderer Stand zu einem solchen allgemeinen Konsens gelangte, daß man sich der eigenen Vergangenheit, den eigenen Fehlern und Versäumnissen stellen mußte, wenn man den Anspruch erhob, an der Verteidigung Westeuropas an verantwortlicher Stelle mitzuwirken. Dieser Konsens war ohne Zweifel keine Tarnung, sondern ein ehrlicher und anständiger Versuch, der obendrein gut ausging. Die Streitkräfte sind von den lange schwelenden Affären bewahrt geblieben, wie sie der Auswärtige Dienst, die Justiz, die Verwaltung erlebten.

Der militärische Sachverstand im PGA war angemessen vertreten, an der Qualifikation dieses unabhängigen, an Weisungen nicht gebundenen, vom Bundespräsidenten auf Vorschlag der Bundesregierung nach Bestätigung durch den Bundestag berufenen Gremiums bestand kein Zweifel. Es hatte den in § 1 des „Gesetzes über den Personalgutachterausschuß für die Streitkräfte" vom 23. Juli 1955 formulierten Auftrag, „Soldaten, die für die Einstellung mit dem Dienstgrad vom Oberst an aufwärts vorgesehen sind, auf ihre persönliche Eignung zu prüfen" und „Richtlinien vorzuschlagen, nach denen die persönliche Eignung der übrigen Soldaten geprüft wird". Der PGA hat sich in seinem ausführlichen Abschlußbericht detailliert über seine Arbeit geäußert. Er verhandelte insgesamt über 553 Bewerber, Stabsoffiziere und Generale. In 470 Fällen stimmte der PGA zu, verneinte in 51 Fällen die Übernahme, 32 Bewerber zogen ihr Gesuch zurück. Bei den positiven Entscheidungen waren 61 Generale und Admirale und 321 Obersten und Kapitäne zur See. Neun Generalen und Admiralen sprach der Ausschuß die Eignung ab, und versagte seine Zustimmung auch bei 38 Obersten und Kapitänen zur See. Diese Zahlen stehen für ebenso viele Schicksale. Umstritten war das Verfahren des PGA, soweit Offiziere des Bundesgrenzschutz betroffen waren, seit langem Beamte auf Lebenszeit, die im Falle der Ablehnung zwar beim BGS weiter als Obersten und Generale Dienst tun konnten, jedoch nicht in der Bundeswehr[15]. Insgesamt 47 Fälle standen hier zur Dikussion, 30 Übernahmen bejahte der PGA und verneinte 17; kein BGS-General, der sich bewarb, wurde übernommen (drei Betroffene).

[15] Vgl. U. de Mazière, a.a.O. S. 82.

Einige „Fälle", die der PGA für die Bewerber negativ entschied, erregten in der Öffentlichkeit großes Aufsehen. Einigen langjährigen, profilierten Angehörigen der Dienststelle Blank bestritt der PGA die Eignung. Bei Würdigung aller nachträglich durchgesickerten Umstände – die Sitzungen des PGA waren nicht öffentlich, die Ausschußmitglieder sind und waren strikt zur Verschwiegenheit verpflichtet – sind wenigstens zwei ablehnende Entscheidungen zu kritisieren, die Fälle der Obersten im Generalstab a. D. Bergengruen und Fett. Fett verließ schweigend die Dienststelle Blank, Bergengruen ließ eine weithin beachtete Annonce in die Zeitungen setzen: „Vom Personalgutachter-Ausschuß abgelehnter Oberst (i. G.) a. D. in ungek. hoher Ministerialstellung, 47 J., kaufm. Kenntnisse (Prokurist), repräsent. Erscheinung, Auslands- und Verhandlungspraxis, sucht Stellung in Industrie." Diese Anzeige kam in einer von tumultuarischen Szenen begleiteten Debatte um den PGA im Bundestag zur Sprache, vor nunmehr fast 25 Jahren, im April 1956. Der um das Zustandekommen des Westdeutschen Verteidigungsbeitrages so verdiente Abgeordnete Fritz Erler erklärte, dieses Stellengesuch beweise, mit welcher „nachtwandlerischen Sicherheit" der Ausschuß arbeite. Diese Sprache mache den Mann ungeeignet zum Dienst in der Bundeswehr. Treue zu den demokratischen Prinzipien, fügte Erler hinzu, sei mehr als nur technische Fachkenntnis[16].

Das war aber zugleich ein Dilemma bei der Personalauswahl für die westdeutschen Streitkräfte; Fachleute von gestern schufen die Grundlagen für eine Armee von morgen. Mit den Maßstäben von gestern, vorsichtig den noch keineswegs gefestigten Maximen der Zweiten Deutschen Republik angepaßt, wurde das Führerkorps für moderne, hochtechnisierte Streitkräfte ausgewählt. Was in den frühen Jahren der Bundesrepublik Deutschland dem Problem der Quadratur des Zirkels vergleichbar schien, ist eigentlich mehr als nur befriedigend geglückt, wenn die Perspektive von zwanzig Jahren für ein solches Urteil hinreicht.

---

[16] Vgl. Bonner General-Anzeiger, 13. April 1956: Tumultszenen und Ordnungsrufe im Bundestag.

PLANUNGEN ZUR OFFIZIERAUSBILDUNG KÜNFTIGER DEUTSCHER STREITKRÄFTE 1950–1954

VON HANS-JÜRGEN RAUTENBERG

VORBEMERKUNG

Die nachstehenden Gedanken zur Planung der Offizierausbildung künftiger deutscher Streitkräfte sind aus einer laufenden Mitarbeit an einem größeren Forschungsprojekt des Militärgeschichtlichen Forschungsamtes zur Entstehungsgeschichte der Bundeswehr entstanden. Sie gehören auch nicht zum unmittelbaren Forschungsauftrag des Autors.

Sie sind ein erster Versuch und erheben keinesfalls den Anspruch gesicherter Erkenntnisse; sie verstehen sich vielmehr als Beitrag zu einer noch nicht abgeschlossenen Diskussion.

Ich habe bewußt auf eine Aufzählung der verschiedenen Entwürfe von Ausbildungsgängen – und Zielen sowie der geplanten Bereitstellung der dafür erforderlichen Schul- und Akademiekapazitäten verzichtet. Der Aussagewert einer solchen Kompilation von Planungsvorhaben wäre in sich gering. Erst ein sorgfältiger Soll-Ist-Vergleich zwischen Planungsphase, Aufstellungsphase der Streitkräfte und heutiger Bundeswehrpraxis würde den Versuch lohnen. Dazu aber standen weder Zeit und Raum zur Verfügung, noch ist die Erschließung der Quellen in dazu notwendigem Umfang gediehen.

Es kam mir darauf an, Bedingungsfaktoren zu entwickeln und einen Eindruck von den allgemeinen Rahmenbedingungen der Planungsphase zu vermitteln. Damit soll ein Beleg für die These beigebracht werden, daß das Kernziel der Planungsphase, den Offizierberuf durch ein entsprechendes Studium auf die Stufe eines akademischen Berufes zu heben, zunächst scheiterte und erst ein Viertel Jahrhundert später realisiert werden konnte. Die Planziele eilten der Wirklichkeit in diesem Falle um Jahrzehnte voraus.

Dort wo konkret auf die Ausbildungsgänge Bezug genommen wird, beschränkt sich die Darstellung auf die der ungedienten Offizieranwärter des Heeres. Da die Bildung eines selbständigen Generalstabes durch die

nachwirkenden Bestimmungen der alliierten Entmilitarisierungspolitik in der Nachkriegszeit ausgeschlossen war, ist die Ausbildung für Offiziere im Generalstabsdienst eine gesonderte Untersuchung wert.
Um den Anmerkungsapparat nicht über Gebühr anwachsen zu lassen, wurde nur aus den wichtigsten Dokumenten zitiert.

RÜCKBLICK

Nach militärischen Katastrophen, die in der jüngeren deutschen Geschichte zugleich mit politischen Zusammenbrüchen verbunden waren, sind im deutschen Militär stets Versuche unternommen worden, Überlebtes abzuschaffen, Bestehendes zu reformieren oder zu reorganisieren und Zukunftweisendes zur Leitnorm zu erheben. Diesen Versuchen war unterschiedlicher Erfolg beschieden, ebenso wie den Reformen seit 1860/1866/1871 ohne den Zwang der Niederlage.
Wenn auch die Voraussetzungen und die Bedingungen verschieden waren, unter denen solche „Reformen" im historischen Einzelfall in das innere Gefüge des Militärkörpers eingriffen, ist in allen Fällen der Ergänzung, Ausbildung und Erziehung des Offizierkorps zentrale Bedeutung beigemessen worden.
Nach der Niederlage der friederizianisch geprägten preußischen Armee im Jahre 1806 konstituierte sich im Juli 1807 die „Militärreorganisations-Kommission[1]. Der Immediatbericht vom 25. Sept. 1807 nahm auf königliche Weisung in seinen wichtigsten Artikeln Stellung zu Grundsätzen über

- den Nachwuchs der Offiziere,
- die Beförderung der Offiziere,
- die Erziehung und Bildung der Offizieranwärter,
- die Öffnung des Offizierstandes für Bürgerliche.

Der Grundsatz, daß „einen Anspruch auf Offizierstellen in Friedenszeiten nur Kenntnisse und Bildung gewähren" können, wurde in den nachfolgenden Jahrzehnten der Restauration und der neuerlichen adeligen „Abschließung des Offizierstandes" nicht mit Leben erfüllt, aber er wirkte doch im Bewußtsein der Zeit nach. Grundsätze solcher Evidenz und Reichweite, die einen historischen Fortschritt markieren, scheinen aber wie Schleusen im Strom der Entwicklung.

---

[1] Offiziere im Bild von Dokumenten aus drei Jahrhunderten. Beiträge zur Militär- und Kriegsgeschichte. Hrsg. vom Militärgeschichtlichen Forschungsamt, Bd. 6, Stuttgart 1964, Dok. 37, 38.

Im allgemeinen aber blieb es bei der traditionellen Selbstrekrutierung des Offizierkorps aus den Schichten der Beamtenschaft und der Offiziere. Erst die Massenbeförderungen im 1. Weltkrieg leiteten — ungewollt — einen Demokratisierungsprozeß ein.

Nach der Reduzierung des preußisch-deutschen Heeres auf das 100 000 Mann-Heer der Reichswehr galten entscheidende Bemühungen in der notwendigen Reorganisation des Militärwesens wiederum Problemen des militärischen Erziehungs- und Bildungswesens. Die Fülle der Seecktschen Erlasse ist in dieser Hinsicht beispielhaft.

Wissen, Bildung, Können und Charakter — cognitive und affektive Eigenschaften — sollten bei gleicher Gewichtung, die Offizierauslese bestimmen. Das Abitur war die formale Eingangsvoraussetzung. Zur Hebung des wissenschaftlichen Niveaus der Offiziere sollte die Aus- und Weiterbildung der Offiziere intensiviert werden. In bewußter Anknüpfung an die Zeit der preußischen Reformen war eine Durchbrechung sozialer Schranken intendiert. Leistung wurde zum sozial unabhängigen Prinzip erhoben. Im ganzen aber erwies sich das soziale Beharrungsvermögen als so konsistent, daß erst mit der Katastrophe von 1945 der Beginn einer Mobilität mit weitreichenden Verschiebungen im gesellschaftlichen Gefüge anzusetzen ist.

BEDINGUNGSRAHMEN FÜR DIE PLANUNGEN KÜNFTIGER STREITKRÄFTE

Im allgemeinen stimulieren Niederlagen die militärische Entwicklung geschlagener Armeen, während die inneren Strukturen siegreicher Armeen nicht selten verkarsten. Erfahrungen aus beiden an sich gegenläufigen Entwicklungen flossen in die Ende 1950 begonnenen Vorüberlegungen und Planungen für die Aufstellung deutscher Streitkräfte ein.

Die westalliierten Armeen boten zunächst den vorbildhaften Rahmen in den hinein das reformierte Bild des neuen deutschen Militärs projeziert wurde. Die ausgelöschte Wehrmacht von 1945 war das negative Gegenbild, dessen Konturen durch eine umfassende Militärreform neu gezeichnet werden sollten. Die Planungsphase war — solange eine Armee als Reformobjekt fehlte — zugleich die antizipierte Reform. Planung und Reform koinzidierten und durchdrangen sich: ein Novum in der deutschen Militärgeschichte.

Eine „Militärreorganisations-Kommission" ist nach dem 2. Weltkrieg nicht ins Leben gerufen worden. Dazu bestand auch keine Veranlassung.

Die Öffentlichkeit im total abgerüsteten Deutschland schien sich auf staatliches Leben ohne Militär einrichten zu dürfen. Der Verzicht auf dieses klassische Attribut der Staatlichkeit fiel nach der Hypertrophie alles Militärischen in der Vergangenheit nicht schwer. Die politischen und psychologischen Folgen der säkularen Katastrophe von 1945 schienen zunächst wie ein glatter Schnitt, mit dem die Lebensstränge zur eigenen Geschichte durchtrennt waren.

Aber bereits im frühen Stadium der Vorüberlegungen für die Aufstellung eines deutschen Kontingents im Rahmen einer übernationalen europäischen Streitmacht waren leitende Prinzipien formuliert worden, die sich ohne weiteres in die Reihe historischer Vorbilder einordnen lassen. Im Spätherbst 1950 war die politische Entscheidung über eine deutsche Beteiligung an der westeuropäischen Verteidigung gefallen.

Der Ausbruch des Koreakrieges im Juni 1950 hatte in Westeuropa und in der Bundesrepublik psychologisch und politisch den Kräften entgegengewirkt, die auf eine deutsche Beteiligung an der Verteidigung Westeuropas drängten.

Nach jahrelangem informellen Gedankenaustausch eines Teiles der militärischen Eliten, die sich nach dem Kriege in Westdeutschland in verschiedenen Kreisen zusammengefunden hatte, war die Überzeugung gereift, daß der Wert der aufzustellenden Truppe wesentlich von der Auswahl der ersten Führergarnitur abhängen werde.

In der Dienststelle Schwerin, die im Mai 1950 als beratendes Organ der Bundesregierung errichtet worden war, ist dann der Gedanke entwickelt worden, einen „Säuberungsausschuß" aus integren ehemaligen Offizieren einzusetzen, dem sich jeder Offizier vom Oberst an aufwärts zu stellen hatte, der eine Verwendung in den neuen Streitkräften erwartete. Um allzu offensichtliche Anklänge an die „Purifikation" des Jahres 1807 zu vermeiden, wurde schon bald der Begriff „Selbstreinigungsausschuß" gewählt. Der Gedanke fand schließlich im gesetzlich verankerten „Personalgutachterausschuß" des Jahres 1956 seine Verwirklichung. Die Besetzung von Spitzenstellungen in einem erwarteten deutschen Kontingent war unter den politischen Verhältnissen der frühen 50er Jahre ein Problem zentraler Bedeutung. In militärischen Kreisen mußten Persönlichkeiten gefunden und präsentiert werden, die sowohl von den Alliierten als auch von der Bundesregierung akzeptiert werden konnten. Im weitesten Sinne durfte niemand darunter sein, der sich im Sinne des NS-Regimes exponiert hatte.

Anfang Okt. 1950 fand sich im Kloster Himmerod in der Eifel ein solcher Kreis militärischer Experten zusammen, dem die Aufgabe gestellt war, für die Bundesregierung Voraussetzungen und Bedingungen zu erarbeiten unter denen deutsche Streitkräfte aufgestellt werden konnten[2].

Vor dem Hintergrund der militärischen Schutzlosigkeit Westeuropas und einer als höchst bedrohlich empfundenen sicherheitspolitischen Lage, liefen die personalpolitischen und ausbildungstechnischen Empfehlungen dieser „Himmeroder Denkschrift" auf ein Notprogramm für die Aufstellung einsatzbereiter Streitkräfte bis zum Herbst 1952 hinaus. Der Abschnitt über die Ausbildung enthielt naturgemäß keine Leitlinien für den friedensmäßigen Ausbildungsgang ungedienter Offizieranwärter, vielmehr sollte eine Umschulung und Ausbildung kriegsgedienter Offiziere in Anlehnung an Patenarmeen der Alliierten erfolgen.

Die Himmeroder Denkschrift[3] war eine der ersten gutachterlichen Äußerungen des deutschen Militärs nach dem Kriege. Über einige Punkte grundsätzlicher Art, die auch den Beginn der eigentlichen Planungsarbeit im Jahre 1951 bestimmten, war im Oktober 1950 Einigkeit erzielt worden:

- Gewährleistung einer nach demokratischen Grundsätzen gesteuerten Personalpolitik mit entsprechender Übertragung von Kompetenzen auf parlamentarische und/oder exekutive Kontrollorgane.
- Errichtung eines Ausschusses für die Besetzung der Spitzenstellungen.
- Studium der Laufbahnbestimmungen für die Offiziere in den westalliierten Streitkräften.

Zu dieser militärinternen Bereitschaft zum Verzicht auf wesentliche Elemente eigenverantwortlicher Personalpolitik, mit dem ein erster Strich unter die Summe historischer Erfahrungen und vermeintlicher Fehlentwicklungen gezogen war, trat eine Reihe objektiver Kriterien, die zusammen als Bedingungsrahmen für die Planungen zur Ergänzung des künftigen Führerkorps gelten können.

1. Mit sozialer Homogenität eines künftigen Offizierkorps durfte nicht mehr gerechnet werden. Das war aus verschiedenen Gründen auch unerwünscht.

---

[2] Hans-Jürgen Rautenberg und Norbert Wiggershaus: Die „Himmeroder Denkschrift" vom Oktober 1950. Politische und militärische Überlegungen für einen Beitrag der Bundesrepublik Deutschland zur westeuropäischen Verteidigung. Verlag G. Braun, Karlsruhe 1977.

[3] Veröffentlicht auch in: Militärgeschichtliche Mitteilungen, Nr. 1/1977.

2. Im Offizierkorps sollte sich der soziale Kontext mit allen seinen Schichtungen wiederspiegeln. Krieg und Nachkriegszeit hatten im gesellschaftlichen Gefüge Verwerfungen und Verschiebungen bewirkt, die in ihrer Tendenz auf eine Einebnung sozialer Schranken hinausliefen. Es sollte Schichten der Zugang zum Offizierberuf geöffnet werden, die darin traditionell unterrepräsentiert waren.
3. Als komplementäre Größe dazu, war in Anlehnung an die Scharnhorstsche „Psychologie des Ehrgeizes" das Leistungsprinzip als sozialer Integrationsfaktor gedacht. Allgemein wurde das Leistungsprinzip als das sozialste aller Ausleseverfahren angesehen.
4. Jede soziale Sonderrolle des Militärs im allgemeinen und des Offizierkorps im besonderen verbot sich nach dem Zusammenbruch von 1945 von selbst. Die gesamten Planungen der Jahre 1951–1955 waren unter den Primat des Politischen gestellt.
5. Das Individium war durch das Grundgesetz und die politische Praxis der Bundesrepublik Deutschland mit Rechten ausgestattet worden, die sich bewußt von der „kollektiven" Gestaltung des politischen und militärischen Lebens in der Vergangenheit abhoben. Es mußte daher die Absicht der Planung sein, Rechtsstaatordnung und soldatische Ordnung in Übereinstimmung zu bringen. In diesem Konflikt zwischen Persönlichkeitsrechten und staatlichen Ansprüchen mußten in besonderem Maße Freiräume für die Individualsphäre geschaffen und gesichert werden. Der Schwerpunkt der Offizierausbildung war auf das Element Erziehung zu legen, eine Erziehung, die auf die Schaffung eines Offiziertypus drängte, dem die Attribute „selbstverantwortlich" „selbständig", überzeugt von den Werten der demokratischen Staats- und Sozialordnung, zukamen.
6. Die nach dem Zweiten Weltkrieg – vor allem in der Luftkriegführung – sich vollziehende waffentechnologische Revolution zwang zur Überprüfung aller bisherigen Formen der Personalgewinnung, Planung und Ausbildung und schließlich des Personaleinsatzes. Diesem Vorgang mußten auch Führungsstil- und Methode angeglichen werden. Die Zerlegung militärischer „Arbeitsgänge" in immer differenziertere „Arbeitstakte" markierte den Weg zur Bestimmung von „Funktionsprofilen" und besonderen „Tätigkeitsfeldern". Eine einheitliche Ausbildung der Offiziere, wie sie in der Vergangenheit gehandhabt wurde, war dadurch erheblich erschwert.
7. Von vornherein war mit einem bedeutenden Gewicht des Bereichs Ausbildung und mit einem hochspezialisierten Angebot von militärischen Fachschulen zu rechnen.

Diese planungsbestimmenden Prinzipien wurden nicht ohne innere Vorbehalte und erst nach eingehenden amtsinternen Debatten von den ehemaligen Offizieren aufgenommen, denen die Verantwortung für die Ausbildung übertragen war. Mehr oder minder deutlich waren diese Prinzipien auch der Öffentlichkeit gegenüber als offizielle Auffassung der Dienststelle Blank vertreten worden. Denn schon sehr früh gerieten die Fragen der Personalplanung in eine mit Leidenschaft geführte öffentliche Debatte. Ganz bewußt waren die „politisch tragenden Kräfte aller Richtungen ... und die führenden Persönlichkeiten des geistigen und wissenschaftlichen Lebens"[4] in diesem Prozeß einer breit angelegten Meinungsbildung eingeschaltet worden. Nachdem der Strukturaufriß der Planung einmal bekannt war, offenbarte die Debatte eine überraschend große Bereitschaft dem „Zwang zum völligen Neubeginn" zu folgen. Zugleich zeichnete sich ab, daß die beharrenden Kräfte – aus unterschiedlichen Motiven – immerhin so stark waren, die sich über Jahre hin erstreckende Diskussion wenigstens offen zu halten. Eine schnelle Verwirklichung von Einzelforderungen mußte so ausbleiben.

Als positives Nebenergebnis der auf Dutzenden von Sachverständigen – Tagungen abgehaltenen Grundsatzdiskussionen setzte sich die Erkenntnis durch, daß Erfahrungen aus der gewerblichen Wirtschaft und der industriellen Arbeitswelt auf ihre Übertragbarkeit in die künftigen Streitkräfte überprüft werden mußten, bevor irrevisible Entscheidungen für die Planungen zur Offizierausbildung getroffen wurden.

In jedem Fall sollte der Offizier einen der vorderen Ränge als Führungs- und Erziehungsberuf in der wertmäßigen Hierarchie der Berufe einnehmen.

ANFÄNGE DER PLANUNG

Nach den politischen Entscheidungen für einen deutschen Wehrbeitrag war mit der Dienststelle Blank das Planungsinstrument geschaffen worden. Die militärischen Planungen der Dienststelle unterlagen einer ganz

[4] Abt. II (Heusinger) „Bericht über die bisher von der Dienststelle Blank geleisteten militärischen Vorarbeiten für die Aufstellung des deutschen Kontingents der europäischen Verteidigungsstreitkräfte", v. 22.12. 1953, BA MA V Min 2-2/622.

bestimmten, nicht immer von ihr selbst beeinflußbaren Arbeitsfolge[5]. Bis zur Unterzeichnung des EVG-Vertrages im Mai 1952 war der Apparat hauptsächlich mit der Fertigstellung und Mitformulierung der Vertragsbestimmungen beschäftigt. Eigene deutsche Planungsarbeit begann aber schon in bescheidenem Maße im Sommer 1951, wobei stets zu berücksichtigen war, daß nationale Regelungen später vor der internationalen Alternative zurückzustellen waren.

Durch Einstellung einer Reihe von ehemaligen Offizieren waren Mitte 1951 die personellen Voraussetzungen soweit geschaffen, daß ein erster Arbeitsplan verbindlich entworfen werden konnte. Unter der Leitung von Otl. i. G. a. D. Ferber, dem späteren General der Bundeswehr wurde in der Planungsgruppe der militärischen Abteilung ein Arbeitsteam zusammengestellt; Mitarbeiter waren Otl. a. D. Hückelheim und Maj. a. D. Freyer. Mitbeteiligt an den Vorarbeiten war Maj. a. D. Graf Baudissin. Die ersten Arbeiten waren auf die Erfassung des kriegsgedienten Personalreservoirs, Grundlagenforschung, sowie die Auswertung deutscher und ausländischer Ausbildungsgänge und -Vorschriften gerichtet.

Die Planungen bezogen sich auf einen Streitkräfteumfang von 500 000 Mann. Im Zuge der Volkszählung des Jahres 1950 waren auch Daten angefallen, die exakte Erhebungen über die tatsächliche Verfügbarkeit von Berufsoffizieren zur Deckung des Bedarfs der Streitkräfte zuließen.

Danach lebten Anfang 1950 in der Bundesrepublik 23 000 Offiziere[6] der ehem. drei Wehrmachtsteile der Eintrittsjahrgänge 1919—1935 (Geburtsjahrgänge 1900—1915). Von den Eintrittsjahrgängen 1936—1945 (Geburtsjahrgänge 1916—1925 hatten 38 000 Offiziere den Krieg überlebt. 61 000 Offiziere der Geburtsjahrgänge 1900—1924 bildeten das potentielle Reservoir. Überalterungen beim Neuaufbau der Streitkräfte mußten in Kauf genommen werden, um die Erfahrungen auch älterer Offiziere nutzbar zu machen. In den neuen Streitkräften waren ca. 30 000 Offizierstellen zu besetzen. Die sich prozentual aufschlüsseln sollten:

— 1 %	Generale	300
— 24 %	Stabsoffiziere	7 200
— 75 %	Hauptleute und Leutnante	21 500

[5] Heusinger, ebd.

[6] Zahlen im folgenden: II/P1/2 (Ferber) „Notiz betr.: Möglichkeiten zur Dekkung des Bedarfs an Berufsoffizieren für deutsche Streitkräfte", v. 1. 8. 1951. BA MA V Min 2-2/12; und: „Altersschichtung und Anzahl der Offz.-Bewerbungen (Heer) Gruppe I-III, Stand 25. 11. 1953, BA MA V Min 2-2/622.

Bezogen auf den Gesamtumfang der Streitkräfte betrug der Anteil der Offiziere:

– in der Reichswehr	4 %
– in der Wehrmacht 1939	ca. 7 %
– im EVG-Kontingent	6 %
– in der Bundeswehr (einschließlich Offz. des militär-fachlichen Dienstes)	8 %

Es mußte erwartet werden, daß aus der Gesamtzahl mehr als 2/3 durch körperliche Untauglichkeit, mangelnde Eignung und Überalterung, Unabkömmlichkeit im zwischenzeitlich aufgebauten Zivilberuf, durch Einstellung im Bundesgrenzschutz und schließlich wegen Desinteresse an einer erneuten militärischen Verwendung ausfallen würden.
Anfang 1953 hatten sich erst 12 000 ehem. Offiziere um eine Wiederverwendung beworben. Zwar stiegen im Jahre 1953 die Bewerbungszahlen an. Für das Heer hatten sich am Ende des Jahres 1953 aufgeschlüsselt nach Dienstgraden rund 10 000 Offiziere um eine Wiederverwendung beworben. Aus diesem Kreis allerdings wuchs mit jedem weiteren Vorbereitungsjahr jeweils ein Jahrgang aus der Verfügbarkeit heraus.
Nach Aussonderung, der aus verschiedenen Gründen nicht infrage kommenden Offiziere, blieb am Ende des Jahres 1953 folgender Stand sofortiger Verfügbarkeit:

– Oberst	513
– Oberstleutnant	553
– Major	1 583
– Hauptmann	2 458
– Lt./Olt.	4 385
Summe:	9 492

Rund 10 000 Offiziere kamen also für die Besetzung der ersten Dienststellungen im Heer uneingeschränkt infrage.
Die Lücke vor allem bei den Truppenoffizieren Hptm-Lt. konnte aber nur durch Bewerbungen ungedienter Offizieranwärter geschlossen werden. Vornehmlich für diese Personengruppe mußten Ausbildungsgänge entworfen werden.
Das Studium der Ausbildungsvorschriften und der Ausbildungspraxis in den westalliierten Armeen ergab das überraschende Ergebnis, daß die Grundlage der militärischen Ausbildung in allen zum Vergleich herangezogenen Armeen der Drill war.

Allgemein herrschte die Auffassung vor, daß 18- bis 22jährige junge Menschen keine fertigen Persönlichkeiten seien und also gedrillt werden mußten. Nur die Armee der Vereinigten Staaten ging grundsätzlich davon aus, daß Rekruten selbstverantwortliche Individuen seien und der Drill deshalb kein Mittel der Erziehung sein könne. Es hat in dieser Frage einen regen Gedanken- und Erfahrungsaustausch zwischen deutschen und amerikanischen Dienststellen gegeben.

Das amerikanische Beispiel beeinflußte die Überlegungen und konkreten Ergebnisse in der Planungsgruppe der Dienststelle Blank nachhaltig. Ein weiterer Aspekt schien bedeutsam zu sein. Die Aufgaben moderner militärischer Führung, der Rechtspflege und Seelsorge in den Streitkräften, die Nutzbarmachung von Wissenschaft und Technik hatten unmittelbare Auswirkungen auf Dienststellung und Befugnisse der Vorgesetzten. Daraus ergab sich der Gedanke, in Zukunft grundsätzlich zwischen militärischem Führer und seiner Ausstattung mit *allen Vorgesetztenbefugnissen* und technischen Spezialisten zu unterscheiden, denen abgestuft und bezogen auf die jeweilige Verwendung nur *Teil-Befugnisse* übertragen werden sollten. Die Funktionsdifferenzierung, die den Einheitsoffizier klassischer Art in Führer und Spezialist getrennt hätte, hat sich mit dieser Konsequenz in der Bundeswehr nicht durchgesetzt. Die Streitkräfte gingen 1956 doch wieder den Weg des Einheitsoffiziers mit Sonderbestimmungen für den militärischen Sanitätsdienst, den militärgeographischen und -Militärmusikdienst.

So notwendig eine vorurteilsfreie Prüfung westalliierter Erfahrungen auf dem Ausbildungsgebiet auch war, in der Übertragung auf deutsche Verhältnisse überwogen eher Schwierigkeiten und Widerstände objektiver Natur.

Bereits Ende 1951 zog ein enger Mitarbeiter von Ferber aus den bisherigen Vorarbeiten das Fazit, in der Vergangenheit habe in Deutschland nicht die Form der Ausbildung sondern lediglich ihre Organisation versagt. Nur wenige Wochen vor der Unterzeichnung des EVG-Vertrages, im Mai 1952 mit dem die deutschen Verbände in eine integrierte europäische Armee eingegliedert werden sollten, trat das Problem einer Homogenisierung der Ausbildungsgrundsätze und Ausbildungsgänge aller westeuropäischen Armeen mit aller Schärfe zu Tage: Ferber vermerkte in einer Denkschrift vom 9. April 1952: „Es zeichnet sich bereits jetzt klar ab, daß die in Deutschland angestrebten Lösungen häufig im Gegensatz zu den vielfach veralteten militärischen Traditionen in den übrigen Teilnehmerstaaten der EVG stehen.

Eine Angleichung an die Grundsätze der übrigen Teilnehmerstaaten würde für Deutschland nicht nur keinen Fortschritt, sondern nicht selten einen Rückschritt bedeuten"[7].

Der Zeitplan des Vertrages verlangte, daß innerhalb von 9–12 Monaten nach seiner Ratifizierung Truppenkader aufzustellen waren. Bei einem solchen Aufstellungstempo war mithin die Personalauswahl und Ausbildung das zu lösende Problem. Trotz einer auf allen Seiten als historisch einmalig empfundenen Möglichkeit für einen grundlegenden Neubeginn blieb gerade die Ausbildungsplanung im Stadium der Improvisation stecken. Bei gleichzeitiger Verzögerung der Ratifizierungsverfahren in den westeuropäischen Parlamenten, wurde auf ein „auswanderndes Ziel" hin geplant. Diese Erkenntnis ist wichtig im Hinblick auf die Tatsache, daß 1956 mit dem Beginn einer gemeinsamen Ausbildung kriegsgedienter und ungedienter freiwilliger Offizieranwärter Wege beschritten wurden, die traditionellen Modellen der Wehrmacht sehr nahe kamen.

Kurz nach der Unterzeichnung des EVG-Vertrages schrieb der Dienststellenleiter an den Bundeskanzler und teilte ihm mit, daß der deutsche Verteidigungsbeitrag aus dem Stadium der Analyse in das der konkreten Planung eingetreten sei.

WEITERFÜHRENDE PLANUNGEN

Im Herbst 1952 durchliefen die ersten Planungsvorschläge den Mitprüfungsgang in der Dienststelle. Das EVG-Militärprotokoll sah die Schaffung eines einheitlichen Ausbildungsganges für die aktiven Truppenoffiziere vor. Dabei ergaben sich grundsätzliche Auffassungsunterschiede auf deutscher und alliierter Seite.

In den westeuropäischen Armeen durchliefen die Offz.-Anwärter eine dreijährige Ausbildung an Offizierschulen und Militärakademien, die sie als Leutnante beendeten. Ohne je in der Truppe Dienst getan zu haben, übernahmen diese Offiziere auf relativ hohem, theoretischem Ausbildungsniveau ihre ersten Kommandos.

Nach deutschen Erfahrungen war der Offizier-Anwärter in der Truppe aufgewachsen, mit deren Besonderheiten er frühzeitig vertraut gemacht werden sollte. Ständiger Wechsel zwischen Truppendienst und Ausbildung an Truppen und – Waffenschulen und Kriegsakademien, Theorie und Praxis gleichermaßen, bestimmten das traditionelle Berufsbild.

---

[7] I/Pl/2 (Ferber) „Vermerk, betr.: Grundsätzliche Fragen auf dem Personalgebiet, die zur Entscheidung heranstehen", v. 9. 4. 1952. BA MA BW 2/4040.

Von der Zweckmäßigkeit eines Aufwachsens der Offizieranwärter in der Truppe war auch das Personalmanagement in den Armeen der EVG-Partner überzeugt, es begründete jedoch die Beibehaltung eines geschlossenen Ausbildungsganges vor dem Truppendienst mit ständigem Nachwuchsmangel und der Befürchtung, daß sonst mit einem Absinken der Meldezahlen für den Offizierberuf zu rechnen sei. Einige Ausbildungsgänge endeten mit Abschlüssen, die gleichzeitig als Eingangsvoraussetzungen für zivile Berufe anerkannt waren. Diese Affinität zwischen zivilen und militärischen Ausbildungskonzepten begründete vor allem für technische Tätigkeiten die Attraktivität des Militärberufes in den westeuropäischen Armeen. Deutscherseits war man jedoch nicht bereit in Zukunft darauf zu verzichten, daß der Offizier mit dem Mann das „Verbindende einer gemeinsamen Ausbildungszeit" erhielt.

Zu Beginn der eigentlichen Planungsphase war in der Dienststelle Blank ein „Studienbüro" eingerichtet worden, das Anregungen, ergänzende Vorschläge und Erfahrungen aus dem nichtmilitärischen Leben in den Planungsprozeß einbringen sollte. In Übereinstimmung mit der Planungsabteilung war in diesem „Studienbüro" eine Denkschrift ausgearbeitet worden, die eine akademische Ausbildung für die Offiziere befürwortete. In der Begründung und Gedankenführung folgte die Studie historischen Vorbildern und schöpfte aus einem empirisch-soziologischen Erfahrungsschatz. Sie war aber auch nicht frei von politisch-ideologischen Beiwerk.

Demnach war die Stellung des Offiziers nicht mehr durch Standesprivilegien, sondern durch die Funktion des Berufes für das Gemeinwohl, die persönliche Eignung in diesem Beruf und als Staatsbürger bestimmt. In bewußter Anknüpfung an die politische Funktion der Bildung im Rahmen der bürgerlichen Emanzipationsbewegung zu Beginn des 19. Jahrhunderts wurde Bildung zum wichtigsten konstitutiven Element für den Offizierberuf erhoben. Wenn man sich die Zeit Fichtes und Schleiermachers vergegenwärtige – so die Studie – könne man ermessen, welchen Einfluß die Universitäten auf den „Wehrwillen", des Volkes haben könnten. Da der Bewußtseinhorizont weiter, die Allgemeine Bildung der Jugend höher einzuschätzen seien als in früheren Zeiten und der berufliche und schulische Werdegang vor Eintritt in das militärische Leben den Grad der Reife beträchtlich gehoben hatten, müßten die Offiziere für die Führung dieser Menschen über eine entsprechende wissenschaftliche Ausbildung verfügen. Interessanterweise wurde aber das pädagogische Studium in diesem Zusammenhang nicht besonders favorisiert. Endlich aber war die akademische Bildung und Ausbildung der

Offiziere als Teil einer „geistigen Rüstung" deklariert worden, damit der Offizier seine politischen Pflichten als Staatsbürger erfüllen, im Kampf der Ideen und im Wettstreit der Systeme bestehen konnte.

Der zur Disposition gestellte Gedanke einer akademischen Ausbildung der Offiziere fand sowohl in der Planungsgruppe als auch in den teilstreitkraftgebundenen Abteilungen keine ungeteilte Zustimmung. Abgesehen vom Kostenfaktor, der exorbitante Summen für die Aufstellung einer Armee von 500 000 Mann verschlingen würde, wurden in aller Regel Zweckmäßigkeitserwägungen rein militärischer und politische, rein zeitlicher Natur, als Gegengründe erhoben. Aber auch denjenigen Offizieren, die grundsätzlich von der Notwendigkeit einer akademischen Ausbildung überzeugt waren kamen Zweifel, ob nicht das theoretische Übergewicht in der Offizierausbildung, Mängel in der praktischen Verwendbarkeit als Truppenführer bewirken könnte.

Graf Baudissin etwa suchte einen Kompromiß, zwischen den Erfordernissen eines militärisch-praktischen und eines vornehmlich geisteswissenschaftlich geprägten theoretischen Teiles im Ausbildungsgang zu finden[8]. Wenn man davon ausgehen konnte, daß die Offizierausbildung sich insgesamt über einen Zeitraum von drei Jahren bei allen Armeen der EVG-Staaten erstrecken sollte, dann konnte nach Baudissins Vorstellungen folgendes ausgewogene Verhältnis hergestellt werden:

- 6 Monate Truppendienst
- 18 Monate Universität
- 6 Monate Offizierschule
- 6 Monate Waffenschule (Spezialausbildung)

Das traditionelle deutsche Leitprinzip, den künftigen Offizier dieselbe Grunderfahrung in der Truppe machen zu lassen, wie den Mann, den er als Offizier später führen sollte, war erhalten geblieben.

Unter den Befürwortern eines akademischen Studiums für die künftigen Offiziere herrschten zwei Auffassungen vor, die sich zuweilen überschnitten, im wesentlichen aber entgegengesetzter Natur waren. Während einerseits die Notwendigkeit des Studiums mit den besonderen politischen und sozialen Pflichten des Staatsbürgers begründet wurde, war die Gegenposition vornehmlich von militärspezifischen Gründen bestimmt. Danach sollten durch das Studium, das im bildungsfähigsten Alter zu Beginn des zweiten Lebensjahrzehnts absolviert werden sollte — drei Kernziele verwirklicht werden:

---

[8] II/3/11 (Baudissin): Denkschrift v. 21. 11. 1952. BA MA V Min 2-2/723-2.

1. Qualifizierung für die Menschenführung.
2. Verfügbarhalten von militärischer Erfahrung (die im Truppendienst erworbenen militärischen Erfahrungen und praktischen Kenntnisse und das eher „intuitiv Erfaßte" sollten ins reflektierende Bewußtsein gerückt werden).
3. Schaffung von Voraussetzungen für eine kürzere Waffen- und Offizierschulausbildung auf höherem Niveau.

Angesichts eines solchen Begründungskonfliktes, dem Züge eines oftmals eifernden akademischen Grundsatzstreites anhafteten ging der Blick für das politisch-zeitliche und finanziell Machbare mehr und mehr verloren. Der Streit wurde nicht ausgetragen und gelöst, sondern von der Entwicklung überholt.

Wirklichkeitsfremd aber mutet die Vorstellung an, daß das Studium „einen erheblichen Teil militärischen Fachwissens auf akademischen Niveau lehren" und andererseits die Ausbildung an den Waffenschulen auf der akademischen Ausbildung aufbauen sollte. Für eine solche wechselseitige Bedingtheit akademischer und militärischer Ausbildungsgänge fehlten bei zudem unterschiedlichen Zielvorstellungen im akademischen und militärischen Bereich alle Voraussetzungen. Selbst die curriculare Strukturierung der Studiengänge an den heutigen Bundeswehrhochschulen kann ein solches Komplementorium nicht leisten.

Während das Studienbüro aus politisch-ideologischen Gründen ein akademisches Vollstudium empfahl, sahen Baudissin und die ihm zuneigenden Offiziere den Zweck eines Teilstudiums darin, dem Offizier einen gehobenen Bildungsstand zu vermitteln, der ihn für die Menschenführung qualifizieren sollte. Das entsprach nicht zuletzt der Maxime, daß das Individuum im Sozialsystem Militär in Zukunft als eine autonome Größe erwartet wurde.

Aber auch gegen diesen Vorschlag wurden Bedenken angemeldet. Vor allem im Hinblick auf eine zeitgerechte Erfüllung der außenpolitischen Verpflichtungen war der Vorzug einer schnellen Führerausbildung mit eindeutig militärspezifischem Schwerpunkt zu geben.

Eine Koppelung der Offizierausbildung mit kurzer Universitätsausbildung – so argumentierte die Abteilung „Gesamtstreitkräfte" in der Planungsgruppe werde keine einsatzfähigen Offiziere sondern „angebrütete" Akademiker hervorbringen. Vordringlich aber sei die Heranbildung guter Führer. In der Offizierweiterbildung, wie sie in Friedenszeiten Reichswehr und Wehrmacht praktiziert hatten, könne der Bildungsstand des Führernachwuchses ebenso gehoben werden.

Im Jahre 1953 wurden die Planungen zur Offizierausbildung weitergeführt aber nicht abgeschlossen. In den Datenkranz der Konzeption wurden laufend Erkenntnisse von Fachtagungen und Kongressen eingefügt; das ausländische Militärschriftgut eingehend analysiert und ausgewertet.

PLANUNGEN UND EVG-VERTRAG

Leitgedanke des EVG-Vertrages war es, für die Regelung der europäischen Probleme übernationale Lösungen zu finden. Die europäischen Armeen wären in ihrer Endphase das militärische Instrument eines politisch und wirtschaftlich geeinten Europas gewesen. Diese Armee konnte nur stufenweise verwirklicht werden. Im März 1951 konstituierte sich der Militärausschuß zur EVG-Konferenz, der in regelmäßigen Abständen bis zu ihrem Ende im August 1954 tagte. Zu den Fragen erster Dringlichkeit gehörte die Offizierausbildung und die Standardisierung der Ausbildungsgänge. Im Herbst 1951 wurde der Militärausschuß für neue Aufgaben umgegliedert. Eine integrierte Planungsgruppe wurde mit der Koordinierung der Ergebnisse von Arbeitsgruppen beauftragt. Der Militärausschuß insgesamt hatte „Direktiven bezüglich Art, und Umfang der erforderlichen Vereinheitlichungsmaßnahmen auf dem Gebiet des Inneren Gefüges der Streitkräfte“ zu erlassen, zu denen auch die Offizierausbildung zählte.

Ab Mitte 1952 verteilten sich die Planungskompetenzen auf eine Gruppe Paris (Fett) und eine Gruppe Bonn (v. Bonin). Alle grundsätzlichen Fragen wurden in Paris verhandelt. In Bonn wurden nationale Leitlinien für die internationalen Verhandlungen erarbeitet, sie wurden dann in Weisungen an die Verhandlungsführer in Paris umgesetzt. Die Deutschen verfügten nicht über die zahlenmäßigen Apparate, die den anderen Partnerstaaten mit ihren Generalstäben zur Verfügung standen. In Paris wurden etwa 50 Offiziere in Bonn etwa 180 Offiziere eingesetzt. Allein im Oberkommando des Heeres waren 1939 800 Offiziere tätig. Trotz dieses zahlenmäßigen Handicaps gelang es den deutschen Vertretern fast durchweg, mit den Partnern gemeinsame europäische Lösungen auszuhandeln. Deutsche Vorbehalte grundsätzlicher Art sind zur Offizierausbildung während der Jahre 1952–1954 in Paris stets ausgeräumt worden. Darüber hinaus aber wurden für Bereiche für die bis zum Inkrafttreten der Verträge europäische Lösungen nicht gefunden werden konnten, nationale Übergangslösungen festgelegt. Die Aufstellungsplanung des deutschen Kontingents und mit ihr das besondere Problem der Offizierausbildung basierte also zum Teil auf Verhandlungsergebnissen aus Paris und zu einem ergänzenden Teil auf deutschen konzeptionellen Grundlagen.

Erst mit dem Scheitern der EVG war der Weg für weitgehend nationale Lösungen frei. Als im Herbst 1954 überraschend schnelle politische Ersatzlösungen gefunden wurden, die die Bundesrepublik in das NATO-Bündnis eingliederten, verstärkte sich der Zeitdruck für die Aufstellung von Streitkräften. Eine Koalitionsarmee mit nationalen „Vorzeichen" war aufzustellen. Damit hatte sich der Bezugsrahmen für die Planungen zum dritten Mal geändert, deren Bezugsgrößen:

- im Herbst 1950 ein auf zwei Jahre befristetes Notprogramm
- im Frühjahr 1952 die integrierte europäische Armee der EVG
- im Herbst 1954 die Koalitionsarmee im NATO-Bündnis

waren.

Anfang 1954 gewann ein Problem ganz anderer Art Dringlichkeit, das die hochgespannten Erwartungen und Kontroversen in bezug auf die akademische Bildung der Offiziere rasch niederdrückte.

Im März 1954 lagen für alle drei Teilstreitkräfte etwa 1 500 Bewerbungen ungedienter Offizieranwärter der „weißen" Jahrgänge 1927–1937 vor. Nur ein Drittel besaß die allgemeine Hochschulreife, ein weiteres Drittel die Mittlere Reife und das letzte Drittel verfügte nur über Mittel- und Volksschulreife. Die bisherige Öffentlichkeitsarbeit der Dienststelle Blank, die Erwartungen auf eine weitgehende Durchlässigkeit der Laufbahnen geweckt hatte, spiegelte sich darin wieder. Der Offizierberuf hatte sich in erkennbarer Form zu einem sozialen Aufsteigerberuf gewandelt. Eine Tendenz, die heute als soziale Tatsache gelten kann. Ein Blick auf die Berufsgruppen, aus denen sich die Bewerber rekrutierten, soll das verdeutlichen:

Schüler und Studenten:	18 %
Beamte und Angestellte:	20 %
Arbeiter und Handwerker:	13 %
Landwirte:	3 %
Polizei und Bundesgrenzschutz	7 %
Dienstgruppen:	6 %
Sonstige:	11 %
Ohne Berufsangabe:	22 %

Es mußten nunmehr Ausbildungskapazitäten bereitgestellt und Modelllehrgänge ausgearbeitet werden, um erst einmal die gesetzlichen Voraussetzungen für die Offizierlaufbahn zu schaffen[9].
Im Vergleich zu den kriegsgedienten Offizierbewerbern verschärfte sich das Problem sogar noch.
Im März 1954 standen zur Verfügung[10]:

	2 500 Gediente	1 500 Ungediente
abzüglich Untaugliche ca.: 30–35 %	800 „	500 „
	1 700 „	1 000 „
zu alt, 40 % = ca.	700 „	– „
	1 000 „	1 000 „
abzüglich Volks- und Mittelschüler, aber geeignet	500 „	350 „
	500 „	650 „
hiervon haben Abitur nachzuholen	250 „	350 „
Summe alle drei Teilstreitkräfte	250 „	300 „

Planungskontinuitäten konnten sich nur in begrenztem Maße entwickeln. Bei wechselnden Bezugsgrößen hatten die Experten schließlich nur die Freiheit, auf das traditionelle Modell zurückzugreifen, das die Reichswehr bei ihrem Übergang zur Wehrmacht der allgemeinen Wehrpflicht 1933/1935 entwickelt hatte.
Der erste Offizierjahrgang (Heer) aus ungedienten Freiwilligen durchlief in der Bundeswehr 1956 folgenden Ausbildungsgang:

– 6 Monate militärische Grund- und Vollausbildung
– 6 Monate Offizierschule
– 6 Monate Waffenschule

Innerhalb dieser 18 Monate erfolgte noch die Beförderung zum Leutnant. Angesichts der hochgespannten Ziele der vergangenen Jahre, war nicht einmal das traditionelle Mindestziel, militärische Effizienz, erreicht

[9] II/Pl/G 3 Ausb.: Denkschrift betr. Vorausbildung von Offizierbewerbern, v. 12. 3. 1954. BA MA V Min 2-2/744-2.
[10] II/Pl/G 3 Ausb.: Denkschrift betr. Vorausbildung von Offizierbewerbern, v. 23. 3. 1954. BA MA V Min 48/3.

worden. Da zudem die kriegsgedienten Truppenoffiziere mit ihrem letzten Dienstgrad übernommen wurden und wegen fehlender Ausbildungs- und Schulkapazitäten keine ergänzende oder weiterführende Ausbildung erhielten, kann der Ausbildungsstand der Offiziere der „ersten Stunde" insgesamt als unzureichend kritisiert werden. Soviel zu den planungspolitischen Schwierigkeiten.

Welchen Hemmnissen die Planungen außerdem noch ausgesetzt waren, mag ein Beispiel verdeutlichen. Im Jahresbericht 1953 an den Leiter der Planungsabteilung war die dringende Bitte enthalten, die Freigabe von 2 000 ehem. deutschen Vorschriften, die sich im Pentagon in Washington befanden, zu erwirken. Folgerichtig wies der „Stand der Bearbeitung von Dienstvorschriften" für das Heer vom 1. 2. 1954 nicht eine einzige fertiggestellte Arbeit aus.

PLANUNGEN UND ÖFFENTLICHKEIT

Es kann nicht oft genug betont werden, daß die Planungen zur Offizierausbildung in einem wesensmäßigen Zusammenhang mit der Entwicklung des „Leitbildes des zukünftigen Soldaten" standen. Unter dem Stichwort „Innere Führung – Inneres Gefüge" wurde in der Öffentlichkeit eine hochpolitische Diskussion geführt. Innere Führung als komplementäre Größe zur äußeren Führung war in zweifacher Richtung dimensioniert. Einmal in Richtung auf die Binnenstruktur der künftigen deutschen Streitkräfte, wo die „Gefahr einer Versachlichung des Personellen" (Baudissin), die der äußeren Führung inhärent zu sein scheint, durch eine Indivisialisierungsdynamik kompensiert werden sollte.

Zum anderen in Richtung einer angestrebten Konvergenz der Wertsysteme der soldatischen und staatlichen Ordnung. Unter dem Leitbild vom „Staatsbürger in Uniform", sollte dem Individuum im Subsystem Militär sein Platz zugewiesen, die Streitkräfte selbst in das politische System und die bürgerlich-liberale Sozialordnung der Bundesrepublik integriert werden. Die Konturen dieses Leitbildes allerdings waren an den Rändern unscharf, so daß die Konzeption vom „Staatsbürger in Uniform" schon sehr früh mannigfaltigen Deutungsversuchen ausgesetzt war.

Bei aller öffentlichen Zustimmung, daß unter den grundlegend veränderten Verhältnissen der Nachkriegszeit für das künftige Militär auch neue Leitnormen nach einer umfassenden gesellschaftlichen, politischen und wirtschaftlichen Situationsanalyse entwickelt werden müßten, wurde schon sehr bald der Verdacht geäußert, daß es die eigentliche Zweckbestimmung solcher Leitnormen sei, vorhandene Vorbehalte gegen die Wiederbewaffnung zu beseitigen. Gleichzeitig wurde die Praktikabilität der aus den Leitnormen abgeleiteten Plan-Ziele heftig in Zweifel gezogen. Bei der Rekonstruktion der Entscheidungssituation im Planungsapparat der Dienststelle Blank waren zwei scheinbar gegenläufige Argumentationsmuster zu beobachten. Eine Gedankenkette fügte sich aus Gliedern zusammen, die um die zentrale Forderung nach frühzeitiger militärischer Effizienz gelegt war.

Für eine andere Gruppe kam es darauf an, daß der Offizier an herausgehobener Position nicht nur im Dienst einer militärischen sondern vor allem einer politischen, zivilen Ordnung stand. Dafür mag das Schlagwort von der „Einbürgerung des Soldaten" stehen.

Die Zielvorstellungen beider Gruppen mußten harmonisiert werden, dabei setzte sich die Effizienzforderung zunächst durch. Die entsprechende Strukturierung des Ausbildungsganges der Offiziere war ein Schlüssel zur Lösung des Problems.

Die erste Gruppe täuschte sich aber offensichtlich darüber hinweg mit welcher Dynamik die Verwissenschaftlichung des Kriegshandwerkes, die Rationalisierung der Gewalt und die technologische Vervollkommnung der militärischen Mittel bereits im Frieden fortgeschritten war und einen Prozeß in Gang gesetzt hatte, der mit traditionellen Instrumenten nicht mehr gesteuert werden konnte.

Zudem übersahen sie oft nicht, wieviele Zugeständnisse ihnen die staatsrechtliche, politische und gesellschaftliche Weiterentwicklung in der Bundesrepublik bereits abverlangt hatte, bevor sie sich von überkommenen Vorstellungen innerlich zu lösen begannen.

Die Verfechter einer „konservativen" Reform, die einen Weg zwischen dem unkontrollierbar scheinenden Fortschritt und dem bedenkenlosen, weil bequemen Rückgriff auf Stehengebliebenes suchten, gerieten in Gefahr ihr Konzept mit Theoremen der modernen politischen Philosophie, der Soziologie und der wissenschaftlichen Politik zu überfrachten.

Ein ganzes Bündel von Zielvorstellungen, oft genug konkurrierenden, versperrte den Blick für das Machbare.

Besonders deutlich wird das, wenn man sich vergegenwärtigt, welche Mißverständnisse zwei so zentrale Begriffe wie „Demokratie" und „Erziehung" in der Diskussion jener Jahre umgaben.

Die Verfechter eines „reformerischen Konzeptes" definierten Demokratie in erster Linie als Gesellschaftsform und Demokratisierung im Sinne der magischen Formel „Emanzipation" d. h. sie versuchten, die politischen Wertvorstellungen der Demokratie, abstrahiert, auf die militärische Institution zu übertragen.

Die Mehrheit in der Planungsgruppe der Dienststelle Blank, die nicht ohne weiteres als Gegner einer Reform abgetan werden dürfen, verstanden Demokratie eher formalpolitisch als Staatsform mit einem spezifischen Willensbildungs- und Entscheidungsprozeß, für sie hatte militärische Effizienz Vorrang.

Ähnlich stand der nach 1945 laut gewordene Ruf nach dem Leitbild, der Erziehungsidee, dem sich das Modell vom „Staatsbürger in Uniform" anpaßte in merkwürdigem Gegensatz, zu allenthalben erhobenen Forderungen nach größerer Wertepluralität im Erziehungssystem.

Daraus ergaben sich im Grunde nie gelöste Interpretationskonflikte. Trotzdem aber erwies sich der Fundamentalkonsensus in der Dienststelle Blank als durchaus tragbar. Der berufsspezifische Sozialisationseffekt, der seine Wurzeln im doppelten Sinne in der Vergangenheit hatte, überdeckte den Konflikt.

In den Meinungsbildungsprozeß der Dienststelle Blank griffen in den Jahren 1952–1954 aufgefordert und unaufgefordert ehemalige Offiziere der Wehrmacht ein. Ihre Meinungen zu den anstehenden Problemen wurden ansatzweise im Sinne einer „sozialen Kontrolle" in die jeweiligen Argumentationsketten eingefügt.

Das gilt ebenso für bestimmte halboffizielle Gesellschaften wie z. B. die Gesellschaft für Wehrkunde, deren Mitglieder sich vornehmlich aus ehemaligen Soldaten zusammensetzten. In den örtlichen Sektionen waren Arbeitsgruppen gebildet worden, deren Ergebnisse von den Vorständen zusammengefaßt und kommentiert der Dienststelle Blank zugeleitet wurden. Wesentlich Neues enthielten diese „demoskopischen Versuche" nicht, sie vermittelten eher ein Stimmungsbild unter den ehemaligen Soldaten. Die Umfragen unter ehemaligen Soldaten förderten aber auch die Erkenntnis zu Tage, daß den Hauptmangel der Offizierausbildung in der Wehrmacht, die Kürze der Zeit und der wirklichkeitsfremde Kasernenhofdrill ausgemacht hatten. Trotzdem empfahlen die Sektionen lediglich Verbesserungen für die Wiederherstellung des „Bewährten".

In weit stärkerem Maße hingegen übten Tagungen, die die Dienststelle einberufen ließ oder zu denen ihre Vertreter eingeladen waren, Einfluß auf die amtsoffizielle Meinungsbildung aus. Diese Informationstagungen für ehemalige Soldaten wurden zugleich als Transmissionsscheiben für die Verbreitung bestimmter offizieller Auffassungen der Dienststelle Blank benutzt. In dieser Dialektik von Kontrolle und Gegenkontrolle lag eine gewisse Chance dem militärischen „Zeitgeist" zu begegnen.

Eine andere Zielrichtung verfolgten Wissenschaftliche Tagungen. Verantwortlich zeichneten in aller Regel wissenschaftliche Institute, die um ihre gutachterliche Meinung gebeten worden waren, oder die von sich aus Forschungsergebnisse für eine praktische Verwendbarkeit anboten. Soweit befragt, empfahlen sie eine akademische Ausbildung der Offiziere an den allgemeinen Hochschulen.

Die Spannweite dieser Meinungsäußerungen ließ in der Konzeption genügend Raum für eine wissenschaftliche Fundierung der Planungen. Denn die Dienststelle Blank verfügte darüber hinaus über keine Mittel und erst recht keinen wissenschaftlichen Apparat, mit dem das heftige „brain storming" und der reformerische Impetus dieser Jahre mit wissenschaftlichen Kriterien überprüft werden konnten.

So war es nicht verwunderlich, daß vieles These blieb, manches nicht frei von Polemik des Tages war und nur weniges als gesicherte Erkenntnis die Planungsphase überdauerte.

Das in der Intention richtige Zusammenwirken von Forschung und praktischer Politik litt von Anfang an daran, daß wissenschaftsfremde Interessen zuweilen den Erkenntnisgang überlagerten. Diese Interessen waren zum Teil handfester tagespolitischer Natur. Auf beiden Seiten wurde Wissenschaft als „Waffe" benutzt. Nicht zuletzt aus diesen Gründen rückten Wissenschaft und militärischer Planungsapparat in der Folgezeit merklich voneinander ab.

Als hätte der Prozeß zeitweiligen Zusammenwirkens nicht stattgefunden wurde für die Truppenoffiziere zu Beginn der Aufstellungsphase der Bundeswehr zunächst ein Modell in Kraft gesetzt, das sich nur unwesentlich von dem unterschied, das zu Beginn der Heeresvergrößerung im Jahre 1933 entwickelt worden war.

Trotzdem ergaben die jahrelangen quasi öffentlich geführten Auseinandersetzungen um eine zeitgemäße Offizierausbildung wichtige Ergebnisse, die in ihrer Langzeitwirkung nicht hoch genug eingeschätzt werden können und die schließlich unter dem Zwang eines chronisch akuten Nachwuchsmangels zu Beginn der 70er Jahre zur Errichtung der Bundeswehrhochschulen führten.

Frei vom Zwang zur Harmonisierung der Ausbildungsgänge, die in den meisten Fällen die deutschen historischen Erfahrungen zugunsten eines synthetischen einheitlichen Ausbildungsweges eingeebnet hatten, konnte die Ausbildung der Berufsoffiziere der Bundeswehr zu einem geschlossenen Block von insgesamt fünf Jahren ausgebaut werden. Zwei Jahre militärisch-praktischer Vorlauf plus drei Jahre tätigkeitsvorbereitendes Studium an den Hochschulen.

Die Innovationsbereitschaft innerhalb der Dienststelle Blank ist auf allen Ebenen und in allen Bereichen der Planung hoch gewesen. Ebenso

hoch zu veranschlagen waren der Druck der öffentlichen Meinung und der Zwang zur Veränderung, der von staatlichen Stellen und von den sozialen Gruppen ausging.
Alle mit der Planung der militärischen Bildung und Ausbildung beauftragten Offiziere und zivilen Mitarbeiter einte Bewußtsein und Forderung nach einer Reform des Erziehungs- und Bildungswesens der künftigen Streitkräfte und im konkreten Fall der Ausbildungsgänge für die Offizierlaufbahn. Die Motive für die Reformbereitschaft allerdings lassen sich nicht auf einen Nenner bringen. Der Grundgedanke dieser Reform war, die allgemeine Bildung der Offiziere durch eine akademische Ergänzungsausbildung zu heben und die militärische Ausbildung durch ein größeres an zivilen Vorbildern orientiertes Angebot von Fachschulen und Militärakademien zu vertiefen. Ziel dieses reformerischen Teilbereiches war der politisch gebildete Offizier, ohne Besorgnis vor der traditionellen Isolierung in der militärisch-fachlichen Funktion. Er sollte als zeitnahes Bewegungselement innerhalb einer Armee in der Demokratie mündige Staatsbürger als Soldaten führen. Das lief auf die letztliche Versöhnung der bürgerlichen mit der militärischen Nation hinaus.
Der Offizierberuf sollte als akademischer „verbürgerlichter" Bildungsberuf im oberen Drittel der sozialen Hierarchie rangieren.
Gescheitert ist diese Reform, ihr Ziel und die Inhalte ihrer Konzeption nicht etwa am Widerstreit von „Reformern" und „Reaktionären" – dieser Streit ist eher eine zeitgebundene publizistische Kategorie als eine historische – sondern an einer generellen Planungsunsicherheit, die dadurch gekennzeichnet war, daß in den Jahren 1951–1955 auf drei schließlich „auswandernde" Hauptziele hin geplant werden mußte.
Für 20 Jahre der Offizierausbildung in den neuen deutschen Streitkräften wurde auf traditionelle Ausbildungsgänge zurückgegriffen, ohne daß das reformerische Ziel der Planungsphase aus den Augen verloren wurde.
Insgesamt kann für die Planungsphase der Jahre 1951–1955 festgestellt werden, „daß die Mittel und Maßnahmen auf dem Gebiet der Ausbildung ... zunächst auf die kurzfristige Überwindung von Nahzielen konzentriert werden"[11], mußten, und die in diesen Jahren entwickelten zukunftsweisenden Konzeptionen erst knapp eine Generation später verwirklicht werden konnten.

[11] Neuordnung der Ausbildung und Bildung in der Bundeswehr. Gutachten der Bildungskommision an den Bundesminister der Verteidigung, Bonn 1971, S. 149.

DAS BILD DES DEUTSCHEN OFFIZIERS IN KUNST UND KARIKATUR DER LETZTEN 100 JAHRE

VON CARL ERNST KÖHNE

Das Thema umgreift zeitlich und optisch-gegenständlich die Spanne von der konstitutionellen Monarchie bis zur Zweiten Republik von 1949, von einer noch feudal bestimmten Ständeordnung bis zur pluralistischen Gesellschaft unserer Tage im Westen und einem sog. Entwickelten Sozialismus im anderen Teil eines kleiner gewordenen Deutschland, anders gesehen von der offenen Feldschlacht mit bunten Uniformen, Fahnen und klingendem Spiel über das Feldgrau von 1914 bis zum Ranger- und Druckknopfkrieg von heute, der in Tarnjacke, Overall und weißem Hemd ausgetragen wird.

Geblieben ist die Uni-Form, die Einheitskleidung, das Kleid der Einheit, zu der ein Soldat gehört. Ein nicht immer maßgeschneidertes Medium materieller und psychologischer Dialektik. Im urgeschichtlichen Anfang stehen Maske, Fell- und Federschmuck des Stammeskriegers als Requisiten von Imponiergehabe und Gruppenidentität. Gewollte Vereinheitlichung des Image zur Freund-Feind-Unterscheidung und männlich-militanter Suggestiveffekt, aber eben auch die kollektive Entpersönlichung und Gruppenintegration des einzelnen.

Unschwer läßt sich dieses Urverhalten auf Image und Selbstverständnis des Uniformträgers auch der letzten hundert Jahre übertragen. Es spiegelt sich in Werken von Kunst und Karikatur, motivisch schon in der alten Scherzfrage nach dem ‚ersten Leutnant' — dem biblischen Joseph, der „einen bunten Rock trug und dem Vater lieber war als seine anderen Söhne" (1. Mose 37), volkstümlich adaptiert im Lied vom „Soldate, dem schönsten Mann im ganzen Staate".

Es ist hier nicht der Ort, allen Kausalitäten dieses Außenverständnisses oder den inkommensurablen Traditionen der aus sehr verschiedenen Wurzeln erwachsenen preußischen, süddeutschen, österreichischen Offizierskorps nachzugehen, so nützlich das wäre. Und zwar deshalb, weil ersteres von Bewunderern und Hassern immer wieder als pars pro toto ‚des Offiziers' im ganzen deutschsprachigen Raum apostrophiert worden ist, obschon es sich durch seine Entwicklung aus halbkolonialen rittergutsadligen Formen und durch ein daraus abgeleitetes persönliches Verhältnis zum jeweils regierenden Souverän schon früh als eine Kaste sui generis darstellt.

Gerade von daher schien einst die Rangordnung Wehrstand-Lehrstand-Nährstand so selbstverständlich, dazwischen irgendwo Spenglers ‚Unstand' des gewerbe- und handeltreibenden Bürgers. Ebenso aber auch das Rollenverständnis des Offiziers, der sein physisches und moralisches Potential, die Bereitschaft zu persönlicher Verantwortung für seine Leute und Befehle, aber auch zu unbedingtem Gehorsam, zum Verzicht auf jene naturgesetzliche Überlebensphilosophie mitbringt, die der ‚normale Mensch' kultiviert, in einem dialektisch gemeinten „Simplicissimus"-Bildtext ad absurdum persifliert: „Herr Leutnant, fürchten Sie sich gar nicht vor feindlichen Kugeln?" — „Nein, gnädiges Fräulein, das ist doch mein Beruf." — „Und wenn Sie nicht totgeschossen werden, haben Sie dann Ihren Beruf verfehlt?"

Vom Ernstnehmen solcher Berufung stammt die ‚Distinktion', die Heraushebung des Offiziers gegenüber wechselnden, auswechselbaren Mannschaften wie gegenüber dem waffenlosen Zivilisten — mit dem schon erwähnten Doppeleffekt von Kollektivbewußtsein und -image, welch letzteres zum exponierten Zielbild von Kritik und Assimilation wird. Es ist — subjektiv wie objektiv — bestimmt von der Psychologie des ‚man', ist in praxi „mehr Sitte als Sittlichkeit, mehr Etikette denn Ethos, mehr Rücksichtnahme (z. B. bei Ehrenhändeln) darauf, was werden ‚die anderen' von Dir denken, wenn Du im Augenblick der (physischen) Gefahr kneifst" (Demeter). Also weniger heroischer Instinkt oder Stil als jenes Gruppenbewußtsein, durch das „die Persönlichkeit in der bedingten Form als Standesperson zurückkehrt" (Steinbörner-Hillard).

Optisches Medium ist wie schon gesagt — mit abnehmender Virulenz — die Uniform. Aus Notwendigkeiten der Ausrüstung und Unterscheidung entwickelt, wird sie zur Zweiten Haut eines Mannes, dem nach W. Flex (1887—1917) „nichts mehr selber gehört", wenn er auf eine Fahne schwört, also etwas tut und darstellt, was dem ‚zivilen' Bauern, Bürger, Gelehrten usw. fremd ist. Daß der Bunte Rock für jenen Großteil der Berufsoffiziere des 19./20. Jhdts., der aus armen, obendrein oft kinderreichen Adelsfamilien kam, oft der einzige gute Anzug war, scheint ebenso anmerkenswert wie die damit korrespondierende Erfahrung schon des jüngsten Leutnants: daß man in Uniform bei jedem Anlaß immer richtig equipiert war (und was hermachte), gleichviel ob für die Zivilisten ein Gehrock, Cut, Frack, Smoking pp. vorgeschrieben war.

Satirisch verfremdet bis zur Selbstironie liest sich das dann in Bildtexten so: Offiziersfrauen unter sich. „Die grausamste Enttäuschung meines Lebens war, als ich meinen Mann zum ersten Mal ohne Uniform sah." (v. Reznicek, „Simplic." 1903). Oder v. Versewitz (Pseudonym, ebenda): „Fühlt in Zivil sich nie janz jut. Immer wie wenn dejradirt is. Einem wie Königssohn zu Mut, Der à la Bettler maskirt is. Uniform häufig, Sommers zumal, Lästig, janz ohne Frage. Aber schützt uns doch kolossal jegen Zivilansprache."

Diese von beiden Seiten betriebene Einteilung in ‚Militairs' und ‚Civilisten', die schon in der 1848er Tagespublizistik zum polemischen Dauerthema wurde (u. a. in den damals recht avantgardistischen „Lustigen Blättern"), bleibt bis zur Jahrhundertwende Trauma bzw. Sozialsyndrom in einer allen industriezeitalterlichen Bedingungen und Maßstäben zuwider gerade in Deutschland noch immer militärisch-feudal strukturierten Gesellschaft. Oder war nicht symptomatisch für ihre immanente Optik, daß Zoll-, Polizei-, Post-, Forst- und Feuerwehrleute außer der Dienstkleidung mehr oder weniger prächtige Paradeuniformen und ihre Chargen dazu einen Säbel trugen?

Wohl dem also, der bei gegebenen Anlässen die Requisiten bürgerlicher Reputation und Eleganz im Schrank lassen konnte als Inhaber eines Reserveoffiziers-Patents, das seit den 1880er Jahren forcierter Vermehrung der Armee-Kader nicht mehr Reservat des Guts- und Offiziersadels war, sondern auch für besitzbürgerliche Aufsteiger erreichbar wurde, für die Karriere in Diplomatie, Justiz und höhere Verwaltung manchmal wichtiger als eine Traumnote im Assessorexamen. Außerdem: Als Reserveoffizier kann man ebenso Uniform tragen wie der Oberste Kriegsherr, den sich ‚das Volk' gar nicht in Zivil vorstellen kann oder richtiger darf. Auf Denkmalssockeln posieren die Monarchen zu Fuß oder hoch zu Roß in großer Uniform, die mancher Fürst, wie man weiß, höchst ungern anzog wie beispielsweise der dritte und vierte preußische Friedrich Wilhelm, Sachsens bürgernaher letzter Friedrich August oder alle Bayernkönige bis 1918.

Das Beispiel Bismarck ‚generalisiert', wenn man doppelsinnig so sagen darf, diese Systemimmanenz des Image. Junker Otto stammte aus einer landadligen Familie, deren Söhne auch in ihrer Jugend nicht immer das Portepée trugen. Er selbst leistete 1838/39 auch nur den Einjährigfreiwilligendienst ab und zwar während seines Referendariats bzw. eines Kurzstudiums an der Landwirtschaftl. Akademie Eldena bei den Potsdamer Gardejägern und dem 2. Pr. Jägerbat. Greifswald, ohne danach Reserveoffizier zu werden. Auch als Staatsmann hat Bismarck stets den

Primat der Politik betont und nie unnötig mit dem Säbel gerasselt, den ihm sein König eines Tages verlieh.

Gleichwohl blieb den Zeitgenossen wie der Nachwelt nur im Ohr die ominöse Blut-und-Eisen-Passage aus der Etatsrede des Ministerpräsidenten von 1862, die doch nur eine von Bismarck gar nicht gewünschte Alternative zum diplomatischen Bemühen um einen neuerlichen Zusammenschluß der deutschen Länder umschreiben sollte.

Nach 1870 erscheint in in- wie ausländischen Bildkommentaren zur Zeitgeschichte der ‚Eiserne Kanzler' nur noch im Harnisch und Helm der Halberstädter Kürassiere, deren Ehrenkommandeur er inzwischen geworden war. In der Karikatur wird Bismarck seinem intellektuellen, leisen, gelegentlich depressiven Wesen zuwider als martialisches Symbol rücksichtsloser Machtpolitik klischiert, nebenbei bemerkt von Feind wie Freund.

Nicht nur jenseits der Grenzen identifiziert man diese oktroyierte Attitüde mit dem preußischen, ergo deutschen Offizier schlechthin (s. o.). Seine Pickelhaube wird zum Signet imperialistischer Aggression, bornierten Dünkels, geistloser Kulturbarbarei. Bei inländischen Bildsatirikern löst bald die gern reglementswidrig schneidig aufs Ohr gerückte Tellermütze den blanken Helm ab. Er spielt aber noch einmal im Repertoire einer um 1900 einsetzenden liberalen Bildzeitschriftenpolemik eine ähnliche Rolle wie in der nun schon jahrzehntelang laufenden Propaganda besonders Frankreichs gegen den Militarismus des deutschen Zweiten Kaiserreichs.

Im Rückblick ist allerdings nicht zu übersehen, wie weit vorn dessen uniformierte Chargen und Statisten tatsächlich an der Rampe des Zeittheaters standen. Wortwörtlich bestätigen das die vielfach erhaltenen Fotovorlagen zu danach gemalten Großbildern z. B. vom Empfang der aus den 66er und 70er Feldzügen heimkehrenden Fürsten und ihrer Truppen. Tatsächlich paradierten sie so wie gemalt in Positur, mit allen Waffen und der ‚janzen Musieke'. Man ließ viel Kavallerie aufreiten und die bürgerlichen Honoratioren barhäuptig devotest grüßend buchstäblich am Rande stehen.

Andererseits gibt es auch schon die ersten Fotos vom Schlachtfeld und Etappenleben. Aber noch beherrscht der retuschierende Pinsel einer systemnahen Historien- und Hofmalerei die Szene. Nach dem 70er Krieg füllen sich Kasinosäle und Dienstgebäude, auch Museen und Kunstausstellungen mit anekdotischen oder heroischen Rhapsodien. Schema: Offiziere immer porträthaft erfaßt, ihren Leuten mit geschwungenem Säbel voranstürmend, dem fliehenden Gegner nach, begleitet allenfalls vom matten Blick derer, die blessiert oder sterbend zurückbleiben. Die Greuel des Nahkampfes, Artillerievolltreffer, der Typhustod auf fauligem Strohlager, den auch Offiziere erlitten – kein Thema für Virtuosen der Bildlegende wie Röchling, Campenhausen oder Anton (von) Werner, der beispielsweise eine so noble Persönlichkeit wie Moltke in theatralischer Siegerpose mit zerknirscht auf ihren Stühlen hockenden französischen Offizieren konfrontiert oder die vor dem Hintergrund eines halben Sieges im Spiegelsaal von Versailles improvisierte Kaiserproklamation als effektvoll arrangiertes Uniformpanorama unter die Leute bringt, nicht aber den tristen Alltag eines Lazaretts, dessen Betten anderentags auf das nämliche Parkett gestellt wurden.

In langen Friedenszeiten verliert die gemalte Ballade, das historische Schaustück an Aktualität und Interesse. Unvermindert beherrscht jedoch der Offizier, aktiv oder d. Res., die gesellschaftliche Szene. Das fesch uniformierte Mannsbild, der untadelige Ritter, der seine und der Frauen Ehre notfalls mit einem Kugelwechsel im Morgengrauen verteidigt, der unwiderstehliche Charmeur („Aber meine Damen...“), der elegante Tanzhusar, der auf Taille gearbeitete Herrenreiter und sein Sattelplatzflirt mit adretten ‚Goldfischen‘ – Dauerthemen für Roman-Autoren und die Illustratoren von Bildzeitschriften wie den „Meggendorfer“, „Lustigen“ oder „Fliegenden Blättern“, der „Gartenlaube“ und „Leipziger Illustrierten Zeitung“. Die gab's notabene auf ostelbischen Gütern ebenso wie im Salon des gehobenen Mittelstandes, der ja, was man ab den 1890er Jahren deutlich ‚ablesen‘ kann, allmählich seine liberalen Aversionen vergißt, die Figurinen eines verharmlosten Militarismus als systemgemäße Leitbilder akzeptiert und über den begehrten Reserveoffizier sich selbst integriert.

Just ebendort registriert ‚man‘, also sowohl der Leser wie der übrigens nicht immer bürgerliche Bild-Text-Satiriker solcher Zeitschriften, mit manchmal genüßlicher Ironie auch das Überdieverhältnisseleben junger Offiziere (ein die Oberste Heeresleitung immer wieder beschäftigendes Problem) und die daraus resultierende Bereitschaft nicht zuletzt von Trägern altadliger Namen bzw. der Uniform feudaler, d. h. teurer Regimenter zu lukrativen Ehen auch außerhalb der Gotha-Bannmeile: „Gnädigste sagen, die wichtigsten Bedingungen fehlen, daß ich Sie glücklich machen könnte. Na, erlauben Sie mal... Stehe in der Blüte der Jahre, jehöre einem anjesehenen Regiment an. Sie haben unjeheures Jeld – na, um Jotteswillen, was soll uns dann noch fehlen?“ (Simplic. 1891). Oder: „Wie geht's Fräulein Braut?“ – „Danke. Verzinst sich zu viereinhalb Prozent.“ (ebenda 1905). Ganz schnoddrig (ebenda 1903) schließlich zur

Sache: „Sag' mal, was wollen eigentlich die Sozialdemokraten?“ – „Mehr Jeld und weniger Dienst.“ – „So, dann bin ich ooch eener.“

Nur am Rande notiert, weil primär dem literarischen Aspekt unseres Themas zugehörig, sei das beredt-bewegte Spiegelbild bildjournalistischer Standardmotive auf der Schaubühne der Zeit, zu besichtigen in der Militärposse, der Gesellschaftskomödie, nicht zuletzt der Operette, die vom „Zigeunerbaron“ über Suppés „Leichte Kavallerie“ bis zur „Lustigen Witwe“ und ihren feschen Kavalieren das Image des ewigen Offiziers vom Minnedienst auch jenseits der schwarzgelben Grenzpfähle profilieren half.

Man sollte den meinungsbildenden Einfluß von Figuren aus diesen ‚Märchen für Erwachsene‘ nicht unterschätzen, gerade weil mit dem Nordsüdgefälle von angeblich typisch preußischer Zackigkeit über die im allgemeinen weniger ‚feudalen‘ Offizierkorps der süddeutschen Bundesstaaten zum legeren stehn'S-commod'-Stil der K.u.K.-Armee manche menschlichere Variante ins Bild kommt, die das Ausland dem Klischee vom deutschen Offizier nie konzedieren würde. Ohnehin muß in unserem Kontext sein Kamerad von der Donau einigermaßen beiseite bleiben. Er brachte ganz andere nationale Komponenten ins Spiel, mit ihnen jenen maghrebinischen Charme, von dem sich die Damen hierzulande gern bezaubern ließen, die Portepeeträger aber eher distanzierten. Allerdings auch die Weltläufigkeit eines ganz anderen Offizierstyps, der mit der Ambivalenz eines vielsprachigen Imperiums aufgewachsen war, der weniger an Offensiven dachte als an die Verteidigung dieses Reiches und den jederzeitigen Kompromiß, der Bruno Brehms ‚sanfte Gewalt‘ höher zu estimieren gelernt hatte als hurrapatriotische Attitüden.

Da wie dort spürt man unabhängig davon – im Generationenwechsel – gegen Ende des Jahrhunderts ein Nachlassen des im wilhelminischen Norden ohnehin stärker entwickelten Vergnügens am Bunten Rock, also auch dessen, was Roswitha Platz als Militär-Erotik apostrophiert hat. Auch im Kasino-Milieu breitet sich lässige Selbstironie, der frivole Haut-Gout des Fin-de-Siècle aus, eine genau zielende Kritik aus den eigenen Reihen, deren Echo und Medium wiederum die pointiert betextete Satire liberaler Bildjournalisten ist. Vor ihr kann der Uniformierte kaum in Deckung gehen, es sei denn, er ‚nimmt den Hut‘, also den Abschied ins Zivile, wo er sich allerdings auch immer wieder verrät durch eine in Generationen kultivierte Haltung und Verhaltensweise. Diese wird jedoch vom aufsteigenden Bürgertum, vor allem der höheren Beamtenschaft, bis zur Karikatur kopiert und vice versa schon deshalb vom Offizierskorps als sichtlich obligates Image per se weiter praktiziert, und zwar ungeachtet dessen, daß sich unter dem Einfluß einer von außen und von unten her erzwungenen Liberalisierung unaufhaltsam einiges am militärischen Über-Ich relativiert.

Die Uniform des 19. Jhdts. war — vom Uniformalen einmal abgesehen — ein Korrelat farbenfreudigerer Männerkleidung aus vorbürgerlicher Zeit (der Bourgeois trägt Schwarz oder unfarbige Dessins). Im gleichen Maße, wie sich nach 1900 die Frauenmode emanzipierte und auch die Herren Zivilisten legerer kleideten, vor allem von England her ein sportlicher Trend ins Bild kam, wurde die knallbunte Uniform mit ihrem ‚unmenschlich' hohen Kragen und knappen Sitz zum modischen Anachronismus. Mit ihr — rein optisch — die ganze schimmernde Wehr der auf Hochglanz gebrachten Helme, Knöpfe, Säbel, Lanzen einer Armee, die gleichzeitig modernste Panzerkreuzer und Schnellfeuerwaffen erhält, deren Oberbefehlshaber sich aber noch am Vorabend eines bald in Feldgrau verblassenden Krieges gern im blitzenden Adlerhelm überm weißen Gralsrittermantel zu zeigen liebte.

Derselbe Kaiser, der einst mit sozialreformerischen Initiativen eine neue Ära einzuleiten schien, kommt knapp zehn Jahre später auch auf eine kastenartige Abschirmung des Offizierkorps zurück. In seiner Neujahrsbotschaft 1897 macht er den Regimentskommandeuren zur Pflicht, das gesellschaftliche Leben einer Garnison auf deren Kasino zu konzentrieren und „öffentliche Lokale zu meiden, wo dem Offizier Verhältnisse gegenübertreten, welche ihn mit seinen Standespflichten in Konflikt bringen und die schwerwiegendsten Folgen für ihn haben können." Noch 1911 werden die Offiziere der Reichshauptstadt vor einem Besuch von — Nachmittagstees in den eleganten Berliner Hotels à la Adlon und Bristol gewarnt „mit Rücksicht auf das diese Veranstaltungen besuchende gemischte Publikum".

Diese Diskrepanz zwischen industriestaatlicher Rüstung und opernhaftem Uniformkult, die sich im Hohlspiegel der Karikatur mühelos verfremden ließ, darf — unabhängig von ihr, die gewiß manches verdeutlicht — als eigentliche Motivation für das gespaltene Selbstverständnis und Image des deutschen Offiziers der Vorweltkriegszeit gelten. Nach wie vor werden die klassischen Kasinowitze kolportiert und illustriert. Weiterhin gibt es den Monokeltyp als Persiflage von Standesstolz, Leistungs- und Traditionsbewußtsein. Neben ihm gewisse Kameraden, deren Intelligenz der Visage und Konversation nach kaum den IQ ihrer Reitpferde zu erreichen scheint. Bildtextbeispiele: „Sie kennen doch Dickens, Herr Rittmeister?" — „Natürlich, Jnädigste. Famoser Kerl jewesen. Schade, mußte jeschlachtet werden. Vorjes Jahr in Hoppegarten beide Vorderbeine jebrochen . . ." (Simplic. 1899). Oder „Uhland? Großer Dichter, na ja, aber gräßlich langweiljer Zivilist. Schreibt: Nun muß sich alles, alles wenden. Sagt man doch einfach Kehrt! . . ." (Koch-Gotha, Berl. Ill. Ztg. 1911). Oder: „Sehen angegriffen aus, Kamerad . . ." – „Nur jeistig. Unterricht in Pferdebehandlung jegeben." (Lustige Bl. 1895).

Vergegenwärtigen muß man sich allerdings, daß der typische aktive Leutnant, dem dergleichen in den Mund gelegt wurde, meist nur Sekundareife hatte, zur gegebenen Zeit knapp 19, 20 Jahre zählte, also im ersten Studentenalter stand und sich demgemäß mehr zu Streichen und Blödeleien aufgelegt fühlen mochte, soviel Verantwortung und erste Autorität ihm mit Patent und Epauletten schon bald zuwuchsen. Er wird Vorgesetzter von verheirateten Unteroffizieren und von Rekruten, unter denen sich – beliebtes Bildsatirenmotiv – leicht ein ihm geistig überlegener Intellektueller präsentiert.

Andererseits rückt gerade in dem Jahrzehnt vor 1914 ein neuer Offizierstyp ins Blickfeld, wenn auch noch nicht in den Vordergrund: schneidig wie gehabt, aber nicht nur chevaleresker Begleiter einer schlanken Amazone, sondern ebenso siegessicher am Steuer eines Manöverautos oder Doppeldeckers, notabene weiterhin begleitet von den bewundernden Blicken junger Damen, deren Mütter und Großmütter noch für die bärtigen Helden von 1866 und 1870 geschwärmt haben.

Im August 1914 wird aus Manöverattacken, Flugplatzrunden und Scheibenschießen blutiger Ernst. Es ist jedoch interessant, wie langsam sich ihm die Illustriertenpresse konversativer wie liberaler Observanz angepaßt hat. Noch 1916 ruft in den Meggendorfer Blättern ein schneidiger Husar (in Beinahe-Friedens-Uniform) dem anderen zu: „Reiten wir, Kamerad, damit der Krieg in Bewegung bleibt. Wenn das Aas zum Stehen kommt, bleibt uns nur der Schützengraben." Man mochte (und durfte wohl auch nach den Richtlinien einer zeitig einsetzenden Zensur) nicht ruckartig umschalten vom sorglos-frivolen Friedensjargon auf die Realitäten eines für Viele sich schon nach der Marneschlacht und den ersten schweren Niederlagen der österreichischen Waffenbrüder abzeichnenden Ringens um Sein oder Nichtsein.

Zunächst werden noch lange die amüsierlichen Salon- und Sattelplatzgespräche beim Urlaubsbesuch und -rendezvous fortgesetzt, unter Kameraden die ältesten Kasinowitze quasi in Feldgrau reaktiviert. Zum Beispiel in den Meggendorfer Blättern 1915: „Gnädiges Fräulein in sieben Wohlfahrtsausschüssen? Wohl Abteilung Liebesgaben . . .?" – Allenfalls verlagert sich die Szene in komfortable Villen-Lazarette, wo als Schwestern verkleidete bildhübsche junge Damen im gewohnten Milieu und Ton mit (immer nur leicht verwundeten) Offizieren passenden Alters plaudern.

Im Verdunjahr 1916 hört das auf. Die Sprache wird ernster, die Szene farbloser. Man geniert sich, Urlauber an den mit Meißner Porzellan, Tafelsilber und Pellkartoffeln garnierten Tisch zu bitten. Der Einarmige scherzt grimmig über die Sets, die er einst galanterweise an den Flirt von vorgestern vergab und nun nicht mehr glattstellen kann, und die tapfere Kriegsbraut versichert einem anderen, daß Prothesen kein Heiratshindernis seien. Oder: „Eigentlich bist Du meine Lebensretterin. Habe früher doch nur deinetwegen Tennis gespielt, dann aber soviel gelernt dabei, daß ich dreimal eine Handgranate zurückschleudern konnte, die mich sonst getroffen hätte." Auch die Damen mit den schicken Häubchen vergessen im burschikosen Gespräch mit nach wie vor immer nur netten Offizieren (Heimatschußarmbinde, EK im Knopfloch) etwas das kokette Blabla der Höheren Tochter von gestern, die so nebenbei und ganz ernsthaft von ihrem Büro- oder Bahnhofsdienst spricht. Und wenn sie doch mal in den alten Ton verfällt, ist das Echo schon recht sarkastisch: „Ein Klavier hatten Sie in Ihrem Unterstand, auch einen Ofen? Muß doch sehr nett gewesen sein." — „Gewiß. Klavier haben wir nach und nach in den Ofen gesteckt . . ." (Megg. Bl. 1915).

Auch rein formalkünstlerisch tritt an die Stelle schmissiger Bildfeuilletons eine härtere Handschrift, manch besinnliches, ja düsteres Motiv: frierende Posten, im Matsch versinkende Kolonnen, Ruinen, Trichterlandschaften und Trommelfeuerwerk, in dem stoppelgesichtige junge Offiziere zwischen ihren vor sich hinstierenden Männern hocken, blaß und auf alles gefaßt wie sie. Der bildträchtige Heldentod auf dem Feld der Ehre mit sauberem Blattschuß in der jungen Brust ist kein glaubwürdiges Thema mehr, selbst nicht in konservativen Bildzeitschriften. Nur in der Rubrik Etappenleben gibt's noch Reste von Kasernenhofdeutsch, Kasinojargon und Herrenwitzen, die meist aufs Konto hübscher Französinnen oder Polenmädchen gehen. Aggressive Bildpolemik à la Grosz und Dix fehlt vorab. Die käme beim Frontsoldaten auch gar nicht an, der weiß, daß sein Hauptmann neben ihm im Dreck liegt. Dergleichen gibt es, ideologisch verfremdet wie die gleichzeitige Heroisierung des sog. Fronterlebnisses, erst im Rückblick der ausgehenden 20er Jahre zusammen mit den Büchern von Beumelburg, Gläser, Graf, Jünger, Remarque und von der Vring.

Nach 1918 verschwindet ‚der Offizier' fast völlig aus den Spalten der illustrierten Familien- und Gesellschaftszeitschriften, die oben als Meinung bildende und spiegelnde Medien unseres Themas zitiert wurden.

Allenfalls taucht der Ehemalige auf in der mit Selbstironie oder Mitleid kommentierten Rolle eines distinguierten Sektvertreters, Croupiers, Gigolos oder als dekorativer Schwiegersohn eines Neureichen. Sonst ist er noch Bildthema linker Bildjournalisten wie Grosz, Baluschek, Holtz, Heartfield u. a. Diese attackieren und karikieren jedoch bemerkenswerterweise kaum den allerdings auch wenig ins Blickfeld der breiteren Öffentlichkeit tretenden Offizier der betont schlicht uniformierten jungen Reichswehr. Ihr Chef, Hans von Seeckt, ein hochgebildeter Mann nach Clausewitz'schem Modell, hatte bekanntlich vom ersten Tage an (Erlasse vom 26. 11. 1919 und 11. 10. 1920) einem neuen Typ von Offizier das Wort geredet, von ihm politisch-historisches Wissen verlangt, ein Konzept, das in der häufigen Abkommandierung junger Offiziere an Universitäten seinen Ausdruck fand.

Zielgruppe linker Bildpolemik bleibt an dieser neuen Armee vorbei der kaiserliche Offizier von 1914 ff. als karikatureske Metapher asozialen Dünkels und eines ewigen ‚preußischen' Militarismus. Erleichtert wird diese Daueroffensive durch das Bemühen der Reichswehr um Kontinuität. Das geht von der feldgrauen Uniform und dem schon symbolträchtigen Stahlhelm bis zur Kavallerieschule Hannover, die mit ihren Equipen auf internationalen Turnierplätzen Flagge zeigt, auch olympischen Lorbeer erntet und das Image des sieggewohnten Vorkriegsoffiziers zeitgemäß-sportlich reaktiviert, so wie das auf seine Weise der gerade auch im Ausland vielbeachtete halbdokumentarische Film „Reitet für Deutschland" besorgte. Man hält die Erinnerung wach an nicht mehr bestehende Vorkriegs-Regimenter in sog. Traditionskompagnien eines Hunderttausendmannheeres und man läßt, von Presse, Illustrierten und Wochenschauen gern bildberichtet, bei Gedenkfeiern, Kundgebungen usw. neben Prominenzen wie Mackensen, Lettow-Vorbeck u. a. Chargen aller Ränge in ihren Friedens- und Felduniformen auftreten. Noch am Tage von Potsdam (21. 3. 1933) begrüßt der greise republikanische Reichspräsident von Hindenburg in ordensgeschmückter Marschallsuniform den in Cut und Zylinder erschienenen Parteiführer und Reichskanzler Hitler.

Dieser stand der Reichswehr und ihrem dreimal gesiebten Offizierkorps (Sollstärke 4 000) bekanntlich mit Reserve gegenüber, akzeptierte aber spätestens am 30. 6. 1934 dessen Integration in eine neue Wehrmacht. Ein Vorgang, der sich nicht nur militär- und außenpolitisch unter ganz anderen Bedingungen und Perspektiven vollzog als zwei Jahrzehnte später der Aufbau der Bundeswehr. Es gab keine Totalpause, keine Ohne-mich-Mentalität zu überwinden. Im Gegenteil. Das politische Leben der ausgehenden 20er Jahre wurde, was hierher gehört, zumindest optisch mitbestimmt durch ein sich eskalierendes Auftreten und Gegeneinander uniformierter Organisationen mit Hunderttausenden aktiver Mitglieder vom Stahlhelm, Jungdeutschen Orden und den nationalsozialistischen Formationen über das Reichsbanner bis zum Rotfrontkämpferbund und ihren paramilitärischen Gliederungen, Befehlsstrukturen und Rangordnungen. Diese wurden und waren den nachrückenden Jahrgängen geläufig, sobald sie sich, und darauf lief es doch fast immer hinaus, politisch-militant engagierten.

Nach 1933 wurde dieser antagonistische Trend totalitär forciert und kanalisiert durch die rasche Eingliederung von Millionen in die SA und SS, das NS-Kraftfahr- oder Fliegerkorps, den Arbeitsdienst und Luftschutzbund, die HJ und das Amtswalterkorps der NSDAP. ‚Man' trug irgendeine Uniform und kannte sich aus in den Rangabzeichen. Dienstgrade wurden einander und denen des Militärs angeglichen, ein Sturmführer der SA oder SS z. B. einem Kompaniechef gleichgestellt in seinen Distinktionen und Kompetenzen.

Wenn auch 1934 Röhms u. a. Konzept gestoppt wurde, unter selektiver Integration der Reichswehr eine permanent revolutionäre Volksarmee zu etablieren, so bleibt doch unübersehbar, wie aus dieser Entwicklung heraus nicht nur durch die Leitbilder eines zentral gesteuerten Propagandaapparates das Image des militärischen Führers sowohl auf breiter Basis erneuert als auch neu profiliert wurde. Gewiß ist die Frontkämpfergeneration, der Hitler selbst angehörte, mitbestimmend. Gewiß sind es dieselben einsatzbereiten, von ewig gültigen Idealen erfüllten jungen Männer, die einst vor Langemarck fielen, und jene, die jetzt wieder nach dem Portepee greifen, begleitet von positivster Selbstdarstellung in Presse, Buch, Bild und Film.

Wozu vorweggreifend bemerkt werden muß, daß sie sich in Grenzen hält, den Offizier eher als jungen Führer eines Volksheeres, als Vorbild-Kameraden zeigt und auch in den Bildberichten aus dem Zweiten Weltkrieg falsche Heroisierung vermeidet, mehr das namenlose Heldentum ‚des Soldaten' beschreibt, allenfalls die besondere Verantwortung des Offiziers herausarbeitet. Ausgenommen die ‚Asse' der Luftwaffe und die laufende Bildpräsentation neuer Ritterkreuzträger in Presse und Wochenschau. Im eigentlichen Spielfilmprogramm der Kinos ist wenig Uniform zu sehen. Es wird (ablenkende) Unterhaltung geboten und der sog. Durchhaltefilm („Leuthen", „Kolberg" u. ä.) bewußt im historischen Gestern angesiedelt.

Es hatte sich im Selbstverständnis einiges geändert. Es fehlt der elitäre gesellschaftliche Background, der die Klischees von vorgestern umrahmte.

Er spielte vielleicht noch im ersten Anfang von 1935 eine gewisse Rolle, verflüchtigte sich aber bald mit dem Hereinströmen all der ehemaligen SA-, SS- und HJ-Führer, die mit anderen Impulsen, Maßstäben, Doktrinen zum Wehrdienst drängten als der Fähnrichsnachwuchs von einst. Auch in den jahrgangsälteren höheren Chargen spürt man einen Wandel, der bekanntlich rein militärisch von unkonventionellen taktischen und strategischen Konzeptionen begleitet wird. Neben die eher aristokratischen Reichswehr-Typen treten Gestalten, die sich nicht von ungefähr weniger repräsentativ-konventionell porträtieren lassen wie jene Herren aus traditionsbewußten Offiziersfamilien. Da sieht man Generale wie Dietl, Guderian, Rommel in lässig umgehängtem Mantel oder abgeschabter Lederjacke. Daneben gibt es allerdings auch die ‚Lametta'-pracht der Parade- und Abendanzüge, mit denen, allen voran der barocke Luftmarschall Göring, das neue Offizierkorps eines Großdeutschen Reiches ausstaffiert wird. Man denkt an den ersten Napoleon von 1804 und seine imperialen Uniform-Orgien: hypertrophe Vorwegnahme einer Endsiegeuphorie, makabrer Kontrast aber auch zur halbzivilen Schlichtheit von Frankeichs, Englands und Amerikas Offiziers-Image in den 30er Jahren.

Sie wurde zum kategorischen Imperativ für die Optik jener neuen Armee, die sich eines Tages mit kleinen Schritten ins Blickfeld einer jahrelang mit Kriegsverbrecherprozessen, Umerziehungsexperimenten, antiautoritären Maximen und Ohnemich-Parolen konfrontierten Bevölkerung begeben muß, nicht eben ermutigt durch bürgerpräsidentiale Manöver-Bonmots wie „Nun siegt mal schön" (Theodor Heuß) oder Gustav Heinemanns zweideutige Moralistik „Die Bundeswehr muß sich täglich in Frage stellen". Sie belasteten Ansehen und Selbstverständnis eines Offizierkorps, das sich zunächst aus Chargen der Wehrmacht mit lupenreiner Conduite möglichst bis zum Hunderttausendmannheer von 1935 rekrutierte. Die eigentliche Aufrüstung einer dann an die erste Stelle unter den europäischen Nato-Partnern rückenden Bundeswehr, die noch viele Jahre lang bemerkenswerterweise z. B. von sowjetrussischen Bildsatirikern (Kukrinskij) mit superlativen Stereotypen aus der Wehrmacht des Dritten Reiches apostrophiert wurde (Generäle mit Monokel, Ritterkreuz, brutaler Visage), hatte einen Wandel im Führungsstil wie im Offizierstyp zur Folge. Verwissenschaftlichung und totale Technisierung des Kriegswesens machten Management, Logistik, Elektronik zu Stichworten für eine Ausbildung, die akademische Qualifikationen bzw. Titel einschließt und vom 1914er Monokeltyp soweit entfernt ist wie dessen Untergang auf Flanderns Trichterfeldern vom Duell mittelalterlicher Ritterheere.

Abb. 1: Barhäuptig empfangen die zivilen Honoratioren der Reichshauptstadt die in Paradeuniform einreitenden Repräsentanten der im deutsch-französischen Kriege von 1870/71 obsiegenden preußischen Monarchie (König Wilhelm I., Kronprinz Friedrich Wilhelm, Prinz Carl, Bismarck, Roon, Moltke usw.). (Gartenlaube)

Abb. 2: Mit klingendem Spiel und Friedenuniformen ins Feld abrückende Infanterie. August 1914. (Megg.Bl.)

Abb. 3: „Finden Kamerad nich auch, die Juristen sind so jewissermaßen die Kavallerie von's Civil: die feine Jattung!" (Megg.Bl.)

Abb. 4: „Wenn Du die Veilchenstein heiratest, bin ich nicht mehr Deine Schwester. Ihre Million wiegt doch unseren alten Namen nicht auf." „Weißt Du, Adelheid, auf meinen Wechseln hat der Name nicht mehr das geringste Gewicht." (Megg.Bl.)

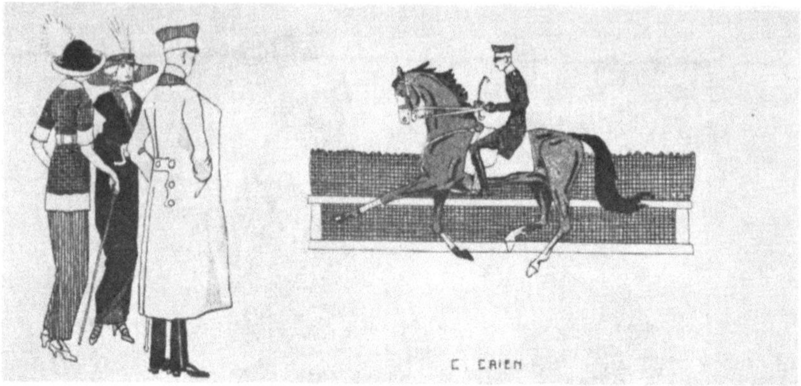

Abb. 5: „Wahrhaftig, wenn Edgar mal den bunten Rock ausziehen müßte, könnte er Schulreiter im Zirkus werden!"
„Sag ihm das nur ja nicht – sonst macht er noch mehr Schulden!"
(Simplicissimus)

Abb. 6: „Warum ist denn der kleine Stranzky zur Schutztruppe nach Afrika gegangen?"
„Konnte sich nicht mehr vor Gläubigern schützen." (Megg.Bl.)

Abb. 7: „In einem feudalen Regiment soll man dienen, das ist dem Alten recht. Macht man aber Schulden, so brummt er. Wo bleibt da die Logik?" (Megg.Bl.)

Abb. 8: „Weil mein Mann das Tanzen nicht leiden kann, führt er mich nirgends hin. Ich darf von einem Ball nur träumen . . ."
Leutnant: „Also Traumtänzerin?" (Megg.Bl.)

Abb. 9: „Ich begreife Dich nicht, Nicki, daß Du von hier fort willst. Die Gegend ist herrlich, die Verpflegung ausgezeichnet, und Braut hast Du doch auch keine in Wien."
„Eben deshalb; jetzt ist die schönste Gelegenheit, eine zu kriegen."
(Megg.Bl.)

Abb. 10: „Ein Klavier hatten Sie in Ihrem Unterstand? Und einen Ofen auch? Das muß doch sehr nett gewesen."
„Gewiß! Das Klavier haben wir so nach und nach in den Ofen gesteckt." (Megg.Bl.)

Das äußere Bild entspricht dieser Metamorphose. Offiziere und Mannschaften tragen den gleichen Tarnanzug, den gleichen Overall, die gleiche Spezialkleidung oder eben am Schaltpult und Schreibtisch das gleiche Hemd mit Schlips und Kragen, im Rang unterschieden nur durch ein paar unauffällige Litzen, Spangen, Sterne. Und die generelle Zivilerlaubnis für alle Dienstgrade schließt einen Verzicht auch des Offiziers auf außerdienstliches Tragen einer ihn einst über alle Anwesenden heraushebenden Uniform ein. Sie ist für ihn nicht mehr ein Geltungsnutzen involvierendes ‚Ehrenkleid der Nation', sondern eine Arbeitskleidung, die man nach Dienstschluß ablegt. „Ärzte und Richter kommen doch auch nicht im weißen Kittel und mit flatternden Roben zur Party oder ins Theater", umschrieb ein General diese optische Retraite, mit der ‚der Offizier', einstens Leitbild, jetzt ein Irgendwer, denn auch völlig aus dem Spektrum von Zeitschriften, Film und Fernsehen verschwunden ist. Er kommt nur noch bei Staatsakten, auf Hochzeitsfotos oder in der Bildpolemik von Systemkritikern und Pazifisten vor.

Um so unübersehbarer ist er im anderen Deutschland. Man weiß, wie zielbewußt die DDR — im Gegensatz zur defensiv motivierten Bundeswehr — das Image des auf ein politisches Feindbild orientierten NVA-Offiziers aufgebaut hat und kultiviert. Auch im bundesdeutschen Westen wird für Heer, Marine, Luftwaffe geworben: in Zeitungsanzeigen, die mit arbeitsmarktgerechten Argumenten einen gutbezahlten Job beim ‚Bund' offerieren und routinemäßig von den gleichen Agenturen getextet werden, die auch für Kaffee, Waschpulver, Autos und Ferienreisen Reklame machen. Bei den ‚roten Preußen' der DDR beschwört man dagegen nationale Pflichten und neben dem Gespenst des Klassenfeindes (der „nie schläft") die Namen befreiungskriegszeitlicher Patrioten wie Gneisenau, Scharnhorst, Yorck. Man gibt der Truppe wehrmachtsähnliche Uniformen und ihren Offizieren zum Paradeanzug den blanken Säbel mit Portepee, der bei Meldung und Vorbeimarsch (im Stechschritt) so zackig gezückt wird wie einst unter Hitler und dem Kaiser.

Dementsprechend ist der gesellschaftliche Rang des NVA-Offiziers. Das Reserveoffizierspatent ist wie einst vor 1914 auch ein Passepartout für die Berufskarriere. Der ideologisch gefestigte, linientreue Offizier gehört zu den Leitbildern einer ‚Entwickelten Sozialistischen Gesellschaft' und wie die dienstfreien Mannschaften der NVA (Zivilerlaubnis nur in Sonderfällen) zum Straßenbild nicht nur von Garnisonstädten. Er fühlt sich als privilegierter Garant einer totalen Ordnung wie einst der junge Gardeoffizier, dessen Litzenspiegel und Feldbinde er ja wieder trägt.

Wie sein Ansehen in der Bevölkerung wirklich ist, läßt sich nicht mit den demoskopischen Methoden ermitteln, die dem bundesrepublikanischen Beobachter im eigenen Bereich zur Verfügung stehen. Man kann sie natürlich nicht im Spiegelbild einer gelenkten Presse, Film- und Funkpublizistik ablesen, sollte sie allerdings auch nicht unterschätzen angesichts einer vieljährigen ideellen und materiellen Aufwertung des Wehrdienstes bzw. Offiziersberufes in der DDR. Das Selbstverständnis des NVA-Offiziers wie sein ‚Bild' – dem man übrigens, wortwörtlich verstanden, schon seit Jahren wie einst in Hitlers Münchner Haus der Kunst auf DDR-Kunstausstellungen ständig begegnet – sind jedenfalls problemloser als Position und Image des Bundeswehroffiziers in seiner Umwelt, die man entweder kaum zur Kenntnis nimmt oder aber zur Zielfigur obszöner Polemik macht.

Schon ein Ansatz dazu würde nicht nur hart unterdrückt werden, sondern vermutlich breitesten Protest wachrufen, da es die Staats- und Parteiführung verstanden hat, das Soldatsein, das Uniformtragen, den Offiziersberuf als Postulate von neuer nationaler Sinngebung und hoher gesellschaftlicher Relevanz darzustellen, lange bevor in der BRD die Besatzungsmächte unter dem Druck der West-Ost-Konfliktsituation Grünes Licht für eine Rehabilitation und Reaktivierung des deutschen ‚Staatsbürgers in Uniform' (was er ja wohl immer war) gaben. In der DDR ist er ein ‚Klassenkämpfer in Uniform' und selbst für freundlich-frozzelnde Bildsatiren tabu.

Welchen Platz sein westdeutscher Kamerad in der öffentlichen Meinung der BRD hat, die ja maßgeblich nicht von Eigenwerbung der Bundeswehr, sondern von ihr durchweg wenig gewogenen Massenmedien mitbestimmt wird, erhellt aus periodischen Repräsentativumfragen, deren Ergebnisse das Allensbacher Jahrbuch der Demoskopie seit 1958 veröffentlicht hat. Sie sind unten nachzulesen als Abschluß für den Versuch, in gebotener Kürze aus optischen Reflexen und Spurenelementen das ‚Bild' des deutschen Offiziers der letzten hundert und mehr Jahre nachzuzeichnen.

Lieblingsberuf	1956	1961	Lieblingsberuf	1968	1972
Ingenieur	18	20	Ingenieur	13	24
Förster	18	20	Förster	13	21
Kraftfahrer	12	12	Flieger (Verkehr)	15	19
Mechaniker	12	12	Architekt	8	18
Lehrer	9	12	Lehrer	25	16
Flieger (Verkehr)	9	12	Arzt	12	12
Landwirt	10	10	Mechaniker	12	11
Architekt	9	10	Beamter	11	11
Beamter	10	8	Journalist	11	11
Seemann	7	8	Richter, Anwalt	5	10
Journalist	6	7	Musiker	12	9
Musiker	5	7	Seemann	7	9
Arzt	6	6	Kraftfahrer	13	9
Berufssoldat, Offizier	4	6	Berufssoldat, Off.	7	8
Lokomotivführer	6	5	Psychologe	4	7
Richter, Anwalt	5	5	Chemiker	11	7
Koch, Konditor	4	5	Lokomotivführer	10	6
Chemiker	5	4	Landwirt	13	6
Vertreter	3	4	Politiker	5	5
Politiker	3	4	Professor	—	4
Psychologe	3	3	Koch, Konditor	13	3
Pfarrer	2	3	Pfarrer	4	3
Friseur	2	1	Friseur	8	1

Prestigeberufe („... vor denen Sie die meiste Achtung haben")

	1968	1972		1968	1972
Arzt	77	81	Apotheker	27	29
Atomphysiker	74	40	Ingenieur	24	29
Hochschulprofessor	56	41	Studienrat	18	24
Botschafter, Diplomat	49	33	Redakteur	16	15
Pfarrer	34	37	Volksschullehrer	13	26
Politiker	34	27	Selbst. Unternehmer	9	18
Rechtsanwalt	30	36	Buchhändler	8	5
Direktor in gr. Firma	27	29	Offizier	5	13

Quelle: Jahrb. d. Öffentl. Meinung Allensbach 1973

LITERATURVERZEICHNIS

Fliegende Blätter. 24 Nummern a. d. J. 1848. Facs. Berlin/Wien/Leipzig 1934
Fliegende Blätter. Facs. Auswahl ab 1880. München 1924
Fliegende Blätter. Facs. Querschnitt (Pfeiffer-Belli). Bern 1966
Gartenlaube. Jahrg. 1860–1899
Gartenlaube. Facs. Querschnitt (F. Sieburg). Bern 1963
Kladderadatsch. Facs. Querschnitt (H. Rothfels, L. Hartenstein) Bern 1965
Meggendorfer Blätter 1913. Facs. Ausgabe Berlin/Wien 1934
Simplicissimus. Auszug (Golo Mann). Bern 1963
Simplicissimus. Facs. Querschnitt (K. Strauß). Bern 1965
Die Kriegsflugblätter des Simplicissimus. München 1914/15
Die besten Simplicissimus-Witze. München 1973
Jugend. Facs. Querschnitt (Ahlers-Hestermann, E. Zahn). München 1966
The Punch and the Prussian Bully. London 1914
Gr. Deutsche Kunstausstellung 1941. Katalog
Kukrijniksij (Kuprinoff + Kriloff + Sokoloff). Her. Tatj. Sokolowa. Moskau 1962
K. Demeter, Das deutsche Offizierskorps in Gesellschaft und Staat 1650–1945. Frankfurt (1930), zit. 4. Auflage 1965
H. Dollinger, Das Zweite Kaiserreich. München 1966
H. Dollinger, 100 Jahre Deutschland. München 1969
H. Dollinger, Die deutsche Reichswehr 1919–1933. Frankfurt 1972
H. Dollinger, Lachen streng verboten. Geschichte der Deutschen im Spiegel der Karikatur. München 1972
H. Dollinger, Wenn die Soldaten ... München 1974
G. Grosz, Abrechnung folgt. Berlin 1923
G. Grosz, Spießerspiegel. Dresden 1925
Th. Th. Heine. München 1970
A. Jank, Die Wacht am Rhein. Mainz 1915
F. Koch-Gotha, Mit Säbel und Gewehr. Stuttgart 1940
F. Koch-Gotha (Regine Timm). Berlin Ost/München 1972
O. Meier-Welcker, Offiziere. Stuttgart 1964
R. Platz, Krieg im Frieden. Das Militärstück auf dem Theater des deutschen Kaisereichs (850 Titel). Frankfurt 1976
R. Schoch, Das Herrscherbild in der Malerei des 19. Jhdts. München 1975
G. Steinbömer-Hillard, Herren und Narren der Welt. München 1954
E. Thöny, Kokotten, Bauern und Soldaten. Hannover 1957
E. Thöny, Flott gelebt ... München 1966

DAS BILD DES OFFIZIERS IN DER DEUTSCHEN LITERATUR

VON HERMANN KURZKE

Es gibt weder „das“ Bild noch „den“ Offizier noch gar „die“ Literatur. Alle drei Begriffe versammeln völlig Disparates in ihren Grenzen. Ebensowenig gibt es eine selbständige Entwicklungsgeschichte eines solchen literarischen Offiziersbildes. Von Lessings Tellheim über Fontanes Schach von Wuthenow zu Ernst Jünger führt keine direkte Linie. Alle drei Autoren beziehen sich nicht auf Literatur, sondern auf Geschichte; Lessing auf den Siebenjährigen Krieg, Fontane auf die napoleonischen Kriege und auf den wilhelminischen Militarismus, Jünger auf den ersten Weltkrieg. Eine „Motivgeschichte“, die den Wandel des Offiziersbildes rein innerliterarisch zu beschreiben versuchte, hätte bereits in ihrer Fragestellung die wichtigste Ursache dieses Wandels, nämlich die reale Geschichte, aus dem Blickfeld gedrängt.

Es gibt allerdings auch innerliterarische Abhängigkeitsketten. Ihr sinnstiftender Zusammenhang liegt jedoch nicht allein im subjektiven Stilwillen des Dichters, sondern in der anhaltenden Deutungsleistung eines bestimmten Stils auch über längere Zeiträume hinweg. Bei gleichbleibendem Motivmaterial können sich Funktion und Inhalte dieser Deutungsleistung unter neuen historischen und soziologischen Bedingungen wandeln. Eine sinnvolle Motivgeschichte kann also nur als Ideologiegeschichte betrieben werden, die die innerliterarischen Traditionszusammenhänge nicht allein auf literarische Vorläufer und Nachfolger, sondern auch auf die jeweiligen historischen Verhältnisse hin befragt, denen sie Modelle des Selbstverständnisses anbieten. Dabei wird sich zeigen, daß Phasenverschiebungen zwischen literarischer und realer Geschichte zu Ungleichzeitigkeiten führen, die die Gegenwart an durch Literatur aus vergangener Geschichte destillierten Maßstäben bewertbar machen, so daß ein begrenztes Eigenleben literarischer Traditionen, die aus älterer Geschichte in die jeweilige Gegenwart hineinragen, eine kritisch-distanzierte Beurteilung der eigenen Epoche ermöglichen kann.

Grob vorgeordnet gibt es drei solche Traditionskomplexe. Der erste zeichnet das altpreußische Offiziersbild, geprägt von den Begriffen Gehorsam, Disziplin bis hin zum scharfen Kasernenhofdrill, Ehre, Rechtlichkeit, unbedingtes Zurücktreten des Privatinteresses hinter die Staatstreue. Seine historischen Urerlebnisse sind Fehrbellin, das Heer Friedrich Wilhelms I. und die Schlachten des Siebenjährigen Kriegs. Der zweite markante Offizierstypus ist der romantische. Nicht in Reih und Glied, sondern als abenteuerlicher Haufe, nicht als gedrillte Truppe, sondern als buntes Volksheer begegnet das Militär; der Offizier ist weniger Vorgesetzter als vielmehr charismatischer Führer, volkstümlicher Sprecher oder gar gütiger Vater des Haufens. Er ist sensibler, individueller und lyrischer, der Kampf ist ihm ein farbiges Fest der Sinne, der Tod ein Rausch oder ein Eingehen in die ewige Heimat. Das historische Urerlebnis sind die Befreiungskriege. Der dritte Typus ist der moderne Offizier als Fachmann der Kriegstechnik. Für ihn ist der Krieg Beruf, eine selbstgesetzliche Lebenssphäre voll versachlichter Brutalität. Das historische Urerlebnis dieses Typs ist der erste Weltkrieg.

Diese drei Gruppen gilt es nun durch die Geschichte zu verfolgen mit dem Ziel, die Wandlungen ihrer Funktion im Wandel der Zeiten zu erkennen[1].

I.

Zunächst einige Exempel aus den literarischen Gestaltungen des altpreußischen Offizierstypus. Lessings Major von Tellheim in „Minna von Barnhelm" (1767) setzt ihm das berühmteste Denkmal, deckt aber zu-

---

[1] Die im folgenden vorgelegte Auswahl aus der enormen Fülle des literarischen Materials kann dabei nicht in jeder Hinsicht Repräsentanz beanspruchen. Welche Texte in welcher Epoche für welche Publikumsschicht repräsentativ waren, ist, wenn überhaupt, nur mit sehr aufwendigen empirischliteratursoziologischen Analysen zu ermitteln. Die hier vorgelegten Abgrenzungen können darum nur den Charakter von Hypothesen, nicht den von erhärteten Tatsachen erzielen. Im wesentlichen wurde die klassische literarische Tradition verfolgt. Es handelt sich also zumeist um Texte, die einen gewissen Kunstanspruch geltend machen und sich durch ihren Fiktionalitätsgrad von einer nur dokumentierenden Bericht- und Erinnerungsliteratur unterscheiden. Während die klassische Tradition nach den Kriegen des 20. Jahrhunderts zunehmend versandet, gewinnt die dokumentarische Literatur ständig an Profil. Daß sie hier kaum berücksichtigt ist, entspringt allein der Not des begrenzten Umfangs und wird ihrer wirklichen Bedeutung nicht gerecht.

gleich seine Schwächen auf. Tellheims standestypische Eigenschaften sind seine auch durch die erlittene Ungerechtigkeit nicht getrübte Königstreue, seine unbedingte Aufrichtigkeit, sein Anstand und sein Edelmut. Lessings Kritik richtet sich nicht gegen diese Eigenschaften an sich, sondern nur gegen ihre Übertreibung[2], die dazu führt, daß Tellheim seinen Wert als Mensch an seine Offiziersreputation geknüpft sieht und als „an seiner Ehre gekränkter Krüppel" sich der Liebe des Edelfräuleins Minna von Barnhelm nicht für würdig hält. Und doch ehrt dieser Konflikt zwischen Humanität und gesellschaftlichem Stand Tellheim auch als Offizier, sofern hier die übersteigerte Ehre nicht als egoistisches Standesprivileg gegenüber Niedriggestellten mißbraucht, nicht nach außen gewendet wird, sondern in ihrer radikalen Anwendung auf die eigene Person eine Bereitschaft zur Unterordnung des Privatinteresses zeigt, die modellhaft ist nicht nur für den Menschen, sondern auch für den Offizier als Diener des Königs. Lessings kritische Leistung zielt insofern nicht auf eine Destruktion des friderizianischen Offizierstyps, sondern auf seine weitere Humanisierung. Der durch Minnas komödiantische Schule gegangene Tellheim ist am Ende auch Prototyp einer humanen Utopie, in der der Adel des Offiziers nicht bloßes Standesprivileg, sondern Edelmut des Herzens ist. Humanität als individualisiertes, psychologisch sensibilisiertes Verhalten steht gegen vorprogrammiertes Kastenbewußtsein, das nur clichéhafte Verhaltensmodelle je nach dem Platz in der sozialen und militärischen Rangfolge kennt. Die Zivilfähigkeit des Militärs ist der humane Prüfstein. Daher ist Humanität systemfremd. Lessings verabschiedeter Major, dessen militärisch überlegenes Preußentum der Sächsin Minna von Barnhelm im Menschlichen unterliegt, ist nicht der herrschende Offizierstypus. Neben Lessings liebenswürdiger Kritik finden sich im späten 18. Jahrhundert scharfe Anklagen, die wahrscheinlich der Realität des Offizierskorps mehr entsprachen[3].

Ein literarisch viel ausgewertetes Merkmal dieser Realität ist die betont antizivilistische forsche Rücksichtslosigkeit, die das frisch-fröhliche Dreinschlagen ohne viel Umstände preist; seelische Differenziertheit ist

---

[2] „Weil Sie verabschiedet sind, nennen Sie sich an Ihrer Ehre gekränkt; weil Sie einen Schuß in dem Arme haben, machen Sie sich zu einem Krüppel? Ist das so recht? Ist das keine Übertreibung?" (IV, 6).

[3] Das Thema des vom leichtsinnigen adligen Offizier verführten bürgerlichen Mädchens ist zeittypisch, z. B. in „Die Soldaten" von J. M. R. Lenz und „Die Kindermörderin" von Heinrich Leopold Wagner.

lästig und überflüssig[4]. Noch der junge Fontane besang die aus der preußischen Militärgeschichte des 17. und 18. Jahrhunderts entstandenen Offiziersmythologien in diesem anti-zivilistischen, antiaufklärerischen Sinne, so in „Der alte Dessauer" (1846)[5]:

„All Wissenschaft und Dichtung
Sein Lebtag er vermied (...)
Nicht mocht er Phrasen türmen
Von Fortschritt, glatt und schön,
Er wußte nur zu stürmen
Die Kesselsdorfer Höhn (...)
Ja, ja, er war im Leben
Beschränkt, wie man's so heißt
Und soll ich Antwort geben,
Warum mein Lied ihn preist?
Nun denn, weil nie mit Worten
Er seine Feinde fraß
Und weil ihm rechter Orten
So Herz wie Galle saß."

Diesem betont antiintellektuellen Reiz ist das Offiziersbewußtsein immer wieder erlegen. Hinter der antiaufklärerischen Mythologie des „Mannes der Tat" steckt zwar die ernstzunehmende Erfahrung, daß das literarische Debattieren der Aufklärung den vernünftigen Staat nicht schaffen konnte. Statt jedoch aus der unzureichenden Aufklärung eine bessere und handlungsfähigere zu entwickeln, fällt der Preis der reinen Tat irrationalistisch hinter die Aufklärung zurück und überläßt dem blinden Walten der Naturkräfte, unromantisch gesagt, dem Recht des Stärkeren das Feld.

Fontanes späteres Werk hat sich weit von solchen Positionen entfernt. Nicht mehr ein Mythos, sondern ein Psychogramm des preußischen Offiziers ist seine Novelle „Schach von Wuthenow" aus dem Jahr 1882.

---

[4] Eine Traditionslinie, die sich bis in die SA fortsetzt. Über die Sorgen eines einfachen Soldaten sagt der Unteroffizier Gnotke in Theodor Plieviers „Stalingrad" (1945): „Wenn ich vor ein paar Jahren so ‚blödes Gerede' hätte anhören müssen, hätte ich mit dem Stuhlbein dazwischengehauen, da war ich nämlich SA, und alles, was ich nicht verstand, das schien mir blöde und auch zugleich verdächtig" (Berlin [3]1946, S. 377).

[5] Nymphenburger Taschenbuchausgabe München 1969, Band 14, S. 350 f. Der Dessauermythos lebt in diesem Sinne bis zum dritten Reich, vgl. z. B. Karl Wilke, Der Alte Dessauer, Berlin 1941.

Sie spielt vor der Schlacht von Jena und zeigt die altpreußischen Ideale in einem Zustand der Erstarrung[6] – „eine Armee, die statt der Ehre nur noch den Dünkel und statt der Seele nur noch ein Uhrwerk hat"[7]. Der eitle Schach soll aus einem Verhältnis mit der geistreichen und standesgemäßen, jedoch häßlichen Victoire von Carayon die Konsequenzen ziehen, fürchtet sich jedoch so sehr vor dem Spott der Kameraden, vor dem „Ridikül einer allerglücklichsten ‚Landehe'"[8], daß er nach der Hochzeit zur Pistole greift. Die Verselbständigung des militärischen Kastengeists macht ihn im Zivilen und Humanen unfähig, sein Freitod ist ein Scheitern, nicht, wie traditionell, ein Sieg des Ehrbegriffs. Der menschlichen Unfähigkeit entspricht überdies eine militärische. Der in der Novelle auftretende Kritiker Bülow sieht die Niederlage von Jena voraus[9]:

> „Wir werden an derselben Welt des Scheins zugrunde gehen, an der Schach zugrunde gegangen ist."

Während in Fontanes Darstellung die Kritik überwiegt, erscheint Heinrich von Kleist während der napoleonischen Besetzung Preußens eine humane Regeneration der preußischen Militärtradition möglich und erstrebenswert. Sein Bühnenstück „Prinz Friedrich von Homburg" (1811) gestaltet eine konservative preußische Gesellschaftsutopie, in der der Versuch gemacht wird, die Freiheit des Einzelnen mit dem Absolutismus des Staates auf eine nichtrevolutionäre Weise zu vermitteln. Homburg, der aufgrund der Mißachtung eines Befehls, einer träumerischen Inspiration folgend, die Fehrbelliner Schlacht zum Sieg führt, soll wegen Befehlsverweigerung verurteilt werden. Kleist führt nun eine beispielhafte Dialektik der Offiziersehre vor. Solange Homburg sich nicht schuldig fühlt und nur auf den Erfolg seiner Handlungen verweist, ist sein Ehrbegriff niedrig, da utilitaristisch, er ist insofern nicht satisfaktionsfähig und kann daher begnadigt werden als einer, der der Strafe gar nicht würdig ist. Die Schuld einsehen dagegen heißt im Gegensatz zur üblichen, an einem niedrigen Ehrbegriff orientierten Erwartung nicht Unterwerfung, sondern Freiheit, Stolz und Ehre[10]:

---

[6] „Was hat Preußen der Welt geleistet? Was find ich, wenn ich nachrechne? Die großen Blauen König Friedrich Wilhelms I., den eisernen Ladestock, den Zopf und jene wundervolle Moral, die den Satz erfunden hat: ‚Ich hab ihn an die Krippe gebunden, warum hat er nicht gefressen?'" (Nymphenburger Taschenbuchausgabe Band 5, S. 17).

[7] ebd. S. 134.

[8] ebd. S. 89.

[9] ebd. S. 136.

[10] 4. Akt, 4. Szene.

„(...) kann er mir
Vergeben nur, wenn ich mit ihm drum streite,
So mag ich nichts von seiner Gnade wissen."

Der aber solcherart die Ehre des Staates zu seiner eigenen Ehre gemacht hat, der ist dann der Begnadigung in einem höheren Sinne würdig. Dem Offizier als dem entscheidenden Vermittler zwischen Herrscherwille und Durchführung wird hier eine ungeheuerliche Internalisierungsleistung abverlangt. Er soll nicht nur dem Staate geben, was des Staates ist, sondern er soll auch als privates moralisches Individuum mit seiner ganzen Seele und seinem ganzen Gefühl den Staat in sich tragen. Der Staat soll nicht nur Pflicht, sondern Empfindung sein.

Dieser kühne Versuch einer Verschmelzung von Humanismus und Absolutismus stieß allerdings auf beinahe völliges Mißverständnis am Hofe und in Offizierskreisen, wo eine erstarrte Ehrauffassung sich an Äußerlichkeiten stieß und mit dieser hohen Sensibilisierung nicht fertig wurde. Man sah die Offiziersehre gekränkt, wo sie doch auf die allerhöchste Spitze getrieben war[11].

Mit der Restauration nach 1815 und besonders nach 1848 ändert sich die militärgeschichtliche Situation erheblich. Gerhard Ritter hat insbesondere die Heeresreform Wilhelms I. in den Sechziger Jahren beschrieben als Abrücken von der Volksheer-Tradition der Befreiungskriege (statt „Verbürgerlichung des Heeres" „Militarisierung des ganzen Volkes"[12]) und als Erneuerung eines bildungsfeindlichen Kastengeists in einem wieder weitgehend adligen Offizierskorps statt des auf Leistung und Bildung gegründeten bürgerlichen Offiziersideals aus den Zeiten Scharnhorsts, Gneisenaus und Clausewitz'. Der Volksheer-Gedanke war zu wenig zuverlässig in einer Zeit, wo das Militär auch gegen innere Unruhen, also nötigenfalls gegen das Volk eingesetzt werden sollte. Hierzu war eine durchorganisierte Truppe notwendig, die auf Befehl handelte ohne emotionale Reserven und humanistische Bedenken[13].

---

[11] Zur Rezeption des Schauspiels am preußischen Hof siehe E. Catholy, Der preußische Hoftheaterstil und seine Auswirkungen auf die Bühnenrezeption von Kleists Schauspiel Prinz Friedrich von Homburg, in: W. Müller-Seidel, Kleist und die Gesellschaft, Berlin 1965, S. 75–94.

[12] G. Ritter, Staatskunst und Kriegshandwerk, München 1954, Bd. 1, S. 157.

[13] „Das deutsche Heer von 1914 und vorher war kein Volksheer, es nannte sich nur so. Es war ein dynastisches Instrument, zu dem das Material vom Volke hergegeben wurde." (Franz Carl Endres, „Soziologische Struktur und ihr entsprechende Ideologien des deutschen Offizierkorps vor dem Weltkriege", in: Archiv für Sozialwissenschaft und Sozialpolitik 58, 1927, S. 282–319, hier S. 283).

Während Lessing und Kleist das Offiziersethos noch mit humanistischen und idealistischen Traditionen zu vermitteln hofften, ist die Literatur des Kaiserreichs viel pessimistischer. Der klassische Fall eines Konflikts zwischen militärischer Standesehre und ziviler Humanität ist in Fontanes „Irrungen Wirrungen" (1888) dargestellt. Der Gardeleutnant Botho von Rienäcker muß eine kleinbürgerliche Liebe, die ihn menschlich erfüllt, aufgeben und standesgemäß, aber gleichgültig heiraten. Er fügt sich mit tapferer Entsagung, aber ein Riß bleibt. Einem Freund in ähnlicher Situation rät Botho zum Verzicht auf eine Liebe, die unter den bestehenden gesellschaftlichen Verhältnissen seine Integrität als Mensch zerstören muß[14]:

> „(...) ein Bild, das uns in die Seele gegraben wurde, verblaßt nie ganz wieder, schwindet nie ganz wieder dahin (...) Vieles ist erlaubt, nur nicht das, was die Seele trifft, nur nicht Herzen hineinziehen, und wenns auch bloß das eigne wäre."

Während bei Fontane das Auseinanderfallen von militärischer und zivil-humaner Ehre noch an einer einzigen Person gezeigt werden kann, die den Konflikt in sich selber ausmacht und aushält, teilt sich die Literatur von nun an in zwei Richtungen. Es gibt auf der einen Seite eine militaristische, die die Verselbständigung des Offizierstypus bejaht und Schneidigkeit, Glanz und Ordnung seines Daseins preist[15]. Ihr wird der Konflikt mit dem Zivilleben vorwiegend zum Lustspielstoff[16]. Die zweite, weniger triviale „zivilistische" Richtung kritisiert die militaristische Verselbständigung der Offizierskaste als humane Unfähigkeit. Der Offizier wird zum satirischen Inbegriff der wilhelminischen Gesellschaft.

Diese zweite Richtung soll hier in einigen Beispielen zu Wort kommen. In prototypischer Verdichtung erzählt der junge Thomas Mann in „Ein Glück" (1904) die folgende Episode[17]:

---

[14] Nymphenburger Taschenbuchausgabe Band 9, S. 153.

[15] So in den Romanen von Walter Bloem, z. B. in „Sommerleutnants", Leipzig 1910, und in der Trilogie über den Krieg 1870/71 („Das eiserne Jahr", „Volk wider Volk" und „Die Schmiede der Zukunft", Leipzig 1912/13).

[16] Die massenhafte Verbreitung militaristischer Trivialliteratur bezeugt für die Dramatik die gründliche Studie von Roswitha Flatz, „Krieg und Frieden. Das aktuelle Militärstück auf dem Theater des deutschen Kaiserreichs", Frankfurt 1976.

[17] Gesammelte Werke Band VIII, Frankfurt 1974, S. 352 f. Eine sorgfältige kritische Interpretation der Stelle (genauer als hier möglich) findet sich in

„Eines Morgens zwischen fünf und sechs Uhr befand sich Rittmeister Baron Harry in angeregter Stimmung mit einigen Kameraden auf dem Heimwege von einer nächtlichen Unterhaltung; es waren Rittmeister von Hühnemann sowie die Oberleutnants und Leutnants Le Maistre, Baron Truchseß, von Trautenau und von Lichterloh. Als die Herren die Alte Brücke passierten, begegnete ihnen ein Bäckerjunge, der, einen großen Korb mit Semmeln auf der Schulter tragend und sorglos sein Lied pfeifend, durch den frischen Morgen seines Weges zog. „Hergeben!" rief Baron Harry, ergriff den Korb beim Henkel, schwang ihn so geschickt, daß ihm nicht eine Semmel entfiel, dreimal im Kreise herum und schleuderte ihn dann in einem Bogen, der von der Kraft seines Armes zeugte, weit hinaus in die trüben Fluten. Der Bäckerjunge, anfangs schreckerstarrt, hob dann, als er seine Semmeln schwimmen und versinken sah, unter Jammerrufen die Arme empor und gebärdete sich wie ein Verzweifelter. Nachdem aber die Herren sich eine Weile an seiner kindischen Angst ergötzt hatten, warf ihm Baron Harry ein Geldstück zu, das an Wert den Inhalt des Korbes um das Dreifache übertraf, worauf die Offiziere lachend ihren Heimweg fortsetzten. Da begriff der Knabe, daß er es mit Edelleuten zu tun gehabt habe, und verstummte ..."

Die Szene ist im Zusammenhang der Erzählung ganz beiläufig, dies bezeugt um so mehr ihre Repräsentanz für die zivile Beurteilung des Gardeoffiziers. Während die geistige Tradition des Bürgertums seit dem 18. Jahrhundert daran gearbeitet hatte, den gesellschaftlichen Rang an Leistung und Persönlichkeit zu binden, entstand unter den Bedingungen einer restaurativen Militärverfassung der Offiziersstand erneut als Kaste mit Standesprivilegien, die nicht auf dem individuellen Verdienst ruhten. Folglich fand der wilhelminische Offizier vom Standpunkt der Literatur, die in der klassischen bürgerlichen Tradition stand, eine konsequente Ablehnung. An der Begegnung mit dem einfachen Volk mußte sich die humane Qualität des adligen Offiziers zeigen, entsprechend dem offiziell herrschenden romantischen Sozialfeudalismus. Der Adel, statt seinen sozialen Rang mit humanen Qualitäten zu rechtfertigen, stellt den Abstand zum Volk her durch zynischen Machtmißbrauch, durch sadistischen Genuß an fremdem Leid und durch demonstrative Überheblichkeit.

---

dem Aufsatz „Herrenrecht. Bemerkungen zum Syndrom des Autoritären in Thomas Manns frühen Erzählungen" von Gunter Reiß (in: R. Wiecker, „Gedenkschrift für Thomas Mann", Kopenhagen 1975, S. 67–94).

Die satirische Demaskierung konfrontiert Anspruch und Realität: „Da begriff der Knabe, daß er es mit Edelleuten zu tun gehabt habe, und verstummte ...". Der sozialrevolutionäre Impetus ist in Manns Novelle zwar unübersehbar, er ist jedoch politisch inaktiviert und auf eine rein ästhetische Gebärde des Abscheus reduziert. Was politisch von unangreifbarer Stabilität ist, wird wenigstens ästhetisch vernichtet; die „Edelleute" sind gemein, primitiv und abstoßend.
Noch schärfer ist die Binnenkritik in Schnitzlers „Leutnant Gustl" (1900)[18]. Gustls innerer Monolog erlaubt einen Blick in ein völlig entfremdetes Bewußtsein, in dem die verselbständigten Vorurteile des Offiziersstandes sich als inhuman enthüllen. Bei einer von ihm verschuldeten Theaterdrängelei wird Gustl von einem Bäckermeister zurechtgewiesen. Er fühlt sich beleidigt und entehrt und meint, er müsse sich umbringen. Der Bäcker aber stirbt am gleichen Abend, so daß er niemandem mehr von Gustls „Schande" erzählen kann. Der freut sich närrisch über diesen Tod, sieht seine Reputation wieder hergestellt und beschließt „gut aufgelegt", bei einem bevorstehenden Duell mit einem angeblich sozialistischen Rechtsanwalt, der den Idealismus der Vaterlandsverteidiger bezweifelt hatte, seinen im Fechten ungeübten Gegner „zu Krenfleisch" zu hauen[19]. Das Verfahren konfrontiert außen und innen: bei äußerer Wahrung der Ehre herrscht innen krasse, empfindungslose Niedrigkeit. Auch Gustls demonstrative Verteidigung des Militärs gegen die zivile Kritik des Rechtsanwalts ist frei von jedem Idealismus[20]:

> „Wird mir überhaupt nützen, die Sache. Ich kenn' manche, die den Burschen hätten durchschlüpfen lassen. Der Müller sicher, der wär' wieder objektiv gewesen oder so was. Mit dem Objektivsein hat sich noch jeder blamiert ..."

Die tiefschürfendsten literarischen Analysen der Kaiserzeit entstanden erst nach ihrem Ende, in Musils „Mann ohne Eigenschaften", Thomas Manns „Zauberberg" und Hermann Brochs „Die Schlafwandler". Aus

---

[18] Der Ausflug ins Österreichische sei hier erlaubt, weil das Psychogramm des Leutnants Gustl auch über das lokal Österreichische hinaus eine gewisse Repräsentanz besitzt. Obgleich in den süddeutschen Ländern der Militarismus weniger ausgeprägt war, z. B. das Offizierkorps viel bürgerlicher war, wurde doch seit 1866 vielfach eine Angleichung an die preußische Heeresorganisation angestrebt, die auch ähnliche Bewußtseinsstrukturen förderte.

[19] Gesammelte Werke, Berlin 1912, Band I, S. 302.

[20] ebd. S. 266.

den militärischen Personnagen dieser Romane sei hier Brochs Leutnant Joachim von Pasenow vorgestellt. „Pasenow oder die Romantik" (1931) ist, wie „Leutnant Gustl", ein Psychogramm des Offiziers der wilhelminischen Zeit, wenn auch ernsthafter, mehr analytisch als satirisch. So wird über die Uniform meditiert, daß sie eine Ordnung in der Welt gebe, eine deutliche Abgrenzung gegen die Umwelt. Es sei ihre Aufgabe[21],

> „die Ordnung in der Welt zu zeigen und zu statuieren und das Verschwimmende und Verfließende des Lebens aufzuheben, so wie sie das Weichliche und Verschwimmende des Menschenkörpers verbirgt (...). So wird dem Mann, der des Morgens seine Uniform bis zum letzten Knopf geschlossen hat, tatsächlich eine zweite und dichtere Haut gegeben (...). Wenn er dann noch am untern Saume des Uniformrocks gezogen hat, damit er glatt und faltenlos über Brust und Rücken sich spanne, dann ist sogar das Kind, das der Mann doch liebt, ist die Frau, in deren Kuß er dieses Kind gezeugt hat, in so weite und zivilistische Ferne gerückt, daß er den Mund, den sie zum Abschied ihm reicht, kaum noch erkennt (...)"

Die Uniform als „Schutz vor der Anarchie"[22] grenzt so gegen die diffuse seelische Kompliziertheit des zivilen Daseins ab, schafft eine Ordnung wenn nicht im Leben, so doch in einer ausgegrenzten Kunstwelt, in der man seine humane Unfähigkeit vergessen kann[23]. In Pasenows Leben fallen die Liebe zu Ruzena, die weich, sinnlich, verfließend, entgrenzend, „zivilistisch" ist, und die Ehe mit Elisabeth, die hart und klar konturiert, formbewußt, „militärisch" ist, unvereinbar auseinander: ein doppelter Verrat, weil er Ruzena verläßt und zur Hure erniedrigt, zugleich, in Uniform (!) in Elisabeths Bett liegend, von ihr träumt. Die zivile und humane Unfähigkeit des Offiziers ist hier so weit getrieben, daß es sinnliche Liebe nur unter Aufgabe der Ehre, Ehre nur unter Verzicht auf Liebe gibt. Die Standespflicht hat so die humane Totalität, das große Ziel der bürgerlichen Geistestradition, zersprengt.

---

[21] „Pasenow oder die Romantik", Frankfurt 1969, S. 22 f.

[22] ebd. S. 25.

[23] Die soziale Abgrenzungsfunktion der Uniform analysiert Endres, a.a.O., S. 285 f. – Eine vielgespielte Uniformsatire war auch Carl Zuckmayers Lustspiel „Der Hauptmann von Köpenick" (1931), dessen Kritik jedoch oberflächlich bleibt und zudem am Schluß im einverständlichen Gelächter der wilhelminischen Gesellschaftsspitzen untergeht.

Daß Offizier und Mensch vor 1914 sich widersprechen, gilt auch in umgekehrter Richtung: der Mensch im Sinne eines gebildeten, sensiblen und daher selbstkritischen Wesens ist als Offizier unmöglich. In Ludwig Renns autobiographischem Roman „Adel im Untergang" (1944), der ein adliges Garderegiment der Vorkriegszeit zum Schauplatz hat, ist ein Major von Trützschler Sprachrohr des Autors. Von ihm wird gesagt[24]:

> „Trützschler hat bewiesen, daß auch ein Offizier etwas lernen kann, außer auf dem Kasernenhof herumzubrüllen. Aber als Kompaniechef war er lächerlich, mit seinem Zweifel an der eigenen Würde. Einmal rückte er zu einer Felddienstübung aus und erklärte seiner Kompanie die militärische Lage. Aber plötzlich sagte er ganz laut: ‚Das ist ja alles Quatsch!' und gibt den Befehl zum Einrücken."

Dieser Sensibilisierung, die zum Vollzug des Kasernendienstes unfähig macht, wird die von Legitimationszweifeln unangekränkelte Selbstgewißheit des altpreußischen Offiziers entgegengehalten[25]:

> „Ihr könnt mich einen Reaktionär nennen, aber es ist etwas an dem alten Offiziersideal, wie es Blücher verkörperte, der keine Flasche ungetrunken ließ und kein Kartenspiel unberührt. Und sonst wußte er herrlich Vorwärts und Hurra zu brüllen. Aber einen schriftlichen Befehl machen, ausgeschlossen!"

Die naive Selbstsicherheit des altpreußischen Haudegentyps ist jedoch nicht durch das forcierte Beiseiteschieben der Zweifel wiederzugewinnen. Sie war die Mentalität eines Standes, der sich mit seinem Staat und dessen Aufbauidealen noch voll identifizieren konnte. Inzwischen hatte sich jedoch das Umfeld der Legitimation des Offiziers grundlegend gewandelt. Da er seit 1848 nicht mehr nur für das Volk, sondern auch gegen das Volk stehen konnte, geriet auch der Krieg nach außen leicht in den Verdacht, nicht für das Volk, sondern nur für eine Oberschicht geführt zu werden. Ferner war das Ziel eines starken und geeinigten Nationalstaats, das lange das gute Gewissen des Militärs verbürgte, erreicht. Seit 1871 tendierte das Militär zunehmend zur Selbstzwecklichkeit. Es mußte darum, um handlungsfähig zu bleiben, gegen die „wehrkraftzersetzende" Wirkung der bürgerlich-idealistischen Tradition institutionell abgesichert werden. Nur wer von ihr nichts wußte, würde im Ernstfall kämpfen, ohne lange zu fragen.

[24] „Adel im Untergang", Berlin 1946, S. 224.
[25] ebd.

Der Krieg 1914–18 befreite aus diesen Skrupeln auf die Weise der Auflösung des Gordischen Knotens. Man hatte vorerst zu kämpfen, über das Warum zu sinnieren blieb der Nachkriegsliteratur vorbehalten. Der Krieg macht in der Tat der wilhelminischen Leutnantskarikatur ein rasches Ende. Im Kriegsroman erscheint der großmäulige Kasernenhofleutnant als ahnungsloser Drückeberger, der gelegentlich sinnlose Schikanen anordnet, im übrigen aber funktionslos ist. Die Weltanschauung des Wilhelminismus zerbricht unter dem Trommelfeuer[26]. Der Krieg hat allerdings auch eine Läuterungsfunktion. Er zerbricht den zur leeren Schale gewordenen wilhelminischen Typ und legt in einzelnen Exemplaren darunter wieder den fridericianischen Typ frei. Der Divisionskommandeur von Lychow in Arnold Zweigs „Streit um den Segeanten Grischa" (1927) macht ein letztes Mal dem altpreußischen Offiziersideal Ehre, wenn er noch im anonymen modernen Maschinenkrieg das Recht verteidigt gegen den Zynismus der „militärischen Notwendigkeit". Seinem Gegenspieler, dem neupreußischen General Schieffenzahn, dessen geniale Führungskunst die Hinrichtung des unschuldigen russischen Soldaten Grischa Paprotkin fordert und durchsetzt – „der Einzelne ist eine Laus"[27] – antwortet Lychow[28]:

> „Schafft der Staat das Recht? Nee, aber Rechttun erhält die Staaten, Herr. (...) Ich aber, Herr General Schieffenzahn, weiß, daß Rechttun und Auf-Gott-Vertrauen die Säulen Preußens gewesen sind (...)."

Schieffenzahn zerpflückt zwar diese politische Theologie und behält auf zynische Weise recht, dennoch bleibt Lychow moralisch überlegen. Die altpreußische Tradition, lange und weiterhin[29] affirmativ mißbraucht

[26] Beispiele bei Erich Maria Remarque, „Im Westen nichts Neues" (1929), Berlin 1969, S. 15, S. 118 u. ö., ferner weniger kritisch als vielmehr nostalgisch, aber im Prinzip mit gleichem Befund bei Ernst von Salomon, „Die Kadetten" (1933). Die Diskussion um den Kriegssinn und damit den Sinn der preußischen Pflicht (Ausgabe Gütersloh o. J., S. 314–316) endet unentschieden bzw. wird von der Geschichte entschieden (Pro erschießt sich 1918, Contra fällt), die die Institution der Kadetten zum Anachronismus macht. Trauernd schreibt Salomon von „einer Zeit, die mit dem Kadettengeist nichts anzufangen wußte" (S. 383).

[27] „Der Streit um den Sergeanten Grischa", Berlin 1929, S. 357.

[28] ebd.

[29] Literarische Fridericiana gibt es in den Zwanziger Jahren massenhaft. Im dritten Reich dienen sie sowohl affirmativen als auch kritischen Zwecken (letzteres gilt z. B. für die altpreußischen Traditionen im Widerstand der Stauffenberg-Gruppe).

und in ihrem wahren Sinn ausgehöhlt, gewinnt angesichts der Barbarei des modernen Kriegs auch wieder eine kritisch-utopische Funktion. Es ist jedoch eine konservative Form von Kritik, ein Blick zurück nicht ohne Nostalgie, die den „alten netten Knacker“[30], den „verjährten Haudegen“[31] Lychow zwar liebenswert findet, aber weiß, daß er nicht mehr repräsentativ, daß er ein abtretender Typus der Geschichte ist. Auf Hohenlychow reflektiert die Hausherrin Nostalgisches über Schieffenzahn und den guten alten Krieg[32]:

> „Diese Sorte Offizier stand ihrem Kastengeiste zu tief. Daß ein bürgerlicher Generalstäbler so hoch stieg, gehörte zu all den gräßlichen Verrücktheiten dieses Krieges, in dem die Kavallerie nicht mehr anritt, Musik und Fahnen im Hintergrund verschwanden (...). Als Tochter einer Dragonerfamilie, die von Fehrbellin bis Mars-la-Tour alle Angriffe preußischer Reiterei mitgeritten, lehnte sie den Maschinenkrieg ab.“

So gewinnt die literarische Tradition des altpreußischen Offiziers eine jeweils neue Funktion gegenüber den Epochen der Geschichte. In ihrer Entstehungsphase begleitet sie mit kritischer Sympathie die Entfaltung der preußischen Gesellschaft bis zu den Befreiungskriegen (Lessing, Kleist). Nach dem Wiener Kongreß beginnt die Hoffnung auf eine Verbesserung der Gesellschaft durch Literatur zu schwinden. Die Literatur spaltet sich in eine glorifizierende Richtung (z. B. der junge Fontane) und eine kritische, die die Humanisierungsfähigkeit des Offiziers bestreitet (z. B. Büchner[33]). Diese Spaltung in affirmative Offiziersmythologie und kritische Destruktion prägt sich nach 1848 und besonders nach 1871 mit zunehmender Schärfe aus. Im ersten Weltkrieg rückt dann die literarische Tradition des Altpreußentums wieder in eine kritisch-utopische Funktion gegenüber der realen Geschichte ein, die allerdings nicht mehr nach vorwärts, sondern nur noch nach rückwärts weist.

---

[30] a.a.O., S. 546.

[31] ebd. S. 358.

[32] ebd. S. 541.

[33] Eine hier nur am Rande gestreifte schmale Linie radikaler Offizierskritik führt von Lenz' „Die Soldaten“ über Büchners „Woyzeck“ zum Naturalismus, ja bis zu Borcherts „Draußen vor der Tür“. Ihr Gemeinsames liegt vor allem in der Darstellung institutionalisierter und instrumentalisierter (dadurch unbewußt gewordener) Grausamkeit unter einander völlig entfremdeten Menschen.

II.

Die historische Basis der romantischen Tradition literarischer Offiziersgestalten bilden die Befreiungskriege mit ihrem Volksheer. Die Kämpfe gegen Napoleon sind die emotionale Geburtszeit eines Volksbegriffs, der die ständischen Schranken für überwindbar hielt und, wenn er auch noch nicht konsequent demokratisch war, doch wenigstens die Legitimation des Standes durch Leistung und menschlichen Rang zur selbstverständlichen Erwartung machte[34]. Sogar die spätromantische Apologie des Adels, obgleich betont antijakobinisch, schleppt ungewollt einige revolutionäre Postulate des Bürgertums mit sich, sofern der Adel nun einer hohen menschlichen Erwartung konfrontiert war. Der romantische Typus des Offiziers ist daher geprägt vom Adel des Herzens, von Volkstümlichkeit, Edelmut, Tapferkeit und Hintansetzung des eigenen Ich. In der Entstehung und literarischen Ausformulierung dieses Typs ist eine bezeichnende Phasenverschiebung zu beobachten. Nicht die erste, den Befreiungskriegen zeitgenössische Generation der Romantiker, sondern erst die Epigonen, die Autoren der das ganze 19. Jahrhundert sich durchhaltenden Trivialromantik, formen das Bild zum Typus. Nicht so sehr Kleist, Arnim oder Eichendorff, sondern die Ritterromantik Fouqués oder Wilhelm Hauffs und die Trivialliteratur von Hahn-Hahn bis Marlitt und Karl May machen den romantischen Offizier zu einer der Sehnsuchtsgestalten des Volkes, zu einem Traumbild der uneingelösten Hoffnungen, zur literarischen Erfüllung eines politisch unerfüllten Bildes vom Volk als einer großen Familie. Die literarische Offiziersromantik gewinnt ihre Breitenwirkung also erst, nachdem die bürgerliche Armee eines Scharnhorst und Gneisenau, die Preußen aus dem der adligen Arme von 1806 zu verdankenden Niedergang gerissen hatte, längst wieder in der Kulisse verschwunden war[35]. Eine solche trivialliterarische Ausprägung dieses im Kern kritisch-utopischen, aber durch Sentimentalisierung entpolitisierten Offizierstypus ist der Leutnant Kurt Helmers in Karl Mays „Das Waldröschen" (1882)[36]. Er ist bürgerlich, aus kleinen Verhältnissen, aber ein wahrer Teufelskerl, intelligent, gebildet, stark,

[34] Die Heeresreform Friedrich Wilhelms III. 1808 hatte das Adelsprivileg für Offiziersstellen aufgehoben, „nur Kenntnisse und Bildung (...), ausgezeichnete Tapferkeit und Überblick" sollten maßgeblich sein (zitiert nach K. Demeter, „Das Deutsche Offizierkorps in Gesellschaft und Staat 1650–1945", Frankfurt [4]1965, S. 10).

[35] Vgl. Endres, a.a.O., S. 289.

[36] als Kurt Unger in den heute üblichen Bearbeitungen unter dem Titel „Trapper Geierschnabel".

in allen Waffen geschult, edelmütig, offen, herzlich und redlich, kurz, ein „Mensch" im umfassenden Sinne der Begriffsbildung des bürgerlichen Idealismus. Bei seinem Eintritt in ein bis dahin rein adliges Garderegiment erscheint ihm gegenüber der adlige Leutnant von Ravenow im Bilde der schon skizzierten wilhelminischen Karikatur: ein dünkelhafter Angeber, dessen gewohnheitsmäßige Inhumanität die schon fast topische Einleitungsszene charakterisiert, in der er wettet, er könne jedes beliebige Mädchen verführen. Helmers spricht gegen Ravenow noch einmal die Sprache des bürgerlichen 18. Jahrhunderts[37]:

> „Ich achte die Vorrechte des Adels, sie sind durch die Jahrhunderte geheiligt, aber ich trete der Anschauung entgegen, welche den Adel als qualitativ über dem Bürgerthume stehend erklärt. Der Werth des Menschen ist gleich seinem moralischen Gewichte."

Man sollte die politische Wirkung einer solchen Kritik zwar nicht überschätzen, aber man kann doch aus ihr ablesen, daß die bürgerlichen Forderungen nach Legitimation des sozialen Rangs durch Leistung und Menschlichkeit durch die Restauration seit 1815 nicht völlig zerstört wurden. Wohl aber wurden sie aus dem Reiche praktischer Politik zunehmend in das Reich der Träume und Vorstellungen, in das Reich der Literatur zurückgenommen. Die Literatur bewahrt so zugleich den Traum des humanen Offiziers, aber entschärft ihn auch, sofern das Reich der Unterhaltung als nur privates zunehmend vom Reich des öffentlichen Wirkens getrennt wird – ein Reservoir geschichtlich verwirkter Hoffnungen.

Nachdem romantisches Gedankengut in dieser entpolitisierten Form einer Nostalgie der großen Tage von 1813 als innere Kompensation einer immer weniger romantischen Realität latent aktuell geblieben war, konnte es 1914 sofort an die Oberfläche treten, als der Kriegsausbruch wieder eine Chance zur Verwirklichung des verinnerlichten Traumes vorgaukelte. Der ekstatische Aufbruch von 1914 beruft sich auf 1813; der deutsche Mensch, so verkünden es die literarischen Verteidiger des Kriegs, ist der metaphysische romantische Idealist[38]. Auch der

---

[37] „Das Waldröschen oder Die Verfolgung rund um die Erde", Dresden 1882, Reprint Hildesheim/New York 1970, Band III, S. 1222. Leicht verändert auch in „Trapper Geierschnabel", 10. Kapitel.

[38] Vgl. etwa die vulgäridealistischen Apologien des Militarismus in H. St. Chamberlain, „Kriegsaufsätze", München 1914; W. Sombart, „Händler und Helden", München/Leipzig 1915; Max Scheler, „Krieg und Aufbau", Leipzig 1916; oder die Stilisierung des Eichendorffschen Taugenichts zum deut-

„Wanderer zwischen beiden Welten" in der gleichnamigen Erzählung von Walter Flex, Leutnant Ernst Wurche, knüpft an die romantische Bildungstradition an: sieht wie Gneisenau auf Poesie die Throne gegründet[39], liest Goethe, Zarathustra und das Neue Testament, ist dabei aber kein trockener Bildungsphilister, sondern ein sonniger Naturbursche, offen, schlicht, schuldlos, mit reinen Augen, eine Gestalt von mythischer Naivität[40]. Literatur gewinnt hier die Funktion, einen kalkulierten, nicht naiven, unnatürlichen und unreinen Maschinenkrieg mit dem guten Gewissen der romantischen Sehnsucht nach der mythischen Reinheit vor dem Sündenfall der Denaturierung der Gesellschaft in der Moderne auszustatten. Dennoch ist diese romantische Utopie nicht unbegrenzt fungibel und widersteht partiell der ihr zugemuteten ideologischen Aufgabe. In einer so offenkundig schuldbeladenen Realität konnte der Reine nicht glaubhaft als Sieger dargestellt werden. Darum wird das Buch mit zwingender Notwendigkeit zum Preis des Todes. Wurche fällt beim ersten Gefecht. Der romantische Offizier weiß im 20. Jahrhundert nur zu sterben, und trotz der mythischen Erhöhung des Todes[41] zum läuternden Opfer und zur Heimkehr ins Ewige bedeutet sein Tod auch den Abgesang einer Idee, die nur noch zum Sterben und nicht mehr zum Leben taugt.

Dennoch erfuhr sie nach dem Kriege, als der Tod nicht mehr Praxis, sondern nur noch Literatur war, eine Renaissance im antidemokratischen Denken der Weimarer Republik, so in den vielfältigen Gruppen der konservativen Revolution mit ihrer vulgäridealistischen Lebensphilosophie, in den Kreisen der bündischen Bewegung und schließlich bei den Anhängern Stefan Georges. George hatte zwar die Unromantizität des technischen Krieges klar erkannt und im Grabentod „nur viele Untergänge ohne Würde" gesehen („der alte Gott der Schlachten ist nicht mehr"[42]), hat aber an der Radikalisierung des romantischen Offiziersbilds zu einer

---

schen Menschen schlechthin in Thomas Manns „Betrachtungen eines Unpolitischen" (1918), Gesammelte Werke XII, S. 375–382.

[39] „Der Wanderer zwischen beiden Welten", (1917), München 1920, Motto.

[40] „Der junge Mensch stand schlank und hell auf dem blühenden Grunde, die Sonne ging schimmernd durch seine leichtgebreiteten Hände, und die Lippen (...) strömten den uralt heiligen Wohlklang der Psalmen Davids über den sonnentrunkenen Gottesgarten hin." (a.a.O., S. 49).

[41] Im Tode „blüht in dem verdämmernden Gottestempel des sterbenden Leibes die Seele wie das Allerheiligste am Altar unter der ewigen Lampe in dunkler Glut auf und füllt sich mit dem tiefen Glanze der Ewigkeit." (S. 85).

[42] „Der Krieg", in: Stefan George, „Das neue Reich" (= Gesamtausgabe Band 9), Berlin 1928, S. 30.

neukonservativen Utopie dennoch teilgehabt. Sein Gedicht „Einem jungen Führer im Ersten Weltkrieg" (1921) beschwört zunächst den Flexschen Typus mythischer Reinheit und Jugend: „keusch" fließt seine Rede, im „sanft-sinnenden aug" steht „sichre gelassenheit". Statt jedoch zu sterben, statt sich nach Kriegsende trauernd von der alten Hoffnung abzuwenden, wird der Georgesche Offizier Führer in eine neue, erst aus der Verheißung des Krieges herausgeläuterte Zukunft[43]:

„Alles wozu du gediehst rühmliches ringen hindurch
Bleibt dir untilgbar bewahrt stärkt dich für künftig getös . .
Sieh · als aufschauend um rat langsam du neben mir schrittst
Wurde vom abend der sank um dein aufflatterndes haar
Um deinen scheitel der schein erst von strahlen ein ring
Dann eine krone."

Je weniger die Weimarer Republik als Idealbild jenes sinnig-reinen, naiv-treuherzigen Altdeutschland gesehen werden konnte, um so radikaler wandten sich viele zurück ins Reich der Träume. Solange und sofern der Nationalsozialismus mit der Verwirklichung dieser Träume verwechselt werden konnte, blieb der romantische Offizier im Dienst dieser Ideologie. Je mehr aber die nationalkonservative Reichssehnsucht sich von Hitler betrogen sehen mußte, um so mehr kann auch die romantische Tradition wieder in ihre ursprüngliche kritische Funktion einrücken. Während des zweiten Weltkriegs erschien Ernst Penzoldts Novelle „Korporal Mombour"[44]. Sie konfrontiert die Realität eines Lazaretts von 1940 als Rahmenerzählung mit einer romantischen Geschichte aus den Befreiungskriegen, die als Exempel für die Frage nach Schuld und Verantwortung des einzelnen im Kriege dient. Korporal Mombour, ein hübscher, ewig verliebter Lockenkopf, ein unschuldiger Junge, erschießt einen französischen Offizier, der als einzelner einen Kirchhof verteidigt. Dieser ist ein Prototyp romantischer Offiziersmythologie: „das Gesicht von Locken umflattert, die Gestalt von einem weiten weißen Mantel umweht", einem „zornigen Cherub" gleichend, „schön in seiner Leidenschaft"; sterbend gleicht er „einem zum Himmel Auffahrenden, einem etwas Unsichtbares Umarmenden"[45]. Der Tenor der Erzählung richtet sich gegen die moderne Anonymität des Kriegs. Mombour erstaunte zuerst[46],

---

[43] „Das neue Reich", a.a.O., S. 43.

[44] Erstdruck „Neue Rundschau" 1940, hier nach M. Reich-Ranicki, „Notwendige Geschichten 1933–1945", München 1967, S. 417–438.

[45] ebd. S. 425.

[46] ebd.

„daß er, als er auf den Leutnant geschossen, nichts anderes empfand, als hätte er ein Reh erlegt. Allein was der Lebende nicht vermochte, das bewirkte der Tote."

Mombour lernt die Familie des Toten kennen, verliebt sich in seine Schwester, wächst schließlich bis zur Identität in seine Rolle hinein[47]. In dem reinen deutschen Jüngling wächst so das Bewußtsein einer Schuld. Er sühnt sie, indem er, um der sterbenden Mutter des toten Offiziers den Tod leicht zu machen, den heimkehrenden Sohn spielt. In dessen Uniform gekleidet, stirbt er dabei den gleichen Tod, im Sterben „einem etwas Unsichtbares Umarmenden ähnlich"[48], von der Hand eines deutschen Offiziers. Dies ist eine Zurücknahme der romantischen Mythologie vom reinen Heldentod des sinnigen deutschen Jünglings mit romantischen Mitteln, ein Selbstdementi des ästhetisch faszinierenden, aber human abstumpfenden Krieges.
Ist Penzoldts Erzählung besonders beachtlich durch die Tatsache, daß sie noch während der nationalsozialistischen Herrschaft einer ihrer literarischen Ideologien mit ihren eigenen Mitteln die Legitimität bestreitet, so ist das folgende Beispiel, aus der Nachkriegszeit stammend, zwar verbreiteter, aber auch sentimentaler und harmloser. Die Rede ist von Werner Bergengruens Buch „Der letzte Rittmeister" (1952). Romantisch ist dieser Rittmeister als ganz antimilitaristischer Bohemien, Sonderling und Allerweltskünstler und als „ein Mann reinen Herzens"[49]. Er ist dennoch ein Kritiker; nicht Repräsentant, sondern Gegner seiner Zeit, Gegner allerdings vom Standpunkt eines vergangenen Ideals[50]:

„Der klassische Rittmeister aber ist der letzte Repräsentant der alten, viele Jahrhunderte umschließenden Zeit (...). Er weiß, daß er ein Anachronismus ist. Diese Kenntnis gibt ihm einen Schuß heimlicher Selbstironie (...)."

Allein die Poesie[51] bewahrt den Zauber der alten Rittmeisterherrlichkeit[52], nun aber ohne die Anmaßung, aus der Poesie noch einmal ins Leben treten zu wollen.

---

[47] Als Abkömmling französischer Emigranten ist er mit ihm sogar entfernt verwandt, er trägt den gleichen Familiennamen „Mombour".
[48] ebd. S. 438.
[49] Ausgabe München 1961, S. 40.
[50] ebd. S. 347.
[51] Die Rittmeisterutensilien solle man am besten „den Poeten vermachen" (S. 347).
[52] Siehe z. B. die Pferdenostalgien S. 48 ff. und die Träumerei vom alten

Auch die romantische Tradition entfaltet also affirmative wie kritische Potenzen, wobei allerdings ihr Abstand zur Realität immer größer bleibt als bei der preußisch-militaristischen Linie. Sie ist ziviler und humaner, aber zugleich oft sentimental und schwach. Sie setzt mehr emotionale als politische Kräfte frei. Ihr Mangel an politischem Realismus macht sie leicht mißbrauchbar: nach 1848 gewinnt ihre affirmative Funktion als schöne Verhüllung harter Machtpolitik immer mehr die Überhand, obgleich ihr utopisches Moment nie ganz erlischt. Trotz ihrer Volkstümlichkeit ist sie nicht konsequent demokratisch.

III.

Eine dritte Linie läßt sich als die neusachliche bezeichnen. Zwar haben schon die Heeresreformen der Sechziger Jahre des 19. Jahrhunderts eine weniger altpreußische oder romantische als vielmehr technokratisch auf das reine Funktionieren als Organisation abgestimmte Militärstruktur geschaffen, aber das Bewußtsein war ständisch-aristokratisch geblieben. Die Literarisierung des technokratisch-neusachlichen Offiziers setzt daher erst im ersten Weltkrieg ein. In erster Linie ist sie das Werk Ernst Jüngers, dessen Kriegstagebuch „In Stahlgewittern" (1920) einer Serie von Kriegsromanen in den Zwanziger Jahren präludiert[53]. Bei Jünger erscheint der Leutnant nicht mehr als Angehöriger einer sozialen Kaste, sondern als Fachmann für Kriegsarbeit. In seinem theoretischen Hauptwerk „Der Arbeiter" (1932) schreibt er[54]:

> „So wird es zum Beispiel gegen Ende des Krieges immer schwieriger, den Offizier zu unterscheiden, weil die Totalität des Arbeitsvorganges die Klassen- und Standesunterschiede verwischt. Einerseits erzeugt die Kampftätigkeit innerhalb der Truppe einen einheitlichen Schlag von erprobten Vorarbeitern, andererseits mehren sich wichtige Funktionen, deren Besetzung eine neuartige Auslese erforderlich macht."

Eine solche Beschreibung des Krieges als Arbeit blendet bewußt das humane Problem aus, das nach Ziel und Legitimation des Krieges fragt. Der Krieg ist vielmehr zur selbständigen Lebensform geworden, in der

---

Krieg S. 102–105 („Früher war der Tod prächtig und ein großer Herr", S. 104).

53 Z. B. W. Beumelburg, „Gruppe Bosemüller", „Sperrfeuer um Deutschland", E. v. Salomon, „Die Geächteten", J. M. Wehner, „Sieben vor Verdun" u.a.m.

54 „Der Arbeiter. Herrschaft und Gestalt", Hamburg 1932, S. 108.

zivile Maßstäbe apriori keine Geltung haben. Die Inhumanität ist zum diskussionslos anerkannten Prinzip geworden, das Töten ist Beruf; trifft der Tod einen Bekannten, so herrscht zwar Bedauern[55], aber weder Haß noch Zweifel am Sinn[56]:

> „Ich war im Kriege immer bestrebt, den Gegner ohne Haß zu betrachten und ihn als Mann seinem Mute entsprechend zu schätzen. Ich bemühte mich, ihn im Kampfe aufzusuchen, um ihn zu töten, und erwartete auch von ihm nichts anderes. Niemals aber habe ich niedrig von ihm gedacht."

Der Kampf Mann gegen Mann, von Penzoldts „Mombour" durch Entanonymisierung des Gegners in seiner Inhumanität entlarvt[57], wird hier noch einmal, und nun als sportlicher Zweikampf, legitimiert. Das Sportliche allein trägt aber nicht weit. In den entscheidenden Augenblicken schlägt eine Emotionalität durch, die tiefer, elementarer und brutaler ist als je. Die „Fürsten des Grabens", „sehnig, geschmeidig vor- und zurückspringend, mit scharfen, blutdürstigen Augen" werden im Zweikampf zu wilden Raubtieren[58]:

> „Unter allen erregenden Momenten des Krieges ist keiner so stark wie die Begegnung zweier Stoßtruppführer zwischen den engen Lehmwänden des Grabens. Da gibt es kein Zurück und kein Erbarmen, Blut klingt aus dem schrillen Erkennungsschrei, der sich wie ein Alpdruck der Brust entringt."

Die Regression zum Menschentier, die von der Antikriegsliteratur als entscheidendes Argument gegen den Krieg gebraucht wird[59], wird hier bejaht als ein Freilegen des eigentlichen Menschen aus den Schlacken der Zivilisation. Sportliche Sachlichkeit und tierische Emotionalität bedin-

---

[55] Oder noch weniger: „Und wenn zehn vom Dutzend gefallen waren, die letzten zwei trafen sich mit Sicherheit am ersten Ruheabend beim Becher (...)". („In Stahlgewittern", Werke Stuttgart o. J., Band 1, S. 154).

[56] ebd. S. 66.

[57] Die romantische Tradition war, wie die erste Seite des Kriegstagebuchs zeigt, auch Jüngers Ausgangspunkt: „Der Krieg (...) schien uns männliche Tat, ein fröhliches Schützengefecht auf blumigen, blutbetauten Wiesen. ‚Kein schönrer Tod ist auf der Welt ...'" (S. 11). Aus dem Kontrast zu diesem anfänglichen Bewußtsein entwickelt sich dann die neusachliche Kriegserfahrung.

[58] „In Stahlgewittern", Ausgabe Hamburg o. J. (entspricht der 2. Auflage 1926), S. 242 f. Die Stelle ist in der Stuttgarter Ausgabe der Werke entschärft, siehe dort S. 235.

[59] Z. B. bei Remarque, „Im Westen nichts Neues".

gen sich so gegenseitig. Das Aufgeben der humanen Tradition, die noch darin sich bekundete, daß man einen Gegner mit wenigstens subjektiv gutem Grunde hassen mußte, um ihn töten zu dürfen, zugunsten eines nur als Job aufgefaßten Sporttötens zieht auch die Emotionalität auf die entsprechend niedrige Ebene. Die latente Brutalität der Moderne, die auch im Zivilleben die Berufsexistenz von der Frage nach ihrem humanen Sinn möglichst abblendet, wird hier prototypisch deutlich.

Der Jüngersche Offizierstypus dürfte allerdings während des ersten Weltkriegs noch verhältnismäßig selten gewesen sein. Als eine nachträgliche literarische Formulierung gewinnt er seine Bedeutung erst für die Aufarbeitung des Kriegserlebnisses in den Zwanziger Jahren. Ein kleines Beispiel aus der Jünger-Rezeption mag dies zeigen. Die 1924/5 verfaßten ungedruckten Kriegserinnerungen meines Großvaters, den ich hier als einen zufälligen und deshalb vielleicht repräsentativen Weltkriegsoffizier vorstellen darf, eines Rechtsanwalts im Münsterländischen und Hauptmanns der Landwehr, fußen wie die Jüngerschen auf Tagebuchaufzeichnungen während des Kriegs. Für Hauptmann Grüter ist jedoch deutlich die romantische Traditionslinie dominant: er sieht den friedlich-gutmütigen Deutschen im Kampf gegen „Lügen und Falschheit und Trug"[60], rezitiert an den vielen gemütlichen Abenden mit seinen Soldaten lange Gedichte und ist als Landwehrmann, der seine Soldaten schon in der Heimat persönlich kannte, im Gegensatz zur preußischen Tradition ein populärer Vater seiner Kompanie, der mit den Seinen durch dick und dünn geht (sie nennen ihn „usse Theo"). Auch seine patriotischen Gedichte entstammen der Trivialromantik, so das eine vom jungen verwundeten Leutnant mit dem feinen Herzen, der gegen einen rohen Trunkenbold die Ehre der Frauen verteidigt, oder das andere vom Leutnant mit dem Kindergesicht, der à la Walter Flex sterbend seine Gruppe zum Sieg führt[61].

In diese sonst recht biedere nationale Romantik sind nun an einer Stelle, die stilistisch völlig aus dem Erzählton herausfällt, eineinhalb Seiten Schlachtbeschreibung eingeblendet, deren Metaphorik sich eindeutig einer offenbar kurz zurückliegenden Jünger-Lektüre verdankt. So spricht Grüter von Blutrausch, Kampfgier und Wut, Jünger von Blutdurst, Wut und Trunkenheit[62], Grüters Soldaten haben „geschrien vor Freude, ge-

[60] Theodor Grüter, Mein Kriegstagebuch, S. 9 (Privatbesitz).

[61] ebd. S 177–180.

[62] Grüter S. 146 – Jünger S. 259. Es wird im folgenden der Text der 2. Auflage zitiert, da gerade die Stellen, die Grüter besonders beeindruckt haben, in der Stuttgarter Ausgabe abgeschwächt oder ausgelassen sind.

jauchzt vor Entzücken", Jünger schluchzte vom Übermaß an Glück[63], Grüter wie Jünger gaben keinen Pardon und verlangten keinen Pardon[64]. „Wie blutrote Wolken lag es Einem vor den Augen, die Zähne knirschten in wahnsinnigem Haß, die Urinstinkte im Menschen waren entfesselt" (Grüter[65]). Krampfhaftes Schluchzen beendet den Kampfesrausch[66].

Trotz dieser eindeutigen Lektürezeugnisse wäre der Schluß auf eine konsequente Jünger-Rezeption sicher falsch. Dies zeigt schon die Situation: wo Jünger eigene Zweikämpfe beschreibt, schildert Grüter einen deutschen Artillerieangriff, bei dem seine Landwehrmänner nur fanatisierte Zuschauer sind. Grüters Truppe ist zwar im Fronteinsatz, aber nie wie Jünger bei Stoßtruppunternehmen tätig. Für sie bleibt der Feind stets anonym, die tierische Zweikampfmythologie ist also funktionslos. Die Jüngerrezeption bei Grüter beschränkt sich auf zwei Seiten rein verbaler Exzesse, die sich in der Biederkeit des sonst literarisch nicht ambitionierten Texts ganz exotisch ausnehmen. Man kann vielleicht den Schluß wagen, daß Jünger für die familiär und sozial noch einigermaßen fest verankerten Teile des Bürgertums, zu denen mein Großvater zählte, nur eine vorübergehende und rein ästhetische Faszination ausübte, während eine vollgültige Rezeption, die aus dem Arsenal der Jüngerschen Bilder und Begriffe wirklich ihr existentielles Selbstverständnis gewann, nur in mehr oder weniger entbürgerlichten Outsiderschichten stattfand. Je weitere Kreise aber Ende der Zwanziger Jahre von dieser Entbürgerlichung erfaßt wurden, um so begieriger wurde Jüngers Vorstellungswelt zur Formulierung der eigenen Erfahrung ergriffen.

Dieser Typus des Offiziers war es, der dem dritten Reich ein Heer schuf, das kämpfte, ohne lang nach dem Sinn zu fragen. Schwach waren die altpreußischen Traditionen der Rechtlichkeit, die romantischen des Volkskriegs gegen Jüngers technokratische Tiger. Seine literarische Leistung ist es, die verwirrende, mit den alten Traditionen nicht mehr formulierbare Erfahrung des modernen Kriegs zu einem Bilde zusammenzuschließen, dessen ästhetische Faszination den humanen Widersinn als modernen und revolutionären Sinn annehmbar machte.

[63] Jünger S. 259 – Grüter S. 146.
[64] Grüter S. 147 – Jünger S. 266.
[65] Grüter S. 147, Paralleles bei Jünger passim, die „Urtriebe" z. B. S. 267, die „blutroten Wolken" S. 255.
[66] Jünger S. 252 – Grüter S. 147.

Die ungeheuerlichen Erfahrungen des zweiten Weltkriegs haben auch diesen Typus zunichte gemacht[67]. Da sie zugleich auch die relative Ohnmacht der älteren, wenigstens teilweise humanistischen Traditionen zeigten, steht die Bundeswehr einem Traditionsmangel gegenüber, der sich auch in der Literatur im Fehlen positiver Offiziersgestalten zeigt. Trotz der „Volkskriege" von 1813 und 1914 gibt es bis jetzt keine wirklich demokratische Tradition des deutschen Offiziers. Das einfache „Anknüpfen" an ältere Traditionen ist der Bundeswehr darum versagt[68]. Die Not und die Chance ist es heute, ein nicht mehr militaristisches, sondern ziviles und bürgerliches Selbstverständnis des Offiziers aufzubauen, das friedliebend und demokratisch ist, ohne deshalb schwach zu sein. Dies aber ist eine Aufgabe der militärischen Lebenspraxis, nicht etwa nur der Propaganda. Die moderne Literatur wird diesen Typus erst dann positiv gestalten, wenn er Wirklichkeit geworden ist. Vorerst kann man aus ihr nur die Destruktion der alten literarischen Legitimationen lernen.

[67] Obgleich Jüngers vitalistische Kriegsmetaphysik heute nicht mehr nachvollziehbar sein dürfte, bleibt freilich die Grundkomponente des Kriegführens als Arbeit und die Gefahr einer scheinbar ideologiefreien, in Wahrheit aber nur von jeglicher Zielreflexion freien Sachlichkeit aktuell. Der Zwiespalt zwischen dem Stolz auf beruflich-sachliches Können einerseits und dem Unbehagen über Hitlers Kriegsziele andererseits ist ein Grundthema der Erinnerungsliteratur zum Zweiten Weltkrieg. Besonders Lothar-Günther Buchheims autobiographischer Erfolgsroman „Das Boot" (München 1973) zeigt mit zynischer Härte, daß äußerste militärische Einsatzbereitschaft auch ohne Glauben an den NS-Staat möglich war.

[68] Josef Leifert hat dies in einem Aufsatz gezeigt, der sich nach einer Analyse der antidemokratischen Funktionen des alten Ehrbegriffs gegen die Forderung einer neuen spezifischen „Soldatenehre" in der Bundeswehr wendet („Soldatenehre – Kritik eines Mythos", Neue Rundschau 83, 1972, S. 26 ff.).

PERSONENREGISTER

C

D

E

F

G

H

L

N

O

S

Deutsche Führungsschichten in der Neuzeit

herausgegeben von der
Ranke-Gesellschaft in Hamburg und dem Institut zur Erforschung historischer Führungsschichten e. V. in Bensheim a. d. B.

Band 1
Deutscher Adel 1430—1555
VII und 265 Seiten,
10 Bildseiten, Leinen

Band 2
Deutscher Adel 1555—1740
VII und 371 Seiten, Leinen

Band 1 und 2 erschienen in der Wissenschaftlichen Buchgesellschaft und sind restlos vergriffen.

Band 3
Deutsches Patriziat 1430—1740
VIII und 482 Seiten, 13 Bilder,
Ganzleinen mit Goldprägung

Band 4
Universität und Gelehrtenstand 1400—1800
XII und 288 Seiten, 34 Bilder,
Ganzleinen mit Goldprägung

Band 5
Beamtentum und Pfarrerstand 1400—1800
XII und 280 Seiten, 30 Bilder,
Ganzleinen mit Goldprägung

Band 6
Führungskräfte der Wirtschaft in Mittelalter und Neuzeit 1350—1850
VIII und 376 Seiten, 30 Bilder,
Ganzleinen mit Goldprägung

Band 7
Führungskräfte der Wirtschaft in der Neuzeit 1790—1914
XII und 372 Seiten, 44 Bilder
Ganzleinen mit Goldprägung

Band 8
Bauernschaft und Bauernstand 1500—1970
XVI und 360 Seiten, 38 Bilder,
Ganzleinen mit Goldprägung

Band 9
Führende Kräfte und Gruppen in der deutschen Arbeiterbewegung
XVI und 226 Seiten,
Ganzleinen mit Goldprägung

Band 10
Bankherren und Bankiers
XVI und 208 Seiten, 30 Bilder
Ganzleinen mit Goldprägung

Bände 3—10 sind jederzeit lieferbar — je Band 44,— DM

C. A. Starke Verlag · 6250 Limburg/Lahn 1 · Postfach 310

Ab Band 11 wird die Reihe fortgeführt im

Harald Boldt Verlag · Postfach 110 · D-5407 Boppard

FSC
www.fsc.org
MIX
Papier | Fördert
gute Waldnutzung
FSC® C083411

Kolibri 360 GmbH
Ferdinand-Jühlke-Straße 7
99095 Erfurt, Deutschland
produktsicherheit@kolibri360.de